Raspberry Piで学ぶ
コンピュータアーキテクチャ

Eben Upton、Jeff Duntemann、Ralph Roberts
Tim Mamtora、Ben Everard 著
宮下 健輔、坂下 秀 監訳
株式会社クイープ 訳

O'REILLY®
オライリー・ジャパン

Learning Computer Architecture with Raspberry Pi

—

Eben Upton, Jeff Duntemann, Ralph Roberts,
Tim Mamtora, Ben Everard

目次

091 | 4章 | ARM プロセッサと SoC

287　**7章｜有線イーサネットと無線イーサネット**

453 **11章｜オーディオ**

アラン・ドリューを偲んで。
彼がいなければ、私は始める前からやめていただろう。

——エベン・アプトン

妻の父であり、私の友人でもある、
今は亡きスティーブ・オストルスカ（1917-1990）に捧げる。

——ジェフ・ダンテマン

はじめに

Preface

10歳の頃、学校で教師の1人が私をコンピュータの前に座らせた。さて、これはあなたが想像するようなことではない。私はコンピュータプログラミングの神秘を伝授されようとしていたわけではなかった。とはいえ、それはBBC Micro（イギリスの8ビットマイクロコンピュータ史上最もプログラマブルで、ほぼ間違いなくアーキテクチャ的に最も洗練された、のちに私がBASICとアセンブリ言語を初めて経験することになるマシン）だった。実際には、学習上の関心、趣味、抱負に関する選択問題を30分にわたって次々に浴びせられた。その後、その奇跡のマシンが私にとって理想的な将来の仕事に関する診断結果を吐き出した。それはマイクロチップの設計者だった。

これは少し困った話であった。私が本当になりたかったのはコンピュータゲームのプログラマーだったからだ（わかった、わかった。本当は宇宙飛行士だ）。それに、私の周囲には、マイクロチップの設計という燦然たる高みへ10歳の子供を向かわせるために何をすればよいか知っている人は誰もいなかった。その後数年間、学校では数学と科学を「いろいろ」勉強し、自宅では、最初はBBC Microで、その後はCommodore Amigaでプログラミング（ゲーム）を覚えた。そして、たびたび電子工学に手を出したが、あまりうまくいかなかった。結果的には、（実力というよりも）運よく目標へのそれらしい道をたまたま歩んでいたが、18歳でケンブリッジ大学に入学して初めて、自分の理解に何が不足しているのかがわかるようになったのである。

ケンブリッジ

ケンブリッジ大学は、コンピュータサイエンスの歴史と、特に実践的あるいは応用的なコンピューティングにおいて、特別な位置を占めている。1930年代の後半、ケンブリッジの若き研究者アラン・チューリングにより、停止問題が計算可能ではないことが証明された。停止問題とは、「このプログラムはいつか終了するか、つまり停止するか」という問題である。要するに、「別のプログラムを解析し、そのプログラムが停止するかどうかを判断するプログラムを記述することはできない」という命題である。同じ頃、チューリングとは別に同じ研

究に取り組んでいたアロンゾ・チャーチも同じ結果を証明した。現在では、2人の名をとって
「チャーチ=チューリングの命題」と呼ばれている。しかし、チャーチによる証明では再帰関
数に基づく完全に数学的なアプローチが用いられていたのに対し、チューリングの証明で
は逐次的な操作に基づく計算が用いられた。その操作は、現在**チューリングマシン**（Turing
machine）として知られるものによって実行された。チューリングマシンとは、無限の長さの
テープを行ったり来たりしながら記号を読み取り、それに応じて内部状態や進行方向を変更
し、新しい記号を書き込む、という単純な機械である。そうしたマシンのほとんどは単一の
目的に特化しているものだが、チューリングは**万能**マシンの概念を採り入れた。万能マシン
では、テープに書き込まれた命令の組み合わせによって、特定用途のマシンを「なんでも」
エミュレートすることが可能だった。それは、現代では当たり前になっているプログラムが
可能な汎用コンピュータが誕生した瞬間だった。

　第二次世界大戦の勃発後、ブレッチリーパークでの連合国による暗号解読作業で、チュー
リングは中心的な役割を果たすようになった。チューリングはそこで、ドイツのエニグマ暗
号を解読するプロセスを自動化した電気機械式の**bombe**を含む、専用ハードウェアの開発
に従事した（あくまでもチームのメンバーとして。映画の物語を真に受けないように）。こう
したマシンのなかには、チューリングの最初の思考実験である「有限状態オートマトンに無
限テープを追加した」アーキテクチャを採用したものは1つもなかった。というのも、チュー
リングのアイデアは実際の実装よりも数理的な解析に適していたからである。そして、完全に
電子化されたColossusでさえ（bombeの相手はエニグマだったが、Colossusが相手にした
のはおそろしいほど高度化したローレンツストリーム暗号だった）、汎用のプログラム可能
な機械への一線を超えなかった。それでも、暗号解読、レーダー、砲撃用の大規模な電子シ
ステムを開発した経験や、真空管を使ってデジタル論理回路を実装した経験が、市民生活
に戻った学究の研究者たちを変革に導かないはずはなかった。

　そうした技術者グループの1つに、ケンブリッジ大学数学研究所のモーリス・ウィルクスが
率いるチームがあった。ウィルクスのチームはのちにEDSAC（Electronic Delay Storage
Automatic Calculator）となるものの構築に着手した。1949年に初めて運用にこぎつけた
とき、EDSACのクロック速度は500kHzで、温度制御された2つの水槽に収められた32本
の水銀遅延線により合計2KBの揮発性ストレージを備えていた。プログラムとデータは穿
孔テープで読み書きできた。「最初の汎用デジタルコンピュータを製造したこと」に限れば
（「最初」がミソである）、アメリカとイギリスのさまざまな機関はその功績を主張してもよい
だろう。EDSACは、開発元のチーム以外に広く使用された最初のコンピュータとされてい
る。他の分野の学者たちは自分たちのプログラムをマシンで実行させる時間を要求できた
ことから、「Computing as a Service」という概念が広まった。EDSACに続いてEDSAC II
が登場し、さらにTitanが登場した。大学がコンピュータを独自に開発するのをやめ、業者
から購入するようになったのは、1960年代の中頃になってからのことである。実践が重視さ
れていることは、コンピュータ関連学科の現在の名称からもうかがえる。ケンブリッジ大学
にはコンピュータサイエンス学部はなく、元はウィルクスの数学研究所だったコンピュータ

研究所がある。

このようにコンピュータエンジニアリングの実践的な要素に重きを置くケンブリッジ大学は、ハイテクスタートアップを生む肥沃な土壌となっている。そうしたスタートアップの多くはコンピュータ研究所、工学科、あるいは数学/科学系のさまざまな学部からスピンアウトしており(ケンブリッジでは数学者でさえハックの方法を知っている)、エンジニアリングの才能を求める多国籍企業を惹きつけている。ケンブリッジ大学を中心に成長している企業のネットワークは、ケンブリッジクラスタ、ケンブリッジ現象、または単に(シリコンバレーに対する)シリコンフェンなどと呼ばれ、シリコンバレー以外では数少ない正真正銘のテクノロジクラスタの1つとなっている。私にチップ設計者となるよう宣告をくだした BBC Microcomputer は、ケンブリッジの製品である。その永遠のライバルである Sinclair Spectrum もそうである。あなたのスマートフォン(そしてあなたの Raspberry Pi)には、ケンブリッジを拠点とするチップメーカー ARM によって設計されたさまざまなプロセッサが内蔵されている。EDSAC から70年経った今も、ケンブリッジはイギリスのハイテク発祥の地なのである。

ここからが本題

私の場当たり的なコンピュータの知識から抜け落ちていた最大のピースの1つは、「コンピュータがその裏でどのようにして動いているか」であった。BASIC からアセンブリ言語へと進んでいた私は、その抽象レベルで「行き詰まって」しまった。Amiga のハードウェアレジスタをいじってスプライトを画面上で動かすところまでは行ったが、コンピュータを自作するとなると、どうしたらよいのかさっぱりわからなかった。めでたく「マイクロチップ設計者」となって目覚める日が来るまで、さらに10年と2つの学位を要した(マイクロチップ設計者と言っても、実際には「ASIC アーキテクト」というもっとしゃれた呼び方だった)。そして、Broadcom で働くために大学から離れることになった。Broadcom はアメリカの半導体メーカーで、スタートアップを買収するためにケンブリッジにやって来て、エンジニアリングの才能ある人材を理由にこの地にとどまっていた。この間、その分野では超一流の大勢の実務家と仕事をし、彼らから学ぶ機会に恵まれた。そのなかには、(スティーブ・ファーバーとともに)BBC Micro と初代 ARM プロセッサのアーキテクトであるソフィー・ウィルソンと、本書の GPU(Graphics Processing Unit)の章を快く引き受けてくれた Broadcom の3Dグラフィックスハードウェア技術チームのティム・マムトーラがいた。

本書を執筆するにあたって目標としたのは、私が18歳のときにあったらよかったのにと思えるような、「仕組み」を説明する本にすることだった。本書では、現代のコンピュータシステムの主要なコンポーネントを、そうしたものに興味がある中学生、高校生、または大学1年生が理解しやすいレベルで1つ1つカバーするように努めている。これには、CPU から、揮発性ランダムアクセスストレージ、永続的ストレージ、ネットワーク、インターフェイスまでが含まれる。最新技術の説明と併せて、歴史的背景も簡単に取り上げることにした。本書で取り

上げるテーマのほとんどは（言うまでもなく、技術面をこと細かに説明するわけではないが）、1949年のウィルクスのEDSACエンジニアリングチームと関係がある。本書を読み終える頃には、コンピュータが動作する原理を少しは理解しているはずだ。読者がソフトウェアエンジニアになろうと考えていて、コンピュータを自分で設計するつもりがなかったとしても、この知識が役立つ日が来ると確信している。キャッシュが何であるかを知らなければ、データを置く作業領域がキャッシュよりも大きくなってしまったために、あるいはキャッシュの連想度が無駄になるような方法でバッファを配置してしまったために、プログラムのパフォーマンスが急激に低下して驚くことになる。イーサネットの仕組みをまったく知らなければ、データセンター用の高性能なネットワークを構築するのに苦労することになる。

　ここで少しの間、本書のテーマではないもの、そして本書で説明しないものを長々と書き出すことにする。本書は、本書で取り上げるトピックの総合的なテクニカルリファレンスではない。キャッシュ、CPUパイプライン、コンパイラ、ネットワークスタックの設計は、それぞれ1冊の本に相当する（また、多くの人がそうした本を書いている）。本書が提供しようとしているのは、各テーマへの入門と、さらに勉強を進めるためのアドバイスである。本書の主な関心は、従来の汎用用途のコンピュータ（基本的にはPC）のアーキテクチャにある。DSP（Digital Signal Processing）やFPGA（Field-Programmable Gate Array）といったテーマは、主に特定の用途に関連するものであり、限定的にカバーするにとどめている。また、よいコンピュータアーキテクチャのかなめとなる定量的な意思決定プロセスについては、ほとんど取り上げていない。要するに、アクセス時間を優先してキャッシュのサイズを犠牲にする方法や、別のコンポーネントの一部を形成しているキャッシュへのコヒーレントアクセスを1つのサブシステムに認めるかどうかを判断する方法は取り上げていない。アーキテクトの視点で考えることは、本書では教えられない。この分野での上級者向けの必読書はやはりヘネシーとパターソンの共著『Computer Architecture: A Quantitative Approach』[*1]である。

---

*1　［訳注］第5版の邦訳は、『コンピュータアーキテクチャ』（翔泳社、2014年刊）。

成長曲線の伸び悩むところ

　前述の内容を念頭に置いて、長年にわたって私が有益だと考えている2つのガイドラインを紹介したい。

　他の多くのことと同様に、コンピュータアーキテクチャにも収穫逓減の法則がある。当然ながら、そのときどきに成し遂げられることにはハードリミットがある。それはCPU本来の性能かもしれないし、消費電力量あたりのCPU性能、ストレージの密度、トランジスタのサイズ、あるいはメディアのネットワーク帯域幅かもしれない。しかし、そうした理論的限界に達するずっと前に、エンジニアリング努力の量に対する見返りが少なくなってしまうことがよくある。漸進的な向上が徐々に難しくなり、コストや（肝心の）スケジュールの面で大きな犠牲を強いられるようになるのである。パフォーマンスに対して、開発作業、システムの複雑さ（バグの発生しやすさ）、または費やした金額をプロットしていくと、ある時点を境に曲線が付き出した「ひざ」のように上に鋭く曲がるようになる。この「ひざ」の左側では、作業量の増加に対してパフォーマンスが予測可能な形で（場合によっては線形で！）上昇する。「ひざ」の右側では、作業量が増えてもパフォーマンスは緩徐に上昇するだけで、基本的な技術的限界の「壁」に漸近的に近づいていく。

　パフォーマンスに代わるものがないこともある。たとえば、（世界最大の経済大国のGDPの数パーセントもの予算によって支えられていた）アポロ計画は「ひざ」のずっと右側にあったエンジニアリングの格好の例であり、航空宇宙技術の成熟度に関して傍観者をまんまと欺いた。50年かけてロケット工学、航空電子工学、材料科学が漸進的に進歩してきた結果、ここにきてようやく「ひざ」が大きく移動し、宇宙への輸送や（ひょっとしたら）月への再訪を妥当な費用で実現できる可能性が見えてきた。とはいえ、私が思うに月へのロケット打ち上げ作業を受注するのは、ひざの位置を正確に見きわめる謙虚さがあり、シンプルで保守的に設計されたシステムをタイムリーに市場に出し、それを短期間で繰り返していくチームのようである。

　保守的であること、そして繰り返し続けていくことは、私がアーキテクチャに取り組むときのモットーである。私たちが製造してきた3世代のRaspberry Piチップに採用されているシステム基盤、メモリコントローラ、マルチメディアは、「まったく」同じものだ。変わった部分は、ARMコア、いくつかの深刻なバグの修正、クロック速度の向上に限定されている。そこに葛藤がある——（私自身を含め）エンジニアというものは凝り性で、限界を押し上げたいと考える。根本的な変更に伴うリスクのコストを正確にはじき出し、利益とされているものと比較検討することが、よいアーキテクトの仕事である。

将来に向けて

　2008年にRaspberry Pi財団を設立した当初の目的は、ケンブリッジ大学でコンピュータサイエンスに出願する学生の数が急激に減少しているという問題をどうにかしたい、という単純なものだった。ケンブリッジや他のところでも明るい回復の兆しが見えてきており、出願者の数は今や1990年代後半のドットコムバブルの絶頂期よりも増えている。

　私たちが目の当たりにした変化のなかで特に印象的だったのは、1980年代と比べて、新しい世代の若者がハードウェアにはるかに高い関心を示していることだ。画面上でスプライトを動かすルーチンをアセンブリ言語で書くことに以前ほどおもしろみがないことは確かだが、床の上でロボットを動き回らせるのはずっとおもしろい。今では、私が20歳半ばで自慢に思っていたであろう制御/センシングプロジェクトを12歳で構築している。こうした若者の何人かが、私が子供のときに使ったBBC Microキャリアプログラムの末裔の前に座り、そのうちの何人かが優れたマイクロチップの設計者になるだろうと言われるようになり、そのうちの1人か2人がその旅に出るのを本書が助けることを願っている。

——エベン・アプトン
（Eben Upton）
ケンブリッジ　2016年3月

監訳者まえがき

　2013年、Raspberry Piという名前の小さなコンピュータが誕生した。本書はその Raspberry Piの開発に携わったエンジニアたちが執筆している。しかし、単にRaspberry Pi の構造やその上で動作するOS（Raspbian）の仕組みについて解説したものではない。

　本書は「Raspberry Piで学ぶコンピュータアーキテクチャ」という題名である。この 「Raspberry Piで」という部分に誤解がないよう、最初に説明しておきたい。

　この「Raspberry Piで」は、「Raspberry Piを題材にして」（またはもっとくだけた表現で 「Raspberry Piをネタにして」）という意味合いである。「Raspberry Piを使いながらコン ピュータアーキテクチャについて学ぶ」という意味ではないので注意してほしい。もちろん、 実際にRaspberry Piを手許に置きながら本書を読んでいただくと、本書の内容がより実感 をもって理解できるはずだし、Raspberry Pi上で動作するOSとして普及しているRaspbian を使って操作する例も載っているので、実際に試してみることもできる。しかし本書の本質 はそこではない。

　本書には、読者が日頃から利用しているコンピュータの背後にある仕組みが解説されて いる。コンピュータを構成する要素について、CPU、メモリ、ストレージ、ディスプレイ、ネッ トワーク、OS、グラフィックス、I/Oなどがひと通り説明されているのである。しかもそれぞ れの要素について、その歴史や社会的背景から性能や機能、動作原理、電圧や信号タイ ミングなどの物理的特性まで解説されている。それらを「縦」とすれば、それぞれの要素を結 びつける「横」の説明も充実しており、文字通り網羅的に説明されている。今すぐには役立 たないような事項（いわゆる無駄知識）もあるかと思うが、それらは頭の隅に置いておくと いつかふとしたときに知識と知識をつなぐネットワークを築いてくれたり、目の前の現象を 理解する手助けになったりする。すなわち、それらの知識も思わぬところで役立つこと請け 合いである。

　さらに、本書はコンピュータアーキテクチャに一家言あるような人（教員や先輩、上司など） と一緒に読めば、それらの知識についての見解や蘊蓄を聞くよい機会になるだろう。逆に 読者がそのような人であれば、本書は1人で読まず学生や後輩、部下などと一緒に読むこと で、それらの知識を後世に伝承する機会としてほしい。

　本書は最初の章から順番に通して読んでももちろんよいが、かなりの大著であるので、次 のように読み進めるのもよいだろう。つまり、1章と2章を全体の概要として読んだあと、3 章（メモリ）と4章（プロセッサ）および8章（OS）をセットで読み、それらの理解のもとに5章 （プログラミング）を読む。6章は不揮発ストレージを扱っており、コンピュータアーキテク チャには欠かせないが、いくぶんマニアックな内容もある。ネットワークについて学びたけ

れば7章を読み、あとの9章（ビデオ）、10章（3Dグラフィックス）、11章（オーディオ）および12章（I/O）は、興味のあるトピックを必要に応じて読むとよい。例えばRaspberry Piにハードウェアを接続して利用するのであれば、12章をお勧めする。

　監訳にあたり、原著の誤りは修正し、理解しづらい箇所はできるだけ平易に理解できるよう工夫したつもりである。また、原著は2016年発行であり、そこから本書発行までにあった技術の進歩や社会情勢の変化について、読者に注意を促したほうが良い箇所には適宜訳注を追加した。

　Raspberry Piは日本でもいろいろな分野に広く普及している。Raspberry Piでコンピュータに興味を持った若い読者がコンピュータアーキテクチャを学ぶとき、本書を座右に備えていただければ本望である。また、長年コンピュータとつきあってきたシニア世代の読者が、自身の経験や知識とRaspberry Piで利用されているテクノロジーとの関連を確認するために本書を利用していただければ、これも幸いとするところである。さらに、それら両者が本書を通じてつながり、Raspberry Piとコンピュータアーキテクチャをネタに楽しく教えあい学びあえる幸せな時間が訪れれば、監訳者として望外の喜びである。

——宮下 健輔、坂下 秀

1章 驚くべきコンピュータの姿

The Shape of a Computer Phenomenon

　古くから「良いものは小さな包みで届く」と言われるが、これはまさしくRaspberry Piのことである。これはコンピュータアーキテクチャにおけるひとつの進化、すなわちSoC（System-on-a-Chip）を表してもいる。SoCとはすぐ利用できる機能を満載した小さなパッケージのことだ。SoCはそれほど新しいものではなく、かなり前から存在している。だが、Raspberry Piの設計者はSoCを小型の高性能パッケージにまとめ、学生も大人もすぐに利用できるようにした。それも、かなり手頃な価格で。

　シングルボードコンピュータであるRaspberry Piは、クレジットカードサイズの小型電子機器であり、その小さなスペースに相当な処理能力を詰め込んでいる。Raspberry Piはとてつもないおもしろさを秘めており、ありとあらゆる魅力的な仕掛けを作って制御する可能性にあふれている。何と言っても小さいので、それこそどこにでも収まる。従来のPCでは可搬性や接続性の面でどうしてもできないことが、Raspberry Piならできる。これから読む内容は、想像力をかき立てる楽しいことでいっぱいだ。

　Raspberry Piが気に入らないわけがない。この心躍るコンピュータアーキテクチャにさっそく取りかかるとしよう。

　Raspberry Piという名の本当に驚くべきコンピュータ基板のラインナップを紹介する本章では、まずRaspberry Piの目標と歴史を見ていく。これには、Raspberry Piの開発の歴史と、Raspberry Pi財団に集まった先進的な人たちの紹介が含まれている。彼らは思い描いたコンセプトを現実のものにした。そして、このちっぽけなワンボードコンピュータが大きなコンピュータよりも優れている点を明らかにする。そのあと、Raspberry Piの基板をひととおり紹介しよう。

おいしくて果汁あふれるラズベリーの成長

　コンピューティングが飛躍的な進歩を遂げるなか、Raspberry Piの最初のイノベーションは組み込みLinuxの世界への参入障壁を下げることだった。この障壁には、価格と複雑さという2つの要素があった。Raspberry Piは価格を低く抑えることで、価格の問題を解決した

（安いのはよいことだ！）。また、SoCによって回路の複雑さが劇的に低下し、パッケージの大幅な小型化が可能となった。

Raspberry Piの開発は、意外にもイギリスの登録チャリティ[*1]で始まった。この団体は現在も運営されている。

Raspberry Pi財団は、イギリスのチャリティ委員会に登録された団体で、2009年にケンブリッジシャー州カルデコートで産声を上げた。学校でのコンピュータサイエンスの学習を推進するという特別な目的のために設立された。その中心となったのは、エベン・アプトン、ロブ・マリンス、ジャック・ラング、アラン・マイクロフトによるチームだった。ケンブリッジ大学のコンピュータ研究所に在籍していた彼らは、出願者の減少とスキルの低化に注目した。そして、学校で基礎的なスキルを教え、コンピュータサイエンスやプログラミングへの熱意を植え付けるには、小さくて手頃な価格のコンピュータが必要だという結論に達した。

Raspberry Pi財団が目標を達成するのを支援したのは、主としてケンブリッジ大学コンピュータ研究所とBroadcomだった。Broadcomは、Raspberry Piの性能を実現して成功に導いたSoC（モデルによってBCM2835、2836、または2837が使われている）のメーカーである。Raspberry Piの核心となるこの部品については、この章で詳しく説明する。

手頃な価格の小型コンピュータの必要性を見抜いた財団の設立メンバーは、さっそく行動を起こした。2012年には、モデルBがおよそ25ポンド（2012年の1ポンドは120～130円ほど）で発売されている。この価格設定の値打ちはすぐに知れわたり、発売初日に10万台以上を売り上げてしまった。生産開始から2年足らずで、200万台のボードが販売された。

2014年の後半にリリースされたモデルB+が大成功を収めたこともあり、Raspberry Piはその後も順調な売れ行きを見せ、幅広い支持を集めた。そして2015年には、Raspberry Pi 2モデルBが発売後2週間で販売台数50万台を突破した。このモデルは4コアのARMプロセッサを搭載し、オンボードメモリを増設したことによって、高速かつ大量にデータを処理できた。ごく最近では、1枚の基板に載った完全なコンピュータシステムであるRaspberry Pi Zeroがなんと4ポンドで発売されている。これを手に入れられるのはすごいことだった。なにしろ初回分は販売開始後すぐに完売してしまったのだから。

2016年には、Raspberry Pi 3モデルBが登場した。このモデルは、1.2GHz 64ビットの4コアARMv8 CPUと1ギガバイト（GB）のRAMを搭載し、無線とBluetoothを内蔵している。これもすべて廉価で提供されている[*2]。

[*1] ［訳注］イギリスでは、非営利の公益活動を目的とする事業はチャリティ委員会（Charity Commission）に申請して登録チャリティ（registerd charities）の認定を受け、公益活動に対する税制適用を受ける。

[*2] ［訳注］2018年3月にRaspberry Pi 3モデルB+がリリースされた。CPUが1.4GHzになり、WiFiは2.4GHzと5GHzのデュアルバンド化、Bluetoothは4.2とBLEに対応した。またUSB2.0経由なので最大300MbpsだがギガビットEthernetポートを備え、これはPoEにも対応する（別途PoE HATが必要）。2019年6月にはさらに、Raspberry Pi 4モデルBがリリースされた。メモリ容量が1GB、2GB、4GBから選べるようになり、USB 3.0と2.0のレセプタクルをそれぞれ2つずつ、ディスプレイ出力用マイクロHDMIコネクタを2つ備える。またギガビットイーサネットコネクタは専用チップにより1Gbpsに対応し、電源はUSB-Cコネクタで供給される。

Raspberry Pi財団は以下の人たちを含むメンバーで設立された:

- エベン・アプトン（Eben Upton）
- ロブ・マリンス（Rob Mullins）
- ジャック・ラング（Jack Lang）
- アラン・マイクロフト（Alan Mycroft）
- ピート・ローマス（Pete Lomas）
- デイビッド・ブラベン（David Braben）

現在、Raspberry Pi財団は次の2つの部門に分かれている。

- Raspberry Pi (Trading) Ltd. はエンジニアリングと販売を行っており、エベン・アプトンがCEOを務める。
- Raspberry Pi財団は公益活動と教育を担当している。

Raspberry Pi財団のWebサイト*3 [図1-1]には、Raspberry Piという製品が生まれるきっかけが述べられている。「About Us」にはこう書かれている:

[**図1-1**] Raspberry Pi公式Webサイト

---

*3　https://www.raspberrypi.org/

子供向けの手頃な価格の小型コンピュータを思いついたのは、2006年のことだった。当時、ケンブリッジ大学のコンピュータ研究所に在籍していたエベン・アプトン、ロブ・マリンス、ジャック・ラング、アラン・マイクロフトの4人は、コンピュータサイエンス専攻に出願するレベルAの学生の数と技能のレベルが年々低下していることに懸念を抱くようになった。1990年代は、面接に訪れた出願者のほとんどが経験を積んだアマチュアプログラマーだった。その頃の状況からすると、2000年代はまるで様子が違っていた。出願者は概してWebデザインを少しかじったことがある、といった程度だったのだ。

　このため設立メンバーは「特にコンピュータ、コンピュータサイエンスおよび関連分野において、大人と子供の教育を推進する」ということを目標に掲げた。

　言うまでもなく、この問題に対する彼らの答えがRaspberry Piだったのである。Raspberry Piは、過去10年間（1990年代）のコンピュータが持っていた「手に取れる魅力」というコンセプトを見ならうよう設計されていた。Raspberry Piには、プログラムできるコンピュータを手頃な価格でどこででも手に入るよう提供し、学生たちに刺激を与える「きっかけ」とする意図があった。

　Raspberry Piは、学生たちのコンピュータ教育を改善するという財団の目標を達成するために順調に進んでいる。しかし、もう1つ重要なことが起きている――大勢の大人たちもRaspberry Piのおもしろさに気づいたのである。Raspberry Piは愛好家や実験者に世代を超えて受け入れられ、さらに数百万台を売り上げている。

　Raspberry Piのコンパクトな姿形は、青少年はもちろん大人にとっても刺激的だ。Raspberry Piは人々の心をつかみ、ひらめきを与えるが、その成功の真の立役者は価格の安さと応用範囲の広さである。これまで組み込みLinuxの習得は苦労の多いものだったが、Raspberry Piはそれを単純で安価なものに変えている。コンピュータによる継続的な教育は、学校での初期教育と同様に大きな後押しとなっている。

SoC

　SoC（System-on-a-Chip）は、コンピュータやその他の電子機器の主な構成部品を1つのチップに搭載した集積回路（Integrated Circuit：IC）である。そのような構成部品には、CPU（Central Processing Unit）、GPU（Graphics Processing Unit）、そしてさまざまなデジタル信号回路、アナログ信号回路、ハイブリッド信号回路が含まれ、それらはたった1つのチップに搭載されている。

　このSoCコンポーネントにより、例えばRaspberry Piに詰め込まれたすべての能力のように、高密度のコンピュータ処理が可能となる。図1-2は、Raspberry Pi 2モデルBのBroadcomチップを示している。これはコンピュータアーキテクチャの様相を一変させる進

歩であり、このチップによってカードサイズのコンピュータがその何倍もの大きさのマシンの能力に匹敵したり、しばしばそれを凌駕したりすることも可能にした。この小さいながらも強力なチップについては、8章で詳しく取り上げる。

［図1-2］Raspberry Pi 2モデルBに搭載されたBroadcomチップ

Raspberry Piに搭載されているチップは、Broadcomによって開発・製造されている。具体的には、最新モデル（4ポンドで手に入るRaspberry Pi Zero）と旧モデルにはBroadcom BCM2835が搭載されている。Raspberry Pi 2にはBroadcom BCM2836が搭載されており、新しいモデル3にはBroadcom BCM2837が使用されている。最大の違いは、BCM2835のシングルコアCPUがBCM2836では4コアプロセッサに置き換えられていることである。それ以外は、基本的に同じアーキテクチャである。

次に、BroadcomのSoCの低レベルコンポーネント、周辺装置、プロトコルを簡単にまとめておく。

- **CPU**
  オペレーティングシステム（Operating System：OS）の制御下でデータ処理を実行する（Raspberry PiのほとんどのモデルではシングルコアCPU、Raspberry Pi 2およびRaspberry Pi 3では4コアCPU）。
- **GPU**
  OSのデスクトップを提供する。
- **メモリ**
  永続的に利用できるメモリは、CPUとGPUの演算用のレジスタや、ブートストラップソフトウェア（OSのロードとその起動のプロセスを開始する小さなプログラム）のストレージとして使用される。
- **タイマー**
  ソフトウェアのスケジューリングや同期など時間に基づいた制御を可能にする。
- **割り込みコントローラ**
  割り込みにより、OSがすべてのコンピュータリソースを管理し、CPUが新しい命令を処理できる状態になったことを認識するなど、さまざまなことが可能となる（8章を参照）。

- GPIO
  汎用入出力（General Purpose Input Output：GPIO）ピンの配列、接続や入出力およびその他のモードを制御することでRaspberry Piが電子回路やデバイス、機械などを管理できるようにする。つまり、GPIOによってRaspberry Piは組み込み可能な制御システムになる。

- USB
  USB（Universal Serial Bus）サービスを制御し、入出力プロトコルを提供することによって、あらゆる種類の周辺機器をRaspberry PiのUSBレセプタクルに接続できるようにする。

- PCM/I²S
  PCM（Pulse Code Modulation）を提供する。PCMは、デジタルサウンドをスピーカーやヘッドホンに使用するアナログサウンドに変換するパルス符号変調である。PCM/I²Sは、オーディオ機器を接続するための上位規格であるInter-IC Sound、Integrated Interchip Sound、またはIISとして知られている。

- DMAコントローラ
  DMA（Direct Memory Access）コントローラのおかげで、入出力デバイスはCPUをバイパスしてメインメモリと直接データを送受信できるようになり、伝送速度と処理効率が改善される。

- I²Cマスター
  プロセッサやマイクロコントローラを制御する低速な周辺チップを接続するためによく使用される集積回路。

- I²C/SPIスレーブ
  I²Cマスターの逆。I²C/SPIスレーブにより、Raspberry Piを外部のチップやセンサーから制御したり、特定の方法で応答させたりすることが可能となる。たとえば、モーターに搭載されたセンサーが過熱を検知し、コントローラチップがRaspberry Piにモーターを減速するか停止するかを決定させる。

- SPI
  SPI（Serial Peripheral Interface）は、GPIOピンを使ってアクセスするシリアルインターフェイス。別のチップ選択ピンを使って複数の互換デバイスをデイジーチェーン方式で接続できる。

- PWM
  PWM（Pulse Width Modulation）は、デジタル信号からアナログ波形を生成するパルス幅変調方式。

- UART0、UART1
  UART（Universal Asynchronous Receiver/Transmitter）は、異なるデバイス間のシリアル通信に使用される。

わくわくするクレジットカードサイズのコンピュータ

　Raspberry Piの性能は、デスクトップPCと比べてどれくらいなのだろうか？　初期のパーソナルコンピュータの計算能力、メモリ、記憶領域をはるかに超えていることは確かである。とはいえ、現在のデスクトップPCやノートPCの速度、ハイエンドディスプレイ、内蔵型電源、ハードディスク容量にはとうていかなわない。

　しかし、Raspberry Piに適切な周辺機器を取り付ければ、こうした欠点はどれも簡単に克服できる。大容量のハードディスク、42インチのHDMIディスプレイ、高級サウンドシステムなどを追加すればよい。これらの周辺機器を基板のUSBレセプタクルに差し込むか、他のインターフェイスを使って接続すれば、準備完了だ。仕上げにイーサネットケーブルをRaspberry Piのジャックに差し込むか、無線USBドングルを差し込めば、世界中と繋がるようになる。

　図1-3に示すように、Raspberry Piに周辺機器を取り付ければ、通常のコンピュータとほぼ同等のことができるようになる。

[**図1-3**] Raspberry Pi 2モデルBに接続された周辺機器

また、次に示すように、大きなコンピュータにはない、Raspberry Pi ならではの利点もある。

- 文句なしに安い。Raspberry Pi の小売価格は25ポンド、Raspberry Pi Zero ならたった4ポンドだ*4。
- 本当に小さい。すべてのモデルはクレジットカードサイズかそれよりもさらに小さい。
- 新しいSDメモリカードかmicroSDカードを挿入するだけで、OSをものの数秒で置き換え、ほぼ瞬時に再構成できる。
- Broadcom の SoC のおかげで、Raspberry Pi はその数倍の値段の既存コンピュータよりも、豊富なインターフェイス、通信プロトコル、その他の機能を備えている。
- GPIOピン［図1-4］により、それ以外にコンピュータの入出力手段がない現実のデバイスを Raspberry Pi で制御できる。

［**図1-4**］GPIO ピンを使って現実のデバイスを制御できる

Raspberry Pi に何ができるか？

Raspberry Pi は、ありとあらゆるプロジェクトにとって申し分のない頭脳となる。インターネットで公開されている何千ものプロジェクトのなかから無作為に選び出した例を紹介しよう。このリストから、自分のプロジェクトを選ぶヒントが見つかるかもしれない。

- ホームオートメーション
- ホームセキュリティ
- メディアセンター
- 気象観測装置
- ウェアラブルコンピュータ
- ロボットコントローラ
- ドローンコントローラ
- Webサーバー
- 電子メールサーバー
- GPSトラッカー
- Webカメラコントローラ
- コーヒーメーカー
- アマチュア無線 EchoLink サーバーとJT65ターミナル
- 電気モーターコントローラ
- タイムラプス撮影マネージャ
- ゲームコントローラ
- ビットコインのマイニング
- 車載コンピュータ

---

*4　［訳注］Raspberry Pi の日本での販売価格は4,000円前後、Raspberry Pi Zero 本体は600円台から販売されている（2019年）。

このリストはRaspberry Piの利用法として考えられるもののほんの一部にすぎない。ページの都合上、Raspberry Piでできることをすべて書き出すことはできないが、独自のアイデアを思いつくために必要な情報は本書に書かれている。自分の望み、興味、想像力に従えばよい。あとはRaspberry Piにお任せだ。

Raspberry Piボードの紹介

まず、Raspberry Piボードの機能、コンポーネント、レイアウトを紹介する。ここではさまざまなモデルを対比しているが、Raspberry Pi 2に重点を置いている。本節の内容を読みながらRaspberry Piボードを調べることは、旅に出る前に地図を見ながら地形を調べるようなものである。重要なパーツがボードのどこに取り付けられていて、どのような働きをするのかがわかっていれば、ボードへの理解が深まり、プロジェクトを想像したり作成したりするのがはるかに容易になる。

まずRaspberry Pi 2モデルBから順番に見ていこう(Raspberry Pi 2シリーズや新しいRaspberry Pi 3シリーズには、モデルAは存在しない)。Raspberry Pi 2を紹介したあと、Raspberry Pi 3モデルを含め、他のバージョンを見ていく。Raspberry Pi 3モデルには、より高速なプロセッサやオンボードWi-Fi、Bluetoothが備えられている。

手持ちのボードを見ながら読み進めたい場合は、ボードを図1-5と同じ向きにして、2列のGPIOピンが左上にくるようにしておこう。

GPIOピン

GPIOピンは、Raspberry Piと実世界との橋渡し役を務める。図1-5の向きでは、ボードの上部に並んでいる。Raspberry Piはこれらのピンを通じて、あらゆる種類のデバイスを制御するようプログラムされる。Raspberry Piのプログラミングについては、12章で説明する。その際に入出力をわかりやすく説明し、さまざまなデバイスを制御する方法を示す。さっそくこれらのピンを調べてみよう。そうすれば、それらがいかに単純で強力であるかが実感できるはずだ。

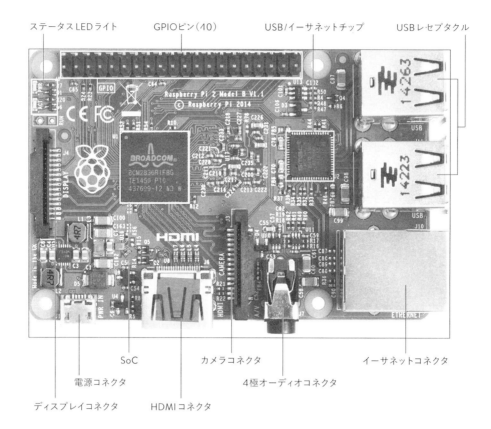

ステータスLEDライト　　GPIOピン（40）　　USB/イーサネットチップ　　USBレセプタクル

SoC

電源コネクタ

ディスプレイコネクタ　　HDMIコネクタ

カメラコネクタ

4極オーディオコネクタ

イーサネットコネクタ

［**図**1-5］Raspberry Pi 2ボード（左上はGPIOピン）

　ドアベル、電球、模型飛行機の操縦装置、芝刈り機、ロボット、サーモスタット、電気コーヒーポット、各種モーターといった現実のデバイスは、通常はコンピュータに接続したり、コンピュータの命令に従ったりできない。Raspberry Piは、GPIOを通じて、こうした現実の装置で気の利いたことをやってのける。ここでGPIOピンを取り上げているのも、そのためである。これらのピンを利用すれば、従来のコンピュータではできないことが、Raspberry Piを使ってできるようになる。

NOTE　　現実のデバイスとやり取りできるのはRaspberry Piだけの特徴ではない。組み込みコンピュータもそうした橋渡しができるが、従来のコンピュータにはできない。

　ピンの数は全部で40本である（20本のピンが2列）。下の列のピンは奇数で構成され、（左から右に向かって）1、3、5、7、9、11、13、15、17、19、21、23、25、27、29、31、33、35、37、39となる。上の列には、2、4、6、8、10、12、14、16、18、20、22、24、26、28、30、32、34、36、

38、40の番号が付いている。

これらのピンはプログラムで制御できる。ほとんどのピンは配置を変えることさえ可能である。なお、電源ピンの再配置はできない。

単純な外部回路を追加すれば、Raspberry Piであらゆるものをオン/オフできるようになる。また、デバイスからの入力を検知し、適切に応答することもできる。Raspberry Piでは、無線、Bluetooth、インターネットなど、さまざまな方法で通信が可能なため、入力や出力がローカルである必要すらない。ハードウェアを追加すれば、デバイスやプログラムなどを世界中どこからでも制御できるようになる。

NOTE GPIOピンの操作モードについては、12章で説明する。ピンの大半は、入力、出力、または6つの特別モードのいずれかに設定できる。

ステータスLED

ステータス発光ダイオード(Light-Emitting Diode:LED)は、GPIOピンの左下にある。これらのLEDは小さいながら、かなり明るい光を放つ。Raspberry Pi 2では、上から下に向かって、PWR(power)、ACT(activity)というラベルが付いている。PWRは赤のライト、ACTは緑のライトが点灯する。

ボードに電力が供給されているときはいつも、PWRライトが赤く光る。Raspberry Pi 2では、5ボルト(V)の直流電流がUSB電源または電源アダプタからMicro-USBプラグを通じて供給されている。ACTライトはmicroSDカードが利用可能になったことを示すもので、Raspberry PiがmicroSDカードにアクセスするときだけ点灯する。

モデルB+のレイアウトはモデルBと同じだがステータスLEDライトがボードの反対側に取り付けられており、次の5つのLEDがある。

- ACT(activity):緑
  SDメモリカードが挿入され、アクセス可能であることを示す。
- PWR(power):赤
  通電していることを示す。
- FDX(full duplex):緑
  全二重ローカルエリアネットワーク(Local Area Network:LAN)に接続されていることを示す。
- LNK(link):緑の点滅
  LANでアクティビティが発生していることを示す。

- **100:黄色**

  100Mbps LAN に接続されている（10Mbps ではない）ことを示す。Mbps はメガビット毎秒。

モデル B+ では、最後の3つの LED 機能がイーサネットコネクタへ移動しており、FDX と100が1つの LED にまとめられている。このため、イーサネットコネクタの右の LED でライトが点滅している場合は、ネットワークアクティビティを表す。左の LED で緑のライトが点灯している場合は10Mbps のネットワーク接続、黄色のライトが点灯している場合は100Mbps のネットワーク接続を表す。

NOTE　実際には、どの Raspberry Pi モデルにも5つのステータスライトが付いている。モデル B+ と Raspberry Pi 2 では、ボードの片側に2つの LED（PWR と ACT）があり、ボードの反対側にイーサネットコネクタの一部としてネットワークインジケータがある。

Raspberry Pi ボードで起きていることは、ステータス LED を見ればすぐにわかる。特にブートアッププロセスでは顕著だ。これは次のように進む。

1. Micro-USB コネクタを差し込むと（オン / オフスイッチはない）PWR LED が赤く点灯し、通電していることを示す。ボードに電力が流れている間、PWR LED は点灯したままとなる。
2. 緑の ACT LED が2〜3回点滅し、SD メモリカードが検出され、読み取り可能であることを示す。ブートアッププロセスが完了したあとは、SD メモリカードへのアクセスが発生するたびにこの緑のライトが点滅する。
3. ブートアッププロセスの途中でネットワークが検出されると、（モデル B+ 以降では）イーサネットコネクタの右側で緑のライトが点灯する。このライトは、ネットワークでトラフィックが発生するたびに点灯する。左側の LED は、ネットワークが低速である場合は緑で点滅し、100Mbps ネットワークに接続している場合は黄色で点灯する。

このように、ステータス LED を見れば、ボードに電力が供給され、SD メモリカードが有効になっていて、ネットワークがアクティブであることがひと目でわかる。

USBレセプタクル

Raspberry Pi 2モデルBボードの右端には、4つのUSB 2.0ポートがある[図1-6]。

[**図1-6**] USB 2.0レセプタクルとイーサネット
コネクタ

イーサネットコネクタ

USBレセプタクル

> **NOTE** モデルB+にも同じようなコネクタがあるが、旧モデルのモデルBではUSBレセプタ
> クルが2つしかない。

USBレセプタクル(ポートという間違った呼び方もされている)を利用すれば、キーボード、
マウス、あるいは大容量ハードディスクも含め、さまざまなデバイスを接続して動作させられる。

イーサネット接続

Raspberry Piでは、あらゆる種類の作業にローカルネットワークとインターネットへの接
続が必要である。OSやRaspberry Piのファームウェアのアップグレードには、インターネッ
トアクセスが必要となる。プログラムをダウンロードしてインストールしたり、Webサーフィ
ンしたり、自宅の巨大薄型テレビに映画を配信するメディアセンターとしてRaspberry Piを
使用したりするなど、さまざまな理由でネットワーク接続が必要になる。

ありがたいことに、Raspberry Piでネットワーク接続を実現する方法は2つある。1つ目は、
(ボードを図1-5の向きに合わせた場合に)右下隅にあるイーサネットコネクタを使った有
線接続である。このコネクタがどんな形かは図1-6を参照してほしい。

2つ目の接続方法は、USB レセプタクルを使用することだ。これには、無線 USB ドングル（ドングルとは差込式デバイスのこと）か USB-to-Ethernet アダプタを使用できる。後者を使用すれば、Raspberry Pi を複数のネットワークに接続できる。この方法をとる理由の1つは、インターネットとよりセキュアなローカルネットワークの両方に Raspberry Pi を接続する、典型的なサーバー構成にするためだろう。たとえば Raspbian を利用すれば、Raspberry Pi を古典的な LAMP（Linux、Apache、MySQL、PHP）サーバーにできる。同様のソフトウェアを使用する大規模サーバーと同じように、バックエンドのデータベースなどと連動する Web サイトを Raspberry Pi で提供できるようになる。

Raspberry Pi を持ち運びできるようにしたい場合は、無線 USB ドングルが便利だ。外付けバッテリー電源と無線アクセスがあれば、Raspberry Pi をどこへでも持って行ける。少なくとも無線アクセスのある場所へは。最近そうした場所はますます増えている。

オーディオ出力

ボードの一番下には、3.5ミリのオーディオ入出力コネクタがある［図1-7］。ヘッドホンやコンピュータサウンドカード、スピーカーなど、オーディオ入力を受け取って再生する装置なら何でもここに差し込める。

NOTE　モデル A とモデル B にはこの機能がなく、ビデオ用とオーディオ用のコネクタが別々に付いていた。

［**図1-7**］オーディオ出力コネクタ

Raspberry Pi ボードのソケットに差し込むプラグは4極プラグ（先端部分と3本のリングからなる）である。ただし、ヘッドホンやコンピュータのスピーカーでよく見られるような、標準的な3極ミニプラグにも対応している。

　図1-7は、モデルB+以降のコネクタの外観を示している。このソケットに使用するオー
ディオ出力プラグの配線を図1-8に示す。

左音声　グラウンド

［**図1-8**］オーディオ出力コネクタに対応する
プラグ

右音声　ビデオ

　Raspberry Piの限界の1つは、音質に関連している。このコネクタから出力されるオーディ
オの再生時のサンプリングレートは11ビットである（本当によい音で音楽を聴きたい場合は
16ビットが望ましい）。のちほど説明するHDMI（High-Definition Multimedia Interface）
コネクタのほうがオーディオの品質はよいが、言うまでもなく、高品質スピーカーに接続さ
れた大画面テレビなどのHDMIデバイスが必要となる。

　とはいえ、心配はいらない。Raspberry Piの能力の限界に対処するのと同様に、さまざま
な解決策がある。たとえば、Raspberry Pi対応のUSBオーディオアダプタがAdafruitから
格安で販売されている。このアダプタはより上質のオーディオを出力し、マイク入力にも対
応している。これを使えば、Raspberry Piを音声レコーダーや音楽レコーダーとして使用し
たり、音声コマンドを使って動作させたりできる。Raspberry Pi専用のさまざまなコンピュー
タサウンドボードも販売されている。

　さらによいことに、外部のDAC（Digital-to-Analogue Converter）をI^2Sインターフェイ
ス経由で使って高品質サウンドを実現できる。このすばらしい機能については、11章で説明
する。

コンポジットビデオ

前項で説明した3.5ミリコネクタを使用すれば、旧式のコンポジットビデオも利用できる。Raspberry Piは、ブート時にコンポジットデバイスが接続されていることを検出すると、適切な解像度の選択を試みる。ほとんどの場合は利用可能なディスプレイを特定するが、間違えることもある。

壁という壁にたくさんのHDMIデバイスが掛かっている現代の感覚からすると、ビデオコンポジット出力の存在は古い学校を想像させるかもしれない。だがこれは、Raspberry Pi財団の設立メンバーの1人、エベン・アプトンが最近表明した設計理念に沿ったものである。彼は次のように述べている。「Raspberry Piは、1980年代風の非常に安価なLinux PCです。テレビをコンピュータに変えるデバイスなのです。テレビに接続し、マウスとキーボードを差し込み、電源と何らかのストレージを取り付け、OSをインストールすれば、PCが手に入るのです」。

CSIカメラモジュールコネクタ

Raspberry Piのカメラモジュールを利用すれば、5メガピクセル(megapixel)の静止画像と1080HDの映像がおよそ16ポンドで手に入る。カメラモジュールをRaspberry Piに接続するためのCSI(Camera Serial Interface)コネクタは、HDMIコネクタと3.5ミリオーディオ出力コネクタの間にある[図1-9]。

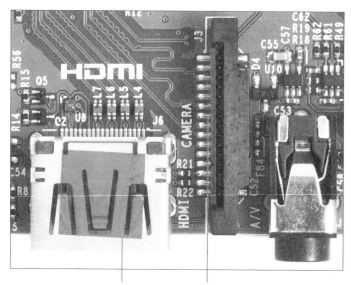

HDMIコネクタ   CSIコネクタ

[図1-9] CISコネクタとHDMIコネクタ

CSIは15芯のフラットフレキシブルケーブル（Flexible Flat Cable：FFC）でカメラモジュールを接続する。このケーブルを接続し、カメラモジュールを動作させるのは少しややこしいことがある。Raspberry PiのWebサイトにある解説ビデオ[*5]を参考にするとよいだろう。

とはいえ、ケーブルさえソケットにきちんと差し込んでしまえば、カメラはきちんと動く。タイムラプス写真や動体検知撮影、ビデオ映像の録画など、ありとあらゆる便利なことをプログラムできる。

HDMI

Raspberry Piのカラフルなグラフィカルユーザーインターフェイス（Graphical User Interface：GUI）は、大型ディスプレイに表示するに越したことはない。ディスプレイがあれば、Webサーフィンをしたり動画を見たりゲームしたり、コンピュータでできそうなことは何でもできる。そのための最善策はHDMI（High-Definition Multimedia Interface）である。

HDMIを使用すれば、HDMI対応のディスプレイコントローラ（ここではRaspberry Pi）からオーディオやビデオをコンピュータモニタ、プロジェクタ、デジタルテレビ、またはデジタルオーディオデバイスへ転送できる。

HDMIはより高品質なので、Raspberry Piボードのオーディオコネクタから出力されるようなコンポジットビデオよりも断然優れている。コンポジットビデオのようにノイズや（場合によっては）歪みが生じることはなく、より目に優しく、解像度が高い。

Raspberry PiモデルBのHDMIコネクタは、（図1-5の向きでは）Raspberry Piボードの下端のほぼ中央にある。HDMIコネクタについては、図1-9を参照してほしい。

Micro-USB電源

Micro-USB電源レセプタクルは、Raspberry Piボードの左下にある［図1-10］。

［図1-10］電力を供給するMicro-USBレセプタクル

---

*5　https://www.raspberrypi.org/help/camera-module-setup/

Micro-USBアダプタはRaspberry Piボードに電力を供給する。ほとんどのスマートフォンがこの種のコネクタを使用していることをご存知かもしれない。つまり、利用可能なケーブルや電源アダプタはそこらじゅうにある（これは、あまり費用をかけずに試してみたいというユーザーにRaspberry Pi財団が配慮した一例である）。

NOTE　自動車用電源アダプタ付きのMicro-USB充電ケーブルを入手すれば、シガーソケットを使って車内でもRaspberry Piに電力を供給できる。

モデルBの場合、Micro-USBケーブルを使い、5Vでおよそ1アンペア（A）の電流をRaspberry Piに提供する必要がある。モデルB+の場合は1.5Aが推奨されることがあるが、USBレセプタクルに大きな電流を流す場合は、2Aの電源を使用するほうが賢明である（モデルB+以降は、USBレセプタクルは2基ではなく4基であることを思い出そう）。Raspberry Pi 2では、少なくとも2.4Aの電源を用意しよう。

Raspberry Piには電源スイッチがないことを思い出そう（これも価格を抑えるためだ）。単にMicro-USBプラグを抜き差しするだけである。もちろん、少しいじってはんだ付けすれば、わりと簡単に電源ケーブルにスイッチを取り付けられる。

ストレージカード

Raspberry Piの電源を入れると、ボードに格納されているブートローダが起動する。この小さなプログラムコードは、SDカードか（Raspberry Piの最近のバージョンでは）microSDカードがスロットに差し込まれているかどうかを確認し［図1-11］、そのカード上にあるコード（どうやって起動し何をRAMに読み込むかが書かれている）を探し出す。カードが差し込まれていないか、カードに情報がない（何も書き込まれていないか、破損している）場合、Raspberry Piは起動しない。ブートプロセスの詳細については8章で説明する。

[**図1-11**] Raspberry Pi 2の裏側にある microSDスロット

WARNING　Raspberry Piの電源が入っている状態でSDカードを抜いたり差したりしてはならない。SDカードが破損する可能性がきわめて高く、カードに書き込まれているデータやプログラムを失うことになる。

　初期のRaspberry Piに推奨される最小サイズは、当初は4ギガバイト（GB）であったが、通常は8GBである。しかし、インターネット上では大勢のユーザーが32GBのカードを使っていることを報告しており、128GBのカードを使っていると豪語するユーザーも（少なくとも）1人いた。とはいうものの、32GBを超えるカードは、少なくともRaspbianのもとでは、（SDカードをフォーマットする専用ソフトを使って）パーティションを分割する必要がある。

　もちろん、外部電源を使用する場合は、ほとんどのサイズのUSBドライブをUSBレセプタクルの1つに接続できる。最初は1テラバイト（TB）あるとよいだろう。いずれにしても、SDカードはブートに必要である。

DSIディスプレイの接続

　DSI（Display Serial Interface）ディスプレイコネクタは、SDカードスロットのすぐ右側の、ボードの表側にある。DSIコネクタは、液晶ディスプレイ（LCD）画面を駆動する15芯フラットケーブルに適合する設計になっている［図1-12］。

［**図**1-12］DSIディスプレイコネクタ

取り付け穴

些細なことに思えるかもしれないが、モデル B+ 以降のモデルではボードの取り付け穴が4つに拡充されている。モデル B には、取り付け穴は2つしかない。これらの取り付け穴は、Raspberry Pi を他のデバイスとともに箱やケースの中に固定したい場合に役立つ。

絶縁スペーサーを取り付けるときは、この4つの穴にネジで固定すれば安全に設置できる。

チップ

ボードの左中央付近には、大きなチップが2つ配置されている［図1-13］。大きいほうのチップは、Raspberry Pi 2 では Broadcom BCM2835 または BCM2836、Raspberry Pi 3 では BCM2837 である。もう1つのチップは、ネットワーク用のイーサネットプロトコルを処理する。これらの SoC の働きについては、12章で説明する。

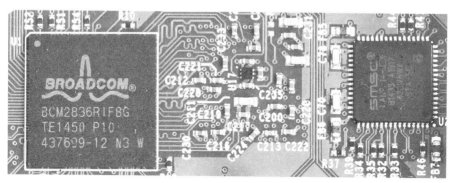

［**図**1-13］SoCとUSB/イーサネットチップ

今後の展望

Raspberry Pi の基本理念は当初から一貫している――入手しやすい価格でハードウェアを提供することにより、コンピュータサイエンスの教育を可能にし、革命的に変えることである。Raspberry Pi が世界中の学校で教育の道具として広く導入されていることを考えると、この目標がうまく達成されていることは間違いない。

若者たちが感じるインスピレーションや刺激、受けた授業や完了させた実験・プロジェクトには、とても重要な意味がある。私たちは次世代のコンピュータエキスパートの誕生を目の当たりにしている。

それだけではない。古い世代の私たち――大人と呼ばれたりする――も Raspberry Pi のよさを知ったのである。数百万人もの人々が、Raspberry Pi のとてつもない能力を探ることに熱中し、その制御機能を使ってさまざまなプロジェクトを構築している。私たちもまた、この小さなコンピュータからさまざまなことを学んでいる。それにより、「マイクロコンピュータ」という用語は、今となっては大きく古ぼけた感のあるデスクトップコンピュータよりもはるかに小さなものを指すようになっている。結果的に、私たちは子供たちのよき手本となっている。Raspberry Pi を大人がこんなに楽しめるとしたら、若者が夢中になるのも当然であり、実際にそのとおりになっている。

このように、Raspberry Pi は若い学生世代を鼓舞するだけでなく、上の世代のコンピュータリテラシーも高めている。願ってもないことである。

次は何が起きるだろうか。すでに進行中の次なる大きな動きは、モノのインターネット（Internet of Things：IoT）である。Raspberry Pi を利用すれば、自宅の冷蔵庫でも自家用車でも、思いつく限りのデバイスを無線で接続し、簡単に組み込める小さなコンピュータ制御装置を使ってコントロールできる。さらに多くの人々がこの「自動化を現実のものにする」ということの意味を受け入れ、そして適応していくだろう。新しいバージョンがリリースされるたびに、Raspberry Pi に対する需要と、Raspberry Pi を使ってできることは増えている。

今後数年間は、コンピュータアーキテクチャの小型化が進む一方で、その能力はさらに向上するだろう。15GHz で動作する24コアの CPU、10GB の高速メモリ、1TB の SSD がすべて SoC に搭載された、親指大のデバイスの登場が待ち遠しい。

そのようなデバイスに、紫の Raspberry ロゴがあしらわれているだろう。そう長くはかからない。未来は猛烈な勢いでそこまで来ている。

驚くべきコンピュータの姿

2章 速習：コンピュータが動く仕組み
Recapping Computing

本章の内容は、あなたがすでに知っているものかもしれない。コンピュータサイエンスの授業を受けたことがある人や、コンピュータやプログラミングを独学で身に付けた人なら、ある程度理解している内容である。本章の内容は、コンピュータがどんなことをするのか、またコンピュータの各パーツがどのように使用されるのかを幅広くカバーした、かなり俯瞰的な概要である。最初の数ページを読めば、自分にとって役立つかどうかがわかるだろう。役に立たないと判断した場合は、3章まで読み飛ばしてもかまわない。

コンピュータは計算を行うために作られたものだが、電卓などの計算を補助する道具ではない。そうした道具はずっと昔から存在している。早くも紀元前600年には、ペルシア人の間でそろばんが使われていたことがわかっており、おそらくもっと早くから使われていただろう。1617年には、「ネイピアの骨」と呼ばれる計算尺のはしりのようなものがジョン・ネイピアによって発明されている。最初の機械式計算機であるパスカリーヌは、1642年にブレーズ・パスカルによって発明されている—パスカルがまだ19歳のときである。それ以来、さらに精巧な機械式計算機がごく最近まで発明されていたが、デジタル計算機（電卓）の登場により、機械式計算機やアナログ計算機は歴史のなかに置き去りにされてしまった。

チャールズ・バベッジは、計算におけるプログラム可能性を最初に考案した人物として一般に知られている。バベッジは非常に貧しく、彼の「解析機関」は1837年に製作するには複雑すぎたが、1888年にバベッジの息子が解析機関の一部を製作し、計算を行って見せた。しかし、現代のコンピュータ処理のベースとなるアイデアが十分に理解されるようになったのは、1930年代に入ってからである。1936年には、アラン・チューリングが完全にプログラム可能なコンピュータの理論的な土台を築いた。1941年には、コンラート・ツーゼがZ3マシンと呼ばれるプログラム可能な電気機械式計算機を製作した。Z3は二進法と浮動小数点数を扱える計算機だった。ツーゼのマシンはのちに、「チューリング完全」であること——つまりチューリングの汎用計算の原理を実装できることが証明されている。

ツーゼのZ3は、ドイツ空軍の翼設計の統計分析を行うために作られたものだった。第二次世界大戦は、多くの分野でデジタルコンピュータの開発を加速した。最初は大砲の弾道を計算する必要性から、のちには核爆弾の開発者が使用する複雑な数学計算を処理するために使用されている。1944年には、ブレッチリーパークにあるColossusコンピュータが

連日のように稼働し、戦時下の枢軸国の暗号解読に貢献した。

　すべての計算が、足し算や掛け算といった基本的な演算のようにワンステップで行われるわけではない。計算によっては、制約条件が満たされるまで反復演算を順番に実行しなければならないこともある。かなり複雑な計算は、計算機が自身の演算とその結果をそのつど検査し、作業が完了しているのか、それとも何らかのタスクを繰り返したり新しいタスクを実行したりする必要があるのかを判断しなければならない。そこで登場するのが、**プログラム**に従って動作するというプログラム可能性の概念である。プログラム可能性により、計算機は計算から真のコンピュータ処理への運命の一歩を踏み出す。

　簡単なことだ——コンピュータは電卓ではない。コンピュータはレシピに従うのである。

コンピュータは料理人

　ある意味、人は計算を行うようになるずっと以前からコンピュータ処理を行っている。ホモサピエンスは、言葉を使って世代間で知識を伝える能力を身につけたことで、他の霊長類から大きくたもとを分かつことになった。代々語り継がれてきた知識の大半は、石片から斧頭を作る方法など、「やり方」に関するものだった。段階的な手順に従うことは、今や生活の一部としてすっかり浸透しており、ほとんどの場合はそうしていることに気づかないほどである。今度チーズトーストサンドよりも複雑な料理をするときには、自分がしていることを観察してみよう。あなたは単に料理をしているのではない。コンピュータ処理を行っているのである。

データは材料

　すべてのレシピは材料のリストから始まる。このリストには、材料とそれぞれの分量がかなり具体的に書かれている。例として、子羊のドルドネーズの材料を見てみよう。

子羊のあばら肉	2ブロック	パセリ	大さじ2
殻付きクルミ	1/2カップ	塩	小さじ1
たまねぎ	小1個	レモン汁	大さじ2
レバーパテ	1缶（13オンス）	細挽き黒コショウ	小さじ1/2
パン粉	1/2カップ		

料理の目的は、これらの材料を混ぜ合わせて調理し、冷蔵庫にまだ存在しないものを作ることである。コンピュータ処理にも材料がある——テキスト、数字、画像、記号、写真、動画などである。プログラムは、これらの材料を混ぜ合わせて調理することで、PDFドキュメント、Webページ、電子書籍、PowerPointプレゼンテーションなど、何か新しいものを作成できる。

これらのレシピは、「子羊のドルドネーズ」が完成するまでの段階的な手順である。レシピによっては話にならないほど単純なものもあるかもしれないが、ほとんどのレシピは非常に明確で、通常は指定された順序で実行される。

1. 両方のあばら肉から骨を取り除く。
2. 肉から脂身を切り落とす。
3. クルミを細かく刻む。
4. 玉ねぎをすりおろす。
5. レバーパテを滑らかになるまでかき混ぜる。
6. クルミと玉ねぎをパテに加えてかき混ぜる。
7. パン粉とパセリを混ぜ合わせる。
8. 混ぜ合わせた詰め物に、塩、レモン汁、こしょうで味付けする。

……といった具合に続く。確かに、クルミを刻む前に玉ねぎをすりおろすこともできるだろう。多くの場合、順序は重要ではない。しかし、順序が重要になるときもある。クルミを刻む前に刻んだクルミをパテに加えることはできない。

レシピと同様に、コンピュータのプログラムは一連の手順である。最初の手順から開始して、データを使って何かを行い、すべての手順が実行されたら一旦停止するか、終了する。スクリプトと呼ばれる単純なプログラムをRaspberry Piのターミナルウィンドウで実行すると、まさにそのとおりに動作するのを確認できる。プログラムが起動し、実行し、作業が完了したところで停止する。「レシピ」の各手順が実行されるときに、それらが画面上を流れていくのを確認できる。

ワードプロセッサのようなもっと複雑なプログラムでは、レシピはそれほど逐次的ではなく、手順はいちいち画面上に報告されない。ワードプロセッサはカフェの料理人に少し似ている。カウンターで日替わりランチを注文すると、料理人がうなずき、調理をするためにキッチンの中に姿を消す。料理が完成すると、料理人はカウンター越しに窓口から日替わりランチをあなたに手渡し、新たな注文を待つ。文字を入力したりメニューからコマンドを選択したりしていないときのワードプロセッサは、カウンターで注文を待つ料理人のようなものである。文字を入力すると、ワードプロセッサはその文字を現在の文書に統合したあと、新しい文字が入力されるのを待つ。実行されている手順を確認できるかどうかにかかわらず、文字を入力するたびに——たとえば「Raspberry」の最後の「y」を表示するために——長いリストの内容全体が順番に実行される。

基本の動作

　レシピやプログラムには、個々の手順に他の手順のリストが含まれていることがある。た
とえば玉ねぎをすりおろす手順は、いくつかの小さな手順に分けて実行される。まず、玉ね
ぎを片手でつかみ、空いているほうの手でおろし金を持ち、玉ねぎをおろし金の表面にこ
すりつけ、すりおろした玉ねぎがボウルに落ちるようにする。

　こうした細かい手順はいつもレシピに明記されるわけではない。多少料理をしたことが
あれば、ほとんどの人は玉ねぎをすりおろす方法を知っており、詳しく説明してもらう必要
はない。しかし、玉ねぎをすりおろすときには、玉ねぎのすりおろし方がレシピに載ってい
るかどうかに関係なく、その手順に従う。これは料理人であるあなたが玉ねぎのすりおろし
方をすでに知っているからこそできることである。

　これは重要な点である。料理人はレシピを完成させるために、名前の付いた具体的な作
業をいくつも使用する。ベテランの料理人は、皮をむく、すりおろす、混ぜる、折りたたむ、
風味を付ける、刻む、さいの目に切る、ふるいにかける、すくい取る、煮込む、焼くなどの手
順をすべて知っており、説明されなくても実行できる。これらの動作のなかには、比較的よ
く行われるものもあれば、滅多に使われないものもある。たとえば「酸味付け」は滅多に使
われないため、レシピでは「酢またはレモン汁を加えてソースに酸味を付ける」といったよ
うにわかりやすい言葉で詳しく説明することが多い。

　料理人と同じく、コンピュータもかなり単純な動作の数々をある程度は理解している。そう
した単純な動作は、より大きく複雑な動作にまとめられる。それをさらにまとめると、完全な処
理プログラムになる。コンピュータが理解する単純かつ基本的な手順は**マシン命令**（machine
instruction）である。マシン命令は、**サブプログラム**（subprogram）、**関数**（function）、また
は**プロシージャ**（procedure）というより複雑な処理にまとめられる。マシン命令の例を見て
みよう。

```
MOV PlaceB, PlaceA
```

　MOV命令は、1つのデータをコンピュータ内のある場所から別の場所へ移動する。複数の
マシン命令を関数にまとめると、はるかに多くの処理を行えるようになる。例として、関数を
見てみよう。

```
capitalize(streetname)
```

　capitalize()は、おそらく期待したとおりのことを行う関数である。通りの名前は短
いテキストであり、プログラム中のこの関数の前に書かれている文によってstreetname
というデータアイテムに格納されている。この関数は、単語を大文字で始めるときの標準的
な規則に従って、通りの名前に含まれている単語の頭文字を大文字にする。コンピュータは

このようにして、"garden of the gods road"というテキストを"Garden of the Gods Road"に変換する。capitalize関数には、数十あるいは数百ものマシン命令が含まれているかもしれない。料理の「煮詰める」という手順に、加える、煮込む、かき混ぜる、煮詰め具合を見るなど、細かな手順が伴うのと同じである。

設計図に従う箱

　レシピになぞらえることができるのは、このあたりまでである。ひょっとすると少し踏み込みすぎたかもしれない。コンピュータは確かにレシピに従う料理人に少し似ている。ところが料理人は、即興で料理をしたり、突飛なことを試してみたり、へまをしたりする。コンピュータは、命令されない限り、即興で何かをしたりしない。コンピュータがへまをするとしたら、それはコンピュータのせいではなく、私たちが何かミスを犯したからだ。もう少し現実に近いたとえは、作家テッド・ネルソンによる「設計図に従う箱」というコンピュータの説明である。コンピュータは箱であり、その箱の中には、設計図、その設計図に従う機械、そして設計図に使用するデータが含まれている。

行うことと知っていること

　もう1つたとえを紹介し、それで終わりにしよう。プログラムはコンピュータが「行うこと」であり、データはコンピュータが「知っていること」である。このように説明しているのは、コンピュータ書籍の著者であるトム・スワンである。「行う」部品は、**CPU**（Central Processing Unit）という。「知っている」部品は、**メモリ**という。この「知っている」ということは、数字、文字、論理状態を符号化することによって実現される。これは、ゴットフリート・ライプニッツが1679年に発見した2進数表記を使って行われる。2進数の使用は、1937年にようやくクロード・シャノンによって数学計算やロジックとして体系化され、現在でもコンピュータで使用されている。**ビット**（bit）とは、それ以上意味を単純化できない、1または0を表す2進数のことである。のちほど説明するように、コンピュータ内では、ビットはオン/オフの電気状態で表される。

　現在、CPUとメモリはシリコンチップに刻み込まれた多くのトランジスタでできている。トランジスタとは、半導体という特殊な金属でできた電気スイッチである。だが、ずっとそうだったわけではない。シリコンチップが登場する前のコンピュータは、単体のトランジスタと、さらには真空管から作られていた（ツーゼの独創的なZ3マシンには、電気機械式のリレーが使用されていた）。

　何でできているかはともかく、初期のコンピュータの基本設計は図2-1のようなものだった。中央の制御コンソールはさまざまなサブシステムを監視していた。サブシステムはそれぞれ、専用のキャビネット（1つまたは複数）に配置されていた。そこには、CPU、パンチテー

プか磁気テープ、そして2種類の記憶装置があった。記憶装置の1つには、プログラムを構成している一連のマシン命令が格納されており、プログラムが操作するデータはもう1つの記憶装置に格納されていた。この基本設計は「ハーバードアーキテクチャ」と呼ばれることがある。というのも、1944年にハーバード大学で開発されたかなり初期の電気機械式コンピュータであるMark Iでは、データと命令が別々に格納されていたからだ。

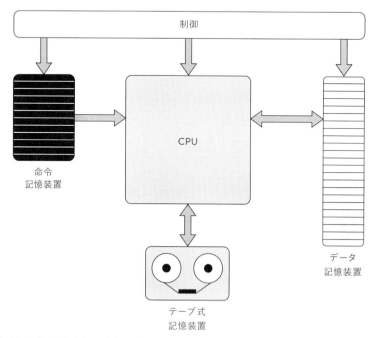

[**図2-1**] ノイマン型よりも前のコンピュータ

　Mark Iのデータメモリと命令メモリは物理的に分かれていただけでなく、まったく別物だった。データメモリは、真空管、蛍光スクリーン上のドット、さらには水銀柱を流れる音波パルスで構成されていた(メモリの進化については、3章で詳しく説明する)。初期の命令メモリは、一連の機械式スイッチとジャンパー線で構成されており、ジャンパー線の位置は端子バー上で動かすことができた。プログラムを走らせるには、技術者がスイッチやジャンパーを使って個々のマシン命令を手動で設定しなければならなかった(想像していたかもしれないが、初期のプログラムにはそれほど多くのマシン命令はなかった)。

プログラムはデータ

　多方面にわたる奇才、ジョン・フォン・ノイマンは、数学から流体力学まで、さまざまな分野の研究に取り組んでいた。しかし、コンピュータ関係者の間では、「**プログラムはデータであり**、データと同じメモリシステムに格納して、データと同じメモリアドレス空間を使うべきで

ある」という注目すべき洞察によって記憶に刻まれている。データメモリから命令を読み取るようにコンピュータを設計し直すのは簡単な作業ではなかったが、その作業の結果、コンピュータ処理は生まれ変わった。命令を1つのスイッチパネルから1つずつ入力し、データメモリに格納することが可能になったのである。その後、メモリからパンチテープ（複数の穴をあけてパターンを描いた長いテープ）に書き出しておけば、それらを実行するたびにいちいち手で入力せずに済むようになった。

　フォン・ノイマンの知見により、コンピュータ処理は大幅に単純化され、1950年代に起きたコンピュータ処理能力の劇的な改善へと結び付いた。図2-2は、現代のコンピュータの仕組みをかなり単純に図解したものである。この図は、特定のモデルやコンピュータファミリを描いたものではなく、このあとの章で説明するより高度な機能の多くも省略されている。

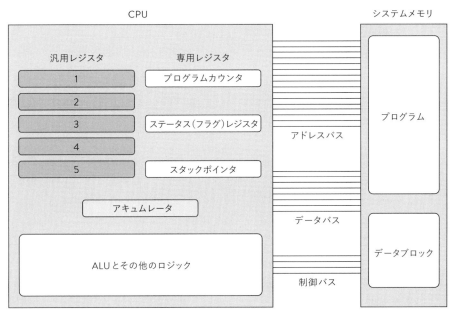

[図2-2] 現代のコンピュータの概略図

メモリ

　この上なく単純な言葉で言うと、**システムメモリ**（system memory）とは、ずらりと並んだデータストレージの区画のことである。各区画には、**アドレス**（address）という一意な番号が振られている[図2-3]。すべての区画は同じサイズで、現代のコンピュータでは一般に8ビットバイトである。ただし、コンピュータは複数バイトをひとかたまりとしてシステムメモリからデータを読み取る。Raspberry Piのような32ビットシステムは、一度に32ビットのメモリにアクセスし、内部演算のほとんどを32ビット単位で実行する。32ビットは4バイトであり、一般に「1ワード」と呼ばれる。64ビットのデスクトップPCやノートPCは、システムメモ

リに64ビット（8バイト）ずつアクセスする。現代のほぼすべてのコンピュータは、1バイトか2バイト（ハーフワード）を対象に演算ができるが、そうすると処理速度が低下することがある。ただし、コンピュータの「ビット」とは内部のデータワードと演算のサイズのことであり、メモリ上の位置を表すアドレスのサイズのことではない。

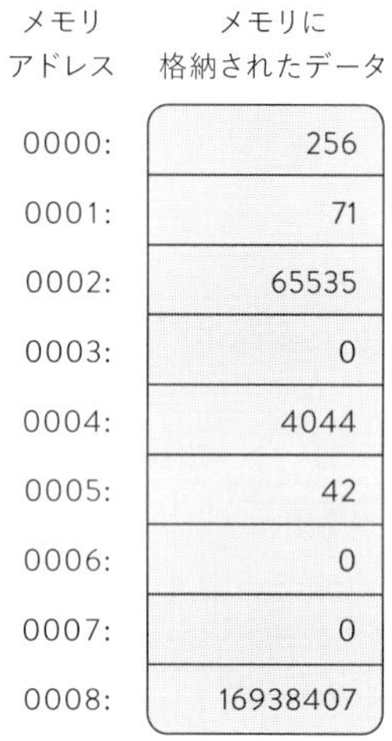

メモリ アドレス	メモリに 格納されたデータ
0000:	256
0001:	71
0002:	65535
0003:	0
0004:	4044
0005:	42
0006:	0
0007:	0
0008:	16938407

[図2-3] メモリの位置とそれらのアドレス（Raspberry Piでは各区画は32ビット）

　メモリアドレスは0で始まる番号の順に並んでいる。最初のメモリ位置が1ではなく0であることに少し引っかかるが、数学で使う数直線を思い浮かべてみよう。あれは0から始まっている。メモリアドレスが0から始まるほうが、アドレスの計算はずっと容易である。

　CPU は、読み取りや書き込み対象のデータをメモリアドレスから特定する。CPU は、マシン命令を使ってシステムメモリの指定されたアドレスからデータワードを取り出し、計算やテストを行うためにそれらの値をレジスタに配置する。レジスタに格納されている値をシステムメモリに書き込むときには、別のマシン命令を使用する。

　これまで説明してきたように、プログラム自体は一連のマシン命令としてシステムメモリに格納される。各マシン命令は（通常は）単一のデータワードである。プログラムファイルとデータファイルの違いは、ほぼ完全に、CPU がファイル内のデータをどう解釈するのかにかかっている。

　メモリは非常に複雑なことがらなので、3章で詳しく説明する。

レジスタ

　すべての CPU には、一定の数だけ**レジスタ**（register）と呼ばれる格納場所がある。レジスタは CPU を構成しているシリコン上にあり、マシン命令を実行するデジタル論理回路はそれらの近くだけでなく、文字どおりシリコン一面にある。各レジスタが格納する値は1つだけである。レジスタの中には、1つの役割ではなく、さまざまな作業に使われるものがある。

そのような**汎用レジスタ**(general-purpose register)には、名前か番号が付いている。また、CPUの内部で特別な作業を行うレジスタもある。さらに、特定のマシン命令が実行されたときには特定の作業を行うが、それ以外は汎用レジスタと同じように使用されるという、それらの中間に位置するレジスタもある。こうしたレジスタは、CPUでまたすぐに必要となる値を詰め込んでおくシリコンシャツのポケットとして使用できる。レジスタの読み書きは高速である。CPUのシリコンの外に出てコンピュータのマザーボード上の部品となっているシステムメモリを含め、他のどのような種類のメモリにアクセスする場合よりも速い。

専用のレジスタには、さまざまな種類がある。最も一般的なものをいくつか紹介しよう。

- **プログラムカウンタ**
  プログラムカウンタレジスタには、メモリから取り出して、次に実行するマシン命令のアドレスが含まれる。つまり、コンピュータプログラム内の実行すべき位置を指し示す。

- **ステータス**
  ステータスレジスタはフラグレジスタとも呼ばれ、単一のビットか複数ビットの集まりに分割された値を保持する。これらのビットはそれぞれ、CPUが実行したばかりの処理のステータスに基づいて更新される。CPUが2つのレジスタの値を比較した際、2つの値が等しければ1ビットの「イコール」フラグが1に設定され、等しくなければ0に設定される。これにより、比較を行ったあとの命令に比較の結果が伝わるようになる。

- **スタックポインタ**
  スタックポインタは、LIFO(Last-In-First-Out)スタックと呼ばれるデータ構造が格納されているメモリのアドレスを保持する。スタックはCPUの演算になくてはならないものであり、4章で詳しく説明する。

- **アキュムレータ**
  アキュムレータは算術演算と論理演算の結果を保持するレジスタである。このような名前が付いたのは、かなり初期のコンピュータで計算の中間結果を累計(アキュムレート)するために使われていたからだ。現代のコンピュータでは、算術演算の結果を単一レジスタに格納することはなく、アキュムレータの役割は汎用レジスタの一部またはすべてに再分配されている。ただし、古いマシン命令のなかには、それらの処理の結果が単一のレジスタに格納されることを前提とするものがある。それで、この名前が残っている。

初代Raspberry Piの心臓部であるARM11プロセッサは、全部で16のレジスタを通常のプログラムに提供する。そのうち3つのレジスタには、特殊な役割がある。別の2つのレジスタは、ステータスレジスタの役割を果たす。この点については、3章でさらに詳しく説明する。

レジスタはCPU自体の内部にあり、よってかなり高速だという点で「貴重」である。CPUのレジスタの数が多ければ多いほど、中間結果を格納するためにシステムメモリにアクセスしなければならない回数は少なくなる。「メモリは低速だ」というのがコンピュータ処理に

おける定説である。近年では、一定量の処理を完了させるためにシステムメモリにアクセスしなければならない回数を減らすべく、多くの技術が投入されている。

システムバス

　コンピュータ処理の基本的な課題の1つは、システムメモリとCPUの間の値のやり取りをできるだけすばやく行うことである。データ値はメモリ内の特定の数値アドレスが割り当てられた場所に格納されている。メモリ内の値にアクセスするには、CPUがその値のアドレスをメモリシステムに指定しなければならない。そうすると、その値がメモリからコピーされ、CPUに返される。

　CPUとメモリの間には、**システムバス**（system bus）と呼ばれる経路がある。システムバスには**ライン**（line）と呼ばれる導線が並んでおり、各ラインはそれぞれ1ビットの情報を伝送する。バスラインの数は、コンピュータの種類やコンピュータで使用されているチップによって異なる。システムバスが伝送する情報は次の3つである。

- メモリアドレス
- データ値
- CPUとシステムメモリがバスを通過するトラフィックを調整するための制御信号

　簡単に言うと、CPUはメモリの場所を示すアドレスをバスに置く。また、そのアドレスが読み取り用か書き込み用かをメモリデバイスに伝えるために、1つ以上の信号を制御ラインに置く。CPUは続いて、指定したアドレスに書き込む値をバスに置くか、指定したアドレスに格納されている値をシステムメモリがCPUに返すためにバスに置くのを待つ。

　プログラムとデータはメモリ内の別々の場所に格納されるが、CPUがそれらをどう解釈するかということを除けば、データワードとマシン命令との間に違いはない。このため、「データ値」という用語は、データと命令の両方の意味を持っている。この点については、3章と4章でさらに詳しく説明する。

命令セット

　この世界には、CPUのさまざまなモデルが存在し、それぞれ独自の方法でメモリやコンピュータシステムの他の部品とやり取りする。これらのモデルの最も明確な違いは、そのCPUで実行できる個々の演算にある。それらの演算はマシン命令であり、まとめて**命令セット**（instruction set）と呼ばれる。

　命令セットはCPUのファミリごとに異なる。IntelのCPUはそうしたファミリの1つであり、ARMのCPUもそうしたファミリの1つである。ほとんどのCPUは命令セットを1つしか扱えない。初代Raspberry PiのARM11プロセッサには、実際には命令セットが2つあるが、

Raspberry Piソフトウェアによって実際に使用されるのはそのうち1つだけである。これについては、4章で詳しく説明する。

　命令セットに含まれているマシン命令は、それぞれの一般的な役割に基づいて分類される——レジスタとメモリとの間で、あるいはレジスタどうしの間でデータを移動する命令、算術演算を実行する命令、論理演算を実行する命令、ステータスビットの読み取りや制御ビットの設定を行う命令などがある。初期のCPUのマシン命令は十数個程度だったが、現代のCPUのマシン命令は100個を超えることがある。

　CPUの命令セットの全体像を知っておいて損はないが、それらを暗記する必要はない。プログラマーがマシン命令をつなぎ合わせてプログラムを書くことは滅多にない（たまにそういうこともあるが、時間のかかる特殊な作業である）。プログラマーは代わりに、人間の言語に近い実行文を書く。これらの実行文は、一連のマシン命令に変換するプログラムに渡される。この変換プログラムは、その動作に応じて**コンパイラ**（compiler）または**インタープリタ**（interpreter）と呼ばれる。コンパイラとインタープリタについては、5章で詳しく説明する。

電圧、数字、意味

　コンピュータはよく、実際にはテキストを扱うのではなく、数字を扱うと言われる。厳密には、これも正しくない。処理が行われているCPUのシリコンの中でコンピュータが扱うのは、電圧レベルだけである。コンピュータチップの実際の処理は、絶え間ない電気的活動の嵐を伴う。その嵐の中で、電圧レベルはたった2つの値の間を行ったり来たりする。低電圧レベルは0Vである。高電圧レベルの実際の値はコンピュータによって異なる場合があり、5V、3V、3.6V、あるいは（多くのモバイルコンピュータやRaspberry Piでは）1.2V以下のこともある。そのコンピュータの内部で常に同じである限り、まったく別の値であってもよい。以下の説明では、3Vを使用する。

　コンピュータは確かに数字を扱うが、それらの数字は電圧レベルとして符号化される。0Vの電圧レベルは数字の0を意味し、3Vの電圧レベル（またはコンピュータごとに決まっているレベル）は数字の1を意味するのが慣例となっている。コンピュータチップの回路で使用される電圧は2つだけなので、コンピュータが実際に理解するのは数字の0と1だけだ。それですべてであり、それほど多いようには思えない。0と1だけで何ができるのだろうか。

　何だってできるのである。

2進法：1と0で数える

　人間が理解する数字は0、1、2、3、4、5、6、7、8、9の10個だけだ。だが、これら10個の数字を使って、気が遠くなるほど複雑な数学演算を行ったり、文字どおり無限の数を表した

りする。私たちは非常に大きな数をほんの数種類の数字だけで表すことができる。観測可能な宇宙全体の原子の数の近似値は、1とそれに続く80個の0で表せる。もちろん、それは私たちが使用する数字の数ではなく、それらを配置する方法、もっと言えば、私たちがそれらに与える意味に関するものである。

　私たちが幼い頃に学び、単に「数」と呼んでいる10進表記は、数字というよりも列（位）なのである。複数桁の数は、各々の位に配置された数字の集まりであり、各位はその右の位の10倍の価値を持っている。72,905のような10進数の場合、各々の位に価値があり、その位の数字はその価値の何倍がその数全体に含まれるかを示している。72,905には、10,000が7個、1,000が2個、100が9個、10が0個、1が5個含まれている。

　この概念は図解したほうが理解しやすい［図2-4］。

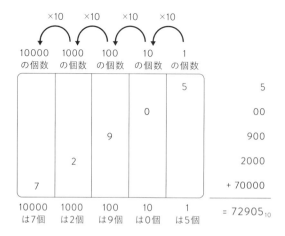

［**図2-4**］10進数を評価する方法

　私たちは10の累乗で考えることに慣れすぎて、10の累乗以外の位取りはなかなか想像できない。だが、そうは言っていられない。10以外の位の数を使用する記数法は、コンピュータの動作を理解するうえで不可欠である。そこで、各列の値がその右の列の値の10倍ではなく**2倍**であるとしたら、どのような数になるか考えてみよう。1の位、10の位、100の位、1000の位、10000の位の代わりに、1の位、2の位、4の位、8の位、16の位を使用することになる。このような位取り記数法には、何種類の数字が必要だろうか。

　0と1の2つである。言い換えれば、10倍すると桁が増える10進表記の代わりに、2倍すると桁が増える**2進表記**を使用する。たとえば、2進数11010を分解すると、図2-5のようになる。11010には、16が1個、8が1個、4が0個、2が1個、1が0個含まれている（2進表記では、桁数が増えてもコンマは使用しない）。

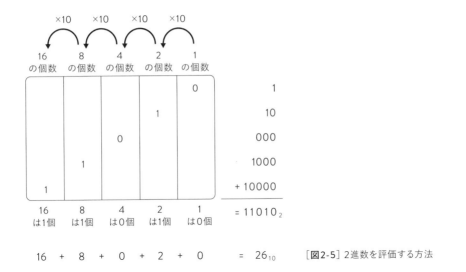

16 + 8 + 0 + 2 + 0 = 26_{10} [図2-5] 2進数を評価する方法

　2から9までの数字を使わない見慣れない数ではあるが、これらはれっきとした数である。2進数の値が10進表記では実際にいくつになるかを確認するには、すべての位によって表される値を合計する。そうすると、16 + 8 + 0 + 2 + 0 = 26になる。11010と26の2つは同じ値である。異なる記数法で表されているが、これらの数は完全に等しい。（非常に）古くさいジョークを借りるとこうなる。世界には10種類の人しかいない。2進数を理解する人と、理解しない人だ。

　記数法において、何倍すると桁が増えるかという値のことを基数と言う。それが10であれば基数は10であり、2であれば基数は2である（図中で数の横に小さな添え字があったらそれはその数の基数を表す）。理屈のうえでは、位取りのための数は整数値であれば何でもよい。3進法、4進法、8進法、11進法、16進法もありである。ただし、次項で説明するように、1つだけ問題がある。

数字が足りない

　私たちに馴染みの深い10進表記は10進法と呼ばれ、10個の数字を使用する。2進数では2個の数字、8進数では8個の数字を使用する。16進数では16個の数字を使用するが、数字は0から9までの10個しかない。残りの6つの数字はどうするのだろうか。私たちが進化の過程で両手にそれぞれ8本の指を持つようになっていたとしたら、間違いなくそれぞれ別の記号で表される1桁の16個の数字が存在していただろう。各記号の意味について私たちが合意してさえいれば、それらはどんな記号でもよく、@、%、*、&、#、$のような記号も使用できる。だが、順序の問題がある。これらの記号には、広く認められている順序はない。* は & よりも先に来るのだろうか。どのようなときにその順序で入力されるのだろうか。順序を決めておかないと、混乱が生じるだろう。そこで、合意された順序を持つA、B、C、D、E、F

の6個の記号を使用することにしよう。使い慣れた10進表記と記号を使って10まで数えると、次のようになる。

```
1, 2, 3, 4, 5, 6, 7, 8, 9, 10.
```

拡張された数字を使って16まで数えるには、次のようにすればよい。

```
1, 2, 3, 4, 5, 6, 7, 8, 9, A, B, C, D, E, F, 10.
```

このような方法では、数字Aは10進数の10を表し、Bは10進数の11、Cは10進数の12を表す、といった具合になる。基数に関係なく、値は値である。基数の違いは、値ではなく表記の違いである。基数が16の表記法は**16進表記**と呼ばれ、現代のコンピュータを理解するうえできわめて重要である。

計数と付番と0

先へ進む前に、コンピュータの世界でよく知られている、少し変わった点について考えてみよう。子供の頃に習ったように、10まで数えるには、数字の1から数え始める。これに対し、コンピュータ技術では、数字の0から数え始める。コンピュータユーザーは、メモリの位置を数えるときに、最初のメモリ位置から「0、1、2、3、4、5……」と数えていく。どういうことだろうか。実は、これには誤解がある。このようなメモリ位置の数え方は、実際にはそれらを数えているのではなく、それらに番号を振っているのである。数学の数直線が0から始まるのと同じように、コンピュータサイエンスでの番号付け（付番）の要素は0から始まる。説明するときには、「0から5までの番号が付いた6個のメモリ位置がある」と言う。計数（この場合は6）は、番号を振る要素の個数である。付番は、それらに名前と順序を与える。最初のメモリ位置は「位置0」と呼ぶことができる。最初のメモリ位置に「位置0」という名前を付けた場合、当然ながら、2つ目の位置の名前は「位置1」、3つ目の位置の名前は「位置2」となる。

この0から順番に数えていく方法でメモリ位置に番号を振る場合、それらに割り当てる番号を**アドレス**（address）と呼ぶ。アドレス空間の最初のアドレスは常に0である。

2進数の省略表記としての16進数

16進表記は、10進表記や2進表記と同じように、位取り記数法である。各々の位には、その右にある位の値の16倍の値が設定される。16個ある1桁の記号には文字と数字が混ざっているため、奇妙な数に見えるが、16進表記の仕組みは10進表記や2進表記と同じである。位ごとに値は急速に増えていき、5桁目で値は65,536になる。

これを図解すると図2-6のようになる。16進数の3C0A9は、10進数の245,929に等しい。どちらの数字も2進値の111100000010101001に等しい。このことは、16進表記がなぜ重要であるかの手がかりとなる。

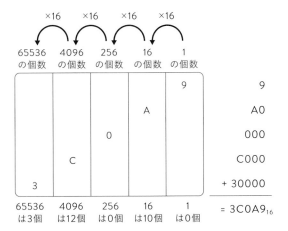

$$196608 + 49152 + 0 + 160 + 9 = 245929_{10}$$ ［**図2-6**］16進数を評価する方法

そもそも16進数が存在するのはなぜだろうか。コンピュータは別に16進数を使用しない。電圧レベルとして符号化された1と0を使用するだけだ。「Hex」（16進数のくだけた呼び方）を使用するのは、1と0からなる長い文字列の解釈に苦労する私たちのほうである。Hexは省略表記のようなもので、2進数をはるかに理解しやすい形式で表せる。111100000010101001は3C0A9と同じ値だ。あなたならどちらがよいだろうか。

省略表記としての16進数の使い方を簡単に図解すると、図2-7のようになる。2進数は、システムバスなどの導電体を流れる相異なる電圧レベルの系列として表されている。この図のシステムバスは16ビット幅である。システムバス内の各ラインは回路基板上の銅線かもしれないし、チップに内蔵された極細のワイヤーかもしれない。いずれにしても、2つの電圧のどちらかが各銅線を流れる。数字の1はバスラインの電圧を計測すると3Vであることを表し、数字の0は電圧が0Vであることを表す。

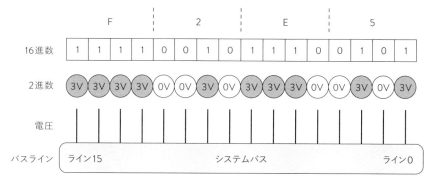

[**図2-7**] バスライン、電圧、バイナリビット、16進数

16進数の各数字は0〜15の値を表せる。15までの値を表すのに4ビットを使用する。16進数の各桁の数字が1または0の2進数4つを表すのは、そのためである。

書かれている値の基数がわからなくなることがあるかもしれない。「11」は2進数であり、10進数でもあり、16進数でもある。もちろん、2進数と10進数と16進数では「11」が表す値は異なるが、「11」という2つの数字の見た目はまったく同じである。与えられた数の基数を明示的に指定するために、印刷上のさまざまな約束事が使われている。

- 2進数の場合は、数字の後ろに文字bまたはBがよく使用される(例:011010B)。
- 2進数の場合は、接頭辞0bがよく使用される(例:0b011010)。
- 2進数の先頭に接頭辞%が付いていることもある(例:%011010)。
- 16進数の場合は、数字の後ろに文字hまたはHを付ける(例:F2E5H)。
- 16進表記を区別するために、接頭辞$や0xも使用される(例:$F2E5、0xF2E5)。

書籍や文書などの印刷物では、$F2E5_{16}$のように、基数を表すために添え字が使用されることがある。プログラミングに使用するエディタでこれらの添え字を入力するのは難しいため、印刷物でも上記の方法の1つが使用される。

2進数と16進数の計算

2進数と16進数は表記法が異なるだけであり、すべての計算法則の対象となる点は同じである。2進数または16進数の加算、減算、乗算、除算を紙の上で行うことは可能であり、手法はまったく同じである。2進数では 1 + 1 = 10、16進数では A + 2 = C、A + C = 16 と憶えておくだけでよい(ちなみに、この「16」は10進数の16ではない。16Hは10進数の22である)。桁上げと桁借りの仕組みは基数に関係なく同じである。紙の上で16進数の長い除算を行うのはあまり現実的ではないが、できないことはない。

確かにそうした計算はできるし、よい練習になるかもしれない。しかし、グラフィカルシェルを備えた電卓アプリがほぼすべてのコンピュータに搭載されていることを考えると、必ずしも時間の有効活用とは言えない。ここでは、2進数や16進数の計算を手で行う方法については説明しない。代わりに、10進数以外の基数に対応した電卓アプリに慣れておくことをお勧めする。Raspberry Pi上で動くRaspbian OSには、Galculatorという電卓がある。Galculatorはスタートメニューの[Accessories]グループに含まれている。まだどのOSも使ったことがない場合は（RaspbianはWindowsやmacOSのように数あるOSの1つにすぎない）、次節でOSの説明をするので、ちょっとだけ待ってほしい。

　Galculatorは、デフォルトの基本モードでは10進数のみを取り扱う。Galculatorを他の基数で使用するには、まず[View]を選択し、次に[Scientific mode]を選択する。16進数字のA〜Fのキーはグレー表示になっている。基数を変更するには、メインメニューから[Calculator]を選択し、プルダウンメニューから[Number bases]を選択し、目的の基数のラジオボタンをクリックする[図2-8]。なお、Galculatorは基数が8の8進数もサポートしているが、8進数は徐々に使用されなくなっているため、本書では取り上げない。2進数を選択した場合、0と1以外の数字はすべてグレー表示になる。16進数を選択した場合は、すべての数字が有効になる。

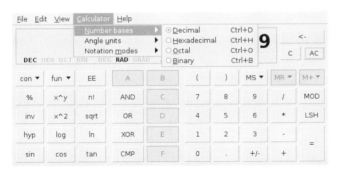

[図2-8] Galculatorでの基数の変更

　基数を選択した状態で科学計算モードを使用すると、Galculatorの動作は10進数の電卓と同じになる。

TIPS　ある基数の値を別の基数の値に変換するには、元の基数での値を入力したあと、[Calculator]→[Number bases]を選択し、変換後の基数のラジオボタンをクリックする。基数を変更すれば、変換は完了である。

オペレーティングシステム：マシンを支配する者

　現代のCPUのシリコンには、大量のデジタル部品が焼き付けられている。しかし、それらは自力では動作しない。工場には工場長が必要である。CPUとそのメモリシステムが工場だとすれば、工場長は**オペレーティングシステム**（Operating System：OS）である。コンピュータの歴史には数千ものOSが登場するが、本書の執筆時点では、大きな市場シェアを獲得しているのはほんのひと握り（Windows、GNU/Linux、Android、macOS、iOS）である。他のOSとの関わりを持たずに誕生したものは1つもない。32ビット版のWindowsのルーツは、IBMのOS/2、そしてVAX VMSと呼ばれるさらに古い時代の大型コンピュータ用のOSである。それ以外のOSはすべて、1960年代後半にベル研究所で開発された大型システム用のOSであるUnixに深く根差している。

　OSはプログラムであり、すべてのプログラムと同様に、突き詰めれば一連のマシン命令である。ワードプロセッサやビデオゲームとは異なり、OSにはコンピュータシステムを管理できる特殊な能力がある。そうした能力の多くは、OS専用に設計された特別なマシン命令に依存している。OSはブートアッププロセスを通じて最初にロードされ、実行されるプログラムである。ブートアッププロセスは、コンピュータのブートローダによって制御される。ブートローダは特別なプログラムであり、OSをストレージからメモリに読み込み、実行する役割がある。ロードされたOSが構成を完了し、コンピュータが「営業を開始する」と、OSはマシンの管理に取りかかることができる。

オペレーティングシステムは何をするのか

　OSを大まかに定義すると、「コンピュータユーザーとコンピュータハードウェアの間に位置し、ユーザーが他のユーザーやコンピュータの操作自体に干渉することなく、コンピュータのさまざまなリソースを利用できるようにするもの」となる。OSの主な役割を分類すると、次のようになる。

- **プロセス管理**
  OSは自身のニーズやユーザーのニーズごとに実行スレッドを起動する。そして、実行スレッドにCPUの実行時間を割り当てる。のちほど詳しく説明するように、マルチコアCPUの場合は、これらのプロセスを複数のコア間で分配する。
- **メモリ管理**
  OSは実行中のプロセスにメモリを割り当てる。ほとんどの場合は、他のプロセスの干渉を受けない、独立したメモリ空間が割り当てられる。仮想メモリと呼ばれる技術により、実際に搭載されている以上のメモリをコンピュータに使用させられる。仮想メモリは、メモリがさらに必要になった場合に、使用頻度が最も低いプロセスのメモリをディスクに書き出すという仕組みになっている。この点については、3章で詳しく説

明する。

- **ファイル管理**

  OSはファイルシステムを1つ以上管理する。ファイルシステムは、ディスクやその他の大容量記憶デバイス上にファイルを保存するスペースを確保し、ファイルのデータの読み書きやファイルの削除を管理する。

- **周辺機器管理**

  OSはキーボード、マウス、プリンタ、スキャナ、グラフィックスコプロセッサ、大容量記憶デバイスのようなシステム周辺機器へのアクセスを管理する（大容量記憶デバイスの場合は、ファイルシステムと連携する）。一般に、周辺機器の管理には、デバイスドライバと呼ばれる特殊なソフトウェアインターフェイスが使用される。デバイスドライバは特定の周辺機器を対象に記述されており、個別にインストールされる。その点では、ユーザーアプリケーションとほぼ同じである。

- **ネットワーク管理**

  OSは外部ネットワーク（ローカルエリアネットワークやインターネットなど）へのアクセスを管理する。これには、ネットワークプロトコルと呼ばれる標準規格が使用される。これらのプロトコルは1つ以上のソフトウェアで実装され、総称してネットワークスタックと呼ばれる。

- **ユーザーアカウント管理**

  現代のOSはすべて、コンピュータ上でさまざまなユーザーにそれぞれアカウントを割り当てられるようになっている。アカウントには、一意なログイン[*1]、特権と呼ばれるひと組のセキュリティ規則、そして他のユーザーによる操作から保護されるプライベートなファイル空間が含まれる。

- **セキュリティ**

  OSのあちこちに、実行中のプロセスを他のプロセスやOS自体の干渉から保護する仕組みが存在する。OSのセキュリティの大部分は、各プロセスやユーザーに許可される操作と許可されない操作を指定するルールを定義することで実現される。アドミニストレータやスーパーユーザーと呼ばれるユーザーは、OSの動作方法を制御するために、一般ユーザーにはない権限を持っている。

- **ユーザーインターフェイス管理**

  OSは、シェルと呼ばれるソフトウェアの仕組みを通じて、ユーザーとコンピュータとの間のやり取りを管理する。シェルは、ターミナルウィンドウのテキストコマンドラインのように単純なこともあれば、Windows、macOS、そしてRaspberry PiのRaspbianを始めとするLinuxのデスクトップ実装で使用されるシェルのように、ウィンドウ形式の本格的なグラフィカル環境のこともある。

[*1]　［訳注］あるアカウントでログインするユーザーがただ1人であるようにする仕組み（ログインユーザーが一意に定まること）。

カーネルに敬礼

　ユーザーシェルという論点は、実際に何がOSの一部で、何がそうではないかという問題を際立たせる。我々の慣れ親しんでいるWindowsでは、ユーザーインターフェイスがOS全体と深く結び付いており、設定オプションを使った局所的な変更以外に、ユーザーインターフェイスを変更する手立てはない。Raspbian OSを始めとするLinuxでは、ユーザーインターフェイスはインストール可能なモジュールであり、ワードプロセッサのような純粋なアプリケーションと本質的に大きな違いはない。シェルには、bashやkshなどのテキストシェルと、GNOME、KDE、Xfce、Cinnamonを始めとするさまざまなグラフィカルシェルがある。管理者の権限を持つユーザーであればこれらのシェルをインストールしたりアンインストールしたりできる。

　Linuxには、古くからモジュール型の設計を採用してきた歴史がある。一定の制限はあるものの、要素の多くは変更可能である。ただし、Linuxの心臓部はカーネルと呼ばれる一枚岩のような一連のコードでできている。Linuxカーネルはコンピュータのハードウェアを完全に制御する。ハードウェア間の相違には、カーネルをデバイス専用のコードで拡張する**LKM**（loadable kernel module）で適応する。LKMには、デバイスドライバやファイルシステムなどが含まれている。

マルチコア

　現代のCPUには、たいてい複数のコアが含まれている。**コア**（core）は、マシン命令を実行するほぼ完全に独立した個々のエンジンである（4章で説明するように、シリコン設計の分野では、コアにはもっと広い意味がある）。本書の執筆時点では、PC業界でよく見られるのは、2コア、4コア、6コアを搭載したCPUであり、8コアのユニットも登場し始めている。コアはそれぞれプロセスを独立して実行するが、すべてのコアがメモリなどのシステムリソースを共有する。他のすべてのものと同様に、システム内でのコアの使用はすべてOSが制御する。通常、OSは1つのコアで動作し、（必要に応じて）プロセスを他の1つ以上のコアに分配する。

　Raspberry PiのARM11 CPUに搭載されているコアは1つだけである。他のARMプロセッサには、コアが4つも搭載されている。ただし、ARMのハードウェアの性質上、チップ設計者はカスタムCPUを作成できる。最新のARM CPUであるCortex-A15では、そうしたければ、4コアクラスタをいくつでもサポートできる。

　3章では、ARM CPUとARMベースの単一チップシステムがどのように作成されているかについてさらに詳しく見ていこう。

$3_{章}$ メモリ
Electronic Memory

現在私たちが知っているコンピュータ処理は、CPUとメモリの間で繰り広げられる激しいダンスのようなものである。メモリから命令が取り出され、CPUがそれらを実行する。命令を実行するとき、CPUはメモリからデータを読み出し、値を変えて書き戻す。よく使うデータや命令は、よりCPUに近いところへ引き寄せておく(これをキャッシュという)。暫時不要のデータや命令は、仮想メモリからディスク上へ追い出される。

このダンスを理解するには、CPUとメモリの両方を理解する必要がある。では、どちらを先に調べればよいだろうか。ほとんどの場合、CPUがショーの主役と見なされ、常にパレードの先頭に立つ。これは間違いである。CPUの設計は数えきれないほどあり、そのどれもが異なっていて、ダンス中の自分のパートでもっとすばやく動くための工夫を満載している。これに対し、メモリはより単純な技術であり、それほど多様でもない。ダンスのときの動きもとても単純だ。CPUから届いたデータを格納し、要求されたら戻してやるということをできるだけすばやくやればよい。ダンスの進行速度はメモリに大きく左右される。システムメモリの速度の限界は、CPUの設計に重大な影響をおよぼす。

というわけで、メモリを先に学ぶのがよさそうだ。メモリ技術を完全に理解すれば、あと同じだけの道程で現代のコンピュータシステムを構成するその他すべてのものを理解できる。

メモリはコンピュータより前からあった

長い間、コンピュータはまったく特殊な用途向けのややこしい計算機だった。プログラムとして渡されるのは手で組み上げられたスイッチやジャンパー線で、これらが1と0を表していた。その後、ジョン・フォン・ノイマンらにより、プログラムはデジタルパターンとしてコンピュータに内蔵することが提案された。そのプログラムが処理するデータも一緒にだ。第一世代のプログラム内蔵型コンピュータは、プログラムとデータを格納するために真空管で作られた1ビット記憶回路(一般に**フリップフロップ**(flip-flop)と呼ばれる)を使っていた。想像してみてほしい、拳ほどの大きさのものに1や0を1つだけ格納することを! 真空管のデータ記憶装置は巨大で、熱く、電力を大喰いするうえ、**揮発性**だった。つまり、コンピュータの電源を切ると、真空管が暗くなるのと同時に真空管の電子的な状態も消失するのだ。

プログラムやデータを永続的に保存するために、真空管内のデータは細長い紙テープや厚紙でできたホレリスパンチカードに書き出されていた（ホレリスカードは国勢調査データの機械集計に使用されていた。デジタルコンピュータが登場する50年前のことである）。テープやカードをコンピュータに読み込む機械は電気制御式で、非常に低速だった。途中結果を電気機械式の紙のストレージに送るのはさらに低速で、電子計算がもたらすスピードのほとんどが無駄になっていた。紙に穴を空けるよりもうまくデータにコードを記録する方法が何としても必要だった。

回転式磁気メモリ

そうした混沌としたコンピューティングの黎明期には、さまざまなものが試された。水銀を利用した遅延線メモリは、ビットを機械的パルスとして格納していた。機械的パルスは、基本的には音波であり、一列に並んだシールド管に詰めた水銀を通じて伝わっていく。現代のコンピュータのダイナミックメモリと同様に、遅延線メモリは（パルスとして符号化された）ビットが管の反対側に届くたびに更新されなければならなかった。コードとデータを表す一連のパルスが水銀中を延々と伝わり、必要に応じて水晶振動子によってそれを読み書きした。水銀記憶装置は巨大で、熱く、ずっしりと重く、毒性のある重金属で満たされていた。また、調整や維持管理がとてもしにくい代物だった。

もう1つの初期の記憶装置は、長残光性の蛍光体を使った陰極線管（CRT、初期のレーダーディスプレイに使用されていた管によく似ていた）の表面にビットを光のドットとして符号化するものだった。描かれたドットは数秒間蛍光体に留まるので、陰極線管の正面に取り付けた板で読み取れる。遅延線メモリと同様に、CRTメモリは定期的に更新する必要があった。とはいえ、1つの管で1,024ビットを格納でき、しかも遅延線記憶装置の何分の1かのスペースで足りた。これはウィリアムス管と呼ばれ、1952年に発売された有名なIBM 701コンピュータのメモリとして使用された。ウィリアムス管は、広く利用された初めての**ランダムアクセスメモリ**（Random-Access Memory：RAM）だった。「ランダムアクセス」と呼ばれたのは、陰極線管の蛍光面上のどこからでもいつでもビットにアクセスできたからである。「RAM」という用語は、他の種類のコンピュータメモリがかつて存在していたことを私たちがほとんど忘れてしまっている現在でも使用されている。「読み取り/書き込みメモリ」と呼ぶほうが妥当だが、RAM、SRAM、DRAM、SDRAMという用語はすっかり定着しているので、本書でもそれにならうことにする。

これらのメモリ技術は、真空管メモリと同様にどれも揮発性だった。コンピュータの電源を切ってもデータが残るメモリ技術が開発されれば、多くのことが容易になり、新しいことが可能になるはずだった。動いている磁性体の表面にある小さな領域の磁気を整列させることで情報を符号化するようになったのは、1930年代の初頭のことである。ドイツ人が磁気録音を発明したのだ。これは、酸化鉄粉を塗ったプラスチックテープに音声波形を書き込

むものだ。1950年になると、この技術が応用されて音声波形の代わりにデジタルデータを格納するようになり、紙テープやホレリスカードに代わって伝説のUNIVACマシンに組み込まれた。

　磁気テープは紙テープやカードよりも高速な記憶媒体であり、書き換え可能という利点もあった。紙テープに一度空けられた穴は永久に残った。これに対し、テープ上の磁気パルスは書き込みと消去を繰り返すことができた。残念だったのは、コンピュータシステムのメモリとして使用するには、テープでもまだ遅すぎたことだ。

　再びドイツ人によって次のような解決策が打ち出された。小さなくずかごほどの大きさのドラムに酸化鉄粉を塗り、当時のモーターやベアリング技術が許す限りの速度で回転させるのである。ドラムのケースには小さな磁気センサーヘッドが取り付けられていた。それらのヘッドはドラムの表面にある別々の細い「ストライプ」の上に整然と並んでいた。これらの磁気ヘッドを通じ、電気パルスをトラックに届けることでビットを書き込むことができた。電気パルスによりドラム表面の酸化物粒子の磁気が整列し、磁気を帯びた小さな領域を作り出す。この磁気領域がヘッドの下を通過すると、ヘッドには小さな電流が発生する。ビットは酸化物からなる小さな領域の磁気整列の有無によって1または0として符号化されていた。

　遅延線メモリと同様、トラックに書き込まれたビットはドラムの回転に伴って読み書きヘッドの下を延々と回っていた。ビットの読み取りと書き込みはシーケンシャルなものに限られていた。トラックに書き込まれた値が必要なときは、コンピュータはその値がひと回りしてやって来るのを待ってから読み取る必要があった。これはアクセス速度を低下させたが、ドラムの回転はかなり高速だった。結果として、CPU内部の電子フリップフロップを別にすれば、他のどんな初期メモリ技術よりもアクセスは高速だった。

　プログラマーは、プログラムをドラムの回転と同期させて、ドラムメモリ特有のシーケンシャルな読み書き動作による遅延をうまく解決するようになった。そのようなプログラムはある特定の連続した値がヘッドの下に来るタイミングを知っており、それを待つ間に他の処理を行っていたのである。現代からするとばかげた手法に思えるが、1953年ではそれが主流であり、この手法のおかげでドラムメモリは最速のコンピュータメモリとなっていた。

　回転する磁気メモリの最後の進化は、現代のハードディスク技術の先触れとなった——同心円状のトラックが設けられた1枚の磁気ディスクからなる**固定ヘッド式磁気メモリ**（fixed-head magnetic memory）の登場である。それぞれのトラックは静止した読み取り / 書き込み磁気ヘッドに合わせて配置されていた。ドラムのほうが多くのコードやデータを収容できたが、ディスクの回転速度はドラムよりもはるかに高速なため、もっとすばやいアクセスが可能となった。記憶メディアの形状を除けば、磁気ディスクメモリとドラムメモリは同じだった。この種の磁気ディスク記憶装置は仮想メモリシステム用の高速な「スワップメモリ」として使用されていたが、1970年代の初めに移動ヘッド式磁気ディスクに置き換えられた。

磁気コアメモリ

　可動部は何かとやっかいだ。特にやっかいなのは、非常にすばやく動くパーツである。回転式の磁気メモリには、音が大きく、振動しやすいという問題があった。さらに悪いことに、ドラムやベアリングが故障すると、たいていデバイスが修理できないほど壊れてしまっていた。このため、可動部のない高速なコンピュータメモリが待ち望まれていた。それが実現したのは1955年のことである。それまでのメモリ技術とは異なり、磁気コアメモリは特定の「レガシー（古典的な）」コンピュータや一部の工業用プロセス制御装置で現在でも使用されている。

　磁気コア記憶装置は、コアと呼ばれる小さなトロイダル（リング状の）磁気ビーズを使用する。コアは特殊な酸化鉄でできており、「高残留」と「低保磁力」という特徴がある。残留というのは磁化された状態を長時間にわたって保つ能力であり、保磁力は磁気の向きを変えるのに必要なエネルギーを意味する。1つのコアに格納できるのは1ビットである。各ビットの状態は、磁気の有無ではなく、その向きによって表される。コアの磁気には、一般に「右回り」と「左回り」の2つの向きがある。ビットの状態は、そのコアの磁化を右回りから左回り、または左回りから右回りに切り替えることによって変更される。

　トロイダルコアは、1枚の回路基板素材の上に極細のワイヤーを格子状に編み込んで張ったものである。そのように編み込まれたものを**プレーン**（plane）と呼ぶ。どのコアでも、中心の穴に4本のワイヤーが通されている［図3-1］。

- x 線は、プレーンからコアを選択するための1つ目の次元を提供する。
- y 線は、プレーンからコアを選択するための2つ目の次元を提供する。
- センス線は、システムがコアの磁気状態を読み取るために使用する。
- 抑止線は、システムがコアの状態を設定するために使用する。

　図3-1では、コアは真横に向いている。慎重に制御された電流をさまざまな組み合わせで4本のワイヤーに流すことによって、選択されたコアの磁気の向きを検知したり変更したりできる。これらのコアはコンピュータの要求に従って任意の1つを選択できる。初期のウィリアムス管と同様に、磁気コアメモリはランダムアクセスメモリ（RAM）である。また、磁気コアメモリは不揮発性であり、コンピュータの電源を切ってもコアは磁化されたままとなる（よってデータも残っている）。

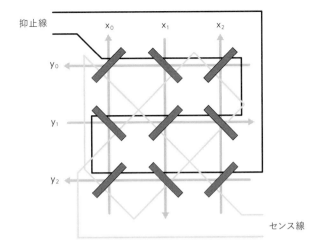

[**図3-1**] コアメモリのプレーンの構造

コアメモリの仕組み

　導電体は電流が流れると磁場を生じる。この磁場の強さは電流の大きさに比例する。コアの中心の穴を通っているワイヤーによって十分な強さの磁場が生じると、電流の向きに応じてコアが磁化される。

　x線とy線は、プレーンの格子状に並んだコアの1つを選択するために使用される。これは幾何学でデカルト平面の一点がxとyの値で選択されるのと同様である。選択したいコアを通るx線とy線に電流が流れる。これら2本の導線には、コアの磁化を反転させるのに必要な磁場の半分を生成する量で電流をそれぞれに流す。このため、両方の導線が通っているコアには、その向きを変更するのに十分な磁気パルスが与えられる。磁化の向きはx線とy線を流れる電流の向きによって決まる。電流をある方向に流すとコアが0の状態になり、逆の方向に流すと1の状態になる。

　実際は、そう単純にはいかない。問題は、コンピュータがコアに書き込むためには、その前にコアを読み取らなければならないということだ。そして、コアを読み取るときには、コアへの書き込みが試みられる。コアを読み取るプロセスは、順番に書き出してみたほうがわかりやすい。

1. コンピュータが選択されたコアの状態を0にしようと試みる。これはそのコアで交差しているx線とy線に適切な向きの電流を流すことで行われる。
2. 選択されたコアの状態がすでに0だった場合は何も起こらない。
3. 選択されたコアの状態が1だった場合、コアの状態は0に変わる。状態が変化すると、センス線に小さな電流が流れる。センス線に電流が流れることで、コンピュータはそのビットがもともと1だったことを知る。

この時点で、コンピュータはコアが1か0のどちらだったかを知る。悲しいことに、コアの状態を読み取ることは、セーターが可燃性の素材でできているかどうかを調べるためにマッチを使うようなものである。セーターが燃え出したら素材は可燃性だったということであり、このときセーターには大きな穴が空く。コアの状態を読み取るのも同じで、コアは強制的に0になる。この種の操作を**破壊読み出し**（destructive read）と呼ぶ。コアのもともとの値を残しておくには、読み取ったコアの状態を書き戻さなければならない。

コアへの書き込みは次のように行われる。

1. コンピュータがコアの状態を読み取ろうとする。これにより、コアの状態が強制的に0になる。以前の状態は何であれ電気回路によって捨てられる。
2. 1のビットを書き込むために、そのコアで交差しているx線とy線に適切な向きの電流を流す。コアの状態が1に変化する。
3. 0のビットを書き込むために、同じx線とy線に同じ電流を流す。ただし、今回はまったく同じ電流を抑止線にも流す。これにより、x線とy線によって生成される磁場に抵抗する（取り消す）磁場が生じる。抑止線によりビットが1に変更されるのを防ぐ（抑止する）のである。ビットはもともと0だったため、状態は0のまま変わらない。

現代の感覚からすると正気とは思えないが、これでうまくいくことは確かである。つまり、コアからビットを読み取るには、読み取ったあとに書き戻さなければならない。コアにビットを書き込むには、まずコアを読み取って0にクリアしたうえで、書き込む（1）か、抑止線を使って書き込みを抑止しなければならない（0）。

メモリアクセス時間

コアメモリの仕組みについて説明してきたのは、肝心なことを理解してもらうためである──電子メモリは物理学に支配されている。物理学は、思った以上に捉えがたく、ともすれば複雑だ。デジタルデバイスでさえ、ある程度はアナログな物理学で動いている。この複雑さが、メモリアクセス時間を決めるすべての重要な要因を左右している。メモリの読み取りには時間がかかる。メモリへの書き込みにも時間がかかる。俯瞰的に見た場合、コンピュータの高速化に向けた取り組みは、メモリを高速化してCPUを立ち止まらせまいとする苦難の歴史である。

コアメモリは、発表された当時は最も高速なメモリで、ドラム式のメモリや固定ヘッド式のディスクメモリを表舞台から葬り去った（ディスクメモリは、可動型の読み書きヘッドを使用することで、現在のハードディスク大容量記憶装置へと進化した）。初期のコアメモリのアクセス時間は6マイクロ秒（μs）であり、技術が成熟した1970年代半ばには600ナノ秒（ns）に縮まった（1ナノ秒は0.001マイクロ秒）。このアクセス速度は、AltairやApple IIといった初期のパーソナルコンピュータに搭載されていた完全に電子的なメモリに匹敵する。

コアメモリは当時にしては高速だったが、製造が難しく、非常に高価だった。このため、メインフレームコンピュータやのちのミニコンピュータに採用されたものの、パーソナルコンピュータではまったく使用されなかった。1970年代の半ばには、コアメモリよりもさらに大きくコンピューティングの本質を変化させるものが登場した。

SRAM

トランジスタはこの話のどこで登場するのだろうと思っているかもしれない。個々のトランジスタから作られたコンピュータメモリは確かに存在していたが、磁気コアメモリよりもかさばるうえに高価で、揮発性でもあった。トランジスタでできたフリップフロップメモリはコアメモリよりも高速だったが、その欠点のせいで、商業的に広く成功するには至らなかった。

それに加えて、1950年代の終わり頃になると、エンジニアは当然の流れとして1つの小さなシリコンチップに複数のトランジスタを載せ始めた。Texas Instruments(TI)のエンジニアだったジャック・キルビーは、複数の抵抗を同じシリコンウエハーに追加することで、コンピュータの論理ゲートに必要な要素をすべて1つのウエハーに集積できるようにした。**集積回路**(Integrated Circuit：IC)の誕生である。1966年には有名な7400シリーズのTTL(Transistor-Transistor Logic)デバイスが発表され、かつてないほど高速で、より小型化された次世代コンピュータを作るために使用された。

TTLコンピュータメモリはゲートやカウンタとともに登場したが、初の商用ICコンピュータメモリとしてIntelからTTLで64ビットの3101チップが登場したのは1969年になってからのことである。そのわずか数か月後に発売されたIntelの256ビットの1101チップはそれよりも低速だったが、よりビット数が多く、価格も抑えられていた。1101チップにMOS(Metal-Oxide Semiconductor)技術が採用されたことが転機となった。MOSトランジスタは電界効果デバイスである。その中では真空管内と同様に電界によって電子の流れが制御されている。これに対し、TTLチップはそれよりも古いBJT(Bipolar Junction Transistor)技術を使用している。BJTは、小さな電流で大きな電流を制御する仕組みになっているため、総電流量はMOSトランジスタの何倍にもなる。MOS技術では、1つのチップにはるかに多くのトランジスタを搭載しつつ、電力損失や廃熱を抑えることができた。かなり特殊な用途を除いて、MOSはすぐにメモリ市場からTTLを追い出してしまった。

1101と3101はSRAM(Static Random Access Memory)デバイスだった。SRAMの「random access(ランダムアクセス)」は、1つのビットに「ランダム」にアクセスすることが可能で、シーケンシャルアクセスでの待ち時間や他のビットの精査がいっさい不要であることに由来している。「static(静的)」は、チップに電力が供給されている限り、たとえコンピュータのクロックが減速したり停止したりしてもチップに書き込まれたビットがその状態を保つことに由来する。どちらのチップも数十年前から使用されなくなっているが、現在のSRAMチップは、ビット数が増えていること以外は、ほぼ同じように動作する。

SRAMチップの基本的な論理要素はフリップフロップである。フリップフロップは2つの状態のどちらかを出力する論理回路で、パルスか電圧の変化を入力して状態を切り替えられる。別のパルスによって逆の状態に切り替えられるか、または回路の電源が落とされるまで、その状態が保たれる。状態が2つあることと、2進数で使われる数字が2つ（1と0）であることから、フリップフロップは1ビットを「憶える」ことができると言える。

SRAMのビットは**セル**（cell）に格納される。それぞれのセルは、基本的にはフリップフロップ回路である。SRAMのセルは、少なくとも4個のトランジスタを必要とする。速度と信頼性を向上させるために6個のトランジスタを使用するものもあるが、その分複雑さが増し、デバイス1つあたりに格納されるビットの数が少なくなる。

SRAMの登場をきっかけに、技術はかなり前進した。アクセス時間をできるだけ短縮することが求められるかなり特殊な用途を除いて、SRAMはDRAMに取って代わられている。DRAMについてはのちほど説明するが、その前に、SRAMとDRAMの共通点であるメモリアドレッシング方式について見ておこう。

NOTE DRAMについては、54ページの「DRAM」で詳しく説明する。

アドレス線とデータ線

コアメモリの説明でも触れたように、メモリデバイスに複数のビットを配置する場合は、読み取りや書き込みの対象となるビットを選択する方法が必要となる。幾何学でいうところのデカルト平面と同様に、コアメモリはx/yアドレス方式を使ってコアメモリプレーンのすべてのコアから1つを選択する。SRAMチップやDRAMチップの内部では、メモリセルが格子状に配置されており、それらのセルはx/yアドレス方式で選択される。コンピュータはメモリシステムのセルを特定するにあたってx/y座標を使用しない。2進数のメモリアドレスを、多くのセルのなかから1つを選択するx/y値のペアに変換するには、別の電気回路が必要となる。

この電気回路の働きは**メモリアドレッシング**（memory addressing）と呼ばれる。コンピュータのメモリシステムをブラックボックスとして考えてみよう。片側には、**アドレス線**（address line）と呼ばれるワイヤーの束がある。もう片側には、**データ線**（data line）と呼ばれるワイヤーの束がある。それぞれの束にあるワイヤーの数は、システム内のメモリの容量とその構成方法によって異なる。アドレス線は、読み取りや書き込みの対象となるメモリ位置の選択に使用される。データ線は、値を読み取るときにシステムからデータを出し、値を書き込むときにシステムにデータを送り込む。また、いくつかの**制御線**（control line）と呼ばれるワイヤーもある。それらの働きはさまざまであり、最も重要なのは、選択されたメモリ位置が

読み取り用なのか、書き込み用なのかを指定することである。

実際には、メモリシステムはたった1つのチップで構成されることがある（Raspberry Piのように——詳しくはのちほど）が、通常は小さな回路基板に取り付けられた複数のチップかチップの集まりのようなさらに小さなユニットで構成されている。

まず、非常に単純なメモリチップとその内部の仕組みを調べてみよう。図3-2に示されているチップは実在しないものだが、その原理はサイズを問わずほぼすべてのメモリチップに当てはまる。

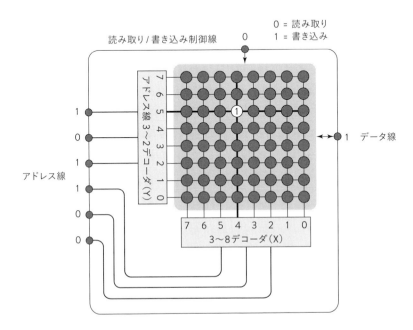

[図3-2] メモリチップがセルを特定する仕組み

このチップの心臓部は64個のメモリセルであり、8×8のセルが格子状に配置されている。各セルには、2進数（1または0）が1つ配置される。このチップには、アドレス線が6本ある。6本で十分なのは、6桁の2進数で0から63までの64種類の値を表すことができるからだ。

このチップの内部には、デコーダが2つある。デコーダとは、入力値として2進数を受け取り、その値を使って複数の出力線のなかからどれか1つを選択する論理要素のことである。入力線で表現できる2進値ごとに出力線が1つずつ存在する。この例では、デコーダはそれぞれ3ビットの2進数を受け取り、8本の出力線のうち1つを選択する。3ビットの2進数は、0から7までの8個の値を表せる。デコーダの出力線には、0から7までの番号が振られている。2進値の101（10進数の5）を入力線に配置すると、出力線5が選択される（図3-2のYデコーダを参照）。

2つのデコーダは、それぞれ行列の2本の軸（xおよびy）の1つを受け持つ。6ビットの2進数で表されたアドレスは、3ビットずつに分割される。一方の3ビット値はXデコーダに適用

され、もう一方の3ビット値はYデコーダに適用される。それらのxとyが交差する場所にあるセルが、読み取りまたは書き込みのために選択されるセルである。選択されたセルが読み取りと書き込みのどちらに使用されるかは、読み取り/書き込み制御線の状態によって決まる。制御線が0に設定された場合は選択されたセルの値が読み取られ、そのセルに格納されていた値がデータ線に配置される。制御線が1に設定された場合は書き込みが実行され、選択されたセルにデータ線の値が書き込まれる。

メモリシステムへのメモリチップの統合

　図3-2の架空のメモリチップでは、一度に1ビットの格納と取り出しが可能である。しかし、1972年にIntel 8008という画期的なCPUが登場して以来、コンピュータは一度に少なくとも8ビットを使用するようになっている。1つのデータ線でメモリから8ビットバイトを取り出すことは可能だが、8ビットを集めるには8回のメモリ読み取り操作が必要となる。そのようなメモリシステムは、どのようなCPUの速度も低下させてしまう。

　この問題に対する一般的な解決策は、物理的に切り離された8個のチップに8ビットデータを分配することである。この仕組みを図解すると図3-3のようになる。今回のシナリオは実際のものだ。このメモリチップは有名な2102チップで、いくつかのベンダーで製造され、1970年代は非常に人気が高かった。2102チップにはそれぞれ1,024ビットが格納される。2102の10本のアドレス線は並列に接続されているため、10本のアドレス線のすべてが8個のチップに接続している。アドレス線に渡されたアドレスにより、各チップの対応するビットが選択され、そのビットが各チップのデータピンに書き込まれる。これらのチップは並行して動作するため、1回の読み取り操作で、ずらりと並んだ8本のデータピンから8ビット全体が得られる。

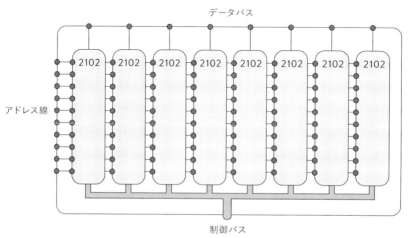

[図3-3] 1,024×8のメモリシステム

図3-3では、それぞれ1,024ビットのチップが8個結合され、8,192ビットを収容する1つの
メモリチップと同等になる。だが、さらに重要なのは、メモリシステムでのビットの配置が
8,192×1ではなく1,024×8であることだ。1回のメモリアクセスで8ビットバイト全体をメモ
リバンクに書き込むことができ、読み取りも同じように迅速である。

　このメモリシステムに10本のアドレス線があることに注目しよう。1,024のなかから1バイ
トにアクセスするには、アドレスバスに渡される値として0〜1,023を2進数で表現できなけ
ればならない。1,023を2進数で表すと1111111111になる。10桁の2進数には、10本のアド
レス線が必要である。

　どのような種類のメモリシステムでも、それをコンピュータに接続するデジタル線の集ま
りは**バス**（bus）と呼ばれる。図3-3の10本のアドレス線をまとめると、1つのアドレスバスに
なる。8本のデータ線はデータバスになる。メモリシステムの制御線は、その本数に関係な
く（この例では、その本数は重要ではない）、全体で制御バスを形成する。

　かつての2102チップは、1,024×1ビットで構成されていた。この構成方法は長い間一般
的だったが、もちろん他の構成方法もあった。たとえば、昔の256×4から現在の1,031,072
×16まで、さまざまな方法で構成されたSRAMチップが存在する。現在のメモリシステムに
はもっと大容量のメモリチップが搭載されているが、それらはすべてDRAMである。DRAM
については次節で説明する。

　メモリチップやメモリシステムの記憶位置の数を**深さ**（depth）と呼ぶ。それぞれの記憶
位置のビットの数は、メモリチップまたはメモリシステムの**幅**（width）である。メモリチップ
やメモリシステムのサイズは、そのメモリチップやメモリシステムの（バイトではなく）ビット
の数であり、「深さ×幅」として定義される。

　例をいくつか見てみよう。

- 古い2102チップの深さは1,024、幅は1、サイズは1,024ビット
- 古い6116チップの深さは2,048、幅は8、サイズは16,384ビット
- 最近のCypress 62167チップの深さは1,048,576、幅は16、サイズは16,777,280ビット

　チップのサイズを正確に表す数字は、一定の限度を超えると読みにくくなる。2の累乗は
10進表記では切りのよい数にならない。メモリチップやメモリシステムについて話をすると
きには、表3-1に示すような省略表記を使用する。

[**表3-1**] 2の累乗の慣用的な表現

2^{10}	1,024	1K		2^{22}	4,194,304	4M
2^{11}	2,048	2K		2^{23}	8,388,608	8M
2^{12}	4,096	4K		2^{24}	16,777,216	16M
2^{13}	8,192	8K		2^{25}	33,554,432	32M
2^{14}	16,384	16K		2^{26}	67,108,864	64M
2^{15}	32,768	32K		2^{27}	134,217,728	128M
2^{16}	65,536	64K		2^{28}	268,436,480	256M
2^{17}	131,072	128K		2^{29}	536,870,912	512M
2^{18}	262,144	256K		2^{30}	1,073,745,824	1G
2^{19}	524,288	512K		2^{31}	2,147,483,648	2G
2^{20}	1,048,576	1M		2^{32}	4,294,967,296	4G
2^{21}	2,097,152	2M				

　近年、新しい省略表記と接頭辞を導入して、2の累乗を表すこれらの省略表記を、10の累乗を表すISOの接頭辞と区別する取り組みが進められている。1キビバイト（1KiB）は、かつて1キロバイト（KB）と呼ばれていた1,024バイトを正確に表すものである。この表記に従うと、1キログラムが1,000グラムであるのと同じように、1キロバイトは1,000バイトである。同様に、1メビバイト（1MiB）は1,048,576バイト、1ギビバイト（1GiB）は1,073,745,824バイトを正確に表す。新しい表記はIEEE 1541規格で定義されており、2002年に公布されている。本書の執筆時点では広く用いられるには至っていないが、これらを憶えておくと科学や工学の文献を読むときに役立つだろう。

DRAM

　SRAMメモリのセルはそれぞれ完全なフリップフロップ回路であり、少なくとも4個のトランジスタで構成されている。SRAMは高速で、これまでに考案された量販用のメモリ技術のなかで最速であることは間違いない。何よりもスピードが要求される場面では、現在でもSRAMが使用されている（コンピュータのメモリシステムに速度がどのような影響をおよぼすかについては、のちほど説明する）。SRAMには、主な欠点が2つある。

- シリコンチップ上を占めるビットあたりのスペースが大きい。
- 少なくともある限度を超えるとそれ以上小さくならない。

こうした制限により、SRAMではビットあたりのサイズとコストがある程度から小さくならない。研究者はこのことに早くから気づいていた。1968年、IBMのフェローだったロバート・デナードによって、フリップフロップ式のデータ記憶域と決別する、根本的に異なるメモリ技術が提案された。このメモリ技術は、マイクロキャパシタの充電／放電状態としてビットを格納するもので、充電されていれば2進数の1を表し、放電していれば2進数の0を表す（この意味の割り当ては任意であり、逆のこともあり得る。メモリチップのデータ線が適切な電圧レベルを保っていることが重要である）。

デナードのメモリセルは、たった1つのトランジスタと1つのキャパシタで構成されている。初期の製造技術でも、SRAMセルの半分に満たない大きさを実現していた。デナードは、このメモリ技術の拡張性はSRAMよりもはるかに高いはずだと予見していた。つまり、このメモリセルの物理特性からすれば、将来の製造技術によって、SRAMで実現し得るサイズよりももっと小型化できると考えたのだ。デナードの予想は当たっていた——それも彼自身を含め、1968年には誰も予測できなかったほど見事に的中したのである。

メモリセル専用に設計されたMOSトランジスタのおかげで、デナードのメモリセルでは消費電力と廃熱が大幅に減少した（チップあたりのビット数をさらに増やしてもチップが自らの熱で「焼けてしまう」心配がないため、これは大容量化にも役立った）。

キャパシタに蓄えられる電荷の物理特性には、トレードオフがある。これ以上ないほど純粋なシリコンキャパシタでさえ、時間が経てば蓄えられた電荷が漏れ出す。大きなキャパシタは蓄電量が多く、バッテリーとして使用できることもある。デナード方式のキャパシタは非常に小さく、わずか100分の1秒で電荷が漏れ出してしまう。昔の水銀遅延線記憶装置と同様に、キャパシタベースのメモリは定期的に更新しなければならない——つまり、読み取ったあとに書き直さなければならない。このように動的なメモリ技術であることから、DRAM（Dynamic Random Access Memory）と呼ばれている。

DRAMの仕組み

コアメモリやSRAMと同様に、DRAMチップは2次元配列のメモリセルに基づいている。これらのセルは、アドレスデコーダを使ってx座標とy座標で識別される（図3-2を参照）。それぞれのセルは、1つのMOSトランジスタと1つのキャパシタで構成される［図3-4］。トランジスタに対する3つの接続は、電子機器に詳しい人ならよく知っているものだ。ゲートは、ソースをドレインに接続するか、互いに絶縁するかを切り替える電気スイッチである（ソースとドレインには、ここでの説明には影響しない小さな違いがいくつかある）。

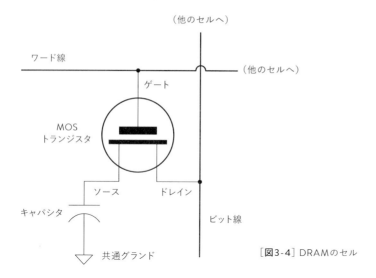

（他のセルへ）

ワード線

（他のセルへ）

ゲート

MOS
トランジスタ

ソース　　　　　ドレイン

キャパシタ　　　　　　　　　　　　　　　　　ビット線

共通グランド

［**図3-4**］DRAMのセル

　図3-4は、格子状に並んだまったく同じセル内の1つのDRAMセルを表している。それらのセルの数は数十億に達することがあり、それぞれのセルは行と列で構成される。行は図3-4の横方向に展開する次元であり、すべてのセルトランジスタのゲートを接続する**ワード線**（word line）によってつながっている。ワード線は、メモリチップのすべての行のなかから1つを選択するために使用され、行のすべてのMOSトランジスタのスイッチを同時に切り替えることで、伝導状態か遮断状態にする。各列のセルは、すべてのトランジスタのドレインへの共通回路である**ビット線**（bit line）によって接続される。各列のビット線の終端にはセンスアンプがあり、想像を絶するほど小さな単位の電荷を1または0として確実に解釈できるようにする。ごく一般的な言い方をすれば、ワード線はセルの選択に使用され、ビット線はセルのデータの読み書きに使用される。

　MOSトランジスタは半導体スイッチである。トランジスタのスイッチが入ると、キャパシタがビット線に電気的に接続される。セルのトランジスタのスイッチを切ると、キャパシタが切り離され、充電（または放電）状態になる。のちほど詳しく説明するように、セルが更新されない限り、電荷は1秒足らずで漏れ出す。要するに、セルを選択し、書き込まれる値が1か0かに応じて、そのセルの電荷状態を読み取るか、そのセルに電荷状態を書き込む。これは個別に行われるのではなく、ほとんどの場合はセルの行全体に対して同時に行われる。

　DRAMの操作には、先ほど説明したコアメモリの操作との類似点がある。コアメモリと同じように、DRAMは破壊読み出しを行う。つまり、電荷の読み取りの物理特性により、セルの電荷は失われてしまうため、更新操作で書き戻す必要がある。決定的な違いもいくつかある。静的なコアメモリとは異なり、DRAMの場合は読み取りが行われるかどうかに関係なく、定期的に更新されなければならない。

　DRAMセルからビットを読み取る手順を簡単にまとめると、次のようになる。

1. キャパシタのフル充電と完全な放電のちょうど中間となる初期電圧（プリチャージ）が セルのビット線に供給されなければならない。
2. プリチャージが完了すると、プリチャージ回路が切断され、ビット線がセンスアンプに 接続される。
3. セルのワード線が選択される。これにより、選択されたセル（およびその行内のその他 すべてのセル）のMOSトランジスタがオンになり、キャパシタがビット線に接続される。
4. キャパシタの電荷状態はビット線の電圧に影響する。キャパシタが充電されている場 合、ビット線の電圧は（本当に）ほんのわずかだけ上がる。キャパシタが放電されてい る場合、ビット線の電圧はわずかに下がる。この電圧の変化はきわめて小さく、電子 の差がわずか100万個のこともある。
5. センスアンプにより、電圧のこの小さな変化が1または0のデジタル状態に変換される。
6. 読み取り操作により、選択されたセルと行内のその他すべてのセルで、キャパシタの 電荷が失われる。このため、読み取った状態を更新したうえで、行内のすべてのセル に書き戻さなければならない。

DRAMセルへの書き込みの手順は、次のようになる。

1. セルに書き込まれる値に対応する電圧がセルのビット線に供給される。通常、1ビット はフル電圧で表され、0ビットは無電圧で表される。
2. セルのワード線が選択される。これにより、MOSトランジスタがオンになり、ビット線 に供給された電圧をセルのキャパシタに渡すことができる。

　DRAMセルは一度に1つだけアクセスされるわけではないことに注意しよう。これらのセ ルはワード線を共有するため、セルの行全体に一度にアクセスすることになる。つまり、セ ルの行全体の値をSDRAMチップの端にある一時的なストレージに読み込むことを「行を 開く」といい、一時的なストレージからすべての変更をセルに書き戻すことを「行を閉じる」 という（SDRAMについてはのちほど説明する）。時間の無駄に思えるかもしれないが、現 代のコンピュータのシステムメモリはほぼ決まって**キャッシュライン**（cache line）と呼ばれ るブロックごとに読み書きされる。のちほど説明するように、キャッシュラインは**キャッシュ** （cache）という高速メモリストアで管理される。
　行が更新されるのは、次の2つの状況である。

- その行に含まれているセルが読み取られるとき
- 5〜50ミリ秒ごと（漏れ電荷によってセルのデータが失われるのを防ぐため）

　行の更新は、単にその行に含まれているセルの状態を読み取り、すぐにセルに書き戻す という方法で行われる。この読み取りと書き込みはCPUを介さない。それどころか、CPU

はいっさい関知しない。更新処理は**メモリコントローラ**（memory controller）と呼ばれる独立したサブシステムによって実行される。メモリコントローラは、CPUがメモリにアクセスするときの遅延をできるだけ減らすために、その他多くの内部処理も受け持つ。メモリコントローラとそれを管理するDRAMチップをまとめて「メモリシステム」または「記憶装置」と呼ぶ。

メモリシステムとCPUの間でデータがやり取りされる速度は、コンピュータ全体の性能に影響をおよぼす可能性がある。メモリシステムの性能は複雑な問題であり、しばしば引っぱり合いになる2種類の指標が使用される。

- **アクセス時間**
  CPUがメモリアクセスを要求した時点からアクセスが完了するまでの時間
- **帯域幅**
  メモリとの間でやり取りされる単位時間あたりのデータ量

本章の残りの大部分では、CPUがメモリにアクセスするときの実質的なアクセス時間と帯域幅の改善に関連する問題を取り上げる。

同期DRAMと非同期DRAM

1980年頃から現在に至るまで、DRAMはコンピュータのメモリシステムを席巻している。大容量化（すなわちDRAMセルの小型化）とは別に、DRAMにはさまざまな改善が施されてきた。おそらく最も画期的な改善は、1990年代の同期DRAM（Synchronous DRAM：SDRAM）への移行だろう。

それまでのDRAMはすべて非同期だった。非同期DRAMの動作はメモリコントローラによって直接管理されていた。メモリコントローラは、単方向アドレスバスに行アドレスを渡し、RAS（Row Address Strobe）コマンド線をlowレベルにすることで、行を開くことができる。その状態で行アドレスを渡し、CAS（Column Address Strobe）コマンド線をlowレベルにすることで、開いている行のセルを読み書きできる。双方向データバスは、DRAMとの間でデータをやり取りするために使用される。やり取りの方向は、WE（Write Enable）コマンド線とOE（Output Enable）コマンド線によって決まる。

非同期DRAMは、RASまたはCASの電圧変化を検知するとすぐに動作を開始するが、各操作を実行するにはある有限の時間が必要となる（**レイテンシ**と呼ばれる）。デバイスのデータシートにはたいてい、たとえば行を開いてからその行の列へのアクセスを開始するまでに待機しなければならない時間（RAS to CASレイテンシ）、あるいは列の読み取りアクセスを開始してからそのデータバスで有効なデータを受け取るまでに待機しなければならない時間（CASレイテンシ）を指定するタイミングパラメータが含まれている。これらのパラメータはナノ秒単位で指定される。メモリの操作を確実に行うには、これらのタイミングパラメー

タを指定したうえでメモリコントローラをプログラムしなければならない。

　非同期DRAMの重大な欠点は、メモリアクセスが一度に1つに限定されることである。行が開くのを待っている間、データバスは完全にアイドル状態となるため、潜在的に持っているスループットが「無駄」になってしまう。1995年頃に広まったFPM DRAM（Fast Page Mode DRAM）は、開いている行への集中アクセス（1回のRAS切り替えにつき複数回のCAS切り替え）を可能にすることで、この問題をある程度緩和していたが、行の切り替えが非効率である点は変わらなかった。

　「スループットの無駄」問題に対する最終的な解決策は、SDRAMの導入だった。SDRAMのカギとなるイノベーションは、複数の独立したバンクにDRAMのセル行列を分割できることである。これらのバンクは別々の非同期DRAMにほぼ相当するものと見なせる。バンクの細かい制御はSDRAM自体の内部ロジックに任せられ、メモリコントローラが生成するクロックの対象外となる（同期DRAMと呼ばれるのは、そのためである）。メモリコントローラは、非同期DRAMが使用しているアドレスバスと制御信号の代わりとなる単方向制御バスを用いて、SDRAMの内部ロジックにコマンドを渡す。メモリコントローラ自体は、CPUやその他のバスマスタ周辺装置からのメモリアクセスリクエストのキューを管理するだけでよい。あとは、プリチャージや行を開く操作の遅延が見えなくなるようにコマンドの発行スケジュールをうまく調整すれば、データバスを完全にビジー状態に保てる可能性がある。たとえば、バンク0のアドレスからマルチサイクルバーストリードの結果を受け取っている間に、バンク1の行を開くコマンドを発行し、続いてバンク2の現在の行を閉じるコマンドを発行して、行を開く新しいコマンドに備えてバンクをプリチャージしておくことも可能である。このように複数のバンクでの処理をオーバーラップさせる手法を、**パイプライン処理**（pipelining）と呼ぶ。パイプライン処理は、SDRAMの性能を非同期DRAMよりも向上させる主な要因となっている。

　メモリ操作のパイプライン処理の柔軟性をさらに高めるために、メモリコントローラはある状況下で、キューに追加されているリクエストの順序を入れ替える。メモリコントローラが順序を入れ替えても問題のないアクセスを判断できるように、たいていCPUとメモリコントローラの間で信号伝達方式が定義されている。また、バスターンアラウンド（データバスのデータの流れる向きが変化し、わずかながら無駄な時間が発生する）の回数をできるだけ少なく抑えるために、メモリコントローラはリクエストを並べ替えて読み取りと書き込みにまとめることが多い。

　SDRAMの個々のバンクの操作にも、非同期DRAMと同じように、バンク特有の遅延がある。こちらも、タイミングパラメータがたいていデバイスのデータシートに指定されている。SDRAMの場合は、直接ナノ秒で指定されるのではなく、デバイスがサポートしている最大クロック周波数でのクロックサイクル数として指定されることが多い。メモリコントローラは、ブート時にそれらのパラメータをSDRAMの内部ロジックにプログラムしておく。そして、それらをもとに、バスでコマンドを発行してからデータを受け取るまでに待機するサイクル数を把握する。

SDRAM の列、行、バンク、ランク、DIMM

　前項で説明したように、SDRAM の内部は同じサイズの独立したバンクの集まりでできている。各バンクは格子状に並んだ行で構成されており、各行のビットは特定の幅の列でまとめられる。最近の SDRAM チップの行には数万ビットが含まれており、列のビット幅は一般に 8、16、32 のいずれかである。行アドレスと列アドレスの組み合わせにより、バンク内で格子状に並んだメモリセルのなかから開始点が指定される。列の幅を単位として、開始点から始まる一連のセルが読み書きされる。

　一般に、各チップには 2、4、または 8 つのバンクが存在する。バンク自体のサイズはチップによって異なることがある。一般的な 128MB の SDRAM メモリチップは 8 つのバンクで構成されており、各バンクには 8 ビットの列が 1,024 個、行が 16,384 個含まれている。したがって、チップ内のビットの総数は、8 バンク×16,384 行×1,024 列×列 1 つあたり 8 ビット＝1,073,745,824 ビットである。128MB チップと呼ばれるのは、1,073,745,824 ビットを 1 バイト相当の 8 ビットで割ると 134,217,728 バイトになるからだ（この数が 128MB と見なされる理由については、表 3-1 を参照）。

　SDRAM チップの構造は、メモリシステムにチップ自体を装着する方法によっている。デスクトップ PC や従来のノート PC では、複数のチップが小さな「細長い板状」のプリント回路モジュールに取り付けられている。1990 年代の後半までは、それらは SIMM（Single In-line Memory Module）だった。というのも、プリント基板の両面にある対のエッジコネクタの接点がまったく同じで、つながっていたからである（メモリチップが基板の片面にだけあると考える人もいるが、そうではない）。SIMM はデータバスとの間で一度に 32 ビットをやり取りできる。

　SIMM の両面にあるエッジコネクタが信号を共有する場合、SIMM とデータバスとを結ぶ電気的な接続の数は制限される。通常、SIMM のエッジには 72 ピンのコネクタがある。エッジコネクタの両面をそれぞれ独立させれば、モジュールとデータバスとの間で確立できる接続の数は少なくとも 2 倍になる。この変更により、モジュールは DIMM（Dual In-line Memory Module）となり、2000 年頃からデスクトップ PC やノート PC のメモリシステムの大半を占めるようになった。一般に、DIMM は 168 ピン以上の独立したコネクタを持ち、データバスとの間で一度に 64 ビットをやり取りする。

　多くのデスクトップ PC やノート PC では、物理的な小型化を目的として、これとは別の SODIMM（Small Outline DIMM）と呼ばれるより小型化された DIMM モジュールが使用されている。72 ピンの SODIMM は 32 ビット幅、144 ピンの SODIMM は 64 ビット幅である。

　最近の DIMM では、モジュールの両側それぞれが別個のバスでアドレスを指定できる独立したメモリブロックになっており、**ランク**（rank）と呼ばれる。ランクは同じチップ選択制御線を共有するメモリチップのグループとして定義される。したがって、あるランクの各チップがデータバス上で共存する。ランク内の各チップは、ランクが一度に読み書きする 64 ビットのうち 8 ビットずつを受け持つ。

典型的なDIMMの構成は図3-5のようになる。サイズや内部構成の異なるSDRAMチップからさまざまなモジュールが構築されるため、具体的な数字は省略している。

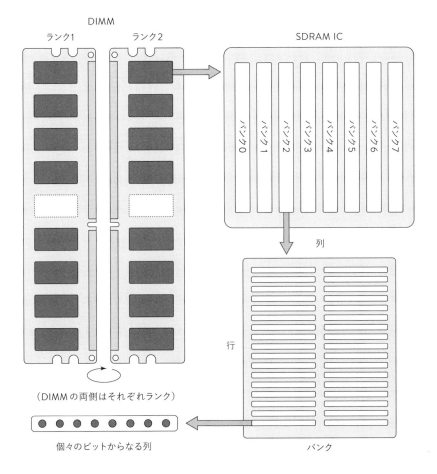

ランク1　ランク2　　　　　　SDRAM IC

DIMM

バンク0　バンク1　バンク2　バンク3　バンク4　バンク5　バンク6　バンク7

列

行

（DIMMの両側はそれぞれランク）

個々のビットからなる列

バンク

[**図3-5**] 典型的なDDR SDRAMのDIMMの構成

第一世代の一般的なSDRAMは、現在では**SDR SDRAM**（Single Data Rate SDRAM）と呼ばれている。この用語が必要になったのは、1990年代の終わりにSDRAM技術の改良によって**DDR SDRAM**（Double Data Rate SDRAM）が登場したからである。SDR SDRAMが「single data rate（シングルデータレート）」と呼ばれるのは、クロックサイクルあたり1データワードの転送が可能だからである。データワードのサイズはメモリシステムの設計に依存する。具体的には、メモリコントローラをSDRAMに接続するデータバスのワイヤーの数によって決まる。最新のデスクトップPCやノートPCでは、64ビットである。Raspberry Piの初期のモデルでは32ビット、Raspberry Pi 3では64ビットである。

3

メモリ

DDR SDRAM、DDR2 SDRAM、DDR3 SDRAM、DDR4 SDRAM

　DDR SDRAMでは、クロックサイクルごとに2つのメモリ転送が発生する。SDRでは、メモリ転送は各クロックサイクルの立ち上がりエッジで発生する。DDRでは、各クロックサイクルの立ち上がりエッジと立ち下がりエッジでメモリ転送が発生し、実質的にメモリ転送の発生率が2倍になる。これを**ダブルポンプ**（double pumping）と呼ぶ［図3-6］。

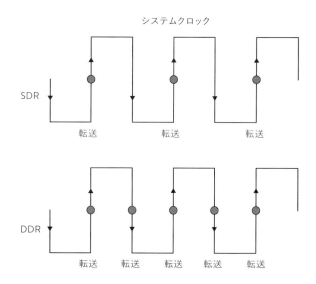

［**図3-6**］SDRとDDRのタイミング

　クロックレートを引き上げてメモリ転送の速度を向上させると、さまざまな電気問題が生じる。クロックレートが高くなればなるほど、消費電力と廃熱は増えていく。高速のクロックでボードを確実に制御することは、チップやPCBの設計者にとって信号の完全性を保つことを難しくする。遅かれ早かれ、エッジレート（ワイヤーが1秒間に0から1または1から0に変化できる回数）が限界に達する。SDRシステムでは、クロックは1サイクルごとに2回変化するが（0から1、1から0）、データ線は1サイクルごとに1回しか変化しない。そのようなシステムは、データのエッジレートよりも先にクロックのエッジレートで壁にぶち当たる。DDRの信号伝達は、データ線の変化を1サイクルあたり2回にすることで、当該技術の能力を存分に引き出すようになっている。

ムーアの法則

1975年、Intel のコンピュータエンジニアだったゴードン・ムーアは、IC に搭載されるトランジスタの数が2年ごとに2倍になることに気づいた。それはあくまでもその時点までの半導体製造の歴史に基づく見解にすぎなかったが、まさに数十年にわたり、不思議とその見通しは覆されなかった。ムーアの法則はすぐに物理的限界に達するだろうとしつこく予測していたアナリストもいたが、半導体開発のダウンサイジングにブレーキがかかっていることを Intel が正式に認めたのは2015年になってからのことである。ムーア自身は、2025年にはムーアの法則が成り立たなくなるだろうと述べている。

DDR SDRAM が登場した頃、著しく上昇していた SDRAM の（外部インターフェイスの速度ではなく）内部の速度はぴたりと上昇しなくなった。なぜだろうか。アレイからセルの行を読み取るときの速度は、信号の伝播にかかる時間に左右される。そして信号の伝播にかかる時間は、ワイヤーの長さと、ビット線のかすかな電荷をセンスアンプが検知するのにかかる時間によって決まる。SDRAM は後継の世代ごとに（小型化ではなく）同じ面積に詰め込むストレージの量を増やしており、アレイ内のキャパシタに蓄えられる電荷はより小さく、検知しにくくなる一方である。結果として、論理素子に対してムーアの法則を維持するのに大きく貢献してきたプロセスの微細化は、SDRAM の内部の速度にほとんど影響を与えなくなっている。

幸いだったのは、SDRAM の内部の帯域幅がすでに信じられないほど広かったことである。先に述べたように、行を開くには SDRAM チップの端にある一時的なストレージに数万ものビットを同時に読み込む必要がある。10ナノ秒に1回のアクセスというような、比較的ゆっくりとした内部速度であっても、帯域幅の量に変わりはなく、シリコンダイの端にあるパッドの横のどこか指定した場所に結果が配置される。唯一の問題は、1ナノ秒以下の転送をバスがサポートしている場合に、そのデータ速度をどのようにうまく調整するかだ。

DDR とその後継である DDR2 と DDR3 によって採用された解決策は、メモリが（後述する）バーストモードによってアクセスされるようにし、開始アドレスから隣接するいくつかのアドレスまでをまとめて読み書きすることである。SDRAM の内部ロジックが最初の列を読み取ったあとは、時間のかかるアレイへのアクセスを要求しなくても、同じ行のそれ以降の列を「自由」に利用できるようになる。このプロセスを**プリフェッチ**（prefetching）と呼ぶ［図3-7］。32ビット SDR メモリでは、32ビットワードを1つ読み取ったあとに、メモリ内の別の場所にある別の32ビットワードを効率よく読み取れたが、DDR では、隣接する2つの32ビットワードをクロックサイクルの立ち上がりエッジと立ち下がりエッジで受け取ることが要求される。DDR2 では、この要件が2倍の4つの隣接ワードになり、最大800MHz のデータ速度（または最大400MHz のクロック速度）がサポートされる。DDR3 では、さらに要件が2倍の8ワードになり、データ速度は1.6GHz 以上になっている。いずれの場合も、チップの端に

ある一時的なストレージからデータがより高速なバスに送り込まれる。また、バーストの最小要件の引き上げは、ランダムアクセスに対する「全速力」の需要に追いつけるほどアレイ自体が高速ではないことを物語っている。

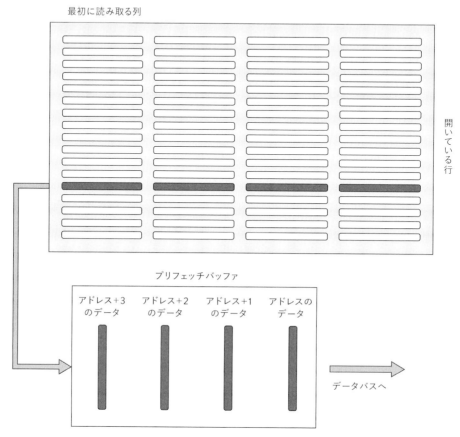

[**図3-7**] DDR2のプリフェッチ

　もちろん、CPUがそうした4つの連続するデータワードを必要とせず、最初のデータワードだけでよいことも考えられる。CPUがDDRメモリの何らかのアドレスからデータワードを1つ読み取ったあと、すぐに別のアドレスにある別のデータを要求したとしよう。その場合も、最後の3つのワードはやはりリバス経由で送信されるが、メモリコントローラはそれらを捨ててしまう。DDRメモリでは、バーストを途中で打ち切ることができたが、この機能はDDR2以降の世代ではなくなっている。これは無駄に思えるかもしれないが、ほとんどの場合、CPUはあるアドレスから始まるメモリワードを順番に要求する。というのも、現代のコンピュータでは、システムメモリからの読み取りのほとんどが、キャッシュラインからCPUのキャッシュ

への読み込みだからである（キャッシュについてはのちほど説明する）。CPUのキャッシュサイズが増えた結果、シーケンシャル読み取りが標準となり、「ランダム」な読み取りは滅多に起こらない例外になりつつある。

先に説明したプロトコルの変更に加えて、DDRは転送速度の改善と動作電圧の低下による電力消費と廃熱の削減を目的として、世代ごとに物理的な信号伝送方式に変更を加えている。それによる改善は顕著であり、DDR3メモリの消費電力はDDR2メモリよりも30%抑えられている。

最新世代のSDRAMであるDDR4は、2014年の終わりに登場した。動作電圧は（DDR3の1.5Vに対して）1.2Vに抑えられ、転送速度を増した、より高密度のモジュールに仕上がっている。動作周波数の範囲は（DDR3の400〜1067MHzに対して）800〜1600MHzに増加している。低電圧版のDDR4メモリモジュールは、1.05Vの低電圧で動作することで、電力効率を大幅にアップさせ、廃熱を抑えている。DDR4メモリの消費電力は最大でDDR3モジュールの40%である。最新デバイスのモジュール密度は、DDR3の1GBをしのぐ4GBに増えている。

ECCメモリ

現代のDIMM、特にサーバでの使用を目的としたものやその他の高信頼性が求められる用途のものを調べてみると、両側にそれぞれ9個のチップを搭載しているものがあることに気づくだろう。チップが8個だけであっても、おそらく9個目のチップのためのプリント回路パッドを備えた空きスペースがあるはずだ。9個目のチップには、必須ではないものの非常に有益な、「誤り訂正」という役割がある。

コンピュータメモリの話をするときには、メモリシステムに電力が供給されている限り、メモリに書き込まれたデータがそのままそこに残っているものと想定するのが一般的である。現実には、あろうことか、メモリ内のビット値は何の前触れもなく「ひとりでに」変化することがある。どのような種類のDRAMメモリチップでも、ビットが実際には非常に小さなキャパシタのなきに等しいほどわずかな電荷でしかないことを思い出そう。この電荷は、この避けようのないリークによってあっという間に減少し、消散してしまう。すべてのDRAMを定期的に更新しなければならないのは、そのためである。

残念ながら、DRAMメモリが放電する理由は、このようなリークだけではない。電荷自体は非常に小さいので、コンピュータの外部からの素粒子がメモリセルを一瞬にして放電させる可能性がある。宇宙線によって生成された高速中性子がメモリハードウェアのどこかにぶつかってセルを放電させ、メモリエラーを引き起こす可能性がある。かつて考えられていたほど頻繁に起きるわけではないが（メモリセルは小さなターゲットであり、宇宙線が降ってくることは滅多にない）、それがもし起きたとすれば、メモリが破壊されてコンピュータがダウンするおそれがある。

環境放射線によるメモリ破壊を防ぐために、ECC（Error-Correcting Code）というメモリ技術が開発された。現代のコンピュータメモリで使用されている仕組みは、リチャード・ハミングによって開発されたことから、ハミング符号と呼ばれている。ハミング符号をメモリで実装する方法はさまざまである。現在用いられている手法では、64ビットのデータワードの「不良ビット」を同時に2つ検出できる。しかも、そのシステムでは、64ビットワードのシングルビットエラーを訂正できる。これら2つの機能により、この手法はSECDED（Single-Error Correcting and Double-Error Detecting）と呼ばれる。

SECDEDハミング符号の基盤となっている数学は難解で、本書で扱う範囲を超えている。基本的には、64ビットワードごとに追加の8ビットがメモリシステムに格納される。これが、ECCメモリのDIMMにある9個目のSDRAMチップの存在理由である。新しい値がメモリ位置に書き込まれるたびに、その位置用の新しいハミング符号が生成され、「追加」の8ビットに書き込まれる。そのメモリ位置が読み取られるたびに、メモリコントローラが読み取った値を追加ビットに格納されたハミング符号と照合する。この照合が失敗した場合は、最後にハミング符号を計算したあとにそのメモリ位置でエラーが発生していることがわかる。その場合は、エラーログに記録したり、OSでアラートを生成したり、（シングルビットエラーの場合は）ばれないうちにエラーを修正するなど、コンピュータが何らかの措置を講じることができる。

追加のDRAMチップにはコストが伴う。また、ハミング符号の生成と照合を行うハードウェアでは、オーバーヘッドが2〜3%ほど増加する。信頼性が不可欠なシステムなら、そのコストとオーバーヘッドにはそれに見合う価値がある。なお、ほとんどのデスクトップシステムはECCをサポートしていないため、一般的なデスクトップPCやノートPCで使用されているDIMMの各メモリランクには、9個目のSDRAMチップはない。

Raspberry Piのメモリシステム

Raspberry Piボードはそもそもモバイルデバイスではないが、スマートフォンやタブレットなどのポータブルデバイス用に作成されたパーツを基盤としている。小型化と省電力は、モバイル設計の最優先項目である。小さな電源アダプタで動作できるデスクトップコンピュータはあまりないが、モバイルデバイスのパーツを使用しているRaspberry Piなら動作できる。

初期のRaspberry Pi Model Bのメモリシステムは、512MBのメモリを搭載した400MHz LPDDR2シングルチップデバイスである。このメモリの構成は128M×32、つまり32ビットワード×134,217,728個＝4,294,967,296ビットとなる。デバイスの内部では、4ギガビットが8つのバンクに分割され、バンクごとに4,096バイト幅の16,384個の行で512メガビットが実現される。すべてのLPDDR2メモリと同様に、最小バーストサイズは4だ。

省電力機能

　SDRAMチップの消費電力を削減する主たる方法は、動作電圧を減らすことである。最新のDDR2 DRAMが1.8Vで動作するのに対し、Raspberry Pi Model Bが採用している低電力LPDDR2メモリチップは1.2Vで動作する。それほど差があるようには思えないが、時間が経つほどその差は広がっていき、スマートフォンや特にタブレットのようなデバイスのバッテリー寿命に大きな影響を与えることがある。

　LPDDR2のもう1つの省電力機能は、シングルエンドの（終端されていない）バスを使用することだ。つまり、達成可能なバス速度を低下させることと引き換えに、「通常」のDDRメモリが使用している終端抵抗での電力損失をなくす。さらにもう1つの省電力機能は、セルフリフレッシュモードの提供である。それにより、システムがアイドル状態のときに、メモリコントローラがアレイを更新するタスクをSDRAM自体に任せられるようになる。その結果、メモリコントローラ、CPU、およびその他のシステムコンポーネントは、ディープスリープモードに切り替え可能になる。Raspberry Piで使用されているメモリチップは、温度制御付きのセルフリフレッシュをサポートする。デバイスの温度が下がると電荷のリークが緩やかになるため、デバイスは温度に応じて更新頻度を調整する。通常の動作では、BCM2835 SoCのメモリコントローラも同じような手続きを実行する。

BGAパッケージ

　初期のRaspberry Piボードを初めて見た人は、たいてい、RAMはどこにあるのだろうと考える。ボード上にはICが2つあるだけだ。そのうちの1つは、言うまでもなく、Broadcom BCM2835 SoCである。もう1つは、SMSCのUSB/イーサネットコントローラLAN9512だ。では、メモリはどこにあるのか。

　虫メガネを使って大きいほうのICをよく見てみると、チップにBroadcomではなくSamsungまたは「Hynix」（またはその他の文字）と記されていることがわかる。どういうことだろうか。DRAMチップはBroadcom SoCの真上に積まれているのである。実際には、はんだを挟んでサンドイッチ状にくっついている。これら2つのチップは極めて薄いため、見た目で騙されてしまう。これら2つのチップを重ねても厚さは1ミリほどしかない。

　このトリックを可能にしているのは、**BGA**（Ball-Grid Array）というICパッケージである。BGAパッケージの表面には、同心円状に並んだ1つ以上の接続部がある。BCM2835を始め、一部のデバイスには接続部が両面にある。片面には、その下にある回路基板に接続する小さなはんだのボールが並んでいる。もう片面にもほぼ同様の小さなパッドがあり、その上に重ねるメモリチップの底にあるはんだボールと接合する。このようなスタック方式は**Package-on-Package**と呼ばれ、スマートフォンのように、小型であることが最も重視されるさまざまなデバイスで使用されている。2つのチップの位置は組み立て時に正確に揃えられ、はんだが溶ける温度までスタックが加熱され、チップの間に導電経路が作られる。初代

の Raspberry Pi に搭載されていた512MBメモリチップの底面には168ピンのコネクタがある。これは郵便切手よりも小さなチップに搭載された512MB DIMM に相当する。

Raspberry Pi Zero や Raspberry Pi 3のような最近の Raspberry Pi ボードには、さまざまな IC が搭載されており、やはりBGAパッケージが使用されている。ただし、RAM IC は SoC IC の上にはんだ付けされるのではなく、回路基板自体にはんだ付けされている。手法は同じで、ICの底面に付いているはんだボールを溶かして回路基板上のパッドに接合する。

想像どおりかもしれないが、はんだボールの配置と上下に重ねた2つのチップの位置合わせには、わずかな狂いも許されない。Raspberry Pi ボードでのその他ほぼすべての回路基板レベルでの部品の組み立てと同様に、すべての作業は産業用ロボットを使って行われている。

キャッシュ

メモリシステムがどれほど高速になろうと、それをしのぐ勢いでCPU が高速になっているらしく、メモリはなかなか追いつけない。メモリの性能はシステム全体の性能の足かせとなっている。ソースシンクロナスクロックや8レベルプリフェッチバッファのようなきらめくエンジニアリングをもってしても、CPU は常にメモリが提供できる以上の速度でデータを求めているように思える。過去30年間にわたるメモリの速度上昇は目覚ましいが、システムメモリの速度は CPU とそのデータの間の全体的なやり取りを高速化するための手段ではない。そのための主たる手段はデータキャッシュであり、おそらくこの先もずっとそうだろう。

データキャッシュは、CPU とシステムメモリの間にある高速メモリブロックである。キャッシュの利点は、キャッシュメモリが（時としてはるかに）システムメモリよりも高速であることだ。CPU がメモリから初めて読み取ったデータブロックは、データキャッシュに配置される。次にメモリから何かを読み取る必要が生じると、CPU はまず、必要なものがすでにキャッシュに含まれているかどうかを確認する。必要なものがキャッシュにある場合は、キャッシュヒットとなる。その場合、CPU はシステムメモリではなくキャッシュからデータを取り出す。必要なものがキャッシュにない場合は、キャッシュミスとなる。要求されたデータはメモリからキャッシュへ移されたあと、CPU に渡される。というのも、取り出したばかりのデータがまたすぐに必要になる可能性は十分にあるからだ。

参照の局所性

必要なデータがすでにキャッシュに存在することをCPU が検出する頻度はどれくらいだろうか。その答えにあなたは驚くかもしれない――ほとんどの場合、CPU は必要なものをキャッシュで見つける。コンピュータサイエンスには、**参照の局所性**（locality of reference）という原則があり、コンピュータの操作が集中する傾向があることを示している。参照の局

所性には、次の3つの側面がある。

- 今アクセスしたデータには、おそらく近い将来再びアクセスすることになる。
- 短期間のデータアクセス(読み取り、書き込み)はメモリの同じ一般領域に集中する傾向にある。
- メモリの位置は順番(シーケンシャル)に読み書きされる傾向にある。

　基本的には、コンピュータがあるタスクを実行しているとき、そのメモリアクセスはあちこちに散らばるのではなく、メモリのほぼ隣り合った領域にアクセスする傾向がある。だとすれば、システムメモリの現在の作業領域のデータを(アクセス時間的に)CPUにより近い場所へ移動させれば、かなり効果的だ。その場所がキャッシュである。

キャッシュ階層

　これを極限まで推し進めたのが現在のキャッシュ技術であり、キャッシュはついにCPUと同じシリコンチップに移動してくるまでになった。キャッシュメモリはおなじみのSRAMであり、どの世代のDRAMよりもずっと高速である。このため、キャッシュはCPUに物理的に近いだけでなく、実現可能な最速のRAMでもある。

　キャッシュが高速である理由の1つは、小さいことである。システムメモリのサイズは数ギガバイトにおよぶことがあるが、それと比較するとキャッシュは非常に小さく、格納するデータが1メガバイトを超えることは滅多にない。サイズが小さいほうが高速なのは、サイズが小さければ小さいほど処理するアドレスビットが少なくなり、CPUが要求しているデータがすでにキャッシュに存在するかどうかを判断しやすくなるからだ(この課題については、のちほど説明する)。キャッシュメモリを大きくすると、キャッシュの操作は低速になってしまう。

　では、どのような仕組みになっているのだろうか。実際には、キャッシュを複数の層に分割し、それらの層を階層化する。現代のマイクロプロセッサには、少なくとも2層のキャッシュがあり、多くの場合は3層のキャッシュがある。1つ目の層はCPUに最も近く、レベル1(L1)キャッシュと呼ばれる。そして、2つ目の層はレベル2(L2)キャッシュになる、という具合だ。L1キャッシュはL2キャッシュよりも高速で(そして小さい)、L2キャッシュはL3キャッシュよりも高速である(そして小さい)。キャッシュ階層の一番下にあるのがシステムメモリであり、CPUが直接アクセス可能なデータの格納場所としては最も大きく、最も低速である。もちろん、システムメモリのデータをさらに低速なハードディスクやSSDストレージに書き出すこともできる。それらはCPUがメモリアドレスを使ってアクセスすることが不可能な場所である[図3-8]。

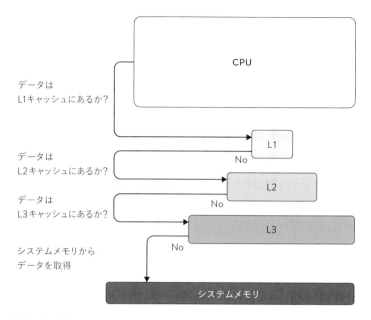

[**図3-8**] 多層キャッシュ

　キャッシュの層の数と各層のサイズは、マイクロプロセッサによって異なる。Intel Core i7ファミリは、コアごとにデータ用と命令用のそれぞれ32KBのL1キャッシュと256KBのL2キャッシュに加え、すべてのコアに共有される単一のL3キャッシュを備えている。このL3キャッシュのサイズは、マイクロプロセッサのモデルに応じて4〜8MBである。初期のRaspberry Piモデルに搭載されているARM11プロセッサには、16KBのL1キャッシュが2つ含まれている。1つは命令用であり、もう1つはデータ用である。128KBのL2キャッシュはARM11 CPUを囲んでいるSoCシリコン内にあるが、このL2キャッシュはARM11 CPUとVideo Core IVグラフィックスプロセッサによって共有され、グラフィックスプロセッサが優先されるという難点がある。なお、Raspberry Piには、L3キャッシュは含まれていない。

キャッシュラインとキャッシュマッピング

　図3-8は、プログラムのフローチャートに少し似ているように見える。それらの意思決定をすべて行っていたら、処理に時間がかかってしまうのでは、と考えているかもしれない。そんなことはない。指定されたメモリ位置のデータがすでにキャッシュに存在するかどうかの判断は、CPUのシリコンに組み込まれている専用ロジックによって瞬時に下される。

　特定のメモリ位置がキャッシュに存在するかどうかを突き止めるための一般的なメカニズムは2つある。1つは計算に基づいており、もう1つは検索に基づいている。どちらの方法にも深刻な欠点がある。現代のほとんどのコンピュータで採用されているのは、これらの手法を折衷したような手法である。「純粋」なアプローチが実際にシリコンで実装されることは

滅多にないが、実際に使用することになるハイブリッド手法を理解するには、両方の仕組み
を知っておく必要がある。

　キャッシュの全般的な技術について少し説明しておこう。まず、キャッシュが実行される単
位はデータワードではない。その理由の1つは、先ほど説明した参照の局所性を利用してい
ることにある。また、キャッシュはSDRAMの項で詳しく説明したメモリコントローラのある
機能ともうまく連携する。その機能とは「バーストモード」ロジックのことであり、システムメ
モリからの複数のワードの読み書きを1つのワードと同じ時間で実行できる。キャッシュの読
み取り（通常）と書き込みは、キャッシュラインと呼ばれる固定サイズのブロック単位で実行
される。キャッシュラインのサイズはさまざまだが、最近のシステムでは、通常は32バイトで
ある。これは多くのIntelのCPUと、Raspberry PiのARM11プロセッサに当てはまる。した
がって、キャッシュに格納できるキャッシュラインの数は、キャッシュのバイト数をキャッシュ
ラインのバイト数で割ったものになる。Raspberry PiのL1キャッシュの場合は、16,384バイ
トをキャッシュラインのサイズ（32バイト）で割ると、L1キャッシュに見込まれるキャッシュライ
ンの数は512個となる。

　キャッシュメモリは、単にCPUの内部にあるひとつながりの非常に高速なメモリというだ
けではない。キャッシュの構造は独特である。キャッシュの各位置には、32バイトのデータ
に加えて、**キャッシュタグ**（cache tag）と呼ばれる追加フィールドがある。キャッシュタグに
より、そのキャッシュラインがシステムメモリのどこで発生したのかをキャッシュコントロー
ラが特定できるようになる。また、キャッシュラインにはそれぞれ次の2つの1ビットフラグも
含まれている。

- **有効ビット**
  そのキャッシュラインに有効なデータが存在するかどうかを示す。キャッシュの初期化時
  には、すべてのキャッシュラインの有効ビットが **false** に設定される。このビットが **true**
  に変化するのは、メモリブロックがキャッシュラインに読み込まれるときだけである。
- **ダーティビット**
  キャッシュラインのデータの一部がCPUによって変更されており、データをシステムメ
  モリに書き戻す必要があることを示す。

　キャッシュタグは、キャッシュラインに置かれているデータがもともと存在していたシステ
ムメモリのアドレスから生成される。読み取りまたは書き込み用に渡されたメモリアドレス
は、次の3つに分割される。

- **キャッシュタグ**
  そのキャッシュラインがシステムメモリのどこで発生したのかを示す。これらはメモリ
  アドレスの最上位から並ぶいくつかのビットであり、キャッシュラインと同じサイズの、
  整列したシステムメモリブロックを一意に識別する。このタグはキャッシュラインとと

もに格納される。

- **インデックス**

 そのシステムメモリアドレスのデータがキャッシュに含まれている場合に、それが存在するであろうキャッシュラインを識別する。次項で説明するダイレクトマッピング方式のキャッシュでは、インデックスのビット数は、すべてのキャッシュラインのなかから1つを特定するために何ビット必要かによって決まる。512ラインのダイレクトマッピング方式キャッシュの場合は、9ビットになる。

- **オフセット**

 オフセットは、タグを生成したシステムメモリアドレスで指定されたバイトに対応するキャッシュライン内のバイトを指定する。これらはアドレスの最下位から並ぶいくつかのビットである。オフセットのビット数は、すべてのキャッシュラインのバイトから1つを指定するために何ビット必要かで決まる。32バイトのキャッシュラインの場合は、5ビットになる。

ブロックフィールドとワードフィールドはどこにも格納されない。それらのフィールドはキャッシュにアクセスするときに使用されるが、キャッシュでのデータワードの読み書きが完了した時点で廃棄処分となる。

キャッシュラインの構造と、キャッシュにアクセスするためにシステムメモリのアドレスがどのように分解されるのかを図解すると、図3-9のようになる。キャッシュラインの構造上の詳細は、システムの具体的な詳細（キャッシュの大きさやキャッシュラインの大きさなど）や、システムがキャッシュの管理に使用するメカニズムによって異なる。

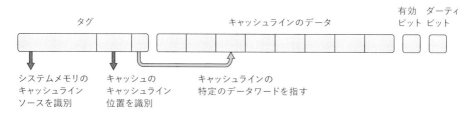

[**図3-9**] キャッシュラインの構造

キャッシュ技術のかなめは、システムメモリから取り出したデータがキャッシュのどこに配置されるかということだ。これは**キャッシュマッピング**（cache mapping）と呼ばれ、要求したアドレスがキャッシュに含まれているかどうかをCPUが知る方法を決定する。名前からわかるように、キャッシュマッピングは、システムメモリ上でのキャッシュラインサイズのデータブロックの位置と、キャッシュにおいて予想される位置との関係を表す。

ダイレクトマッピング

　最も古く、最も単純なキャッシュマッピング手法は、ここまでの説明で暗に想定してきたものであり、**ダイレクトマッピング**（direct mapping）と呼ばれる。簡単に言うと、システムメモリの最初のブロックを格納できるのはキャッシュの最初のキャッシュラインだけであり、システムメモリの2つ目のブロックを格納できるのはキャッシュの2つ目のキャッシュラインだけである、というものである。当然ながら、システムメモリのほうがキャッシュメモリよりも容量が大きいため、このマッピングはキャッシュがいっぱいになった時点で「折り返し」となり、再びキャッシュの最初の位置から始まる。

　図にするとかなりわかりやすくなるので、図3-10を見ながら続きを読んでほしい。

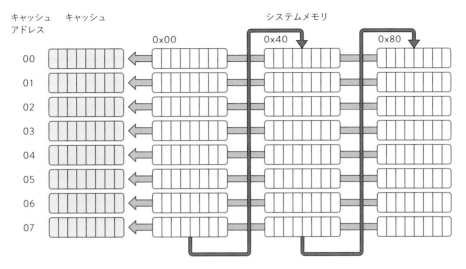

［**図3-10**］ダイレクトキャッシュマッピング

　図3-10は、ダイレクトマッピングの簡単な例を示している。この図では、キャッシュに8つの格納場所があり、それぞれキャッシュラインを1つだけ格納する（話を単純にするために、キャッシュタグは示していない）。キャッシュラインはそれぞれ8バイトである。この図には、システムメモリの最初から24個のブロックが示されている。システムメモリの各ブロックのサイズは、キャッシュラインのサイズ（つまり8バイト）である。これはどのキャッシュシステムにも当てはまるが、システムメモリのデータの読み書きはキャッシュラインと同じサイズのブロック単位で行われる。図中で縦に並んでいるシステムメモリのブロック各列に付けられた16進数（基数16）は、各列の先頭のバイトアドレスである。各列は64バイトを表すため、2つ目の列の開始アドレスは0＋0x40（16進数で表した64）であり、3つ目の列の開始アドレスは0x40＋0x40＝0x80（10進数で表すと128）だ。

システムメモリのブロックがキャッシュラインにマッピングされる仕組みは次のようになる。システムメモリの（アドレス0x00から始まる）ブロック0は常にキャッシュライン0にマッピングされ、（アドレス0x08から始まる）ブロック1は常にキャッシュライン1にマッピングされる。キャッシュラインを使い果たすまでは、単純明快である（図3-10の例では、キャッシュラインは8つしかない）。キャッシュラインを使い果たした時点で、このシーケンスは「折り返し」となる。つまり、（アドレス0x40から始まる）ブロック8はキャッシュライン0にマッピングされ、（アドレス0x48から始まる）ブロック9はキャッシュライン1にマッピングされる。これを「モジュロ n マッピング」と呼ぶ。n は、キャッシュ内の位置の数を表す。システムメモリの特定のブロックがキャッシュにマッピングされるときの位置は、メモリブロックを8で割った余り（モジュロ / 剰余）となる。

「モジュロ（剰余）」は、除算の余りを計算することを意味する。小学校で教わるように、64÷10は6と余り4である。よって、64の10による剰余は4である。この例でシステムメモリのブロック21がマッピングされるキャッシュラインを知りたければ、21の8による剰余を計算する。答えは21÷8＝2余り5であり、メモリブロック21は常にキャッシュライン5にマッピングされる。図3-10のメモリブロックを（もちろん0から）数えて、メモリブロック21がキャッシュライン5にマッピングされることを確認してみよう。

システムメモリのブロックとキャッシュラインのダイレクトマッピングは数学的に正確である。つまり、システムメモリの特定のブロックは常にキャッシュの同じ場所に格納される。CPUが取得する必要のあるメモリアドレスがキャッシュに含まれているかどうかを判断するには、そのメモリブロックが常に格納されることになるキャッシュ内の位置を計算し、キャッシュタグのタグフィールドの値をメモリアドレスの対応するビットと照合すればよい。それらが一致した場合はキャッシュヒットとなり、一致しない場合はキャッシュミスとなる。

計算と比較はCPUの得意技であり、ダイレクトキャッシュマッピングは最も高速なキャッシュメカニズムである。しかし、システムメモリのブロックがキャッシュのどこに格納されるかに関して、まったく柔軟性がないという欠点がある。CPUが実行しているソフトウェアのメモリ読み取りによってブロックが入れ替わったりすれば、これは問題になりかねない。ダイレクトマッピングの例では、システムメモリのブロック4は、ブロック12やブロック20などと同じキャッシュ位置（8の剰余であるキャッシュライン）にマッピングされる。たとえば、そのソフトウェアがブロック4に属しているアドレスを読み取るとしよう。ブロック4がまだキャッシュにない場合、ブロック4はキャッシュライン4に格納される。続いて、そのソフトウェアがブロック12からデータを読み取るとしよう。ブロック4と12は常に同じキャッシュ位置にマッ

ピングされるため、ブロック4がキャッシュにあれば、ブロック12はない。このため、ブロック12が読み込まれ、ブロック4を上書きしてしまう（立ち退かせる）。その直後に、おそらくプログラムループの実行により、再びブロック4のデータが必要となり、ブロック12が立ち退かされる。この調子でループが繰り返し実行されれば、キャッシュの**スラッシング**（thrashing）が発生するだろう。スラッシングはシステムメモリからのデータの取り出しが繰り返されることを意味し、キャッシュによって得られる高速化の利点は帳消しになってしまう。それどころか、キャッシュメカニズムのオーバーヘッドを考えると、スラッシング状態でのメモリアクセスはキャッシュをまったく使用しない場合よりも低速になる。

連想マッピング

　キャッシュマッピングには、ダイレクトマッピングよりも高い柔軟性が必要である。理想的には、アクセスされるアドレスに関係なく、ソフトウェアが使用しているシステムメモリのブロックをできるだけ多くキャッシュで利用できるようにしたいところである。指定されたブロックをキャッシュの空いているキャッシュラインに自由に読み込むことができれば、キャッシュ空間をもっと効率よく利用する置換ポリシーを実装できるはずだ。基本的には、新しいメモリブロックをキャッシュに書き込むときにどのキャッシュラインを立ち退かせるかは、このポリシーによって決定される。

　置換ポリシーの役割の大部分は、キャッシュスラッシングを回避することに関係している。これは意外に難しい。置換ポリシーは、新しいメモリブロックをキャッシュに取り込む必要がある場合にどのキャッシュラインを立ち退かせるかを決定するアルゴリズムの組み合わせになることが多い。次に、一般的な置換ポリシーをいくつか挙げておく。

- FIFO（First In First Out）
  キャッシュがいっぱいになった時点で、キャッシュに最初に書き込まれたキャッシュラインが立ち退かされる。
- LRU（Least Recently Used）
  キャッシュラインにタイムスタンプが割り当てられ、キャッシュラインが使用された時刻がシステムによって記録される。新しいキャッシュラインの書き込みが必要になった場合は、最も長い時間にわたってアクセスされなかったキャッシュラインが立ち退かされる。タイムスタンプの管理は時間がかかり、複雑である。
- **ランダム**
  直観に反するように思えるが、（ロジックに関して）最も安価で最も効果的な置換ポリシーは、立ち退かせるキャッシュラインを完全にランダムに選択するものである。ランダムに立ち退かせるとスラッシングが発生しにくくなる。また、FIFOやLRUほどソフトウェアで使用されるアルゴリズムの影響を受けない。

- NMRU（Not Most Recently Used）

  立ち退かせるキャッシュラインはランダムに選択されるが、最後に使用されたキャッシュ
  ラインが記憶され、立ち退き対象にならないように手が加えられている。このポリシー
  を実装するのは、ランダムポリシーと同じくらい安価で、ランダムポリシーよりも若干
  効率的である。

Raspberry Piに搭載されているようなARMプロセッサでは、構成ビットを設定すること
により、FIFOポリシーかランダムポリシーのどちらかを使用できる。ほとんどの場合は、置
換ポリシーとしてランダムポリシーが使用される。

　キャッシュ空間を利用する最も柔軟な方法は、置換ポリシーが何を命じようとも、新しい
キャッシュラインをキャッシュのどこにでも配置できるようにすることである。CPUは必要な
データがキャッシュに含まれているかどうかをやはり判断できなければならない。データブ
ロックをキャッシュのどこにでも格納できるとしたら、それを1回の計算や比較で判断するこ
とはもはや不可能である。CPUは代わりに、キャッシュでそのブロックを探し回らなければ
ならない。

　計算や比較と比べて、探索はかなり計算負荷の高いプロセスである。キャッシュラインを
1つずつ探索するとなると、キャッシュによる効率化の利点は帳消しになるだろう。この問題
を解決するのは、連想メモリ（associative memory）と呼ばれる技術である。連想メモリは、
すべてのメモリと同様に、一連の格納場所にデータを格納する。連想メモリにないのは、従
来の数値によるアドレス指定である。連想メモリの格納場所は、それらの場所に格納される
ものによって識別される。

　完全な連想キャッシュでは、メモリアクセスによってシステムメモリのアドレスからキャッ
シュタグが生成される。この点は、先の説明と同じである。ただし、このタグを対応するタグ
と比較して特定のキャッシュラインを一意に識別するのではなく、生成されたタグをキャッ
シュに格納されているすべてのタグと同時に比較する。一致するものが見つかった場合は
キャッシュヒットであり、対応するキャッシュラインがCPUに渡される。一致するものが見つ
からない場合はキャッシュミスであり、置換ポリシーに従ってキャッシュラインを立ち退かせ
なければならない。空いたキャッシュラインには、要求されたシステムメモリのブロックが
読み込まれる。

　従来のアドレス指定と逐次探索に慣れている人からすると、何だか魔法のようである。残
念なことに、並列探索は高速であるものの、連想メモリには専用のロジックが必要であり、そ
のロジックはCPUのダイスペースをごっそり使用する。これ以上ないほど小さなキャッシュ
や、性能が最優先のキャッシュを別にすれば、そうしたパターンマッチングロジックはどの
キャッシュでも（トランジスタにおいて、そして最終的には遅延に関して）実用的ではないほ
ど高くつく。

セットアソシアティブキャッシュ

　そのようなわけで、両極端な2つのキャッシュマッピング方法の一方の端は、新しいキャッシュラインのデータを格納できる場所に関してまったく柔軟性がない、超高速でコンパクトなダイレクトキャッシュマッピングである。もう一方の端は、実装するにはあまりにも大量のオンチップロジックを必要とする、申し分なく柔軟な連想キャッシュマッピングである。こうした難しい選択では、解決策はその中間のどこかにあるものだ。

　この折衷案は、**セットアソシアティブキャッシュ**（set-associative cache）と呼ばれる。セットアソシアティブキャッシュシステムは、キャッシュラインをセットに組み替える。各セットは、データブロックとタグを備えたキャッシュラインで構成される。キャッシュラインの数は、2、4、8、16個のいずれかである。図3-11は、セットアソシアティブキャッシュを単純に図解したものであり、セット1つにつき4つのキャッシュラインが含まれている。このセット1つが4つのキャッシュラインからなるキャッシュは、「4ウェイセットアソシアティブキャッシュ」と呼ばれる。このキャッシュ方式は、Raspberry Piやその他多くのデスクトップ / ノートPCで現在使用されているキャッシュ方式である。

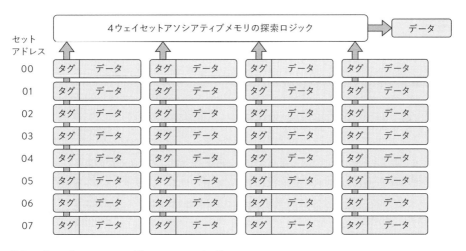

［**図3-11**］セットアソシアティブキャッシュマッピング

特定のセットにマッピングされるメモリ位置がダイレクトマッピングによって決定される点は同じである。つまり、システムメモリのアドレスとキャッシュの位置との剰余関係は依然として成立するものの、キャッシュに格納されるブロックの配置先に関して少し柔軟性がある。先ほどの8ラインのダイレクトマッピングキャッシュの例を思い出そう。純粋なダイレクトマッピング方式と同様に、システムメモリの2、10、18、26がブロックにまとめられる。

ただし、まだ問題が残っている。それは、1セットのキャッシュラインにシステムメモリのブロックが4つ格納されることである。コンピュータでは、指定されたメモリアドレスが属しているセットがどれかを計算するのは簡単だが、指定されたアドレスが特定のセットのどのキャッシュラインに含まれているかは、簡単な計算では割り出せない。CPUはセットに含まれている4つのキャッシュラインを調べて、どのキャッシュラインのタグが要求したアドレスと一致するのかを確認しなければならない。この探索を行うのは連想メモリである。この探索は、一致するものが見つかるまで各キャッシュタグを順番に調べていく逐次探索ではない。この場合は、キャッシュラインの4つのタグのビットを、生成されたタグの対応するビットと照合する作業が、並列コンパレータによってすべて同時に行われる。このロジックの仕組みはやはり複雑だが、調べなければならない場所は4つだけなので、実行することは可能であり、しかもすばやくできる。

このプロセスの仕組みは次のようになる。メモリブロックが含まれているはずのセットをCPUがシステムメモリのアドレスから計算する(その方法はダイレクトキャッシュマッピングと同じである)。次に、このアドレスを連想メモリのロジックに渡すと、要求したブロックが含まれているセットのキャッシュラインが返される(キャッシュヒット)か、またはキャッシュミスが登録される。後者の場合は、要求されたブロックがシステムメモリから読み取られ、置換ポリシーに従って、そのセットを構成している4つのキャッシュラインのいずれかに配置される。まとめてみよう。セットアソシアティブキャッシュはキャッシュをセットに分割する。Raspberry Piで使用されているARM11の場合、各セットは4つのキャッシュラインで構成される。CPUは特定のアドレスが含まれているはずのセットをダイレクトマッピング方式で割り出すことができ、連想メモリのパターンマッチングメカニズムを使ってそのセットの該当するキャッシュラインにアクセスする。一致するものが見つからなかった場合は、キャッシュミスを登録する。

キャッシュをメモリに書き戻す

ここまでは、キャッシュとはもっぱらメモリから読み取ることであるかのように説明してきた。当然ながら、読み取られた内容はしばしば変更される。CPUがキャッシュラインのどこかでデータワードを変更すると、そのキャッシュラインは1ビットのフラグによって「ダーティ」に指定される。キャッシュラインのダーティフラグが設定された場合、そのキャッシュラインの変更内容をシステムメモリの元のブロックに書き戻さなければならない。システムメモリのブロックとそれらに関連付けられているキャッシュラインは、何が起きようとも一致してい

なければならない。キャッシュへの変更内容をシステムメモリに書き戻さなければ、置換ポリシーによって変更されたキャッシュラインに新しいブロックが読み込まれた場合に、それらの変更は失われてしまうことになる。

　キャッシュとメモリの一貫性を保つための一般的なアプローチは2つある。それらはまとめて**キャッシュ書き込みポリシー**（cache write policy）と呼ばれる。

- **ライトスルー**
  キャッシュラインのデータワードがCPUによって変更されるたびに、そのキャッシュラインが直ちにメモリに書き込まれる。書き込みがすべて同じキャッシュラインに対するものであっても、キャッシュラインへの書き込みのたびにメモリへの書き込みが発生する。同じキャッシュラインをメモリに何度も書き戻すのは時間の無駄に思えるが、CPUから見たメモリは、そのメモリの実際の内容と一致している。このことは、ディスプレイコントローラなどの周辺機器も同じメモリにアクセスする場合に重要になる。
- **ライトバック**
  「ダーティ」キャッシュラインがメモリに書き戻されるのは、置換ポリシーによってキャッシュからそのキャッシュラインが立ち退かされることが選択された場合に限られる。新しいメモリブロックがキャッシュラインに読み込まれる前に、そのキャッシュラインの現在の内容がシステムメモリの元のブロックにコピーされる。ライトバックにより、システムメモリへの不要な書き込みの多くは回避されるが、その分一貫性をやや犠牲にする。

仮想メモリ

　コンピュータメモリを次のように考えてみよう——コンピュータメモリは、最も高速で最も小さなメモリブロックを頂点とするピラミッドのようなものである。頂点のメモリブロックは、CPUのレジスタである。それらのレジスタの下には、より大きく低速なL1キャッシュがあり、その下にはさらに大きく低速なL2キャッシュがある。キャッシュの下にはシステムメモリがある。システムメモリはキャッシュよりもはるかに大きく、ずっと低速である。次に説明するのは、システムメモリの下の層である仮想メモリである。

　仮想メモリは、ハードディスクなどの大容量記憶装置でシステムメモリを拡張できるようにすることで、まさに巨大なメモリシステムの作成を可能にする技術である。ある意味、仮想メモリは図3-8のキャッシュ階層図を拡張し、システムメモリを超え、ハードディスクの容量のみによって制限されるストレージの層にまで広げるものである。

キャッシュメモリと仮想メモリが登場した背景には、RAMの限界という問題があった。キャッシュはRAMが低速であるために登場し、仮想メモリはRAMが希少であるために登場した。1960年代の中頃は、RAMはかさばるうえに高価だった。後世に影響を与えたPDP-8コンピュータの12ビットのアドレス空間では、わずか4,096ワードのRAMにしか対応できなかった。その時代のマシンがさらに大きなプログラムや複数の同時タスクをサポートするには、はるかに大きなメモリ空間が必要だったのだ。それを提供したのが仮想メモリだった。

仮想メモリは、OSとMMU（Memory Management Unit）との共同作業によって実現される。MMUは、CPUと同じチップにほぼ必ず存在するハードウェアである。

仮想メモリの全体像

仮想メモリシステムは次のような仕組みになっている。プロセスの仮想アドレス空間（メモリのビュー）は**ページ**（page）と呼ばれる多数の小さなセクションに分割される。ページの大きさはたいてい4KBほどである。システムメモリが十分にある場合、プロセスが特定のページのアドレスに最初にアクセスするときに、OSがシステムメモリの未使用のフレームを確保し、（アプリケーションが書き込む内容を格納するために）そのページに割り当てる。のちほど説明するように、MMUの役割は、そうしたフレームが割り当てられたページを追跡し、CPUからのデータ要求をページから適切なフレームへ透過的に転送することである。

すべてのプロセスをカバーできるほど十分なメモリがあるうちは、その状態が続く。しかし、OSがさらにプロセスを読み込み、そうしたプロセスがメモリにアクセスし始めると、システムで使用されているすべてのページに対応するには未使用のフレームが足りない、という状態になるかもしれない。その場合、OSは1つ以上のフレームを立ち退かせ、それらの内容をディスクに書き出し、他のページに対処するために解放しなければならない。立ち退かされたページは再び必要になるまでディスクに格納されたままとなる。その後、システムメモリから他のページが立ち退かされ、以前に立ち退かされていたページが再び読み込まれる。

このメカニズムは**ページング**（paging）と呼ばれる。ページを格納するために割り当てられたディスク上の領域は**ページファイル**（page file）と呼ばれる。ページファイルは実際のディスクファイルのこともあれば、ディスクに書き出されたページ以外には何も含んでいないディスクパーティション全体のこともある。ページをページファイルに書き出すプロセスは**スワップアウト**（swapping out）と呼ばれ、ページが格納されるディスク上の領域は便宜上**スワップ空間**（swap space）と呼ばれる。Raspbian OSでは、スワップ空間はデフォルトで/var/swapファイルに存在する。

仮想メモリを管理することの実質的な効果は、プロセスのそれぞれに、十分な量のメモリを備えた、他のすべてのプロセスから切り離されたプライベートなシステムメモリ空間があるかのような錯覚を与えることである。

仮想アドレスから物理アドレスへのマッピング

　どこか聞き憶えがないだろうか。きっとあるはずだ。速度よりもスペースの必要性に起因しているとはいえ、仮想メモリが一種のキャッシュ技術であることは確かである。キャッシュのメカニズムと同様に、その中心となる原理は、大きな仮想メモリシステムのアドレスをより小さな物理システムメモリのアドレスに関連付けることと、システムメモリを使い果たしたときにページを立ち退かせるポリシーを決定することである。

　プロセスが起動すると、ページテーブルと呼ばれる構造がOSによってシステムメモリに作成される。ページテーブルは新しいプロセスのアドレス空間を定義する。ページテーブルの各エントリは、そのプロセスに属している1つのページを表しており、システムメモリ内のページに関連付けられているフレーム（もしあれば）と、そのページで実行できる操作（データの読み書き、命令の取り出しなど）を含んでいる。ページがスワップアウトされている場合、ページテーブルには無効の印が付いており、どの操作にも利用できない。無効なページにアクセスしようとした場合はページフォールトが発生し、OSによる対処が必要となる。

　プロセスがメモリアドレス（たとえば、次に実行するマシン命令のアドレスなど）を使用するたびに、メモリ変換が実行され、要求された仮想アドレスがシステムメモリの対応する物理アドレスに変換される。この処理は次の2つの部分で構成される。

1. その物理アドレスを含んでいるフレームがメモリ内で特定される。
2. その物理アドレスが「指している」フレームのオフセットが仮想アドレスから取り出される。それにより、物理アドレスでフレーム内の1つのデータワードを指定できるようになる。

　続いて、CPUがシステムメモリの変換後の物理アドレスにあるデータワードにアクセスする。仮想メモリシステムを単純に図解すると、図3-12のようになる。この場合、プロセスには8ページの仮想メモリが割り当てられている。そのうちの5ページはシステムメモリのフレームに存在しており、残りの3ページはスワップ空間にスワップアウトされている。プロセスのページテーブルには、仮想メモリのページごとに対応するエントリがある。プロセスのページテーブルは、各プロセスページが存在している物理メモリのフレームを指している。本書では、パーミッション（アクセス許可）ビットの状態を1つの有効ビットにまとめている。現在メモリに存在しないプロセスページのビットは2進数の0に設定される。

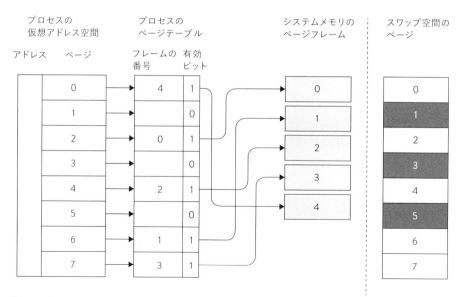

プロセスの
仮想アドレス空間

プロセスの
ページテーブル

システムメモリの
ページフレーム

スワップ空間の
ページ

[図3-12] 仮想メモリのページングの仕組み

　では、CPUがプロセスページ3のアドレスをリクエストしたときに何が起きるだろうか。このページはメモリに存在しないため、このリクエストによってページフォールトが発生する。その場合、メモリマネージャはページ3をスワップ空間から読み込まなければならない。このプロセスのフレームのうち物理メモリにあるのは5つだけであり、それらのフレームはすべて使用中であることに注目しよう。メモリマネージャはメモリ内のページの1つをスワップアウトして場所を空けなければならない。そこで初めてメモリマネージャがページ3を読み込めるようになり、CPUに処理を続行させることが可能となる。実際には、ページングに関連した入出力（I/O）操作が発生している間、OSはたいてい別の独立したプロセスのスケジュールを試みる。そして、すぐに立ち退かされる見込みがあるディスク上のページに投機的に書き込むことで、ページアウトのプロセスの高速化を図ることがある。

　ページ3の場所を空けるためにどのページを立ち退かせるかに関する決定には、キャッシュシステムの場合と同様、置換ポリシーが関与する。多くの場合、それらのポリシーはまったく同じものである。LRUポリシーでは、使用されていない期間が最も長いページが立ち退かされる。

MMUの詳細

　ここまでの説明は俯瞰的なものである。仮想メモリシステムのカギを握るのはMMUであり、MMUの仕組みとそれらがコンピュータにもたらす他の利点を理解するには、もう少し掘り下げて、プログラムの視点からメモリアクセスの詳細なプロセスを調べる必要がある。

MMUを持たないコンピュータで実行されているプロセスについて考えてみよう。このプロセスは、実行中にメモリにアクセスして命令を取り出し、データの読み書きを行う。このプロセスはCPUが生成したアドレスを直接使ってメモリにアクセスする。このため、プログラムがアドレス0で読み取りを実行する場合は、CPUチップに接続された物理的なSDRAMの先頭に含まれているものを自動的に読み取ることになる。図3-13はこの構成を示している。この場合、物理アドレスはCPUが直接生成する。

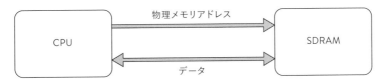

[図3-13] 物理メモリアドレスの直接の使用

最も初期のシングルユーザーコンピュータ、初期のマイクロコンピュータ、そして現在の組み込みシステムは、このような仕組みで動作する。しかし、このような構成では実装が難しいものがいくつかある。

- **メモリ保護**
  現代のOSの役割の1つは、CPUで実行されているプロセスどうしを隔離することである。物理アドレスを直接使用する構成では、あるプロセスが所有しているメモリ区画を別のプロセスが読み書きできないようにする手立てがないため、信頼性とセキュリティに問題がある。
- **仮想メモリ**
  前項で説明したように、使用頻度の低いメモリ領域をディスクにスワップアウトできるようにすれば、マシンの物理メモリに収まらないほど大量のデータを処理しなければならないプログラムをサポートできるようになる。この単純な設定［図3-13］では、メモリのスワップアウトされている部分へのアクセスを捕捉する手立てはない。
- **デフラグ**
  プログラムを長時間にわたって実行しているうちに、そのメモリビューは断片化されていく。いくつもの小さなメモリ割り当てによって空き領域が虫食い状態となり、特定のサイズを超える新しい領域を確保するのに十分な部分がどこにもない状態になることが多い。このような状態では、アプリケーションにメモリを独自に管理させる以外に、メモリを最適化して空き領域をかき集める手立てはない。

上記の3つの問題をすべて解決する方法は、CPUによって生成されるアドレスと、外部メモリを参照する物理アドレスとの間で再びマッピングを行う層を導入することである。これ以降は、CPUによって生成されるアドレスを**仮想アドレス**（virtual address）と呼ぶことにす

る。このマッピングを行うコンポーネントこそ、MMUである［図3-14］。

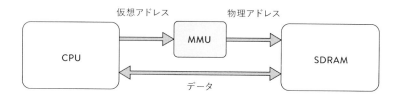

［**図**3-14］仮想アドレスと物理アドレスを仲介するMMU

　MMUは、物理メモリの不連続なページを継ぎ合わせることで、CPUのために連続した仮想アドレス空間を構築する［図3-15］。CPUがサポートするページサイズの組み合わせは、CPUによって異なる。ほとんどのCPUは4KBのページをサポートしている。これはLinuxなどのOSで最も一般的に使用されているサイズである。以下の説明では、このページサイズと、32ビットの仮想アドレスと物理アドレスを前提とする。

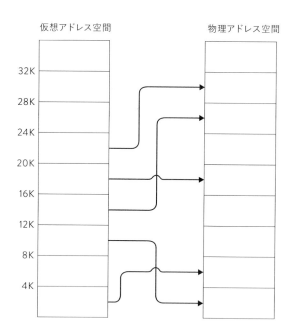

［**図**3-15］物理メモリの4KBブロックを
継ぎ合わせた仮想アドレス空間

　MMUは、32ビットの仮想アドレスをそれぞれ20ビットのページ番号と12ビットのページオフセットに分解する。12ビットは2^{12}、つまり4Kである。ページ番号はメモリに常駐しているページテーブルで参照され、それにより、20ビットのフレーム番号と一連のパーミッションビットが提供される。それらのパーミッションビットにより、要求されたアクセスが有効であることが示されている場合は、フレーム番号とページオフセットを再び結合して物理アドレスを生成する［図3-16］。

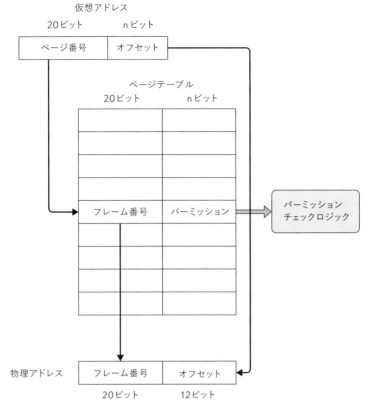

［**図**3-16］ページテーブルの参照による仮想アドレスから物理アドレスへの変換

このシステムは、先に説明したメモリの3つの問題に対処する。

- プロセスに割り当てられている未使用ページを差し替えれば、デフラグを簡単に解決できる。アプリケーションがメモリを独自に管理する必要はない。
- プロセスのそれぞれに、指し示しているフレームが重複しないような別々のページテーブルを割り当てることで、プロセスを強制的に分離できる。そのためには、そのページテーブルにプロセスが書き込めないようにすることが前提となる。4章では、プロセッサの特権レベルの作成について説明するが、そうしたニーズの背景にはこの要件がある。このページテーブルをプロセスのアドレス空間にマッピングされないフレームに格納し、ページテーブルのベースポインタがプロセスによって調整されないようにする。
- 仮想メモリを実装するには、ディスクにスワップされているページに（パーミッションビットを使って）印を付け、そのページにアクセスしたときに発生するページフォールトを捕捉して、ページインプロセスを開始すればよい。

多段ページテーブルとTLB

　ページテーブルのエントリは通常は4バイトであるため、ページテーブルのサイズは2^{32} ÷2^{12}×4＝4MBである。(プロセスを強制的に分離するために)プロセスごとにページテーブルを1つ要求するとなると、高速にはなるがコストが高くつく。解決策は、多段ページテーブルを実装することである。2段のページテーブルは、プロセスのアドレス空間の空いている部分を利用してスペースを節約する——4GBの仮想アドレス空間がすべて必要になるようなプロセスはきわめて少ないからだ。典型的な2段システムでは、仮想アドレスの上位10ビットを使って1段目のページテーブルのエントリを選択する。そのエントリは、必要に応じて、4MBの仮想アドレス空間をカバーする2段目のページテーブルを参照する[図3-17]。その4MBの枠内に有効なページがない場合(1段目のテーブルエントリが×)は、2段目のテーブルを省略してメモリを節約できる。

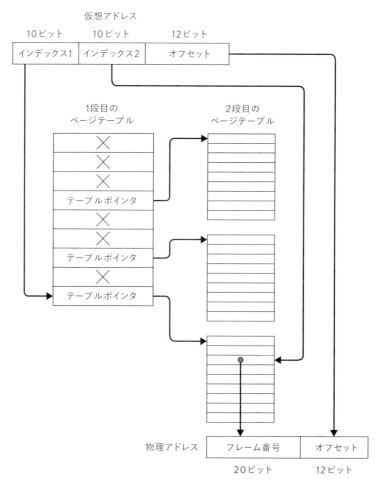

[**図3-17**] 仮想アドレスを物理アドレスに変換するための2段ページテーブルシステム

最後にもう1つ述べておくことがある。2段ページテーブルでは、メモリにアクセスするたびに、メモリアクセスを余分に2回実行しなければならないのである。幸い、最後に行ったいくつかの変換をキャッシュに格納すれば、この問題は解決できる。ここで使用するキャッシュは、TLB（Translation Lookaside Buffer）と呼ばれる完全（あるいは高度）な連想キャッシュである。少し前に説明した参照の局所性により、そしてTLBの各エントリが4KBのアドレス空間を「カバー」することから、小さなTLBでさえ申し分のないヒット率を実現する。

ARM11コアは、命令の取り出しとデータアクセスによるTLBへのアクセスの競合を回避するために、より大きな（それでも比較的小さい）中央TLBの他に、実際には小さなマイクロTLBを2つ搭載している。1つはL1命令キャッシュに関連付けられており、もう1つはL1データキャッシュに関連付けられている。

Raspberry Pi のスワップの問題

仮想メモリはなかなかよさそうだが、問題点もある——Raspberry Piには、スワップ空間に適した大容量記憶装置はない。デスクトップPCやノートPCにあるようなハードディスクはどこにもない。SDメモリカードは、Raspbianのように「ディスク」への書き込みを頻繁に行うファイルシステムでの使用を前提に設計されていない。SDメモリカードのフラッシュ記憶メディアは、変更できる回数が限定されたメモリセルで構成されている。その数が大きいとはいえ、制限があることに変わりはなく、セルへの書き込みが発生するたびにエラーに一歩近づく（これについては、4章を参照）。物理メモリがいっぱいになると、仮想メモリシステムがスワップ空間への読み書きを頻繁に行うようになる。Raspbian OSは、SDメモリカードの故障を防ぐために、どうしても必要なときだけスワップ空間を使用するように構成されている。たった1枚のSDメモリカードに、スワップ空間だけでなく、Raspberry Piシステムのその他すべてのもの（Raspbianやインストール済みのプログラムや構成データのすべて）が含まれていることを思い出そう。SDメモリカードが故障した場合はシステムが破壊されるおそれがあり、新しいカードでシステムを一から構築し直すはめになる。

それほど深刻でないもう1つの問題は、フラッシュ記憶装置としてのSDメモリカードが特に高速ではないことだ。Raspbianがひとたびスワッピングを開始すれば、システムの速度が低下する可能性がある。Raspberry Piの仮想メモリについては、性能を向上させるためのものではなく、クラッシュを防ぐための安全装置と考えればよいだろう。何もかも低速になっていることに気づいたとしたら、メモリが不足している証拠であり、プログラムを終了してスワッピングを不要にする必要がある。

Raspberry Pi の仮想メモリを確認する

　Raspbian のターミナルウィンドウでは、vmstat（virtual memory statistics）という単純なメモリ監視ユーティリティを実行できる。このユーティリティは、Raspberry Pi の仮想メモリシステムの現在の状態を要約し、指定された回数または指定された間隔でその内容を更新する。vmstat ユーティリティはコマンドライン専用であり、LXTerminal によって表示されるようなターミナルウィンドウから実行しなければならない。

　LXTerminal のインスタンスを開いて、次のコマンドを入力する。

```
vmstat
```

　この方法で起動すると、vmstat は2行の列ヘッダの下に1行のデータを表示する。このデータは、このコマンドを実行した時点での仮想メモリシステムの状態である。次の2つのオプションパラメータを使用すれば、指定された時間が経過するたびにコマンドを再び実行することと、繰り返す回数の上限を指定できる。

```
vmstat [interval] [count]
```

　interval パラメータへの引数は秒単位で指定する。interval パラメータだけを指定して、count パラメータを指定しない場合、vmstat は実行を終了するまで、更新された内容を指定された間隔で出力し続ける。データをあとから解析するために残しておきたい場合は、vmstat の出力をファイルにリダイレクトすればよい。

　表3-2は、vmstat によって表示される各列の意味をまとめたものである。

　アプリケーションウィンドウを開いたり閉じたりする間、vmstat を実行したままにし、数値がどのように変化するか観察してみよう。ここで注意しなければならないのは、bi 列とbo 列がスワップ空間のアクセスのみを対象にしているわけではないことである。これらの列の値にはスワップ空間のアクセスが含まれているが、SD メモリカードのファイルシステムに対する通常の読み取り / 書き込みアクセスも含まれている。これにはログへの書き込みやWeb キャッシュが含まれる。Midori などの Web ブラウザを使用しているときにbi とbo の数値が上昇した場合は、ネットワークアダプタがブロックデバイス[*1]ではないことと、いま見ているのはブラウザとSD メモリカード間のファイルシステムトラフィックであることを憶えておこう。swpd列に表示される値は、スワップ空間のページ書き込みの総数である。この値が0のままである場合、仮想メモリはまだスワッピングを開始していない。si 列とso 列の値は、スワップ空間での読み取りと書き込みの速度である。swapd列と同様に、通常は

---

*1　［訳注］ブロックデバイスとは、ある一定の長さごとに区切られたデータをやりとりするデバイスのことである。

0になる。si列やso列に0以外の値が表示されるようになった場合は、Raspberry Piでスラッシングが始まっているのかもしれない。アプリケーションをいくつか閉じて、スワップトラフィックがなくなるかどうか確かめてみよう。

[**表3-2**] vmstatの各列の意味

列	意味
r	現在実行を待機しているプロセスの数
b	現在「休止」しているプロセスの数
swpd	スワップ空間に書き出されているページの数
free	空きメモリの量
buff	確保されて使用中のメモリの量
cache	スワッピングによって回収(立ち退か)され、再利用可能なメモリの量
si	1秒間にスワップインされたメモリの量(KB/秒)。通常は0
so	1秒間にスワップアウトされたメモリの量(KB)。通常は0
bi	1秒間にブロックデバイスから読み取られたブロックの数
bo	1秒間にブロックデバイスに書き出されたブロックの数
in	1秒あたりのシステム割り込みの数
cs	1秒あたりのコンテキストスイッチの数
us	CPUがカーネル以外のすべてのプロセスに費やしている時間の割合
sy	CPUがカーネルプロセスに費やしている時間の割合
id	CPUがアイドル状態である時間の割合
wa	CPUがI/O操作の完了を待っている時間の割合

4章 ARMプロセッサとSoC
ARM Processors and Systems-on-a-Chip

　本章のテーマは、すべてのコンピュータの心臓部、CPU（Central Processing Unit）である。「コンピュータアーキテクチャ」と呼ばれているものの多くは、CPUの内部構造を指している。もう少し具体的に言うと、本章で取り上げるのはARM（Advanced RISC Machine）プロセッサであり、とりわけ初代のRaspberry Piで使用されているARM11マイクロアーキテクチャについて説明する。

　ARM11マイクロプロセッサのアーキテクチャを調べていくと、この章の第2のテーマとなっているSoC（System-on-a-Chip）デバイスにたどり着く。このようなデバイスの中には、ARMのCPUだけでなく、グラフィックスプロセッサ、SDメモリカードにアクセスするための大容量記憶装置のコントローラ、シリアルポートコントローラ、そしてCPUから独立した別個のチップもしくはチップセットとして実装されることが多いその他のサブシステムも含まれている。

縮みゆくCPU

　初期のコンピュータは途轍もない大きさだった。それは仕方のないことである。というのも、当初のデジタルロジックは真空管を使用していたからだ。信頼性が高められていたとはいえ、それらは本質的にラジオ用の真空管であり、大きさも親指くらいあった。数千本もの真空管を収容し、電力を供給し、冷却するには、特別に設計された建物内の部屋がいくつも必要だった。現代のサーバーファーム（現在では、マルチコアベースのブレードサーバーが収められたラックが何台も置かれている）ほどの大きさの建物にCPUが1つぽつんと置かれているようなものである。

　1955年、トランジスタの商品化によって第2世代CPUの到来が告げられた。この新しい出来事により、以前はいくつもの部屋を占領していたものが、冷蔵庫サイズのキャビネット3〜4台に収まるようになった。トランジスタのサイズは真空管の100分の1、消費電力は1000分の1だった。プリント基板技術により、コンピュータの大量生産も可能になった。もっとも、「大量」とはいってもたいした数ではなかった。IBMが製造した第1世代の真空管ベースの

701システムは19台だけだった*¹。

　そのわずか数年後に、IBMはトランジスタを使用した1401を1万台販売した。DEC（Digital Equipment Corporation）の最初のPDP-8マシンは冷蔵庫の半分の大きさしかなく、5万台以上を売り上げた。

　1960年代半ばに集積回路（Integrated Circuit：IC）が開発されると、コンピュータ技術は第3世代を迎えた。最初は数個、最終的には大量のトランジスタを1つのシリコンチップに配置することで、ハイエンドとローエンドという2つの展開が可能となった。ハイエンドコンピュータ（メインフレーム）は、物理的には大きいままだったが、処理能力を格段に向上させた。もう一方のローエンドコンピュータ（ミニコンピュータ）は小型化され、中小企業や学校でも導入できるような価格になった。1970年には、PDP-8のCPUキャビネットは幅が50センチで奥行きが1メートル未満、高さはわずか30センチだった。機械式プリンタ、テープドライブ、ディスクドライブ、電源装置といった周辺機器を合わせると、システム全体はかなりかさばるものだった。しかし、CPU自体はデスクトップに収まる大きさであり、最初のパーソナルコンピュータよりも少し大きい程度だった。PDP-8シリーズは生産終了までに50万台を売り上げた。

マイクロプロセッサ

　かなり小さくなったとはいえ、PDP-8ミニコンピュータのCPUもやはり集積回路が詰め込まれた複数の回路基板に分かれていた（専用のシングルチップバージョンが登場したのは、PDP-8の人気に陰りが出始めていた1970年代半ばのことだった）。半導体メモリチップを貪欲に求めるメインフレームコンピュータ産業のおかげで、1960年代後半にかけてシリコン製造技術はどんどん改善されていった。1970年には、1つのシリコンチップ上で2,500個のトランジスタを作り込むことが可能になった。これは単純なCPUに必要なロジックをすべて実装するには（かろうじて）十分な数だった。Intelのフェデリコ・ファジンの率いるチームによって4004マイクロプロセッサが設計され、世界初の大量生産されたシングルチップCPUとなった。

　4004は、現在では珍しい4ビットのデータワードを使用しており、主に卓上計算機で使用されていた。とはいえ、メモリアドレッシングの能力はPDP-8と同じ4,096バイトだった。4004はIntelがCPU帝国を築くきっかけとなった。Intelは1972年に8008、1974年に8080を次々にリリースした。8080には4,500個のトランジスタが集積されており、その設計はそれ以降で大ヒットしたすべてのIntel CPUに影響を与えている。1974年、8080はAltair 8800の心臓部となった。Altair 8800は、世界初の「ちゃんと使える」パーソナルコンピュータだった。

---

*1　［訳注］これは少し大げさで、実際には1フロアくらいだろう（図8-2参照）。

8080に続いて数十ものマイクロプロセッサが登場し、Motorolaの6800、ZilogのZ80、RCAのCOSMAC 1802シリーズ、MOS Technologyの6502など、そのうちのいくつかは大成功を収めた。COSMAC 1802の耐放射線SoS（Silicon-on-Sapphire）タイプは、ガリレオなど多くの宇宙探査機で使用された。6502は、Apple IIや初期のBBC Microなど、非常に有名なパーソナルコンピュータに使用され、Acorn ARMプロセッサの開発に直接つながった。

そうした初期のマイクロプロセッサのほとんどは、1980年までにMotorolaとIntelの陰に隠れてしまった。3万個のトランジスタを搭載したIntel 8086（およびその廉価版である8088）はIBM PCに採用され、ビジネスの世界にパーソナルコンピュータを売り込んだ。50,000個のトランジスタを搭載したMotorola 68000は、Sun、Apolloワークステーション、のちのApple LisaやMacintoshなど、初期のGUI（Graphical User Interface）を備えたコンピュータに採用された。MotorolaとIntelのマイクロプロセッサアーキテクチャはライバル同士となって進化したが、Motorolaの68000アーキテクチャはIntelのCPUとの競争に苦戦し、1990年代の中頃には使用されなくなってしまった。2006年にApple ComputerがMacintosh系列の製品にIntelプロセッサを採用すると、Intelはパーソナルコンピュータの頂点に立った。2016年には、IntelのHaswell-E CPUに26億個ものトランジスタが搭載され、ハイエンドのXeonサーバーチップには20億以上ものトランジスタを搭載することが可能となった。スーパーコンピュータに使われ、"Knight's Corner"と呼ばれるIntelのXeon Phiプロセッサには、「70億」という驚異的な数のトランジスタが搭載されている。

トランジスタ予算

こうした数字は衝撃的なだけではない。トランジスタの数はマイクロプロセッサアーキテクチャの進化に根本的な影響をおよぼしてきた。たとえば、どのCPUの設計も、シリコンダイがどれくらいの大きさになり、トランジスタを組み立てるときのサイズがどれくらいになるかを予測する工学的な研究から始まる。そのため、シリコンダイが実際に設計されるずっと前に、トランジスタの最大数が決まる。

トランジスタの総数が判明したあと、CPUを構成するさまざまなコンポーネント機能にそれらのトランジスタが分配される。キャッシュ、レジスタ、マシン命令などの実装に一定の数のトランジスタが割り当てられる。サブシステムを設計するチームは、予算を超過しないようにする政府機関や民間企業と同じように、こうした「トランジスタ予算」を用心深く見張っている。

最終的なCPUの設計は、決まって、設計者が「買いたい」と考えている機能と、設計者に割り当てられたトランジスタ予算との折衷案である。ある魅力的な機能が最終的なシリコンに搭載されなかった理由をCPU設計者に尋ねると、必ずといってよいほど「そのためのトランジスタ予算がなかったんだ」という答えが返ってくる。

デジタルロジック入門

　3章で説明したように、コンピュータは2進数の1と0のパターンでデータを格納する。そうしたパターンは、ケーブルの電圧の有無によって表される。ここでは、デジタルロジックの設計を完全に網羅するのではなく、CPUの内部の仕組みを理解するのに役立つ基本概念をいくつか見てみよう。

論理ゲート

　デジタルコンピュータでは、すべての計算が**論理ゲート**（logic gate）で実行される。論理ゲートは、バイナリ入力を1つ以上受け取り、（通常は）バイナリ出力を1つ生成する。最も基本的な論理ゲートは、NOT、AND、OR、XORの4つである。図4-1は、これら4つの論理ゲートと、それらの真理値を表している。これらの真理値は、入力のあらゆる組み合わせに対して生成される出力値をまとめたものである。4つの論理ゲートは、回路図で使用される記号で表されている。

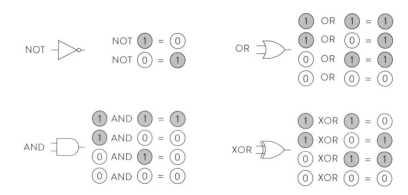

[**図4-1**] 4つの基本論理ゲート

　チップの設計者は、セルライブラリを利用して、より大きな回路を組み立てることができる。現代のCMOS（Complementary Metal-Oxide Semiconductor）セルライブラリには、複数の入力を受け取るさらに複雑な関数を計算するセルが数百も含まれている。しかし、そうしたより複雑なCMOS関数の心臓部は、NMOS（N-channel Metal Oxide Semiconductor）トランジスタとPMOS（P-channel Metal Oxide Semiconductor）トランジスタを使って構築されている。NMOSトランジスタは、ゲート入力がHigh（正の電圧、その設計で使用されている電圧の値に関わらず）のときに電流を流す。PMOSトランジスタは、ゲート入力がLow（0V）のときに電流を流す（0Vは**グランド**とも呼ばれる）。つまり、NMOSトランジスタとPMOSトランジスタは導通方式において**相補的**（complementary）なのである。NMOSトランジスタとPMOSトランジスタを1つずつ使用すると、図4-2に示すような基本的なCMOS

NOTゲートを作成できる。CMOS NOT ゲートは**インバータ**（inverter）とも呼ばれる。

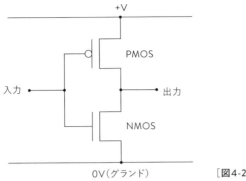

[**図4-2**] CMOS NOT ゲート

　Highレベルの電圧（2進数の1）が入力端子に加わると、NMOSトランジスタに電流が流れ、出力がLowになる（2進数の0）。Lowレベルの電圧（2進数の0）が入力端子に加わると、PMOSトランジスタに電流が流れ、出力がHighになる（2進数の1）。

　すべての論理ゲートはそれぞれに特有の遅延を生じる。遅延とは、1つ以上の入力の変化に対して1つ以上の出力が応答するのに必要な時間のことである。単純なゲートを順番につなぐことで（あるゲートの出力を次のゲートの入力にすることで）より複雑な関数を計算する場合、複合回路の遅延は入力から出力までの最長パスの遅延を合計したものになる。これは論理パスの伝播遅延と呼ばれる。

フリップフロップと順序回路

　さて、任意の入力の組み合わせによる関数（単純な論理ゲートを組み合わせて作成される機能）の構築方法はわかったが、コンピュータを組み立てるには次のようなシステムを構築できる必要がある。すなわち、**状態**（メモリ）を持ち、その状態を推移させることが可能なシステムである。3章では、双安定フリップフロップを、単純なSRAM（Static Random Access Memory）セルの記憶素子として紹介した。D型フリップフロップは、コンピュータの内部に状態を保存するための理想的な記憶素子である［図4-3］。

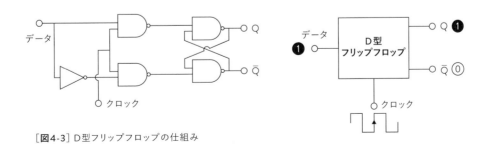

[**図4-3**] D型フリップフロップの仕組み

フリップフロップ：ビットの格納場所

フリップフロップ(flip-flop)は、論理状態を格納するための電子回路である。慣例では、論理状態は1または0で表される。入力のデジタル信号によって特定の状態に設定されたフリップフロップは、別の入力信号によって変更されるまでその状態を保つ。通常、入力のデジタル信号は、0Vから5V、または5Vから0Vへの電圧の変化である。フリップフロップは2つの論理状態のどちらかを格納できるため、**双安定**(bi-stable)とも表現される。フリップフロップにはいくつかの種類があるが、コンピュータロジックで最もよく使用されるものの1つは**D型**である（Dは「data」を表す）。この名前が付いたのは、フリップフロップに格納される1と0の状態をコンピュータのデータを表すために使用できるからである。

D型フリップフロップは、クロック入力のLowからHighへの切り替え（クロックの立ち上がりエッジ）を検出するたびに、D入力のスナップショットを作成する。そして、次のクロックエッジが届くまで、それをQ出力に渡す。状態を格納するD型フリップフロップを複合論理回路と組み合わせれば、現在の状態と（必要に応じて）外部入力から次の状態を計算する複雑なシステムを作れる。

　図4-4は単純な例を示している。4桁の2進数に1を足す複合ロジックが作成済みだと仮定すれば、クロックの刻みごとに4つのフリップフロップに格納されている4桁の値をインクリメントするカウンタを実装できる。複合ロジックの「雲」を通り抜けるパスのうち最も長いものによってクロック周波数の最大値が決まる――フリップフロップの値が変化したら、次のクロックエッジに間に合うように新しい値を準備する必要がある。

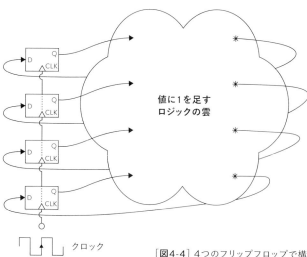

クロック

[図4-4] 4つのフリップフロップで構成されたカウンタ

もう1つの有益な例は、シフトレジスタである［図4-5］。シフトレジスタは、クロックエッジごとにフリップフロップの連鎖を1つ前進しながらビットを伝達していく。

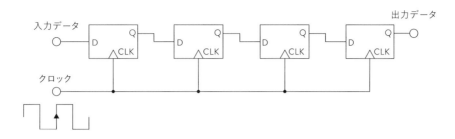

［**図4-5**］4つのフリップフロップで構成されたシフトレジスタ

　本章で扱うものはすべて、こうした基本原則(複合ロジックの雲、デジタル状態を格納するエッジトリガー型Dフリップフロップ)によって構成された苦心の作なのである。

CPUの内部

　2章で説明したように、プログラムは「非常に」小さなステップの集まりでできている。こうした非常に小さなステップはそれぞれ**マシン命令**(machine instruction)と呼ばれる。マシン命令は、CPUの外側ではそれ以上分割できない「原子的な」単位である。マシン命令のリストはCPUファミリごとに異なっている。それらの動作が似ていたとしても、一般に、あるCPUファミリのマシン命令を別のCPUファミリで実行することはできない。CPUのマシン命令とそれらの動作の定義は**命令セットアーキテクチャ**(Instruction Set Architecture: ISA)と呼ばれる。

　メモリ内では、マシン命令はあるバイト長の2進数として表される。初期のRaspberry Piで使用されていたARM11など、多くの32ビットCPUのバイト長は8ビット4バイトである。この2進数の中に、マシン命令の識別情報と1つ以上のオペランドが符号化(エンコード)される。マシン命令の識別情報は、**命令コード**または**オペコード**(opcode)と呼ばれる。オペランドは、命令と関連付けられる値またはアドレスである。2進数のマシン命令がメモリからCPUに読み込まれると、CPUが命令をデコード(decode、復号)したうえで実行する。それにより、命令の実際の処理が行われる。デコードとは、何を実行しなければならないかを判断するために命令を分解することを表す。命令が実行に移されていることを「発行されている」と言い、実行が完了したあとは「リタイアした」と言う。そして、プログラムの次の命令がCPUに読み込まれ、実行される(のちほど説明するように、現代のCPUではもっと複雑なプロセスになる)。

　俯瞰的に見ると、CPUによるプログラムの実行手順は次のようになる。

1. プログラムから最初の命令を取り出す。

2. その命令をデコードする。

3. その命令を実行する。

4. 次の命令を取り出す。

5. その命令をデコードする。

6. その命令を実行する。

この手順がプログラムに含まれている命令の数だけ繰り返される。**プログラムカウンタ**（program counter）は、CPU内のポインタであり、現在実行中の命令のメモリアドレスを含んでいる。

マシン命令は次のようなことを実行する。

- 加算、減算、乗算、除算
- 2進数値でのAND、OR、XOR、NOTのような論理演算
- 2進数のビット列を左または右へシフト
- ある場所から別の場所へのデータのコピー
- 値を定数や他の値と比較
- CPU制御機能の実行

マシンが操作する値は、外部メモリから取得されることもあれば、CPU内部にあるレジスタのうちの1つから取得されることもある（レジスタの数はメモリに比べてとても少ない）。**レジスタ**（register）とは、一度に複数のビット（一般に16、32、64のいずれかであり、これはCPUによって異なる）を保持できる格納場所のことである。マシン命令の演算の結果はメモリやレジスタに格納されることがある。

現代のCPUでは、独立したサブシステムによってさまざまなグループのマシン命令が実行される。

- ALU（Arithmetic Logic Unit）
  演算装置。単純な整数演算と論理演算を処理する。
- FPU（Floating Point Unit）
  浮動小数点演算装置。浮動小数点数の演算を処理する。
- SIMD（Single-Instruction, Multiple Data）
  ベクトル演算を処理する。ベクトル演算では、一度に複数のデータ値に演算が適用される。この種の演算は、オーディオ / ビデオアプリケーションに不可欠である。

現代の高性能なCPUは、（のちほど説明する）命令の並列実行をサポートするために、上記の各演算ユニットを複数備えていることがある。

分岐とフラグ

　命令を最初から最後まで順番に実行していくのはそれなりに便利かもしれないが、コンピュータの魅力は何と言っても、演算の結果に応じてプログラムが実行の流れを変更できることにある。プログラムの流れは**分岐命令**（branch instruction）によって変更される。分岐命令は、プログラムを構成している一連のマシン命令を前方または後方にスキップさせる能力を持つ。分岐命令のなかには「無条件分岐命令」と呼ばれるものがあり、分岐命令に含まれているメモリアドレスから次に実行すべき命令をCPUに強制的に読み込ませる。

　条件分岐命令は、何らかの評価と分岐を組み合わせたものである。通常、そうした評価には、**フラグ**（flag）と呼ばれるシングルビットの2進数値が関与する。これらのフラグはCPUのどこかにまとめて格納されており、そうしたフラグ群を一般に「フラグレジスタ」または「ステータスワード」と呼ぶ。あるマシン命令を実行すると、それらの命令によって1つ以上のフラグがセットされる（2進数値の1に変更）か、クリアされる（2進数値の0に変更）。たとえば、すべてのCPUには、2つのレジスタの値を比較する命令がある。それらの値が等しい場合、フラグは1にセットされ、等しくない場合は0にクリアされる。前者のフラグは一般に「ゼロフラグ」と呼ばれる。「ゼロフラグ」という名前は比較の仕組みに由来している。CPUは2つのレジスタを比較するために、一方のレジスタからもう一方のレジスタを差し引く。引き算の結果が0であれば、2つのレジスタは等しく、ゼロフラグがセットされる。引き算の結果が0でなければ、2つのレジスタは等しくないため、ゼロフラグはクリアされる。

　マシン命令は単なる2進数である。マシン命令のコードで直接プログラムすることは可能だが、それでは不便なので、プログラマーは一般にプログラムにアセンブリ言語を使用する。そして、アセンブラを使ってアセンブリ言語をマシン命令に直接変換する。アセンブリ言語の命令は「ニーモニック」と呼ばれる短い文字列で表され、人が読める形式でさまざまなオペランドが記述される。条件分岐命令をアセンブリ言語で表現すると、次のようになる。

```
BEQ [address]
```

　この条件分岐命令は、ゼロフラグがセットされている（等しい）場合は指定されたアドレスに格納されているマシン命令へ分岐し、ゼロフラグがクリアされている場合はメモリ内の次の命令を実行する。

　CPUのアーキテクチャには、フラグが10個以上存在するものがある。等価を表すフラグやレジスタの値が0になっていることを反映するフラグもあれば、繰り上げ演算が起きていることを表すフラグもある。また、レジスタが正または負の値に設定されていることを表すフラグや、桁あふれを表すものやゼロ除算が試みられたことを表すものなど、エラー状態を表すフラグもある。さらに、CPUの内部メカニズムの現在の状態を反映するフラグもある。それらのフラグごとに、そのフラグの値を調べ、それに応じて分岐する条件分岐命令が1つ以上存在する。

　Raspberry Piで使用されているARM CPUの命令セットには、条件分岐命令のサポートに加えて、より汎用的な条件付き命令実行機能が含まれている。これについては、139ページの「条件付き命令実行」で説明する。

システムスタック

　配列、キュー、リスト、スタック、集合、リング、バッグを含め、コンピュータ科学者によって分類／定義されているデータ構造はかなりの数にのぼる。そのうちのいくつかはよく使用されるため、それらのサポートをマシン命令に直接組み込んでいるCPUがある。そのうち最も重要なのは、スタックである。

　スタック（stack）は、Raspberry PiのARM11を含め、現代のほとんどのCPUの演算に不可欠な、LIFO（Last-In-First-Out）方式のデータ記憶メカニズムである。スタック演算の重要な特徴は、データアイテムがスタックから取り出されるときの順序が、スタックに格納されたときとは逆になることである。

　たとえを使うとわかりやすい。学校内の食堂でよく目にする、食器類を積み重ねておく装置がある。金属の収納筒の中にはバネ仕掛けの台があり、皿の重さと釣り合うよう調整されている。その中に皿を置く（プッシュする）と、次の皿を置くスペースを空けるために台が下がる。皿が必要なときは、一番上にある皿を取る（ポップする）。皿がなくなって軽くなった分だけ台が上昇し、次の皿が一番上に持ち上げられる。

　この収納筒のポイントは、収納筒に最初に置かれた皿が一番下にくることである。収納筒に最後に置かれた皿は一番上にある。その皿が最初に取り出される皿である。「後入れ先出し（LIFO）」と呼ばれるのは、そのためである。

　コンピュータシステムのスタックは、LIFOデータストレージのために確保されたメモリ領域であり、スタックデータ構造を実装するために設計されたマシン命令によって管理される。図4-6は単純なスタックを表している。「SP」はスタックポインタ、「Base」はベースポインタを表している。

　スタックは**ベースポインタ**（base pointer）で指定されるメモリ内の位置から始まる。**ポインタ**は単なるメモリアドレスである。アドレスにデータが書き込まれても、ベースポインタの値は変化しない。**スタックポインタ**（stack pointer）と呼ばれるもう1つのポインタは、次にアクセスするメモリ位置を表すもので、「スタックの先頭」とも言える。図4-6では、スタックの先頭にあるアイテムを網掛けで示している。

　スタックにアイテムを追加するには、まず、スタックポインタをインクリメントし、スタック上で次に利用可能なメモリ位置を指すようにする。次に、その位置にデータアイテムが書き込まれる。スタックにアイテムを書き込むことを「プッシュする」と言う。

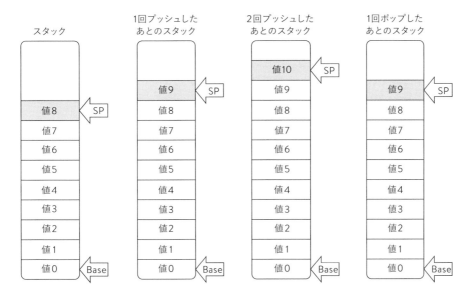

スタック / 1回プッシュした あとのスタック / 2回プッシュした あとのスタック / 1回ポップした あとのスタック

[**図**4-6] スタックの仕組み

　スタックからアイテムを削除するには、まず、スタックの先頭にあるアイテムをレジスタかメモリ内の他の場所にコピーする。次に、スタックポインタをデクリメントし、そのアイテムが追加される前にスタックの先頭アイテムだったものを指すようにする。スタックからアイテムを削除することを「ポップする」と言う。図4-6に示されている4つのスタックを追いかけてみると、アイテムをプッシュまたはポップするたびにスタックが大きくなったり小さくなったりすることがわかる。スタックに最後にプッシュされたアイテムは、最初にポップされるアイテムである——LIFOを忘れないようにしよう。

　特定のアーキテクチャでスタックを実装する方法は何種類かある。前述の**昇順スタック**（ascending stack）は、プッシュのたびにスタックポインタが次に大きなメモリアドレスを指すようにする（ポインタをインクリメントする）ことで、メモリの上のほうに伸びていく。**降順スタック**（descending stack）は、プッシュのたびにスタックポインタが次に小さなメモリアドレスを指すようにする（ポインタをデクリメントする）ことで、メモリの下のほうに伸びていく。ARM CPUのスタックはどちらにも対応できるが、ARMでは降順スタックが慣例となっている。アーキテクチャによっては、スタックポインタがスタック上の最初の空きメモリ位置を指すことを前提とするものや、スタックに最後にプッシュされたアイテムを指すことを前提とするものがある。スタックが空の場合、スタックポインタは常に利用可能なスタック位置の先頭を指している。ARMプロセッサはやはりどちらにも対応できるが、デフォルトでは、スタックポインタは最後にプッシュされたアイテムを指すものと想定される。

　スタックは、サブルーチン呼び出しの際に、データアイテム（たいていレジスタ値）とメモリアドレスの一時的なストレージとして使用される。**サブルーチン**（subroutine）とは、プログラムにおいてまとめて実行される一連の動作に名前を付けたものである。サブルーチン

に含まれている処理を実行する必要がある場合は、いつでも、プログラムの他の部分から
サブルーチンを**呼び出す**ことができる。つまり、サブルーチンの処理が終了するまで、サブ
ルーチンに実行制御を渡すことになる。その後、サブルーチンから呼び出し元のプログラ
ムに制御が戻される。CやPythonなどのプログラミング言語では、サブルーチンを**関数**
（function）と呼ぶ。サブルーチンとプログラミングにおけるそれらの役割については、5章
で詳しく説明する。

　多くのコンピュータアーキテクチャには、サブルーチンを呼び出すための専用の命令が
ある。それらの命令は、サブルーチンの開始アドレスに分岐する前に、プログラムカウンタ
の値をスタックに自動的にプッシュする。サブルーチンが完了したら、（別の専用の命令を
使って）保存しておいたプログラムカウンタをポップすると、プログラムがそこから処理を続
行する。保存されたプログラムカウンタは「リターンアドレス」と呼ばれる。サブルーチンで
CPUレジスタを使用したい場合は、（レジスタがサブルーチンの呼び出し元によってすでに
使用されている可能性があるため）レジスタの既存の値をスタックにプッシュし、制御を戻
す前にポップすればよい。

　ARM CPUでは、サブルーチンのリターンアドレスをスタックに明示的に保存することも
できるが、システムメモリへのアクセスには時間がかかる。そうした時間のペナルティを伴
わないもっと高速な方法がある。のちほど見ていくように、リターンアドレスを最初にリンク
レジスタ（Link Register：LR）に格納すれば、リーフ関数はスタックへのアクセスを完全に回
避できるようになる。リーフ関数とは、それ以上別の関数を呼び出さない関数のことである。

　スタックは入れ子のサブルーチン呼び出し（サブルーチンからの別のサブルーチン呼び出
し）の管理に役立つ。入れ子のサブルーチン呼び出しが新たに開始されるたびに、データと
リターンアドレスの新たな層がスタックに追加される。スタックに余裕がある場合は、入れ子
の呼び出しを数十、あるいは数百も実行できる。スタックがいっぱいになり、新しい値を格納
する余地がなくなった場合、スタックに何かをプッシュしようとするとスタックオーバーフロー
が発生する。たとえば、メモリ管理ユニットが何の保護措置も講じていない場合、スタックに
隣接するメモリ領域のデータが上書きされてしまい、プログラムは誤動作することになる。

システムクロックと実行時間

　94ページの「デジタルロジック入門」で説明したように、CPUのような順序回路内で進行
することはすべて、**クロック**（clock）と呼ばれるパルス生成器に同期している。クロックから
パルスが生成されるたびに**クロックサイクル**が始まる。CPUは1つのクロックサイクルの間
で何らかの処理を行う。かなり古いCPUでは、1つのマシン命令を完了するのに4クロック
サイクルから40クロックサイクルもかかっていた。マシン命令を実行するのにかかる時間
は命令ごとに異なっており、乗算命令や除算命令のように他の命令よりも時間がかかるも
のもあった。

命令によってかかる時間が異なるのはなぜだろうか。計算がコンピュータで行われるようになった最初の数十年間は、マシン命令は一連の**マイクロ命令**（microinstruction）としてCPUシリコンに実装されていた。マイクロ命令は非常に単純で小さなステップであり、それらを組み合わせることで、より複雑な命令を組み立てられる（マイクロ命令には、CPUの外側からはアクセスできない）。ごく少数のマイクロ命令の組み合わせによって多数のマシン命令を実装することにより、マイクロ命令はCPUチップ上のスペースの節約に貢献した。このことによって、多くの命令でそれを実装するデジタルロジックが共有され、必要なトランジスタの総数が少なくなる。各マシン命令を実行するのに必要なマイクロ命令のリストは**マイクロコード**（microcode）と呼ばれる。

　マイクロコードとして実装されたマシン命令を実行すると、命令を実行するのにかかる時間が大幅に増える。CPUの設計者は、可能な限り、マシン命令をハードワイヤードにする。つまり、命令はそれぞれその命令専用のトランジスタロジックを使って直接実装される。これにはより多くのトランジスタ予算が必要であり、チップ上で占めるスペースもマイクロコードより広くなるが、命令はずっと高速になる。1つのチップに搭載できるトランジスタの数が多ければ多いほど、ハードワイヤードされる命令の数が増え、マイクロコードへの依存が少なくなる。たとえそうでも、つい最近までは、マイクロコードが使用されているために他の命令よりも多くのクロックサイクルを必要とする命令があった。図4-7は、マイクロコードが原因で命令の実行に時間がかかっていた初期のコンピュータの状況を示している。

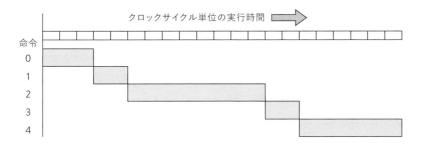

[**図4-7**] マシン命令とクロックサイクル

　トランジスタ予算が潤沢であるほど、ハードワイヤードされる命令の数を増やすことが可能となる。いつかは、乗算や除算のような複雑な演算でさえハードワイヤードにできるほどのトランジスタがチップに搭載される。すべてのマシン命令がハードワイヤードされていれば、すべての命令の実行時間がほぼ同じになる。CPUアーキテクチャの究極の目標は、常に、すべてのマシン命令を1クロックサイクルで実行することだった。この目標は2000年頃にはほぼ達成され、マシン命令とクロックサイクルのグラフは図4-8のように変化した。

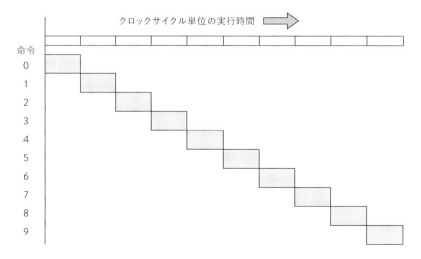

[**図4-8**] 1サイクルのマシン命令

　図4-8を見て、こう考えたかもしれない――マシン命令の実行速度は頭打ちの状態であり、1秒間に実行される命令の数を増やすには、クロック速度を上げるしかない。だが、それは間違いである。

パイプライン処理

　CPUの演算とクロック速度に関して、CPUの演算はクロック速度に追いつかないという誤解がある。逆にクロック速度はCPUが許容する速さにしかならず、CPUが演算を実行するには一定の時間が必要なのである。

　CPUが1つのマシン命令をどのように実行するのかを詳しく見ると、相異なる複数のステージに分かれていることがわかる。

1. メモリから命令を取り出す（フェッチ）。
2. その命令を復号する（デコード）。
3. その命令を実行する。
4. その命令によって行われた変更をすべてレジスタかメモリに書き戻す（ライトバック）。

　マシン命令が1つのクロックサイクルで実行される場合、これら4つのステージはすべてトランジスタが動作する1回の波の中で発生する。この波は、命令のフェッチとデコードを処理するロジックから、実行ステージを経て、ライトバックロジックに至るまで、CPUの中を伝播していく。この波をもっとすばやく伝播させるのは難しい。クロック周波数の最大値は、信号が全ロジックを通る最長パスを通過するのにかかる時間によって決まるからである。

　しかし、この4つのステージは決まった順序で行われるので、各ステージを別々の処理と

して扱うことができる。4つのステージにほぼ同じ時間がかかるようなマシン命令の実行ロジックを設計できれば、それらのステージをオーバーラップさせるという興味深い可能性への扉が開かれる [図4-9]。

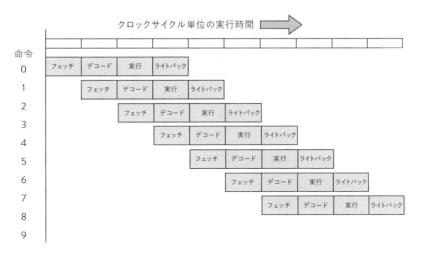

[**図4-9**] 命令の実行をオーバーラップさせる

図4-9の実行ロジックでは、各ステージにかかる時間は1クロックサイクルである。つまり、1つの命令を実行するのに必要なのは、クロックの1刻みではなく4刻みなので、クロックを高速化できることになる。クロック速度が倍になったとしても、性能は後退するように思える。それどころか、一見矛盾しているように思える。1つの命令を完了するのに4クロックサイクル必要だが、クロックサイクルごとに1つの命令が発行され、別の命令がリタイア（処理を終了）する。結局、はるかに高速な1クロックサイクルで命令を実行していることになる。

これがどういうことか理解するために、ピザカウンターの後ろでピザを焼く、ベルトコンベヤー式のピザ窯のようなものを思い浮かべてみよう。料理人が生のピザを窯の入口のベルトコンベヤーに乗せると、その10分後に焼き上がったピザが窯から出てくる。ピザを1枚焼くのにかかる時間は10分である。ただし、常に5枚のピザを窯に通すことができ、料理人が生のピザをベルトコンベヤーに乗せ続けるとしたら、焼き上がったピザが2分おきに窯から出てくることになる。最初のピザが焼きあがるのに10分かかる。しかし、窯がピザでいっぱいになったあとは、2分おきにピザが焼きあがる。

このように、マシン命令の実行をオーバーラップさせることを**パイプライン処理**（pipelining）と呼ぶ。1980年代にスーパーコンピュータで初めて実装されたパイプライン処理は、今ではほぼすべてのCPUで、さらにはMicrochip Technologyの安価なPIC（Programmable Intelligent Computer）でも標準実装されている（PICはMicrochip Technologyのマイクロコントローラの総称である）。最近のCPUの性能改善にはメモリキャッシュが大きく貢献しているが、パイプライン処理はその2番目の立役者である。

パイプライン処理を理解する

　パイプライン処理がどのようなものかざっと理解するために、架空の単純なプロセッサを見てみよう［図4-10］。このプロセッサには、パイプライン処理がない。プロセッサの現在の状態（現在のプログラムカウンタ（Program Counter：PC）とレジスタ）はフリップフロップに格納されており、ロジックの雲によって次の時点での状態が計算され次のクロックエッジに間に合うようにフリップフロップのD入力に渡される。このロジックの雲は、命令のフェッチ（取り出し、Instruction Fetch：IF）、デコード（復号、Decode：DC）、実行（Execute：EX）の3つの部分に大きく分けられる。IF部は、次のPC値を計算するロジックである。この架空のプロセッサの例では、分岐はまったく存在しない。EX部までは、レジスタは必要ない。各サイクルの最初に一部のフリップフロップの出力が変化し、そのサイクルの間、トランジスタ動作の波がロジックの雲の中を左から右へ伝播していく。最大クロック速度は、ロジックの雲を通る最長パスの通過にかかる時間によって決まる。サイクルの後半部分では、左側のロジックのビットは値が確定しており、まだ変化している右側のロジックに結果を渡すだけだ。この確定した値のスナップショットを作っておき、次の命令をフェッチするような別の処理を左側のビットに実行させれば便利ではないだろうか。パイプライン処理を持つプロセッサは、まさにそれを行うために、パイプラインラッチ[2]（これもフリップフロップだ）を雲に挿入する。

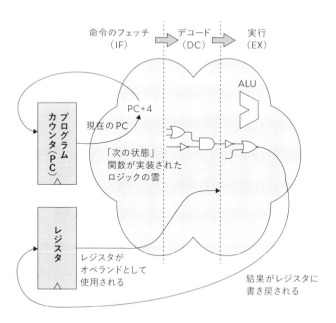

命令のフェッチ（IF）　デコード（DC）　実行（EX）

ALU

PC+4

現在のPC

プログラムカウンタ（PC）

「次の状態」関数が実装されたロジックの雲

レジスタ

レジスタがオペランドとして使用される

結果がレジスタに書き戻される

［図4-10］パイプライン処理を持たない単純なプロセッサ

---

*2　［訳注］ラッチ（掛け金）とは、入力されたデータを保持する回路のような仕組みのこと。

図4-11は、パイプラインラッチを持つプロセッサを示している。この図では、ロジックの雲が3つの小さな雲に分割されている。IF雲は、メモリから命令を取り出しPCの次の値を計算する。これは最初のパイプラインラッチが結果を記録するまでに実施する必要がある。そのあとは、次のサイクルで次の命令を取り出すことができる。一方、DC雲は、そのパイプラインラッチのデータを入力として用いることで、1つ前の命令をデコードする。レジスタの読み書きはすべてEX雲で実行される。というのも、元の雲では、レジスタはEX部分まで使用されないからである。また、1サイクルでレジスタファイルに値を書き込み、次のサイクルでそれを使用できるようにしたい。

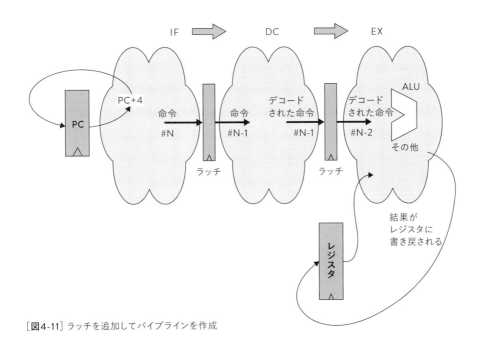

[図4-11] ラッチを追加してパイプラインを作成

CPUの速度は、やはり雲のいずれかの部分の最長パスを通過するのにかかる時間によって決まる。しかし、雲は3つに分割されているため、パイプライン処理を持たないプロセッサ[図4-10]の最長パスにかかっていた時間よりも短くなるはずである。

図4-11を見て、EXステージが少し「混み合っている」ように感じたかもしれない。特にALUなど重要なものはすべてEXステージに配置されている。そう感じたのなら、あなたは正しい。このような単純なパイプラインでは、最長パスはEXステージに含まれる傾向にあり、このステージがパイプラインの制約となる。次の論理的なステップは、このEX雲を複数の小さなステージに分割することである。そのためには、パイプラインのさまざまなステージでレジスタファイルの読み書きを行うときに発生する問題に対処する必要がある。次項で説明するように、この論理的なステップはARM11に組み込まれている。

パイプラインのさらなる探求とパイプラインハザード

　CPUでオーバーラップをどれくらい作り出せるかは、主に、CPUの命令実行をいくつの
ステージに分割できるかにかかっている。最初の頃は、3〜4ステージのパイプラインが最
先端だった。のちほど説明するように、初期のRaspberry Piに搭載されていたARM11 CPU
は、8ステージの命令パイプラインを使用していた。最新のIntelプロセッサの多くは、20以
上のステージからなるパイプラインを使用している。そうした長いパイプラインに取り組む
CPU設計者にとって難題なのは、ステージによって命令実行にかかる時間が同じではない
ことである。各ステージの実行にかかる時間は1クロックサイクルなので、最も時間のかか
るパイプラインステージを完了するのに必要な時間が、CPUの演算を制御するクロックサ
イクルの長さとなる。

　命令が均一の速さでパイプラインを通過していくことは、きわめて重要である。命令が
CPUのパイプラインをスムーズに流れるのを妨げかねないものがある。それらは「パイプラ
インハザード」と呼ばれ、パイプラインに遅延をもたらす原因になりうる。そうした遅延は「パ
イプラインストール」と呼ばれる。パイプラインハザードは主に次の3種類に分類される。

- **コントロールハザード**
  条件分岐命令によって引き起こされる。
- **データハザード**
  命令間のデータ依存性によって引き起こされる。
- **構造ハザード**
  リソースの競合によって引き起こされる。

　条件分岐がパイプラインの妨げになる仕組みは容易に理解できる。図4-9のパイプライン
に含まれている最初の命令が条件分岐命令であり、分岐が成立するかどうかを解決するロ
ジックがEXステージにあるとしたら（たいていEXステージにある）、パイプラインにおいて
すでにフェッチとデコードが済んでいる逐次命令から分岐することになるかもしれない。そ
れらの命令はプログラムの実行パスに含まれなくなるだろう。このため、命令を1つずつ実
行しているような錯覚を与え続けるには、そうした命令を廃棄し、分岐先のアドレスから始
まる命令をパイプラインに再び追加する必要がある。ピザ窯のたとえで言うと、注文を取る
人が料理人に間違った注文を出してしまった場合に、すでに窯を通過しているピザを1枚以
上廃棄し、代わりのピザをベルトコンベアーに置くようなものである。そんなことをすれば、
注文どおりのピザが窯から出てくるまでに間が空くことになる。パイプライン全体のスルー
プットが損なわれることは言うまでもない。

　昔からあるコントロールハザード対策の1つは、命令を1つずつ実行するという幻想を捨
て、分岐が遅れていると表明することである。分岐を解決するときにパイプラインに入って
いた逐次命令は、分岐が成立するかどうかに関係なく、常に実行される。分岐による遅延の

穴埋めをする有益な方法を見つけ出す責任は、アセンブリ言語のプログラマーか高級言語のコンパイラにある。

　ただし、このような振る舞いは滅多に見られない。ほとんどのアーキテクチャは、**分岐予測**（branch prediction）と**投機的実行**（speculative execution）という関連する2つのメカニズムを用いて、パイプラインハザードの影響を緩和しようとする。この場合、CPUの実行ロジックは、2つの有効な分岐先のどちらに分岐すべきかを予測しようとする。この予測は、コードのその部分で実行されてきた分岐の履歴に基づいて行われる。CPUは、分岐の実際の結果が判明する前に、より可能性の高い分岐先から命令をフェッチし、それらの実行を投機的に開始する。分岐予測の失敗からの回復では、投機的に実行された命令が外部に影響をおよぼす可能性があるパイプラインステージに到達する前に、それらの命令を強制終了する。一般的には、それらの命令を**バブル**（bubble）と置き換えるという方法をとる。バブルとは、何もしないNO-OP命令のことである。投機的な実行では、CPUに何らかの推測を行わせることになる。それらの予測が外れた場合の対価は高くつく。予測が外れると遅延が発生するが、そうした遅延はパイプラインの深さにほぼ比例する。つまり、再補充の時間が必要となる。現代の高性能プロセッサでは、20サイクルの遅延も珍しくない。このため、分岐予測の改善はCPUの性能の主な決定要因となっている。

　データへの依存性はさらにやっかいな問題である。ある命令からの結果が、パイプラインの次の命令のオペランドとして必要だとしよう。この2つ目の命令では、1つ目の命令が値を生成し終える前にその値が必要になるかもしれない。2つ目の命令がパイプラインを通過するのを止めないと、ごみデータ、または前の計算の残骸であるデータを使用するはめになる。前述の単純なパイプラインプロセッサでは、このようなことは起きない。というのも、レジスタの読み取り、書き込み、結果の書き戻しはすべてEXステージで発生するからだ。2つ目の命令がEXステージに到達した時点で、レジスタは完全に整合性のとれた状態になっている。心配しなければならないのは、混雑しているEXステージの分割に着手した場合だけである（ARMを含め、現代のほぼすべてのプロセッサが該当する）。

　リソースの競合が起きるのは、パイプラインの2つの命令が何らかのCPUリソースに同時にアクセスする必要が生じた場合である。たとえば、異なるパイプラインステージの2つの命令がキャッシュシステムを通じて外部メモリに同時にアクセスする必要がある場合、どちらかの命令が優先されなければならない。単純な例としては、IFステージでの命令の読み取りと、他のステージ（この例ではEXステージ）でのデータの読み取りまたは書き込みの間で、リソースの競合が発生することが考えられる。この競合については、L1（Level 1）キャッシュをデータ用とマシン命令用の2つに分割することで、部分的に解決できるかもしれない。このアーキテクチャは**改良型ハーバードアーキテクチャ**（modified Harvard architecture）と呼ばれる。マシン命令とデータの格納/アクセスを別々に行うハーバードでの実験が名前の由来である。ARM11 CPUは改良型ハーバードアーキテクチャに基づいている。

　データへの依存性とリソース競合ハザードを検出して解決するには、シリコン上にさらに多くのトランジスタが搭載されていなければならない。一般的なアプローチは、パイプライ

ン内でハザードが発生しそうなことを命令デコードロジックで特定することである。この検査を実行するハードウェアは**インターロック**（interlock）と呼ばれる。取り出した命令が何らかのハザードである場合、パイプラインの「問題の命令」の手前にバブルが挿入される。これにより遅延が生じ、バブルの手前にある命令がバブルの後ろにある命令と競合する前に処理を完了できるようになる。

ARM11のパイプライン

ARM11 CPU のパイプラインは、8つのステージに分割される［図4-12］。このパイプラインは図4-9に示したような単純なものではない。パイプラインが8つの別個のステージに分割されているほか、パイプラインを通過するパスが3つ存在する。実行がどのパスを通るかは、実行している命令の種類によって決まる。

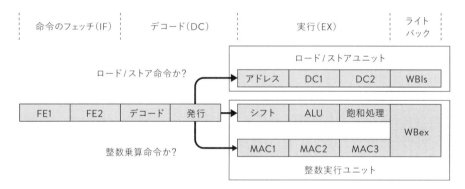

［**図4-12**］ARM11のパイプライン

最初の4つのステージは、命令に関係なくまったく同じである。ただし、命令が発行されるときに、デコードロジックが3つのパスのいずれかを選択する。命令の種類ごとに専用のパイプラインパスがある。

- **整数演算実行パス**
  整数演算を実行するほとんどの命令に使用される。
- **積和パス**
  整数乗算命令に使用される。
- **ロード／ストアパス**
  ロード命令とストア命令に使用される。

図4-12に示されている各ステージとそれぞれの略語は次のとおりである。

- FE1

  最初の命令フェッチステージ。命令のアドレスが要求され、命令が受け取られる。

- FE2

  分岐予測が行われるステージ。

- **デコード**

  命令がデコードされるステージ。

- **発行**

  レジスタが読み取られ、命令が発行されるステージ。

- **シフト**

  必要なシフト演算が実行されるステージ。

- ALU

  必要な整数演算がこのステージ内にALUで実行される。

- **飽和処理**

  整数演算の結果が飽和処理される。つまり、整数の範囲に強制的に収められる。

- MAC1

  乗算命令の実行の第1ステージ。

- MAC2

  乗算命令の実行の第2ステージ。

- MAC3

  乗算命令の実行の第3ステージ。

- WBex

  命令によって変更されたレジスタデータがレジスタに書き戻される。整数実行パスと積和パスの最後のステージ。

- **アドレス**

  その命令がメモリにアクセスするために使用するアドレスを生成するステージ。

- DC1

  データキャッシュロジックによるアドレス処理の第1ステージ。

- DC2

  データキャッシュロジックによるアドレス処理の第2ステージ

- WBls

  変更内容をすべてメモリ位置に書き戻すロード／ストアパスの最終ステージ。

　さらにややこしいことに、整数実行パスと積和パスは整数実行ユニットによって処理され、ロード／ストアパスは別のロード／ストアユニットによって処理される。**実行ユニット**（execution unit）とは、整数の計算や論理演算、メモリアクセスなど、命令の「実際の処理」を受け持つCPUサブシステムのことである。浮動小数点プロセッサがコアに存在する場合は、命令が発行されたあと、実際の処理が行われるのは（ここで示したものではなく）コ

プロセッサ独自のパイプラインとなる。コプロセッサについては、142ページの「コプロセッサ」で説明する。

スーパースカラ実行

実は、パイプラインの仕組みからさらにパフォーマンスを絞り出すことができる。1980年代の終わり頃、**スーパースカラ実行**(superscalar execution)というメカニズムが登場した。スーパースカラアーキテクチャは、前項で説明したような(現在ほぼすべてのCPUで使用されている)命令パイプラインを使用する。ただし、スーパースカラアーキテクチャのCPUは、複数の命令を発行して同時に実行する。スーパースカラアーキテクチャのCPU(以下、スーパースカラCPU)では、命令の実行はオーバーラップの域を超え、真の並列処理へと向かう。図4-13は、スーパースカラパイプラインを示している。

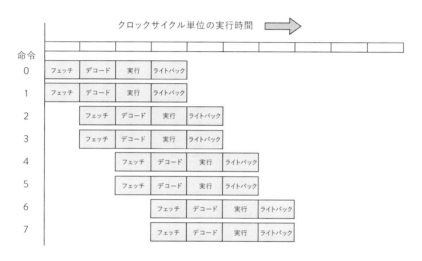

[**図4-13**] スーパースカラ実行

このような単純なケースでは、スーパースカラCPUはメモリから命令を2つフェッチし、それらを調べて同時に実行できるかどうかを判断する。同時に実行できる場合、CPUは両方の命令の実行をデュアル実行ユニットに割り当てる。こうした実行ユニットは、完全なプロセッサコアではなく、命令の「実際の処理」だけを受け持ち、整数計算と整数ロジック、浮動小数点数計算、ベクトル計算に特化している。CPUはすべての実行ユニットをできるだけビジー状態に保とうとする。

基本的なメカニズムはパイプライン処理と同じである。ある命令がそのあとに続く命令にデータ値を提供するかどうかなど、命令ストリームでのデータ依存性をCPUが調べる。そうした依存性がある場合、2つの命令を同時に発行することはできず、パイプラインストールが発生する。たとえば、ある命令がレジスタ4に値を足し、シーケンスの次の命令がレジス

タ4の内容に別の値を掛けるとしよう。この場合、2つ目の命令は1つ目の命令によって計算されるデータに依存するため、これら2つの命令は同時に発行して並列実行できない。

パイプライン処理と同様に、プログラムコードを生成するコンパイラには、データの依存性を調べ、必要に応じて命令を並べ替えることで、2つの連続する命令がインターロックを発生させるような方法で依存し合う（ある命令がそのデータに依存する別の命令の直前にくるような）状況を回避する機能がある。最近のスーパースカラCPUでは、**アウトオブオーダー**（out-of-order）実行[*3]がサポートされているため、こうした最適化はそれほど重要ではなくなってきている。スーパースカラCPUには、命令ストリームを動的に並べ替えることで、達成可能な並列処理の量を最大化し、インターロックの原因となるデータ依存性を最小限に抑える能力がある。

スーパースカラ実行、特にアウトオブオーダー実行は、トランジスタロジックの面で高くつく。重複する実行ユニットを提供するという負担に加えて、依存性チェックを実装するロジックは複雑化の一途をたどっている。理論上では、CPUは一度に4つ以上の命令を発行できるが、そのあたりで設計者はたいてい収益逓減を迎える。

ARM11のマイクロアーキテクチャは、スーパースカラ実行をサポートしない。スーパースカラ機能がARMに導入されたのは「Cortex A」プロセッサファミリであり、そのなかには命令を4つ同時に発行できるものがある。Cortexについては、あとで詳しく説明する。

SIMDでの並列処理

スーパースカラ実行は実装するのは難しいが、説明は簡単である。つまり、複数の命令が同時に発行され、並行して実行される。現代のCPUは、「複数のデータアイテムで同時に演算を行う命令」という別の種類の並列処理をサポートしている。このような種類の命令は、SIMD（Single-Instruction, Multiple Data）命令と呼ばれる。ほとんどのコンピュータアーキテクチャは独自のSIMD命令を採用しており、たいてい他のアーキテクチャとまったく同じではなく、場合によっては互換性すらない。

SIMDについては、例を使って説明するのが一番だ。ARM11のような32ビットマイクロアーキテクチャの通常の加算命令は、1つの32ビットと別の32ビットの加算を1つの演算で行う。減算も別の命令で同じように行われる。一般的なコンピュータ処理タスクのなかには、非常に多くの加算（または他の算術演算）をできるだけすばやく行うよう要求するものがある。ディスプレイ上での色調整は、そうした課題の1つである。1,600×1,200ピクセルのディスプレイを使用している場合、200万近くのピクセルを処理する必要がある。さらに、色を調整するために3〜4回の加算や減算がピクセルごとに必要となる。単純で反復的な計算とはいえ、結構な量である。

---

*3　［訳注］命令シーケンスを展開し、依存関係がないものから順に実行する方式。

4

ARMプロセッサとSoC

従来のマシン命令では、そうした加算や減算をすべて1つずつ行うしかなかった［図4-14］。ピクセル全体を調整するには、1回のイテレーションで各値を処理するプログラムループが必要となる。そうしたループでは、値を読み込むための命令と、変更した値を書き戻すための命令に加えて、値ごとに分岐が1つ必要となる（プログラムループについては5章で説明する）。

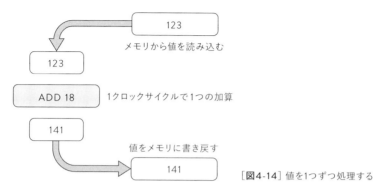

[**図4-14**] 値を1つずつ処理する

このようなループで必要となる分岐の数を少なくしようと思えばできないことはないが、それにも限度があり、追加の命令とメモリというコストを伴う。200万ものピクセルを処理するとなると、相乗効果でさらにまずいことになる。

SIMDの命令は、複数のデータ値で同じ処理を同時に行うことを目的として設計されている。通常の命令はスカラ（単一の値）を操作するが、SIMDの命令は**ベクトル**（vector）を操作する。ベクトルとは、特定の方法で並べられたデータ値の1次元配列のことである。それらのデータ値は特定のアーキテクチャのSIMD命令で操作しやすいように配置されている。ベクトルの長さは一般に2～16個のデータ値であり、幅（各値のビット数）はアーキテクチャによって異なる。

多くのコンピュータアーキテクチャでは、1つのSIMD命令により、4つの演算（加算、減算、乗算、除算）が同時に実行される。演算を4つ以上実行できるコンピュータアーキテクチャもあるが、原理は同じである。つまり、4つの値からなるベクトルがメモリからレジスタに読み込まれる。SIMD命令は、ベクトル内の4つの値に対する演算をすべて同時に実行する。その後、ベクトル全体がメモリに書き戻される［図4-15］。

4つの加算や減算が必要だったものが、たった1つで済むようになり、3クロックサイクルが節約される。それだけでなく、ほとんどのアーキテクチャには、4つのメモリ値の読み込みと保存を1回で行う対のSIMD命令がある。

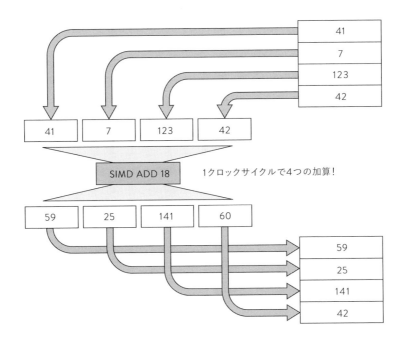

1クロックサイクルで4つの加算！

[**図4-15**] SIMD命令の仕組み

　SIMDマシンを構成するのはなぜだろうか。プロセッサがスーパースカラで発行できる命令の個数を増やして、プログラマーがスカラを操作する命令を使い続けられるようにすればよいのではないだろうか。SIMDの主な利点は、SIMD命令のフェッチとデコードの（時間および消費電力の）コストが複数の計算の間で共有されることである。プログラマーはSIMD命令を使用することで、それらの計算が独立していることを明示的に宣言する。つまり、依存性が生じることはもうあり得ない。このため、依存性の検出と対処にコストのかかるインターロックロジックを使用する必要はなくなっている。

　SIMD命令が何に使用されるのかは、初心者にはわかりにくい。オーディオやグラフィックス（特に3Dグラフィックスやビデオ）の計算では、長いシーケンスデータで反復的な計算をいくつも実行する必要がある。SIMD命令は、長いシーケンスデータでの数学演算を同時に実行できる。つまり、SIMD命令は、オーディオやビデオのエンコード／デコード、3Dグラフィックスの管理といったタスクを処理するコードのパフォーマンスを劇的に改善できるのである。

　初期のRaspberry Piに搭載されていたARM11コアは、SIMD命令の実行を限定的にサポートしている。32ビットデータワードはこれまでどおりに読み込まれるが、SIMD命令はワード内の4バイトをそれぞれ別々の値として扱う。当然ながら、SIMDを使って処理できる値のサイズは制限されることになるが、グラフィックスやオーディオの処理の大部分は8ビット単位で行うことができる。

最近のARM Cortex CPUには、NEONというコプロセッサが搭載されている。NEONは、特殊な128ビットレジスタに格納された8/16/32/64ビットを操作するSIMD命令を備えている。これにより、ARMv6命令セットのSIMD命令の2倍のスループットを実現できる。NEONについては、148ページの「SIMD用のNEONコプロセッサ」で説明する。

エンディアン

最初に量販されたマイクロプロセッサは8ビット単位であり、一度に8ビット（1バイト）のデータを操作し、システムメモリの読み書きを1バイトずつ行っていた。その後、CPUのマイクロプロセッサは16ビット、そして32ビットへと拡張され、現在では多くのアーキテクチャが読み書きを64ビット単位で行っている。1回の読み書きでメモリの複数バイトにアクセスするとなると、次のような疑問が浮かぶ。それらのバイトはメモリ内でどのような順序で並んでいるのだろうか。メモリから読み取る量が4バイトまたは8バイトの場合、CPUはそれらのバイトをどのように解釈するのだろうか。

この問題は**エンディアン**（endianness）と呼ばれる。ジョナサン・スウィフトの小説『ガリバー旅行記』の中で、リリパット人が半熟卵を丸いほう("big")から割るか、尖ったほう("small")から割るかで口論する皮肉なエピソードが名前の由来である。卵ではそれほどではないとしても、コンピュータアーキテクチャでは重要な問題である。図4-16を見ながら続きを読んでほしい。

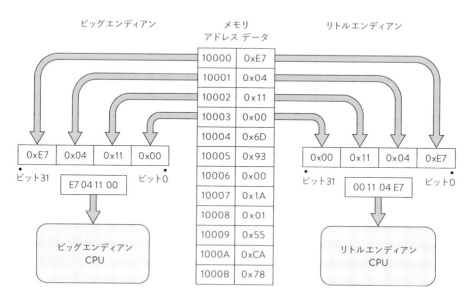

[**図4-16**] ビッグエンディアンアーキテクチャとリトルエンディアンアーキテクチャ

図4-16は、コンピュータメモリの一部を示している。各メモリ位置にはアドレスが割り当てられ、1バイトのデータが格納されている。アドレスとデータは16進数形式で表されている。ARM11コアのような現代の32ビットCPUは、メモリアクセスのたびに4バイトを読み書きする。それらの4バイトが32ビット数を表す場合、4バイトがどのような順序で並ぶのかを知っておく必要がある。位取り記数法（2章を参照）では、最下位桁を右に、最上位桁を左に示すのが慣例となっている。ここで「最上位」とは、「最も大きい値」を指す。32ビットを2進数表記にしたときの右端の桁は2^0の値、つまり1である。左端の値は2^{31}、つまり2,147,483,648である（3章の表3-1を参照）。順序には重要な意味がある。

　リトルエンディアンアーキテクチャでは、マルチバイト値の最下位バイトは4つのうち最も小さいメモリアドレスに格納される。最上位バイトは、4つのうち最も大きいメモリアドレスに格納される。図4-16では、アドレス0x10000に格納されているデータは0xE7である。リトルエンディアンシステムでは、0xE7の値は最下位バイトとして解釈される。ビッグエンディアンシステムでは、0xE7の値は最上位バイトとして解釈される。このため、32ビット数の値はがらりと変わってしまう。リトルエンディアンシステムでは、16進数値0x00 11 04 E7は10進数の1,115,367である。ビッグエンディアンシステムでは、16進数値が0xE7 04 11 00に変わり、10進数3,875,803,392になる。

　とても難解な技術的問題がビッグエンディアン方式よりもリトルエンディアン方式の方に潜んでいるものの、ほとんどの場合はリトルエンディアンを使用するのが慣例となっている。Intelのx86を含め、最近のマイクロプロセッサアーキテクチャのほとんどはリトルエンディアンである（Motorolaの6800と68000、Sun MicrosystemsのSPARCは有名な例外だ）。一時代を築いたIBMのSystem 360を始めとして、メインフレームアーキテクチャはたいていビッグエンディアンだ。

　デフォルトでは、ARM11コアはリトルエンディアンである。ただし、ARMv3以降のARMアーキテクチャは、リトルエンディアンもしくはビッグエンディアンとして構成できるという興味深い機能をサポートしている。この機能は**バイエンディアン**（bi-endianness）と呼ばれる。コンピュータネットワークは慣例的にビッグエンディアンである。このため、ネットワークデータをCPUにビッグエンディアンとして解釈させれば、CPUがバイト値を並べ替える必要がなくなるため、性能を向上させることができる。

　エンディアンはデータファイルにおいても非常に重要な意味を持つ。メモリ内のバイナリデータをバイト単位で操作するアプリケーションは、そのデータをCPUがビッグエンディアンとリトルエンディアンのどちらの方式でディスクに書き込んだのかを知る必要がある。データファイルがエンディアンの異なるシステムに移された場合、CPUはデータを違う順序で読み取るかもしれない。その場合、そのファイルにアクセスするアプリケーションはデータを正しく解釈できなくなるだろう。

CPUの再考：CISCとRISC

　　1980年頃、IBMのトーマス J. ワトソン研究所、カリフォルニア州立大学バークレー校、スタンフォード大学の研究所から、やがて **RISC**（Reduced Instruction Set Computing、縮小命令セットコンピュータ）と呼ばれるようになる新しい概念が登場した。それぞれの研究プログラムの成果は、最終的に、POWER（Performance Optimization with Enhanced RISC）、SPARC（Scalable Processor Architecture）、MIPS（Microprocessor without Interlocked Pipeline Stages）アーキテクチャに発展した。これらのアーキテクチャは、CPUがどのように設計されるべきかについて、当時の最先端技術とは異なるビジョンを掲げていた。そうした過去のアーキテクチャのほうは、**CISC**（Complex Instruction Set Computing、複合命令セットコンピュータ）と呼ばれるようになった。RISCアーキテクチャとCISCアーキテクチャの戦いは、過去30年間のコンピュータ業界を語るうえで重要な側面の1つとなっている。

　　1970年代の中頃には、ミニコンピュータやメインフレーム用の高性能CPUを設計するにあたって、重要な目標が2つ掲げられるようになった。1つは、コード密度の向上であり、もう1つは、当時の高級プログラミング言語とのセマンティックギャップを埋めることだった。これらの目標を達成するために、設計者は個々のマシン命令にますます多くの機能を詰め込むようになった。コンピューティング時代幕開けの頃の命令セットを調べてみると、とんでもなくおかしなものが見つかる。ある第1世代のCPUには、初期のビデオディスプレイ向けのカメラを起動する命令があった。また、接続されたシステムプリンタの防護蓋を開く命令を持つものもあった。しかも、これらはライブラリルーチンやユーティリティプログラムではなく、CPUに焼き付けられた正真正銘のマシン命令だったのである。

　　コード密度を向上させるという要件は、高価なうえかなり低速なメモリから生じていた。3章で説明したように、システムメモリの価格はつい最近までかなり高かった。メモリが高額だった頃のメモリシステムは必然的に小さかった。DEC PDP-8ミニコンピュータの物理アドレス空間は合計でわずか4,096ワード（PDP-8の1ワードは12ビット）にすぎない。PDP-8が設計された当時、一般的な購入者が調達できるメモリはこの程度だったのだ。より大きなプログラムを実行できるようになったのは、OSに仮想メモリが実装されるようになってからのことである（3章を参照）。

　　こうした状況下では、プログラムを物理的に小さく抑えることには明らかに利点があった。意味的に豊かな高機能の命令は、命令の数を減らすのに役立つ。50～100バイトのメモリを必要とするかもしれない「スナップ写真」サブルーチンを、2バイトのメモリですむ「スナップ写真」マシン命令に置き換えることも可能だった。1970年代の半ば頃から終わりにかけて、大容量DRAMチップが提供されるようになると、どのような犠牲を払ってでもコード密度を追求する必要があるとは言えなくなった（余談ながら、最初のパーソナルコンピュータを可能にしたのは安価なCPUだが、それと同じくらい安価なメモリも貢献した。たとえCPUチップが100ドルだったとしても、メモリが1KBあたり5,000ドルもしたのでは話にならない）。

「セマンティックギャップ」は、高級言語で表現できる振る舞い（入れ子のループ、関数呼び出し、多次元配列のインデックス参照）と、ハードウェアによって提供される振る舞い（条件分岐、無条件分岐、メモリアドレスでのロードとストア）との隔たりのことを指す。マイクロコードにより、設計者が高級言語の機能をマシン言語のレベルで直接実装した命令を作成できるようになると、このギャップは埋められた。コンパイラ、あるいは低水準言語で開発する注意深いプログラマーは、これらの命令を使ってパフォーマンスを大幅に改善しようと思えばそうすることができた。だが実際には、開発が容易なこととアーキテクチャ間の可搬性という理由から、ほとんどのコンパイラはそれらを無視する道を選んだ。命令の20%が時間の80%を使用し、多くの命令がまったく使用されないという80/20の法則がだいたい当てはまるような状況だったのである。もどかしいことに、コンパイラが使用する「縮小命令セット」は、CPUが提供するマイクロ命令に酷似していた。

初期の実験的なRISCマシンは、この教訓を活かして、ごく単純な命令からなる非常に小さな命令セットを提供するにとどめていた。そうしたマシンは、マクロ命令を外部に提供するだけのCPUと考えられる。プログラムを実装するのに必要なRISC命令の数は増えるが、プログラムのパフォーマンスはCISCアーキテクチャに比べると極めてよかった。RISC命令は非常に高速に実行されたため、パイプライン処理などの手法を容易に導入できるようになった。どのみち、コンパイラはそれよりも複雑な命令を使用していなかったのである。

RISC CPUの際立った特徴の1つは、それらの命令のすべて（またはほぼすべて）がハードワイヤードロジックで実装されていることである。現在では、CISCアーキテクチャの生き残りであるIntel x86でさえ、マイクロコードはどこにも見当たらない。2000年のNetBurstマイクロアーキテクチャのリリース以降、Intelプロセッサは RISC形式のマイクロ命令を実行するようになり、古いCISC命令はパイプラインの先頭で個別に発行されるマイクロ命令に変換された。

その一方で、RISCプロセッサは、性能の向上と（皮肉にも）コード密度の改善を目指して命令セットの機能を増やしていき、かつては明確だったRISCとCISCの違いはすっかりぼやけてしまっている。命令セットの単純化に対する当初の動機の大半は、限られたトランジスタ予算を、キャッシュや大幅に拡張されたレジスタセットのようなパフォーマンス向上に役立つ新機能に再配分したいという欲求によるものだった。1990年代にトランジスタ予算が大幅に増えた結果、命令セットの拡張が再び可能になった。現在では、ARMを含め、多くのRISCアーキテクチャが持っている命令の数は、CISCアーキテクチャとほぼ同じになっている。

RISCの遺産

RISCとCISCの違いがあいまいになったとはいえ、RISCの活況がCPUアーキテクチャにもたらした重要な特性を洗い出すことは依然として可能である。

- 拡張されたレジスタファイル
- ロード / ストアアーキテクチャ
- 直交性の高いマシン命令
- 命令用とデータ用の別々のキャッシュ

RISCには、誰もが理解しているわけではないもう1つの特徴がある。それは、RISCが一からの出発だったことである。40年あまりの経験をもとに、コンピュータ科学者たちはCPUアーキテクチャを一から見直した。20年前の技術的制約に基づく前提はお払い箱となり、「レガシー」コードをサポートする必要はなくなった。Intelの現在のx86アーキテクチャは、1974年の8080用のプログラムを1980年代の8086用に焼き直ししやすくするために下された決断を未だに引きずっている。RISCアーキテクチャには、サポートしなければならない負の遺産はなかった。

これらの特徴をもう少し詳しく見てみよう。

拡張されたレジスタファイル

CPU内のレジスタ群は、まとめて**レジスタファイル**（register file）または**レジスタセット**（register set）と呼ばれている。マシンのレジスタは、トランジスタ予算的に「高価」である。初期のCPUのレジスタは非常に少なく、しかも小さかった。8080には、通常のプログラミングに使用できる8ビットレジスタが8個搭載されていた。人気があったMotorola 6800とMOS Technology 6502のレジスタはそれぞれ3個しかなかった。対照的に、最初のARM CPUには、32ビットの汎用レジスタが13個搭載されており、のちのPOWER RISCプロセッサには32個搭載されていた。

レジスタは、データを格納する場所としては、コンピュータ全体で最も高速である。メモリからのデータの読み取りには、レジスタでのデータ処理よりもずっと時間がかかる。オペランドと中間結果を入れておくレジスタが十分にあれば、プログラムは可能な限り「メモリに手を出さずにいられる」ため、はるかに高速なCPUのメカニズムの中にとどまって動作できる。メモリ（または少なくともキャッシュ）へのラウンドトリップを回避すれば、パフォーマンスはよくなる。また、現代のアウトオブオーダー実行のスーパースカラプロセッサが命令レベルでの並列処理のチャンスを見つけ出すのにも役立つ。

ロード / ストアアーキテクチャ

ほとんどのCISCアーキテクチャでは、マシン命令はシステムメモリに格納されたデータを直接操作できる。というのも、CISCアーキテクチャは古く、一般に「レジスタが欠乏している」からである。典型的なCISCのADD命令は、レジスタの内容または命令コード内に埋め込まれた値をメモリ内のデータワードに足すことができる。

```
ADD [memory address], 8
```

　この命令は、1つ目のオペランドで指定されたメモリアドレスに格納されている値にリテラル値8を足す。このような命令は、単純な加算に2回のメモリアクセス（メモリから元の値を取り出すために1回、新しい値を書き戻すために1回）を要求するため、低速である。現実のプログラムでは、このような加算は長い動作シーケンスの一部となる。こうした計算をすべてレジスタを使用して行えれば、メモリアクセスの頻度はかなり低くなるだろう。だが悲しいことに、レジスタがすべてふさがっているときには、他に方法がない。

　RISCアーキテクチャでは、もっと大きなレジスタファイルを利用できる。このため、通常はほとんどの命令からメモリにアクセスする機能が取り除かれ、レジスタだけを操作するようになっている。メモリへのアクセスは、それ以外の処理を行わないひと握りのマシン命令に限定されている。

　CPUをこのように設計すると、結果として**ロード／ストアアーキテクチャ**（load/store architecture）になる。値は専用のロード命令によってメモリからレジスタに読み込まれ、レジスタ内で処理されたあと、専用のストア命令によってレジスタからメモリに書き戻される。メモリへのアクセスをできるだけ少なくし、パイプラインの内部の仕組みを単純にすることが目標となる（この目標は現代のコンピュータアーキテクチャでのほぼすべてのことに当てはまる）。

直交性の高いマシン命令

　ほとんどのCISC命令は、歴史に深く根差している。1950年代と1960年代のコンピュータアーキテクチャの進化に伴い、新たなニーズに応える新しい命令が命令セットに追加された。このため、CISC命令セットはさまざまな長さのマルチバイト命令の寄せ集めになりがちだった。それらは一群の命令として設計されたわけではなく、「成り行きで成長した」にすぎなかった。

　そうしたその場しのぎの命令には、もう1つ問題があった。それは、多くの命令がメモリやレジスタへのアクセス方法の「特例」となっていたことである。たとえば、初期のCPUには**アキュムレータ**（accumulator）と呼ばれるレジスタが1つあり、算術命令と論理命令で使用する値が格納されていた。アキュムレータという名前は、かなり初期のコンピュータや機械式タビュレータが中間結果を指定されたレジスタに蓄積していたことに由来する。初期の多くの命令には、アキュムレータを特別なレジスタとして扱う方法があった。

　特例である以上、命令のデコードと実行は通常よりも複雑になり、時間がかかるようになる。このため、まったく新しいRISC命令セットを設計するにあたって、コンピュータ科学者はそうした特例を廃止し、すべての命令を同じ長さにした。初期のRaspberry Piに搭載されていたARM11 CPUを含め、32ビットのRISCアーキテクチャでは、この長さは常に32ビットの1ワードである。

命令がすべて同じ長さで、特例なくCPUリソースが処理されるように設計された命令セットは、**直交性が高い**と表現される。のちほど説明するように、こうしたマシン命令の内部構造も、命令のデコードを単純にするために標準化されている。

命令用とデータ用に分かれたキャッシュ

2章で説明したように、1944年にハーバード大学で開発されたMark Iのような初期のコンピュータでは、マシン命令とデータは完全に別々のメモリシステムに格納されていた。ジョン・フォン・ノイマンは、マシン命令とデータとの間に物理的な違いはなく、どちらも1つのメモリシステムに格納すべきだと指摘した。

初期のRISC CPUを創り出したコンピュータ科学者たちは、ノイマンの原理を少々敬遠していた。そして、命令とデータを1つのメモリシステムに格納すべきだとしても、命令キャッシュとデータキャッシュを別にすればパフォーマンス上の利点があることを実証した。StrongARMマイクロアーキテクチャは、命令キャッシュとデータキャッシュを別々に備えたARM ISAの最初の実装だった。StrongARMシリコンダイに集積された250万個のトランジスタのうち60%を2つのキャッシュに割り当てることにした結果、キャッシュがCPUの性能に貢献することが実証されている。ARM11マイクロアーキテクチャでも、この「改良型ハーバードアーキテクチャ」が採用され、キャッシュが2つに分かれている。

パフォーマンスが向上した理由は、3章で説明した局所性の概念によるものだ。一般に、マシン命令はメモリ内のプログラムデータとは別の領域に格納される。さらに重要なのは、プログラムを実行するときには、メモリ内の命令が順番にアクセスされることである。データのほうは、プログラムのニーズに応じた順番でアクセスできるように、メモリワードのブロックとして格納される。データアクセスは本当の意味でランダムではないかもしれないが、連続していることは滅多にない。命令キャッシュとデータキャッシュを別々にすれば、それぞれのキャッシュのアクセスパターンに合わせた異なる置換ポリシーを使用できるようになる。ひょっとしたら、キャッシュラインのサイズも別々に調整できるかもしれない（3章を参照）。

もちろん、すべてのRISCアーキテクチャが同じというわけではなく、RISCの35年にわたる歴史のなかでさまざまな試みがなされてきた。代表的なCISCアーキテクチャであるIntelのx86を含め、現代のほとんどのCISCアーキテクチャがRISCの特性の多くを備えていることも、RISCの設計原理が成功したという目安の1つである。

本章の残りの部分では、RISC CPUのうち、ARM Holdings PLCのARMプロセッサ、特にARM11プロセッサとそれに続くARM Cortexプロセッサを詳しく見ていく。

ARMも最初は小さなドングリだった[*4]

　1981年の初頭、BBC（British Broadcasting Corporation）は視聴者（特に若者）のコンピュータスキルを育成するプロジェクトへの取り組みを開始した。このコンピュータリテラシープロジェクト（Computer Literacy Project：CLP）では、信頼性があり手頃な価格の量販型コンピュータをこのプログラムの基盤とするために探していた。そこで、CLPは仕様を公開し、入札を募った。CLPの仕様を満たす設計は、Raspberry Pi財団と同じくケンブリッジに本拠地を置くAcorn ComputersのProtonだけだった。Protonは、人気の高いApple IIマシンで使用されていた6502マイクロプロセッサをベースにしていた。BBCによって採用されたProtonは、BBC Microcomputerとして知られるようになり、150万台以上を売り上げた。

　IBM PCによって業務用パーソナルコンピュータというジャンルが確立されると、Acornはオフィス市場に売り出すハイエンドシステムの開発を決定した。8086や68000を含め、当時の主要なマイクロプロセッサをすべて品定めした結果、さまざまな理由でそれらは不向きだとわかった。1983年、Acornはハイエンドシステムに使用するマイクロプロセッサを独自に設計するという壮大なプロジェクトに乗り出した。

　Acornのエンジニアだったソフィ・ウィルソンとスティーブ・フーバーが率いるチームは、カリフォルニア州立大学バークレー校のRISCプロジェクトの研究を活用した。ARM（Acorn RISC Machine）[*5]の最初のCPUシリコンは1985年の中頃に登場した。ARM1は商品化されず、プロトタイプで終わった。商品化されたのは、ARM2として1986年に登場したチップだった。ARM2は、特にグラフィックスやCAD（Computer-Aided Design）などの分野でマシンの性能を向上させるために、6502ベースのBBC Microcomputerのコプロセッサとして初めて提供されたマイクロプロセッサだった。

　ARMベースの最初の完全なマイクロコンピュータは、Acorn Archimedesとして1987年にリリースされた。Archimedesには、Acornにとって新しいものが含まれていた。Arthurという完全なGUIを備えたOSである。Arthurはその後RISC OSに発展し、現在も使用されている。

[*4]　［訳注］「大きなカシの木も小さなドングリから育つ」（"Great oaks from little acorns grow."）ということわざから、「ドングリ」を社名に頂くAcorn Computersが成功を収めて大きく成長したことになぞらえて、ARMコンピュータの躍進を振り返っている。

[*5]　［訳注］ARMは当初、「Acorn RISC Machine」の頭文字だった。

4

ARMプロセッサとSoC

123

> **NOTE** Raspberry Pi用のRISC OSは無償でダウンロードできる。RISC OSの詳細（および Raspberry Pi用のリリースの入手方法）は、「Welcome to RISC OS Pi」サイトに掲載 されている。
> https://www.riscosopen.org/wiki/documentation/show/Welcome%20to%20 RISC%20OS%20Pi

　ARM CPUの開発は1990年に別会社として独立し、このときにARMは「Advanced RISC Machine」の頭文字に変わっている。Advanced RISC Machineは1998年にARM Holdings となった。

マイクロアーキテクチャ、コア、ファミリ

　ARMが製品に名前を付ける方法はややこしいことがある。ARMプロセッサのISA （Instruction Set Architecture）には、バージョン番号が付いている。ARMアーキ テクチャには、それとは別のバージョン番号が付いている。**マイクロアーキテクチャ** （microarchitecture）とは、CPUの設計者がISAをシリコンに実装する方法のことである。 次のように考えるとよいだろう——ISAはCPUの振る舞いを定義し、マイクロアーキテクチャ はその構造を定義する。

　ARMのプロセッサはファミリごとに分類されており、各ファミリにはそれぞれマイクロアー キテクチャのバージョン番号が付いている。最初のARM ISAバージョンはARMv1であり、 プロトタイプのARM1プロセッサにのみ使用されていた。ARMv2のISAはARM2ファミリ とARM3ファミリのCPUに実装され、ARMv3のISAはARM6ファミリとARM7ファミリに実 装される、という具合になっていた。初期のRaspberry PiのCPUは、ARMv6のISAを実装 しているARM11ファミリに属している。同じファミリの各プロセッサは一般に、重要なアー キテクチャ上の違いではなく、各プロセッサの特徴に応じた小さな違いがある。ARM11マ イクロアーキテクチャは、ARM11ファミリの4つのコアすべてに適用される。

　ARMのCPUはよく「コア」と呼ばれる。コンピュータ業界において、「コア」は明確な専門 用語ではない。ほとんどの場合は、複数のコアを搭載したシングルチップ設計にあるような、 独立している大きなコンポーネントを指す。ARMの世界では、コアはもう少し専門化した、 カスタムデバイスに組み込めるCPUを表す。そうしたカスタムデバイスには、USBポートや ネットワークポート、グラフィックスプロセッサ、大容量記憶装置コントローラ、タイマー、バ スコントローラなど、CPU以外のロジックが含まれる。そのようなデバイスを**SoC**（System-on-a-Chip）と呼ぶ。

124

チップではなくライセンスを販売する

ARM特有の「コア」の定義は、ARM HoldingsとIntelのビジネスモデルの根本的な違いを理解すれば、もう少し理解しやすくなる。

Intelはチップの設計と完成したチップの販売を行っている。各チップはプラスチックまたはセラミック製のICパッケージであり、コンピュータの回路基板に差し込むか、はんだ付けできる状態になっている。対照的に、ARM Holdingsは純粋な設計会社である。ARMでは、技術者がCPUコアやその他のコンピュータロジックを設計し、それらの設計のライセンスを他の企業に供与する。ARMの設計のライセンスを取得した企業は、その設計を自社のロジックでカスタマイズまたは統合して、SoCの設計を完成させる。そして、ICを製造する「チップファウンドリ」と呼ばれる企業に完成した設計を渡す。

ノートPCやデスクトップPCの設計が成熟し、ほぼ同じ設計がコンピュータ業界を席巻している間は、Intelのビジネスモデルが優勢だった。しかし、スマートフォンやタブレットコンピュータが大量生産されるようになると、製品を差別化するだけでなく、進化させるためにも、カスタマイズが不可欠となった。ARMベースのデバイスのイノベーションは、CPUシリコンにまでおよんだ。ライセンスを取得している企業（ライセンシー）のほとんどは、完成した公認のARMコアを使用している。だがARMでは、ARM以外のマイクロアーキテクチャに対応したカスタムコアを独自に作成しているライセンシーにもISAライセンスを供与している。その最も古い例は、StrongARMコアである。StrongARMは、DEC（Digital Equipment Corporation）によって1990年代に設計され、のちにXScaleとしてIntelに売却されたコアである。StrongARM/XScaleは、新型のマイクロアーキテクチャでARMv4のISAを実装する。このマイクロアーキテクチャは、命令キャッシュとデータキャッシュを別々に分けて組み込んだARMの最初のCPUだった。最近のライセンシーには、Apple（Swiftコア）やQualcomm（Scorpionおよびのちのkraitコア）が含まれる。

Raspberry Piコンピュータはすべて、Broadcomによって設計されたSoCを使用している。第1世代のボードには単一のARM11コアが搭載されている。第2世代と第3世代のボードには、それぞれ4つのCortexファミリコアが搭載されている。ここからは、ARM11アーキテクチャをさらに詳しく見ていくことにする。そのあとで、Raspberry PiのSoCデバイスとSoCの設計方法について説明する。

ARM11

　2002年に発表されたARM11マイクロアーキテクチャは、ARMv6のISAを実装する最初の、そしてその時点では唯一のARMファミリだった。ARM11は32ビットのマイクロアーキテクチャであるため、マシン命令の幅はすべて32ビットであり、メモリアクセスの単位は32ビットワードである。ARMのマシン命令の一部はさらに小さなオペランドを実行するように設計されている。これには16ビットハーフワードと8ビットバイトの2種類がある。

ARMの命令セット

　ARMv6のISAには、ARM、Jazelle、Thumbの3種類の命令セットが含まれている。これらのうち最もよく使用されるのはARM命令セットである。

＞ ARM

　本章では、ARMのマシン命令がたびたび登場する(完全なプログラムは5章など別の場所で取り上げる)。このため、マシン命令がどのように構成されるかをざっと見ておきたい。そこで、例をいくつか紹介しよう。

NOTE　ARMのマシン命令は、必要に応じ、さまざまなオプションを使用して異なる動作をさせることができる。このため、あえて「構成」という表現を用いている。

　最も理解しやすいマシン命令は、データで算術演算を実行するものである。前述のように、RISCのマシン命令はメモリに直接アクセスしない。データに対する処理はすべて、レジスタに格納されたデータで実行される。次のADD命令について考えてみよう。この命令は、2つのレジスタの内容を足し合わせ、その和を3つ目のレジスタに配置する。アセンブリ言語でのADD命令の一般的な形式は、次のようになる。

```
ADD{⟨condition code⟩} {S}⟨Rd⟩, ⟨Rn⟩, ⟨Rm⟩
```

　ARMのマシン命令のリファレンスでは、命令はたいていこのように記載されている。表記法は次のとおりである。

- 中かっこ({ })で囲まれている要素はオプションである(必須ではない)。中かっこの外側にあるものはすべて必須である。
- 山かっこ(⟨ ⟩)で囲まれている要素はすべて、記号または値に置き換えて記述する。

- Rdはターゲットレジスタを意味する。ターゲットレジスタオペランドが含まれている命令では、ニーモニックのすぐあとにターゲットオペランドが続く。RnとRmはソースレジスタオペランドを表す。mとnは特定の何かを表すものではない。

　ARMのほぼすべてのマシン命令は条件付きで実行されることがある（条件付き命令実行については、のちほど詳しく説明する）。オプションの〈condition code〉は、その命令を実行するにあたって満たされていなければならない条件を指定する条件コードである。条件コードは15種類のなかから選択できる。条件コードが満たされない場合、命令はパイプラインを通過するだけで、他に何の処理も実行しない。条件コードが指定されない場合は、無条件実行を意味するデフォルト値の "always" が適用される。

　オプションの接尾辞Sは、加算の結果に基づいて、ADD命令に条件フラグを変更させる。これらのフラグは、そのあと実行される条件付き命令を制御する。接尾辞Sが含まれていない場合、マシン命令はフラグの値を変更しない。つまり一連の命令は、最初にフラグをセットした演算によってそれぞれの処理を条件付きで実行する。

　次の命令は、レジスタ1（R1）の内容をレジスタ2（R2）に足し、その和をレジスタ5（R5）に配置する。

```
ADD R5, R1, R2
```

　Zeroフラグがセットされている場合にのみ実行される命令を構成するには、条件コードEQをニーモニックに追加する。

```
ADDEQ R5, R1, R2
```

　減算の仕組みもほぼ同じである。R4からR3を引き、その差をR2に格納する命令は、プログラマーがこの減算でフラグをセットしたいとすると、次のようになる。

```
SUBS R2, R4, R3
```

　すべての命令がオペランドを3つ使用するわけではない。MOV命令は、あるレジスタに含まれている値を別のレジスタにコピーするか、レジスタにリテラル値を格納する。

```
MOV R5, R3
MOV R5, #42
```

　1つ目の命令は、R3に格納されている値をR5にコピーする。2つ目の命令は、リテラル値42をR5に格納する。

現在は公開されていないが、『ARM Architecture Reference Manual』は、ARMの命令セットの入門書としてとても役立つ[*6]。さまざまな命令の動作を確認するよい方法は、アセンブリ言語で簡単なプログラムを書き、それらをデバッガで実行して調べてみることである。Raspbian OSに搭載されているGNU Compiler Collectionには、たいへんよいアセンブラが含まれている。アセンブリ言語で簡単なテストプログラムを組んで実行する方法については、5章で説明する。

> Jazelle

Jazelle命令セットでは、ARM11コアで、ソフトウェアによる解釈なしに、Javaバイトコードを直接実行できる（JavaやPythonのようなバイトコード言語については、5章で説明する）。ARM Holdingsは、2011年にJazelleを非推奨としている。つまり、その技術がそれ以上発展することはなく、新しいプロジェクトでは使用しないことが推奨される。

WARNING コンピュータベンダーは、寿命が尽きかけていると見なした機能や製品ラインを**非推奨**（deprecated）とすることがある。これは、そうした機能や製品が無効になるという意味ではなく、今後使用しないことが強く推奨されるという意味である。多くのベンダーは、非推奨となった機能や製品がいずれ提供されなくなる可能性が高いこと、あるいはさまざまな形でサポートが打ち切られることを付け加えている。このような理由により、非推奨となった機能や製品は新しい設計で使用すべきではない。

> Thumb

Thumb命令セットは、32ビットのARM命令セットの16ビット実装である。Thumbの命令の幅は32ビットではなく16ビットだ。このため、「コード密度」を引き上げて、特定の量のメモリに格納できる命令（ひいては機能）の数を増やせる。メモリが限られているローエンドのデバイスのなかには、16ビットシステムバスを通じてメモリアクセスを16ビット単位で行うものがある。Thumbの命令は、そうしたバスをより効率よく使用するように設計されている。Thumbの命令自体は、レジスタでの処理を32ビット単位で行う。なお、すべてのレジスタがThumbの命令に完全に対応しているわけではなく、ハードウェアリソースによっては使用方法が制限されていることがある。

Thumb命令セットは、もう1つの点で興味深い——メモリやキャッシュから取り出されたThumb命令は、CPU内の専用ロジックによって通常のARMv6の命令に展開されるのである。命令パイプラインに入ったあとは、もはやThumb命令ではなくなる。このため、Thumb命令は決まった量のメモリに格納できる命令数を増やせる簡略表記のようなものである。一

[*6] ［訳注］ARM（http://arm.com/）のサイト内で検索すると、ダウンロードできるバージョンが見つかるかもしれない。

般に、Thumb命令セットは**組み込みシステム**（embedded system）のプログラミングに使用される。組み込みシステムとは、マイクロプロセッサとそれらの処理を実行するソフトウェアを組み込んだデバイスのことである。つまり、汎用的なコンピュータ自体のことではないが、両者の境界線はあいまいである――Raspberry Piは、従来のデスクトップコンピュータと同じように機能できるだけのメモリとCPUを備えているが、組み込みシステムによく使用される。

NOTE Thumbの命令を実行しているARM11コアは、「Thumb状態にある」と表現される。同様に、Jazelleの命令を実行しているコアは、「Jazelle状態にある」と表現される。ほぼすべての状況で、Raspberry Piは完全な32ビットのARM命令セットを使って「ARM状態」で動作する。

　この続きを読めば、プロセッサの**状態**（ステート）とプロセッサの**モード**を混同しなくなるだろう。

プロセッサモード

　初期のデスクトップOSは、アプリケーションの誤動作を防ぐために何かをすることは、ほとんど、あるいはまったくなかった。それどころか、CP/M-80システムのメモリは非常に小さかったため、CP/M-80の多くはアプリケーションを起動したあと自身をメモリから削除し、アプリケーションが終了したときに再ロードしていたのである。PC-DOS[7]のほうはメモリに常駐していたが、1993年にWindows NTの最初のバージョンがリリースされるまでは、Windowsは「オペレーティングシステム」というよりもPC-DOS上で動く「ユーザーインターフェイス」だった。CP/M-80とPC-DOSについては、「オペレーティングシステム」というよりも「システムモニタ」と捉えるほうが適切である。

NOTE モニタ（monitor）とは、アプリケーションを読み込んで実行するものの、システムリソースの管理に関してはほとんど何もしないシステムソフトウェアのことである。

　メモリ不足は問題の一部で、もっと大問題だったのは、当時のCPUチップにシステムソフトウェアをアプリケーションソフトウェアから保護する能力がなかったことだった。1985年、

---

*7　［訳注］PC-DOSはIBM-PC向けのMS-DOS。

実質的な**プロテクトモード**（protected mode）を提供する最初のIntelチップとして、Intel
の386 CPUがリリースされた。プロテクトモードは、システムリソースへの特権アクセスを
OSカーネルに提供する。そのようなシステムリソースへのアクセスは、（リアルモードまたは
ユーザーモードで動作する）アプリケーションには許可されない。プロテクトモードはIntel
のプロセッサに真のOSを実装するための必須条件だった。汎用的なコンピュータでの使
用を目的とした現代のすべてのCPUには、システムリソースを管理し、アプリケーションが
OSや他のアプリケーションに干渉するのを阻止するロジックが含まれている。

　ARM11プロセッサには、OSによるユーザーアプリケーションやコンピュータハードウェ
アの管理を助けるために、さまざまなモードがある。表4-1は、これらのモードを示している。
ユーザーモード以外はすべて「特権モード」と見なされ、システムリソースへの完全なアク
セスが許可される。スーパーバイザモードは、OSカーネルやOS関連の他の保護対象コー
ドで使用する。システムモードは、基本的には、完全な特権とすべてのハードウェアへのア
クセスが許可されたユーザーモードである。このモードはローエンドの組み込み処理以外
にはあまり使い道がなく、現在では使用されなくなっている。

[**表4-1**] ARM11プロセッサのモード

モード	略称	モードビット	説明
ユーザー	usr	10000	ユーザーアプリケーションの実行に使用する
スーパーバイザー	svc	10011	OSカーネルに使用する
システム	Sys	11111	現在では使用されなくなっている
監視	mon	10110	TrustZoneアプリケーションで使用される
FIQ	fiq	10001	「高速割り込み」サービスに使用される
IRQ	irq	10010	汎用割り込みサービスに使用される
アボート	abt	10111	仮想メモリやその他のメモリ管理に使用される
未定義	und	11011	コプロセッサや最近のISAにあるような、未定義のマシン命令のソフトウェアエミュレーションに使用される

　FIQモード、IRQモード、アボートモード、未定義モードの4つは、割り込みと例外をサ
ポートしている。**割り込み**（interrupt）は、CPU外のハードウェアデバイスからの信号であり、
そのデバイスへの対処が必要であることを知らせる。**例外**（exception）は、CPU内部の異
常を示すイベントであり、通常はOSと連携したうえでCPUによる特別な対処が必要となる。
そうした例外には、仮想メモリのページフォールトや、ゼロ除算などの演算エラーが含まれ
る。割り込みと例外については、次項で改めて説明する。

　監視モードは、ARMv6のTrustZoneという機能で使用される。この機能は、**ワールド**
（world）と呼ばれる隔離されたメモリ領域を作成し、ワールド間のデータ転送を管理する。
TrustZoneは主にコンテンツのデジタル著作権管理（Digital Rights Management：DRM）

で使用される。DRMは、メモリ内でデコードされたコンテンツをプログラムが「嗅ぎ付け」、ストレージに書き出すのを防ぐ機能である。TrustZoneはすべてのARM11プロセッサに実装されているわけではなく、SoC設計で使用されるシステムデータバスの振る舞いを特別な方法で変更することを求める。Raspberry PiのBCM2835 SoCには、TrustZoneは含まれていない。

ARMのスーパーバイザモードは、OSカーネルに使用されるモードである。カーネルとカーネルが実行されるメモリはよく**カーネル空間**(kernel space)と呼ばれる。ARMシステムがリセットされると、CPUがスーパーバイザモードに切り替わり、カーネルが実行を開始する。**ユーザーランド**(userland)は、ユーザーアプリケーションを実行するメモリとソフトウェア環境を表すUnix/Linux用語である。OSによっては、重要度の低いデバイスドライバを(OSや特定のハードウェアリソースへのインターフェイスを提供するソフトウェアライブラリとともに)ユーザーランドに配置することがある。

プロセッサモード間の違いのほとんどは、ARMのレジスタファイルの使用に関連している。ARMファミリのレジスタにどのような機能があるのか詳しく見てみよう。

プロセッサモードとレジスタ

RISC CPUの基本的な設計方針の1つは、CPU内の実用的なレジスタの数をできるだけ増やすことである。CPUに搭載されるレジスタの数が多ければ多いほど、メモリ内の命令オペランドにアクセスしたり、中間結果をメモリに保存したりする頻度が少なくなる。CPUがメモリにアクセスせずに命令を実行できれば、それだけ実行速度が向上する。

ほぼすべての非RISC ISAと比べて、ARMv6のレジスタの数はかなり多い。レジスタのサイズはすべて32ビットである。レジスタは合計で40個であり、33個の汎用レジスタと7個のステータスレジスタで構成される。とはいえ、これらすべてのレジスタをすべてのモードで同時に利用できるわけではない。さらに、レジスタのなかには使用法に制限を設ける機能を持つものがある。

ARMのレジスタの使用法を理解するには、どのレジスタをどのモードで利用できるかを示す表が必要である。図4-17を見ながら続きを読んでほしい。

ARMの16個の汎用レジスタのうち、本当の意味で汎用なのは最初の13個だけである。レジスタR13、R14、R15は、プログラムの実行に特別な役割を果たす。R15はプログラムカウンタ(Program Counter:PC)の役割を果たし、次に実行される命令のアドレスを常に格納している。他のプロセッサアーキテクチャとは異なり、ARMのプログラムカウンタはユーザーモードでも自由に読み書きできる。新しいアドレスをR15に書き込むだけで、実質的に無条件分岐を実装することになるが、そうした手法はプログラミングの悪習と見なされている。ソフトウェアにアドレスをハードコーディングすれば、OSがメモリのどこからコードを読み込み、実行するのかを判断することは不可能になる。そのようなコードは想定外の動作をする可能性がきわめて高い。

プロセッサモード

ユーザー&システム	FIQ		IRQ		スーパーバイザ		アボート		未定義		監視	
R0	R0		R0		R0		R0		R0		R0	
R1	R1		R1		R1		R1		R1		R1	
R2	R2		R2		R2		R2		R2		R2	
R3	R3		R3		R3		R3		R3		R3	
R4	R4		R4		R4		R4		R4		R4	
R5	R5		R5		R5		R5		R5		R5	
R6	R6		R6		R6		R6		R6		R6	
R7	R7		R7		R7		R7		R7		R7	
R8	R8	R8_fiq	R8		R8		R8		R8		R8	
R9	R9	R9_fiq	R9		R9		R9		R9		R9	
R10	R10	R10_fiq	R10		R10		R10		R10		R10	
R11	R11	R11_fiq	R11		R11		R11		R11		R11	
R12	R12	R12_fiq	R12		R12		R12		R12		R12	
R13	R13	R13_fiq	R13	R13_irq	R13	R13_svc	R13	R13_abt	R13	R13_und	R13	R13_mon
R14	R14	R14_fiq	R14	R14_irq	R14	R14_svc	R14	R14_abt	R14	R14_und	R14	R14_mon
R15(PC)	R15(PC)		R15(PC)		R15(PC)		R15(PC)		R15(PC)		R15(PC)	

ARMのプロセッサモードと汎用レジスタ

CPSR	CPSR	CPSR	CPSR	CPSR	CPSR	CPSR
	SPSR_fiq	SPSR_irq	SPSR_svc	SPSR_abt	SPSR_und	SPSR_mon

ARMのプロセッサモードとステータスレジスタ

[**図4-17**] ARM11のレジスタファイル

R14は**リンクレジスタ**(Link Register：LR)と呼ばれる。LRは高速サブルーチン呼び出しの実行に使用される。この呼び出しには、「リンク付き分岐」と呼ばれる命令が使用される。BLまたはBLX命令が実行されると、CPUはリターンアドレスをLRに格納したあと、サブルーチンのアドレスに分岐する。サブルーチンの実行が終了すると、LRに格納されていたリターンアドレスがプログラムカウンタにコピーされる。そうすると、サブルーチンを実行するために「退避」していたメインの実行が再開される。

R13はスタックポインタ(Stack Pointer：SP)として使用するのが慣例となっている。ARMのSPの動作は、ほぼすべてのCPUアーキテクチャと同じである(スタックの仕組みを理解していない場合は、図4-6とその説明を参照)。ARMのほとんどの命令では、R13を汎用レジスタとして使用できる。ただし、ARM Holdingsはそうした使用法を推奨していない——「ほぼすべてのOSがスタックを酷使する」というもっともな理由があることを考えれば、当然である。細心の注意を払わない限り、SPを汎用レジスタとして使用すれば、クラッシュを引き起こすおそれがある。

> バンクレジスタ

　図4-17では、ARMレジスタが実際よりもはるかに多くあるように見える。この図をよく見てみよう。各列はプロセッサモードを表しており、その下には、CPUがそのモードで動作しているときに利用できるレジスタが並んでいる。どのモードでも、レジスタR0〜R7にアクセスできる。そしてどのモードでも、R0〜R7は同じものである。モードごとにR0〜R7のレジスタが別に存在するわけではない。

　話がややこしくなるのは、ここからだ。高速割り込み（Fast Interrupt reQuest：FIQ）モードでは、レジスタR8〜R14はプライベート（非公開）であり、R8_fiq、R9_fiqのようにモード固有の名前が付いている。CPUがFIQモードのときにR8〜R14のいずれかを指定するマシン命令は、FIQモードのプライベートバンクのレジスタにアクセスする。レジスタR8_fiq〜R14_fiqは**バンクレジスタ**（banked register）である。FIQモードについては、のちほど詳しく説明する。

　図4-17で網掛けになっているレジスタは、すべてバンクレジスタである。FIQモードには多くのバンクレジスタがある。他のモードでは、バンクレジスタは2つである。ユーザーモードとシステムモードには、バンクレジスタは1つもない。

　なお、図4-17のプロセッサモードとレジスタの説明は、ARMv6と古いISAにのみ当てはまる。

> CPSR

　ARMのほとんどのレジスタは汎用か、ほぼ汎用である。まったく汎用ではないレジスタが1つある。カレントプログラムステータスレジスタ（Current Program Status Register：CPSR）は、単一の32ビット値がいくつかに分割される。各ビットまたはビットのグループは、ある瞬間にCPUが実行していること（または最近実行したこと）に関する情報を保持する。

　図4-18は、CPSRの内容を示している。すべてを詳細に説明することは本書の範疇を超えるが、いずれにしても、その大部分は実行可能プログラムをビルドするコンパイラやアセンブラで使用される（これについては、5章で改めて説明する）。網掛け部分は未定義のビットを表しており、将来のARMマイクロアーキテクチャで使用できるように予約されている。

[**図4-18**] CPSRの内容

CPSRにおいて最も活用される部分は、**条件フラグ**（condition flag）と呼ばれる5つのビットからなるグループである。このグループの5つのビットはそれぞれ条件分岐命令で評価できる。N、Z、C、Vの4つのビットは、条件付き実行メカニズムでも評価できる。1つ以上の条件フラグが命令内の対応するフラグと一致した場合は、「命令をオフにする」ために使用できる。詳細については、139ページの「条件付き命令実行」で説明する。

- N（Negative）**フラグ**
  計算結果が負と見なされる場合にセットされる。
- Z（Zero）**フラグ**
  命令の結果オペランドが0の場合にセットされる。比較の計算方法により、比較対象の2つのオペランドが等しい場合にもセットされる。
- C（Carry）**フラグ**
  加算で繰り上げが生じる、または減算で桁借りが生じるときにセットされる。また、シフト命令（32ビット値のビットを左または右へずらす）により、オペランドから押し出された最後のビットの値（1または0）に変更される。
- V（Overflow）**フラグ**
  ターゲットオペランドで符号付きオーバーフローが発生したときにセットされる。
- Q（Saturation）**フラグ**
  桁あふれした整数演算命令で、飽和処理された加算または減算の結果がターゲットオペランドの範囲内に収まるように修正されたことを示す。飽和演算はデジタル信号処理（Digital Signal Processor：DSP）アルゴリズムでよく使用される。なお、本書の範疇を超えるため、ここでは説明しない。

Qフラグを除いて、ARMプロセッサの条件フラグの動作は、Intelのものを含め、他のアーキテクチャのものと非常によく似ている。

TビットとJビットは、3つのARMv6命令セットのうちどれを有効にするかを選択する。Tビットがセットされている場合、CPUはThumb状態で動作している。Jビットがセットされている場合、CPUはJazelle状態で動作している。どちらのビットもセットされていなければ、CPUはARM状態で動作している。

CPUモードビットは、CPUが現在使用しているモードを示す。各モードの2進数値は表4-1に示したとおりである。

特定のSIMD命令を実行したあと、結果よりも大きい、または等しいことを示すフラグ（GE）として、4つのビットが使用される。

Eビットは、CPUの現在の「エンディアン」を指定する。1にセットされている場合はリトルエンディアン、0にクリアされている場合はビッグエンディアンである。Eビットは、それだけを目的とする2つのマシン命令SETEND　LEとSETEND　BEによって設定されなければならない。

　システムソフトウェアは、Aビットを使用して仮想メモリのページフォールトと実際の外部メモリのエラーを区別できる。

　IビットとFビットは割り込みマスクである。これについては、次項で説明する。

› 割り込み、例外、レジスタ、ベクタテーブル

　バンクレジスタを理解するには、割り込みと例外の性質を理解する必要がある。これらのイベントが発生した場合は、CPUが何をしていたとしても、CPUによる対処が必要となる。仮想メモリでページフォールトが発生した場合、CPUが引き続き動作するには、ページフォールトに対処しなければならない。CPUが理解できないマシン命令を検出したときには、ちょっとの間「頭を切り替えて」、次にどうすべきかを判断しなければならない。コンピュータの周辺機器の1つでデータの準備ができたとき、またはデータが必要なときには、（そうした要求が正しく処理されることが保証されているとしたら）CPUはたいていすぐにその要求に応じなければならない。

　どのような場合も、イベントが発生するとCPUはそれに応答する。CPUはイベントに対処するために、**ハンドラ**（handler）と呼ばれる特別なコードブロックを実行する。ハンドラはユーザーアプリケーションの一部ではない。一般に、ハンドラはOSによってインストールされ、設定される。割り込みと例外にはさまざまな種類があり、使用するプロセッサモードやバンクレジスタがそれぞれ異なっている。割り込みや例外が発生すると、CPUはプロセッサモードを直ちに変更する。そして、現在のプログラムカウンタを新しいモードのバンクレジスタのLRに格納し、CPSRを新しいモードのSPSR（Saved Program Status Register）に格納し、プログラムカウンタをベクタテーブル内の限られた数のアドレスのどれかに設定する。選択されるプロセッサモードとアドレスは、発生しているイベントの種類によって決まる。ベクタテーブルの長さは8個の32ビットワードであり、アドレスマップの最下部か、最上部の近くに配置されている。一般に、各エントリは単一の32ビットの無条件分岐命令であり、メモリ内のどこかにある適切なハンドラにCPUを誘導する[図4-19]。

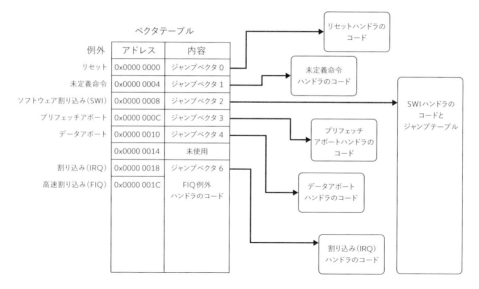

ベクタテーブル

例外	アドレス	内容
リセット	0x0000 0000	ジャンプベクタ 0
未定義命令	0x0000 0004	ジャンプベクタ 1
ソフトウェア割り込み(SWI)	0x0000 0008	ジャンプベクタ 2
プリフェッチアボート	0x0000 000C	ジャンプベクタ 3
データアボート	0x0000 0010	ジャンプベクタ 4
	0x0000 0014	未使用
割り込み(IRQ)	0x0000 0018	ジャンプベクタ 6
高速割り込み(FIQ)	0x0000 001C	FIQ例外 ハンドラのコード

リセットハンドラの
コード

未定義命令
ハンドラのコード

SWIハンドラの
コードと
ジャンプテーブル

プリフェッチ
アボートハンドラの
コード

データアボート
ハンドラのコード

割り込み(IRQ)
ハンドラのコード

[**図4-19**] ARMの例外ベクタテーブル

　さて、バンクレジスタにどのような価値があるのかがわかった。割り込みや例外はいつ発生してもおかしくない。また、ユーザーモードのプログラムが処理を中断したところから再開するには、そのための必要最低限の状態を格納できる場所がCPUになければならない。リンク付き分岐命令の通常の動作とは異なり、ユーザーモードのLRにプログラムカウンタが格納されることを当てにはできない。割り込まれたプログラムがちょうど関数を呼び出したところで、リターンアドレスを知るにはLRの値が必要だとしたらどうなるだろうか。ユーザーモードのスタックに値をプッシュできることすら当てにできない。スタックがほぼいっぱいだったり、そのプログラムが汎用レジスタとしてR13を使用していたりした場合はどうなるだろうか。そこへバンクレジスタLR(R14)とSP(R13)がさっそうと現れ、リターンアドレスを格納する場所と、十分なスペースを持ち、有効であることを保証されたスタックへのポインタ(通常はOSによって事前に設定されている)を提供するのである。

　ベクタテーブルからの分岐では、適切なハンドラに実行制御が渡される。ハンドラのコードは、例外に対処するために必要なことを行う。一般的には、まずいくつかのレジスタを(有効であることが確認されている)スタックに保存することで、ハンドラの作業に使用するレジスタを解放する。ハンドラが完了したあと、ユーザーモードに戻ってそのモードのLRに格納されたアドレスで実行を再開するには、それらのレジスタをスタックから明示的に回復し、SPSRのコピーからCPSRを回復しなければならない。

高速割り込み

　割り込みには、標準割り込みと高速割り込みの2種類がある。これらはSoCの外側から
ARM11に送信される2つの物理信号と、ベクタテーブルの2つのエントリに対応している。こ
こでは、前者をIRQ（Interrupt Request）、後者をFIQ（Fast Interrupt Request）と呼ぶこ
とにする。FIQには、IRQと比べて割り込みサービスの遅延を最小限に抑えるのに役立つ
有益な特性が2つある。

　FIQのベクタテーブルのエントリは、ベクタテーブルの最後にある。ハンドラへの分岐命
令をこのテーブルエントリに書き込むことは認められており、IRQエントリやさまざまな例
外ではそうしなければならない。ただし、単にテーブル自体の最初の命令を使ってハンドル
を追加するほうが一般的である。そうすれば、パイプラインストールの可能性がまったくな
い状態で、制御フローがハンドラにスムーズに渡されるようになる。

　他のすべてのプロセッサモードには、SP（R13）とLR（R14）のバンクレジスタしかない。こ
れに対し、FIQモードにはR8〜R12のバンクレジスタもある。このため、FIQモードのハン
ドラには自由に使えるレジスタが5つ存在する。これらを利用すれば、割り込まれたプログ
ラムのレジスタが破壊されることも、レジスタをスタックにプッシュすることによる遅延が発
生することもない。

　FIQのイベントへの応答はIRQよりも高速で、決定的である。というのも、メモリアクセス
が最小限に抑えられるからである。実際には、例外ハンドラのコードがキャッシュに含まれ
ている場合（3章を参照）、例外が発生してから終了するまでの間、システムメモリへのアク
セスはまったく発生しない。Raspberry Pi上のLinuxでは、高い頻度で発生するUSBコアか
らの割り込みにFIQで対処し、その他すべてのシステム周辺機器にはIRQで対処している。

ソフトウェア割り込み

　せっかくなので、もう1種類のイベントも紹介しておこう。他のすべての割り込みや例外と
は異なり、ソフトウェア割り込み（Software Interrupt：SWI）はCPUが実行している処理に
予定外のタイミングで割り込まない。SWIは、一種のサブルーチン呼び出しと見なすことが
できる。このサブルーチン呼び出しは、通常はOSカーネルとやり取りすることを目的として、
入念に管理された方法でスーパーバイザモードに切り替えるために使用される。SWIの呼
び出しには、このサブルーチンのアドレスは含まれない。この場合は、ソフトウェア割り込
みに番号が割り当てられ、その番号がSWIマシン命令にオペランドとして指定される。ARM
アセンブリ言語では、次のように記述する。

```
SWI 0x21
```

　SWI命令が実行されると、CPUはベクタテーブルのアドレス0x0000 0008に格納されている分岐命令を実行する［図4-19］。この分岐により、SWIハンドラに実行制御が渡される。SWI命令のオペランドとして指定された割り込み番号は、通常は例外ハンドラによってさらに別の分岐を選択するために使用される。こちらの分岐は、オペランドで指定された特定のソフトウェア割り込みを処理するコードブロックに制御を渡す。SWIの数は数十以上になることがあり、それぞれ独自の番号と、その番号に対応するサブハンドラを持つ。

　SWIの価値は、ユーザプログラムがOSに対して管理された方法で呼び出しを行えるようにすることにある。8章で説明するように、OSカーネルには周辺機器にアクセスするためのコードが組み込まれており、仮想マシンによる抽象化を個々のプロセスに提供し、プロセス間を分離するといったセキュリティ特性を確保する。特にMMUの構成など（3章を参照）、アプリケーションがユーザーモードで実行できることへの制限は、プロセスの分離の概念を支えている。SWIは、ユーザーモードからスーパーバイザモードへ切り替える唯一の方法である。要するに、ベクタテーブルを通じてこの遷移を強制的に適用することで、アプリケーションが任意のコードを特権モードで実行するのを防いでいるのである。

割り込みの優先順位

　割り込みや例外の処理中に2つ目の割り込みや例外が発生したらどうなるだろうか。ハンドラはいろいろな点で特殊なコードだが、コードであることに変わりはなく、実行するには時間がかかる。例外ハンドラの実行中に例外が発生することは、起こり得るというよりはむしろ、実際に起きるだろう。この問題を解決する方法は一般に次の2つである。

- 例外ハンドラの実行中は、両方の種類の割り込み（IRQ、FIQ）を個別に無効にするとよいかもしれない。これには、CPSRの2つの無効化ビットであるFとIを使用する。Fを1にセットすると、FIQが無効になる。Iを1にセットすると、IRQが無効になる。すべての例外ハンドラで割り込みを無効にしてもよいし、一部の例外ハンドラでのみ無効にしてもよい。
- 例外には種類ごとに優先順位が割り当てられている［表4-2］。この優先順位の仕組みは次のようになっている。特定の優先順位を持つ割り込みや例外のハンドラには、それよりも優先順位が高いものは割り込めるが、優先順位が低いものは割り込めない。たとえば、リセット例外のハンドラの優先順位は1であるため、他の例外に割り込まれることはない。FIQ例外はIRQハンドラに割り込めるが、IRQ例外はFIQハンドラに割り込めない。

例外	優先順位
リセット	1
データアボート	2
FIQ	3
IRQ	4
プリフェッチアボート	5
SWI	6
未定義命令	6

　割り込みハンドラが実行を開始すると、同じ優先順位の割り込みはすべて自動的に無効になる。このため、IRQハンドラに別のIRQ例外が割り込むことはできない。同時割り込みを解決し、IRQ例外を再び有効にするような仕組みをIRQハンドラが持ち合わせていれば、話は別である。

　ユーザーモードで動作しているソフトウェアは割り込みを無効にできないかもしれない。というのも、そうするとOSが他のプロセスをスケジュールする能力が損なわれるからである。ユーザーランドのプログラムはソフトウェア割り込みを発行できるが、SWIは優先順位が低いため、SWIハンドラの実行中に他の種類の例外が（そうした割り込みが明示的に無効化されていない限り）発生する可能性がある。

　SWI例外の優先順位は未定義命令例外と同じである。なぜなら、これらの例外が同時に発生することはあり得ないからだ。SWIはすべてSWI命令によって生成される。SWI命令はすべてのARMプロセッサに存在し、よって常に定義されている。

条件付き命令実行

　ほとんどのISAでは、プログラムの実行の流れを変えるために条件分岐命令が使用される。ARMのCPUには条件分岐命令が定義されているが、条件付き命令実行もサポートされている。条件付き命令実行はたいてい条件分岐命令よりも効果的である。すべての32ビットARM命令には、条件コードを表す4ビットフィールドが含まれている。ARMアーキテクチャには、等価、不等、大なり、小なり、オーバーフローといった条件を表す15種類のコードがある（4ビットで16種類の条件コードを表現できるが、値の1つは予約済みであり、使用されていない）。条件コードフィールドは、CPUによって命令がデコードされるときに評価される。

これらの条件コードは、CPSRで管理されている4つの条件フラグ（N、Z、C、V）のさまざまな組み合わせに対応している。条件付き命令実行が有効になっている命令が実行されるのは、条件コードが条件フラグの現在の状態と一致する場合だけである。なお、これは条件コードとCPSRの4つのフラグとのビットごとの比較ではないことに注意しよう。4ビットの2進数値にはそれぞれ次のような意味が割り当てられている。

- %0000
  Zフラグがセットされている場合に命令を実行する。
- %0001
  Zフラグがクリアされている場合に命令を実行する。
- %1000
  Cフラグがセットされ、Zフラグがクリアされている場合に命令を実行する。
- %1100
  Zフラグがクリアされ、NフラグがVフラグと等しい場合に命令を実行する。

条件コードの1つである%1110は、これらのフラグが無視され、命令が常に実行されることを意味する（接頭辞の"%"は指定された値が2進数表記であることを意味する）。

これらの条件コードは、実行可能プログラムを作成するアセンブラやコンパイラによってマシン命令に組み込まれる。アセンブリ言語では、条件コードはニーモニックに追加される2文字の接尾辞で指定され、命令を実行する条件を1つ以上指定する。例を見てみよう。

```
MOV R0, #4          ; 接尾辞なし：常に実行
MOVEQ R0, #4        ; Z=1（等しい）の場合に実行
MOVNE R0, #4        ; Z=0（等しくない）の場合に実行
MOVMI R0, #4        ; N=1（負）の場合に実行
```

上記の命令はすべて4という値をR0にコピーする。1つ目の形式には接尾辞がなく、したがって無条件に（常に）実行される。2つ目の形式が実行されるのは、CPSRのZフラグが1にセットされた場合だけである。1のZフラグは、手前の比較（または他の演算）の結果が0であることを意味する。比較の結果が0であることは、2つの値が等しいことを意味する。3つ目の形式が実行されるのは、手前の演算でZフラグが0にクリアされている場合だけである。これは2つの値が等しくないことを意味する。4つ目の形式が実行されるのは、Nフラグが1にセットされた場合だけである。これは比較（または他の演算）で負の値が生成されたことを意味する。「常に実行」を意味する条件コードを含め、有効な条件コードは15種類である。

条件付き命令実行はなぜそれほど有益な機能なのだろうか。図4-20は、ARMアセンブリ言語で同じことを行う2通りの方法を表している。このアルゴリズムは単純なIF/THEN構造である。R0 = R4の場合はブロックAのコードを実行し、それ以外の場合はブロックBのコードを実行する。ブロックAとブロックBのコードが実際に何を行うかは重要ではなく、それらのブロックに含まれている命令ボックスはわざと空のままにしてある。

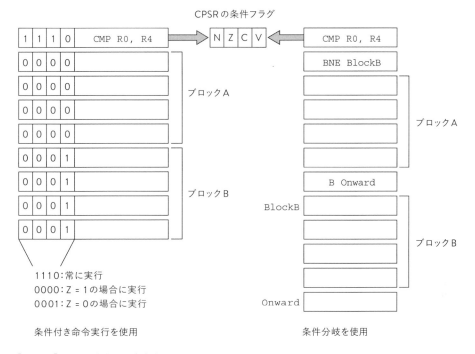

[**図4-20**] ARMの条件付き命令実行

　1つ目のマシン命令は、2つのレジスタ（R0、R4）が等しいかどうかを調べる比較である。この比較はCMP命令によって実行される。2つのレジスタが等しいと確認された場合、CMPはZフラグを1にセットする。等しくないと確認された場合は、Zフラグを0にクリアする。

　図4-20の右側は、ARMや他のアーキテクチャでの従来のコーディング方法を示している。CMP命令のあと、NE（Not Equal）接尾辞を伴った条件分岐命令が、2つの値が等しくないことをZフラグによりチェックしている。2つのレジスタが等しくない場合、実行制御はBlockBというラベルが付いている場所へ分岐する。2つのレジスタが等しい場合は、条件分岐によりブロックAの実行を継続する。ブロックAの最後に、無条件分岐により、IF/THEN構造の後ろに続くコードに制御が渡される。ブロックBはBlockBというラベルで始まり、IF/THEN構造の終わりまで続く。

図4-20の左側の命令シーケンスもまったく同じことを行う。ただし、今回はすべての命令が条件付き命令実行の対象となる。ブロックAの命令は、Zフラグが1にセットされた（条件コードが％0000に設定された）場合にのみ実行されるように設定されている。ブロックBの命令は、Zフラグが0にクリアされた（条件コードが％0001に設定された）場合にのみ実行されるように設定されている。この例には、他のフラグは関与しない。ブロックの実行に関しては、二者択一であることがわかる。ブロックAが実行される場合、ブロックBは実行されず、ブロックBが実行される場合、ブロックAは実行されない。分岐はまったく必要ない。

条件付き命令実行により、BNE条件分岐とB無条件分岐の2つの命令は不要になる。それだけでも有益だが、肝心なのは、予測を誤った分岐が命令パイプラインを混乱させ、実行をスローダウンさせる可能性があるという点だ。分岐を回避するためにできることは何であれ、実行の高速化につながるだろう。

ここで重要となるのは、条件コードが満たされない場合に命令が「スキップ」されないことである。それらの命令は依然としてパイプラインを通過し、1クロックサイクルを消費する。とはいえ、処理を行うことも、何かを変更することもない。条件付き命令実行の利点は、小さなコードブロックへの分岐を回避することにある。そうした分岐は、ブロックの読み取り（ただし実行しない）よりもはるかに時間がかかることがある。ブロックのサイズには（マイクロアーキテクチャごとに異なる）しきい値がある。それを超える場合は、IF/THEN構造の分岐実装のほうが望ましい。このしきい値はそれほど大きいものではなく、ほとんどのマイクロアーキテクチャでは、ほんの3〜4個の命令である。

コプロセッサ

コプロセッサに関しては、目新しいことは何もない。コプロセッサはARMアーキテクチャに固有のものではない。ARM11環境においてコプロセッサがどのように動作するのかを理解するには、CPUの例外を理解している必要がある。せっかくなので、ここで取り上げることにしよう。

コプロセッサ（coprocessor）とは、通常はCPUとは異なる命令セットを持つ、独立した特殊な実行ユニットのことである。一般に、コプロセッサは独自のマシン命令をサポートするための追加のレジスタを備えている。マイクロプロセッサの歴史が始まったばかりの頃は、コプロセッサは独立したチップであり、外部バスを通じてCPUに接続されていた。最も初期の最もよく知られていたコプロセッサの1つは、1980年に発表されたIntel 8087である。8087は独立した40ピンのDIP（Dual Inline Package）ソケットに搭載され、エンドユーザーによって慎重に取り付けられていた。8087は、整数演算にしか対応していない8086と8088に浮動小数点数の演算命令を提供していた。8087が実装していたのは、60種類の新しい命令と、マイクロコンピュータでは利用できなかったいくつかの数値の概念である。アンダーフロー値を表す非正規化数、ゼロ除算のような未定義の演算の結果、虚数のよう

な実数以外の値を格納するための非数（NaN）値などが、そのような概念に含まれていた。

アンダーフローと非正規化数

ソフトウェアが極めて大きな値や極めて小さな値を限られたビット数で表現するとき、コンピュータでの計算に問題が生じる。値が大きすぎて80ビットで正確に表現できない場合、その値は受け入れ先の数から**オーバーフロー**（overflow）し、エラーとなる。あまり明確ではないものの、その逆も起こり得る。つまり、小さすぎる（0に近すぎる）ために80ビットで正確に表現できない値である。これは**アンダーフロー**（underflow）と呼ばれる。低精度でのアンダーフローによって生じる値を表すために、**非正規化数**（denormal）と呼ばれる特殊な数が使用される。非正規化数により、値を80ビットで表現することが可能となり、エラーを発生させることなく、さらなる計算で使用できるようになる。

その後、ARMが提供していたようなカスタマイズ可能なCPUアーキテクチャが人気になると、コプロセッサを使用するもう1つの理由が生じた。コプロセッサがCPUから比較的独立している場合は、カスタム設計に組み込むかどうかを必要に応じて決定できるのだ。

ARMコプロセッサのインターフェイス

ARMのCPUファミリは、浮動小数点数、SIMD、システム制御とキャッシュ管理など、密に関係しているさまざまな種類のコプロセッサをサポートしている。現代のトランジスタ予算では、それらすべてをCPUと同じシリコン上に搭載することが可能であり、カスタム設計のオプション要素にできることもあった。ARM11のCPUは汎用的なコプロセッサインターフェイスを備えており、16個ものコプロセッサをCPUと連動させられる。CPUはコプロセッサとの通信に専用のコプロセッサインターフェイス命令を使用する。これらのコプロセッサ命令は実行可能プログラムファイルにコンパイルされ、ディスクまたは（Raspberry Pi用の）SDメモリカードに格納される。これらの命令はメモリから取り出される通常のARM命令ストリームの一部である。このため、独立したメモリ領域に格納されたり、ARMコアによって特別に扱われたりすることはない。

ARMシステムに搭載されるコプロセッサには、それぞれ4ビットの一意なIDコードが割り当てられる。コプロセッサ命令には、それを実行するコプロセッサのIDコードを指定するフィールドが含まれている。CPUコアが取り出したコプロセッサ命令のIDコードが既存のコプロセッサのどれとも一致しない場合は、未定義命令例外が発生する。この例外については、145ページの「コプロセッサのエミュレーション」で説明する。

　ARMのコプロセッサインターフェイスの主な目的の1つは、CPUコアをスローダウンさせないことである。コアは搭載しているコプロセッサに対してコプロセッサ命令がコーディングされているかどうかを確認するだけであり、自身のパイプラインでコプロセッサ命令の選別に時間を費やしたりしない。コアはメモリから取り出したすべての命令をすべてのコプロセッサに送信する。コプロセッサは受け取った命令をすべてデコードする。デコードした命令には、コプロセッサ命令と通常のARM命令の両方が含まれている。このデコードステージでは、コプロセッサ命令として認識されない命令はすべて破棄される。これには、通常のARM命令と他のコプロセッサを対象とする命令の両方が含まれる。コプロセッサは自分宛ての命令を見分け、そのような命令だけを内部の実行パイプラインに追加する。その後、命令を受理したことを知らせる信号をコアへ送り返す。

　第1世代のRaspberry Piに搭載されていたARM1176JZF-S CPUには、システム制御コプロセッサとベクタ浮動小数点(Vector Floating Point：VFP)コプロセッサの2つが搭載されている。次は、これらについて説明しよう。

システム制御コプロセッサ

　ARM11のシステム制御コプロセッサには、多数のレジスタが搭載されている。これらのレジスタは、キャッシュ、ダイレクトメモリアクセス(DMA)、メモリ管理ユニット(MMU)、TrustZoneセキュリティシステム、例外処理、システムパフォーマンスなど、ARMコアメカニズムの演算の設定と制御に使用される。TCM(Tightly Coupled Memory)が存在する場合は、システム制御コプロセッサによって管理される(TCMはオプションであり、Raspberry PiのBCM2835のシリコンには実装されていない)。

　システム制御コプロセッサとの通信は、MCRとMRCの2つのARM命令によって処理される。MCR(move from coprocessor to register)命令は、コプロセッサレジスタからデータを読み込むために使用される。MRC(move from register to coprocessor)命令は、コアのデータをコプロセッサレジスタに書き出すために使用される。MCR命令とMRC命令はすべてのコプロセッサとの通信に使用できるが、システム制御コプロセッサはデータ処理に関する演算を独自に定義していないため、これらの命令はシステム制御コプロセッサにアクセスする唯一の手段となる。

VFPコプロセッサ

　浮動小数点数演算(floating point operations)、つまり、小数値を操作するコンピュータの計算処理を専用のコプロセッサにまとめることには立派な理由がある。浮動小数点数の計算を使用するソフトウェアカテゴリはそれほど多くないが、科学/工学アプリケーションやゲームでは、それらがないと話にならない。特定の種類の組み込みシステム用に設計されたCPUでは、完全な数値演算コプロセッサは必ずしも必要ではない。浮動小数点数演

算が必要な場合は、ライブラリのサブルーチンで実装すればよい。さらに、浮動小数点数の計算では有効桁数が大きい値を表現できなければならず、そのためには32ビットよりも大きなレジスタが必要である。

　ARM11コアには包括的な浮動小数点数値演算コプロセッサが搭載されており、それはVFP11という名前のベクタ浮動小数点コプロセッサである。ARMコア自体と同様に、浮動小数点数のマシン命令にもARMアーキテクチャがある。このアーキテクチャは年月をかけて進化しており、独自のバージョン番号方式を採用している。VFP11はVFPv2というISAを実装している。このISAは、浮動小数点数演算の規格であるIEEE 754の大部分を実装している。ARM11コアは、ARMコプロセッサインターフェイスを通じてVFP11にアクセスする。その際には、単精度命令に対する10と、倍精度命令に対する11という2つの専用のコプロセッサ番号を使用する。ARM11環境で使用される単精度は32ビット表現の値である。倍精度値は64ビットで表される。

　ここで使用する**ベクトル**（vector）という用語は、同じ型のデータアイテムからなる1次元配列（シリーズ）を表す。これには聞き覚えがあるかもしれない。SIMDの命令はベクトル計算を実行するために設計されたものだった。VFPのベクトル処理は比較的低速で、機能が制限されている。Cortexグループ以降のARMアーキテクチャでは、より高機能なNEON SIMDコプロセッサを採用するために、VFPのベクトル計算機能は非推奨となっている（配列やその他のデータ構造については、5章で説明する。NEONについては、148ページの「SIMD用のNEONコプロセッサ」で説明する）。

　VFPアーキテクチャでは、単精度と倍精度の加算、減算、乗算、除算、平方根演算に加えて、積和が提供される。積和はデジタル信号処理（Digital Signal Processing：DSP）でよく使用される特殊な演算である。メディアソフトウェアにおけるDSPの重要性からすると、DSPの処理に合わせて最適化された命令はパフォーマンスの点でかなり有利である。また、数値の型変換を行う命令や、浮動小数点数データをメモリとVFPコプロセッサの間で直接やり取りするためのロード／ストア命令も提供されている。VFPv2アーキテクチャは、8個の32ビットレジスタからなるバンクを4つ提供する。64ビットの倍精度値を格納するために2つの連続するレジスタが使用されることもある。

　IEEE 754には、コンピュータロジックでの超越関数（指数関数、対数関数、三角関数）の実装方法に関する勧告があるが、VFPv2では、それらはマシン命令として実装されていない。このため、ライブラリでサブルーチンとして実装しなければならない。

コプロセッサのエミュレーション

　コプロセッサをサポートしているほぼすべてのアーキテクチャには、目的のコプロセッサがシステムに存在しない場合に、それらのコプロセッサ命令を処理する方法が用意されている。この方法は**命令エミュレーション**（instruction emulation）と呼ばれる。ARMプロセッサでは、コプロセッサ命令は未定義命令例外によって処理される。

命令エミュレーションでは、エミュレートする各命令の処理を実行するサブルーチンがメモリ内に1つ必要となる。コアはメモリから取り出したコプロセッサ命令をそれぞれ調べ、要求されたコプロセッサがシステムに存在するかどうかを確認する。システムにない場合、コアは未定義命令例外を発生させる。未定義命令例外のハンドラには、ジャンプテーブルが含まれている。このジャンプテーブルには、存在しないコプロセッサのためにコーディングされた、すべての命令に対するエミュレーションサブルーチンへの分岐が含まれている。例外ハンドラは、例外を発生させたコプロセッサ命令を調べ、適切なエミュレーションサブルーチンに分岐する。そのサブルーチンは、本来ならコプロセッサの中で実行される処理を実行したあと、コアパイプラインの次の命令に制御を戻す。

存在しないコプロセッサのためにコーディングされた命令はそれぞれ、エミュレーションサブルーチンに分岐するための例外を発生させる。想像どおりかもしれないが、本来なら1サイクルの命令を、数十あるいは数百ものサイクルを要求するかもしれないサブルーチンでエミュレートすれば、相当な時間がかかる。とはいえ、現在のプログラムを停止させるよりもましであることは間違いない。

ARM Cortex

ARM11ファミリに続くARMマイクロアーキテクチャの新たなグループとして、2006年にリリースされたのがCortexである。同じマイクロアーキテクチャをベースとするコアを4つ搭載していただけのARM11とは異なり、Cortexブランドはさまざまな種類のコアデザインを採用しており、それぞれ特定のアプリケーション分野、パフォーマンス、消費電力のトレードオフに合わせて最適化されている。Cortexプロセッサは**プロファイル**（profile）と呼ばれるいくつかのカテゴリに分類されており、以下のように幅広い特徴を備えている。

- Cortex-R
  自動車や工業用制御デバイスのリアルタイム組み込みシステムサービス用に最適化されたコア。
- Cortex-M
  マイクロコントローラアプリケーション用に最適化された、廉価版の低電力小型コア。
- Cortex-A
  スマートフォン、タブレット、電子書籍リーダー、デジタルテレビ装置など、完全なOSを必要とするデバイス用に最適化されたコア。
- SecureCore
  ATM、公共交通機関の発券システム、有料放送のメディアコントローラ、電子投票、IDシステムなど、高いセキュリティを必要とする金融/通信デバイス用に最適化されたコア。

146

スペースの都合上、Aプロファイルの説明に限定して、ARM CPUの進化におけるハイライトに集中することにしよう。

複数命令発行とアウトオブオーダー実行

ARM11コアは単一命令発行のプロセッサであり、マシン命令をパイプラインに1つずつ読み込む。Cortex A8により、ARMにスーパースカラ実行が導入され、一度に2つの命令がパイプラインに発行されるようになった。これはよく「デュアル発行」と呼ばれる(112ページの「スーパースカラ実行」を参照)。Cortex A9コアは一度に2つの命令を発行でき、Cortex A15コアは一度に3つの命令を発行できる。

Cortex A9では、ARMのパフォーマンスを向上させる要素がさらにもう1つ追加されている。アウトオブオーダー実行である。簡単に言うと、アウトオブオーダー実行では、マシン命令のオペランドが提供され、実行ユニットに発行する準備が整うまで、そのマシン命令を保留するかどうかをCPUが判断できるようになる。その間、命令ストリーム上で後方にある命令のオペランドが提供されている場合は、その命令を発行できる。ディスパッチキューで待機している命令は、オペランドが届いたときにパイプラインに発行される。

アウトオブオーダー実行が登場するまで、ディスパッチと発行の意味は同じであり、命令を実行パイプラインに配置できることを意味していた。アウトオブオーダー実行では、デコードされた命令はキューにディスパッチできるが、データが利用できる状態であることが判明するまで、実行ユニットには発行できない。

予想どおりかもしれないが、アウトオブオーダー実行がパイプラインハザードを回避して正常に動作するには、さらに工夫(およびより多くのトランジスタ)が必要である。CPUは、命令がリタイアする前に、実行しているタスクの結果にアウトオブオーダー実行が影響をおよぼしていないことを確認しなければならない。これはパイプライン実行全般、特にスーパースカラ実行が直面している課題をひとまわり大きくしたようなものである。

Thumb 2

Cortex A8コアでは、Thumb 2というISAが導入された。簡単に説明すると、Thumb 2は、16ビットのThumb命令セットに、選ばれた32ビット命令を追加して拡張したものである。結果として、Thumb 2命令セットは完全な32ビットのARM命令セットと機能的にほぼ同じであり、Thumbによって命令の数が増えることによるペナルティはほとんどない。新しい32ビット命令を使用する場合でも、16ビット命令の使用頻度が十分であれば、(特にメモリが限られている廉価版の組み込みシステムでは)コード密度をうまく引き上げることができる。

Thumb命令セットの欠点の1つは、条件付き実行命令がないことである。Thumb 2は、新しいIT(IF/THEN)命令を採用することで、16ビットのThumb命令を部分的に補正する。ITは後続の16ビット命令を制御する条件コードを提供する。ITを適用できるのは、最大で4

つの命令からなるブロックである。このブロックの各命令は、IT命令によって指定される条件コードまたはその接尾文字でタグ付けできる。これにより、タグ付けされた命令はその条件が満たされる場合にのみ実行されるようになる。

Thumb EE

　Cortex A8コアでは、Thumb EE実行環境が導入された。Thumb EEは、Thumb 2の命令を組み込んだ命令アーキテクチャである。これらの命令は、Java、Python、C#、Perlといった高級言語のJIT（Just-In-Time）コンパイル[*8]で使用するために最適化された機能を含んでいた。コアが高速化され、メモリ空間が拡大され、JITコンパイラが改善されると、Jazelleと Thumb EEの必要性は低下し、ARM Holdingsは2011年にThumb EEの使用を非推奨とした。

big.LITTLE

　モバイルコンピューティングでは、消費電力は重大な問題である。新世代のARMで導入されたイノベーションの多くは、ARMの電力効率のよさを犠牲にすることなく、パフォーマンスを向上させることに貢献してきた。Cortexファミリによって導入された技術の1つは、big. LITTLEというトレードマークで知られている。big.LITTLEを実装しているデバイスでは、2つのARMコア（またはコアクラスタ）が連動する。1つは、A15のような高性能コア（アウトオブオーダー、複数命令発行）であり、命令1つあたりの消費電力よりもパフォーマンスを重視する。もう1つは、A7のような低性能コア（インオーダー、単一命令発行）であり、命令1つあたりの消費電力がはるかに低い。OSは高性能コアと省電力コアの間でプロセスを振り分け、使用していないコアを停止できる。それにより、処理能力と電力消費の両方で、平均的な性能のシングルコアよりもはるかに広いダイナミックレンジを実現する。

　big.LITTLEはカスタムSoCパーツで使用することを想定した技術だった。このシステムを動作させるには、コアどうしのアーキテクチャに互換性がなければならず、それらのコアがクラスタ間でキャッシュの整合性を保つ機能を持っていなければならない。最初に採用されたのは、A7とA15のペアだった。最新のペアは、新しいARMv8 ISAを実装するA53とA57である。

SIMD用のNEONコプロセッサ

　Cortexファミリのプロセッサでは、新たにNEONという重要なコプロセッサが導入されている。ARMv7 ISAが登場するまで、ARMでSIMDをサポートしていたのはARMコアのARMv6命令であり、ARMの汎用レジスタが格納している4つの8ビットデータに対して処

---

*8　［訳注］JITコンパイルについては195ページの「JITコンパイル」を参照。

理が行われていた。NEONにより、SIMDの命令実行はコプロセッサへ移動し、100あまりのSIMD命令がARMv7に追加されている。これにより、ARMの汎用レジスタへの依存はなくなり、SIMD専用の128ビット幅のレジスタセットが実現された。16個の128ビットNEONレジスタには、それぞれ同じ種類の複数の値が格納されているものと解釈される。次の4種類のデータがサポートされている。

- 16個の8ビットデータ
- 8個の16ビットデータ
- 4個の32ビットデータ
- 2個の64ビットデータ

使用される形式は、実行するSIMDマシン命令の形式によって決まる。とはいえ、レジスタは128ビットのブロックにすぎない。命令はソースレジスタとターゲットレジスタを**レーン**（lane）に分ける。レーンとは、SIMD演算において別々の量として扱われる、論理的なビットグループのことである［図4-21］。

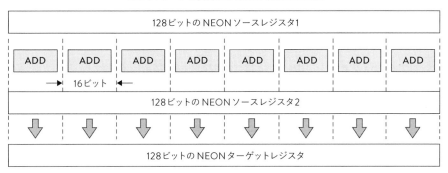

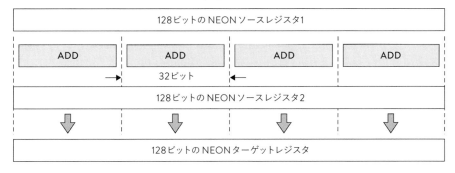

［**図4-21**］128ビットのレジスタを論理的な量に分割するNEON SIMDレーン

16個の128ビットレジスタは、32個の64ビットレジスタとしてアクセスできる。このようにすると、64ビットよりも広いレーンが要求されない計算では、ロード/ストア演算を新たに実行せずに、レジスタでより多くの計算を行うことができる。

ARMv8と64ビット演算

Cortexファミリでは、ARMv7 ISAが導入された。(本書の執筆時点では)新しいCortex A50ファミリでは、新たなISAであるARMv8が導入されている。ARMv8の主な目的は、ARMコアファミリ用の64ビット演算とメモリアドレッシングを実装することにある。実際には、ARMv8は次の3種類の命令セットをサポートしている。

- A32
  32ビットARM命令セット。基本的にARMv6およびARMv7から変化していない。
- T32
  Thumb 2命令セット。基本的にARMv7から変化していない。
- A64
  新しい64ビット命令セット。

A64では、Cortexアーキテクチャに重要な変更がいくつか加えられている。

- 汎用レジスタが32ビット幅から64ビット幅に変更されている。
- A32のコード密度を保つために、マシン命令のサイズは32ビットのままである。
- マシン命令は32ビットまたは64ビットのオペランドを受け取れる。
- スタックポインタとプログラムカウンタが汎用レジスタではなくなっている。
- 例外メカニズムが改良され、バンクレジスタが不要になっている。
- AES(Advanced Encryption Standard)暗号とSHA-1およびSHA-256ハッシュアルゴリズムをハードウェアで実装する新しい命令が増えた。
- ハードウェア支援型の仮想マシン管理をサポートする新しい機能が増えた。

2016年2月に発表されたRaspberry Pi 3コンピュータは、ARMv8 64ビットクアッドコアCPUを搭載している。このため、最初の64ビットRaspberry Piである。

SoC

Intelチップのアーキテクチャは、ARMベースのチップよりも説明しやすい。というのも、ARMベースのチップのほうがずっと種類が多いからだ。ARMベースのチップは、次の2つ

の点でカスタム仕様である。

- キャッシュサイズ、搭載するコプロセッサ、TrustZone セキュリティなどの重要な機能に関して、CPU 自体のカスタマイズが容易である。
- CPU は SoC デバイスを形成するために、ネットワークコントローラ、グラフィックスプロセッサ、さらにはシステムメモリブロックといった周辺機器とシリコンを共有することが多い。

Apple A6X のように、ARM ベースの SoC パーツによっては、モバイルデバイス製品に合わせて企業が特別に設計し、製造するものがある。半導体メーカーは、カスタム SoC を社内で作成できないデバイスベンダーに対して、独自に設計した SoC パーツを提供している。

Broadcom BCM2835 SoC

第1世代の Raspberry Pi コンピュータは、BCM2835 SoC チップをベースにしている。BCM2835 は Broadcom によって設計されたものであり、スマートフォン、タブレット、電子書籍リーダーといったモバイルデバイス市場に参入したいベンダーに対して販売されている。BCM2835 には、グラフィックス主体のスタンドアロンモバイルコンピュータの作成に必要なデジタルロジックがほぼすべて含まれている。このロジックは次の4つのカテゴリに大きく分かれている、

- ARM1176JZF-S
  ARM Holdings からライセンス供与されたシングル ARM コア。
- VideoCore IV
  Broadcom により開発および所有されている、1080p30対応のグラフィックスプロセッサ。
- 128KB の L2キャッシュ
  CPU と共有されるが、主に VideoCore IV プロセッサによって使用される。
- ARM11コアを使用するための周辺装置
  - 割り込みコントローラ
  - タイマー
  - PWM（Pulse-Width Modulator）
  - 2つの UART（Universal Asynchronous Receiver-Transmitter）
  - 54本の I/O ラインを提供する GPIO システム
  - I^2S（Inter-IC Sound）システム / バス
  - SPI（Serial Peripheral Interface）マスター / スレーブバスメカニズム

BCM2835には、システムメモリは含まれていない。3章で説明したように、シングルSDRAMメモリデバイスは「Package-on-Package」方式のBGA（Ball-Grid Array）パッケージを用いて、BCM2835デバイスの上に積まれている。

Broadcomの第2世代と第3世代のSoCデバイス

2015年2月にリリースされたRaspberry Pi 2は、第2世代のRaspberry Piコンピュータの到来を告げた。Raspberry Pi 2の心臓部はBCM2836 SoCであり、BCM2835との主な違いはCPUとL2（Level 2）キャッシュにある。CPUは900MHzで動作するクアッドコアARM Cortex A-7である。L2キャッシュは256KBで、VideoCore IVグラフィックスプロセッサと共有される。Raspberry Pi 2ボードは1GBのRAMを搭載している。容量が増えたRAM ICは、Raspberry Pi 1コンピュータのようにSoCの上に積まれるのではなく、プリント基板上の別の場所に取り付けられている。

2016年2月にリリースされたRaspberry Pi 3コンピュータは、BCM2837 SoCをベースにしている。Raspberry Pi 3でも、1GBのRAM ICはSoCデバイスの上ではなくプリント基板に直接取り付けられている。BCM2837は、クアッドコア64ビットARM Cortex A-53 CPUを内蔵し、512KBの共有L2キャッシュを搭載している。以前のSoCでは250MHzだったが、デュアルコアVideoCore IVプロセッサは400MHz（3Dグラフィックスの場合は300MHz）で動作するようになった。それ以外はBCM2835とほぼ同じである。

VLSIチップの製造法

VLSI（Very Large Scale Integration）半導体の製造方法を詳しく説明することは本書の範囲を超えているが、専門用語や設計上の課題を理解するには、ある程度の知識が必要である。

VLSIチップはフォトリソグラフィ加工によって製造される。フォトリソグラフィ加工では、短波長紫外線（Ultraviolet：UV）とフォトマスクを使って、シリコンウエハー上にパターンを化学的に焼き付ける。これらのパターンが層状に重なったものが、最終的にトランジスタやレジスタ、ダイオード、キャパシタになる。プリント回路を自作するために、銅箔をエッチングしてガラス繊維の板の上に導電経路のパターンを描いたことがある人は、どんな状況か何となくわかるだろう。もちろん、VLSIの製造では、パターンのサイズがナノメートル（10億分の1メートル）単位であるという違いがある。

1回のマスキング作業は次のように行われる。

1. **レジスト**と呼ばれる感光性の化学物質をウエハーに塗布する。
2. ウエハーの上にマスクを置く。
3. 紫外線がマスクを通過し、紫外線にさらされた部分が硬化する。

4. マスクを外し、紫外線にあたっていないレジスト塗布部分を洗い落とす。

5. ウエハーを化学的に加工する。ウエハーのうち、レジストが洗い落とされた露光していない部分だけが化学反応を起こす。

6. 次の作業に備えて、硬化したレジストを化学的に取り除く。

手順5.の化学的な加工は、複数の作業に分かれることがある。シリコンを取り除くためにエッチング液を使用したり、さまざまな化学薬品を使ってウエハーにシリコンを塗布したりすることがある。つまり、少量のホウ素やリンなどに浸してシリコンの電気特性を変えるのである。この作業は、もともとはウエハーにドーパントと呼ばれる気体または液体の化学物質を注入するという方法で行われていた。最近では、小型化する一方のチップに求められる精度を実現するために、電磁的に加速されたドーパントイオンをウエハーに照射することが多い。ウエハーの抵抗のない部分に銅や他の金属(通常はアルミニウム)を塗布すれば、導電パスを作成できる。

製造するICの複雑度によって、20〜30種類のマスクと50工程にわたるマスキングが必要になることもある。マスキングに求められる精度はまったく気が遠くなるほどである。マスキング作業が1つでもずれれば、ウエハー全体が欠陥品になってしまい、廃棄処分になってしまう。

プロセス、ジオメトリ、マスク

前項で説明した製造工程は非常に面倒なものだ。すべての要素が複雑に絡んでいて、何かを変更すれば他への影響は避けられない。マスクを使って作成するシリコン領域の電気特性は、マスクの各部分の大きさや形状によって決まる。現代のIC設計の規定サイズでは、pn接合(p型とn型の半導体物質が接触し、1つ以上のトランジスタが作り出される部分)のわずか数百万の原子の差が、正常な接合と、正常ではない(あるいはまったく動作しない)接続との分かれ目になることがある。接合部のサイズが小さくなるほど、接合部のリークは増えていく。単位面積あたりの排熱も、デバイス(トランジスタ、レジスタ)のサイズが小さくなるほど増えていく。こうした要因をすべて考慮に入れなければならない。

このような理由により、製造時に使用するマスクパターンを光学的に縮小するだけでは、IC設計を小型化することは不可能である。より小さな回路素子でチップを作成するとなると、製造工程全体を一から設計し直すことになる。実際には、技術者は決して変更できない特異な順番を持つ手順という意味で、**プロセス**(process)という言葉を使用する。製造工程では、シリコンダイの上で作成される最も小さなコンポーネントのサイズが決定的な制限要因となる。これを**プロセスジオメトリ**(process geometry)と呼ぶ。本書の執筆時点において最先端のジオメトリは14ナノメートル[*9]である。このことを正しく把握しようとすると、シリコンの**格子定数**(lattice constant)、つまり平坦な結晶表面上のシリコン原子間の距離は

[*9]　[訳注]2018年時点では、7ナノメートルの半導体が出荷されている。

0.54ナノメートルである。要するに、シリコンダイ上の14ナノメートルには、およそ原子30〜35個分の幅がある。

　マスク上に描かれたものの電気特性はそれらのサイズによって決まる。このため、デバイスを製造するためのマスクはプロセスと配置ごとに異なる。

IP：セル、マクロセル、コア

　現代のICは、どのような働きのものであれ、一から作成されることはまずない。つまり、設計技師がCADワークステーションの前に座って、トランジスタやその他のコンポーネントから設計し始めることはない。現代のシリコンダイの上には数億もの装置が乗っているので、そんなことをしていたら時間がかかりすぎてしまう。幸い、そうする必要もない。

　プログラムコードを標準的なサブルーチンからなるライブラリとして設計できるのと同様に、シリコンで表現されるデジタルロジックも標準的なセルからなるライブラリとして設計できる。カスタムICの設計では、**セル**（cell）は単一の論理要素（ゲート、インバータ、フリップフロップなど）を表す。それらのセルはマスク方式で設計され、正常に動作することが検証されている。それよりも大きなデジタルロジック（レジスタ、アドレス、メモリブロックなど）は、**マクロセル**（macrocell）と呼ばれる。サブシステムレベル（プロセッサ、キャッシュ、コプロセッサ）に到ると、設計はたいてい**コア**（core）と呼ばれるようになる。

　標準的なセルやマクロセルからなるライブラリは、設計会社や製造業者からテスト済みの完成したコアとともに、独自のカスタム設計をしたいグループに販売されることがよくある。そうしたライブラリとコアは知的財産（Intellectual Property：IP）としてライセンスされる。ICの設計エンジニアは、ライセンスされたデジタル論理ブロックを慣用的に「IP」と呼んでいる。

ハードIPとソフトIP

　設計会社は、特定の製造プロセスや配置で使用するマスク用に、テストやレイアウトが済んでいる論理ブロックのライセンスを供与することがある。それらは「ハードIP」、「マクロセル」、または「コア」と呼ばれる。基本的には、それらはプロセスマスクのためのCAD設計に統合できるポリゴンマップである。ハードIPはコンパクトで信頼性が高いが、設計時に想定されたプロセス以外には使用できない。

　現代のIPは、ほとんどの場合、ソフトコアとして提供される。ソフトコアは、IPのロジックと電気的挙動を記述したもので、シリコン上の物理的なレイアウトではない。ソフトIPは、ハードウェア記述言語（Hardware Description Language：HDL）で書かれたソースファイル形式でライセンスされ、レジスタ転送レベル（Register Transfer Level：RTL）と呼ばれる抽象的な形式でロジックを表現する。RTLは、単純な論理ゲートを用いたフリップフロップや組み合わせ回路からなるレジスタという観点からハードウェアを記述する手段である。フ

リップフロップやゲートの雲を通って転送される論理状態であることから、このような名前が付いている。RTLの記述には、数種類のHDLのいずれかが使用される。最も一般的なのは、VerilogとVHDLである。

設計のRTLロジックがHDLで記述されている場合、IPを「ネットリスト」と呼ばれる個々のゲートの配列として合成し、（2次元のレイアウトに）配置し、特定のプロセスに合わせてルーティング（相互に連結された状態に）できる。実質的には、ソフトIPからハードIPへの変換であり、「IPのハード化」と呼ばれる。現在のほとんどのIPはRTLファイルとして提供されており、合成とルーティングはSoC全体の合成とルーティングの一部として実行される。

フロアプラン、レイアウト、ルーティング

SoCの物理的な作成が実際に始まるのは、デバイス全体を論理的かつ電気的に定義するネットリストが完成したときである。ネットリストからSoCパーツの作成上で課題となるのは、ネットリストの要求どおりにセルやマクロセルをシリコンダイの上に並べ、それらを接続することである。暫定的に作成されるSoCのレイアウトを**フロアプラン**（floorplan）と呼ぶ。フロアプランについては、たとえを用いるとわかりやすい——建築家が建物の床面をオフィス、エレベータ、廊下などに分けるのと同じように、技術者は設計に含まれているすべてのパーツを詰め込むのに十分な大きさにシリコンダイの領域を分割する必要がある。フロアプランはいくつかの制約の範囲内で作成しなければならない。

- シリコンダイの面積は限られている。
- 多くのマクロセル（特に設計会社からライセンスされたハードIP）では、サイズ、形状、向きが決まっているため、レイアウトにぴったり収めるための「変更の余地」はない。
- デバイスパッケージの接続パッドの最大数が決まっていることがある。
- 論理ブロック（ラインドライバなど）によっては、それらに対応する接続パッドから物理的に近い場所に配置しなければならない。
- データパスがタイミング問題や**クロストーク**（crosstalk）を引き起こすことがあってはならない。クロストークとは、隣接する導体間の電気的干渉のことであり、容量効果や誘電効果によって引き起こされる。

こうした制約の範囲内で、エンジニアはレイアウトをできるだけ小さくしようとする。レイアウトを小さくするのは、ウエハーあたりのデバイスの数を最大化するためだけでなく、信号伝播の遅延を最小限に抑えるためでもある。フロアプランは、CADツールを使用したあとの作業をできるだけ容易にするための、レイアウトの直観的な「たたき台」のようなものである。フロアプランが完成したところで、エンジニアは配置に取りかかる。その際には、レイアウト内の要素の正確な位置をCADツールで設定する。配置作業では、サイズや縦横比（そのレイアウトを収める矩形の比率）を含め、フロアプランの変更が繰り返し必要になる

ことがある。

最後の手順は**ルーティング**（routing）である。ルーティングには、データパス、クロック分配パス、配電パスの作成というきわめて重要な作業が含まれる。ルーティングでは、クロストークや容量性カップリングの問題が実際にモデル化され、結果としてタイミング違反（フリップフロップへの信号到達が遅すぎたり早すぎたりする）が見つかった場合は修正される。チップ設計プロセスの終盤に、チームは「タイミング収束ループ」に進む。つまり、トランジスタのサイズを調整したり、バッファを挿入したりしながら違反を修正する（うまくいけば新しい違反の数が少なくなる）。新しい違反がなくなるまで、この作業が繰り返される。目的のプロセスのルーティングが完了すると、SoC 設計が「テープアウト」され、最終バージョンのファイルに書き出される。完成した設計はチップファウンドリに送られ、そこでマスクの作成と「最初のシリコン」の製造が行われる。

オンチップ通信の標準：AMBA

いろいろなところから持ち込んだIP コアを統合し、それらを首尾一貫した完全な形にまとめるバスファブリックの構成は、どのIC 設計においても最も難しい手順の1つである。設計の複雑さ、動作するクロックレート、プロセスジオメトリのサイズの縮小に伴い、難易度は高くなる。標準規格は設計プロセスの単純化に役立つ可能性がある。標準規格により、バス実装の詳細が抽象化され、IP コアやインフラストラクチャコンポーネントをチップ上の別の部分や新しいプロジェクトで再利用できるようになるからだ。

1996年、ARM Holdings はまさに、IP の作成と再利用の標準となるAMBA（Advanced Microcontroller Bus Architecture）を発表した。のちに、ARM は SoC 用の AMBA 互換オンチップデータバスを実装する実際のソフトIP をリリースした。発表されてから20年の間に4つの世代を重ねてきたAMBA は、現在では、オンチップバス、特に ARM プロセッサコアを組み込むSoC のデファクトスタンダードとなっている。AMBA 規格は公開されており、実際に使用するにあたってARM Holdings への使用料は発生しない。

AMBA 仕様には、さまざまなバスアーキテクチャの定義が含まれている。それらは大ざっぱに**プロトコル**（protocol）と呼ばれている。各プロトコルには、コア間の物理接続と、それらの接続を通じて移動するデータの制御ロジックに関する仕様が含まれている。BCM2835 SoC が使用しているプロトコルは、AMBA 3仕様の一部であるAXI（Advanced Extensible Interface）である。このため、Raspberry Pi で使用されるAXI のバージョンはAXI 3と呼ばれる。AXI バスの幅は設計時に8～1,024ビット（2の累乗）に設定できる。BCM2835の内部バスの幅は、要求される帯域幅に応じて、32～256ビットとなる。

AXI バスは、大雑把に例えれば、企業の敷地内で複数の建物の間に掘られた共同溝の
ネットワークが相互に接続されている状況を想像するとよい。建築業者は、水道、電気、天
然ガス、下水、または蒸気を運ぶ管をこれらの溝に敷設する。管は溝の中に並べて設置さ
れるが、管どうしは接続していない。AXI バスは、SoC 上のさまざまなコアのまわりや間に、
SoC シリコンのパスに沿ってデータを運ぶ5つのチャネルを組み込む。それぞれのチャネル
は**一方向性**であるため、チャネルを通るデータは一方向にしか流れない。水道管の中を水
が一方向に流れるのと同じである。各バスでのデータの流れは、ready-valid 信号を使って
制御される。アップストリーム側がデータを送信する場合は、valid 信号をアサート（ロジッ
ク1、つまり high にセット）する。ダウンストリーム側がデータを受信できる場合は、ready 信
号をアサートする。クロックサイクル内でデータが送信されるのは、両方の信号が high の場
合だけだ。

　各チャネルは、マスターとスレーブという2種類のエンドポイントの間でデータを伝送す
る。マスターとスレーブは、ネットワークの世界におけるクライアントとサーバーにほぼ相当
する。マスターは CPU、グラフィックスプロセッサ、ビデオデコードエンジンなどであり、ス
レーブは DRAM コントローラや UART などの周辺装置などである。マスターがトランザク
ションを要求すると、スレーブがマスターのリクエストに応答する。マスターはデータ読み
出しトランザクションかデータ書き込みトランザクションを要求できるが、どちらの場合もト
ランザクションはマスターによって要求され、制御される。

　AXI 3の5つのチャネルは次のとおりである。

- **読み出しアドレスチャネル**
  データの読み出し元として機能するスレーブ端にマスターからアドレスと制御情報を
  伝送する。
- **読み出しデータチャネル**
  要求されたデータをスレーブからマスターに伝送する。
- **書き込みアドレスチャネル**
  データを格納または使用するスレーブ端に、マスターからアドレスと制御情報を伝送
  する。
- **書き込みデータチャネル**
  書き込みアドレスに関連する1つ以上のデータを、そのデータを必要とするスレーブに
  マスターから伝送する。
- **書き込み応答チャネル**
  データが正常に受信されたことを示す確認信号をスレーブからマスターへ伝送する。

これら5つのチャネルを用いることで、データをバス経由で迅速にやり取りできる［図4-22］。

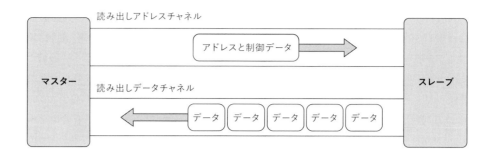

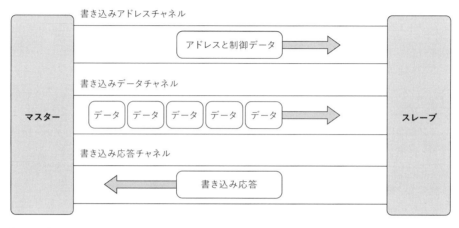

[**図4-22**] AXI 3のバスチャネル

AXI 3のチャネルには、次の3種類のバスコンポーネントを挿入できる。

- **レジスタスライス**

  バスチャネルを移動するデータを一時メモリにラッチ（保持）する。こうすることで長い
  パスを短いパスに分割でき、タイミング衝突を解決できるようになる。たとえて言うと、
  レジスタスライスは、バスのデータをスライスして棚に置き、チャネルのもう一方の端か
  らスライスデータの受け入れを許可する信号が届くまでそこに置いておくための手段
  である。レジスタスライスを組み合わせることで、バスを流れるデータをパイプライン化
  できる。これはCPUのマシン命令をパイプライン化するのと同じような仕組みである。

- **アービタ**

  アービタは複数のアップストリームバスをダウンストリームバスにマージする。これに
  より、複数のマスターが1つのスレーブとデータを交換できるようになる。アービタは
  制御情報を管理することで、読み取りデータや書き込み応答が適切なアップストリー
  ムバスによって受信されるようにする。たとえばBCM2835では、ARM、グラフィック
  スプロセッサ、ビデオデコードエンジンによるメインメモリへの共有アクセスを可能に
  するためにアービタが使用されている。

- **スプリッタ**

  1つのアップストリームを複数のダウンストリームに分けることで、1つのマスターが複数のスレーブとデータを交換できるようにする。たとえば、スプリッタのおかげでARM11はSoCのメインメモリとさまざまな周辺機器の両方へアクセスできる。

　この3つのコンポーネントを利用することで、SoCを構成しているさまざまなコアをほぼあらゆる方法で組み合わせるオンチップバスファブリックを作成できるようになる。SoCの設計作業のほとんどは、バスファブリックの構成に費やされる。このバスファブリックは、カメラインターフェイスやディスプレイインターフェイス、ビデオデコードエンジンといったリアルタイムマスターが指定された性能目標を達成するのに必要な帯域幅と遅延のQoS（Quality-of-Service）を保証する。このため、複数のアップストリームバスに処理待ちのリクエストがある場合に、静的な情報（リクエスト元のマスターのID）と動的な情報（最近のトラフィック履歴）に基づいて、アービタのどのポートでダウンストリームバスへのアクセスを許可するのかを決定するポリシーを考え出さなければならない。QoSシステムの設計は、現在もなお学術界と産業界において活発に研究が進められている分野である。

5章 プログラミング
Programming

　コンピュータハードウェアとコンピュータソフトウェアは、昔から、コンピューティングという惑星上の2つの独立した大陸と見なされている。「コンピュータアーキテクチャ」という用語は、通常はハードウェアアーキテクチャを意味する。大学レベルのコンピュータアーキテクチャの本はたくさんあるが、高度なソフトウェアアーキテクチャやソフトウェアデザインはおろか、プログラミングはまったく取り上げられていない。

　これは特に、ハードウェアやプログラミングをきちんと習ってこなかった大学入学前の生徒たちには間違っているだろう。ハードウェアとソフトウェアの学習を2つの教科に分けるのは、そのほうが都合がよいからにすぎない。コンピューティングに本気で取り組もうと考えているなら、ハードウェアとソフトウェアの両方を学ぶ必要がある。ハードウェアがなければそもそもソフトウェアは存在しない、と言ってしまうのは軽率すぎる。実際には、現代のハードウェアの設計と製造にはソフトウェアが必要である。さらに言えば、すべてのコンピュータ（ハードウェア）を動作させ、有益なものにするには、ソフトウェアが必要である。

　本書は主にハードウェアに関するものであることを心に留めてほしい。特定の言語やツールを使ってプログラミングを教えるのであれば別の書籍を使用するのがベストであり、そうした書籍はすでに数多く出版されている。Raspberry Piのいわば「標準言語」であるPythonに関しては、まさにそうした状況である。本章では、プログラミングの考え方を俯瞰的に示したいと考えている。ここでの目的は、最適なプログラミング言語を選択するための情報を提供し、独自のソフトウェアを作成するための全体的なアプローチを示すことにある。

プログラミングの概要

　コンピュータの処理は、非常に多くの小さなステップを注意深く決定された順序で実行することによって実現される。このことはもう理解しているだろう（きちんと理解できていない場合は、2章を読み返そう）。これらの小さなステップは**マシン命令**と呼ばれる。ここまでは、マシン命令を大ざっぱに説明してきた。4章で説明したように、マシン命令はコンピュータプロセスの「原子」であり、それによりも小さな単位には分割できない。

プログラミングとは、これらのステップを順番に記述し、それらのステップで実行したいことが正しく実行されることを確認し、それらのステップをニーズの変化に合わせて最新の状態に保つプロセスのことである。プログラミングプロセスでは、これら3つの構成要素をそれぞれ**コーディング**、**テスト**、**メンテナンス（保守）**と呼んでいる。

コーディングの前には設計ステージがなければならない。プログラムコードを思いつきで記述する（そしてエラーメッセージを確認する）方法は、新しいプログラミング言語を学んでいるときには有益だが、長期的には損なやり方である。どのような種類のものであれ、長期間にわたって実用に供されるソフトウェアを、そのような方法で記述するわけにはいかない。プログラムは、どのような規模のものであっても、そうした数多くのステップをプログラマーが書き始める前に設計されていなければならない。設計作業を担当する人とプログラミング作業を担当する人（またはグループ）は異なることがある。ネットワーク上の複数のコンピュータにまたがるような大規模なソフトウェアシステムの場合は、特にそうである。

ソフトウェアの設計は、プログラミング上の規則とはまた別の、プログラミングの拠り所となる不可欠の規律である。プログラミングを習いたてのときに書くような簡単なプログラムでは、設計は取るに足らないことのように思えるかもしれない。より大規模なシステムでは、設計はプロジェクト全体で最大の試練になるかもしれない。不十分な設計はプロジェクトを失敗に追い込むことになるだろう。

ソフトウェア開発プロセス

ソフトウェア開発の工程は、使用するプログラミング言語やツールに関係なく、図5-1に示すような非常に一貫性のある計画に従って進められる。ソフトウェア開発は、何らかの問題を解決するアイデアから始まる。アイデアにすぎないものを肉付けし、何かに書き留めるようになった時点で、あなたは出発点から一歩踏み出し、プログラムを設計し始めている。

何かしらの設計が完成したら（ソフトウェアを設計する方法は何通りもある）、プログラミングツールを起動してエディタのウィンドウを開き、実際のプログラムコードを書き始める。このように言うと眉をひそめる人もいるが、設計ステージとコーディングステージは完全に分かれているわけではない。創作活動では、アイデアを具体化すると、そのアイデアのことがよく理解できるだけでなく、新しいアイデアも湧いてくるものだ。プログラミングの腕を磨いている最中は特にそうだが、コーディングをしていて、自分の設計にうまくいかない部分やプロジェクトの目的にそぐわないものに気づくこともあるだろう。設計プロセスに一度戻ってみることは、正確には「計画どおり」とは言えない。しかし、あとになってプロジェクト全体が軌道から外れ、基本的に使いものにならないコードが数千行あるいは数万行も残される（実際にそういうことがある）のを防いでくれるかもしれない。

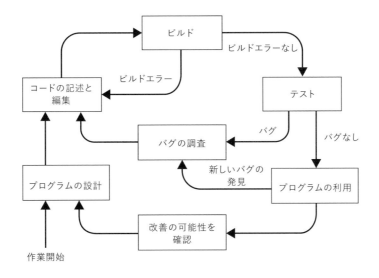

[**図5-1**] ソフトウェア開発プロセス

　ある時点で、実際に動くプログラムを実装したプログラムコードのファイルが1つ以上完成するだろう。これは**ソースコード**（source code）と呼ばれる。次の手順は、エディタで記述したテキスト形式のコードファイルをプログラミング言語を解釈するコンパイラにチェックさせ、実行可能プログラムをビルドすることだ。「ビルド」には、利用しているプログラミング言語やツールによって決まる1つ以上のステップが含まれる。Pythonなどの言語では、ビルドプロセスはほとんど「自動的」に行われる。これに対し、Cなどの言語では、コンパイラやリンカーのようなツールを明示的に呼び出す必要がある（コンパイラとリンカーについては、170ページの「高級言語」で説明する）。さしあたり、次のように考えてみよう。ビルドプロセスはコードを解釈し、（条件付きの）健康証明書を発行するか、コンパイルエラーのリストを表示するかのどちらかであると。

NOTE　**コンパイルエラー**または**コンパイル時エラー**（compile-time error）は、コード内の何かがツールによる実行可能プログラムの作成を妨げていることを意味する。すべてのプログラミング言語には、**構文**（syntax）がある。構文とは、どのプログラム要素が呼び出されるか、それらがソースコードファイル内でどのように構成されるかに関する一連のルールのことである。その構文に反していると、エラーが生じる。データが静的に型付けされる言語では、型の不一致もエラーの1つであり、定義されているデータの型（テキスト、数値など）と、そのデータを使ってコードが実行しようとしていることとが合っていないことを意味する。動的に型付けされる言語では、コンパイル時の裁量の余地が大きく、型の不一致が判明するのは実行時にエラーの原因となる文が実行されるときである。このようなエラーを**ランタイムエラー**または**実行時エラー**（runtime error）と呼ぶ。

エラーメッセージは、何を誤ったのかに関するヒントと、ソースコードファイルのどの行でエラーが検出されたのかを示す。ただし、その場所にエラーがあるとは限らない。記述した内容と、それらの内容が言語の構文や型のルールに従っているか(または従っていないか)について少し考える必要があるだろう。プログラミングの勉強をしているときは、間違いなく、言語の構文表やリファレンスを詳しく調べることに時間を割くことになるだろう。言語を習得したあとは、はるかに短い時間でエラーを簡単に特定できるようになるはずだ。

エラーを修正するには、テキストエディタに戻って問題のソースコードを書き換え、新しいバージョンのファイルを保存する必要がある。そのあとは、エラーのリストが表示されなくなるまで、プログラムのビルドを(おそらく2、3回、あるいはそれ以上)繰り返す。プログラムはそれで完成である。

まあ正確には、まだ完成ではない。というか、完成にはほど遠い。実行できるプログラムができたら、その動作を確認する必要がある。そこでテストステージに進み、設計に明記された内容に照らしてプログラムの振る舞いを評価する。プログラムが動くことは動いたとしても、その後クラッシュするかもしれない。運がよければ、ランタイムエラーが表示され、クラッシュした理由に関するヒントが得られるかもしれない。プログラムが動作したとしても、予想外のことをする可能性がある。この種の問題は**バグ**(bug)と呼ばれる。

NOTE　コンピューティングの世界で「バグ」という言葉を最初に使用したのは、アメリカ海軍将官のグレース・ホッパーだった。1947年、ホッパーは初期の電気機械式計算機のリレー(中継装置)に死んだ蛾が挟まっているのを見つけた。厳密にはソフトウェアではなくハードウェアの問題だったが、ホッパーが見つけた蛾はプログラムの正常な動作を妨げていた。コンピュータを再び正常に動作させるには「デバッグ」(debug)しなければならないと彼女は言った。ホッパーが日誌に貼り付けたその蛾は現在もスミソニアン博物館に収蔵されている。それ以来、プログラムの正常な動作を妨げるものは「バグ」と呼ばれるようになった。

ソフトウェアのデバッグは1つの技芸であり、それ自体が鍛錬である。バグを見つけたからといって、ソースコードで実際に何が間違っているのかを理解していることにはならない。バグを修正する方法を見つけ出すには、調査が必要である。時には、頭をすっきりさせるためにその辺を散歩することもある。問題が理解できたら(または問題を理解できたと思ったら)、コードエディタに戻ってコードを変更し、プログラムを再びビルドする。

プログラムからバグを取り除くことのほうが、プログラム自体を記述するよりも時間がかかることがある。まだプログラミングを勉強中のときは特にそうだ。すべてのバグが修正され、プログラムがついに計画どおりに動作していることに気づくときが来るだろう。ついにやったのである!

ウォーターフォール、スパイラル、アジャイル

　だが、まだ終わったわけではない。現代のソフトウェア開発の教義の1つは、現在もこの先も何も変更する必要がないという意味でソフトウェアが「完成」することは(仮にあったとしても)滅多にないということである。プログラミングプロセスとはそもそも**繰り返される**ものなのだ。つまり、プログラミングとは、プログラムの設計目標、バグリスト、必要な動作をどのように改善できるかに関する新たな知見を考慮しながら進む、一連のフィードバックループである。

　プログラミングは昔からそうだったわけではない。初期のソフトウェア開発プロセスは、しばしばオフィスビルを建てるときのような建築タスクとして概念化されていた。つまり、最初にシャベルを入れる前に設計図全体が完成していなければならず、それが完全に理解され、見積もりが出されていなければならない。この世界では、ユーザーの要求が集められ、それらの要求を満たすソフトウェアの詳細な設計書が作成される。その設計がコードで実装され、テストされる。既知のバグがすべて修正されると実装段階は完了したと見なされ、プロジェクトは継続的なメンテナンスモードに置かれる。

　この順を追った一連のステップは、上から下へと一直線に進むことから、現在では**ウォーターフォールモデル**(waterfall model)と呼ばれている。ウォーターフォールモデルを最も純粋に実践すると、設計書の作成を開始したあとはユーザーの要求を変更できず、コーディングを開始したあとは設計書を変更できない。ユーザーが自分のニーズを理解していない場合、あるいは自分のニーズを設計者にうまく伝えられない場合、最終的に手に入るのは役に立たないものかもしれない。場合によっては、何もないほうがましだった、ということもあり得る。

　ウォーターフォールモデルの欠点に気づいたソフトウェア設計者たちは、図5-1にもう少し近いものを模索し始めた。教訓となったのは、現実的に見て、少なくともコードを少し書いてみないと、多くのプロジェクトを完全に理解できる人は誰もいない、ということだった。プログラマーは、ユーザーの要求に基づいてプロトタイプを作成し、ユーザーに試してもらう。そうしたプロトタイプは機能が限られた単純なものである。その後、プログラマーはユーザーのフィードバックに基づいてプロトタイプを拡張する。場合によっては、プロトタイプを最初から作り直して、最初に誤解していた部分を(その設計の根本的な部分であったとしても)修正する。ユーザーは、要求したものがソフトウェアに実装されているのを確認したあと、プロトタイプを試した感触から、その要件を更新しないことがよくある。要求、設計、コーディングの3つのステップは一度だけではなく、何度も繰り返し行われる。そのようにして、図5-1のようなループが描かれていく。プロトタイプが少しずつ成長していくことから、こうした開発手法は**段階的モデル**(incremental model)と呼ばれる。段階的モデルとしては、バリー・ベームのスパイラルモデルが最も有名だ。図5-2は、ウォーターフォールモデルとスパイラルモデルの比較である。

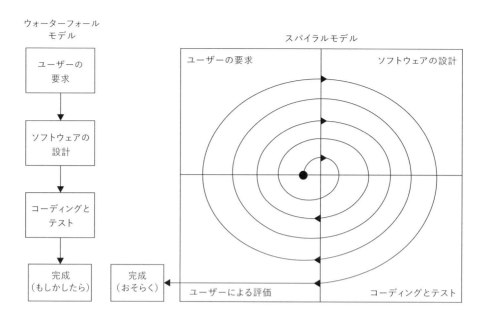

[**図5-2**] ウォーターフォールモデルとスパイラルモデル

　従来の段階的モデルは一般にウォーターフォールモデルを改良したものだが、事前の計画やトップダウン方式の開発プロセスの管理に重点を置いているため、鈍重である。1990年代の半ば以降は、柔軟性と敏捷性を重視した軽快な段階的モデルが次々に登場している。そうしたアプローチが、**アジャイルソフトウェア開発**（agile software development）または単に**アジャイル**として知られるようになった。2001年に発表されたアジャイルソフトウェア開発宣言（Agile Manifesto）には、アジャイルソフトウェア開発の目的が見事なまでにまとめられている。

　私たちは、ソフトウェア開発の実践あるいは実践を手助けをする活動を通じて、よりよい開発方法を見つけ出そうとしている。
この活動を通して、私たちは以下の価値に至った。

- プロセスやツールよりも**個人と対話**を、
- 包括的なドキュメントよりも**動くソフトウェア**を、
- 契約交渉よりも**顧客との協調**を、
- 計画に従うことよりも**変化への対応**を価値とする

すなわち、左記のことがらに価値があることを認めながらも、私たちは右記のことがらにより価値をおく。

アジャイル開発は「大局的な」戦略であり、実際に行われる作業の詳細はチームやプロジェクトによって異なることがある。一般的なアジャイル手法には、次の6つが含まれる。

- **タイムボックス**
  大きなプロジェクトを期間が定められた小さなプロジェクトに分割し、それぞれごとにスケジュールと成果物を定義することで、短期的な時間の管理を容易にする。
- **テスト駆動開発**
  開発者は、まず新しい機能のためのユニット（単体）テストを作成し、次にそのテストにパスする最も単純で高い品質の実装を記述する。
- **ペアプログラミング**
  2人のプログラマー（ドライバーとナビゲーター）が1台のターミナルで共同作業を行い、コードレビューを継続的に行うことによって、プログラミングの戦略面と戦術面を切り分ける。
- **頻繁な、もしくは継続的なインテグレーション**
  開発者は、変更したら必ず共有コードにそれを反映し、「統合地獄」を回避する。
- **関係者間の頻繁なやり取り**
  リリースを定期的に行い、フィードバックを求めることで、要求の変化を早期に発見する。
- **スクラムミーティング**
  毎日短時間のチームミーティングでチームの結束を促し、チームメンバーが進捗、計画、障害を共有するために話し合う場を設ける。

アジャイル手法のうち最もよく知られているのは次の2つである。

- **スクラム**
  開発が一連の短距離走(スプリント)のように進行するフレームワーク。スプリントにはそれぞれ一定の制限時間が割り当てられる(これを**タイムボックス**と呼ぶ)。各スプリントの最初に、プロジェクトのバックログから未解決のタスクを取り出して優先順位を割り当て、その一部を選択してスプリントバッグログにまとめる。スプリントの進行中は毎日スクラムミーティングが開かれる。各スプリントの最後に、プロダクトが(プロジェクトバッグログにタスクが残っている場合は不完全ながら)リリースできる状態になっているはずである。
- **エクストリームプログラミング**
  ペアプログラミング、継続的インテグレーション、テスト、デプロイメントを含め、一般に認められているベストプラクティスをある意味「極端に」実践する。開発プロセスは、コーディング、テスト、聞き取り(ユーザーフィードバックの収集)、設計の4つの相補的な作業で構成される。要求の変化に絶えず応答することが最優先目標となる。

アジャイル開発についての1つの考え方は、ソフトウェアの設計よりもむしろソフトウェアを発展させることに多くの労力を費やし、プログラマーはユーザーからの継続的なフィードバックをもとに継続的な改良に取り組む、というものである。ある意味、設計は経験から明らかになる。保守的なプログラマーから無秩序と見なされることもあるが、アジャイルプロセスは幅広い問題領域にわたって、ウォーターフォールや従来の段階的モデルよりも高品質なソフトウェアを生み出すように思える。

2進数でのプログラミング

プログラミングは古くからある難しいゲームである。当初はツールというものはまったくなく、プログラマーは一連のマシン命令を2進数で書いていた。そして、それらの命令を紙テープやパンチカードから読み込んでいたのだ。特に「ブートストラップ」コードの場合は、CPUキャビネットのフロントパネルのトグルスイッチを使って手動でメモリに書き込んでいた。トグルが「上」のとき2進数の1、トグルが「下」のとき2進数の0を表した。プログラマーはずらりと並んだトグルを上げ下げして2進数のマシン命令を反映させ、再びスイッチを上げ下げして次の命令を保存する、という作業を繰り返していたのである。そのあとボタンを押して、2進数のパターンをメモリに記憶させた。映画に出てくるような、古めかしい巨大なコンピュータの制御パネルにはスイッチがずらりと並んでいるが、それらはまさにこの作業を行うためのものだった。フロントパネルのスイッチは1970年代の終わり頃までしぶとく残っていて、特にAltair 8800のような価格重視の個人向けのコンピュータではなかなか消えなかったが、もっとよいツールが登場したためにずいぶん前にお払い箱になっている。

2進数でのプログラムの記述は、まずマシン命令を記述し、その命令を2進数のパターンに置き換える、という方法で行われていた。単純な命令セットを備えたマシン用の単純なプログラムなら、時間はかかるものの、ひどく難しいというわけではなかった。Motorola 6800やZilog Z80といった初期のシングルチップCPUのベンダーは、すべての命令とその16進コードを共通の形式で表にまとめたリファレンスカードを配布していた。だが、さらに複雑な命令セットを持つCPUでより複雑なプログラムを記述する必要が生じると、2進数でのプログラミングは時間と手間がかかりすぎて、すぐに割に合わないものになった。

アセンブリ言語とニーモニック

　初期の個人向けコンピュータのユーザー層が広がり、学術界や産業界の人々に使用されるようになると、プログラミングプロセスの機械的な部分を自動化する単純なツールが開発された。4章で説明したように、一般的なマシン命令は**オペコード**（opcode）と0個以上の**オペランド**（operand）で構成されている。オペコードは、文字どおり命令コードであり、その命令が実行する演算の種類を表す。オペランドは、データ処理命令の入力データを取得する場所や結果を格納する場所、あるいは分岐命令の分岐先を指定する。各オペコードに**ニーモニック**（mnemonic）と呼ばれるものを割り当て、オペランドの指定方法を取り決めておけば、コードがはるかに書きやすくなる。ニーモニックとは、命令の概念的な意味を表す短い名前である。たとえば、データをコンピュータ内のある場所から別の場所へ移動するマシン命令には、オペコードのニーモニックとして「mov」が使用されるだろう。

　人が読めるオペコードのニーモニックとオペランドで表されたマシン命令の短いリストを見てみよう[*1]。ニーモニックは左に、オペランドはニーモニックの右に書かれている。数字、メモリアドレス、レジスタ名、さまざまな種類の限定子を含め、いろいろなオペランドがある。各オペコードには、オペランドを1つ以上指定するか、まったく指定しないでおくことができる。

```
mov edx,edi
cld
repne scasb
jnz Error
mov byte [edi-1],10
sub edi,edx
```

---

*1　［訳注］このマシン命令はIntel 8086のものである。

ニーモニックとオペランドの記述は、ソフトウェアユーティリティを使用して2進数に直接変換できるため、プログラマーが手作業で変換する必要はない。このユーティリティは、ニーモニックとオペランドの記述によって指定される情報から2進数のマシン命令を組み立てる（アセンブルする）ことから、**アセンブラ**（assembler）と呼ばれる。マシンコードプログラムのテキスト記述は**アセンブリ言語**（assembly language）と呼ばれる。アセンブリ言語については、4章で簡単に取り上げた。

人が読めるということにはなっているが、アセンブリ言語はそっけない言語であり、命令が何をなし遂げるのかをほとんど明らかにしない。プログラマーはよく、アセンブリ言語のソースコードファイルにコメントを入れて、命令の目的を簡単に説明する。

```
mov edx,edi            ; 開始アドレスをEDXにコピー
cld                    ; 検索方向をメモリの上位アドレス方向に設定
repne scasb            ; EDIにある文字列内でnull(文字コード0)を検索
jnz Error              ; REPNE SCASBがnullを検出することなく終了
mov byte [edi-1],10    ; NULがあった場所にEOLを格納
sub edi,edx            ; 開始アドレスからNULの位置を差し引く
```

コメントが命令だけではなく、その命令のプログラムにおける役割も説明していることに注目しよう。マーケティングの誇大広告があろうとも、**説明の必要がないプログラミング言語は1つもない**。すべてのコンピュータ言語で、コメントが書けるようになっている。特定のコード行がより大きな構造の中で何をしているのかは、書いた本人ですら忘れてしまうことがある。それを思い出すためにも、コメントは常に必要になるだろう。これが特に当てはまるのは、プログラムを長い間見ておらず、その詳細をもう憶えていない場合である。

高級言語

アセンブリ言語は今でも健在であり、Raspbian OSやその他すべてのLinuxディストリビューションに含まれている無償のGNUツールを使って、Raspberry Pi用のアセンブリ言語プログラムが書ける。GNUツールについては、232ページの「GNU Compiler Collectionの概要」で詳しく取り上げる。とはいえ、システムから性能を一滴残さずひねり出そうとしている場合を除けば、必要以上に作業が増えることになる。アセンブリ言語はプログラムの振る舞いをほとんど抽象化しない。つまり、1行のアセンブリ言語はアセンブラによってそのまま1つのマシン命令に変換される。コンピュータ科学者は早くから、より洗練された表現力のある言語の開発に取り組んだ。それらの言語では、1つのテキストコマンドがひとつながりのマシン命令に対応していた。テキストコマンドは一般に**文**（statement）と呼ばれ、そうした言語は「高級言語」または「高水準言語」と呼ばれた。というのも、プログラムの意図された振る舞いを（非常に細々としたマシン命令を逐一記述するアセンブリ言語では不可能なレベルで）プログラマーが抽象的に説明できたからである。

NOTE　GNUは、FOSS（Free and Open-Source Software）の広範なプロダクトを指している。これには、アセンブラからコンパイラ、Linux OS までが含まれる（なお、Linux OS の正式名称は GNU Linux である）。GNU は「GNU's Not Unix」の頭字語である。Unix に似ているがまったく同じものではない、GNU という OS を開発していることを示すために、コンピュータ科学者であるリチャード・ストールマンが意図して名付けた。

　初期の高級言語のなかでも、最初に最も広く利用されたのは FORTRAN（FORmula TRANslator）である。FORTRAN は、1950年代の前半に IBM のジョン・バッカスのチームによって開発され、1957年に IBM の顧客に提供された。FORTRAN により、プログラムに必要な文の数は20分の1に減った。初期の FORTRAN で書かれた「Hello, world」プログラムは、単純そのものだった。

```
PRINT *, "Hello, world!"
END
```

　プログラムのソースコードのテキストサイズを削減するという明白な利点に加えて、FORTRAN により、コンピュータによる作業の詳細はプログラマーから隠ぺいされた。1行のテキストを印刷したいだけなら、システムプリンタのさまざまなメカニズムを CPU がどのように制御するのかをプログラマーが知る必要はなかった。PRINT という単語は、相当な数のマシン命令に変換された。それらの命令は、テキストをケーブル経由でプリンタに渡し、そのテキストを紙に印刷させた。さらに、テキストを紙に印刷するマシン命令がいつも同じだとしたら、それらをプログラムのそれぞれに含めるのは労力の無駄というものだ。印刷用のマシン命令は必要だが、それらは別のファイルに保存された。FORTRAN の文をマシン命令に変換するユーティリティは、さまざまなソースのマシン命令をコンパイルし、最終的な実行可能プログラムにまとめていた。そのようなソースの一部はライブラリと呼ばれるようになり、そうした変換ユーティリティはコンパイラと呼ばれるようになった。

　FORTRAN は数学 / 科学計算を主な目的として開発され、そうした目的に使用された。そのすぐあとに、「バグ」で有名なグレース・ホッパーのグループによって COBOL（COmmon Business Oriented Language）が開発された。ホッパーの COBOL 言語は、コンピュータ史上最も使用された言語の1つとなった。COBOL で書かれた最も単純な「Hello, world!」プログラムは、FORTRAN よりも少し複雑である。

```
IDENTIFICATION DIVISION.
PROGRAM-ID.HELLO-WORLD.
PROCEDURE DIVISION.
DISPLAY "Hello, world!"
    STOP RUN.
```

　COBOLの目的の1つは、プログラムのソースコードを読みやすくすることだった。COBOLはプログラマーの目の前にあるすべてのものを自然言語に近い表現にしようとした。なぜだろうか。COBOLはかなり長期的な視野に立った考えに基づいている。COBOLプログラムを長期的に使用するには、さまざまなプログラマーによるメンテナンスが必要になり、それぞれのプログラマーがプログラムを修正したり拡張したりするには、プログラムの仕組みを理解する必要がある、という洞察が含まれていた。このため、COBOLプログラムをできるだけ理解しやすくすることに価値があった。長期的な視野に立った考えは確かにうまくいき、COBOLは40年近くにわたってメインフレームコンピュータで広く使用されていた。メインフレームコンピュータは、集中管理による運用を前提として設計されたシステムである。COBOLは今でも古いメインフレームシステムで使用されていることがある。

　1960年代の中盤に差しかかるまで、コンピュータは**バッチ指向**（batch-oriented）のシステムだった。つまり、プログラマーはプログラムを紙に書き、それらをひと束のホレリスのパンチカードに入力したうえで、当時メインフレームを操作していた技術者に渡していた（図5-3は、FORTRANの1つの文を含んでいるパンチカードである）。技術者は渡されたカードの束を並べ、順番にカードリーダーに投入していた。カードリーダーがカードを読み取り、カードに含まれているコードを入力すると、それらのコードがメインフレームでコンパイルされ、実行される。メインフレームは、コンパイルエラーを出力するか、（正常にコンパイルされた場合は）プログラムの結果を出力する。その出力はパンチカードの束とともに保管され、しばらくしてプログラマーに返される。それらがいつ返されるかは、メインフレームの混み具合と、順番待ちをしているパンチカードの束の数次第だった。

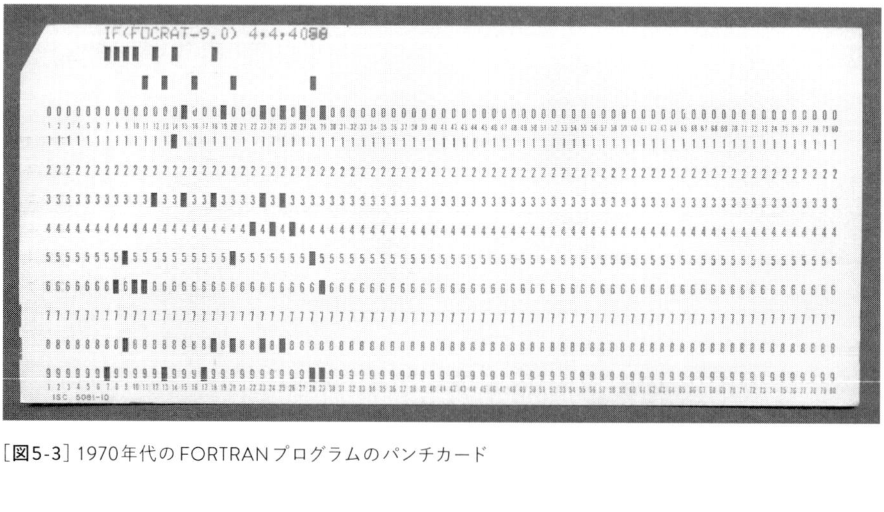

[**図5-3**] 1970年代のFORTRANプログラムのパンチカード

　1960年代の中頃には、コンピュータ、プリンタ、カードパンチ機の価格が下がって、大学はもちろん、中学や高校でも購入できるようになった。コンピュータルームを隔てる「ガラスの壁」の外側に端末を置くことができたので、技術者でなくてもプログラムを入力できるよう

になった。当初、これらの端末はテレタイプ端末か、Selectric印字機構を組み込んだIBM端末だった。テレタイプ端末では、紙テープで印字と読み取りができた。IBM Selectric端末の多くは、カードリーダーを備えていた。**タイムシェアリング**（time sharing）という仕組みによって、数十台の端末を1台のメインフレームコンピュータに接続することが可能だった。メインフレームはそれぞれの端末に処理時間の一部（タイムスライス）をラウンドロビン方式で順ぐりに割り当てていた。各スライスは1秒に満たないこともあるが、キー入力の読み取りや文字の出力には十分な時間だった。メインフレームがそれほど混んでいなければ、端末の前に座っているプログラマーにメインフレームを独占しているような錯覚を与えるほどだった。

　カードリーダー付きのSelectric端末は、主にメインフレームにバッチジョブを送信する目的でまだ使用されていたが、キーボードの登場により、対話型でコンピュータを使用する時代が幕を開けた。プログラマーは単純なプログラムを構成する一連の行を入力して送信すれば、すぐにプログラムをコンパイルして実行できるようになり、パンチカードを使用する必要はなくなった。性能のよいタイムシェアリングシステムなら、ほぼ瞬時に応答が返された。

　1964年、ダートマス大学のジョン・ケメニーとトーマス・カーツの2人の研究者が、学生が対話型端末で使用するためのプログラミング言語を設計した。ケメニーとカーツが開発したBASIC（Beginner's All-Purpose Symbolic Instruction Code）言語は、FORTRANの影響を色濃く受けており、同じ目的の多くに使用することができた。BASICプログラムはたった1行でもよく、「Hello, world!」プログラムはこれ以上ないほど短くなった。

```
10 PRINT "HELLO, WORLD!"
```

　BASICは大学の間で人気を集め、1970年代の中頃にパーソナルコンピュータが登場すると、広く普及するようになった。非常に単純なコンピュータでもBASICを実装するのは簡単で、憶えるのも容易だったのである。1970年代の終わりから1980年代の初めまで、パーソナルコンピュータの所有者が利用できる言語はたいていBASICだけだった。1981年には、IBMが新時代の旗手となるIBM PCのROM（Read-Only Memory）にBASICのあるバージョンを実装したほどだった。他のどの言語よりもBASICを通じてプログラミングを覚えた人のほうが多いことは、今も変わらないかもしれない。

BASICのあとは野となれ山となれ

　FORTRAN、COBOL、BASICは、コンピューティングにおける3つの文化（科学、ビジネス、教育）に深く根差している。この3つの言語が、そうした文化のなかで唯一のプログラミング言語だったわけではない。数千ものプログラミング言語が設計され、試されてきたが、今ではそのほとんどが忘れ去られているか、一部の筋金入りのエンスージアスト（熱狂的な支持者）やプリザベーショニスト（保護主義者）の間でほそぼそと使用されているだけである。

これらの言語は徒労に終わったわけではなかった。ほとんどの言語は固有の意図に基づいて設計されている。多くの場合は既存のアイデアの焼き直しだが、まったく新しいアイデアということもある。初期の例をいくつか挙げてみよう。

- Lisp（LISt Processor）
  ラムダ計算（計算を関数で表すための数学体系）、再帰、木構造データの使用について探るために、1958年にMITで開発された。

- Pascal
  構造化プログラミングとデータ構造を探るために、スイスの研究者ニクラウス・ヴィルトによって1970年に開発された。ヴィルトはのちに、モジュール化プログラミングに関する自身の見解を検証するために、同じような言語であるModula-2とOberonを開発した。

- C
  1972年、ベル研究所のコンピュータ科学者だったデニス・リッチーにより、CPUに依存しないより高水準のアセンブリ言語のようなものとして定義された（このような名前が付いたのは、今は亡きB言語に代わるものだったからだ。B言語はマーティン・リチャードによって設計されたBCPLに基づいていた。うれしいことに、BCPLはRaspberry Piでも利用できる）。Cの主な開発の動機となったのは、さまざまなハードウェアアーキテクチャでUnix OSを簡単に実装できるようにすることだった。システムレベルのプログラミングでは、Cは今もなお人気の高い言語である。Raspberry Piで使用されているLinuxカーネルは、ほぼCだけで書かれている。

- Smalltalk
  Xeroxのパロアルト研究所の研究者により、オブジェクト指向プログラミング（object-oriented programming：OOP）の概念を探究する過程で開発された（OOPについては、221ページの「オブジェクト指向プログラミング」を参照）。1980年に最初にリリースされたSmalltalkは、現在は主にSqueakというオープンソース実装で生き続けている。SqueakはRaspberry Pi上で実行できる。

これらの説明から、なし遂げようとすることが違えば異なるアプローチが必要だということがわかる。さらに根本的なことを言えば、何を使えばうまくいくのかを調べるには、実際に試してみる必要がある。すべての科学がそうであるように、コンピュータサイエンスも過去の知見の上に築き上げられ、また時にはそうした以前の知見を捨て去っている。現在使用されている言語はすべて、それよりも前の言語や、それらのもとになった単純な言語の流れをくんでいる。C++とObjective Cは、Cのスーパーセットに近いものである。2014年のPascalは、FORTRANとCはもちろん、ヴィルトの後年の言語の影響を受けている。また、Pascalの厳格かつ堅牢なバージョンとしてAdaが開発されている。

プログラミングのエンスージアストになるつもりなら、できるだけさまざまなコンピュータ言

語を試してみる習慣を身につけておこう。さまざまなプログラミング言語を使いこなすことには、すぐにはわからない利点がもう1つある。それは、複数の言語に共通している思想を見い出せるようになることである。それにより、将来新しい言語を覚えるのが楽になるだろう。

プログラミング用語

　先へ進む前に、一般的なプログラムがどのようなものであるか、概念を理解しておくことが有用だろう。特定のプログラミング言語を1つの章で詳しく説明することができないのと同じように、現在使われている専門用語をすべて1つの章でカバーすることは不可能である。代わりに、ここでは本章の残りの部分（および本書の他の章）で使用する用語をいくつか定義したい。1つ注意しておきたいのは、ここで説明する内容の多くがCやPythonなどの命令型プログラミング言語に関するものだということである。これらの言語は、状態を変更する個々のステップを順に実行することを、計算と見なす。Haskellなどの関数型プログラミング言語は、関数の観点から計算をモデル化する（本章では取り上げない）。図5-4は、単純で非常に汎用的なプログラムと、その最も重要な構成要素の概要図である。あとで詳しい説明をしないといけない要素もたくさんある。たとえば、オブジェクトは現代のプログラミングに不可欠だが、25語以下ではうまくまとまらない。

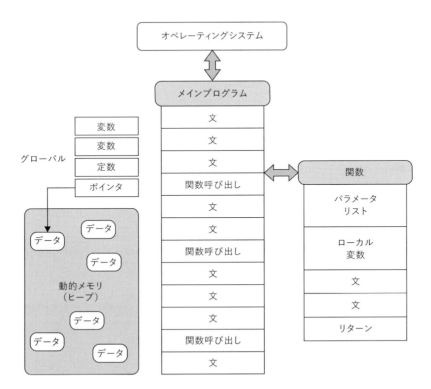

[**図5-4**] 基本的なプログラミング用語

ここで理解しておく必要があるのは、次の概念である。

- **変数**（variable）
  名前の付いた格納場所。この場所にある値はプログラムの実行中に変化することがある。これとは対照的に、定数は実行中に変化させられない値のことであり、名前が付いている場合と付いていない場合がある。
- **式**（expression）
  式は演算子で1つ以上の変数や定数を結び付け、計算して結果を出すものである。式 a+b*4 において、aとbは（コンテキストに応じて）変数または定数、4は定数、+ と * は演算子である。
- **文**（statement）
  動作の単位が連続したもの。ほとんどの言語における最も単純な例は、式の結果を変数に代入することである。より単純な文を連結することで、あるいは if や while のような条件構造やループ構造を用いることで、より複雑な文を構築できる。
- **関数**（function）
  コードのまとまりに名前を付けたもの。プロシージャやサブルーチンとも呼ばれる。関数の中で定義された変数は、関数内でのみアクセス可能であり、その関数に**ローカル**（local）であると言う。ローカル変数は、一般に CPU のレジスタファイルかスタックに格納される。スタックには、関数のリターンアドレスも格納される。スタックで保管されるのは、レジスタファイルに格納する場所がない値である。関数は別の関数を呼び出すことができる。つまり、制御の流れを一時的にその関数へ迂回させ、その関数の処理が終了したときに制御が戻ってくる。
  関数の外側で定義される変数は**グローバル**（global）であると言い、（ほぼ）どこからでもアクセスできる。
  Cを始めとする一部の言語では、すべての文が関数の中になければならない。main 関数は、プログラムの実行が開始されるときにシステムによって呼び出される関数であり、プログラムのエントリポイント（入口）となる。Python などの他の言語では、文が関数の外側にあってもよく、実行はプログラムファイルの最初の文から開始される。
- **引数**（argument）
  呼び出し元から関数に渡される値。パラメータは特別なローカル変数であり、関数の実行を開始するときに引数の値を受け取る。Python の例を見てみよう。

```
def foo(a, b, c):
    return a*b+c

print foo(1, 2, 3)
```

この場合、a、b、c はパラメータであり、1、2、3 は引数である。

- **ヒープ**（heap）
  プログラムが任意サイズのデータ項目を格納する領域を確保できるようにプールされたメモリ。**ポインタ**（pointer）とはヒープ内のデータの位置を（一般にメモリアドレスで）表す値である。

ネイティブコードコンパイラの仕組み

ネイティブコードコンパイラの役割は、高級言語で書かれたソースコードファイルから2進数のマシン命令で構成されているオブジェクトコードファイルに相当するものを生成することである（「オブジェクトコード」とオブジェクト指向プログラミングで使用される「オブジェクト」を混同しないように注意しよう。この2つは無関係だ）。

コンパイラは入力を複数のステップ（パス）で処理する。最終目的はオブジェクトコードを作成することだが、コンパイラは途中で1つ以上のファイルをディスクに書き出し、そうした一時ファイルを不要になった時点で削除することがある。

コンパイルプロセスは次のステップに分割できる。

- 前処理（必要に応じて）
- 字句解析
- 構文解析
- 意味解析
- 中間コードの生成
- 最適化
- ターゲットコードの生成

NOTE 上記のステップの多く（特に最初のいくつか）は、以降で説明するネイティブコードコンパイラとバイトコードコンパイラに共通のものである。バイトコードコンパイラについては、191ページの「インタープリタ型のバイトコード言語」で説明する。その際に、本節の内容を参照する。

これらのステップを少し詳しく見ていこう。なお、ここでの説明は特定のコンパイラ製品を対象としたものではなく、コンパイラごとにコンパイルの仕組みが少しずつ異なることを憶えておこう。コンパイラによっては複数のパスを1つにまとめ、コンパイルの過程を単純にすることがある。

前処理

　Cを含め、前処理（プリプロセッシング）パスを組み込んでいる言語では、ソースコードはテキストベースの処理を施されたうえで、厳密な意味での「コンパイラ」に渡される。Cのプリプロセッサは、次のタスクを実行する。

- **コメントの削除**
  コメントの区切り文字（またはコメントを指定するその他の方法）で囲まれたテキストは、ソースコードを読む人のためのものであり、コンパイラにとって何の意味もないため、完全に取り除かれる。例外は、コンパイラのための命令を特別なマークが付いたコメントブロックの中に配置する言語が存在することである。それらがどのように処理されるかは、言語とコンパイラによって決まる。

- **マクロの定義と展開**
  オブジェクト形式マクロは、定数を定義するための手段である。`PI`という名前のマクロを`3.14159`として定義すると、プリプロセッサはソースコード内で`PI`を検出するたびにリテラル`3.14159`に置き換える。関数形式マクロは、単純なインライン関数を定義するための手段である。`RADTODEG(x)`というマクロを`((x)*180/PI)`として定義すると、プリプロセッサはソースコード内で`RADTODEG(a+b)`を検出するたびに`((a+b)*180/3.14159)`に置き換える。

- **条件付きコンパイル**
  条件に応じて、コードセクションをコンパイルの対象から除外できる。ソフトウェアのリリースビルドからデバッグコードを削除したり、ターゲットプラットフォームに応じて振る舞いを変更したりするためによく使用される。

- **ファイルのインクルード**
  他のファイルの内容をそっくりソースコードに組み入れる。たとえばCのインクルードファイル`stdio.h`には、よく使用するCの入力関数と出力関数が定義されている。

字句解析

　字句解析ステージでは、前処理されたソースコードを構成している文字のストリームがコンパイラの**字句解析器**（lexer）と呼ばれる部分にスキャンされ、テキストに含まれているさまざまな言語機能がすべて洗い出される。これには、`break`、`begin`、`typedef`などの予約語や、`foo`や`bar`などの識別子、`+`や`<<`などの記号、`"foo"`などの文字列リテラル、`5`や`3.14159`などの数値リテラルが含まれる。予約語はキーワードとも呼ばれる。字句解析器は、キーワード、識別子、記号、またはリテラルごとに、トークンからなるストリームを1つ生成する。コンパイラが理解するトークンとして識別できないテキストはすべて、コンパイルエラーとして報告される。

構文解析

　字句解析器によって生成されたトークンの列はパーサーによってスキャンされ、それら一連のトークンが言語の構造ルールに従っているかどうかがチェックされる。字句解析器がトークンを個別に識別するのに対し、パーサーはトークンが正しい構成になっているかどうかを確認する。do キーワードには対応する while キーワードがなければならず、言語の構文を完全に記述するには開きカッコに対の閉じカッコがなければならない、といった具合だ。その構文に従わないものは、すべてコンパイルエラーとして報告される。パーサーが出力するのは、プログラムの構造を表す**抽象構文木**（Abstract Syntax Tree：AST）と呼ばれる構造である。AST は、文の主語、述語、目的語などを識別する自然言語のセンテンスダイアグラムに相当する。

意味解析

　意味解析では、コンパイラが AST を調べて、構文的に正しいプログラムが意味論的に正しいことを確認する。この処理の大部分は、プログラム中の名前が付けられているアイテムについてシンボルテーブルを作成することと、サポートされているデータ型の変数と定数が意味のある組み合わせで使用されているかどうかの確認で構成される。データ型としては、数値、テキスト、ブール値などがサポートされる。静的に型付けされる言語で書かれた、ブール値に文字を足す次のような文があるとしよう。この文は、構文的には正しいと解釈されるかもしれない。

```
junk = true + 'a';
```

　しかし、true を 'a' に足すとはどういう意味だろうか。もちろん、何の意味もない。構文的には正しくても、意味論的に価値のない文なので、コンパイラは型の不一致エラーとして報告するだろう。構文的には正しいものの意味をなさない文は自然言語にもある。ノーム・チョムスキーの「Colourless green ideas sleep furiously」（無色の緑色の考えが猛烈に眠る）は、構文的に正しいものの意味をなさない英文としてよく知られている。
　ここで頭を整理しておこう——構文は**構造**に関するものであり、意味論は**意味**に関する

ものである。

中間コードの生成

コンパイラは、プログラムが構文的に正しく、意味論的に意味をなすことを検証したあと、中間コードを生成できる状態になる。コンパイラは解析木をもとに、プログラムのロジックを表す一連の命令を作成する。これらの命令は一般に、ターゲットCPUアーキテクチャのネイティブのマシン命令ではない。その代わりの、**仮想マシン**（virtual machine）の一部である「人工的な」命令セットのようなものである。この仮想マシンは「本物」のCPUを抽象化した「理想的な」CPUとして機能する。たとえば、仮想マシンに定義されるレジスタは、膨大な数になるかもしれないし、プログラムのロジックに必要な数だけになるかもしれない。数百ものレジスタを備えたCPUは存在しないので、そのあとのパスでは、「仮想レジスタ」が本物のCPUの限られたレジスタセットに収まるように中間コードが書き換えられ、メモリに収まらないものは振り落とされる。このプロセスは**レジスタ割り付け**（register allocation）と呼ばれる。

最適化

中間コードの主な役目は、1つ、もしくはそれ以上になる**最適化**パスの実装を単純化することである。最適化では、コードから重複を取り除き、中間コードの命令を並べ替えてプログラムを小型化/高速化する方法をコンパイラが模索する。最適化手法の開発は、学術界と産業界の両方で進行中の研究分野となっている。

ターゲットコードの生成

中間コードファイルが最適化されたところで、道は2つに分かれる。ここまでの部分に関しては、コンパイラがネイティブコードコンパイラなのかバイトコードコンパイラなのかに関係なく、コンパイルプロセスはほとんど同じである。バイトコード言語については、191ページの「インタープリタ型のバイトコード言語」で改めて取り上げる。ネイティブコードコンパイルでの次の（最後の）ステップは、**ターゲットコードの生成**である。このステップでは、中間コードが特定のCPUで実行可能な一連のマシン命令に変換される。

しかし、それはいったいどのCPUのことだろうか。コンパイラの役目は、コンパイラが動作しているマシン用のコードを生成することばかりではない。Intel CPUで実行されているコンパイラは、ARMの命令セットアーキテクチャ（Instruction Set Architecture：ISA）のいずれかに対するコードを生成するように構成できるし、ARM CPUで実行されているコンパイラは、IntelのISAのいずれかに対するコードを生成するように構成できる。これを**クロスコンパイル**（cross-compilation）と呼ぶ。ある特定のCPUを実行環境とするコンパイラは、

そのCPUで動作するようにコンパイルされたネイティブコードプログラムである。しかし、対応するコードジェネレータがコンパイラに組み込まれていれば、どのCPUをターゲットとするコードでも生成できる。クロスコンパイルが特に役立つのは、そもそもコンパイラを実行できるほどメモリやディスクストレージを搭載していない、省電力の組み込みシステムで実行するソフトウェアを開発するときである。Raspberry Piを使い始めたばかりの頃は、おそらくプログラムの記述とコンパイルを直接Raspberry Piシステムで行うだろう。このボードを組み込みシステムとして使用する多くの人々は、コードをIntel PCで開発する。つまり、IntelベースのWindowsやLinuxで動作するコンパイラを使用して、ARMv6 ISA(ARM11 CPUを含む)をターゲットとするコードを開発する。また、生成されるコードはほぼ決まってOS固有のものになる。

　ネイティブコードのオブジェクトファイルの作成をもって、コンパイルプロセスは完了となる。

NOTE 　プラットフォーム(platform)とは、特定のCPUとそこで実行されるOSの組み合わせのことである。Windowsを実行するIntel CPUはプラットフォームであり、俗に「Wintel」と呼ばれる。Linuxを実行するIntel CPUはまったく別のプラットフォームであり、Linuxを実行するARMv6 CPUもまったく別のプラットフォームである。クロスコンパイルの出力は、一般に特定のプラットフォームに対するものとして指定される。

Cのコンパイル：具体的な例

　ここで、Cで記述された単純な関数のコンパイル手順を見ていこう。以下の内容を理解するには、よく注意しながら読むことと、おそらくC言語の経験が少し必要である。

　次に示すサンプル関数は、整数型の3つの引数a、b、cと、メモリ領域へのポインタ(メモリアドレス)dを受け取る。この関数は、10個の整数b*c、a+b*c、2*a+b*c……9*a+b*cをメモリアドレスdから順番に書き込んでいく。書き込まれる整数の数は、定数COUNTを調整することでコンパイル時に変更できる。この操作には、Cのプリプロセッサディレクティブ #define を使用する。

```
#define COUNT 10

void foo(int a, int b, int c, int *d)
{
  int i = 0;
  do {
    d[i++] = i * a + b * c;   // テーブルを埋める
  } while (i < COUNT);
}
```

〉プリプロセッサ

　プリプロセッサは、コメントを取り除き、マクロ COUNT を使用している部分をマクロの値である10と置き換える。最近の言語でプリプロセッサを備えているものはほとんどない。プリプロセッサがない場合は、定数とインライン関数がマクロの代わりに使用され、コメントは字句解析器によって取り除かれる。

```
void foo(int a, int b, int c, int *d)
{
    int i = 0;
    do {
        d[i++] = i * a + b * c;
    } while (i < 10);
}
```

〉字句解析器

　字句解析器は、プログラムを構成している文字のストリームを解析し、それらの文字をトークンに分類する。トークンはそれぞれ1文字以上の長さであり、予約語、識別子（図5-5の二重線で囲まれた文字）、記号、リテラルのいずれかを表す。ホワイトスペース（空白文字）は構文的に意味を持たないため、この段階でトークンの列から取り除かれる。

[**図5-5**] C コンパイラの字句解析器によって生成されるトークン

〉構文解析器

　構文解析器（parser）は、字句解析器が生成したトークンの列から抽象構文木（AST）の組み立てを試みる。その際に用いられるルールセットは、よくバッカス・ナウア記法（Backus-Naur Form：BNF）と呼ばれる記法で表される。BNF は、コンピュータサイエンスにおいておそらく最もよく使用されているメタ構文記法であり、プログラミング言語の構造を**文法**（grammer）と呼ばれるルールセットとして抽象化する。文法はプログラミング言語の構文を厳密に説明するものであり、プログラムが構文的に正しいかどうかを判断するために使用できる。GNU の標準ユーティリティである bison は、指定された BNF 表現をもとに、プログラミング言語の構文解析器を自動的に生成できる。bison は yacc という古い Unix ツールから派生している。つまり、bison は GNU の yacc である。一般的なプログラミング言語の

BNFの文法は「Free Grammers for Programming Languages」[*2] で公開されている。

　例として、単純な言語を思い浮かべてみよう。この言語は、乗算、加算、識別子を含んでいる式だけで構成されるとする。この言語には3つのルールがある。それらはBNFを使って、次のような形式でbisonの入力ファイルに定義できる。

```
add_expr : mul_expr              { $$ = $0; }
    | add_expr `+' mul_expr;     { $$ = ADD_EXPR($0, $2); }
    ;
mul_expr : identifier            { $$ = $0; }
    | mul_expr `*' identifier;   { $$ = MUL_EXPR($0, $2); }
    ;
identifier : ID                  { $$ = $0; }
    ;
```

それぞれのルールは、次の3つの部分で構成されている。

- **名前**
  上の例では、add_expr、mul_expr、identifier。
- **1つ以上のプロダクション**
  トークンの列においてこのルールに一致するものを表す。
- **アクション**
  プロダクションのそれぞれに対応する。多くの場合、ルールに一致した結果としてASTにノードを作成するために使用される。yaccの文法では、アクションは擬似変数 $$ への代入を通じて値を返すことができ、ルールの子（擬似変数 $0、$1などで表される）から返された値を利用できる。

NOTE　擬似変数（pseudovariable）とは、文法ルールのプレースホルダ（仮置き）のようなもののことであり、値を擬似変数と置き換えられる場所を表す。擬似変数により、ルールは抽象的な状態に保たれ、特定の型や値に依存しなくなる。

　上記の記述は、有効な mul_expr とは、"a" のような識別子か、別の（短い）有効な mul_expr で始まり、そのあとに "*" と識別子が続くものであることを示している。したがって、"a" は識別子なので、有効な mul_expr である。"a" は有効な mul_expr であり、"b" は識別子なので、"a*b" は有効な mul_expr である。同様に、"a*b" は有効な mul_expr であり、"c" は識別子なので、"a*b*c" は有効な mul_expr である。構文

---

*2　https://www.thefreecountry.com/sourcecode/grammars.shtml

解析器によって "a*b*c" が有効な mul_expr として認識されると、アクションによって次のノードが作成される。まず、1つ目のノードとして "a*b" を表す MUL_EXPR ノードが組み立てられ、次に、1つ目のノードを参照し、"(a*b)*c" を表す MUL_EXPR ノードが組み立てられる。最終的な AST は次のように記述できることになる。

```
MUL_EXPR(MUL_EXPR(a, b), c)
```

add_expr のルールによって式 "a*b+c*d" が正しく認識され、以下の木が生成されることに納得がいくようにしておこう。

```
ADD_EXPR(MUL_EXPR(a, b), MUL_EXPR(c, d))
```

これらのルールには、このように記述されることによるうれしい副作用がある。乗算は加算よりも優先順位が高いため、a*b と c*d は学校で習った優先順位のルールに従って正しくグループ化される。完全な C の文法を単純にしたものを先のトークン文字列に適用すると、次のような AST が生成されるかもしれない。

```
FUNC_DEF (
    name: foo
    params: [(a, INT), (b, INT), (c, INT), (d, INT*)]
    returns: VOID
    body: SEQ_STMT (
        stmt[0]: AUTO_DECL (
            name: I
            type: INT
            initialize: 0
        )
        stmt[1]: DO_LOOP_STMT (
            body: EXPR_STMT (
                expr: ASSIGN_EXPR (
                    lhs: INDEX_EXPR (
                        array: d
                        index: i
                    )
                    rhs: ADD_EXPR (
                        lhs: MUL_EXPR (
                            lhs: i
                            rhs: a
                        )
                        rhs: MUL_EXPR (
                            lhs: b
                            rhs: c
```

```
                    )
                )
            )
        )
        test: LESS_THAN_EXPR (
            lhs: i
            rhs: 10
        )
    )
)
```

› 意味解析

コンパイラはASTを用いて、関数fooの仮パラメータとローカル変数のそれぞれを表すシンボルテーブルを作成できる。

```
a: int
b: int
c: int
d: int*
i: int
```

このシンボルテーブルから、d[i]とi * a + b * cの型がどちらもintであることと、d[i]が左辺値であることがわかる。**左辺値**は代入の対象として適している。aとd[i]は左辺値だが、b * cは左辺値ではない。したがって、d[i] = i * a + b * cという代入式は、意味論的に有効だと判断される。

› 中間コードの生成

意味論的に有効なASTができたら、ASTから中間コードへの変換に取りかかれる。中間コードジェネレータは、ASTのさまざまな種類のノードを1つ以上の中間コード命令に変換する方法を知っており、それらのルールは再帰的に適用される。たとえば、ADD_EXPRノードを変換するには、まず、その左と右の子(先の構文解析器の節の例ではそれぞれlhsとrhs)を変換し、続いて、結果を結合するためのADD命令を生成する。DO_LOOP_STMTを変換するには、ラベルを生成したあと、ループの本体とルールの評価式(先の例ではそれぞれbodyとtest)を変換し、最後に、評価の結果に基づいてループの先頭に戻る条件分岐を生成する。

```
FUNCTION foo(p0, p1, p2, p3)
    MOV       t0, #0              ; 一時的にループカウントに0をストア
label:
    MUL       t1, t0, p0          ; i * aを計算
    MUL       t2, p1, p2          ; b * cを計算
    ADD       t3, t1, t2          ; i * a + b * cを計算
    MUL       t4, t0, #4          ; インデックス = ループカウント * sizeof(int)
    ADD       t5, p3, t4          ; アドレスを計算
    STW       [t5], t3            ; d[i]にi * a + b * c in d[i]をストア
    ADD       t0, t0, #1          ; ループカウントをインクリメント
    BRANCHLT  t0, #10, label      ; ループカウント < 10の場合は分岐
```

› 単純な最適化

　b * cはループを繰り返すたびに計算されるが、この計算は仮パラメータbとcにのみ依存しており、それらの値が変化しないことに注目しよう。b * cは**ループ不変**（loop invariant）である。ループ不変のコードを移動してループから計算を「巻き上げる」と、9サイクルの節約になる。bとcの値を別々に格納するにはレジスタが2つ必要だが、b * cを格納するのに必要なレジスタは1つだけである。このため、**レジスタプレッシャー**（register pressure）も1つ減少し、必要な値がすべてCPUアーキテクチャのレジスタに収まる可能性が高くなる。レジスタプレッシャーとは、プログラムの任意の時点で記憶する必要がある値の数である。b * cに加えてbとcが別々に必要だとすれば、この最適化ではレジスタが足りなくなるかもしれない。コンパイラは妥協する価値があるかどうかを確認するために、ヒューリスティクス（すべてのケースに当てはまるとは限らない特定のケースのコード生成を解決するメカニズム）を適用する必要があるだろう。

```
FUNCTION foo(p0, p1, p2, p3)
    MOV       t0, #0
    MUL       t2, p1, p2          ; ループ不変の計算を巻き上げ
label:
    MUL       t1, t0, p0
    ADD       t3, t1, t2
    MUL       t4, t0, #4
    ADD       t5, p3, t4
    STW       [t5], t3
    ADD       t0, t0, #1
    BRANCHLT  t0, #10, label
    RET
```

＞より積極的な最適化

　より積極的なオプティマイザは、アドレスと格納されている値の両方が、ループを繰り返すたびに一定量ずつ変化することを検出できるかもしれない。ここでは、アドレスをa(i)、値をv(i)とする。

```
a(0) = d      a(i+1) = a(i) + 4
v(0) = b*c    v(i+1) = v(i) + a
```

　さらに、a(10) = d + 40を書き出す直前にループから抜ける。それにより、コスト高の可能性がある乗算命令を除外できる。乗算命令はパイプラインが深いためスケジュールしにくいことがある。代わりに、a(i)とv(i)の実行中の値を記録し、i < 10という評価をa(i) < a(10)という評価に置き換える。この種の最適化は、**ループ制御変数の除去**（induction variable elimination）と呼ばれる。

```
FUNCTION foo(p0, p1, p2, p3)
  MUL         t1, p1, p2
  MOV         t2, p3
  ADD         t3, t2, #40
label:
  STW         [t2], t1
  ADD         t1, t1, p0
  ADD         t2, t2, #4
  BRANCHLT    t2, t3, label
  RET
```

＞ターゲットコードの生成（レジスタ割り付け、命令のスケジューリング）

　この時点で、中間コードで表現された、最適化済みのプログラムが完成する。最後のステップは、このプログラムをターゲットプラットフォーム用のアセンブリ言語に変換することである。ここでの主な課題は、レジスタ割り付け、各中間命令の実装、命令のスケジューリングの3つだ。**レジスタ割り付け**（register allocation）では、このプログラムによって計算される各値について、定義から最後に使用されるまでの間格納しておくマシンレジスタを見つけ出す。そして、マシン命令を1つ以上使って各中間命令を実装する。**命令のスケジューリング**（instruction scheduling）では、CPUパイプラインのインターロック[*3]を引き起こさないように注意しながら、マシン命令の順序を設定する。

---

*3　[訳注]パイプラインに投入された命令が、命令間のデータ依存関係によって待ち状態になり、実行を進められなくなること。

```
;  ARM EABI呼び出しでは、最初の4つの引数は
;  r0~r3で提供するのが慣例となっている

;  r0~r3をスクラッチレジスタとして使用すれば、
;  スタックに保存する必要がなくなる

foo::
    mul        r1, r1, r2      ; r1 = b * c(r1を再利用)
    add        r2, r3, #40     ; r2 = d + 40(r2を再利用)
label:
    stw        [r3], r1        ; v(i)をa(i)にストア
    add        r3, r3, #4      ; a(i+1) = a(i) + 4
    add        r1, r1, r0      ; v(i+1) = v(i) + a
    cmp        r3, r2          ; a(10)に到達したか?
    Blt        label           ; さもなければ繰り返す
    B          lr              ; リンクアドレスに制御を戻す
```

オブジェクトコードファイルを実行可能ファイルにリンクする

コンパイルプロセスが終了して視界が晴れてきたが、手に入ったのは実行可能プログラムそのものではないようだ。現代のほとんどのコンパイラが生成するのは、オブジェクトコードファイルである。プログラムを実行できるようにするには、さらに**リンク**(linking)という手続きが必要である。リンクを理解するカギは、次の2点だ。

- ほぼすべての日常的なプログラムは、単純なテストプログラムや学習プログラムとは異なり、複数のファイルに分けて記述される。それらのファイルは別々にオブジェクトコードファイルにコンパイルされる。
- ほぼすべてのプログラムはコードライブラリを使用する。コードライブラリは、便利な関数やデータの定義を含んだオブジェクトコードファイルであり、ソフトウェア開発の「標準パーツ」と見なすことができる。

もちろん、プログラミング言語やツールセットを覚えるときに記述するような単純なプログラムは、1つにまとめても問題がないほど小さなものになるだろう。しかし、その単純なテストプログラムでさえ(それを自覚しているかどうかはともかく)おそらく既存のコードライブラリを利用している。ほぼすべての高級言語にランタイムライブラリがあり、テキスト文字列、高等数学、日付と時刻の操作などをサポートするために実装された標準的な関数が含まれている。ランタイムライブラリにはスタートアップコードも含まれており、プログラムのメイン関数の前に実行され、他のライブラリ関数に使用されるデータ構造を初期化する。その他に、ディスプレイ、プリンタ、ファイルシステムにアクセスするためのOS固有のコードを含んだライブラリもあるだろう。

リンカーの目的は、複数のオブジェクトコードファイルと静的にリンクされたライブラリ内の関数を1つの実行可能なコードファイルにまとめて、ターゲットコンピュータで実行できるようにすることにある。そのためには、単にオブジェクトコードファイルを数珠つなぎにして書き出す以上の作業が必要になる。オブジェクトコードファイルには、ライブラリや他のオブジェクトコードファイルに含まれている関数やデータ定義を使用するコードが含まれていることがある。関数を呼び出すには、その関数のメモリアドレスが必要だ。ディスクやSSD（Solid-State Drive）のどこかに格納されている別のオブジェクトコードファイルのメモリアドレスを指定する方法はない。代わりに、そうした外部アドレスが必要な場所には、コンパイラによってプレースホルダが設定される。プレースホルダの存在は、事実上、「アドレスが未確定」であることを表す。

　リンカーは、別々のオブジェクトコードファイルを1つの実行可能ファイルにまとめる際、そうしたプレースホルダを探し出し、そのアドレスを計算する。ほとんどの場合、アドレスは実行可能ファイルの先頭からのオフセットで表される。図5-6は、ソースコードファイルから実行可能プログラムが完成するまでの道のりを示している。あるオブジェクトコードファイルに含まれている識別子への参照が、別のオブジェクトコードファイルに含まれている実際の関数や変数にどのように結び付けられるかに注目しよう。

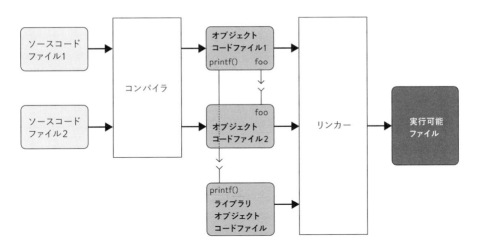

[**図5-6**] コンパイラとリンカーによって1つの実行可能プログラムファイルが作成される仕組み

純粋なテキストインタープリタ

　前節では、バイトコードコンパイルの概念に少し触れた。バイトコードコンパイルについて詳しく見ていく前に、プログラミングの歴史を振り返ってみると参考になるだろう。初期のBASIC言語はFORTRANをモデルにしており、FORTRANと同じようにメインフレームやミニコンピュータでコンパイルされていた。1970年代半ばの最初のパーソナルコンピュータ

に搭載されていたメモリは、たいてい、コンパイラはおろか、現実のOSにすら少なすぎるものだった。

ユーザーがプログラミングを覚えてソフトウェアを自分で書けるようにするために、別の種類のBASIC言語システムとして**テキストインタープリタ**（text interpreter）が登場した。

テキストインタープリタシステムでは、ネイティブコードコンパイルと同様に、プログラムはテキスト形式のソースコードファイルとして記述される。ただし、コンパイルステップはいっさいない。プログラムが実行されると、**インタープリタ**（interpreter）と呼ばれるソフトウェアによってソースコードファイルが開かれる。インタープリタはソースコードファイルの最初の行を読み取り、その行に指定されている処理を実行する。最初の行の実行が完了したら、次の行を読み取り、その行に指定されている処理を実行する。この要領でソースコードファイル全体が処理される。テキストインタープリタの主な特徴は、プログラムのソースコードを1行ずつ処理することである。このプロセスを図解すると、図5-7のようになる。

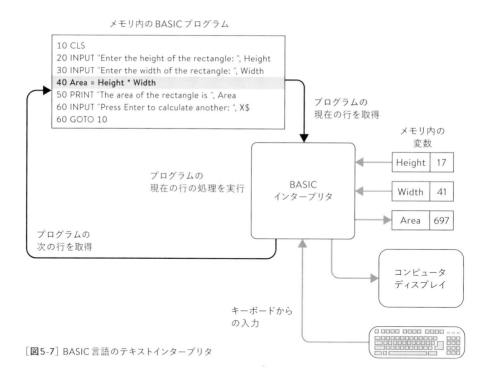

[**図5-7**] BASIC言語のテキストインタープリタ

テキストインタープリタは、ファイルからソースコードを1行ずつ読み取って分解する。続いて、サブルーチンを呼び出してHeight ＊ Widthのような算術式を評価し、INPUTやPRINTといったキーワードを処理する。テキストインタープリタは、ソースコードで変数を検出するたびにそれらをメモリ内に作成し、プログラムの実行が終了するまで管理する。計算で必要になるたびにそれらの変数から値が読み取られ、プログラム行が変数に値を代入したり変数の値を再計算したりするたびに変数に新しい値が代入される。プログラムの

出力をコンピュータディスプレイに表示したり、キーボードからテキスト入力を読み取ったりする作業もテキストインタープリタによって処理される。

　簡略化したBASIC方言のテキストインタープリタは、記述が比較的簡単で、(さらに重要なことに)コンパクトだった。インタープリタは、単純な1行単位の字句解析器/構文解析器に加えて、BASICのさまざまなキーワードや機能を実行する一連の関数で構成されていた。Commodore VIC-20から最初のIBM PCまでの初期のパーソナルコンピュータでは、BASICインタープリタはたいてい、マザーボードにはんだ付けされたROMチップに内蔵されていた。多くの場合、BASICインタープリタは単純なOSの代わりに使用され、対話型のコマンドラインにコマンドを1つ入力できた。

　BASICのようなプログラミング言語の純粋なテキストインタープリタは、1970年代から1980年代にかけて広く使用されていたが、現在ではほぼ絶滅している[*4]。テキストインタープリタがまだ使用されているとしたら、OS、データベースマネージャ、大規模なアプリケーション用のコマンドファイルを作成するためだろう。それにより、コマンドをテキストファイルにまとめることが可能になるからだ。この手法はかつて**スクリプティング**(scripting)と呼ばれていたが、この用語はもっと広い意味を持つようになっている。スクリプティングには、(何らかのレベルで)インタープリタの機能を組み込んでいるあらゆる言語のプログラミングが含まれる。

インタープリタ型のバイトコード言語

　テキストインタープリタの有益な特徴の1つは、実行中のプログラムがプラットフォームの詳細から切り離されることである。BASICプログラムのPRINTキーワードは、DOSやLinuxを含め、どのOSで実行されていても同じことを行う。インタープリタ自体はネイティブコードのマシン語プログラムであり、ハードウェアやOSに合わせて動作する。しかしながら、BASICプログラムの動作は、BASICの適切な方言を理解するプラットフォームで実行される限り、どのテキストインタープリタでも同じである。

　BASICプログラムのこのような特性は**可搬性**(portability)と呼ばれている。アプリケーションの可搬性が重視されるようになったのは、コンピュータの価格が下がってコモディティ化したときだった。それにより、数百から数千ものさまざまな(たいてい互換性のない)設計が市場に現れては消えていくようになった。画面に文字を書き出したり、プリンタにテキストを送信したり、記憶装置のデータを読み書きしたりする方法は数百種類もあった。各システムの機能を利用するには、システムごとにプログラムを少しずつ異なる方法で記述しなければならなかった。私たちは現在も可搬性の問題に悩まされている。そして、目下のとこ

---

*4　[訳注]その後、処理の高速化のために、BASICの命令と1対1に対応した簡単な中間命令が利用されるようになった。

ろ最善の解決策の中心にあるのは、ソースコードを解釈しながら逐次実行する方法を進化させることである。

p コード

1970年代の中頃、カリフォルニア州立大学サンディエゴ校（University of California, San Diego：UCSD）の研究者により、Pascal プログラミング言語の新しい種類のコンパイラが開発された。この UCSD Pascal コンパイラの仕組みは、前述のネイティブコードコンパイラとほぼ同じである。ただし、UCSD Pascal には中間コードを生成するという違いがあった。ネイティブコードコンパイラは、中間コードを受け取り、それをもとにネイティブコードを生成する。UCSD コンパイラの中間コードはファイルに書き出され、そのファイルの中間コードはコンピュータにインストールされているインタープリタによって実行された。BASIC のテキストインタープリタと同様に、UCSD のインタープリタはプログラムをコンピュータの詳細から切り離したのである。UCSD Pascal の構文で書かれたプログラムは、理論上は1回コンパイルするだけでよく、インタープリタが記述されているマシンであれば、まったく同じように実行できた。このため、本来なら互換性のないコンピュータの間でも、きわめて高い可搬性が実現された。

この技術は P-System と呼ばれた。「P」は当初「Pseudocode（疑似コード）」を表していたが、のちに「Portability code（可搬性コード）」を表すようになった（後述するように、現在ではどちらの用語も使用されなくなり、代わりに「バイトコード」が使用されている）。UCSD コンパイラによって生成される中間コード（p コード）は、テキスト形式ではなく、マシン命令のように見えるバイナリ命令で構成されていた。正確には、それらはインタープリタプログラムによって解釈され、実行される命令だった。これらの命令は仮想マシンの命令セットを表していた。仮想マシンとは、シリコンには実在せず、p コードインタープリタを使ってエミュレートされる CPU のことである。

P-System は、この種の技術のなかで広く受け入れられた最初のものになった。p コードの概念はすぐに他の言語の研究者に取り入れられた。仮想マシン用の仮想命令セットという発想は、Pascal にも他のどのプログラミング言語にも依存しない。このため、P-System はのちに、Modula-2、BASIC、FORTRAN などの言語をサポートするように拡張された。「p コード」は最終的に「バイトコード」と呼ばれるようになったが、意味は同じである。バイトコードは、バイトコードコンパイラによって生成される合成マシン命令であり、バイトコードインタープリタによって実行される。「バイトコード」という呼び名は、ほとんどのバイトコードシステムが8ビット（1バイト）命令を使用することに由来する。とはいえ、バイトコードの概念には、命令を1バイトに限定するものは何もない。たとえば、Android OS の一部である Dalvik バイトコードテクノロジは、バイトコードで16ビット命令を使用する。

1979年、Western Digital によって Pascal MicroEngine という興味深い製品がリリースされた。MicroEngine は、UCSD の p コードをネイティブ命令セットとして実行するカスタムマ

イクロプロセッサだった。pコードとCPUの間のインタープリタがなくなったことで、Pコードの実行速度は大幅に改善された。しかし、1981年にIBM PCがリリースされるとMicroEngineの影は薄くなってしまい、普及するまでには至らなかった。バイトコードの実行を「ハードウェアで補助する」という考えは、繰り返し登場するテーマである——これまでにさまざまなベンダーからJavaバイトコードを直接実行するマイクロプロセッサがリリースされている。ARMファミリのCPUのなかにも、Java言語のバイトコードをハードウェアで効率よく実行する機能を持っているものがある（これについては、4章で簡単に触れている）。

Java

　P-Systemがリリースされたあと、バイトコードが完全に使用されなくなることはなかったが、1990年代の初めまでは、滅多に見かけなくなっていた。その頃、Sun Microsystems（現在はOracleに買収されている）のジェームズ・ゴスリンにより、Javaプログラミング言語と仮想マシンのバイトコードシステムが開発された。

　Javaの最優先の目標は可搬性だった。Javaバイトコードにコンパイルされるプログラムは、Java実行環境（Java Runtime Environment：JRE）をサポートしているすべてのコンピュータでまったく同じように実行される。SunがJavaの大きなセールスポイントを強調するために掲げた「Write Once, Run Anywhere（一度書けばどこでも実行できる）」という標語はすっかり有名になった。

　Javaシステムは最初にリリースされたときでさえ、これまでのP-Systemよりもずっと洗練されていた。JREには、Javaバイトコードインタープリタを実装したJava仮想マシン（Java Virtual Machine：JVM）に加えて、Webサーバーから受信したJavaコードをWebブラウザ上で実行できるようにするためのJavaランタイムコードライブラリや、さまざまなソフトウェアツールが含まれている。Javaプログラムを記述するには、JDK（Java Development Kit）が必要になる。JDKには、JREに加えて、Java言語コンパイラと、ソフトウェア開発をサポートするその他のツールが含まれている。

　JVMは、単にJavaバイトコードを実行するだけではなく、Javaプログラムで使用するために予約されたメモリ領域を管理する。データアイテムはこのメモリ領域で作成され、使用され、不要になった時点で削除される。不要になったメモリ領域は、**ガベージコレクタ**（garbage collector）と呼ばれるユーティリティによって自動的に回収される。また、JVMはデータの操作を監視し、未定義のことをしようとするプログラムコードに目を光らせる。そうした操作は、プログラムのクラッシュを引き起こしたり、JREやJRE以外のソフトウェア（例えばOS）にダメージを与えるおそれがある。JREはさまざまな開発者によって作成される同じようなバイトコードシステムのモデルとなっており、現在では、そうしたシステムは一般に**MRE**（Managed Runtime Environment）と呼ばれている。図5-8は、バイトコードプログラムがコンパイルされ、MREで実行される仕組みを示している。

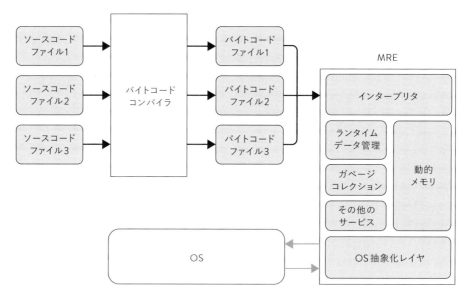

[**図5-8**] MREで実行されるバイトコード

MRE 自体は OS ではない。どの MRE でも、その下で OS が実行されている。OS は自身が稼働するコンピュータの物理ハードウェアを管理する。MRE を OS から独立させるために、MRE には OS 抽象化レイヤが含まれている。OS 抽象化レイヤにより、MRE の下に存在する OS の種類に関係なく、MRF で実行されるバイトコードプログラムからは常に同じものに見える標準の OS が提供される。

Java はすぐに華々しい成功を収めた。Java の価値をいち早く見抜いた Microsoft は、2002年にそのライバルとして .NET Framework をリリースした。Turbo Pascal の作成者であるアンダース・ヘルスバーグによって設計された .NET Framework システムには、Java に似た新しい言語、C# が含まれていた。C# は、CIL（Common Intermediate Language）というバイトコードにコンパイルされ、CLR（Common Language Runtime）という仮想マシンで実行される。

JDK を使った Java プログラミングに関する書籍は多数出版されている。最も有名なのは、Sharon Zakhour、Sowmya Kannan、Raymond Gallardo 共著『The Java Tutorial: A Short Course on the Basics, 5th edition』（Addison-Wesley、2013年）である。小学生（10歳以上）や中学生なら、Philip Conrod、Lou Tylee 共著『Java for Kids』（Kidware Software, 2013）のほうが手に取りやすいかもしれない [5]。

---

[5]　［訳注］日本では『スッキリわかる Java 入門 第2版』（中山清喬・国本大悟著、インプレス刊）などが挙げられる。

JIT コンパイル

Java や .NET のようなバイトコードシステムでは、可搬性とセキュリティが大きな付加価値になるが、実行速度という代償が伴う。インタープリタ型のバイトコードは、BASIC などの言語で解釈 / 実行されるソースコードテキストよりも高速だが（主に字句解析や構文解析の繰り返しがなくなるため）、それでもネイティブコードと比べればかなり低速だ。この問題に対する1つの解決策は、JIT（Just-In-Time）コンパイルである。JIT コンパイルは、Smalltalk 言語の研究から派生したもので、最初は Java で広く実装された。

JIT コンパイルの考え方は非常に単純である。JIT コンパイラは、システムにバイトコードを解釈させる代わりに、必要に応じてプログラムを実行しながらバイトコードをネイティブコードにコンパイルする（JIT コンパイラは俗に「jitter」と呼ばれている）。ほとんどのシステムでは、ファイル全体が一度にコンパイルされるのではなく、一度も実行されないバイトコードはまったくコンパイルされない。通常、コンパイルはブロックごとに行われる。このときのブロックは、いくつかの連続するバイトコード命令から関数全体までさまざまである。バイトコードのブロックがネイティブコードのブロックにコンパイルされたあとは、MRE は（ブロックのバイトコードを命令ごとに逐一解釈するのではなく）ネイティブコードに直接分岐できるようになる。プログラムのセッション中にコードブロックが何度も実行されるのはよくあることなので、JIT コンパイラによって生成されたネイティブコードブロックは（廃棄されるのではなく）ソフトウェアが管理するキャッシュに格納される［図5-9］。

JIT コンパイルでは、最初にオーバーヘッド（負荷）が生じる。このため、バイトコードプログラムを最初に実行するときには、プログラムの実行に時間がかかる。ネイティブコードのブロックがキャッシュに溜まっていくと、ネイティブコードの実行頻度が高くなり、パフォーマンスがよくなっていく。一般的には、ネイティブコードコンパイラによって最適化されるような、巧みに書かれたプログラムに匹敵するようなパフォーマンスは得られない。しかし、コンパイル作業の大部分が実行されるのは、プログラムが最初にソースコードからバイトコードにコンパイルされるときである。このため、JIT コンパイルは驚くほどの速さで実行されることがある。

コードの実行には、「80:20の法則」のようなものが当てはまる。つまり、プログラムコードの比較的小さな部分が大半の時間を費やす。Java の最近の JIT コンパイラには、コンパイル済みの Java プログラムを解析し、そうした「ホットスポット」を特定するロジックが組み入れられている。そして、そうしたホットスポットに的を絞って最適化を実行する。JIT の解析は**ヒューリスティック**（heuristic）である。つまり、コードのパフォーマンスに影響を与えるプログラムの要素を統計データにまとめ、実行を継続しながら「学習」する。プログラムの要素を統計データにまとめる作業を**トレーシング**（tracing）と呼び、そうした JIT コンパイラを**トレーシング JIT**（tracing JIT）と呼ぶ。JIT はトレースデータを蓄積しながら、最もよく実行されるコードパスに対する最適化の品質を徐々に改善していく。

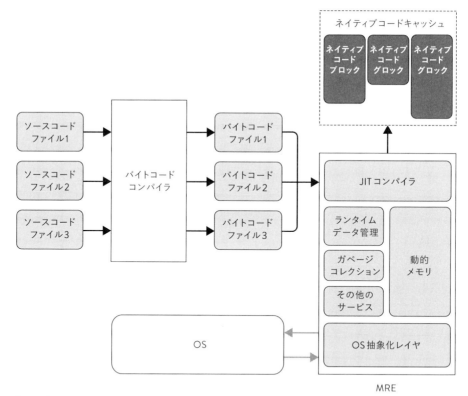

[**図5.9**] JITコンパイルの仕組み

　高度なトレーシングJITになると、プログラムを実行しながら学習する能力が向上し、関数の引数の型や（さらには）その値に基づいて、コードの一部を実際に書き換えられるほどになる。状況によっては、こうした最適化により、（一般に実行中の書き換えが不可能な）同等のネイティブプログラムよりもホットスポットを高速に実行できるようになる。

Java以外のバイトコードとJITコンパイル

　バイトコード技術の最も一般的な用途と言えばJavaである。Javaが登場して以来、他の多くの言語がバイトコードを使用するように設計されているか、純粋なテキストインタープリタからバイトコードに変更されており、JITコンパイラを備えていることもある。最も人気のある言語をいくつか挙げてみよう。

- Ruby
  Smalltalkから着想を得ている。一般に、Railsと呼ばれるWebアプリケーションフレームワークを通じて使用される。RubyとRailsはどちらもRaspberry Piで利用できる。

- JavaScript

  現代のすべてのWebブラウザでサポートされているブラウザベースの言語。現在の Mozilla Firefox リリースには、JavaScript用のIonMonkey JITコンパイラが含まれている。

- Lua

  OSやアプリケーション(特にゲームエンジン)内の制御スクリプト用のスクリプト言語。 LuaJITというLua言語の実装では、トレースJITコンパイラが採用されており、Lua 5.2 よりもはるかに高いパフォーマンスが得られる。Lua 5.2とLuaJITはどちらもRaspbian に含まれている。

- Python

  バイトコード言語。PyPyと呼ばれるPythonのJITコンパイラ実装は、Raspbianの標準イメージの一部となっている。

Android、Java、Dalvik

おかしな話だが、JREはJavaプログラミング言語の最もよく使われている利用環境の1つには挙げられない。スマートフォンやタブレット向けのOSであるAndroidは、Dalvik[*6]と呼ばれるMREと統合され、Dalvikなしでは成り立たなくなっている。Androidではネイティブコードアプリケーションを実行できるが、Dalvik MREは例外なくすべてのAndroidデバイスに搭載されている。Dalvikのいずれかのインスタンスで動作するアプリケーションは、それらのすべてのインスタンスで動作するはずである。

Android用のアプリケーションを記述する方法として推奨されるのは、まずJavaで記述し、 Javaのバイトコードにコンパイルすることである。そのJavaバイトコードは、Android SDK (Software Development Kit)により、Dalvik MREによって解釈されるまったく別のバイトコードにコンパイルされる。DalvikにはJITコンパイラが含まれており、Dalvikバイトコードはそのシステムが実行されているCPUのネイティブコードブロックに変換される。

データの構成要素

図5-4では、一般的な用語を定義するために単純なプログラムを示した。3章と4章では、どのようにデータが格納され(メモリ)、どのように命令が実行される(CPU)かについて実際の仕組みを説明した。ここでは、プログラマーがデータとコードを記述する高級言語の機能を詳しく見ていく。

---

*6　[訳注]Androidに導入されていた仮想マシン。Android 5.0以降はART(Android Runtime)に置き換えられた。

　ポイントは、特定の言語の構文ではなく、基本的な概念を理解することだ。これらの概念をどんな方法で実現するかは言語によってまったく異なることがあるが、基本原理をしっかり理解しておけば、どの言語を使用することになったとしても役に立つだろう。

識別子、予約語、記号、演算子

　プログラミング言語において**識別子**（identifier）とは、プログラムの構成要素に与えられる、人が判読できる名前のことである。現代のほとんどの言語では、識別子に使用する字句の形式は共通している。識別子は一連の英数字とアンダースコア（＿）で構成され、先頭の文字は数字以外である。`DelaySinceMidnight`、`Error17`、`radius`はすべて識別子だ。`2.746`と`42fish`はどちらも識別子ではない。文字の並びによっては、本来なら有効な識別子のはずが、**予約語**（reserved word）や**キーワード**（keyword）と見なされることがある。予約語やキーワードはコンパイラにとって特別な意味を持つ単語であり、言語の構文ルールの範囲内で、特定な方法でのみ使用できる。`while`と`if`はほとんどの言語で予約語となっており、`otherwise`は一部の言語でのみ予約語となっている。ある単語が特定の言語で予約語となっているかどうかを確認するには、その言語のリファレンスマニュアルを調べるしかない。

　英数字以外の文字のなかには、ある言語にとって特別な意味を持つものがある。特別な意味のある文字または短い文字の並びを**シンボル**（symbol）または**記号**と呼ぶ。Cでは、二重のスラッシュ（//）は**コメント区切り文字**（comment delimiter）である。// からソースコードの行末まではコメントであり、コンパイラは前処理ステージで無視する（コメントはコンパイラではなくプログラマーが読むためのものだ）。Pascalでは、コメントを中カッコ（{ }）で囲む。Cでは、対の中カッコで文や変数宣言をまとめることで、複合文を作成する。Cでは、セミコロン（;）は**文の終端記号**（statement terminator）であり、文がそこで終わることをコンパイラに認識させる。

　記号のなかには、**演算子**（operator）として使用されるものもある。演算子は値を組み合わせて新しい値を生成する。代数式の ＋ や － のようなおなじみの記号とまったく同じである。ほとんどの言語には演算子がある。加算、減算、乗算、除算、累乗のようなおなじみの演算の演算子、AND、OR、XORのようなビットごとの演算や論理演算の演算子、文字列や集合を操作する演算子、そしてアドレスの抽出や剰余計算のようなその他の演算子がある。否定（Cの -x）やビットごとのNOT（~x）のような単項演算子は、オペランドが1つある。加算（x+y）や乗算（x*y）などの二項演算子は、オペランドが2つある。言語によっては、オペランドが3つある三項演算子がある。

値、リテラル、名前付き定数

値(value)は、プログラムによって使用される単一のデータである。数字の42と7.63、そして文字列 "foo" やブール値の true と false は、すべて値である(ブール値のおかげでコンピュータ言語でブール論理が扱える)。演算子は、値に作用して新しい値を作成する。式42+23の42と23はどちらも値であり、+演算子によって実行時に作成される65という結果も値である。なお、これらの値は式に文字どおりに(literally)含まれることから、**リテラル値**(literal value)または**リテラル**(literal)と呼ばれる。

リテラルに名前を付けると役立つことがよくある。多くの言語には、**名前付き定数**(named constant)を定義するための仕掛けが用意されている。名前付き定数により、リテラルの代わりに識別子を使用できるようになるため、コードが読みやすくなる。たとえば、データベースに1万件のレコードが書き込まれたらデータベースを圧縮するというプログラムを作成しているとしよう。この場合は、CompressionThreshold(圧縮しきい値)という名前付き定数を定義し、その値を1万に設定できる。これで、次のような文を記述できるようになる。

```
If RecordCount > CompressionThreshold:
    CompressDatabase()
```

名前付き定数を使って一度プログラム内で値に名前を付けておけば、プログラム内のあらゆる場所(数百あるいは数千もの場所)でリテラルの代わりにその名前を使用できるようになる。そのようにすれば、プログラムの1か所で名前付き定数の定義を変更するだけで、その定数の名前を使用している場所のすべてで、コンパイル時に同じ新しいリテラル値が反映されるようになる。そうしなかった場合、ソースコード内の必要なすべての場所でリテラル値を変更し、見落としがないことを願うしかない。

変数、式、代入

リテラルと名前付き定数は値そのものであり、定義された値は実行時には変化しない。それらの値を変更する必要がある場合は、ソースコードでその定義を変更したうえで再びビルドしなければならない。対照的に、**変数**(variable)は値ではなく、値の入れ物(コンテナ)である。変数には、プログラムの実行時に値を設定しなければならない。変数の値は定数、または式で計算された値として与えられる。変数に値を設定する操作は**代入**(assigning)と呼ばれる。次に示すように、代入は代入文を使って行われる。

プログラミング

- C、C++、Java：

```
TheAnswer = 42;
```

- Python：

```
TheAnswer = 42
```

- Pascal：

```
TheAnswer := 42
```

これらの例はよく似ているが、微妙な違いがある。PythonとPascalでは、代入文は言語の基本的な構文要素だが、C、C++、Javaでは、代入は式における=演算子の副作用として実行される。

式（expression）は、言語の演算子と構文を使って実行時に値を計算するための構文要素である。式は、リテラル、名前付き定数、およびすでに値が格納されている変数で構成できる。変数Rに円の半径が含まれている場合は、「円周率×半径の2乗」の公式を使って円の面積を計算できる。そのような公式をプログラミング言語で表したものが式である。正式な記述法は言語の構文によって異なる。Pythonなどの言語では指数演算子が別に定義されているが、C、C++、Java、Pascalでは定義されていない。

- C、C++、Java、Pascal、およびその他多くの言語：

```
Pi * (R * R)
```

- FORTRAN、Python、Adaなど：

```
Pi * R**2
```

ほとんどの言語では、式の評価順序を設定するために、数式と同じようにカッコ（( )）を使用する。

型と型定義

プログラムが使用する各データアイテムは、メモリ内で1つ以上の2進数として表される。特定の2進数の意味は文脈に依存する。バイト00000001_2は数字の1、つまりブール値のtrueを表すかもしれない。バイト01000001_2は数字の65、つまり、ASCIエンコーディングの文字 "A" を表すかもしれない。ほとんどの高級言語には、データの型と各値を関連付ける型システムがある。コンパイラやランタイムは型を利用して、値が使用されるときに適切な演算を実行し、意味論的に意味のない演算を検出できる（多くの言語では、ブール値を文字に足したり、Cで2つのポインタを足したりするのは、意味論的に意味のない演算である）。

プリミティブ型（primitive type）は、言語の型システムの構成要素である。一般的なプリミティブ型をいくつか挙げておく。

- **ブール**（boolean）

  trueとfalseの2つの値をとる。ブール値の記憶域は1ビットあればよいが、便宜上、通常は少なくとも8ビット（1バイト）が使用される。通常はfalseを表すために0を使用し、trueを表すために0以外の値を使用するが、そのようにしなければならないわけではない。

- **整数**（integer）

  42や –12のような全数。符号なし整数は正でなければならず、そのまま2進数で表せる。符号付き整数は正または負のどちらかであり、一般に2の補数形式で格納される（204ページの「2の補数とIEEE 754」を参照）。表現可能な整数値の範囲は、数値に割り当てられるビットの数によって決まる。一般に、32ビットアーキテクチャのCコンパイラは整数を格納するために32ビット（4バイト）を割り当てるため、符号なし整数値の範囲は0～4,294,967,295となる。

- **浮動小数点数**（floating-point number）

  3.4や –10.77のような小数値を表せる。多くの場合、浮動小数点数はメモリ内で32ビットまたは64ビットのデータとして表され、そのデータの中に符号ビットs、指数部e（値の大きさ）、仮数部m（値の有効桁数）が詰め込まれる。浮動小数点数値は次の式で表される。

```
m * 2e if s == 0 または
-m * 2e if s == 1
```

IEEE 754規格には、s、e、mをさまざまな長さのワードに詰め込む方法と、この形式で格納された数値で算術演算を実行するためのルールが定義されている。現代のほとんどのアーキテクチャは、この規格に準拠している（204ページの「2の補数とIEEE 754」を参照）。

- **文字**（character）

  小さい（通常は8または16ビットの）整数で、テキストを出力するときのそれぞれの文字を表す。

- **文字列**（string）

  文字の連なり。言語によって、文字列をプリミティブ型として提供するものと、文字配列として実装しているものがある。Cの文字列はNULLで終わる。つまり、（2進数表現の0を使って）メモリに特殊なNULL文字を配置することで、文字列の終端を表す。他の言語は、文字列の長さを文字データ配列の隣に別途格納する。Javaの場合は、文字列を表す特別なオブジェクトを定義する。文字列がプリミティブ型ではない場合も、そう見えるようにする言語機能を提供するのが一般的である。たとえばJavaでは、各文字列はシステムクラスjava.lang.Stringのインスタンスで表され、次のよう

に記述できる（オブジェクト、インスタンス、メソッドについては、のちほど説明する）。

```
String s = "foo" + "bar";
```

この式はコンパイラによってStringクラスのメソッドの一連の呼び出しに変換される。

ほとんどの言語は、プリミティブ型に加えて、もっと複雑な複合型を徐々に組み立ててい
く方法を用意している。これは、複数のプリミティブ型や同じような複合型を組み合わせて
作成する。次に、一般的な複合型をいくつか挙げておく。

- **配列**（array）
  1つの単位として扱われる、順序付けされた一連の変数。配列を構成する個々の要素
  はインデックスで選択される。多くの場合、インデックスはGradeArray[42]のよ
  うに、角カッコ（[ ]）の中に指定される。配列は複数の次元となることがあり、各次元
  の大きさは同じでなくてもよい。

- **構造体**（structure）
  順序のない名前付き変数の集まり。言語によって、**レコード**（record）や**タプル**（tuple）
  とも呼ばれる。構造体の中の各変数は**メンバー**（member）または**フィールド**（field）と
  呼ばれる。構造体のフィールドは、たいていドット（ . ）フィールド選択演算子を使って
  名前で選択される。
  　ContactStructという名前の構造体型があり、LastNameFieldという名
  前のフィールドを含んでいるとしよう。contactという名前のContactStruct
  型の変数がある場合、LastNameFieldフィールドを参照するには、contact.
  LastNameFieldという構文を使用する。

- **集合**（set）
  順序のない複数の値からなるコレクションで、同じ値の要素は2つ以上持たないとい
  う性質がある。一般に、集合の内部実装は、特定の値の有無を負荷の低い方法で評
  価するように最適化される。和集合、積集合、差集合を効率よく計算するための機能
  も提供される。

- **マップまたはディクショナリ**（map、dictionary）
  複数の値からなるコレクションを格納するための仕組み。値はそれぞれキーによって
  インデックス付けされる。マップやディクショナリは、同じ角カッコ表記を使用する配
  列の複合型を一般化したものと見なせる。ただし、単なる整数ではなく（ほぼ）任意の
  型のキーが使用可能になり、配列の作成時に最大サイズを指定するという要件がなく
  なっている。

- **列挙**（enumeration）
  順序のない値からなるコレクション。それぞれの値にはプログラマーによって任意の名前が割り当てられる。各メンバーを表す値は一般にコンパイラによって自動的に選択される。たとえば、関数の振る舞いを制御するパラメータがあり、数種類の値のなかから1つを選択できる場合に、型セーフ（型安全）な名前付き定数として使用できる。
- **ポインタ**（pointer）
  メモリ内の別の値の場所を指定する。一般に、特定の型のインスタンスを指すように定義される。ポインタがあれば、その参照先をたどることでそこにある値を操作できる。ポインタは注意して使用しないと、簡単にはデバッグできないクラッシュやセキュリティ侵害を招くことがある——これは、一部の言語に制限のないポインタ型が用意されていない理由の1つとなっている。特にJavaでは、代わりにオブジェクトや配列への型セーフな参照があり、実行時にチェックされるようになっている。

静的な型付けと動的な型付け

　プログラミング言語は、型をどのように扱うかによって、静的に型付けされる言語と動的に型付けされる言語に大きく分けられる。Cなどの**静的に型付けされる**言語では、コードの記述時に型が変数に関連付けられる。変数に格納される値の型が、暗黙的にその変数の型となる。変数の記憶域と式の評価時に生成される中間結果の記憶域をコンパイル時に確保できる点で、効率がよい。また、コンパイル時に（前述の）意味解析を行うことによって、型の整合性のない操作を見つけて知らせることもできる。

　次のCコードでは、変数fooの型はintであり、変数barの型はfloatである。このため、コンパイラは次の2つのことを認識する。まず、それぞれの値を保持するには、（標準的な32ビットマシンで）1つのマシンレジスタか、スタックの4バイトを確保すればよい。また、これらの変数の値を足すときには、（Cの型ルールに従って）fooを浮動小数点数値に型変換（キャスト）する命令を生成してから、浮動小数点数の加算命令を生成しなければならない。

```
int foo = 42;
float bar = 98.2;
...
float baz = foo + bar;
```

　静的に型付けされる言語では、変数が有効である間、その変数に代入できるのは型の整合性のある値だけである。このため、次のCコードはコンパイルエラーになる。

```
int foo = 42;                  // fooの型はint
char *bar = "hello world";     // barの型は「charへのポインタ」
foo = bar;                     // エラー！
```

これに対し、PythonやJavaScriptなどの**動的に型付けされる**言語では、型が値に関連付けられるのは実行時である。変数には型がなく、型付けされた値への参照を含んでいるだけだ。単純な実装では、値(およびその型の説明)の記憶域はヒープ上で確保され、不要になった時点でガベージコレクションによって回収される。オペランドの型の意味的なチェックは実行時に行われる。このチェックは負荷の高いものになりがちだが、動的に型付けされる言語でのトレーシングJITの開発により、そのコストは大幅に削減されている。

次のPythonコードでは、関数add()が3回呼び出される。1回目の呼び出しでは、xとyはint型の2つの値を参照するため、+演算子は整数の加算を表すものと見なされる。2回目の呼び出しでは、xとyはstring型の2つの値を参照するため、+演算子は連結を表すものと見なされる。3回目の呼び出しでは、xとyの型は異なるため、それらを足そうとするとTypeErrorが発生する。PyPyで実装されているようなトレーシングJITでは、この関数の2つのバージョンがコンパイルされ、オペランドの型に基づいて適切なほうのバージョンが呼び出される可能性がある。

```
def add(x, y):
    return x + y

print add(1, 2)              # "3"を出力
print add("hello ", "world") # "hello world"を出力
print add("foo", 1)          # TypeErrorを生成
```

C++やJavaなどの静的に型付けされるオブジェクト指向言語では、部分型のポリモーフィズムを用いて動的な機能が提供される。プログラマーは、型Aを継承する型B、C、Dを宣言し、動的ディスパッチを利用することで、特定の値がどの型のインスタンスであるかに応じて異なる処理を行える。ポリモーフィズムは、後述するオブジェクト指向プログラミングで利用される概念である。

2の補数とIEEE 754

符号付き整数を2進数の文字列として表現する方法は何種類かある。おそらく最も簡明なのは、**符号と絶対値**による表記だろう。この表記は、表現される数が負の場合に1にセットされる単一のビットと、符号なしの数(絶対値)を表す数字の文字列で構成される。これはわかりやすい表記だが、ゼロに2つの表現(+0と−0)があることと、算術演算の実装があまり簡単ではないという難点がある。つまり、2つの符号付きの数を足すときに、符号ビットを調べて、(符号なしの)絶対値を足すのか引くのかを判断したあと、結果を符号と絶対値形式に戻すための変換を行わなければならない。

大半のアーキテクチャは、**2の補数**表記を使って数字を表す。負の数を2の補数表現で計算するには、正の数を2進数で表現したあと、すべてのビットを反転させ、1を足せばよい。たとえば、8ビットの2進数で5を表すと次のようになる。

```
5 = 00000101₂
```

−5の表現を求めるには、各ビットを反転させ、

```
11111010₂
```

1を足す。

```
11111011₂ = -5
```

表5-1は、3から−3までの数の8ビットの2進数表現と16進数表現をまとめたものである。

[**表5-1**] ARM11プロセッサのモード

2進数	16進数	符号付き10進数
00000011	03	3
00000010	02	2
00000001	01	1
00000000	00	0
11111111	FF	-1
11111110	FE	-2
11111101	FD	-3

2の補数表記には、便利な性質がある。次に示すように、符号付きの値の和を計算するのに、値が正か負かには関係なく、通常の符号なしの加算を使用できるのである。

```
1 + -3 = 00000001₂ + 11111101₂ = 11111110₂ = -2
-1 + -2 = 11111111₂ + 11111110₂ = 11111101₂(1を桁上げ)= -3
```

　実数の場合はさらに複雑になる。実数とは、小数部を持つ可能性がある値のことだ。とりうる方法の1つとして考えられるのは、実数に大きな定数（たいてい2の累乗）を掛け、結果を整数に丸めることである。このようにすれば、2つの補数表記を使って表せるようになる。定数として$256 = 2^8$を選択したとしよう。そうすると、実数1.0は256として表され、実数2.125は544として表されることになる。これは**固定小数点**（fixed-point）表現と呼ばれる。というのも、実数の小数部の格納に対して決まった数のビット（この場合は8）を確保し、残りのビットを整数の格納に割り当てるからである。

　ほとんどのアプリケーションでは、実数で実行される演算には巨大な数から微小な数まで文字通り桁違いのさまざまな値が使用されるため、固定小数点表現にするための適切な乗数を選ぶのが難しいことがある。このため、実数には浮動小数点表現を用いるのが慣例となっている。この場合、小数点以下の桁数は固定されない。浮動小数点数は、仮数部（値の有効ビット数）、指数部（値の絶対値）、符号（正または負）を単一のバイナリワードにまとめたもので構成される。1985年に IEEE 754浮動小数点数規格が登場するまで、浮動小数点数値の表現方法とそれで表せる数値の範囲、および浮動小数点演算の厳密な結果はコンパイラ次第だった。IEEE 754では、プログラミング言語において型として使用できる何種類かの浮動小数点数形式が定義されている。その範囲は驚異的であり、128ビットの浮動小数点数で表現できる正の値は10^{6144}に達する（観測可能な宇宙全体の原子の数が「わずか」10^{80}ほどであることを考えれば、この数の大きさかがわかるだろう）。図5-10は、浮動小数点数の符号、仮数部、指数部が、IEEE 754の64ビットの値にどのように配置されるのかを示している。

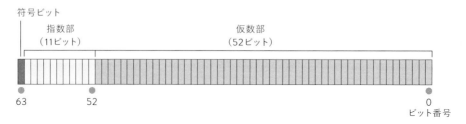

[**図5-10**] 64ビット浮動小数点数の構成

コードの構成要素

　命令型プログラミング言語のシングルスレッドプログラムは、演算を実行するために必要な一連のステップを記述したものである。**文**（statement）とは、そのようなステップの1つを完全に記述したものであり、人の話し言葉の文に相当する。いくつかの文を順番に並べると、プログラムになる。実際には、文の種類を大きく分けると、次の4つしかない。

- **代入文**

  少し前に説明したように、変数または複合型の変数の要素に値を割り当てる。

- **関数呼び出し**

  `print()`や`factorial()`など、ライブラリまたはプログラム内の別の場所で定義されている関数を呼び出す。関数呼び出しは一般に、関数の名前を指定し、0個以上の引数を渡すという方法で実行される。

- **制御文**

  現在の関数内での実行の順序を変更する。

- **複合文**

  何らかの制御文の中でグループとして扱われる一連の文。

制御文と複合文は表裏一体であるため、本書ではまとめて扱うことにする。

制御文と複合文

プログラムの実行順序を実行時に変えられることは、プログラミングには不可欠である。文によっては、特定の状況下でのみ実行しなければならないことがある。これを**条件付き実行**(conditional execution)と呼ぶ。また文によっては、1回だけではなく、複数回実行しなければならないことがある。これを**ループ実行**(looping)と呼ぶ。命令型プログラミング言語には、これらの振る舞いを制御するさまざまな制御文がある。

複合文は、区切り文字で囲まれた一連の文として記述される。C、C++、C#、Javaとそれらの流れをくむ言語では、区切り文字として一般に中カッコ({ と })が使用される。PascalとAdaでは、区切り文字としてキーワードbeginとendが使用される。Pythonは、区切り文字がまったくないという点で、珍しい言語である。Pythonの複合文は、ソースコードのインデント(字下げ)によって区切られる。制御文の例を用いて、その仕組みを実際に見てみよう。

if/then/else

最も基本的な制御文は`if/then/else`文であり、すべてのプログラミング言語に何らかの形で存在する。`if/then/else`文の一般的な構造は図5-11のようになる。

最も単純な形式の`if`文は、条件を評価し、条件が`true`と評価された場合に文を実行する。条件が`true`と評価されなかった場合、実行制御は条件文を抜け出し、`if`文のすぐ後ろの文に進む。

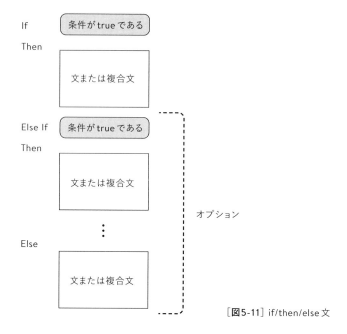

If

条件が true である

Then

文または複合文

Else If | 条件が true である |
| --- |

Then

文または複合文

Else

文または複合文

オプション

[図5-11] if/then/else 文

　繰り返しになるが、**構文に気を取られてはならない**。構文は言語のリファレンスでいつでも調べることができる。ロジックに集中しよう。簡単な例を見れば、プログラミング言語によって同じロジックがさまざまな方法で表現されることがわかるだろう。

```
if (I > 99) FieldOverflow(Fieldnum, I);    Cおよびその派生言語

if I > 99 then FieldOverflow(Fieldnum, I)  Pascal

if I > 99:                                 Python
    FieldOverflow(Fieldnum, I)
```

　この例から、Cとその派生言語にキーワードthenがないことと、Pythonではコロン、改行、インデントが構文の重要な要素だということがわかる。他の言語（特にCとその派生言語）からPythonに移行してきた場合は、次の点を憶えておくことがきわめて重要になる。Pythonでは、ホワイトスペース（改行、スペース、タブ）に特別な意味がある。他の言語では、そのようなことは滅多にない。
　if文には、必要に応じてelse部を含めることができる。else部には、条件がtrueと評価されなかった場合に実行する文または複合文を指定する。else部は図5-11の最後の部分である。thenとelseの間には、それぞれ文または複合文の実行を制御する評価を追加できる。そうした入れ子の評価は、妥当であれば、いくつ挿入してもよい。これをelse/if構造と呼ぶ。

複数のelse/ifは何に役立つのだろうか。ごちゃまぜになったものを整理することにたとえてみるとわかりやすい。硬貨がぎっしり詰まった瓶があり、銀行で入金するためにそれらを分けて袋に入れたいとしよう。まず、テーブルに座って硬貨を分類する。その硬貨は1ペニーだろうか。そうであれば、1ペニーの山に硬貨を滑り込ませる。1ペニーではない場合、それは2ペンスだろうか。そうであれば、2ペンスの山に滑り込ませる。2ペンスでもない場合、それは5ペンスだろうか。そうであれば、5ペンスの山に滑り込ませる。この作業を2ポンド硬貨まで繰り返す。この形式のロジックは**多分岐**(multi-way branch)と呼ばれる。

switchとcase

多分岐はプログラミングで非常によく用いられるため、多くの言語にそれらを実装するための特別な制御文が用意されている。多分岐ロジックの実装方法は言語によって異なっており、使用するキーワードも異なっている。Cとその派生言語では、多分岐はswitch文と呼ばれ、キーワードswitchを使用する。PascalとAdaでは、case文と呼ばれ、キーワードcaseを使用する(FORTRANやBASICの一部のバージョンなどでは、select caseを使用する)。

残念ながら、Cのswitch文のロジックは、AdaやPascalのcase文のロジックとまったく同じではない。それどころか、この2つはかなり異なっているため、別々に説明したほうがよいだろう。図5-12はcase文の一般的な形式を示しており、図5-13はswitch文の一般的な形式を示している。

case文のほうがswitchよりも単純だ。case文では、変数がケースのリストと照らし合わせて評価される。各ケースには、1つの値または値のリストが含まれている(通常は定数として表される)。変数の値がケースの値と一致した場合は、そのケースに含まれている文または複合文が実行される。硬貨にたとえると、左側のケースの値はそれぞれ額面を表す値になる。1ペニーのケースに関連付けられた文は、1ペニーを勘定するカウンタをインクリメントする。他の硬貨のケースも同じように処理される。case文では、一致する値が検出された場合は、そのケースの処理が実行されてcase文が完了し、プログラム内の次の文から実行が再開される。一致する値が検出されなかった場合は、オプションのotherwiseケースを使用することによって、「上記のいずれでもない」処理を実行できる。硬貨にたとえると、アメリカの25セント硬貨やメキシコの1ペソ硬貨など、硬貨の山の中から外国の硬貨が見つかった場合に実行される処理に相当するだろう。

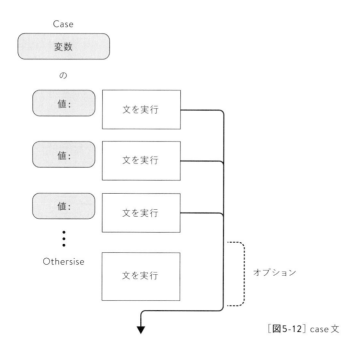

Case
変数
の
値:　文を実行
値:　文を実行
値:　文を実行
Othersise　文を実行

オプション

［図5-12］case 文

　switch文もよく似ているが、非常に重要な相違点がある。一致する値が検出された場合は、その値が含まれているケースが実行されるだけでなく、その後ろに続くケースもすべて実行される（フォールスルーする）。1つのケースだけを実行する場合は、そのケースに含まれている文の最後にbreak文が置かれていなければならない。break文はswitch文を終了させ、プログラム内の次の文から実行を再開させる。caseと同様に、オプションのdefaultケースを使用することによって、「上記のいずれでもない」ケースを定義できる。

　switch文を初めて見たときには、奇妙に感じられるかもしれない。より単純なcase文を使用する言語に慣れていたら特にそうだろう。switch文でのフォールスルーには、歴史的な理由がある。switch文はFORTRANの計算型GOTO文 [7] の流れをくんでいる。現在では、まれに例外があるものの、すべてのケースの最後にbreak文を置くのが慣例となっている。すべてのケースがbreak文で終わっている場合、switch文の動作はcase文と同じである。break文については、215ページの「break文とcontinue文」で改めて取り上げる。

*7　［参考］https://docs.oracle.com/cd/E19957-01/806-4841/statements.html#9162

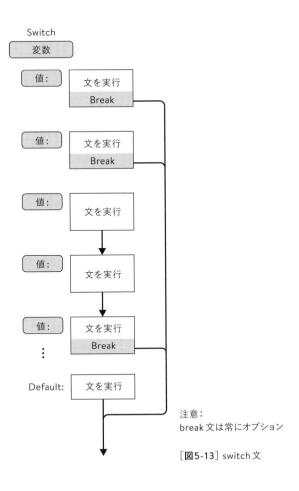

Switch

変数

値: 文を実行 Break

値: 文を実行 Break

値: 文を実行

値: 文を実行

値: 文を実行 Break

⋮

Default: 文を実行

注意:
break 文は常にオプション

[**図5-13**] switch 文

Python は switch も case もサポートしていない。多分岐は else/if シーケンス
として、あるいは Python のディクショナリと関数を使って、次のように記述しなければ
ならない。

```python
def case_penny():
    print "Got a penny!"

def case_tuppence():
    print "Got a tuppence!"

def case_fivepence():
    print "Got a five pence!"

def default():
    print "Got something else!"
```

```
Coincases = {"1": case_penny, "2": case_tuppence, "5":
case_fivepence}

x = raw_input("Coin value? ")

if Coincases.has_key(x):
    Coincases[x]()
else:
    default()
```

repeat ループ

　文や複合文を複数回実行しなければならない場合は、**ループ**（loop）と呼ばれる構造を使用する。プログラミングでは、ループは一般に次の3種類に分類される。

- **repeat ループ**
  何らかの処理を実行してから条件を評価する。条件がtrueと評価された場合はループを終了する。そうでない場合は、処理を繰り返す。
- **while ループ**
  最初に条件を評価する。条件がtrueと評価された場合は、処理を実行する。そうでない場合は、ループを終了する。
- **for ループ**
  あるコレクションに含まれている値ごとに処理を1回実行する。コンピュータサイエンスでは、これを**イテレーション**（iteration）または**反復**と呼ぶ。

　最も理解しやすいのはrepeatループである［図5-14］。このループのロジックは、条件がtrueになるまで処理（アクション）を繰り返す、というものだ。条件がtrueになった時点で、ループは終了する。ループの最後にある条件がfalseと評価された場合、実行制御はループの先頭に戻り、再びアクションが実行される。ここで重要なことは、repeatループのアクションが常に1回は実行されることである。

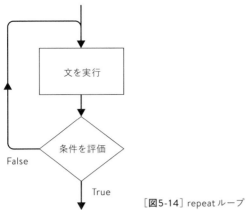

［**図**5-14］repeat ループ

　Pascalとその流れをくむ言語では、`repeat`文で`repeat`キーワードと`until`キーワードを使用する。Cとその派生言語では、ループの先頭にある`do`キーワードとループの最後にある`while`キーワードによって`repeat`ループが実装される。制御の流れは同じだが、評価の意味が逆になり、評価が`false`を返したときにループが終了する。

while ループ

　`while`ループは`repeat`ループを逆さまにしたようなものである。評価はループの最後ではなく、「最初」に実行される。ループの処理（アクション）が実行されるのは、条件が`true`と評価された場合である。ループを繰り返すたびに、ループの先頭で条件が再び評価される。条件が`false`と評価された場合、ループは終了する。条件が最初から`false`と評価された場合、ループは直ちに終了し、アクションは1回も実行されない［図5-15］。

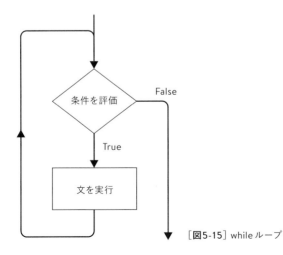

［**図**5-15］while ループ

for ループ

条件がtrueまたはfalseと評価されるまでループを繰り返すのではなく、あるコレクションに含まれている値ごとに処理(アクション)を1回実行しなければならないことがある。このようなループをforループと呼ぶ。言語によっては、forループは整数を一定の刻み幅(ステップ値)で淡々と増減することによって処理を繰り返すように実装される。これをたとえばPascalで記述すると、次のようになる。

```
FOR i := 10 TO 20 DO { 10から20までの整数を出力 }
    WRITELN(i);
```

BASICの一部の方言では、次のようになる(REMはその行がコメントであることを示す)。

```
REM 0, 2, 4, 6, 8, 10を出力

FOR I = 0 TO 10 STEP 2
    PRINT I
NEXT
```

現在のイテレーションの整数値を保持する変数を**ループカウンタ**(loop counter)または**ループ変数**と呼ぶ。ループカウンタは、単にカウンタとして使用され、ループ内の文の実行回数を記録するだけで、ループ文によって実行される処理にいっさい関与しないこともあるが、ほとんどの場合は、配列内の要素にアクセスするために使用されたり、何らかの計算に利用されたりする。

Pythonでは、複数の値からなる任意のコレクションに対するイテレーションがサポートされている。このため、次のようなコードを記述できる。なお、Pythonでは、先頭にシャープ記号(#)がある行はコメントである。

```
# "foo", "bar", "baz"を出力
for s in ["foo", "bar", "baz"]:
    print s
```

組み込み関数range()を使用すれば、BASIC形式のforループをPythonで実装できる。この関数は、オプションのステップ値を用いて、開始値から終了値までの一連の整数を生成する。先のBASICの例をPythonで記述すると、次のようになる。

```
# 0, 2, 4, 6, 8, 10を出力
for i in range(0, 12, 2):  # 終了値は範囲に含まれない
    print i
```

　Cには非常に柔軟なforループがある。このforループは一般化されたwhileループのように動作する。つまり、ループの前に実行される初期化演算、各イテレーションの前に実行される評価文、そして次の要素に移動するために実行される演算を指定できる。ループを続行するには、評価文が0以外の値として評価されなければならない。したがって、連結リストのすべての要素を出力するループ文は、次のように記述できる。

```
LINK_T *link;
for (link = start; link != NULL; link = link->next)
  printf ("%d\n", link->payload);
```

　図5-16は、forループのロジックを示している。

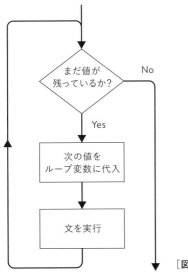

［**図5-16**］forループ

break文とcontinue文

　多くの言語は、ほぼループでのみ使用される特別な制御文を2つ用意している。1つはbreak文であり、ループを無条件に終了し、そのループの外側にある次の文から実行を再開する。breakはループ内のどこにでも置くことができ、通常はループ内のif/then/else文の制御の対象となる。先に述べたように、break文はswitch文でも使用される。

　もう1つのcontinue文もやはり、ループ内のどこにでも置くことが可能で、通常はif/then/else文の制御の対象となる。continue文が実行されるとループを制御する評価文に制御が戻るため、評価が再び実行される。ある意味、continue文はループの現在のイテレーションを「短絡」する。図5-17は、break文とcontinue文を比較したものである。

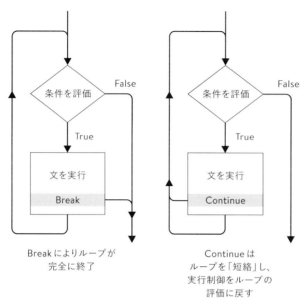

Breakによりループが
完全に終了

Continueは
ループを「短絡」し、
実行制御をループの
評価に戻す

[**図5-17**] break文とcontinue文

NOTE　図5-17の例はwhileループを示しているが、break文とcontinue文はどの種類のループでも機能する。

---

　break文とcontinue文は必ずしもすべてのプログラミング言語に存在するわけではないことを憶えておこう。一部の言語では、どちらかまたは両方が別のキーワードでサポートされている。たとえばRubyでは、continueはnextというキーワードで実装されている。

関数

　命令型プログラミング言語では、**関数**（function）は一連の文に名前を付けたものである。プログラムの別の場所から関数が呼び出されると、関数の最後かreturn文に達するまで、関数に含まれている文が実行される。関数の最後かreturn文に達した時点で関数は終了し、その関数呼び出しの次の文から実行が再開される［図5-18］。関数を利用することによって、よく使用される共通のタスクを1か所で定義し、必要なときに使用できるようになり、コードの重複が最小限に抑えられる。

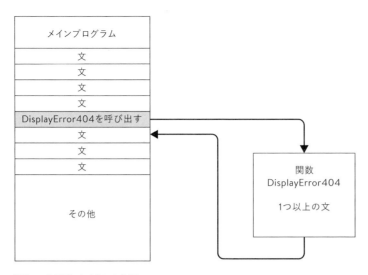

[図5-18] 関数呼び出しと復帰

　図5-18は実行時に関数がどのように動作するかを示している。関数には、重要な仕掛け
がもう1つある。それは関数にデータ値を渡せることだ。関数はそれらのデータ値を利用し
て、呼び出し元のコードに新しい値を1つ（言語によっては複数）返せる。関数が値を返せる
ことから、関数は文だけでなく式の中でも使用できる。図5-19は、この仕組みを示している。
CalculateArea関数は、円の半径を表す数値を受け取り、計算した円の面積を値とし
て返す。つまり、半径が入力されると面積を出力する。

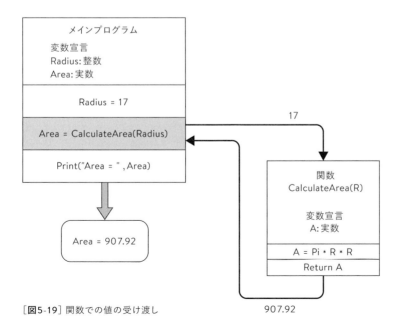

[図5-19] 関数での値の受け渡し

関数は**パラメータ**（parameter）を0個以上受け取れる。パラメータは、関数と関数を呼び出すコードの間で値を「運ぶ」特別な変数である。パラメータの名前と（静的に型付けされる言語での）型は、関数がソースコードで定義されるときに指定される。図5-19の`CalculateArea`関数には、`R`というパラメータが1つ定義されている。

関数を呼び出すときには、各パラメータに対応する**引数**（argument）を指定しなければならない。引数には、リテラルまたは名前付き定数、変数、あるいは式の結果を指定できる。図5-19では、メインプログラムで`Radius`という名前の変数が宣言されている。そして、`Radius`に17の値が代入されたあと、`CalculateArea`関数の引数として使用され、パラメータ`R`の初期値として与えられている。`CalculateArea`関数は、計算を行うときに`R`を変数として使用できる。この関数には、`A`というローカル変数が定義されており、面積として計算された値はこの変数に代入される。その後、`A`は関数の戻り値として指定されている。この関数は、`A`から値を取り出し、呼び出し元の文に返す。関数から返された値はメインプログラムの変数`Area`に代入されている。この値は表示することもできるし、値を使用できる他の場所で使用することもできる。

局所性とスコープ

関数の中では、定数、変数、型を独自に定義できる。さらに、ロシアのマトリョーシカ人形のように、関数の中で関数を定義することもできる。鋭い読者はすぐに次のような疑問を抱くだろう。関数内で定義されている識別子がプログラムの別の場所で定義されているものと競合する場合はどうなるのだろうか。関数内で`Area`という変数を定義していて、同じ名前の変数がすでに関数の外側で定義されている場合、`Area`という識別子を使用したときにどちらの変数にアクセスすることになるのだろうか。

この問題は識別子の**スコープ**（scope）と関わっている。単純に定義すると、スコープとは、プログラムにおいて特定の識別子がコードから「見える」場所のことである。ほとんどの言語では、関数の中で定義される識別子は、その関数でのローカルなものである。関数の外側で定義されるものはすべて、何に対してもローカルではないため、**グローバル**（global）と呼ばれる。

図5-20はグローバルスコープを示している。メインプログラムでは、`CalculateArea`と`CalculatePerimeter`の2つの関数が定義されている。また、定数`pi`と、2つの変数`Area`、`Radius`も定義されている。これらの定義はすべてグローバルである。2つの関数にはそれぞれローカルの定義が含まれている。まず、どちらも名前付き定数`TheAnswer`を定義している。`CalculateArea`関数には、`Area`というローカル変数が定義されている。それぞれの関数は`TheAnswer`を異なる値で定義している。そこで、次のような疑問が浮かぶ。

- メインプログラムがTheAnswerを参照した場合、17と42のどちらの値が得られるか。
- CalculateAreaはCalculatePerimeterを呼び出せるか。
- どちらかの関数でpiを3.0として再定義することは可能か。
- CalculateAreaがそのローカル変数Areaに値を代入した場合、グローバル変数Areaは影響を受けるか、その逆はどうか。

次の4つの原則を適用することで、これらの疑問に答えることができる。

- ローカルからはグローバルが見える。
- グローバルからはローカルは見えない。
- ローカルからは他のローカルは見えない。
- ローカルアイテムはグローバルアイテムと同じ識別子で定義できる。このことにより、グローバルアイテムは隠ぺいされる。

これらの原則をもとに、先の4つの疑問に答えてみよう。

- メインプログラムはTheAnswerのローカル定義をいずれも参照できない。グローバルからはローカルは見えない。
- CalculateAreaはCalculatePerimeterを呼び出せる。どちらの関数もグローバルスコープで定義されており、ローカルからはグローバルが見える。
- どちらの関数でも、piという識別子を定義し、3.0、17.76、またはその他の値を割り当てることができる。それにより、グローバル定数piは隠ぺいされることになる。それ以降、関数の中では新しい識別子を参照することになる。プログラムの他の場所では、引き続き元の識別子を参照することになる。
- メインプログラムがその変数Areaで何を行ったとしても、CalculateAreaで定義されているローカル変数Areaには影響を与えない。グローバルからはローカルは見えない。逆に、CalculateAreaはメインプログラムのグローバル変数Areaを変更できない。だがちょっと待った。ローカルからグローバルが見えないということだろうか。もちろん、ローカルからはグローバルが見える。だがこの場合、CalculateAreaはグローバル変数と同じ識別子でローカル変数を定義している。CalculateAreaの観点からは、ローカル変数Areaを定義するために識別子Areaを使用しているため、グローバル変数Areaは隠ぺいされることになる。グローバルのAreaはローカルのAreaによって隠ぺいされる。

5

プログラミング

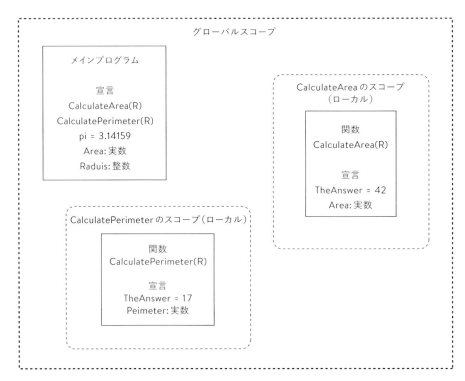

[**図5-20**] グローバルスコープとローカルスコープ

　これらのルールは秩序を強制するためだけに存在しているわけではない。C、C++、Java、Ada、Pascalを含むほとんどの言語では、関数が呼び出されて実行されない限り、関数の引数とローカル変数は文字どおり存在しない。関数の引数とローカル変数は、その関数を呼び出すコードによってシステムスタックで設定される（4章を参照）。関数から制御が戻ると、その関数の引数とローカル変数はスタックから削除され、存在しなくなる。Pythonなどの言語では、依然としてスコープの概念が使用されているが、関数は「ひと皮むけば」まったく別の方法で処理される。スコープは微妙な概念であり、プログラミングにおけるほぼすべてのものと同様に、その詳細は言語によって大きく異なる。それだけならまだしも、言語の実装によっては、スコープのルールに違反することをコードに認めるような仕掛けが許可されていることもある。これは常によくない考えである。

　スコープについては、次節で再び取り上げる。

オブジェクト指向プログラミング

　ここまでは、コードとそのコードが操作するデータを明確に区別してきた。デジタル情報処理の最初の30年間は、この区別がツールと開発手法に色濃く反映されていた。プログラマーは、プログラムに必要な動作を実行するための一連の関数と、プログラムの状態を保持するための具体的なデータ構造（配列、構造体、レコードなど）を定義していた。大規模なアプリケーションでは、関数とデータ構造は一般に設計段階の**ドメインモデリングプロセス**（domain modelling process）に基づいて選択される。このプロセスの目的は、プログラムが使用される問題領域（ドメイン）で現実の重要なエンティティ（実体）、規則、操作を把握することにある。政府の運転免許証発行アプリケーションを例にすれば、エンティティは車両と人であり、規則はどの車両にも所有者が1人いること、操作は車両の所有者変更や運転免許証の申請などである。

　1970年代、さまざまな機関のコンピュータ科学者がプログラミングの新しい概念モデルの実験に着手した。この概念モデルは**オブジェクト指向プログラミング**（Object-Oriented Programming：OOP）と呼ばれるようになった。オブジェクト指向プログラミングのねらいは、エンティティとそれに対して実行可能な動作を説明する仕組みを言語レベルで提供することにより、開発プロセスの設計段階と実装段階の意味論的な不整合を減らすことにある。**オブジェクト**（object）という新しい種類のデータ構造が誕生し、その内部データに働きかける関数も組み込むことによって、構造体やレコードの概念を発展させている（200ページの「型と型定義」を参照）。

　新しい概念が登場したときによくあるように、業界用語も変化している。プログラマーはオブジェクトの**クラス**（class）を定義する。多くの場合、これらのクラスはドメインモデリングプロセスで特定されるエンティティと密接に対応している。運転免許証の例では、CarクラスとPersonクラスが定義されるかもしれない。プログラムを実行すると、個々のオブジェクトがメモリ内で作成される。これらのオブジェクトはそれぞれ特定のクラスの**インスタンス**（instance、実体）である。Carクラスの場合はインスタンスが無数にあり、そのうちの1つが筆者の車を表している。Personクラスのインスタンスも無数にあり、そのうちの1つが筆者を表している。クラスの定義はデータ要素と関数を説明するものである。データ要素はそのクラスの各インスタンスによって保有されるものであり、フィールド、属性、プロパティなどと呼ばれる。関数は各インスタンスに対して実行できる操作を表し、一般にメソッドと呼ばれる。Carクラスのインスタンスは、`license_plate`フィールド、`owner`フィールド、`change_owner`メソッドを持つかもしれない。`license_plate`はナンバープレートを表す文字列フィールドであり、`owner`フィールドは車の現在の所有者を表すPersonクラスのインスタンスである。そして`change_owner`メソッドは、現在の所有者を変更する。図5-21は、これらの用語をまとめたものである。

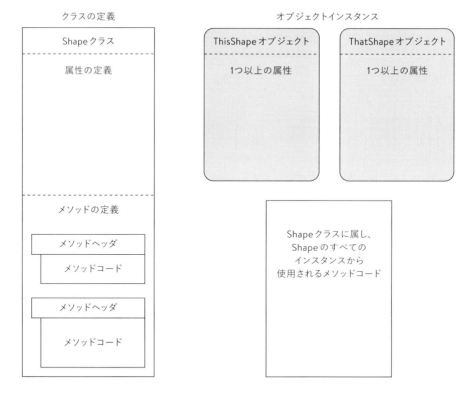

クラスの定義 — Shapeクラス / 属性の定義 / メソッドの定義 / メソッドヘッダ / メソッドコード / メソッドヘッダ / メソッドコード

オブジェクトインスタンス — ThisShapeオブジェクト / 1つ以上の属性 — ThatShapeオブジェクト / 1つ以上の属性

Shapeクラスに属し、Shapeのすべてのインスタンスから使用されるメソッドコード

[**図**5-21] クラスとオブジェクト

　クラスとオブジェクトの2つの用語を混同しないように注意しよう。クラスは型定義であり、ソースコード中に存在する。オブジェクトはクラスのインスタンスであり、実行時のメモリ上に実際に存在するデータである。オブジェクトは、そのクラスの仕様と、使用している言語の特性に従って確保され、初期化される。

　ほとんどの言語では、新しいオブジェクトの初期化はクラスに定義された特別なコンストラクタメソッドによって実行される。オブジェクトが不要になると、C++のような言語では明示的に破棄され、Javaなどのガベージコレクションをサポートしている言語では自動的に回収される。クリーンアップ（あと処理）が必要な場合は、特別なデストラクタかファイナライザメソッドによって実行される。ほとんどの場合、オブジェクトへのアクセスには参照が使用される。**参照**（reference）とは、基本的には、オブジェクトのデータが格納されているメモリ位置を指すポインタのことである。新しいオブジェクトが作成されると、コンストラクタが実行されている場合は、参照が返される。この参照を使ってオブジェクトのフィールドにアクセスし、オブジェクトのメソッドを呼び出せる。

　クラスを定義し、オブジェクトを作成し、オブジェクトのフィールドやメソッドにアクセスするための構文は、言語によって大きく異なる。単純なCarクラスがどのように定義され、使用されるのかを、まずC++で見てみよう。

```
class Car
{
  Person *owner;
  char *plate;

  Car(Person *owner, const char *plate)
  {
    this->owner = owner;
    this->plate = strdup(plate);
  }

  ~Car()
  {
    free(this->plate);
  }

  void set_owner(Person *owner)
  {
    this->owner = owner;
  }
};

Car *my_car = new Car(me, "RN04 KDK");

printf("%s\n", my_car->plate);
my_car->set_owner(you);
```

Pythonの場合は次のようになる。

```
class Car:
    def __init__(self, owner, plate):
        self.owner = owner
        self.plate = plate

    def set_owner(self, owner):
        self.owner = owner

my_car = Car(me, "RN04 KDK")

print my_car.plate
my_car.set_owner(you)
```

ほとんどのオブジェクト指向言語には、共通して次に示す3つの基本的な言語仕様がある。

- **カプセル化**（encapsulation）
  クラスは各インスタンスに関連付けられるデータ要素（フィールド）とそれらを操作するコード（メソッド）の両方を定義する。
- **継承**（inheritance）
  クラスは別のクラスの**サブクラス**（subclass）となっていることがある。つまり、その**スーパークラス**（superclass）のフィールドとメソッドを継承し、さらに独自のフィールドとメソッドを追加することがある。
- **ポリモーフィズム**（polymorphism）
  スーパークラスのインスタンスが期待されるコンテキストで、サブクラスのインスタンスを使用できる。

ここからは、これらの機能をそれぞれ詳しく見ていこう。

カプセル化

データとそれを操作するコードをひとまとめにすることを**カプセル化**（encapsulation）と呼ぶ。しかし、カプセル化は何に役立つのだろうか。結局のところ、オブジェクト指向の仕様を持たない言語であっても、構造体やレコード型を宣言し、その型のインスタンスへの参照を受け取る関数を記述すれば、その要素に対する操作は実行できるわけである。

重要な違いは、カプセル化が通常は**データの隠ぺい**（data hiding）を意味することである。つまり、オブジェクトの外側からどのフィールドやメソッドが見えるようにするかは、プログラマーが完全に制御できる。プログラマーは、プログラムの他の部分のコードにフィールドの読み書きやメソッドの呼び出しを許可するのか、それともフィールドを**プライベート**として宣言するのかを選択できる。プライベートとして宣言されたフィールドにアクセスできるのは、そのオブジェクトのメソッドだけである。この場合、メソッドはオブジェクトのデータに対する管理されたインターフェイスのような役割を果たす。C++で記述すると、次のようになる。

```
class MyClass
{
private:
  int my_attribute;
public:
  int get_attribute();
  void set_attribute(int new_value);
};

MyClass *c = new MyClass();
```

```
// 以下の行はコンパイルエラーになる
int a = c->my_attribute;
c->my_attribute = 42;

// 代わりにアクセサメソッドを使用する
int a = c->get_attribute();
c->set_attribute(42);
```

my_attributeフィールドは(アクセス修飾子privateを使って)プライベートとして宣言されている。このため、このフィールドにアクセスできるのは、get_attribute()とset_attribute()の2つのメソッドだけである。my_attributeフィールドに直接アクセスしようとする試みは、コンパイラが検出して拒否できる。

データの隠ぺいの重要性を説明するには、簡単な例が役立つかもしれない。子供の貯金箱をモデル化するクラスを作成したいとしよう。この貯金箱にはいろいろな硬貨が入っている。これらの硬貨には総額があるが、貯金箱に入っている硬貨の種類とそれぞれの枚数を記録するといいかもしれない。硬貨はそれぞれ、FivePence、TwentyPence、OnePoundのような要素からなる列挙型CoinConstantによって参照される。このオブジェクトのデータに対するインターフェイスは、硬貨の追加、硬貨の削除、硬貨ごとの枚数の報告、全硬貨の総額の報告を行うメソッドで構成される。このクラスの骨組みをC++で定義すると、次のようになる。

```
class PiggyBank
{
    // いくつかの内部状態の定義がここにある

public:
    void add_coin(CoinConstant c) { …… }
    void remove_coin(CoinConstant c) { …… }
    int how_many_of(CoinConstant c) { …… }
    int total_value(){ …… }
};
```

これら4つのメソッドは、貯金箱オブジェクトのデータに対する外部からの唯一のアクセスを表している。外部からは、データの内部表現はまったく見えない。

このPiggyBankクラスを実装する明快な方法はいろいろある。硬貨の種類ごとにプライベートなカウンタフィールドを定義してもよいし、同じかそれ以上にうまくいくデータ型がライブラリにすでに定義されていないか調べてみることもできる。ほとんどのプログラミング言語では、配列やリストを含め、**コレクション**（collection）と呼ばれるデータ型があらかじめ定義されている。**バッグ**（bag）とは、（setデータ型と同じような方法で）特定の値が存在するかどうか、またその値がいくつ存在するかを示せるコレクションデータ型のことである。オブジェクトの中に大きなバッグコレクションが1つあれば、貯金箱をモデル化する作業全体はほぼ完了だろう。

データを自分で定義するのか、「既製品」のデータ型を使用するのかは重要ではない。重要なのは、データの内部表現が隠れたままになることである。貯金箱オブジェクトのデータにオブジェクトの外側から直接アクセスできるとしたら、外部のコードはデータの構造がどんなものか想定することになるし、データを変更して意図しない結果を招きかねない。データアクセスを限られた数のメソッドに限定することで、オブジェクトによってアクセスの統制を完全にとれるようになる。これにより、オブジェクトの内部構造に依存している外部のコードが動かなくなる心配をせずに、データの内部表現をいつでも変更できるようになる。

クラスのメソッドの定義は、まとめて（パブリックなデータアイテムが存在する場合はそれも含めて）クラスの**インターフェイス**（interface）と呼ばれる。

継承

仮に、カプセル化が唯一の長所であったとしても、オブジェクト指向プログラミングには十分な価値があるだろう。だが、オブジェクト指向プログラミングはまだ切り札を隠し持っている。次に説明するのは**継承**（inheritance）と呼ばれるものである。

ほとんどの言語は既存の型を用いて新しい型を定義できる。これは、実数の配列、文字の集合、他の型のメンバーを含む構造体など、さまざまなやり方で日常的に行われている。構造体は実際には、自身のメンバーとして別の構造体を追加することもできる。

さて、継承の説明にだいぶ近づいてきた。クラスは既存のクラスの子（サブクラス）として定義される。サブクラスはその親（スーパークラス）で定義されているものをすべて継承する。スーパークラスで定義されているフィールドやメソッドはすべてサブクラスで利用できる。サブクラスには、スーパークラスに存在しないフィールドやメソッドを独自に追加できる。これによりスーパークラスが拡張されることになるが、スーパークラスから継承した振る舞いは変化しない。継承では、親から継承した振る舞いを子で変更することもできる。つまり、スーパークラスで定義されているフィールドやメソッドをサブクラスで再定義できる。これを、サブクラスが継承した要素を**オーバーライド**（override）すると言う。

図5-22は、継承の仕組みを示している。Shapeは基底クラスであり、フローチャート作成プログラムで描画されるような2次元図形をモデル化するために使用される。Shapeクラスに定義されているのは、コンストラクタ、デストラクタ、そしてx、y、line_widthの3つ

のフィールドだけである。xとyは図形の画面上での位置を定義し、line_widthは図形に使用する線の太さを定義する。そのあと、Shapeを継承するクラスとしてCircleというサブクラスが定義される。CircleクラスはShapeクラスで定義されているものをすべて取得するほか、新しいプロパティRadiusを定義している。また、新しいメソッドRedrawと、独自のコンストラクタとデストラクタも定義している。

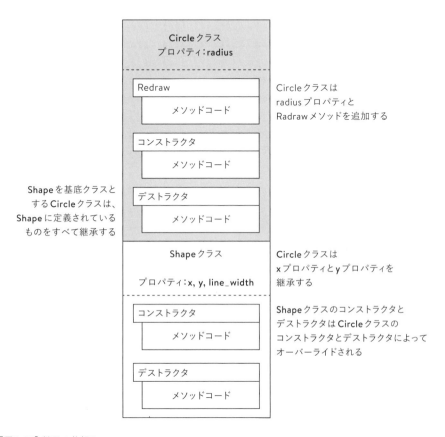

[**図**5-22] 継承の仕組み

　では、このようにするのはなぜだろうか。継承を理解するカギは、最上位の抽象基底クラス[*8]から最下位の具体的なサブクラスにおよぶ階層内のクラスを想像してみることにある。楕円(ellipse)は図形の一種であり、多角形(polygon)も図形の一種である。フローチャート作成プログラムを作成している場合は、おそらくShapeクラスのサブクラスとしてEllipseクラスとPolygonクラスを定義することになるだろう。さらに、四角形(rectangle)と五角形(pentagon)では描き方が異なるため、PolygonクラスのサブクラスとしてRectangle、

---

*8　［訳注］抽象クラスについては、229ページの「ポリモーフィズム」を参照。

Pentagon、Hexagonなどのクラスを定義することになる。このような階層を図解すると、図5-23のようになる。

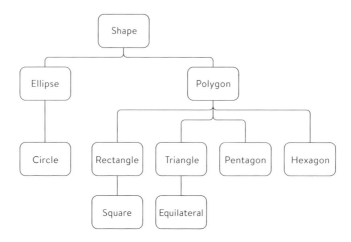

［**図**5-23］クラス階層

　円（circle）は楕円（ellipse）の一種であり、正方形（square）は四角形（rectangle）の一種である。このため、CircleはEllipseのサブクラスであり、SquareはRectangleのサブクラスである。クラスは一般に、この種の階層に属しているものとして作成される。こうした階層では、すべてのサブクラスが持つメソッドやフィールドが抽象基底クラスで定義される。サブクラスでは、新しいメソッドやフィールドを定義するか、継承したものをオーバーライドすることで、特性を追加する。

　このような考え方をすでに経験したことがあるかもしれない。ワードプロセッサやデスクトップパブリッシングプログラムのテキストスタイルを思い浮かべてみよう。段落の標準スタイルには、フォントと文字サイズが指定されているだけかもしれない。このスタイルに先頭行のインデントや前後のスペース、マージン、箇条書きの中点や番号付けなどを追加すれば、より具体的な段落のスタイルを定義できる。ここでのポイントは、「標準スタイルには、すべての段落で使用されるスタイル要素だけが含まれる」ことである。標準スタイルにより、すべての段落のデフォルトのフォントと文字サイズが提供される。そして、すべての段落に適用されるスタイルでフォントを変更したい場合は、標準スタイルを1回変更するだけでよくなる。より具体的なスタイルは、ある意味、標準スタイルのサブクラスである。このため、より具体的なスタイルでは、標準スタイルからフォントと文字サイズを継承し、特定の段落で必要なものにオーバーライドできる。

　オブジェクト指向プログラミングの基礎知識が身についてくると、図5-22の例は最適なものではないと考えるようになるかもしれない。確かに最適なものではないが、その理由を説明するには、まずポリモーフィズムについて説明する必要がある。ポリモーフィズムは、オブジェクト指向プログラミングの三本柱の3つ目の柱である。

ポリモーフィズム

　オブジェクト指向プログラミングの考え方のカギとなるのは、何をすべきかをオブジェクトが知っていることである。図形を描画したい場合は、図形オブジェクトのRedraw()メソッドを呼び出す。図形オブジェクトは自身が何の図形を表すのかを知っており、自身のRedraw()メソッドを使って画面上にその図形を描画できる。再描画の方法はクラスによって異なるが、メソッド名はどの図形でも同じである。

　最初は奇妙に思えるが、オブジェクト指向プログラミングでは、メソッドの1つを呼び出すためにそのオブジェクトの正確な型を知っている必要は必ずしもない。この機能は**ポリモーフィズム**（polymorphism）という重々しい名前で呼ばれている。ポリモーフィズムはギリシャ語で「多くの形」を意味し、「多態性」や「多相性」とも呼ばれる。何をすべきかはオブジェクトが知っているため、それを実行に移すようにオブジェクトに指示するだけでよく、その方法まで教えてやる必要はない。

　ポリモーフィズムについては、ごく普通の農家にたとえるとわかりやすい。さまざまな農家がさまざまな種類の作物を育てている。ただし、どの農家にも、耕運、植え付け、手入れ、収穫という共通する作業がある。作業のやり方は作物によって異なる。トマトの収穫作業は小麦とはまるで異なっている。トマト農家はトマトの収穫方法を知っており、小麦農家は小麦の収穫方法を知っている。気象庁から週の後半に早霜が降りるという予報が出ていたら、該当する地域の各農家に「作物をすぐに収穫してください」という簡単なメッセージを電話やメールで伝えれば十分であり、気象庁の職員が収穫の方法を農家に教える必要はない。その方法は農家が知っている。収穫を始めるように連絡すれば十分だ。

　プログラミングの世界では、ポリモーフィズムは階層内の各クラスに適用される。階層内の基底クラスがメソッドを定義している場合、その派生クラスはすべてそのメソッドを持つ。各クラスはそのクラスの特異性に合わせてそのメソッドをオーバーライドできるが、階層内のすべてのクラスがそのメソッドの呼び出しに応じる。

　実際にはどのような仕組みになっているのだろうか。図形の例に戻って、図5-24のシナリオを見てみよう。何種類かの図形オブジェクトが作成されており、すべて1つのコレクションに追加されている（コレクションの概念については、200ページの「型と型定義」を参照）。この例では、コレクションはShapeクラスのリストとして定義されている。このリストは、実際にはShapeクラスのインスタンス（オブジェクト）へのポインタからなるリストである。このリストを通じてリスト内の各オブジェクトを操作できる。この場合は、このリストに含まれているオブジェクトそれぞれについてRedraw()を呼び出す。これがうまくいくのは、Shapeクラスから派生するすべてのクラスにShapeのすべての要素が含まれるためである。ShapeクラスにRedraw()メソッドが定義されているとしたら、そのすべてのサブクラスにRedraw()メソッドが含まれている。

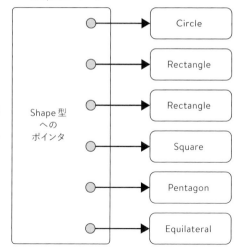

コレクション:
Shape型のリスト

リストに含まれている
オブジェクトごとに
Redraw()を呼び出す

Shape型
への
ポインタ

Circle

Rectangle

Rectangle

Square

Pentagon

Equilateral

[**図**5-24] ポリモーフィズムの仕組み

　図5-22で最初に作成した例が理想的でないのは、そのためである。Shapeは描画する
ものが何もないほど汎用的なものなので、図5-22では、ShapeクラスにRedraw()メソッ
ドは存在しなかった。しかし、メソッド呼び出しにポリモーフィズムを使用するつもりなら、そ
のメソッドは階層全体に存在していなければならない。Redraw()メソッドを定義する正し
い場所は、他のすべての図形クラスが派生する、この階層の基底クラスShapeである。こ
のことはRedraw()メソッドが空であっても当てはまる。インスタンス化することを意図し
ていないShapeのようなクラスは、**抽象クラス**(abstract class)と呼ばれる。抽象クラスの
そもそもの目的は、抽象クラスを継承するすべてのクラスに、特定のメソッドが確実に定義
されるようにすることである。

　PythonやSmalltalkなどの動的に型付けされる言語では、ポリモーフィズムは自動的に
付いてくる。というのも、そうした言語では、識別子とオブジェクトとの関連付けはいつ変更
してもよく、メソッドのどのバージョンを呼び出すのかを決定するための型情報をすべての
オブジェクトが備えているからだ。これに対し、C++では、識別子の型はコンパイル時に決
定されるため、問題が起きることがある。次のコードを見てみよう。

```
class Rectangle
{
  void name()
  {
    printf("Rectangle!\n");
  }
};
```

```
class Square : public Rectangle
{
  void name()
  {
    printf("Square!\n");
  }
};

Rectangle *r = new Rectangle();
r->name();                         // "Rectangle"を出力

Square *s = new Square();
s->name();                         // "Square!"を出力

Rectangle *r = new Square();
r->name();                         // rはSquareのインスタンスを指しているが
                                   // "Rectangle!"を出力する
```

　このコードは、Rectangleクラスで"Rectangle!"を出力するname()メソッドを定義している。そして、そのサブクラスSquareでname()をオーバーライドし、"Square!"を出力するように変更している。Rectangleクラスをインスタンス化してそのname()メソッドを呼び出すと、予想どおり、"Rectangle!"が出力される。次に、Squareクラスをインスタンス化してそのname()メソッドを呼び出すと、これも予想どおり、"Square!"が出力される。3つ目の例は、一見しただけではわかりにくい。Squareクラスをインスタンス化しているが、そのポインタをRectangle *型の識別子（Rectangleへのポインタ）に格納している。これは意味論的に正しい。というのも、SquareはRectangleの子（サブクラス）であり、よってすべてのSquareがRectangleでもあるからだ。ただし、name()を呼び出したときに出力されるのは、"Square!"ではなく"Rectangle!"である。

　その理由は、どちらのname()メソッドを呼び出すかをコンパイラが次のように判断するからだ。コンパイラは、ポインタrが指しているオブジェクトの型ではなく、ポインタrの型に基づいてどちらを呼び出すかを判断するのである。

　静的に型付けされる言語では、これは**動的ディスパッチ**（dynamic dispatch）と呼ばれる手法で解決できる。動的ディスパッチでは、オブジェクト自体を調べることで、呼び出しに適したメソッドを判断する。動的ディスパッチを実装するための一般的な仕組みは、各オブジェクトにそのクラスの仮想メソッドテーブルへのポインタを持たせることである。仮想メソッドテーブルは、各メソッドの適切な実装を指している。C++では、メソッドを仮想メソッドテーブルに追加してポリモーフィズム呼び出しに利用できるようにするには、virtualとして明示的に宣言しなければならない。virtualとして宣言されていないメソッドは、静的ディスパッチの対象となる。

オブジェクト指向プログラミングのまとめ

　オブジェクト指向プログラミングは、プログラミングの手法であると同時に、コードとデータの構造化についての考え方でもある。基本的な考え方は、「データはそれを操作するコードと一緒に定義すべきである」というものだ。コードとデータを一緒に定義するデータ型はクラスである。クラスのインスタンスはオブジェクトである。つまり、オブジェクトはそのクラス定義に従ってメモリ内で作成されるデータアイテムである。オブジェクト指向プログラミングは次の3つの基本原則に基づいている。

- **カプセル化**
  コードとデータをクラスにまとめ、クラスのコードやデータへのアクセスをプログラマーが制御できるようにする。アクセスの制御には、アクセス修飾子と、メソッドと呼ばれるクラス関数が使用される。メソッドはフィールドにアクセスする権限を持つ。
- **継承**
  クラスを別のクラスの拡張として定義できる。スーパークラス（親クラス）に定義されているものはすべてサブクラス（子クラス）に継承される。これにより、関連するクラスをクラスの階層にまとめることができる。この階層には、ルート（根）に位置する汎用的なスーパークラスから、リーフ（葉）に位置する詳細が定義されたサブクラスまでが含まれる。
- **ポリモーフィズム**
  呼び出し元がメソッド呼び出しの対象となるオブジェクトの正確な型を知らなくても、階層内の関連するクラスがメソッド呼び出しに応えられるようにする。たとえて言うと、呼び出し元がオブジェクトに「Xを実行してください。方法はわかっていますね」と伝える。あとは動的ディスパッチに任せて、正しい実装が呼び出されることを期待する。

　オブジェクト指向プログラミングが実際にどのように実装されるかは、言語によって大幅に異なる。特に、言語が静的に型付けされるのか（C++、Object Pascal）、動的に型付けされるのか（Python、Smalltalk）で大きく異なるが、原則の多くは同じである。

GNU Compiler Collectionの概要

　Raspberry Piでネイティブコードプログラミングを試してみたい場合、最も簡単な方法は、Linuxよりも前から存在するコンパイラやツールを使用することである。LinuxはCで記述されている（わずかながらアセンブリ言語で書かれている部分もある）。GNU Compiler Collection（GCC）は、そのソースコードファイルからLinuxをビルドするために使用されるツールセットである。GCCはRaspbian Linuxにプリインストールされている。ここでは、C

で記述されたテストプログラムを使って、GCC について簡単に説明する。

コンパイラ / ビルダとしての gcc

　gcc は、単なるコンパイラとユーティリティの集合を超えている(gcc は常に小文字で表記される)。gcc というプログラム自体は、名目上はツールセットに含まれている C コンパイラである。しかし、gcc はコンパイラであるとともに、ビルドのスーパーバイザのようなものでもある。C プログラムをビルドするために gcc を起動すると、ビルドを完了させるためにツールセット内の他のツールが gcc によって呼び出される。gcc のビルドプロセスは、次の 4 つのステップで構成される。

- **前処理**
  マクロとインクルードファイルを展開する。このステップを実行するために、gcc は cpp というプリプロセッサユーティリティを起動する。
- **コンパイル**
  前処理された C ファイルを中間コードに変換する。gcc にとっての中間コードは、アセンブリ言語のソースコードである。コンパイル自体を行うのは gcc である。
- **アセンブル**
  アセンブリ言語のソースコードをネイティブオブジェクトコードに変換する。このステップを実行するために、gcc は GNU アセンブラである as を起動する。
- **リンク**
  1 つ以上のオブジェクトコードファイルを変換し、1 つのネイティブコードの実行可能ファイルにまとめる。このステップを実行するために、gcc は GNU のリンカーである ld を起動する。

　これら 4 つのステップ全体を gcc プログラムの 1 回の呼び出しで実行できる。その仕組みを理解するために、C で記述された「Hello, World!」プログラムを gcc でビルドしてみよう。
　まず、Raspbian のファイルマネージャを開いて、pi フォルダの下に作業フォルダを作成する。このフォルダには好きな名前を付けてよいが、tests でよいだろう。次に、テキストエディタのウィンドウを開いて、次の簡単なプログラムを入力する。

```
#include <stdio.h>

int main (void)
{
  printf ("Hello, world!\n");
  return 0;
}
```

このCソースコードを作業フォルダ内にhello.cという名前でファイルに保存する。ファイルマネージャを使って作業フォルダへ移動し、このファイルが保存されていることを確認する。次に、F4キーを押して、ターミナルウィンドウで作業フォルダを開く（F4キーを押しても編集環境でターミナルウィンドウが開かない場合は、手動で開く必要がある）。ターミナルウィンドウのコマンドラインで次のコマンドを入力する。

```
gcc hello.c -o hello
```

このコマンドは、指定されたソースコードファイルにgccを適用し、-oオプションで指定されたとおりに、helloという名前の実行可能ファイルを作成させる（一般に、Linuxの実行可能ファイルには、ファイル拡張子は付かない）。ソースコードが正しく入力されていれば、gccが作業を完了し、コマンドラインにプロンプトが戻る。この時点で、作業ディレクトリにhello.cファイルとhelloファイルが含まれているはずだ。

実行可能ファイルを実行するには、次のコマンドを入力する。

```
./hello
```

そうすると、ターミナルウィンドウに次のメッセージが表示される。

```
Hello, world!
```

では、今度はビルドステップを1つずつ実行してみよう。実行可能ファイルhelloを削除したあと、ターミナルウィンドウで次のコマンドを実行する。

```
cpp hello.c -o hello.i
```

cppプログラムは、プリプロセッサユーティリティである。-oオプションは、cppにhello.iという名前の出力ファイルを作成させる。このファイルがファイルマネージャに表示されるはずだ。hello.iはテキストエディタで開けるが、Cの経験がないとあまり理解できないだろう。基本的には、テストプログラムが最後の部分に含まれており、残りの部分は外部関数ヘッダで構成されている。これらのヘッダは、元のソースの先頭に含まれていた#includeというプリプロセッサ命令を展開したものであり、プログラムがCの標準ライブラリの関数を呼び出せるようにする。

次に、前処理されたソースコードを中間コードにコンパイルする。次のコマンドを入力する。

```
gcc -S hello.i
```

　コンパイルはgccが直々に実行する。この場合の出力はhello.sである。hello.s
はアセンブリ言語のソースコードにコンパイルされたプログラムである。-Sオプション(大
文字のS)は、アセンブリソースコードを作成したところでgccを停止させる。hello.sを
テキストエディタで開けば、アセンブリソースコードを確認できる。また、ロジックをたどれ
るかどうかを試してみるとおもしろい練習になる。Raspberry Piで純粋なCを使ってコード
を書いている場合でも、ARMのアセンブリ言語を勉強しておけば、奇妙な問題をデバッグ
しなければならない場合に役立つかもしれない。実際にやってみようという気になってい
る場合、あるいはアセンブリ言語を体系的に追いかけてみたいと考えている場合は、-O1、
-O2、-O3オプションを指定したうえでgccを呼び出し、生成された.sファイルのコード
を調べてみよう。これら3つのオプション(大文字のO)を指定すると、生成されるコードに
対する最適化のレベルをコンパイラが徐々に引き上げていく。

　とはいえ、ここで注意しなければならないことがある。gccが出力するアセンブリソース
コードをモデルとして、アセンブリ言語の書き方を学ぼうとするのは無謀である。gccに
よって生成される.sファイルには、Cで記述されたプログラムからマシンコードを生成する
ために必要なものが何から何まで含まれている。アセンブリ言語の記述はまた別の話であ
り、アセンブリ言語の本を読んで学ぶべきである。

　納得がいかなければ、テキストエディタでhello.sを見てみよう。そして、アセンブリ言
語で一から書かれた「Hello, World!」プログラムと見比べてみるとよい。

```
.data
message:
.asciz "\nHello, World!\n"

.text

.global main

main:
push {lr}                    @ 戻りアドレスをスタックに保存
ldr r0, message_address      @ message_addressをR0に格納
bl puts                      @ clib内のputs()関数の呼出し
pop {pc}                     @ PCに戻りアドレスをpopして戻る

message_address: .word message

.global puts
```

Cの作業では、アセンブリ言語は中間言語にしておくのが最善である。

3つ目のステップでは、hello.sをオブジェクトコードファイルにアセンブルする。次のコマンドを入力してみよう。

```
as -o hello.o hello.s
```

今回は、GNUのアセンブラであるasを使用している。これにより、オブジェクトコードファイルhello.oが生成される。オブジェクトコードファイルには、2進数のマシン命令が含まれている。このため、テキストエディタで開いても、意味のある方法で調べることはできない。

オブジェクトコードファイルは実行することもできない。プログラムを実行するには、最後のステップが必要である。このステップでは、hello.oを、Cランタイムライブラリに含まれている他のものとリンクする。リンクするものは相当な数にのぼる。残念ながら、コマンドラインでリンカーldを呼び出し、Cプログラムを手動でリンクするのは、非常に面倒な作業である。ここが、gccのビルドマネージャとしての腕の見せどころである。何百文字も入力する代わりに、gccを**冗長モード**で再び実行してみよう。gccの実行中は、cpp、as、ldに対して発行されるコマンドがすべて表示される。

```
gcc -v hello.c -o hello
```

-vオプションは、gccを冗長モードに切り替える。ターミナルウィンドウのスクロールとともにおびただしい数の文字が流れていくことがわかる。ここでも教訓が得られる。プログラム自体が取るに足らないほど単純であっても、プログラムのビルドはたいてい複雑である。もっともな理由がない限り、Cプロジェクトの面倒な作業はgccに任せておこう。

LinuxのMakeを使用する

gccコンパイラはまさに複雑なビルドプロセスの管理を得意としているが、それにも限界がある。「Hello, World!」のような単純なテストプログラムを試しているうちはよいが、それを超える規模になったらLinuxのmakeを学ぶべきである。大まかに言うと、**makeユーティリティ**とは、複数のソースコードファイルから1つの実行可能ファイルを生成するためのコンパイルとリンクを調整するソフトウェアによる仕組みのことである。makeユーティリティが特に注意を払うのは、次の2つの点である。

- **依存関係**
  関数、データ定義、定数などを提供するために、どのソースコードファイルが他のどの
  ファイルに依存するか
- **タイムスタンプ**
  ソースコードファイルが最後に変更されたのはいつか、オブジェクトコードファイルと
  実行可能ファイルが最後にビルドされたのはいつか

　ファイルXがファイルYに**依存**（depend）しているということは、ファイルXをビルドするため
にファイルYが必要だということである。さらに、ファイルYを変更した場合は、ファイル
Xを再びビルド（リビルド）する必要がある。そうしないと、ファイルYで定義されているコー
ドやデータに対してファイルXが想定する内容が当てはまらなくなってしまい、さまざまな種
類のエラーが発生することがある。たとえば、ファイルYでDistanceという変数が整数と
して定義されている場合、ファイルXのコードは整数の演算を用いてDistance変数を操
作する。ファイルYでDistanceが浮動小数点数に変更された場合、ファイルXの整数演
算のコードは正常に動作しなくなるかもしれない。このため、ファイルXを修正したうえでリ
ビルドし、ファイルYの変更内容と一致させる必要がある。

　ファイルが別のファイルに依存し、依存先のファイルがさらに別のファイルに依存するこ
ともある。これを**依存関係の連鎖**（dependency chain）と呼ぶ。依存関係の連鎖について
は、gccを説明したときに目にしている。つまり、実行可能ファイルは1つ以上のオブジェク
トファイルに依存しており、オブジェクトファイルはさらに1つ以上のソースファイルに依存し
ている［図5-25］。

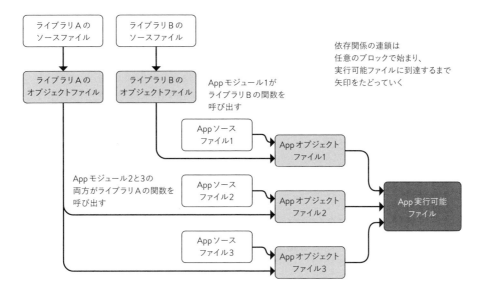

［**図5-25**］依存関係の連鎖

　図5-25では、依存関係の連鎖が任意のブロックで始まり、矢印に従って実行可能ファイルへ向かう。オブジェクトファイルはすべてそれらのソースファイルに依存する。ライブラリAのオブジェクトファイルはライブラリAのソースファイルに依存する、といった具合になる。アプリケーション（App）モジュール2および3はどちらもライブラリAの関数を呼び出すため、どちらもライブラリAに依存するが、ライブラリBには依存しない。Appモジュール1はライブラリBの関数を呼び出すため、ライブラリBに依存するが、ライブラリAには依存しない。すべての連鎖は実行可能ファイルで終了する。つまり、実行可能ファイルはすべてのものに依存することになる。

　アプリケーションの実行可能ファイルをビルドするときに、これらの問題を力ずくで回避する方法がある──図5-25の「何か」を変更するたびに「すべて」をリビルドするのである。この方法は、単純なプロジェクトではうまくいくかもしれないが、ソースコードファイルの数が8〜10個に達したあたりから、多くの時間を無駄にすることになる。最後のビルド以降に変更されたものに依存しないコードまでリビルドされてしまうからだ。

　makeユーティリティは、このビルドプロセスを自動化する。makeはファイルのタイムスタンプに基づいて、リビルドすべきものとそうでないものとを区別する。オブジェクトファイルがソースファイルよりも新しければ、ソースファイルに追加された変更はすでにオブジェクトファイルに反映されている。ソースコードを編集すると、ソースファイルはオブジェクトファイルよりも新しくなる。その場合、makeはオブジェクトファイルのリビルドに必要なツールを呼び出す。

　他のオブジェクトファイル内のコードやデータを使用するオブジェクトファイルにも同じことが言える。図5-25では、アプリケーション（App）モジュール1のオブジェクトファイルはライブラリBに含まれている関数を呼び出す。このため、ライブラリBのソースコードが変更されたら、ライブラリBをリビルドしなければならない。ただし、AppモジュールはライブラリBの関数を呼び出すため、ライブラリBが変更された場合は、Appモジュール1もリビルドする必要がある。アプリケーションの実行可能ファイルはすべてのものに依存するため、すべてのものよりも新しくなければならない。依存関係の連鎖の一部がアプリケーションよりも新しくなった場合は、新しいファイルから始まる連鎖全体をリビルドしなければならない。

　何が何に依存するのかをmakeユーティリティはどのようにして知るのだろうか。それには手引きとなるものが必要である。Linux OSでは、その手引きを**makefile**と呼ぶ。makefileは単純なテキストファイルであり、ファイル間の依存関係と、ファイルがどのようにリビルドされるのかを説明する。makefileのデフォルトの名前は`makefile`である。プロジェクトフォルダを定義していて、すべてのプロジェクトファイルがこのフォルダに含まれている場合は、このデフォルトの名前を使用すればよい。プロジェクトを説明するmakefileの準備ができたら、ターミナルウィンドウでmakeプログラムを実行するだけで、プロジェクトのビルドを開始できる。プロジェクトにソースコードファイルが1つしかない場合でも、makeと入力するだけのほうが、たとえば`gcc hello.c -o hello`と入力するよりも手間が省ける。

最も単純な形式のmakefile、つまり、新しい言語やプログラミング全般を学んでいるとき
に目にするようなmakefileでは、一連の規則が並んでいる。これらのルールは次の部分で
構成される。

- ターゲットファイルと1つ以上のコンポーネントファイルを定義する行。ターゲットファ
  イルはそれらのコンポーネントファイルに依存する。
- そのすぐ下にある、コンポーネントからターゲットをビルドするために使用するコマン
  ドを指定する行。Linuxのmakeでは、この2つ目の行は1つのタブ文字で左端からイ
  ンデントされていなければならない。このタブ文字はルールの各行をmakeが見分け
  るのに役立つ。

　本節の単純な「Hello, World!」プロジェクトの場合、makefileに含まれるルールは1つだ
けである。

```
hello: hello.c
    gcc hello.c -o hello
```

　このルールをテキストエディタで入力し、makefileという名前で保存する（ファイル拡張
子は付けない）。続いて、makeと入力する。実行可能ファイルがソースファイルhello.c
よりも古い場合、makeはルールの2行目に指定されているgccを実行し、実行可能ファイ
ルをリビルドする。
　先に述べたように、gccはプリプロセッサ、アセンブラ、リンカーを必要に応じて自動的
に実行することにより、ビルドの複雑さの一部を隠ぺいする。gccのコンパイラを使用しな
い場合は、makefileでビルドの手順を別途指定する必要があるかもしれない。例として、次
のmakefileを見てみよう。このmakefileは、gcc以外のアセンブラとgccリンカーを別々
に呼び出して、実行可能ファイルを作成する。

```
hellosyscall: hellosyscall.o
    ld -o hellosyscall.o hellosyscall
hellosyscall.o: hellosyscall.asm
    nasm -f elf -g -F stabs hellosyscall.asm
```

　通常、これらのルールは実行可能ファイルから始まり、そこからさかのぼっていく。1つ目のルールは、実行可能ファイルのオブジェクトファイルに対する依存関係と、リンカー ld を使って実行可能ファイルを作成する方法を定義している。2つ目のルールは、オブジェクトファイル hellosyscall.o の hellosyscall.asm に対する依存関係と、nasm というgccとは異なるアセンブラを使ってソースファイルからオブジェクトファイルをビルドする方法を定義している。

　プロジェクトにライブラリや複数のモジュールが含まれていて、それらのソースファイルが別々にある場合、それらのルールは実行可能ファイルをビルドするルールのあとに指定される。原則として、makefile で最初に指定するのは、すべてのものに依存するファイル（通常は実行可能ファイル）のルールである。自身のソースファイルにのみ依存する1つ以上のファイルは makefile の最後に配置する。よくわからない場合は、図5-25で依存関係の連鎖をなぞってみるとよいだろう。

6_章 不揮発性ストレージ
Non-Volatile Storage

　不揮発性のデータ記憶域は、誰もがコンピュータを夢見るずっと前からある。人間の記憶は永遠ではないが、話し言葉を通じて情報を人から人へ伝えられ、人間の寿命が尽きたあともその情報を残せる。しかし、人間の記憶にエラーやデータの紛失はつきものである。言葉を書き表わせるようにすることは、少なくとも書かれた言語を理解する方法を知っている人がいる限り、情報を人間の記憶から独立した場所に配置できることを意味する。たとえば書物は、「頭の中で実行されるソフトウェア」にたとえられる。もっと端的に言えば、書物は私たちの頭の中にあるコンピュータにデータを提供するデータ記憶域である。書物は記憶の永続化と不正確さに対処するものだ。そのデータをどう解釈するかは、私たち次第である。

NOTE　古代の言語、そしてミケーネ文明の線文字Aのような古代文字の解釈は、考古学の長年の問題である。単語を表しているかもしれない、まとまった形で刻まれた文字が考古学者によってよい状態で発見されている。だが悲しいことに、それらが表す言語が忘れ去られてしまったのは少なくとも3000年前である。

　本章では、コンピュータのデータ記憶域を取り上げることにし、コンピュータとメモリの関係からいったん離れることにする（コンピュータメモリについては、3章で詳しく説明した）。CPUと電子メモリ以外のデータストレージは、従来のコンピュータメモリの容量をはるかに超えるため、よく**マスストレージ**（mass storage）または**大容量ストレージ**と呼ばれる。より正確な表現は「不揮発性ストレージ」であり、「コンピュータの電源を切ったり、記憶メディアがコンピュータから取り外されたりしても、その内容が損なわれない」という大容量ストレージの最大の価値を表している。かつての磁気ディスクやドラムメモリ、その後のコアメモリを除いて、コンピュータのメインメモリはずっと**揮発性**（volatile）である。つまり、電源を切ったり、他の方法でコンピュータが誤動作したりすると、データは消えてしまう。

パンチカードとテープ

　最も初期の大容量ストレージ技術には、書物との共通点がいろいろあった。それは紙でできており、コンピュータどころかまったく電子式ではない技術で使用するように開発された。コンピュータが卓上計算機から発展したように、紙でできたストレージは初期の通信機やタビュレータ（集計機）での使用から発展した。

パンチカード

　文字は「紙に塗られたインクの模様に意味を持たせたもの」と見なせるかもしれない。それと同様に、紙でできた大容量ストレージは基本的には、紙や厚紙に空けられた、意味を持つ「穴」である。多くの人々が「IBMカード」や「パンチカード」と呼ぶものは、IBM社の歴史よりも、さらにコンピュータよりもずっと古いものだ。パンチカードの起源は、チャールズ・バベッジ、そしてバベッジが利用したジャガード織機にさかのぼる。しかし、パンチカードに記憶されたデータが広く利用されるきっかけを作ったのは、ハーマン・ホレリスである。ホレリスは1890年に、アメリカの国勢調査のデータを集計するためにカードを利用したシステムを開発した。最初のホレリスカードでは、機械式のタビュレータ（tabulating machine, tabulator）で読み取るための丸い穴がカード上の規定の位置に空いていたが、それぞれの穴の意味はカードを使用する人が決めていた。第1世代のタビュレータマシンはまさに機械式で、カードの特定の位置に空いている穴を数えるだけだった。あとの世代のマシンは電気機械式のカウンタを組み込んでおり、それらのカードで簡単なクロス集計を行うことができた。たとえば、複数の特定位置に穴が空いているカードがいくつあるかを集計できた。これにより、国勢調査局は18〜35歳の女性の数や同一世帯で農業に従事している男性の数を簡単に集計できるようになった。

　ホレリスの技術は大成功を収めた。ホレリスが1896年に設立したTabulating Machine Companyは、のちに同業3社と合併してIBM（International Business Machines）となり、トーマス・ワトソンが社長に就いた。1929年には、3.25×7.375インチの大きさに12個の四角い穴が80列並んだパンチカードが標準となった。このパンチカードの角の1つは向きを示すために切り取られていた。それ以来、この技術があまり使用されなくなる1980年代まで、パンチカードの形状は基本的に同じままだった（5章の図5-3は、後期のIBMカードの写真である）。しかしながら穴の意味は統一されておらず、何年もの間、用途ごとに違ったままだった。EBCDIC（Extended Binary Coded Decimal Interchange Code）は、IBMカードで文字を符号化するための最初の厳格な規格であり、1964年にようやく登場し、System/360メインフレームで採用された。

テープ

　製紙技術の向上によって長尺の紙テープの製造が可能になると、発明家たちは紙テープをデータストレージとして利用し始めた。スコットランドの発明家アレキサンダー・ベインは、1846年の「化学的テレタイプ」の試作機に荒削りな穿孔テープシステムを組み込んだ。ベインのテレタイプは、化学処理された紙に電流を使ってマークを印字するものだった。電気機械式のテレプリンタは1850年代からぽつぽつと使用されていたが、現在私たちが知っているテレタイプ端末が一大勢力となるには、20世紀の最初の25年間を待たなければならなかった。その25年間に、テレタイプは標準化され、タイプライタ型のキーボードが登場した。メッセージは長い紙テープに穿孔パターンを空けていくという方法で符号化され、テープはキューに追加され、時間が許す限り電信システムに供給された。テレプリンタの紙テープで最初に標準化された符号化体系は、そもそも1870年代にエミール・ボドーが考案したものだった。その後、1900年頃に、ドナルド・マレーによってテレプリンタで使用するために改良された。このボドー‐マレーコードは5列の穴の組み合わせを使用するもので、一般に「ボーコード」と呼ばれた。5ビットのボーコードは、1963年に7ビットの文字符号化体系となったASCII（American Standard for Code Information Interchange）が登場するまで、60年以上にわたってテレプリンタの標準となった。

　コンピュータ処理にテレプリンタの紙テープが使用されたのは、ほとんど偶然によるものだった。1930年のModel 15 Teletypeコンソールは、ほぼ30年間にわたって全世界のテレプリンタネットワークの主力となった。Model 15はかなり頑丈で、構成しやすく、本格的なトレーニングを受けていない人でも操作できた。しかし、Model 15には重大な欠点があった。このマシンの5ビットボーコードでは60種類の値しか表現できず、それらの値を30個ずつまとめた2つのグループのどちらかが2つのシフトコードによって選択されるようになっていた。大文字、数字、一般的な句読点に加えて、ベルやキャリッジリターンのようないくつかの制御コードを表現する分には、それで間に合ったのだ。テレプリンタのハードウェアでは、1960年代の半ばまで小文字は使用できなかった。

　1960年、通信データの符号化に関する現代的な規格を策定するために、ASA（American Standards Association）[*1]によって委員会が招集された。このX3.2委員会では、目標の1つとして、文字コードを拡張し、小文字や他の句読点を表現できるようにしたいと考えた。そのためには少なくとも7ビットが必要だった。そして、1964年に発表されたASCII規格は7ビットコードだった。当時は8穴の紙テープシステムが開発されていたため、ASCII文字コードに加えて、伝送中に文字化けしてしまった文字を検出するために各行でパリティビットが1つ設けられた。図6-1はASCII文字コードを示している。図中のエントリはそれぞれ、文字とそれに対応する16進数値と10進数値を示している。

---

*1　［訳注］のちのANSI（American National Standards Institute）。

16進	10進	文字	16進	10進	文字	16進	10進	文字	16進	10進	文字	16進	10進	文字	16進	10進	文字	16進	10進	文字	16進	10進	文字
00	0	NUL	10	16	DLE	20	32		30	48	0	40	64	@	50	80	P	60	96	`	70	112	p
01	1	SOH	11	17	DC1	21	33	!	31	49	1	41	65	A	51	81	Q	61	97	a	71	113	q
02	2	STX	12	18	DC2	22	34	"	32	50	2	42	66	B	52	82	R	62	98	b	72	114	r
03	3	ETX	13	19	DC3	23	35	#	33	51	3	43	67	C	53	83	S	63	99	c	73	115	s
04	4	EOT	14	20	DC4	24	36	$	34	52	4	44	68	D	54	84	T	64	100	d	74	116	t
05	5	ENO	15	21	NAK	25	37	%	35	53	5	45	69	E	55	85	U	65	101	e	75	117	u
06	6	ACK	16	22	SYN	26	38	&	36	54	6	46	70	F	56	86	V	66	102	f	76	118	v
07	7	BEL	17	23	ETB	27	39	'	37	55	7	47	71	G	57	87	W	67	103	g	77	119	w
08	8	BS	18	24	CAN	28	40	(	38	56	8	48	72	H	58	88	X	68	104	h	78	120	x
09	9	TAB	19	25	EM	29	41	)	39	57	9	49	73	I	59	89	Y	69	105	i	79	121	y
0A	10	LF	1A	26	SUB	2A	42	*	3A	58	:	4A	74	J	5A	90	Z	6A	106	j	7A	122	z
0B	11	VT	1B	27	ESC	2B	43	+	3B	59	;	4B	75	K	5B	91	[	6B	107	k	7B	123	{
0C	12	FF	1C	28	FS	2C	44	,	3C	60	<	4C	76	L	5C	92	\	6C	108	l	7C	124	|
0D	13	CR	1D	29	GS	2D	45	-	3D	61	=	4D	77	M	5D	93	]	6D	109	m	7D	125	}
0E	14	NUL	1E	30	RS	2E	46	.	3E	62	>	4E	78	N	5E	94	^	6E	110	n	7E	126	~
0F	15	SI	1F	31	US	2F	47	/	3F	63	?	4F	79	O	5F	95	_	6F	111	o	7F	127	DEL

［図6-1］ASCII文字コード

　8穴の紙テープによって可能になったことがもう1つある。8ビットのデータを2進数で符号化することである。ミニコンピュータのメーカーは、1960年代半ばのModel 33 ASRのような、安価なテレタイプコンソールを利用できるように自社のインターフェイスを設計した。そうしたコンソールは大量生産されていたため、IBMのコンピュータ用ラインプリンタよりもはるかに安かった。Model 33はオペレータコンソールとして動作するだけではなく、Model 33の8穴の紙テープ穿孔機とテープリーダーは1行につき1バイトの2進数データの格納と読み取りに対応していた。（のちほど説明する）IBMの磁気テープシステムのコストを考えれば、ミニコンピュータを導入している職場で紙テープを使用するのは当然の選択であり、ミニコンピュータが広く使用されなくなる1980年代までその状態が続いた。図6-2は、8ビットの紙テープである。

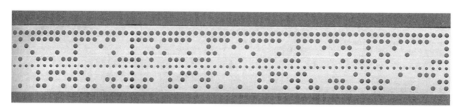

［図6-2］8ビットの紙テープ

紙テープ時代の終盤には、摩耗や損傷にはるかに強いマイラー樹脂を素材とするテープが登場した。アーカイブ用の穿孔テープは、どのような種類のものでも、使用するのに手間がかかった。それでも、フロッピーディスクが登場するまでは、小規模なシステムで利用できる最も安価なアーカイブ技術であることに違いなかった。

　パンチカードと紙テープのストレージとしての重要な特性の1つは、完全に**シーケンシャル**（sequential）なことだった。カードは1枚ずつ順番にリーダーに通された。テープのデータは1行（5ビットまたは8ビット）ずつ読み取られた。動作は単にシーケンシャルだったばかりか、一方向（順方向）に限られていた。原理上はリーダーに通した紙テープを逆方向に動作させることは可能だったが、実際のテープリーダー製品は一方向にしか動かなかったのだ。つまり、カードやテープのデータにランダムにアクセスすることは絶対に不可能だった。テープのランダムアクセスに近いものが初めて可能になったのは、1964年にIBMが9トラックの双方向に動作できる磁気テープデッキを開発したときである。このイノベーションのあと、紙テープの時代は終焉を迎え、DEC（Digital Equipment Corporation）が販売していたようなローエンドのミニコンピュータに徐々に包囲されていった。

磁気ストレージの幕開け

　紙テープがコンピューティングの歴史において重要である主な理由は、電気通信からASCII文字コード系が登場し、メインフレーム以外の情報処理の標準になったことにある。メインフレームがサーバー群に置き換えられると、ASCIIはついにコンピュータ業界を席巻した。

　紙テープは、これまでに開発された最もよく知られているテープストレージには遠くおよばなかった。1953年、IBMは真空管式の701シリーズのメインフレームコンピュータを発表した。701シリーズの大容量ストレージは、IBMカードとIBMの新技術である磁気テープで構成されていた。727テープドライブは最初の磁気テープデッキではなかったが（1951年にはUNIVACが磁気テープデッキを導入していた）、磁気テープストレージが主流となるきっかけを作った。1巻の全長が2,400フィート、幅1/2インチのテープは、セルロースアセテート材（のちにマイラー素材）製で、容量はおよそ6MB、テープのデータをCPUに1万5,000字/秒で転送できた。727の後継機であるIBM 729は、同様のリールに11MBを格納でき、ピーク転送レートは9万字/秒だった。メインフレームの磁気テープが終焉を迎える頃には、IBMの標準的な磁気テープデッキは2,400フィートのリールに140MBを書き込み可能になり、8ビットの文字またはバイナリデータを125万字/秒で転送できた。

　1964年にIBMのSystem/360が登場したあと、テープは9トラックリールでデータを格納するようになった。8つのトラックに8ビットデータが並行して書き込まれ、9トラック目にはデータの整合性を確認するためのパリティビットが書き込まれた。System/360の製品ラインでは、EBCDIC文字コード規格も導入された。EBCDICは、幅広い製品ラインにわたって文字コードを統一するためにIBMが1963年に定義した規格であり、256種類の文字を表現できる8ビットの規格だった。EBCDICには最初から小文字が含まれていただけでな

く、ローカルアプリケーションが英語以外の文字や特殊記号に使えるように、未割り当ての
コードがかなり確保されていた。そのような地域ごとのばらつきのせいで、EBCDICは7ビッ
トのASCIIよりも使いにくいものになってしまった。メインフレーム時代の終わり近くまで
EBCDICはIBMハードウェアの世界共通の符号化規格だったが、最後にはIBMハードウェ
アでもEBCDICがASCIIに置き換えられた。英語以外の文字コードに関する一般的な問題
は、最終的にUnicodeシステムによって解決された。Unicodeは、8ビットと16ビットの符号
化に基づいて（本書の執筆時点では）10万を超える文字を表せる規格として確立されてい
る[2]。

　磁気テープはメインフレームよりも長命で、現在でも限定的に利用されている。初期の
ローエンドのマイクロコンピュータは、プログラムやデータの不揮発性ストレージとして、一
般に販売されていたオーディオカセットデッキを使用していた。フロッピーディスクが普及し
たあとも、オーディオカセットは低価格であることからアーカイブバックアップに使用されて
いた。磁気テープの情報は、一般に、周波数偏移変調方式（Frequency-Shift Keying：FSK）
などの単純な変調方式を使って符号化されていた。FSKでは、0と1は周波数の異なる純音
として送信され、通常の90分カセットの片面に約650KBを記録できた。

　1980年代以降は、磁気テープベースの大容量ストレージシステムのほぼすべてが、カー
トリッジに収められたテープを使用している。このため、テープを手で装着する必要はなく
なり、経験の浅いオペレーターでもテープデータセットの取り外しと交換をすばやく行える
ようになった。大容量テープカートリッジは現在でもアーカイブバックアップに使用されて
いるが、商用アーカイブ技術のキカはテープからリモートサーバーを使用するクラウドベース
のバックアップへ徐々に移行しており、テープは主に「レガシー」（旧式の）ハードウェアで
生き延びている。

　次に、磁気記録の仕組みを詳しく見ていこう。

磁気記録と符号化方式

　デジタル磁気テープ技術は、第二次世界大戦前から戦中にかけてドイツの企業（特に
BASF）が完成させた、アナログオーディオテープシステムを改良したものである。基本的な
仕組みは、記憶メディアの形状に関係なく同じである。実際には、IBMの初期の磁気テープ
システムから大きく変わっていない。

　簡単に言うと、磁気テープは次のような仕組みで動作する。S極とN極の間に微小な隙間
（ギャップ）がある非常に小さい電磁石が、移動する磁気メディアの上に、ギャップ部分が
メディアに最も近くなるように配置される。この電磁石は**ヘッド**（head）と呼ばれる。初期の

---

[2]　［訳注］規格としては32ビットの符号化体系であるUTF-32もあり、メモリ上でのデータ表現に使われ
ることがある。

システムでは、読み取りと書き込みの両方に同じコイルとコアが使用されていた。現代のシステムでは、読み取りと書き込みに別々のヘッドを使用するが、それらは一緒に取り付けられ、一緒に動くようになっている。

　何年もの間、セパレート型の読み取りヘッドは誘導書き込みヘッドを小さくしたものだったが、電磁石中心の基本設計は同じである。1990年代の初め、IBMは磁気抵抗（MagnetoResistive：MR）読み取りヘッドを開発した。MRヘッドは誘導ヘッドよりも小さく、高感度だった。MRヘッドはわずかな長さの磁気抵抗物質を利用し、その下の磁束の変化に応じて抵抗を変化させる。MRヘッドは誘導ヘッドよりもはるかに高感度であるため、磁気メディアの磁化の変化を小さくして、同じ面積に記録されるビットの数を増やせる。2000年、IBMは巨大磁気抵抗（Giant MR：GMR）と呼ばれる物理効果を利用してMRヘッド技術をさらに進化させ、ヘッドの感度をMRヘッドよりも大幅に向上させた。GMR読み取りヘッドと後述する垂直書き込みヘッドの組み合わせによってハードディスクの容量は劇的に増え、現在では1台のハードディスクに数テラバイトを格納できるようになっている。

　テープやディスクプラッタに塗布される磁気コーティングは、微細な磁性体で構成されている。初期のテープシステムやディスクシステムでは、赤色酸化鉄が使用されていた。その後のシステムでは、酸化クロムが使用された。現代のハードディスクには、コバルトニッケル合金が使用されている。粒子はほぼ球状だが、S極とN極を持つ独立した磁石の働きをする。データを記録するときには、一定数の隣接する粒子の磁化の向きを揃えることで、1つの**磁区**（magnetic domain）を形成する。このときの磁化は、書き込みヘッドへ制御された電流を送ることによって行われる。ヘッドのギャップの下を通る磁区の向きは、ヘッドの書き込みコイルを通る電流の向きによって決まる。

磁束反転

　2つの磁区の間の境界は**磁束反転**（flux transition）と呼ばれる。実際には、従来の誘導設計なのか、MRまたはGMRを使用するのかにかかわらず、読み取りヘッドの感度が高いのは、磁区そのものに関与する磁界よりも、磁束反転に関与する磁界のほうである。制御用の電子回路は、磁区を使ってバイナリデータを直接表現する（1つの方向が0のビットを表し、逆の方向が1のビットを表す）のではなく、符号化した磁束反転のパターンとして磁気メディアに書き込む。磁気記録の歴史のなかでさまざまな符号化方式が使用されてきたが、最近では、メディアをより効率よく利用する（つまり、各ビットを表すのに必要な磁束反転の数が平均して少ない）、より高度な手法が使用される傾向にある。符号化方式は、データの表現に加えて、（書き込まれるデータに関係なく）次の2つの条件を満たしていなければならない。

- **タイミング回復**
  制御用の電子回路がヘッドの位置を同期できるようにするには、メディアに書き込まれるパターンが一定数の磁束反転を含んでいなければならない。
- **デジタルサム**[*3]**が小さい**
  メディア全体に磁界が生じることがないよう、2つの方向の磁区がおおむね同数となるようにしなければならない。

　最も単純な(最も初期の)符号化方式の1つは、周波数変調(FM)である。FM方式では、0と1のビットの違いは磁気メディアに含まれる磁束反転の数である[図6-3]。**ビットセル**(bit cell)は、メディア上で1つのビットが符号化される領域である。各ビットセルの物理的な長さはすべて同じだ。先頭に磁束反転があるビットセルは0のビットと解釈され、先頭だけでなく途中にも磁束反転があるビットセルは1のビットと解釈される。

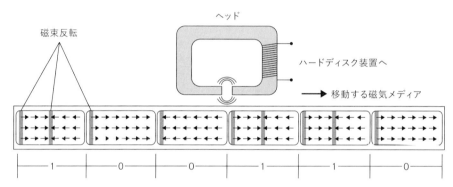

ビットセルとそれらに符号化されるビット

[**図**6-3] データビットの磁気記録

　FM方式では、1ビットにつき磁束反転2回分のスペースが必要になるため、磁気メディア上のスペースが無駄になる。現代の符号化技術では、RLL(Run-Length Limited)符号化のようなメカニズムを用いて、スペースをはるかに有効に活用する。このような符号化方式は、複数の入力ビットを一度に処理し、それによりタイミングとデジタルサムの要件を満たしながら、1ビットあたりの磁束反転の平均数を減らせる。

　図6-3の矢印の向きによく注意しよう。磁束反転のあと、メディアの磁気の向きは次の磁束反転まで変化しない。0のビットを表している複数の領域に示されている矢印の向きを比べてみるとわかるように、実際の磁気の向きは重要ではない。重要なのは、ビットセルごとに発生する向きの変化(つまり磁束反転)の回数である。

---

*3　[訳注]2進数の1の個数から2進数の0の個数を引いたもの。

垂直磁気記録

図6-3は、**水平磁気記録**(longitudinal recording)の仕組みを示している。つまり、メディアの磁区は移動する磁気メディアに平行な向きに磁化される。水平磁気記録のカギは、移動する磁気メディアの上部にある読み取り/書き込みヘッドの位置である。ヘッドの2極とその間のギャップはメディアと平行であり、結果として粒子内の磁区の向きと平行になる。

1990年代に入ると、ハードディスクに使用される水平磁気記録の密度に限界が見え始めた。磁区の向きは熱ゆらぎによって自然に反転することがあるため、磁気記録は時間が経つと劣化する傾向がある。このプロセスはなかば親しみを込めて**ビットの腐敗**(bit rot)と呼ばれる。磁区の安定性は、磁区の大きさと記憶メディアの保磁力に大きく左右される。水平磁気記録の密度が高くなればなるほど、磁気メディアの磁区に記録された磁気の方向の標準的な寿命は短くなっていき、最後には使いものにならないほどエラーレートが高くなってしまう。

NOTE　すべての磁性体が磁性を等しく維持できるわけではない。磁性体が減磁に耐える度合いを**保磁力**(coercivity)と呼ぶ。保磁力の高い磁性体は消磁が難しく、永久磁石に使用される。保磁力の低い磁性体は磁化と消磁が比較的容易である。保磁力の低い磁性体は磁気テープや磁気ディスクのような磁気ストレージメディアで使用される。そのような磁気メディアでは、ビットはデータの書き込みや書き換えによって変更できる磁区として符号化される。

この問題に対する解決策が登場したのは、2000年代半ばに垂直記録が開発されたときだった。ディスクプラッタ平面に対して平行方向の水平磁気記録とは対照的に、垂直磁気記録では、ディスクプラッタ平面に対して垂直に粒子を磁化させることで、長期的な安定性を向上させた。それにより、密度をさらに引き上げることが可能となった。これを可能にしたのは、次の2つのイノベーションである。

- **書き込みヘッドの設計の見直し**
  磁力線がヘッドの磁極の一方に集中し、対向磁極に広がるように書き込みヘッドが再設計された。狭い極は磁束反転を引き起こすほど磁束の密度が高いのに対し、広い極では同じ磁束の密度が低くなる。一方の極だけが有効であることから、単磁極ヘッド(single pole type head)と呼ばれるようになった。単磁極近くの強い磁界により、保磁力の高い磁気メディアが使用可能となり、磁区の安定性向上に直結した。

不揮発性ストレージ

- **磁気層の配置**

    書き込みヘッドからまっすぐ下に向かって磁束を導くために、磁気メディアの下にある
    ハードディスクプラッタに磁気層が配置された。この層は磁化することなく磁束を容
    易に伝導するような素材でできており、狭い極から降りた磁束が磁気メディアの下を
    伝って広い極のヘッドに流れ込む。

図6-4は、この**垂直磁気記録**（perpendicular recording）の仕組みを示している。この方
式は、テープの機械的な不安定性から期待された密度を達することが難しく、テープストレー
ジではほとんど使用されなかった。ここ5年間のハードディスク密度の大幅な増大は、ほぼ
完全に、水平磁気記録から垂直磁気記録への転換によるものである。現在の安価な数テラ
バイトのディスクは、垂直磁気記録なしには実現不可能である。

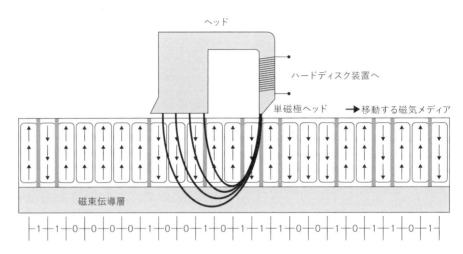

[**図6-4**] 垂直磁気記録

磁気ディスクストレージ

最初の回転式の磁気ディスクストレージは不揮発性だったが、大容量ストレージではな
くメインメモリであり、短命だった磁気ドラムの短命な後継者だった（初期の磁気ディスク
とドラムメモリについては、3章を参照）。1956年にIBMのModel 305 RAMAC（Random
Access Memory Accounting Machine）が登場するまで、磁気ディスクは大容量ストレー
ジとして使用されなかった。初期の固定ヘッド型ディスクのメインメモリとRAMACのディ
スクストレージの主な違いは、RAMACのディスクストレージが複数のプラッタと可動式の読
み取り/書き込みヘッドを使用していたことである。後者は50枚の24インチのプラッタに約
5MBを格納し、アクセス時間は600～750ミリ秒かかった。ディスク装置の重さは1トン近く

もあり、移動にはフォークリフトが必要だった。

　初期のハードディスク技術の大きな課題は、プラッタが覆われておらず、強力なエアフィルタ装置をもってしても煙やほこりの粒子がプラッタと読み取り／書き込みヘッドの間に入り込み、ディスクをクラッシュさせてしまうことだった。ヘッドとプラッタの間のスペースはどうしても一般的なほこりの粒子の大きさよりも広くならざるを得ず、プラッタのストレージ密度を制約していた。1973年に登場したIBM 3340 Winchesterドライブサブシステムでは、密閉型ディスク機構が採用され、読み取り／書き込みヘッド、位置決めアーム／サーボ、そしてプラッタ自体が完全に密閉された。これにより、ヘッドのクラッシュが減少し、クリーンな動作環境ならではの経済効果も可能とすることになった。ヘッドはプラッタの表面に近い場所で移動できるようになり、空気力学の原理（フライングヘッド）に基づいてプラッタとの距離を高い精度で一定に保つことができた。

　アラン・シュガートが創業したSeagate Technologyによって1980年に5.25インチのST-506ハードドライブが発表されるまで、ハードディスクはデスクトップコンピュータで使用するにはあまりにも高価だった。ST-506の容量は5MBで、パーソナルコンピュータのフロッピードライブベイに収まるように5.25インチのフルハイトフロッピーディスクと物理的に同じサイズに作られていた。当初は1,000ポンドで販売されていたが、大量生産と他社の市場参入により、1980年代に価格はみるみる下がっていった。

シリンダ、トラック、セクタ

　ハードディスクが研究室を出たときから、その最も基本的な構造はほとんど変わらなかった。プラッタの表面は磁気マーカで同心円のトラックに分割される。トラックはさらに**セクタ**（sector）に分割され、セクタは**ギャップ**（gap）と呼ばれる等間隔の何もない領域で区切られる[図6-5]。

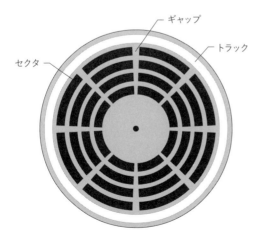

[**図**6-5] ディスクのトラックとセクタ

セクタはストレージの基本単位である。ごく最近まで、ハードディスクの各セクタの容量は512データバイトだった。現在のテラバイトクラスのハードディスクでは、そうした小さなセクタを使用するのはディスクスペースの無駄である。2012年以降、ほとんどの新しいハードディスクの設計では、アドバンストフォーマットと呼ばれる規格が採用されており、セクタのサイズは4,096データバイトに増えている。

セクタに含まれるのはデータバイトだけではない。セクタは次のフィールドに分割される。

- **同期フィールド**
  セクタの先頭を示す。また、読み取り/書き込みヘッドがプラッタと同期していることをドライブの電子回路が確認できるようにする、タイミングマーカの役割も果たす。
- **アドレスマークフィールド**
  セクタの番号、ディスク上での位置、ステータス情報を含んでいる。
- **データフィールド**
  セクタの実際のデータを含んでいる。先に述べたように、通常は512バイトか4,096バイトのどちらかになる。
- **ECC（Error Correction Code）フィールド**
  512バイトのセクタ上で、エラーの検出と訂正のための約50バイトのパリティ情報を含んでいる（ECCの詳細については、3章を参照）。

アドバンストフォーマットでは、8個の512バイトのセクタが1つの4,096バイトのセクタに統合される。そして、8個のギャップ、同期フィールド、アドレスフィールドを1つにまとめることで、ディスク領域を10%ほど節約する。セクタが大きくなれば、エラー処理のためのECCフィールドも大きくなるはずである。しかし、アドバンストフォーマットセクタのECCフィールドの長さは、512バイトのセクタの8倍ではなくたった2倍であるため、ここでもディスク領域が節約される。

トラックとセクタの配置構成は興味深い問題につながっている。図6-5では、セクタは中心からディスクプラッタの縁に向かうに従って物理的に大きくなっていくが、格納するバイト数は同じである。最も内側のトラックは（直線距離の単位あたりのビット数という観点から）磁気記録技術が許す限りの密度で作成されている。つまり、外側のトラックはそれほど高密度ではない。**ゾーンビット記録**（zone bit recording）と呼ばれる手法では、プラッタのトラックをゾーンに分割し、縁に近いゾーンにより多くのセクタを配置する。これにより、直線距離の単位あたりのビット数が中心から縁までほぼ一定に保たれ、ディスクに格納できるデータの量が大幅に増加する。

パーソナルコンピュータのハードディスク時代が始まったときから、ハードディスクは複数のプラッタを内蔵し、すべてのプラッタの両面を使用していた。各プラッタのそれぞれの面には**専用の読み取り/書き込みヘッド**が備えられている。すべてのプラッタのすべてのヘッドは1つのアクチュエータアームによって同時に動かされ、すべてのヘッドが常にそれぞれ

のプラッタの同じトラックにアクセスすることになる。ある瞬間にヘッドの下にあるすべての
トラックを**シリンダ**（cylinder）と呼ぶ。初期のハードディスクコントローラは、ハードディス
ク上のデータの位置を、シリンダ番号、ヘッド番号（特定のプラッタの特定の面を示す）、セ
クタ番号で指定していた。この**CHS**（Cylinder-Head-Sector）と呼ばれる方式は、ハード
ディスクの容量が増え、ヘッド、シリンダ、またはセクタの数がコンピュータのBIOS（Basic
Input/Output System）に割り当てられたビット数で表せなくなるまでは、うまくいっていた。
ハードディスクコントローラのロジックが外部コントローラから内蔵のオンドライブコント
ローラへと移動すると、ハードディスク内のデータを見つけ出すために**LBA**（Logical Block
Addressing）と呼ばれる新しい方式が採用された。LBA方式のハードディスク（1996年以降
のすべてのハードディスク）では、セクタはそれぞれ論理ブロックとして識別され、0から始
まる論理ブロック番号が1つ割り当てられる。オンドライブコントローラは、ハードディスクに
含まれているシリンダ、トラック、セクタの組み合わせとLBAとの間で変換を行う。BIOSも
OSも、特定のハードディスクの内部構成を明確には知らない。ただし、論理ブロックには
一般にハードディスク上での物理的な順番と同じ番号が振られる。一部のOSのディスクア
クセススケジューリングアルゴリズムは、このことを利用して、ハードディスクを効率よく利
用している。

ローレベルフォーマット

ハードディスクを使用できる状態にするには、トラックとセクタを定義している磁気マーカ
がプラッタ全部の表面に用意されていなければならない。このプロセスは**ローレベルフォー
マット**（low-level formatting）と呼ばれる。広い意味での「フォーマット」には、次の3つの
プロセスが含まれる。ハードディスクを使用できる状態にするには、これら3つのプロセス
がすべて行われていなければならない。

- **ローレベルフォーマット**
  ディスクプラッタ上で実際の物理的なトラックとセクタを定義する。
- **パーティショニング**
  ハードディスクを論理的な領域（パーティション）に分割する。パーティション分割とも
  呼ばれる。すべてのパーティションが別々のハードディスクかのように独立した状態で
  動作できる。
- **ハイレベルフォーマット**
  ハードディスクの各セクタをフォルダやファイルとして構成する仕組みを準備する。こ
  のプロセスは、**ファイルシステム**（file system）と呼ばれるOSの構成要素の要件に
  従って行われる。

NOTE パーティショニングとハイレベルフォーマットについては、258ページの「パーティションとファイルシステム」で詳しく説明する。

1990年代の中頃までは、ローレベルフォーマットが行われるのは、ハードディスクがエンドユーザーのコンピュータに物理的に取り付けられたあとだった。フォーマット作業は、別のソフトウェアユーティリティか、コンピュータのBIOSのルーチンによって実行されていた。だがハードディスクの記録密度が高まるに従い、同期マーカの精度をハードディスクの物理的なメカニズムで実現するのは難しくなってきた。ハードディスクの信頼性に必要な精度を実現するため、メーカーはディスクプラッタをハードディスクに取り付ける前にローレベルフォーマットを行うようになった。このプロセスは**サーボライター**（servo writer）と呼ばれる機器で行われる。サーボライターは、ハードディスクの低廉なアームやヘッド位置決めシステムよりも高い精度を持っている。なお、同期マーカはヘッドの位置を制御するサーボフィードバックシステムで使用されていたため、**サーボマーカ**（servo marker）とも呼ばれていた。

現在のハードディスクは、組み立て後にローレベルフォーマットをするわけにはいかない。メーカーはハードディスクを別の目的に使用するニーズがあることを認識しており、ハードディスクを再初期化するユーティリティをユーザーに提供している。このユーティリティには、主に次の2つの目的がある。

- ハードディスクのプラッタの表面をスキャンし、読み書きできないセクタがないか調べる。そうした不良セクタにマークを付け、再初期化後は使用されないようにする。
- ハードディスクに格納されているデータをすべてバイナリパターンで上書きする（このパターンの長さは1バイト以上になることがある）。これにより、ユーザーデータはもちろん、パーティションやファイルシステムも削除され、基本的にハードディスクは最初に取り付けられたときの空の状態に戻る。

再初期化後にデータを復元することは可能だろうかという疑問がわく。このユーティリティがすべてのセクタのすべてのバイトを実際にパターンで上書きした場合、（パターンの上書きが複数回行われた場合は特に）データの復元はきわめて難しくなる。再初期化ユーティリティのなかには、時間を節約するためにパーティションとファイルシステムを削除するだけで、セクタを完全に上書きしないものがある。多くの場合は、「セキュアイレース」と呼ばれる別のユーティリティやメニューオプションが使用できる。セキュアイレースは別途実行するもので、容量が1TBを超えるハードディスクの消去には何時間もかかることがある。

磁気記録は基本的に、アナログの磁気で印を付けることによってデジタルデータを符号化する。このため、ハードディスクを分解し、新しい記録の周縁にある古い記録の痕跡を検出する特殊な装置を使ってプラッタを調べようと思えばできないことはない。そのような痕跡を**データ残留**（data remanence）と呼ぶ。こうしたことが可能となるのは、ハードディスクのヘッド位置決めメカニズムの精度に限界があるためだ。軍事用など、ハードディスクにデータを残すわけにはいかない用途では、通常はハードディスクを分解し、プラッタを削って塗装膜を剥がすか、ガラス製のプラッタを粉砕して、ハードディスクそのものを物理的に破壊する。一般ユーザーが自宅で使用するハードディスクなら、10キロの大型ハンマーでハードディスクを数回たたけば十分だろう。

インターフェイスとコントローラ

　アラン・シュガートのST-506は画期的だったが「ダム」（でくのぼうの）ハードディスクだった。つまり、要求された位置にヘッドを移動し、それらのヘッドを使ってデータビットを設定または取得することしかできなかった。すべての制御ロジックはコンピュータの拡張バスに取り付けられた外部コントローラボードにあり、ドライブ制御、データ、電源の3本のケーブルでハードディスクに接続されていた。このコントローラが特定のセクタに対するリクエストをOSから受け取り、それらのリクエストをハードディスクが直接実行できるヘッド移動コマンドに変換していたのである。このST-506のインターフェイスと、より高性能な後継機であるST-412が、1980年代の後半まで小型コンピュータシステムを支配していた。

　ハードディスクストレージの進化は、これまで以上に高密度のデータストレージをプラッタに詰め込むことばかりではなかった。もっと大きな進化は、ディスク制御が外部コントローラボードからディスクドライブ自体へ移動したことである。1980年代には、SCSI（Small Computer Systems Interface）により、規格に対応しているどのストレージデバイスに対しても高速インターフェイスが提供された。そのようなストレージデバイスには、テープ、ディスク、光ディスクなど、データを格納するすべてのデバイスが含まれる。SCSIは、物理的なストレージ技術の詳細をコンピュータから見えないようにすることを主な目的として、一部の制御ロジックをストレージデバイスへ移動させた。SCSIデバイスはST-412デバイスよりも高価だった。そして、より低価格のIDE（Integrated Drive Electronics）ディスクドライブが1986年に登場すると、IDEデバイスは瞬く間にローエンドのパーソナルコンピュータ環境の標準となった。IDEインターフェイスによって、ほぼすべてのコントローラの制御ロジックがハードディスクのオンボードの電子回路へ移動し、外部インターフェイスボードは、コンピュータの拡張バスとハードディスクの統合コントローラの橋渡し役にすぎなくなった。1994年にANSIによって標準化されたIDEインターフェイスは、ATA（Advanced Technology Attachment）インターフェイスと呼ばれるようになった。その後、2003年に発表されたSATA（Serial ATA）インターフェイスと区別するため、PATA（Parallel ATA）と呼ばれている。ATAインターフェイスでは、16本のデータ線と必要な制御線すべてが1本のケーブルにまとめられた。

先に述べたように、LBAはハードディスクの内部構造をコンピュータとOSから隠ぺいする。しかし、LBAのブロック番号のサイズは、それらに割り当てられるビット数によって制限されていた。最初のIDEのブロック番号は22ビットであり、（512バイトのセクタをブロックとする業界標準では）2GBのストレージしか指定できなかった。ATA規格では、ブロック番号が28ビットに引き上げられ、137GBのストレージが可能となった。ようやくブロック番号に48ビットが割り当てられたのは、2001年にATAのバージョン6の仕様が登場したときであり、それにより144ペタバイトのストレージが可能になった（1ペタバイトは1,000テラバイト）。

1990年代の終わりには、コンピュータとハードディスク間の接続に、ATAのスループットの物理的な限界が見え始めた。2003年、新しいハードディスクのインターフェイス標準であるSATA（Serial ATA）が発表された。何よりも画期的だったのは、コンピュータとハードディスク間の物理的なインターフェイスである。SATAでは、PATAのようにパラレル方式の16本の非シールドケーブルを使用するのではなく、2本のシールドケーブルを2セット使ってシリアル方式でデータを伝送する。

PATAとSATAの最も重要な違いは、コントローラとホスト間の電気的インターフェイスにある。PATAは**シングルエンド信号**（single-ended signalling）を使用する。つまり、各データパスがそれぞれ1本のワイヤーを流れ、共通のグランド電圧（0V）に対するさまざまな電圧の値で符号化される。PATAの16本のデータ線は、各種の制御信号と同様、相互接続ケーブルにそれぞれ専用のワイヤーを使用する。シングルエンド信号は、電信の時代から、低速なパラレル/シリアル接続に広く利用されてきた。RS-232インターフェイスは、VGAビデオ、PS/2マウス/キーボードの接続などと同様に、シングルエンド信号を使用している。

シングルエンド信号の問題点は、他の信号線や外部の電気干渉からのクロストーク（混信）により、リンクを流れるデータが破壊されるおそれがあることだ。この電気干渉の問題に対処するために、**ディファレンシャル信号**（differential signalling）と呼ばれる手法が開発された。ディファレンシャル信号では、データパスごとに2本のワイヤーを使用し、信号はこの2本のワイヤーの電圧レベルの差として符号化される。2本のワイヤーは物理的に隣接しており、撚り合わされていることが多い。このため、両方が同時に干渉による影響を受けやすく、両者の電圧レベルは共通グランドへの相対で変化するが、電圧差は保たれる。受信側の**ディファレンシャル増幅器**（differential amplifier）と呼ばれる回路により、2本のワイヤーの電圧差が検出され、両方のワイヤーに共通するランダムな電圧の変化に関係なく、クリーンな信号が出力される。ディファレンシャル信号により、十分なノイズ耐性を保ちながら、シングルエンド信号よりも電圧振幅を抑え、高いクロック速度を実現できる。

PATAは、3.3Vまたは5Vの振幅と一般的な33MHzのクロックにより133MB/秒のスループットを実現する。SATAは、ディファレンシャル信号とわずか250mVの基準振幅、最大3GHzのクロック（SATA 3.0）により約600MB/秒のスループットを実現する。

SATAでは、ATAのコマンドセットを使用してPATAデバイスとの下位互換性をある程度維持しているものの、電気的インターフェイスは根本的に異なっている。また、SATAは**ホットスワッピング**（hot swapping）にも対応しているため、コンピュータの電源を切ったりリブー

トしたりしなくても、ハードディスクの取り外しと交換ができる。ホットスワッピングによって
ハードディスクが損傷することはないが、OSが古いハードディスクの代わりに取り付けられ
た新しいハードディスクを検出できること、またハードディスクのバッファや構成データを破
壊することなくハードディスクを取り外せることが前提となる。

　Raspberry Piは、メインの不揮発性ストレージとしてSD（Secure Digital）フォーマット
のフラッシュカードを使用しており、SATAのドライブインターフェイスは組み込んでいない。
ディスクドライブはボードのUSBポートの1つを使ってRaspberry Piに接続できる（12章を
参照）。フラッシュストレージテクノロジとSDメモリカードについては、270ページの「フラッ
シュストレージ」で説明する。

フロッピーディスクドライブ

　リムーバブルメディアを内蔵した回転型のディスクドライブは、ミニコンピュータが登場す
るずっと前から存在している。この技術でもIBMが先駆けとなり、1962年にメインフレーム
のModel 1401用に最初のリムーバブルハードディスクパックが発表された。時代の旗手と
なった1973年のXerox Altoワークステーションは、すべてのユニットに2.5MBのシングル
プラッタディスクカートリッジを組み込んでおり、デスクトップパーソナルコンピュータでリ
ムーバブル磁気ディスクストレージが使用されるようになることを予感させた。1971年、IBM
はフレキシブルメディアを内蔵した8インチ（200ミリ）の読み取り専用のリムーバブルドラ
イブユニットを開発した。もともとは、System/370メインフレームの特定のモデルの電源
を入れるたびに読み込まなければならないマイクロコードを格納するために開発されたも
のだった。この柔らかい「メモリディスク」は、1972年にアラン・シュガートがIBMを去って
Memorexに移籍するまで、メインフレームの技術にとどまっていた。Memorexは、安価な
読み取り/書き込みフレキシブルメディアドライブの先駆けとなったMemorex 650を開発し
た。シュガートはその後、小型の業務用コンピュータを開発するためにShugart Associates
を設立したが、それを妨げたのは、そのために製造しようとしていたMemorexスタイルの
8インチドライブの大きさだった。シュガートは新たに登場したマイクロコンピュータ市場向
けに、ずっと小さい5.25インチのドライブを開発した。業務用コンピュータのほうは製品化
には至らなかったものの、Shugart Associatesはフレキシブルメディアの磁気ストレージと
いう分野で一躍先導者として躍り出た。「フロッピー」は1970年頃に業界紙で登場した用
語である。この用語が使用されたのは、磁気メディアが堅いプラッタではなく、薄い円形の
マイラー材のシートにコーティングを施したものだったからだ。マイラー材のシートは一般に
「クッキー」と呼ばれていた。保護スリーブに収められたクッキーの正式名称は**ディスケッ
ト**（diskette）である[*4]。

---

*4　[訳注]ディスケットはIBMの登録商標で、JIS規格ではフレキシブルディスクとフレキシブルディスクカー
トリッジである。

初期のフロッピーディスク技術では、フレキシブルメディア上のストレージセクタの位置を興味深い方法で示していた——クッキーの中心近くに等間隔に並んだ穴（ホール）を空けていたのである。これらのセクタホールはそれぞれ新しいセクタの先頭を表していた。2つのセクタホールの中間にはもう1つ穴が空いていた。これはトラックインデックスホールで、各トラックの最初のセクタが始まる位置（角度）をフロッピーディスクドライブに知らせるものであった。セクタの位置を穴で決める方法は、トラックとセクタの位置が物理的な穴によって決定され、変更できないことから、**ハードセクタ方式**（hard sectoring）と呼ばれた。あとの世代のフロッピー技術では**ソフトセクタ方式**（soft sectoring）を採用しており、ハードディスクと同様に、ドライブヘッドでクッキーに書き込まれた磁気マーカによってセクタの位置が示されていた。ソフトセクタ方式では、メディアに物理的な変更を加えることなく、ディスケットの密度（と容量）を変更できた。

1980年代の後半から2000年代の前半にかけて、容量の増したフロッピーディスクに類似のコンセプトが広く利用されるようになった。これには、Iomega Bernoulli Box（10MB）やzipドライブ（100MB、250MB）、Compaq SuperDiskドライブ（120MB、240MB）などが含まれていた。Compaq SuperDiskは従来の1.44MBの3.5インチディスケットも読み取った。1990年代の後半に安価なCD-ROMドライブが登場すると、フロッピーディスクの必要性は低下した。そして、読み取り専用だったCD-ROMドライブが読み取り/書き込み可能になったことで、フロッピーディスクの時代は終焉を迎えた。USB 2.0のフラッシュドライブの信頼性が改善され、価格が下がった時期に、フロッピーディスクドライブがコンシューマ向けのPCから完全に姿を消したのは偶然の一致ではない。USBフラッシュドライブで使用されるストレージメディアのほうが小さく、高速で、長持ちした。詳細については、270ページの「フラッシュストレージ」で改めて説明する。

パーティションとファイルシステム

パーティショニング（partitioning）は、物理的なディスクユニットをパーティションと呼ばれる複数の論理ユニットに分割するプロセスであり、パーティション分割とも呼ばれる。各パーティションはOSによって別々の論理デバイスと見なされる。パーティションの一般的な用途は、1つの物理ストレージデバイスに複数のOSを同時にインストールすることである。この場合、各OSのルートファイルシステムには別々のパーティションを使用する。パーティショニングにまつわる技術や用語はPC時代の幕開けまでさかのぼる。パーティショニングは、IBM PC/XTでコンシューマ向けの最初のハードディスクをサポートするために、PC-DOS 2.0で採用された。

最も低いレベルでは、パーティションは単に物理ディスク上の連続するセクタである。パーティションがどのように作成され、管理されるかは、コンピュータの全体的なアーキテクチャ（Wintel、Mac、Unixなど）と、パーティションの作成と管理を行うOSに大きく依存する。同じOSであっても、バージョンによって大きく異なることがある。Windows Vistaとその後継バージョンは、Windows 9x/2000/XPとはまったく異なる（互換性のない）方法でパーティショニングを扱う。ここでは、そのような細かい点の多くを省いて、ディスクの構成をかなり単純に説明することにしよう。

プライマリパーティションと拡張パーティション

　パーティションに分割されたデバイスの最初のセクタには、マスターブートレコード（Master Boot Record：MBR）が含まれている。MBRには、**ブートローダ**（bootloader）と呼ばれる短い実行可能コードと、**パーティションテーブル**（partition table）と呼ばれるパーティション記述子のテーブルが含まれている。ブートローダは、IBM PC互換マシンでは、OSカーネルをRAM（Random Access Memory）に読み込む役割を果たす。パーティションテーブルのエントリの数はデフォルトで4つである。なお、サードパーティのパーティショナーやブートマネージャによって、パーティショニングの実装方法と従来のMBRとの互換性が完全になくなることと引き換えに、エントリの数を16まで増やせることがある。デフォルトの4つのエントリはそれぞれ**プライマリパーティション**（primary partition）を表し、次の情報を含んでいる。

- **ステータスコード**
  パーティションがアクティブ（ブート可能）かどうかを表す。Windowsに組み込まれているようなブートユーティリティ、またはLinuxのgrubがない場合に、ブートパーティションを選択するために使用される。
- **パーティションの先頭のLBAセクタ番号**
- **パーティションの長さ（セクタ数）**
- **パーティションの最初と最後のセクタの位置**
  CHS（Cylinder-Head-Sector）番号で表される。
- **パーティションIDコード**
  ほとんどの場合は、パーティションがどのファイルシステム用にフォーマットされているかを示し、また必要に応じてパーティションの特別な属性を指定する。

図6-6はMBRとパーティションテーブルを示している。

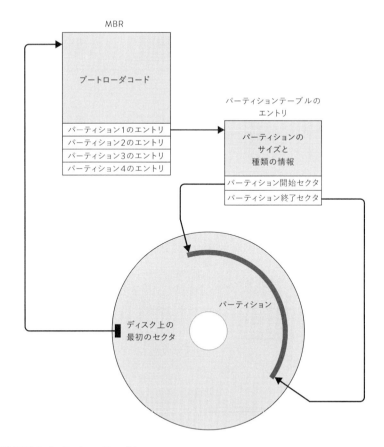

[**図6-6**] MBRとパーティションテーブル

　プライマリパーティションの4つという上限は苦肉の策の産物で、最低限のブートローダと
パーティション定義データを512バイトの1つのセクタで提供しようとしたために生じた。パー
ティショニングの柔軟性を高めたいという要求に応えて、1980年代半ばに**拡張パーティショ
ン**（extended partition）の概念が登場した。拡張パーティションは、プライマリパーティショ
ンを改良して、一種のパーティションコンテナとして機能できるようにしたものである。拡張
パーティションとして使用できるのは、4つのプライマリパーティションのうち1つだけだ。拡
張パーティションに割り当てられたセクタ内では、複数の論理パーティションを割り当てるこ
ともできる。各論理パーティションには、サイズ、種類、そして開始セクタと終了セクタのアド
レスを定義する拡張ブートレコード（Extended Boot Record：EBR）がある。論理パーティ
ション記述子からなるマスターテーブルは存在しないため、定義可能な論理パーティション
の数に特定の上限はない。マスターテーブルの代わりに、各EBRには、拡張パーティショ
ン内の次のEBRを指すセクタアドレスフィールドが含まれている。つまり、これらのEBRは、
各エントリに次のエントリを指すポインタが含まれた、**連結リスト**（linked list）と呼ばれる構
造になっている。連結リストの最後のEBRでは、ポインタフィールドに0が設定される。

ファイルシステムとハイレベルフォーマット

　ハードディスクの論理パーティションは、1つ以上のセクタブロックを、分割されないストレージ空間として提供することに他ならない。OSがパーティション内のセクタを使いやすいように構造化/管理するためには、**ファイルシステム**（file system）と呼ばれている構成要素が必要である。論理パーティションがファイルシステムの仕様で定義されたルールに従っている限り、ファイルシステムソフトウェアの実装がOSごとに異なっていたとしても、パーティションを相互に交換して読み書きできるようになる。

　ほぼすべてのファイルシステムは、大容量ストレージボリュームを**ファイル**（file）と**ディレクトリ**（directory）として構造化する。ファイルはデータを含んだストレージブロックであり、ディレクトリはファイルと子ディレクトリのインデックスとして機能する階層型の構造である。OSによっては、ディレクトリを**フォルダ**（folder）と呼ぶことがある。内部では、ファイルシステムはテーブルとして実装され、ファイルやディレクトリの名前を、ファイルの内容を含んでいるストレージ空間のブロックとファイルのメタデータに関連付ける。これらのブロックは、クラスタやアロケーションユニットと呼ばれる連続するセクタのグループである。ファイルシステムのテーブルがどのような構成になるかは、ファイルシステムによって異なる。ただし、ほぼすべてのファイルシステムで、それらのテーブルどうしがリンクされて**ツリー**（tree）状のデータ構造をなしている点はよく似ている（詳細については、8章を参照）。

　一般に、ディスクパーティションは特定のファイルシステムを想定して作成される。パーティショニングツールは、パーティショニングプロセスを通じてそのファイルシステムの土台となる部分を構築する。WindowsのNTFS（New Technology File System）パーティションやLinuxのext4パーティションなど、パーティションがデスクトップコンピュータで利用できるさまざまなファイルシステムの名前で呼ばれるのは、そのためである（なお、「ext4」は略語ではなく、第4世代のLinux拡張ファイルシステムを意味する）。ハイレベルフォーマットプロセスでは、適切な種類の空のファイルシステムがパーティションに書き込まれる。ハイレベルフォーマットは一般に、それまでのディレクトリツリーを、その後新しいファイルやディレクトリを作成することになる空のルートディレクトリエントリと置き換える、時間のかからないプロセスである。ほとんどの場合、ファイルシステムテーブルの大部分と元のデータは上書きされないため、ハイレベルフォーマットが実行されたボリュームでファイルシステムをほとんどまたは完全に復元できるユーティリティが存在する。

　ハイレベルフォーマットには、ボリュームをスキャンして不良セクタを調べたり、セキュリティ上の理由でデータを0やビットパターンで上書きしたりするオプションが用意されていることがある。そのような処理を実行する場合は、ハイレベルフォーマットプロセスにかなり時間がかかる。

不揮発性ストレージ

新しいパーティショニング技術：GPT

　FAT（File Allocation Table）の基本的な仕組みは、1980年代初頭のDOSの時代から存在している。改良と拡張が幾度も重ねられてきたが、それでも、おそらく修正できない深刻な問題がまだたくさんある。最も深刻な問題は次の3つである。

- MBRはディスク上で1か所にしか存在しない。MBRの唯一のコピーが破損したり上書きされたりした場合は、ディスク全体の内容が失われるかもしれない。
- MBRベースのシステムは、2TBを超える容量のハードディスクに対処できない。3TBや4TBのハードディスクが手頃な価格になった現在では、1台のPCにインストールできるストレージが著しく制限されることになる。
- MBRでは、プライマリパーティションが4つに制限される。この制限を克服するには、論理パーティションが含まれた拡張パーティションを作成する必要がある。これはそもそも存在すべきではない問題に対する苦しい対処法である。

　この数年間に、まったく新しいハードディスク構成技術として、**GUIDパーティションテーブル**（GUID Partition Table：GPT）が登場している。GUID（Globally Unique Identifier）はまさにグローバルに一意な識別子のことである。GUIDは、GPTパーティションに対してランダムに生成される122ビットの値であり、一意であることがほぼ保証される。有効なGUID値は$2^{122} = 3.5 \times 10^{36}$通りもあるため、よい乱数ジェネレータを利用すれば、GUIDが重複する可能性はほぼゼロである。

　GPTがサポートするパーティションの数は基本的に無制限である。制限があるとすれば、それはOSによる制限である。たとえば、Windowsが割り当てるパーティションエントリは128個だけなので、128個のGPTパーティションしかサポートされない。また、ハードディスクのサイズの上限も実質的になくなっている。ハードディスクの容量は最大で8ゼビバイト[*5]であり、バイト数に換算すると9.4×10^{21}バイトである。このサイズのハードディスクはすぐには登場しないだろう。

　GPTは、MBRが破損する危険をうまく回避するために、パーティションテーブルと、ハードディスク内に散らばっているその他の重要なデータのインスタンス（実体）を複数作成する。プライマリインスタンスが破損した場合は、ハードディスクの他の場所にある別のインスタンスを使って修復できる。GPTでは、データを格納するときに、破損したデータの再構築に役立つCRC（Cyclic Redundancy Check）値も格納する。

　GPTには、「プロテクティブMBR」という機能もある。この機能は、MBRパーティションの存在を前提とする「レガシー」ツールによって必要不可欠なGPTデータが上書きされる可能性を排除するために、ハードディスク全体を1つのパーティションとして示すMBRである。

---

*5　［訳注］1ゼビバイト（ZiB）は2^{70}バイト、1テビバイト（TiB）は2^{40}バイト。

プロテクティブ MBR は、普段使用するためのものではない。プロテクティブ MBR にアクセスするレガシーツールはうまく動作しないかもしれないが、少なくとも、MBR が存在しない、あるいは破損していると思い込んで新しい MBR を書き込み、GPT データを破壊することはないだろう。

　GPT の仕組みを詳しく説明することは本書の範囲を超えている。GPT の詳細については、Wikipedia などの記事[*6]が参考になるだろう。

Raspberry Pi の SD メモリカードのパーティション

　パーティショニングの歴史に関する先ほどの説明のほとんどは、回転型の磁気メディアを中心としている。しかし、SD メモリカードや USB フラッシュドライブのような最近の SSS（Solid-State Storage）技術も同じアプローチを受け継いでおり、大きな物理メディアを個別のアドレッシングが可能なセクタで構成された論理パーティションに分割する。Raspbian OS が含まれた SD メモリカードは、一般に、2 つのパーティションに分割される。1 つは**ブートパーティション**（boot partition）であり、60MB しかない。ブートパーティションは、VFAT（Virtual File Application Table）ファイルシステム専用にフォーマットされていなければならない（FAT16 または FAT32 のどちらか）。そして、GPU の初期化と、OS カーネルをメモリに読み込んで実行するのに必要なコードとデータだけを収容する。もう 1 つのパーティションは、通常は**ルートパーティション**（root partition）と呼ばれ、OS の残りの部分とすべてのユーザーファイルを収容する。本書の執筆時点では、このパーティションは Linux ファイルシステム ext4 でフォーマットされる。Raspbian は専用のスワップパーティションではなく、ルートファイルシステムに配置されているファイルにスワップする。3 章の最後のほうで説明したように、Raspberry Pi では（可能であれば）何としてもスワップを避けるべきである。

　Raspberry Pi のブートシーケンスは、デスクトップ PC やノート PC のものとは少し異なっている。BCM2835 のブート ROM には、GPU の一部をなす VPU（Video Procesing Unit）専用の RISC コア上で実行される小さなコードが含まれている。このブート ROM は、FAT ブートパーティションから FSBL（First-Stage Boot Loader）を読み込む。この FSBL のファイル名は bootcode.bin である。続いて、FSBL がメインのファームウェアファイル start.elf を読み込む。最後に、start.elf がカーネルイメージから OS カーネルを読み込んでメモリの先頭に配置し、ARM CPU のリセットを解除する[*7]。これで、本当の意味で OS が読み込まれる。カーネルイメージが含まれているファイルは、armv6 CPU の場合は kernel.img ファイル、armv7 および armv8 CPU の場合は kernel7.img ファイルで

---

*6　https://en.wikipedia.org/wiki/GUID_Partition_Table
日本語版：https://ja.wikipedia.org/wiki/GUID パーティションテーブル
*7　［訳注］ARM CPU は Intel x86 などとは異なり、GPU が OS をメモリに配置してから、CPU のリセットを解除して CPU を起動するようになっている。8 章の「Raspberry Pi のブート」（373 ページ）で説明されているブートプロセスを参照。

ある。ブートローダがどちらのカーネルファイルを読み込むかは、使用しているボードによって決まる。第1世代のRaspberry Piボードはarmv6 CPUを使用しており、`kernel.img`ファイルを要求する。Raspberry Pi 2以降は`kernel7.img`を使用している。

NOTE　Raspberry Pi 3はCPUとして64ビットのarmv8 Cortex A-53を搭載しているが、本書の執筆時点では、64ビットのOSカーネルは存在しない。Raspberry Pi 3は`kernel7.img`を使用し、32ビットモードで動作する。Raspberry Pi財団がCortex A-53を選択したのは、32ビットモードでもまったく問題なく動作する一方で、将来利用することが可能な64ビットの機能を備えているためである。

　2013年の半ば以降、Raspberry Pi財団はブート可能なOSのインストールをはるかに容易にするユーティリティを提供している。このユーティリティはNOOBS（New Out-of-Box Software）と呼ばれるもので、Raspberry Pi財団のダウンロードページ[*8]から無償でダウンロードできる。

　NOOBSのフルインストールには、少なくとも4GBのSDメモリカードが必要である。Raspberry Piを最初にブートしたときに、NOOBSによってさまざまなOSのメニューが表示され、インストールするOSの選択が求められる。続いて、選択したOSが（ネットワークまたはSDメモリカードのイメージファイルから）インストールされ、インストールされたOSのなかからブートするものを選択できる状態になる。NOOBSはブート時も利用可能で、既存のインストールの修復や追加のOSのインストール、そしてOSの構成ファイルの編集を行うことができる。

　Raspberry PiのOSとOS全般については、8章で詳しく説明する。

光ディスク

　大容量光ストレージ技術の実用化のめどがついたのは1960年頃だが、その目的はデータを記録することではなく、映像を記録することだった。1978年に30センチのアナログレーザーディスクフォーマットを使用するコンシューマ向けのハイエンドビデオプレイヤーが登場した。コンピュータのデータストレージ用に少し改良されたものの、価格の高さや1枚で400グラム近い重さがある大きなディスクのせいで、いずれも成功しなかった。1980年代の初めに本格的なデジタルオーディオコンパクトディスク（Compact Disk：CD）フォーマットが登場すると、ようやく安価なデジタル光ストレージが使えるようになった。

[*8]　https://www.raspberrypi.org/downloads/

ほとんどの読み取り専用の光ディスク技術は次のような仕組みになっている。デジタル情報は、ポリカーボネート樹脂製のディスクにプレスされたきわめて小さな孔（ピット）のパターンとして、ディスクの中心から外縁に向かうらせん状のトラックに沿って記録される。プレス後のポリカーボネートディスクは、アルミニウムのきわめて薄い膜でコーティングされ、さらに透明なアクリルで包み込まれる。情報を読み取るときには、半導体レーザーからの光線がらせん状のトラックをたどり、ディスクから反射されたレーザー光をフォトセンサー（受光素子）が解釈する。ピット、そしてピットどうしを隔てる**ランド**（land）と呼ばれる平らな領域の長さはさまざまである。ピットの深さはレーザーの波長の約4分の1になっている。ピットの底から反射した光とランドから反射した光には180度の位相差があり、干渉によって打ち消し合い、ランドよりもピットからの反射のほうが暗くなる。らせん状のトラックは、光ストレージの起源が音声／映像技術であることを映している。というのも、音声や映像は完全に連続的な性質を持つからだ（さらにさかのぼると、レコード盤の録音の方法を踏襲している。レコードの録音では、柔らかい樹脂にプレスされたらせん状のトラックに沿って音をアナログ波形として符号化する）。

　ハードディスクストレージの場合と同様に、実際には、ピットとランド間の遷移を検出するほうが、それ自体の状態を検出するよりも簡単である。CD規格では、ピットを使って2進数の0を表し、ランドを使って2進数の1を表すのではなく、2進数の1をピットからランドまたはその逆への変化で表し、2進数の0を現在のピットまたはランドが一定距離続いていることで表す［図6-7］。さらに、タイミングの回復を支援し、全体のデジタルサムを小さく保つために、**EFM**（Eight-to-Fourteen Modulation）と呼ばれるRLL（Run Length Limited）符号方式の層が適用される。

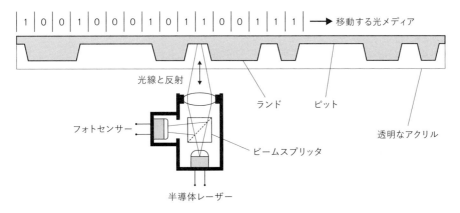

［**図6-7**］光ディスクの仕組み

> **NOTE** フォトダイオード (photodiode) は、特殊な半導体接合型ダイオード (2要素の半導体素子) であり、接合部が光に感応するようになっている。光量子が接合部にぶつかると、電子と正孔のペアが作成され、ダイオード部分から空乏層 (depletion region) と呼ばれる接合部のどちらか一方へ流れる。これにより、接合部にぶつかる光の強度に比例して微小電流が流れる。フォトダイオードは光とフォトダイオードにぶつかる光の変化を検知するために使用される。

　ほぼすべての光ドライブの光学システムは、**ビームスプリッタ** (beam splitter) と呼ばれる装置を使用する。ビームスプリッタは、ガラスまたは樹脂の小さなプリズムであり、45度の部分反射層を持つ (一般的には、45度の角度で2つのプリズムを接合することによって作成される)。レーザーからの強力なビームはディスクに向かって一直線に反射層を通り抜ける。光線がディスクにぶつかって跳ね返ると、反射光の一部がビームスプリッタによって脇へそれ、光センサー (通常はフォトダイオード) に入射する。フォトセンサーに接続されたセンス増幅器がピットとランドから反射された光の強度の差を割り出し、デジタルパルスに変換する。これらのパルスは、ノイズを除去されて「きれいになった」あと、ドライブの電子回路によって1と0として解釈される。

　光ディスク (特に、繰り返し使用される用途で、慎重に扱われるとは限らないもの) の悩みの種は、擦り傷である。CD規格では、リードソロモン符号に基づくECC (Error Correcting Code) を規定している。これにより、記録されるビットストリームにある程度の冗長性が追加される。つまり、データビットの複数のコピーがディスクの複数の物理領域に記録される。冗長データがあれば、擦り傷によって読めなくなってしまったデータの量がわずかな場合は、デコーダで復元できる。擦り傷は隣接する多くのデータビットを同時に破壊する傾向があるため、ストリームの複数の隣接領域のデータをディスク上でインターリーブ (不連続な場所に分散配置) し、再生時に元に戻す。このプロセスは、ダメージをビットストリームに拡散して弱め、リードソロモン符号で誤りを訂正できなくなる可能性を減らす。リードソロモン符号には、負荷の高い計算が伴う。それについて説明することは本書の範囲を超えているが、Wikipediaの記事が参考になるだろう[9]。

CDから派生したフォーマット

　現在、オーディオCDから派生したさまざまな種類の光ディスクが使用されている。どれも直径12センチで、最大容量は約700MBである。

---

[9]　https://en.wikipedia.org/wiki/Reed%E2%80%93Solomon_error_correction
https://ja.wikipedia.org/wiki/ リード・ソロモン符号

- CD-ROM

  前項で説明したフォーマット。ピットは製造時にポリカーボネートにプレスされ、プレス後は変更できない。

- CD-R

  ライトワンス（一度だけ記録できる）フォーマット。樹脂ディスクの反射層の上に感光性色素の膜が塗布されている。ディスクに書き込むときには、レーザーが強いパルスを照射し、色素の反射性を恒久的に変化させる。ディスクを読み取るときには、レーザーが色素層の性質に影響をおよぼさない弱い光線を照射する。照射スポットのサイズは、記録不可の CD-ROM のピットと同じである。元のままの色素層は CD-ROM のランドと同じように光を反射する。

- CD-RW

  リライタブル（複数回の書き込みが可能な）フォーマット。色素層がインジウム、テルル、銀を含んだ金属合金の反射層に置き換えられている。この合金は強いレーザー光で加熱されると相変化を起こすような設計になっている。**相変化**（phase change）とは、氷が溶けて水になったり、水を沸騰させて蒸気にしたりするなど、物質内の分子を転位させて異なる物理的性質を持たせることである。この場合の相変化は、反射多結晶相から反射性の低い非晶（ガラス）相への変化である。相は金属の反射性に影響を与えるため、CD-R の色素層で変化を読み取るのと同じ方法で読み取れる。ただし、この相変化は恒久的ではなく、弱いレーザー光を照射して反転できる（ディスクの読み取りでは、合金の相にまったく影響を与えないさらに弱いレーザー光が使用される）。このため、ディスクに記録しなければならない1と0のパターンに従ってビーム出力を変化させることで、ディスクへの書き込みと書き換えを行うことが可能となる。

CD-ROM フォーマットは厳格な規格であり、理論上は、どの CD-ROM 互換ドライブでも、CD-R または CD-RW フォーマットで書き込まれたディスクを読み取れる。実際には、特に CD-R/CD-RW 規格が発表される前に製造された古いドライブでは、互換性の問題が発生することがある。

DVD から派生したフォーマット

1995年頃にコンシューマ向けフォーマットとして成功を収めた DVD（Digital Versatile Disc）は、その後、コンピュータで不揮発性ストレージとして使用するために改良された。大きく捉えれば、この技術は先の CD フォーマットと同じ仕組みで動作する。つまり、データはポリカーボネートディスク上のピットまたはランドのパターンとして符号化される。らせん状のトラック、ピット、ランドの大きさは CD フォーマットで使用されるものよりもはるかに小さく、容量は DVD から派生したフォーマットのほうがはるかに大きい。DVD から派生したフォーマットでは、少なくとも4.7GBを記録できる。最近のフォーマットでは、さらに多くのデータ

を記録できる。ピットとランドの小型化は、それらの読み書きに使用されるレーザー光の波長によるものである。ディスク上のデータを符号化するために用いられる微細な規模では、波長が短いほど、トラックをスキャンしてレーザー光がピットとランドから反射されるときに、より鮮明な画像が得られる。波長が短いほど、光は青くなる。レーザーイメージングで使用される光は、長い年月をかけて、赤外線から赤、青へと移り変わってきた。ブルーレイ(Blu-ray)という商標には、より高い解像度で映像を符号化するために必要な「青い光」という意味が込められている。

　レーザーの色はさておき、CDストレージからDVDストレージへの最大の技術的進歩は、2層構造のディスクを作成する能力である。DVDビデオフォーマットは、ほぼ最初からこの能力を備えていた。2層構造のディスクは、ピットとランドの1層目を透明なラッカーでコーティングし、2層目の透明な樹脂膜の上に接着するという方法で作成され、2層目には組み立ての前にデジタルデータがプレスされている。2層目(データ層)はきわめて薄い金の層でコーディングされている。この金の層は非常に薄く、半透明であり、レーザー光の強さが十分であればすっかり通り抜け、内側の層から読み取るのに十分な強さの光が反射される。

　2層のDVDが検出されると、DVDリーダーのヘッドは光フォーカスを変更し、内側または外側の層を必要に応じて読み取る。フォーカスが合っていない層は「ぼやける」ため、フォーカスの合っている層の読み取りに干渉しない。

　データディスクが2層だからといって、1層のディスクの2倍のデータを記録するわけではない。2層ディスク技術の信頼性を高めるには、ある程度のオーバーヘッドは避けられないため、2層のデータディスクは1層のデータディスク2つよりも容量が10%ほど少ない。

　CD-ROMとは異なり、基本のDVD-ROMフォーマットとの互換性がないさまざまな改良版が存在する。2000年代の初めに、2つの競合するライタブル光ディスクコンソーシアムの間でフォーマット戦争が勃発した。これら2つのグループは、互換性のないそれぞれの規格をDVD-RおよびDVD+Rとして業界に公開した(どちらの規格ものちにリライタブルに改良されている)。特に信頼性と誤り訂正を始め、DVD+Rのほうが技術的に優れている点がいくつかあるものの、現在もなお勝負の決着はついていない。CD-ROMと同様に、ライタブル/リライタブル技術は、有機色素材料や金属相変化層を使って製造後の書き込みを可能にしている。

　磁気ハードディスクとは異なり、光ディスクは一般に論理ドライブとしてパーティション分割されない。光ディスクには、ISO 9660という独自の業界標準のファイルシステム仕様がある。この仕様では、光ディスクの読み取り、書き込み、管理の方法が詳細に規定されている。ISO 9660の目標は、光ディスクを世界共通の交換メディアにすることである。OSがISO 9660を完全に実装している場合、標準に準拠しているどの光ディスクでも読み取りと(適切であれば)書き込みを行うことができる。

RAMディスク

1981年にIBM PCが最初にリリースされたとき、IBMは少し「らしくない」行動をとった——BIOS（Basic Input/Output System）の完全なアセンブリ言語ソースコードを技術マニュアルに載せて公開したのである。当時のBIOSは、CPUと周辺機器（キーボード、テキストディスプレイ、プリンタ、ディスクドライブ）の間のやり取りのほとんどを制御していた。ソースコードを手に入れたサードパーティベンダーは、さっそくIBM PCのアドイン製品の開発に乗り出した。それが大きなあと押しとなり、IBM PCはリリースから数年後にはデスクトップコンピュータ環境の「デファクトスタンダード」となった。

アドインはすべてハードウェアだったわけではない。1982年には、システムRAMの領域をIBM PCがPC-DOSディスクドライブとして扱えるようにするソフトウェアがプログラマーによって開発された。そのようなディスクドライブを**RAMディスク**（ramdisk）または**RAMドライブ**（RAM drive）と呼んでいた。初期のRAMディスクが提供していた記憶領域はそれほど大きいものではなかった（当時の総メモリ量は256KBまたは512KBで、たいていそのうちの64KBだった）。しかし、当時のIBM PCの性能の基準が360KBのフロッピーディスクドライブだったことを考えると、驚異的なスピードだった。RAMディスクの速度はフロッピーディスクの1,000倍、初期の10MBのハードディスクの100倍になることもあり、1983年に1,000ドルという「画期的な価格」で販売された。

PC-DOSにデバイスドライバは存在しなかった。**TSR**（Terminate and Stay Resident）ソフトウェア[*10]と呼ばれる技術により、標準のROM BIOSコールを使ってRAMディスクやその他多くのデバイスにアクセスできるようになっていた。TSRは、DOSとともに自分自身をメモリに読み込み、メモリの最後の部分にあるDOSの割り込みベクタテーブルに自身のアドレスを書き込むことによって、1つ以上のBIOSコールを「フック」（横取り）した。DOSがBIOSを使ってディスクボリュームにアクセスする際、RAMディスクのTSRはその呼び出しに割り込み、TSRの機能を使ってRAMディスクのメモリ領域との間でデータをやり取りできた。

RAMディスクは当然ながら揮発性であり、長期的なデータストレージとしては使用されなかった。RAMディスクは、開発中のソフトウェアの複雑なビルドの途中で中間ファイルを保存するような用途に使われた。5章で説明したように、ネイティブコードコンパイラは複数のパスで処理を行い、それぞれのパスが一時ファイルを別々に生成することがある。この処理にはかなり時間がかかった。マシン上の大容量ストレージが1、2台のフロッピーディスクドライブだけの場合は、なおさらだ。一時ファイルをRAMディスクに書き出すようにコンパイラを設定すれば、ビルド全体の時間を75%以上短縮することができた。

[*10] ［訳注］メモリにプログラムを残したまま終了するメモリ常駐プログラム。多くは何らかの割り込みをきっかけに再起動して動作するようになっていた。このために用意されていたDOSのシステムコールを使用して作成された。

6

不揮発性ストレージ

PCのハードウェア規格が成熟し、RAMの価格が下がってくると、アドインメモリを使って
PCの640KBという制約を克服するRAMディスクが開発された。アプリケーションの実行
中にRAMディスクにコピーされるのは一時ファイルだけではなくなり、大規模なアプリケー
ションのローダブルセクション[*11]である**オーバーレイ**（overlay）もよくコピーされた。新しい
機能セットが選択されるたびにフロッピーディスクドライブをきしませなくても、RAMディス
クに読み込まれているオーバーレイがすぐそこにあった。

1990年代の半ばにフロッピーディスクドライブが終焉を迎え、ページキャッシュや仮想
メモリといった技術が登場してコンピュータメモリと大容量ストレージに格納されるデータ
の区別があいまいになると、明示的に宣言されるRAMディスクの必要性は大きく低下した。
RAMディスクは現在でも、Unix系OSのライブディストリビューションなどで使用されてい
る。ライブディストリビューションでは、OSはマシンのハードディスクにインストールされる
ことなく、ブートCD/DVDからメモリに読み込まれてブートする[*12]。書き込み可能なファイ
ルは一般にRAMディスクに格納される。ユーザーが要求すれば、構成情報をローカルハー
ドディスクに格納できるライブディストリビューションもある。そのようにすると、ライブイン
ストールの構成が次に再起動したときにも「維持」されるようになる。それ以外の場合、ライ
ブインストールに関する情報はすべて、コンピュータの電源を切ったときにメモリから消去
される。

Raspbianを始めとする現代のLinuxシステムには、ramfsとtmpfsの2つの共通するRAM
ディスクファイルシステムがある。古くからあるramfsファイルシステムでは、RAMディス
クストレージに割り当てるメモリ量の上限をユーザーが設定できない。このため原理上は、
ramfsのRAMディスクに書き込みを行うアプリケーションがマシンの物理メモリを使い果
たしてしまうことがある。これに対し、tmpfsのパーティションは使用するメモリを一定量に
制限することが可能であり、メモリの空き容量が不足しているときに（パフォーマンスを犠牲
にして）スワップ領域を活用できる。このような理由により、ramfsはほとんどtmpfsに取っ
て代わられている。

フラッシュストレージ

過去30年間の不揮発性ストレージにおける最も重要な進歩を1つだけ挙げるとしたら、お
そらく信頼性が高く安価なフラッシュメモリの開発になるだろう。フラッシュメモリは東芝
の舛岡富士雄博士らによって1980年代の初めに開発された。1984年に技術の詳細が発表

---

*11　［訳注］必要に応じて実行時にロードするプログラムモジュールのこと。
*12　［訳注］ライブディストリビューションでは、OSはマシンのハードディスクにインストールされることなく、
CD/DVDからブートし、OSのファイルがRAMディスクにコピーされて、OSが稼動している間そこに置かれる。
書き込みが生じるファイルは一般にRAMディスクに格納される。

されたあと、1988年になってようやくIntelが初のチップ製品を世に送り出した。初期のフラッシュメモリは、設定データやBIOSコード、ファームウェアのストレージメディアとしてコンピュータで使用されていた。また、セットトップボックスや家庭用ブロードバンドルータのような家電製品でも使用された。最終的には、フラッシュメモリの価格が下がって大容量ストレージデバイスでも使用されるようになった。フラッシュメモリは次の4種類に大きく分けることができる。

- フラッシュカード（SD、MMC、メモリスティック、コンパクトフラッシュ）
- USBフラッシュドライブ
- 組み込みフラッシュ（eMMC、UFS）
- 従来のハードディスクに代わるものとして設計されたフラッシュベースのSSD（Solid-State Drive）

フラッシュデバイスには、構造的に、DRAM（Dynamic Random Access Memory）との多くの類似点がある。以下のフラッシュ技術の説明を読み進めるにあたって、3章のDRAMに関する説明が参考になるだろう。

ROM、PROM、EPROM

フラッシュメモリは不揮発性半導体メモリの一種だが、決して一番手ではない。**マスクプログラマブルROM**（mask-programmable ROM）チップは、製造時にデータを永続的に記録するもので、半導体メモリ時代が始まったときから存在している。マスクプログラマブルROMのデータは、1つ以上のフォトリソグラフィマスクを調整してチップのトランジスタ個々のスイッチ動作を選択的にオンまたはオフにすることにより、チップ上にコード化される。トランジスタは、SRAMチップやDRAMチップで使用されるものと同様のセル配列に配置される（3章を参照）。**プログラマブルROM**（Programmable ROM：PROM）チップでは、製造後のチップにデータを1回だけ永続的に記録できる。一般に、データの記録は高電流パルスを使ってセル配列のヒューズを溶断または開放するという方法で行われる。

フラッシュメモリの直接の祖先は、1972年に発明された**EPROM**（Erasable PROM）である。EPROMデバイスに記録されたデータは、紫外線の照射によって消去できる。EPROMデバイスのデータは、メモリセル配列の各ノードの特殊なフローティングゲートMOSFET（Metal-Oxide-Semiconductor Field-Effect Transistor）に電荷として蓄えられる。デバイスパッケージの小さな石英ガラスの窓から強い紫外線を照射すると、EPROM全体を比較的短時間で消去できる（普通のガラスは紫外線を通さないが、石英は紫外線を通す）。紫外線の光子の働きにより、フローティングゲートMOSFETにおいて電荷を蓄えている二酸化ケイ素の絶縁膜で電離が発生し、アースに流れる。光を遮断した状態では、EPROMは最低でも20年間、最大40年間もデータを記録し、数百回も消去できることがある。紫外線に

よる消去は絶縁膜にダメージを蓄積させるため、消去を数千回繰り返すとセルが使いものにならなくなる。これはフラッシュメモリシステムに大きく立ちはだかる問題である。

EEPROMとしてのフラッシュ

1970年代の終わりにかけて、紫外線を何十分も照射しなくてもEPROMデバイスのデータを消去できるようにするために、さまざまな方法が試みられた。そうしたデバイスはEEPROM（Electrically Erasable PROM）に分類される。EPROMと同様に、EEPROMデバイスはすべて、フローティングゲートMOSFETにデータを電荷として蓄える。データを消去するには、ゲートから電荷を放出する。フラッシュは、技術的にはEEPROMであり、最初からスピードとスケーラビリティを意識した設計になっていた。ほとんどのEEPROM技術と同様に、フラッシュは選択的に消去できる。つまり、データの一部を残して、それ以外の部分を消去できる。現在、フラッシュはこれまで開発されたなかで最も成功したEEPROM技術である。

ほとんどの形態の半導体メモリと同様に、フラッシュはアドレッシング可能な行列にまとめられた個々のメモリセルをベースとしている。基本的なフラッシュセルは、フローティングゲートMOSFETをベースとしている。フラッシュセルの断面とフローティングゲートMOSFETを図解すると、図6-8のようになる。

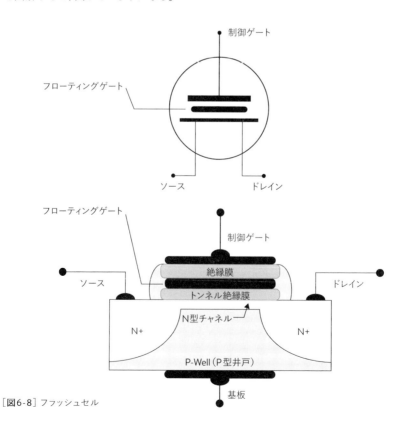

[図6-8] フフッシュセル

4章の94ページの「デジタルロジック入門」で説明したように、MOSFETは、ゲート端子に加える電圧を制御してソース端子とドレイン端子の間に一時的な導電チャネルを作成することにより、電流の流れを制御する。MOSFETが伝導を開始する電圧は**しきい値電圧**（threshold voltage：V_{th}）と呼ばれる。

　フローティングゲートトランジスタには、通常の制御ゲートに加えて、制御ゲートと導電チャネルの間に2つ目のゲート電極がある。このゲート電極はチップの他の回路に接続されておらず、二酸化ケイ素のような絶縁体の膜で覆われている。このフローティングゲートに電荷を与えるには、チャネルを通じて電圧を加えながら制御ゲートに高電圧を加える。チャネルを通る電圧は、フローティングゲートとチャネルを隔てる二酸化ケイ素の絶縁膜を超えるほどのエネルギーとなる（つまり、十分に「熱くなる」）まで電子を加速させて、ゲートに電荷を注入する。このプロセスは**ホットキャリア注入**（hot carrier injection）と呼ばれる。フローティングゲートの電荷の有無は、トランジスタのしきい値電圧（V_{th}）に影響を与える。制御ゲートをV_{th}に近い電圧に設定し、チャネルを流れる電流を測定することにより、フローティングゲートの電荷を高い精度で測定できる。

　ホットキャリア注入を通じてフローティングゲートに蓄えられた電荷を放出するには、制御ゲートに大きな負電圧を加える。これにより、強電場が生成され、チャネルとフローティングゲートの間の壁を超える冷電子からなるファウラー・ノルトハイムトンネリング現象が発生する。フローティングゲートで電荷のレベルが設定されたあと、このゲートを覆っている絶縁膜が長時間にわたってゲートに電荷を蓄える。一部の研究では、電荷を保持する期間は理想的な条件下で100年にもなる可能性が指摘されている。

NOTE　特定の金属は、十分に強い電界にさらされたときに低エネルギー（冷）電子を放出する。これを**電界放出**（field emission）と呼ぶ。これらの電子は量子効果により絶縁膜を通り抜けられる。この量子効果は1920年代に物理学者のラルフ・ファウラーとロータル・ノルトハイムによって解明された。これは**量子トンネル**（quantum tunnelling）のなかで真っ先に詳しく説明される理論の1つである。

　EPROMや旧世代のEEPROMセルと同様に、フラッシュメモリセルには、SRAMセルやDRAMセルにはない制約がある。フラッシュセルの書き込みや消去は回数が限られるかもしれない。ホットキャリア注入は、フローティングゲートを絶縁する絶縁隔壁にダメージを蓄積していく。書き込みや消去を一定の回数だけ繰り返すと、電子が隔壁に閉じ込められてしまい、実質的に放出できなくなる。閉じ込められた電子によって隔壁に不要な電荷が発生し、フローティングゲートでの電荷レベルの測定が妨げられる。何らかの時点で、電荷と放電に測定できるほどの差がなくなり、セルを正確に読み取れなくなる。電荷と放電の測定可能な差は**しきい値窓**（threshold window）と呼ばれる。セルに書き込める回数は、**耐性**（endurance）と呼ばれる因子である。フラッシュセルの耐性は、セルのサイズ、1つのセル

に格納されるビット数、そしてセルの素材によって大きく異なる。現時点では、フラッシュセルの耐性はおよそ1,000〜10万回の書き込み/消去サイクルである。

シングルレベルストレージとマルチレベルストレージ

　SRAMは、有効な論理状態が2つしかないフリップフロップでデータを符号化する。フリップフロップでは、符号化できるのは1ビットだけである。DRAMは、MOSFETトランジスタに取り付けられた非常に小さなキャパシタの電荷としてデータを格納する（DRAMの詳しい仕組みについては、3章を参照）。電荷はすぐに放出されてしまうため、キャパシタの実際の電圧はリフレッシュサイクルの間隔によって異なる。私たちにできることと言えば、DRAMセルのキャパシタに電荷が蓄えられているかどうかをテストすることくらいだ。この場合も、キャパシタの2つの状態によって符号化されるのは1ビットだけである。

　DRAMと同様に、フラッシュメモリはデータをセルの電荷として蓄える。DRAMとは異なり、フラッシュメモリはセルの電荷をほぼそのまま何年も保つことができる。セルに電荷が蓄えられているかどうかを検出できるだけでなく、フローティングゲートがトランジスタのしきい値電圧に与える影響を慎重に測定すれば、その電荷をかなり高い精度で測定できる。

　フローティングゲートの電荷レベルが測定できるようになると、非常にいいことがある。複数のビットを1つのフラッシュセルに格納できるのだ。これを図解すると、図6-9のようになる。1ビットだけを格納するフラッシュセルは**シングルレベルセル**（Single-Level Cell：SLC）と呼ばれる。SLCでは、有効な電圧レベルは2つだけだ。したがって、フラッシュセルはバイナリデバイスであり、0または1のビットのどちらかを格納できる。4種類の電圧をセルに格納するようにフラッシュデバイスを構成した場合、そのフラッシュセルは2ビットを符号化できるようになる。8種類の電圧をセルに格納するようにフラッシュデバイスを構成した場合、そのフラッシュセルは3ビットを符号化できるようになる。

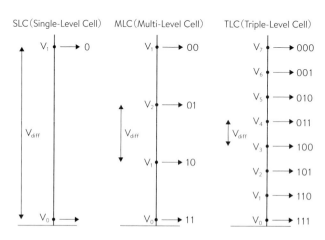

［**図6-9**］シングルレベルフラッシュとマルチレベルフラッシュの符号化

厳密に言えば、複数のビットを格納するフラッシュセルはすべて**マルチレベルセル**（Multi-Level Cell：MLC）である。本書の執筆時点では、市販のフラッシュデバイスが1つのセルに格納できるビットの数は、最大で4ビットである。

1つのセルに複数のビットを詰め込むことには欠点がある。一般に、デバイスのフローティングゲートに蓄えられる電荷の最大レベルは他の要因によって制限され、任意に増やすことはできない。つまり、マルチレベルデバイス間の電荷レベルの差は、セル1つあたりのビット数が増えるに従って小さくなる（図6-9を参照）。この電圧差が小さいほど測定が難しくなり、読み取りと書き込みのエラーが発生する可能性が高くなる。MLCのほうが絶縁隔壁に閉じ込められた寄生電荷に弱い。というのも、寄生電荷のせいでゲートの電荷が測定しにくくなるからである。つまり、MLCの耐性はSLCよりも弱い。

セルのエラーを最小限に抑える手法がいくつかある。これらの手法については、279ページの「ウェアレベリングとフラッシュ変換レイヤ」で説明する。

NORフラッシュとNANDフラッシュ

一般的には、フラッシュデバイスの個々のセルはすべて同じように機能する。フラッシュストレージチップがどのように使用されるかは、そのチップのシリコン上にセルがどのように配置され、どのように接続されるのかによってある程度決まる。現時点では、フラッシュセルをストレージアレイに統合する、まったく異なるアーキテクチャが2つある。

- NOR（Not-OR）**フラッシュ**
  DRAMと同様に、マシンワード単位での読み書きが可能である。NORフラッシュは書き込みと消去にNANDフラッシュよりも時間がかかり、密度も低いが、読み取りはNORフラッシュのほうが高速である。コードのインプレース実行[13]をサポートする（つまり、最初にRAMにコピーしない）ことが可能であり、組み込みデバイスでのファームウェアの格納によく使用される。
- NAND（Not-AND）**フラッシュ**
  512～4,096バイトの大きなページ単位でアクセスされる。ページはたいてい16KB以上のブロックにまとめられる。NANDフラッシュの読み取りと書き込みはページ単位で行われるが、消去はブロック単位でのみ行われる。NANDフラッシュの書き込みと消去はNORフラッシュよりも高速で、密度も高いが、読み取りはNORフラッシュよりも低速である。アレイへのすばやいランダムアクセスをサポートしないため、コードのインプレース実行は一般にできない。

---

[13] ［訳注］NORフラッシュはマシンワード単位で読み込みができるので、CPUはNORフラッシュに書き込まれているプログラムコードをRAMにコピーしなくても、直接読み取りながら命令を実行できる。

図6-10はNORフラッシュアレイを示している。3章の図3-4に示したDRAMと似ていることに注意しよう。各ビット線とワード線の交差する場所にセルが1つある。NORという用語は、デジタルロジックや基本演算のNORに由来している。NORのワード線に入力を1つ与えると、反転された（論理レベルを逆にした）出力がビット線に生じる。

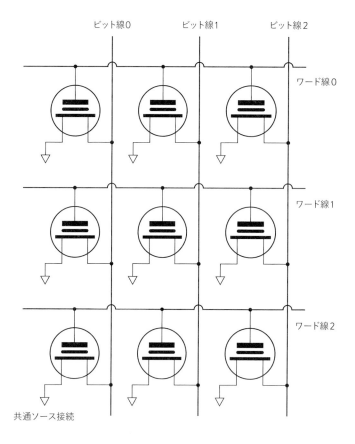

ビット線0　　　ビット線1　　　ビット線2

ワード線0

ワード線1

ワード線2

共通ソース接続

[図6-10] NORフラッシュアレイ

NANDフラッシュは、不揮発性RAMというよりも大容量ストレージとして設計された。コスト効率を高めるには、ストレージアレイ内に極めて大量のセルを配置しなければならない。NANDアレイでは、セルは1つずつではなく、直列に接続された32個または64個のセルのグループで指定される［図6-11］。そのようなグループを**ストリング**（string）と呼ぶ。ストリングの先頭と末尾のトランジスタスイッチにより、ストリング全体が同時にビット線に接続されたり、ビット線から切断されたりする。これはNANDゲートの入力回路と似ている。NANDゲートの入力回路には複数の入力があり、出力をLowレベル（0）にするには、入力をすべてHighレベル（1）に遷移させなければならない。

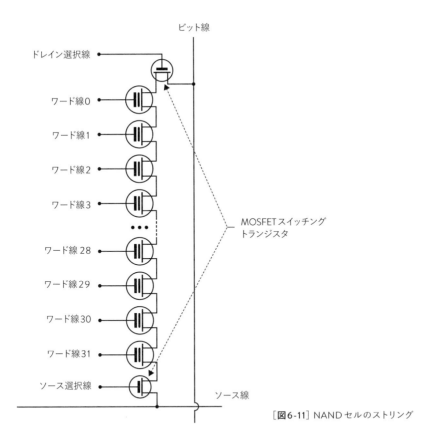

ビット線

ドレイン選択線

ワード線0

ワード線1

ワード線2

ワード線3

・・・

ワード線 28

ワード線 29

ワード線 30

ワード線 31

ソース選択線

MOSFETスイッチング
トランジスタ

ソース線

[**図6-11**] NANDセルのストリング

NANDアレイはNORアレイよりも高密度である。というのも、複数のセルを直列に並べると、個々のフラッシュセルをワード線とビット線に接続する場合に比べてオーバーヘッドが大幅に減少するからだ。このことはチップ表面の「配線」を減らし、より多くのセルを作り込むスペースに充てられるようにする。

NORフラッシュとNANDフラッシュの違いを考える方法の1つは、NANDセルのストリングを、NORアレイにおける1つのフラッシュセルに置き換えて考えてみることである。1つのストリングに複数のセルを配置するには、図6-12に示すような追加のアドレッシングが必要である。NANDのストリングのセルは直列につながれているため、まとめてプログラムすることはできない。代わりに、アレイの復号回路は大量のストリング（512から4,096）の対応するビットをそれぞれ**ページ**（page）単位で扱う。NANDページは、1回の演算で読み書きできる最も小さな単位である。

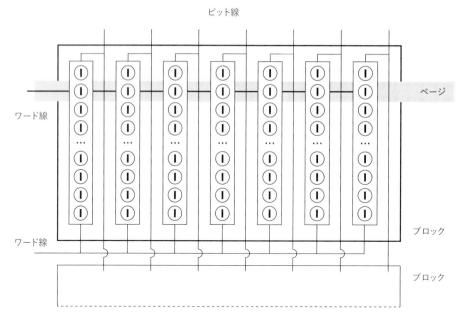

ページ

ワード線

ブロック

ワード線

ブロック

[**図6-12**] NAND のストリング、ページ、ブロック

　1つのページを横切るすべてのセルストリングをまとめて**ブロック**（block）と呼ぶ。NANDブロックのサイズは、ストリング内のセルの個数とページ内のストリングの個数に応じて、16〜128KBになる。NANDアレイのブロックの個数には開きがあるが、通常は2,048以上である。

　NANDアレイのストリングからセルを1つ読み取るには、ストリング全体が通電している必要がある。そうでなければ、個々のセルの状態をテストする方法がないことになる。読み取り操作では、まず（読み取り中のものを除く）すべてのMOSFETの制御ゲートに電圧を加える必要がある。この電圧は、フローティングゲートの電荷状態に関係なく、MOSFETすべてを完全に通電させるのに十分な高さである。これで実質的には、それらをデータストレージデバイスとして回路から取り出し、一時的に単純な伝導体として機能させることになる。ストリングの残りの部分が通電したあと、読み取るMOSFETのゲートにしきい値に近い電圧が加えられる。ゲート、ひいてはストリング全体の通電は、フローティングゲートの電荷によって決まる。このストリングを流れる電流に応じて、セルは0または1のビットとして解釈される。

　フラッシュアレイでは、すべてのセルがデータの格納に使用されるわけではなく、一定の数のセルがECCの誤り検出と訂正に使用される。また、次項で説明するように、予備のセルとして確保され、フラッシュ変換レイヤ（Flash Translation Layer：FTL）によって不良ブロックの管理に使用されるものもある。

フラッシュメモリのもう1つの特徴は、NORとNANDの違いを生んでいる。ビットを消去するプロセスが、新しいビットを書き込むプロセスと電気的に異なっているということだ。消去により、消去される領域のビットはすべて1にセットされる。消去プロセスの一環として書き込まれる以外、フラッシュセルに1のビットが書き込まれることはない。フラッシュセルに新しいデータが書き込まれる際、実際に書き込まれるのはデータ中の0のビットだけで、1のビットは単に書き込まれないままである。このことからわかるように、フラッシュメモリは**書き込み前消去**(erase-before-write)方式であり、すべての書き込み操作に先立って消去操作が必ず実行され、それにより、0のビットで上書きできる1のビットが用意される。NANDストレージでは、1回の操作で消去できる最小単位はブロックである。NORアレイでは、データの読み書きがマシンワード単位(8ビットから64ビット)で実行できなければならないため、消去可能な最小単位はマシンワードである。このためインプレース実行(Execute In Place：XIP)が可能となるが、NORアレイでのバイトあたりの書き込みはNANDよりも低速になる。

ウェアレベリングとフラッシュ変換レイヤ

フラッシュの大きな問題は耐性である。セルが耐えられる消去とリライトの回数には上限があり、それを超えるとフローティングゲートの絶縁体が劣化し、それらのセルは使用できなくなる。TLC(Triple-Level Cell)のNANDでは、消去とリライトが1,000回を超えたあたりから問題が生じることがある。従来のハードディスクにこのような耐性の問題はない。このため従来のファイルシステムでは、特定のハードディスクプラッタ上の特定のセクタに対する書き込みの回数は特に制限されない。

となれば、フラッシュセルのいずれかのブロックがあまりにも早く耐性の限界に近づくのを阻止し、使用不能になったブロックをフラッシュデバイスの有効容量から除外するためのメカニズムがあるに違いない。そのようなメカニズムとして、**フラッシュ変換レイヤ**(Flash Translation Layer：FTL)と呼ばれるものがある。というのも、FTLはファイルシステムと「生」のフラッシュストレージアレイの間に割り込み、ファイルシステムからLBA(Logical Block Addressing)方式のハードディスクコマンドを受け取り、それらのコマンドをフラッシュアレイへの1つ以上のアクセスに変換するからである。ハードディスクのLBAとは異なり、このLBAはフラッシュアレイの決まった位置を参照するわけではない。FTLは、ファイルシステムが理解するLBAが現在アレイのどこを指しているのかを示すマッピングテーブルを管理している。のちほど説明するように、LBAはフラッシュアレイの内部で次々に場所を変える。

FTLには、ファイルシステムのデータがフラッシュアレイのどこに格納されているのかを追跡すること以外に3つの重要な役割がある。これらの役割はメンテナンスに分類するほうが適切かもしれない。

- **ウェアレベリング**（wear levelling）
  特定のフラッシュブロックが書き換えられた回数を追跡し、最も使用頻度の低いブロックに新しいデータを書き込む。
- **ガベージコレクション**（garbage collection）
  利用可能のマークが付いたブロックを回収し、利用可能なブロックからなるプールに戻す。
- **不良ブロック管理**（bad-block management）
  不良ブロックを特定し、使用されないように削除し、予備のブロックと置き換えて、フラッシュアレイの仕様に記載された名目上の容量を保つ。

　ウェアレベリングは、FTLの最も重要な仕事である。ウェアレベリングの処理方法は何種類かある。最も一般的なのは、BAT（Block Aging Table）を使って特定のブロックに対する消去／書き込みの回数をカウントすることだ。フラッシュアレイに書き込まれた新しいデータは、最も使用頻度が低いと見なされたブロックに格納される。このプロセスは**動的ウェアレベリング**（dynamic wear levelling）と呼ばれる。

　コンピュータの使われ方から、どうしても他よりも頻繁に変化するデータがある。たとえば、設定用のデータはデータベースのレコードほど頻繁に変化しない。FTLは、**静的ウェアレベリング**（static wear levelling）または**グローバルウェアレベリング**（global wear levelling）と呼ばれるプロセスを通じて、変化の頻度が最も低いデータを特定し、耐性の限界に近づいているフラッシュブロックにそれらのデータを移し替える。そのようなデータは滅多に変化しないため、ウェアレベリングを完全に動的にするよりも、そうした「古い」ブロックを長く使い続けられる。

　フラッシュデバイスが真新しい状態のとき、書き込みポリシーは単純である。一度も書き込まれたことのないブロックにデータを書き込めばよい。フラッシュセルは消去してから書き込まなければならないことを思い出そう。フラッシュブロックの消去には、新しいデータの書き込みと比べて100倍もの時間がかかる。新しいフラッシュデバイスは、すべてのブロックがあらかじめ消去されているため、最初のうちは動作がきびきびしている。すべてのブロックが1回は書き込まれた状態になったあと、FTLは書き込みの準備をするためにブロックを消去しなければならなくなり、パフォーマンスは低下するだろう。

　この影響は、最初に思った以上に深刻である。NANDフラッシュアレイへのデータの書き込みはページ単位で実行されるが、ブロックは多くのページで構成されており、そのページの1つを書き換えるにはブロック全体を消去しなければならない。このため、フラッシュは「インプレース」でのデータの書き換えを許可しない。ブロック内のページを1つ変更するには、変更したページを、消去されてから一度も書き込まれていないページに書き込む。消去済みの領域がまだ残っている場合、それは同じブロックのページかもしれないし、まったく別のブロックのページかもしれない。元のページは「無効扱い」になる。消去済みの領域がない場合、FTLはまず、新しい（有効な）データを含んでいないブロックを消去しなければならな

いだろう。1つのページにデータを書き込んだだけで、複数のページが消去/書き込み演算の対象になるかもしれない。この現象は**ライトアンプリフィケーション**（write amplification）と呼ばれ、フラッシュアレイを劣化させる。ライトアンプリフィケーションを最小限に抑えることは、どのFTLにおいても最優先事項である。

ウェアレベリングを支援するために、デバイスの製造時にデバイスの名目上の容量に計上されないブロックが一定の数だけ確保される。この領域は**オーバープロビジョニング**（overprovisioning）と呼ばれる。こうした「予備」のブロックの一部は、故障したブロックの交換に使用される。ほとんどの予備ブロックは、ライトアンプリフィケーションを抑制するための、空きブロックからなるオンチップキャッシュのようなものとして使用される。オーバープロビジョニングの割合はデバイスやメーカーによって大きく異なるが、デバイスの表示容量の150%に達することがある。オーバープロビジョニングによってデバイスのコストは増すが、耐用年数を延ばす効果がある。

ガベージコレクションとTRIM

FTLには、一般に、無効なページを1つ以上含んでいるブロックから「有効な」ページを集め、それらを新しいブロックにまとめるバックグラウンドタスクがある。有効なページがなくなったブロックには、あとで消去するためにマークを付けておくことがある。このプロセスは**ガベージコレクション**（garbage collection）と呼ばれる。大ざっぱに言えば、ガベージコレクションはハードディスクのデフラグに似ている。このプロセスでは、有効なデータを含んでいないブロックも消去して、新しいページの書き込みに利用できるブロックを増やす。消去には時間がかかるため、FTLはデバイスがOSからの読み取りリクエストや書き込みリクエストに追われていない「静かな時間」にブロックを消去する。

ガベージコレクションには、次のような問題がある。OSがページにマッピングされているLBAを書き換えると、FTLはそのページが無効であることを示すマークを付けるだけである。ファイルがOSレベルで削除される（そしてごみ箱が空にされる）と、OSはそのLBAに利用可能であることを示すマークを付ける。つい最近まで、OSには、削除されたファイルにマッピングされていていつでも消去して再利用可能なページをFTLに教える手段がまったくなかった。2000年代の後半に入ると、SATAのコマンドセットにTRIMコマンドが追加された（TRIMは頭字語ではないが、SATAのコマンドは大文字にするのが慣例となっている）。TRIMコマンドを利用できるのはSATAインターフェイスのフラッシュデバイスだけである。通常、それはSSDを意味する（USBフラッシュドライブとSDメモリカードはTRIMをサポートしていない）。OSはファイルを削除する際、SSDに対してTRIMコマンドを発行する。そのコマンドには、削除されたファイルに属しているすべてのセクタのLBAが含まれている。SSDのFTLはそれに応じて、それらのLBAにマッピングされているすべてのフラッシュブロックに消去と再利用のマークを付けられる。

TRIMコマンドは、フラッシュアレイに「これらのLBAを直ちに消去せよ」と指示するコマンドだと誤解されがちだが、そうではない。TRIMコマンドは、削除されたファイルシステムをFTLに教えるだけである。それらのLBAにマッピングされているブロックは、ガベージコレクションによって時間があるときに消去されることになる。かなり最近のフラッシュデバイスには、Secure TRIMという新しいコマンドが用意されている。このコマンドは、消去のマークが付いたページがすべて実際に消去されるまで、他のフラッシュアレイのアクティビティを保留にする。

フラッシュデバイスでは、マスキングとエッチングの際に生じる物理的な細かい傷のせいで、製造時にかなりの数のブロックが利用不能になり、ユニットテストの際に不良のマークが付けられる。同じ理由により、利用可能なブロックのなかには他のブロックよりも耐性が高いものや低いものがあり、普通に使っている最中に壊れるものもあるだろう。FTLは、どのブロックがECCエラーを生成したのかを記録し、エラーの数がしきい値を超えたときに、それらのブロックに利用不可のマークを付ける（ECCの簡単な説明については、3章を参照）。デバイスの容量が徐々に減っていくのを回避するために、オーバープロビジョニングによって最初から予備として確保されているブロックが利用可能なブロックのプールに追加される。

FTLソフトウェアは特殊なマイクロコントローラ上で動作する。それらのコントローラはARM CPUをベースにしていることが多い。つい最近まで、コントローラチップとNANDフラッシュストレージアレイチップは別々のICパッケージの別々のダイだった。これら2つのICは回路基板レベルで統合されていた。現在では、NANDアレイとそれらのコントローラは1つのICパッケージに統合されているが、それぞれ別のダイの上にある。フラッシュチップとマイクロコントローラチップの製造プロセスには重要な違いがあるため、当面、これら2つのチップが1つのダイを共有することはないだろう。ただし、フラッシュコントローラソフトウェア用のCPUが別にあるとは限らないことに注意しよう。最も安価なポータブル音楽プレイヤーは、基本的にはUSBフラッシュドライブであり、2行の液晶ディスプレイ、ヘッドホンジャック、いくつかのボタンを備えている。そのようなデバイスのオーディオコーデックとUIマネージャは、コストを抑えるために、フラッシュコントローラと同じシリコン上で動作することが多い。この場合、FTLは単に、ディスプレイと入力ボタンを持つシンプルなリアルタイムOSのコンポーネントの1つである。

SDメモリカード

つい最近まで、フラッシュベースのSATA SSDはまだ少し珍しかったが、1994年にコンパクトフラッシュ（Compact Flash：CF）カードが登場して以来、コンシューマ向けのフラッシュストレージが市場に出回っている。初期のCFカードはNORフラッシュを使用していたが、大容量化に対する市場の需要に応えて、より高密度のNANDフラッシュに替えられた。1997年に登場したマルチメディアカード（MultiMedia Card：MMC）フォーマットは、わずか24×32ミリで、CFの半分以下のサイズだった。1999年にMMCの基本仕様にさまざまなデジタ

ル著作権管理（Digital Rights Management：DRM）機能を追加したSDメモリカードが登場すると、すぐにカード型のリムーバブルストレージフォーマットの主役となった。SDメモリカードは、縦横のサイズはMMCと同じだが、厚さが1ミリ厚い。MMCはSDメモリカードスロットに差し込めるが、その逆はできない。

2000年にIBMがUSBフラッシュドライブを発表すると、フラッシュカードスロットのないデスクトップPCやノートPCでリムーバブルフラッシュストレージを使用できるようになった。最も初期のフラッシュドライブでも3.5インチフロッピーディスクの数倍の容量があり、その頃からフロッピーディスクドライブがデスクトップPCから姿を消し始めた。

Raspberry Piは、ソフトウェアとデータの両方を含め、主要な不揮発性ストレージにSDメモリカードフォーマットを使用している。SDフォーマットは3世代にわたっている。

- SDSC（Secure Digital Standard Capacity）
  8MB～2GBを格納
- SDHC（Secure Digital High Capacity）
  4～32GBを格納
- SDXC（Secure Digital Extended Capacity）
  64GB～2TBを格納

それぞれの世代には下位互換性があるため、SDHCカードスロットとSDXCカードスロットでは、前世代のカードを読み取ることができる。SDXCカードはたいていexFAT（extended File Allocation Table）ファイルシステムでフォーマットされた状態で販売されており、わざわざNTFSファイルシステムを使用しなくても、FAT32よりも高いカード容量にできる。exFATはMicrosoftの特許技術であり、Linux（Raspbianを含む）でのサポートは、特許問題によりまだ制限されている。Raspberry PiのブートローダはexFATカードから起動できないため、SDXCカードをRaspberry Piで使用するには、FAT32で再フォーマットしなければならない。

SDカードには高速なものもあり、転送速度によっていくつかのクラスがある。対応するクラス番号は、継続的なシーケンシャルアクセス時の1秒あたりのおおよそのデータ転送量をメガバイト単位（MB/秒）で表わしたものである。たとえば、クラス4のカードのデータ転送速度は4MB/秒、クラス10のカードのデータ転送速度は10MB/秒である。SDメモリカードの仕様は2009年に拡張され、UHS（Ultra-High Speed）フォーマットが追加された。UHSフォーマットは、カードの電気的インターフェイスとコントローラインターフェイスの両方を変更し、100MB/秒もの速度を実現する。UHSカードは従来のSDインターフェイスに対応しているが、その場合、旧式のインターフェイスが許可する以上の速度は実現されない。

速度がクラス番号で記載されているので、SDメモリカードの速度は簡単にわかるという印象を与えるが、実際の速度はSDメモリカードがどのように使用されるのかに大きく依存する。SDメモリカードの大半はデジタルカメラや音楽プレイヤーのようなデバイスで使用される。この場合は、シーケンシャルな読み取りと書き込みの速度がパフォーマンスの直接

の決定因子となる。このような用途には、クラスが表す速度で十分かもしれない。一方で、Raspbianなどの汎用OSは、カードの不連続な領域への小さな読み書きを頻繁に行う傾向がある。この場合は、ランダムアクセスのパフォーマンスが決定因子となる。フラッシュ技術では「読み取り、変更、消去、書き込み」のサイクルが不可避であるため、ランダムアクセスはSDメモリカードが最も苦手とするものである。たとえクラス10のカードであっても、比較的小さな読み書き操作の頻繁な実行に合わせて最適化されていなければ、それ以下のクラスであってもランダムアクセスのパフォーマンスがよいカードのほうが、Raspberry Piでのパフォーマンスがはるかによいかもしれない。そこでものを言うのが、SDメモリカードのコントローラの設計である――バッファ処理を慎重に利用すれば、フラッシュアレイに対して実際に実行される読み書きの回数は最小限に抑えられる。それにより、ランダムアクセスでのパフォーマンスは改善される。残念ながら、ランダムアクセスのパフォーマンスに関しては、SDメモリカードに表記する基準はない。この問題に関しては、特定のカードのグループで実施されたベンチマークを公開しているサイト[*14]が参考になるかもしれない。

　また、「偽」のSDメモリカードもかなり出回っている。たとえば、32GBと表記された偽のカードに2GBの容量しかないことがある。こうした問題を回避する一番の方法は、返品に応じる信頼できる小売店から購入することである。

　最新のSDメモリカードのインターフェイスでは、バス幅は4ビットである。以前のカードは低速なシングルビットバスを使用していた。このため、あとの世代のカードでは、ホストがカードを識別し、世代、バス幅、機能セットを特定するまでの間、起動時にホストプロセッサがシングルビットバスを通じてカードとやり取りできるようになっている。初期化後は、ホストが完全なバス幅を利用できるようになる。この起動プロトコルでは、ホストはSDメモリカードの容量、速度、機能も特定できる。SDメモリカードの基本仕様はそのようなことに対応していない。

　ホストは、ハードディスクやSSDと同じように、コマンドセットを使ってSDメモリカードを制御する。SDメモリカードのコマンドセットは、古いMMCのコマンドセットを拡張したものである。それらの主な違いは、SDメモリカード規格のDRMセキュリティの仕組みに関連している。

eMMC

　すべてのフラッシュストレージがリムーバブルである必要はなく、スマートフォンやタブレットのようなデバイスの他の部分が組み込まれている回路基板から離れている必要もない。ICの一種に、eMMC（embedded MMC）という規格で定義されているものがある。eMMCは、BGA（Ball-Grid Array）パッケージを使って回路基板にはんだ付けするように設計され

---

*14　［訳注］http://thewirecutter.com/reviews/best-sd-card/

ている（BGAについては、3章で説明した）。フラッシュコントローラとNANDフラッシュアレイは別々のダイの上にあるが、**MCP**（Multi-Chip Packaging）と呼ばれる技術を使って同じパッケージに収められている。

　eMMCインターフェイスは、MMCインターフェイスの拡張である。eMMCのバス幅は8ビットであり、MMCのコマンドセットにフラッシュ用のSATAコマンドを追加している。追加のコマンドには、TRIM、Secure TRIM、Secure Eraseが含まれている。Secure Eraseコマンドは、回復不能な方法でNANDアレイ全体を消去する。このため、記録されているデータの観点から「eMMCデバイスを初期状態に戻す」と言われる。なお、それまでの使用によって低下した耐性は元に戻らない。

　eMMCストレージは、多くの場合、スマートフォンやタブレットのようなデバイスに不可欠な唯一の不揮発性ストレージである。このため、最新のeMMC規格（v5.1）では、2種類のブートパーティションに加えて、**RPMB**（Replay-Protected Memory Block）という追加のパーティションが規定されている。RPMBパーティションには、DRM関連のコードと復号鍵が含まれる。これらのパーティションは、実際にはフラッシュアレイの製造時に確保される。このため、大ざっぱに言えば、従来のハードディスクでは出荷時に済ませているローレベルフォーマットに相当する。eMMCデバイスの残りのストレージはユーザー空間と見なされ、ユーザーデータを保持する汎用パーティションを最大で4つ設けられる。

　ほとんどのeMMCデバイスは、密度を高めるために、符号化にMLC（Multi-Level Cell）またはTLC（Triple-Level Cell）を使用する。MLCは産業用のデバイスでよく使用され、TLCはコンシューマ向けのデバイスでよく使用される。前者は、長期的な信頼性を要求するが、コストはそれほど重視されない。後者は、信頼性とコストに関して前者とは逆のことが当てはまる。eMMC規格では、密度が低下することと引き換えに信頼性を高めるため、符号化にSLC（Single-Level Cell）を使用するエンハンスモードの領域を定義している。デフォルトでは、ブートパーティションとRPMBがそのような領域である。必要であれば、ユーザー空間の一部をエンハンスモードの領域として指定することもできる。フラッシュアレイでエンハンスモードの領域を確立できるのは1回だけであり、そのあとは元に戻すことができない。通常、この作業はeMMCが組み込まれている電子回路の製造業者によって組み立てとOSのインストールの過程で行われる。

　2012年にリリースされたUFS（Universal Flash Storage）という規格が今後eMMCに取って代わるかもしれない。UFSには、ホストプロセッサとの電気接続の新しい規格であるM-PHYと、OSやアプリケーションとの論理接続のためのSCSIアーキテクチャモデルが組み込まれている。UFSにより、回路基板にはんだ付けできる1つのICパッケージでSSDに匹敵する性能を実現できるようになる。最初のUFSデバイスは2015年の初めに登場している。本書の執筆時点では、容量は256GBに達している。

不揮発性ストレージの未来

本書の執筆時点で、不揮発性半導体メモリの分野にフラッシュを脅かすようなライバルは存在しない。フラッシュベースのSSDは本領を発揮しつつあり、現在では2TBユニットが広く利用されている。まだ高価ではあるが(だいたい500ポンド)、これまでの傾向からすると、そのうち価格は急速に下がるはずだ。512GBのSDXCフラッシュカードも市場に登場している。SDXCフォーマットの最大容量は2TBである。残念ながら、デジタルロジックデバイスのメーカーが直面しているのと同様の、物理的かつ経済的な課題が、平面(2D)のフラッシュベースストレージで達成可能な密度に制限を課しており、その限界が見えつつある。本書の執筆時点では10ナノメートルのプロセスノード(かつてないほど微細化された次の半導体製造技術)に近づくに従い、フラッシュが頼りとする十分に絶縁されたフローティングゲート構造を確実に製造することは難しくなり、新しい製造設備に対する投資の正当性を証明するのは難しくなると考えられている。

このような限界を乗り越えるために、現在、3D積層実装の研究が盛んに進められている。3D積層技術により、セルストリングが平面的なチップに水平に配置されるのではなく、チップに垂直に配置されるNANDフラッシュセルアレイの製造が可能になる。それにより、製造プロセスのサイズを小型化することなく、密度を高められるようになる。現在、3D NANDフラッシュを使った初の製品が市場に投入されている。この技術が完成したあかつきには、そうした製品の密度も向上するようになるだろう。注意しなければならない点が1つある。3D構造の場合は必要な工程手順が増えるため、新しいプロセスノードに移行しても、これまでのようにビットあたりのコストが急激に低下する可能性は低い。

前途有望なもう1つの新技術はRRAM(Resistive RAM、またはReRAM)である。RRAMはフローティングゲートセルを完全になくしたEEPROMメカニズムであり、十分に高い電圧が加わったときに抵抗を変化させる物質を含んだセルにデータを記録する。製品化にはまだ数年かかるが、その前段階として、フラッシュよりもセルのサイズを小さくしたり、読み書きの遅延を減らしたりすることが可能になるかもしれない。

全体的な傾向は明らかである。回転するディスクは可動部品のない半導体ストレージに押されて地歩を失いつつある。この傾向は、携帯型コンピュータの人気とビデオの解像度が同時に上昇することにも起因している。新たに登場したUHD(Ultra-High Definition)テレビは、コンテンツの驚異的な品質と引き換えにストレージをごっそり消費する——100分の映画で15GBを消費する。1TBのハードディスクなら、そのような映画が何本も収まるだろう。しかし、OSとアプリケーションに必要な領域を考えると、ローエンドの16GBのタブレットには、映画は1本も入りそうにない。現在のSSD規格とeMMC規格では、2TBのフラッシュデバイスが可能である。シリコンの製造は容赦なくその方向に向かっており、10年以内には、回転するディスクが紙テープのように古めかしく見えるようになるかもしれない。

7章 有線イーサネットと無線イーサネット
Wired and Wireless Ethernet

　長い間、世界中のコンピュータの数はあまりにも少なかったので、相互に接続したところで誰も得をしなかった。メインフレーム時代の「データ共有」は、うずたかく積まれた紙にレポートを印刷し、データを必要としている人に送ることだった。初期のデータ通信の目的はネットワーキングではなく、端末、カード/テープリーダー、プリンタをタイムシェアしていたユーザーにリモートアクセスを提供することだった（詳細については6章を参照）。ネットワークはコンピュータどうしを接続するものというよりは、コンピュータを周辺機器に接続するものだったのだ。現在理解されている**ネットワーキング**（networking）は、本来なら独立しているコンピュータ間でデータファイルやコマンドを転送することである。

　1965年頃のミニコンピュータの登場によってコンピュータのコストが下がると、大学や研究機関にどうにか相互接続できる「構内」コンピュータがようやく設置されるようになった。その後、ネットワーク技術は急速に進歩した。当初の目標は、別の建物や別の研究キャンパスなど、離れた場所にあるコンピュータを**ワイドエリアネットワーク**（Wide-Area Network：WAN）と呼ばれるようになるもので接続することだった。ローレンス・ロバーツとトーマス・マリルがマサチューセッツ工科大学のリンカーン研究所で行っていたWANハードウェアの実験研究は、1969年にはARPANET（Advanced Research Projects Agency Network）に発展した。ARPANETは後世に大きな影響を与えた研究ネットワークだった。ロバート・カーンとヴィントン・サーフはTCP/IP（Transmission Control Protocol/Internet Protocol）を開発した。TCP/IPは1983年にARPANETで完成し、のちに現代のインターネットの土台となった。

　1971年、ハワイ州立大学はいくつかの島に散らばっている大学のコンピュータを無線信号でリンクさせる手段として、ALOHAnetを導入した。ALOHAnetはパケットを使用した最初のネットワークの1つであり、間違いなく最初の無線ネットワークだった。衝突検出やバックオフ、再伝送のような手法を用いて、あらかじめ調停することなく共有メディア（この場合は、電波の帯域）にアクセスするというコンセプトがALOHAnetによって確立された。ALOHAnetは、当時開発中だったイーサネットに着想を与えたものの1つでもあった。ALOHAnetには、イーサネットと共通する機能があった。このイーサネットが本章のテーマである。

その少しあとに、1つの建物内に複数のコンピュータが隣接して置かれるようになると、**ローカルエリアネットワーク**（Local-Area Network：LAN）が登場した。最初に導入されたLANの1つは、1974年にケンブリッジ大学で実装されたCambridge Ringだが、商品化されずに終わった。Xerox Corporationは1970年から1975年にかけて、DEC（Digital Equipment Corporation）やIntelと協力してのちにイーサネットとなるものを開発し、1976年に仕様を公開、1980年にイーサネットとして標準化した。業界に熱狂的に迎えられたイーサネットは、1983年にIEEE 802.3規格として策定された。1985年、IBMはイーサネットに対抗してトークンリングネットワークアーキテクチャを発表したが、そのアーキテクチャの独自性が妨げとなり、広く成功するには至らなかった。

1970年代以降は、数百ものネットワーク技術が現れては消えていった。そのなかには、本当に最小限の技術もあった——XModemとKermitは、1970年代の後半から1980年代の前半にかけて、2台のマイクロコンピュータ間でのファイル転送に広く利用されたソフトウェアパッケージで、両者間の通信にシリアルポートが使用されていた。この方法には、よく**ヌルモデム**（null modem）と呼ばれる特別なシリアルクロスケーブルが必要だった。一方のコンピュータのシリアル送信線ともう一方のコンピュータのシリアル受信線をクロスケーブルで接続して、他の通信装置を介さずに直接通信することができた。掲示板システム（Bulletin-Board System：BBS）では、複数のコンピュータが電話回線とモデムを使ってリモートコンピュータに接続し、テキストメッセージ通信やファイル転送ができた。1990年代の後半には、インターネットはWANの主流に、イーサネットはLANの主流となった。

ネットワークのOSI参照モデル

ネットワークを作り上げることは一筋縄ではいかない仕事である。というのも、それは、携帯デバイスからデスクトップコンピュータ、サーバーに至るまで、さまざまな種類のコンピュータにまたがる極めて多種多様な技術の橋渡しをすることだからだ。このことを理解するためにはロードマップが必要だ。幸い、1980年代の半ば以降は、そのようなロードマップとして**OSI参照モデル**（Open System Interconnection reference model）がある。OSI参照モデルは、1984年に国際標準化機構（International Organization for Standardization：ISO）の規格として策定された。

> **NOTE** ISOは頭字語ではなく、古代ギリシア語で「等しい」を意味する**isos**に由来する。

OSI参照モデルは、IEEE 802.3 Ethernetの規格書と同じ意味での「仕様」ではない。多数の小さな概念で構成されるネットワークという大きな概念の「全体像」を把握するための

手段である。OSI参照モデルは教育ツールであり、エンジニアやプログラマーがネットワーク技術について話し合うときに同じ認識を持てるようにするための手段でもある。基本的なアイデアは、コンピュータネットワークを複数の概念的なレイヤ（層）に分割する、というものである。これらの層は、最上層のネットワークアプリケーション（メールクライアント、Webブラウザなど）から、最下層の銅線ケーブルと光ファイバケーブル、電波、およびそれらに関連する電気回路までを包含する。ネットワーク接続を流れるデータの旅は、OSI参照モデルの最上層から始まり、途中の各層を通って最下層の物理層にたどり着く。そこから物理リンクを通って別のコンピュータに到達し、そのコンピュータの物理層から最上層へとさかのぼっていく。図7-1は、OSI参照モデルを示している。

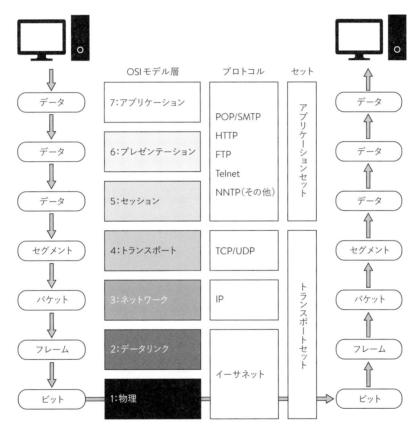

[**図7-1**] OSI参照モデル

NOTE　OSI参照モデルの模式図では、ネットワーク構造の各層は上下に積み重ねて描かれるため、よく**ネットワークスタック**（network stack）と呼ばれる。

ネットワーク技術の全体像を把握するために、OSI参照モデルの各層を順番に見ていこう。本章の主なテーマは有線イーサネットと無線イーサネットであり、どちらもRaspberry Piでひっきりなしに使用される。このため本章では、イーサネットと2つの重要なプロトコルをカバーする下位の4つの層を重点的に見ていく。2つの重要なプロトコルとは、TCP（Transmission Control Protocol）とIP（Internet Protocol）である。また、これら4つの層は**トランスポートセット**（transport set）と呼ばれる。1つの考え方としては、トランスポートセットが移動するデータに関するものであるのに対し、上位の3つの層はネットワークアプリケーションを通じたデータ処理に関するものである。後者は**アプリケーションセット**（application set）と呼ばれる。

OSI参照モデルの中心にあるのは、**抽象化**（abstraction）の概念である。この概念では、各層はリンク先の対応する層（**ピア**）と直接やり取りし、それよりも下の層の実装の詳細には左右されない。そのような詳細は「抽象化されている」と考えられる。このため、（一方のコンピュータのアプリケーション層に相当する）Webブラウザは（もう一方のコンピュータのアプリケーション層に相当する）Webサーバーと通信する際に、下位層のTCP/IPスタックが2台のコンピュータ間で信頼できるチャネルをどのように確立するのか、あるいは通信に使用する物理メディアがイーサネットケーブル、Wi-Fiリンク、光ファイババックボーン、その3つの組み合わせのいずれなのか、というような詳細には関知しない。

とはいえ、OSI参照モデルにも限界がある。すべてのネットワークシステムは各層にきちんと対応しているわけではなく、ネットワークシステム（特にインターネットプロトコル群）のなかには、階層型の参照モデルを独自に持つものがある。それらはOSI参照モデルが登場する前から存在し、OSI参照モデルのいくつかの層にまたがっている。しかし、ネットワーク技術を初めて学ぶとき、OSI参照モデルはその複雑さに対峙するうってつけの方法である。

アプリケーション層

ネットワークを横断する旅は、読者（ユーザー）がネットワーク対応のプログラムを起動したときに始まる。アプリケーション層の役割は、転送するデータを作成または選択することである。ユーザーが使用しているコンピュータは**ホスト**（host）と呼ばれる。ネットワークの向こう側にあるコンピュータもホストである。ユーザーがネットワーク通信に使用するプログラムは**クライアント**（client）と呼ばれる。ネットワークの向こう側にあるプログラムの多くは**サーバー**（server）である。サーバーは、もっぱらクライアントからのリクエストに応じて（人が介入することなく）ネットワーク経由でデータを送信するプログラムだ。サーバーは、一種のデータロボットとして考えることができる。つまり、クライアントがコマンドやデータをサーバーに送信すると、サーバーはコマンドやデータをクライアントに返送する。

アプリケーション層は、メール、チャット、Usenet[*1]、Webブラウザ、FTP、Telnetといったネットワーククライアントアプリケーションの「顔」にあたる。ネットワーク経由で送信されるコマンドやデータと、ターゲット（送信先）ホストのアドレスがアプリケーション層によって準備されると、それらはスタックを下降して次の層に渡される。

プレゼンテーション層

プレゼンテーション層という名前は少し誤解を招く。プレゼンテーション層はデータの表示とは何の関係もないからだ。実際には、データ変換を行う層であり、接続の向こう側にあるホストにデータがどのように「提示されるか」に関する層である。6章で説明したように、さまざまな文字コード規格があるが、そのうち最も重要なのは、ASCII、Unicode、EBCDICの3つである。ASCIIは現在ほぼすべてのことに使用されている。Unicodeは256文字以上の文字セットに対応する。EBCDICは「ビッグアイアン」の異名をとる古いIBMメインフレームでのみ使用される。そうした符号化（エンコード）の違いはプレゼンテーション層によって吸収される。多くの場合、プレゼンテーション層では暗号化とデータ圧縮という2つの作業も処理される。これらはオプションだが、最近ではかなり一般的な作業となっている。

プレゼンテーション層は、送信するデータを指定されたネットワーク標準の符号体系に変換することがある。ピアは、受信したデータを標準の符号体系からそのホストで推奨されている符号体系に変換したうえで、アプリケーション層に渡す。プレゼンテーション層は、送信するデータを次の層に渡す前に、データに適用されている暗号化や圧縮の種類を表す**ヘッダ**（header）を追加することがある。追加されたヘッダは、ピアが暗号や圧縮を解除するために使用される。ヘッダは入れ子の封筒にたとえられる。各ヘッダには、スタックの特定の層の構成要素に関連する情報が書き込まれている。ISO参照モデルのほとんどの層は、その上位の層から渡されたデータブロックにヘッダを1つ以上追加する。その後、そのデータブロックがターゲットホストのスタックをさかのぼる際に、ヘッダを追加した層のピアによってヘッダが順番に取り除かれ、解釈される。

このプロセスは**データのカプセル化**（data encapsulation）と呼ばれる。図7-2は、データのカプセル化を示している。PDU（Protocol Data Unit）は、OSI参照モデルの特定の層によって処理されるデータのブロックである。トランスポート層では、このデータブロックを**セグメント**（segment）と呼び、データリンク層では、**フレーム**（frame）と呼ぶ。なお、多くの人が「パケット」と「フレーム」を同じ意味で使用することに留意しよう。

---

*1　［訳注］1980年に開発された分散型の掲示板システム。

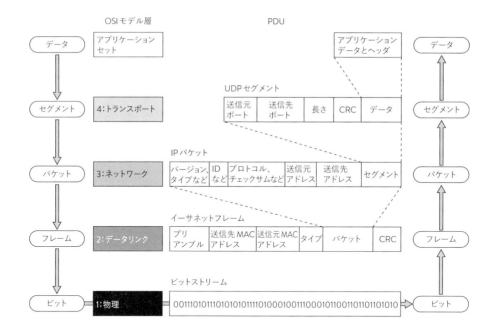

[**図7-2**] OSIモデルのデータのカプセル化

　IPパケットとイーサネットフレームのPDUは、図7-2に示されているものよりも複雑である。ここでは、図を単純にするために要約してある。トランスポート層のセグメントも、単純にするためにUDP（User Datagram Protocol）セグメントで示した。のちほど示すように、トランスポート層では、ずっと複雑なTCPセグメントもサポートしている。トランスポート層では、UDPセグメントかTCPセグメントを処理できる。

　図7-1と図7-2は、OSI参照モデルの各層を詳しく説明するときに役立つだろう。

セッション層

　セッション層は、プレゼンテーション層からデータを受け取ると、もう一方のホストとの間で実際の通信セッションを開始する。セッション層は、もう一方のホストと実際に通信できるかどうかを判断する。また、2つのホスト間の接続が全二重なのか、半二重なのかも判断する。**全二重**（full duplex）では、データを双方向で同時にやり取りできる。**半二重**（half duplex）では、データを送信できるのはどちらか一方だけである。この場合、もう一方のホストはデータが届いてその回線上の通信が「逆向き」になるのを待つ。

　ネットワークアプリケーションのなかには、もう一方のホストに対して複数の同時接続をリクエストできるものがある。たとえば、Webブラウザが1つのWebページをレンダリングするには、HTMLファイル、CSSファイル、およびその他さまざまなコンテンツファイルが必要かもしれない。セッション層は、そのような追加の接続を確立し、どのデータがどの接続

で送信されるのかを追跡する。また、セッション層は最も高いレベルのエラー応答も提供し、接続に失敗した場合に接続を自動的に再確立することがある。

　セッション層は、アプリケーションセットの一番下の層である。ネットワーク通信を行う多くのアプリケーションプログラムは、アプリケーションセットの3つの層のすべてに対応している。つまり、データの選択/作成、データの表示、セッションの管理が、Webブラウザやメールクライアントのような1つのプログラムによって処理される。リクエストしたセッションがすべて確立された時点でアプリケーションセットの仕事は終わり、データはトランスポートセットに渡される。トランスポートセットは、データそのものではなく、データを必要な場所に届けることに焦点を当てている。

トランスポート層

　送信側のトランスポート層の主な仕事は、1つ以上のプロセスからセッション層を通して渡されたデータを受け取り、（必要に応じて）扱いやすいサイズの**セグメント**に分割したうえで、キューに入れてネットワーク経由で送信することである。セグメントへの分割は**セグメント化**（segmentation）と呼ばれるプロセスであり、セグメントをキューに並べることは**多重化**（multiplexing）と呼ばれるプロセスである。受信側のトランスポート層では、それらのセグメントを組み立て直して、適切な受信プロセスに転送する。

　トランスポート層のプロトコルは、コネクション型とコネクションレス型の2つに分類できる。**コネクション型プロトコル**（connection-oriented protocol）は、2つのプロセス間に信頼性の高い、セグメントの並び順が保たれたデータストリームを提供する。このため一般的に、受信側にばらばらの順序で届くセグメントを並べ替え、ネットワークの途中でドロップまたは破損したセグメントを検出し、その再送をリクエストする仕組みを提供しなければならない。セグメントの順序がばらばらになるのは、セグメントをネットワークの遅延時間が異なる複数のルート（経路）でセグメントを転送する場合である。また、受信側の処理が追いつかないペースでデータが送信されてしまうのを防ぐために、フロー制御機能を提供することもある。**コネクションレス型プロトコル**（connectionless protocol）は、一般にコネクション型よりもはるかに単純であり、順序がばらばらのデータやエラーの処理はアプリケーションセットのプロトコル層に任せる。コネクションレス型プロトコルが提供するのは、せいぜい多重化機能程度である。

現代のインターネットでは、トランスポート層はTCPとUDPとで実装される。TCPはコネクション型であり、プロセスから受け取ったデータストリームをセグメントに分割し、シーケンス番号とチェックサムが含まれたヘッダを各セグメントに追加する。シーケンス番号は、受け取ったセグメントを並べ替え、欠損しているセグメントを検出するために使用される。チェックサムは、破損したセグメントを検出するために使用される。フロー制御はスライディングウィンドウ方式で行われる。つまりセグメントのヘッダには、接続の両端が受信可能なデータ量を指定できるウィンドウフィールドが含まれている。多重化は、ヘッダの送信元ポートフィールドと送信先ポートフィールドによって実現される。これらのフィールド（および送信元アドレス）は、受信側が各セグメントの宛先プロセスとストリームを識別するために使用される。

UDPは、はるかに単純なコネクションレス型プロトコルだ。UDPのヘッダに含まれているのは、多重化に必要な送信元ポートフィールドと送信先ポートフィールドの他は、長さフィールドとチェックサムだけである。UDPでは、破損したセグメントは再送されず、そのまま廃棄される。UDPがよく使用されるのは、VoIP（Voice over Internet Protocol）のようなアプリケーションである。そうしたアプリケーションでは、セグメントがたまに消失することは容認されるが、遅延は最小限に抑えられなければならない。

ネットワーク層

ネットワーク層は主に**ルーティング**（routing）に関わっている。つまり、ネットワーク層はデータがもう一方のホストに伝送されるときのパス（経路）を決定する。図7-1のOSI参照モデルでは、データは送信側のホストから受信側のホストに直接伝送されるように見えるが、WAN（インターネットを含む）では、常にそうなるとは限らない。多くの場合、ネットワークパスには途中に「中継点」となるコンピュータが1つ以上存在する。これらの**中間ノード**（intermediate node）は一般に、データを展開したり解釈したりせず、各パケットの送信先アドレスを調べてパケットを転送するだけである。このような転送を行う専用ハードウェアデバイスが**ルータ**（router）である。ルータは**ルーティングテーブル**（routing table）と呼ばれるテーブルを収容している。ルーティングテーブルにはネットワークアドレスと接続が含まれており、ルータは送信先ホストアドレスまでの経路をホストアドレスとルーティングテーブルをもとにして見つける。ルータについては、313ページの「ルータとインターネット」で詳しく説明する。

インターネットでは、ネットワーク層でIP（Internet Protocol）のほとんどの処理が行われる。IPは、トランスポート層からセグメントを受け取り、IP処理に必要な情報を追加してパケットにまとめる[図7-2を参照]。IPパケットは複雑で、そのヘッダのフォーマットは図7-3のようになる。次に、ヘッダフィールドをそれぞれ簡単にまとめておく。

ビット 0   4   8   12   16   20   24   28   32

IP バージョン	IPヘッダ の長さ	サービスタイプ	パケットの全長
ID		フラグ	フラグメントオフセット
TTL	プロトコル	ヘッダのチェックサム
送信元IPアドレス			
送信先IPアドレス			
オプションとパディング（可変長）			

ヘッダ

トランスポート層から渡されたセグメントデータ（可変長）

ペイロード

［図7-3］IPv4（IP Version 4）のヘッダフォーマット

- **バージョン**

  IPバージョン番号。IPv4の場合は4、IPv6の場合は6。

- **IPヘッダの長さ**

  オプションとパディングを含むヘッダの長さ。32ビットワード単位で表される。

- **サービスタイプ**

  IPパケットのQoS（Quality-of-Service）値を符号化する。パケットによっては、長い
  データストリームの品質を保証するために特別な扱いを要求するものがある。たとえ
  ばビデオは、再生用途の配信で最もよい品質となるように、パケットが送信されたとき
  の順序で、最小限の遅延で伝送されることを要求する。

- **パケットの全長**

  パケットの長さをバイト単位で指定する。パケットの長さは65,535バイトを超えては
  ならない。パケットの長さには、トランスポート層から渡されたセグメントが含まれる。

- **ID**

  あるメッセージを構成するすべてのパケットに与えられる16ビット値。パケットがばら
  ばらの順序で届いたり、他のメッセージのパケットが混じっていたりしても、送信先の
  ホストがメッセージを組み立て直せるようにする。

- **フラグ**

  大きなパケットの分割を制御する、1ビットの制御フラグを3つ含んでいる。最初のフラグは予備のために予約されており、使用されない。

- **フラグメントオフセット**

  ばらばらの順序で届いたパケットの順序を特定する仕組みの一部。

- **TTL（Time To Live）**

  送信元ホストから送信先ホストへの経路上でパケットに許される最大「ホップ」数（中継点の数）を指定する。TTLの値は1ホップごとに1つ少なくなる。この値が0になった時点で、そのパケットは「迷子」と見なされ、廃棄される（なお、ここで使用されるTTLは、Transistor-Transistor Logicチップとは無関係である）。

- **プロトコル**

  トランスポート層から渡されたセグメントの生成に使用されたプロトコル（通常はTCPまたはUDP）を指定する8ビットコードを収容する。

- **ヘッダチェックサム**

  破損したパケットヘッダを検出するメカニズムの一部。このチェックサムには、ペイロードデータは含まれない。

- **送信元IPアドレス**

  パケットを生成したホストの32ビットIPアドレス（つまりインターネット上の場所）。IPアドレスについては313ページの「MACアドレスとIPアドレス」で詳しく説明する。

- **送信先IPアドレス**

  パケットの送信先ホストの32ビットIPアドレス。

- **オプション**

  セキュリティ、テスト、デバッグを目的として、必要に応じて1つ以上のサブフィールドを追加できる可変長フィールド。

- **データ**

  パケットに埋め込まれるペイロード。通常は、トランスポート層から渡されたセグメント。

　必要であれば、大きすぎて1つのIPパケットに収まらないセグメントを複数のパケットに分割できる。IPはパケットの順序を保とうとせず、エラーを検出しようとしない。どちらの作業もネットワーク層より上の層で処理される。IPの目的は、パケットを経路上の次の中継点に転送することである。

データリンク層

　インターネットは単一のネットワークではない。ルーティングが可能なように接続された複数のネットワークからなるネットワークである。それらのネットワークは妥当な範囲内でさらに大きなネットワークへと入れ子構造にできるが、そのどこかに**ローカルネットワーク**

（local network）が存在する。ローカルネットワークでは、ルータを介さなくても、すべての
コンピュータが互いに直接接続できる。データリンク層は、こうした直接接続でのデータの
流れを管理し、上位層から渡されたデータをさらに**フレーム**として再構成する。フレームは、
直接接続を実装しているハードウェアが処理可能なサイズとフォーマットに合わせて構成さ
れる。ローカルネットワークでのコンピュータの接続には、さまざまな技術が使用される。共
有メディアを通じた通信に使用される技術では、データリンク層の主な役割は、このメディ
アへのアクセスを**メディアアクセス制御**（Media Access Control：MAC）方式で解決するこ
とである。この方式には、集中管理型の調停機構や分散型の衝突検出／回避機構が含ま
れることもある。302ページの「衝突の検出と回避」で説明するように、現代のイーサネット
技術（Wi-Fiを含む）は後者のアプローチをとっている。

　データリンク層は、ローカルフロー制御と信頼性の高い配信を担うこともある。ローカル
フロー制御は、フレームが送信されるペースが速すぎて送信先ホストのバッファがいっぱい
になってしまうことがないようにする。信頼性の高い配信では、フレームが無事に届いたこ
とを受信側が確認応答する。確認応答のないフレームは送信側で保管され、必要に応じて
再送される。イーサネットでは、これらのサービスはどちらも提供されない。プロトコルがこ
れらのサービスを提供するとしたら、データリンク層については、（これらのサービスが含ま
れる）上位の**論理リンク制御**（logical link control）と下位のMAC副層で構成されると考え
るのが一般的である。

物理層

　物理層は、ネットワーク接続を文字どおり「物理的に行う」。データリンク層から渡された
フレームは、物理層にビット列として受け取られ、物理メディアの信号に変換される。この
物理メディアは、データが符号化される何らかの物理プロセス（ケーブルの電気パルス、変
調マイクロ波、変調光など）である。

　物理層の動作のほとんどは、コンピュータのNIC（Network Interface Controller）の電
子回路内で行われ、規格によって大きく異なる。送信側は、一般に、データの始まりと終わ
りを表す**プリアンブル**（preamble）ビットとデリミタビットを追加し、各ビットまたはビットの
集まりを順番に**シンボル**（symbol）[*2]に変換し、物理メディア経由で伝送する。受信側は、プ
リアンブルとデリミタを使ってデータを取り出し、シンボルを復号して元のビットを復元す
る。物理メディアで伝送するシンボルを選択する際には、受信側がシンボルストリームから
クロックを復元する必要があることを考慮に入れなければならない。マンチェスタ符号や
4B/5Bのような符号化方式は、入力データに関係なく、特定の最低周波数で遷移が発生す
ることを保証する。符号化については、302ページの「イーサネットの符号化方式」で詳しく

[*2]　［訳注］ここでは、「シンボル」は4B5Bやマンチェスター符号のような手法で符号化された「符号語」
を意味する。

説明する。

　イーサネットはデータリンク層と物理層にまたがっている。イーサネットプロトコルはデータリンク層に該当する動作をし、(のちほど説明する)さまざまなイーサネット固有の物理層のいずれかに対する標準インターフェイスを備えている。Wi-Fi は OSI 参照モデルのデータリンク層と物理層にまたがっており、さまざまなメディアアクセス制御のメカニズムと物理層が存在する点で、無線メディアを使用するイーサネットに相当する。イーサネットと Wi-Fi の物理層の大きな違いは、**変調**(modulation)の差——つまり、高周波エネルギーに情報を乗せる仕組みである。イーサネットの場合、高周波エネルギーは何らかの配線によって伝導される。Wi-Fi の場合は、アンテナを使って自由空間を伝送される。

イーサネット

　他の多くの技術と同様に、イーサネットもカリフォルニア州パロアルトにある Xerox のパロアルト研究所(Palo Alto Research Center:PARC)で誕生した。1973 年 5 月、ロバート・メトカーフとデビット・ボッグズは、イーサネットの原案を PARC 内で回覧し、その年の 11 月には稼働にこぎつけた。イーサネットの概念は、PARC でのパーソナルコンピューティングの研究の副産物であり、時代に先駆けた実験的な Alto ワークステーションを 3Mbps で相互接続しようというものだった。メトカーフは、「エーテル」(aether, ether)を思わせる「イーサネット」(Ethernet)という名前を付けた。エーテルはビクトリア朝時代に光と電波を通す不思議な媒体と考えられていたもので、のちに存在しないことが証明された。イーサネットは 1980 年に製品化され、1983 年に IEEE 802.3 規格となった。

Thicknet と Thinnet

　最も初期のイーサネットの実装は、直径 10 ミリのかなり堅い同軸ケーブルを使用していた。ワークステーションやネットワークに接続されたその他のデバイスは、ケーブルの決まった位置でしか接続できなかった。実際には、このケーブルには「バンパイアタップ」の取り付けが可能なことを示すマークが 2.5 メートルおきに付いている。この間隔は、ケーブル内の高周波の反射による干渉を最小限に抑えるように計算されたものだ。ケーブルが太くて堅かったことから「Thicknet」という通称で呼ばれ、IEEE から 10BASE5 という正式な名前を与えられたあとも、その通称が使われていた。数年後に、もっと細い同軸ケーブルを使用する実装が登場した。このケーブルの直径はわずか 6 ミリで、それほど高価ではなく、はるかに柔軟性があった。そして、ケーブルのどこにでもタップを取り付けることができた。こちらは「Thinnet」と呼ばれるようになり、正式名称は 10BASE2 となった。

IEEEの命名法は現在も使用されているので、ここで簡単に説明しておこう。「10」は、そのケーブルで送信されるデータの最大速度をメガビット単位で表したものである。10メガビットという値は、このインターフェイスの設計速度ではなく、このケーブルを使用する通信基盤で実現可能な最高速度だった。初期のイーサネットの実装は、その半分もない速度で動作していた。「BASE」は、**ベースバンド**（baseband）伝送を表している。ベースバンド伝送では、物理メディアのデジタル信号は0ボルトから任意の電圧への遷移として符号化された実際のビットのパターンである。これとは対照的に、（ケーブルテレビなどの）**ブロードバンド**（broadband）伝送では、さまざまな変調方式を使って高周波の搬送波に信号を乗せる[*3]。どちらの伝送方式でも、高周波と見なされる周波数でデータが伝送される。名前の最後の数字（この場合は5または2）は、ネットワークセグメントの最大長を100メートル単位で表している。10BASE2の「2」は実際より切り上げて表記されており、実際のセグメントの最大長は185メートルである。

イーサネットの基本概念

1980年に登場して以来、イーサネットは長足の進化を遂げてきた。現在の形態を説明するには、Thicknet/Thinnetで実装された最初のメカニズムから始める必要がある。ThicknetとThinnetはどちらも同軸ケーブルを使って限られた数のコンピュータを接続する。ネットワーク上のコンピュータはすべて**ピア**（peer、対等なデバイス）である。つまり、他のどのコンピュータにもない特別なハードウェアやソフトウェアを持っているものは1つもない。ネットワーク上のどのコンピュータも、同じネットワーク上のその他すべてのコンピュータとの間でイーサネットパケットを送受信できる。

MACアドレスはイーサネットで生まれたアイデアである。ケーブルで接続されたデバイス（プリンタやファイルサーバーなど、特別な用途のデバイスが含まれることがある）にはすべて、一意な48ビットの数値のアドレスが付けられる。このアドレスは、一般に2桁の16進数×6個で表される。MACアドレスを持つデバイスはすべて、その特性に関係なく、**ノード**（node）と呼ばれる。実際には、MACアドレスは本物のアドレスというよりもIDコードである。313ページの「MACアドレスとIPアドレス」で説明するIPアドレスとは異なり、MACアドレスはノードを識別する目的でのみ使用され、そのデバイスがネットワーク上の「どこ」にあるかについては何も語らない。48ビットあれば281兆ものデバイスを識別できるため、MACアドレスをすぐに使い果たすことはないだろう。とはいえ、手違いによって重複したMACアドレスがいくつか発行されていることが判明しており、何らかの装置でMACアドレスを変更すれば、別のデバイスを偽装することが可能である。この点については、Raspberry Piも例外ではない。

[*3] ［訳注］ケーブルテレビのインフラを利用した10BROAD36という規格があった。

ネットワークが静まり返っているときは、すべてのノードが「待ち受け（リッスン）」状態にある。つまり、それらの NIC はいつでもケーブルからデータを受け取れる状態である。ノードはいつでもケーブルにパケットを送り出してよい。イーサネットのようなベースバンド技術では、パケットの送信は、パケットのビットが電圧レベルの連続的な変化として順にケーブルにかけられるだけである。NIC はそれぞれ、パケットが完全に復元されるまで、ケーブルから検出したビットをバッファユニットに蓄積する。その後、プリアンブルとデリミタを取り除き、イーサネットフレームに含まれている送信先 MAC アドレスを調べる。送信先 MAC アドレスが NIC の MAC アドレスと一致したらそのフレームを保持し、一致しなかったら無視する［図7-4］。

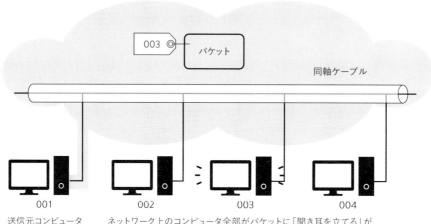

送信元コンピュータ　　　ネットワーク上のコンピュータ全部がパケットに「聞き耳を立てる」が、
　　　　　　　　　　　　パケットを受け取るのはアドレスがパケットと一致するコンピュータだけである

［**図7-4**］イーサネットの仕組み

衝突の検出と回避

イーサネットのもともとのアイデアは、「パケットをどうぞ。このパケットがあなたのものなら、取っておいてください」という、さっぱりとしたものである。しかし、当初のイーサネットの単純さには、「衝突」という欠点があった。イーサネットネットワークには、中央のコントローラはない。すべてのノードがいつでもネットワークにパケットを送り出す可能性がある。それぞれのノードは、別のノードがデータの送信中であることを検知し、現在のパケットが送信されるのを（加えてさらに短い時間）待ってから自身の送信を開始する。しかし、ネットワークが静かなときは、複数のノードが同時に送信開始するのを妨げるものは何もない。結果として**パケットの衝突**（packet collision）が発生し、たいてい送信しようとしていたパケットはすべて失われる。

共有メディアのイーサネットでは、衝突は興味深い方法で検出される。2つのノードから2つのパルスがケーブルに同時に送り出されると、パルスが電気的に「足し合わされ」、ケーブルの信号電圧が平常時のネットワークトラフィックよりも高くなる。NIC は、送信中の信号電圧を監視し、通常よりも高い電圧を「衝突」と判断する。

送信中のノードは、衝突を検出した時点で現在のパケットの送信を中止し、**ジャム信号**（jam signal）を送信し始める。ジャム信号とは、フレームの最後にあるエラー検出ビットの計算が合わなくなるようにするビットパターンのことである。同じセグメント上の他のノードは、そのパケットを破損したものと見なして破棄する。ネットワークが静かになると、衝突が発生したセグメントのノードは、ランダムな時間だけ待ってから再び送信を試みる（リトライ）。待機する時間は**バックオフ期間**（backoff period）と呼ばれ、通常はほんの数マイクロ秒である。バックオフ期間の長さは双方のノードで違うため、それらのノードがパケットの送信をリトライするときには衝突は起きにくくなる。

バックオフ期間は、単に一定の確率分布に従うランダムな遅延ではない。衝突の頻度に基づいてバックオフ期間の分布が変化するように、**TBEB**（Truncated Binary Exponential Backoff）というアルゴリズムが使用される。最初の衝突が発生すると、0または1スロットのランダムなバックオフ期間が設けられ、そのあとでリトライが開始される。**スロット**とは、通常時に512ビットの送信にかかる時間のことである。再び衝突が発生した場合は、0〜3スロットのバックオフ期間が設けられる。つまり、衝突が発生するたびにバックオフ期間の長さは2倍になり、10回の衝突が発生した時点で、バックオフ期間の長さは0〜1,023スロットになる。続く6回の衝突はバックオフ期間の長さが1,023スロットに保たれる。その後、デバイスはリトライを断念し、パケットを廃棄する。要するに、混雑している期間のネットワークアクティビティをスローダウンさせるために、パケット再送信の間隔を空けることで、パケット衝突の嵐でネットワークが停止に追い込まれるのを回避する。

このプロトコルは CSMA/CD（Carrier Sense Multiple Access with Collision Detection）と呼ばれる。この場合の「Carrier Sense（搬送波検知）」は少し不適切である。イーサネットのようなベースバンドシステムには搬送波がなく、信号は高周波に乗せて変調方式で伝送される。この場合は、「ネットワーク上のノードには、他のノードが送信中であることを知る手段がある」という意味にすぎない。

ノードが送信するパケットに衝突の可能性がある場合、そうしたノードが属しているネットワークセグメントを**コリジョンドメイン**（collision domain）と呼ぶ。初期のイーサネットシステムでは、ネットワーク全体が1つのコリジョンドメインだった。つまり、ネットワークにノードが追加され、衝突が発生する頻度が高くなればなるほど、スループットは低下した。コリジョンドメインについては、のちほどイーサネットブリッジおよびイーサネットスイッチを使用した接続でもう一度取り上げる。

イーサネットの符号化方式

　OSI参照モデルの物理レベルでは、イーサネットのNICはデータを符号化し、ネットワークメディアに電圧の一連の変化を与えることによってそれらを送信する。使用する符号化方式はイーサネットの種類によって異なっている。ここでは、10メガビット規格（10BASE5、10BASE2、10BASE-T）、現在主流となっている100メガビット規格（100BASE-TX）、および1ギガビット規格（1000BASE-T）で使用される符号化方式について簡単に説明する。

　イーサネットでは、その電気的な設計上、送信されるデータに関係なく、直流（DC）成分が非常に小さい（長期的な平均電圧が0に近い）符号化を選択する必要がある。NICからの信号は、トランス（変圧器）によって共有メディアに誘導的に結合される[*4]。これらのトランスは高域フィルタの役割を果たす。直流成分が存在していた場合、このフィルタリングによって信号にひずみが生じ、送信されたデータを受信側が正しく復元することは難しくなる。符号化には**セルフクロッキング**（self-clocking）も必要であり、電圧レベルの遷移を十分な頻度にして受信側が信号のサンプリングクロックを推測できるようにしている。これは（6章で説明した）磁気メディアでのデータの格納に使用される符号化を連想させる。

　10BASE5と10BASE2（および10BASE-T[*5]）は、ビットの符号化に**マンチェスタ符号化方式**（Manchester encoding）を使用する。図7-5に示すように、各データビットは1クロックサイクルで符号化され、ビットの符号化サイクルの中間で電圧が遷移する。負から正への遷移は1のビット、正から負への遷移は0のビットと見なされる。必要であれば、回線をビットの符号化に適した状態にするために、サイクルの先頭にさらに遷移が付け加えられる。図中の矢印は、データを符号化する遷移と遷移の向きを示している。

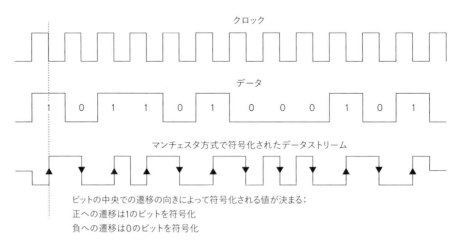

クロック

データ

1　0　1　1　0　1　0　0　0　1　0　1

マンチェスタ方式で符号化されたデータストリーム

ビットの中央での遷移の向きによって符号化される値が決まる：
正への遷移は1のビットを符号化
負への遷移は0のビットを符号化

［**図7-5**］マンチェスタ符号化方式

---

*4　［訳注］図7-7も参照するとよいだろう。

*5　［訳注］10BASE-Tについては307ページの「10RASE-Tとツイストペアケーブル」を参照。

マンチェスタ符号化方式は明らかに、セルフクロッキングと直流成分を0にするという要件を満たしている。前者については、ビットごとに少なくとも1回は遷移し、後者については、各ビットの期間が半分ずつ2つの電圧レベルで費やされる。しかしながら、これらの特性には代価が伴う。符号化によって生じる追加の遷移により、信号の帯域幅が20MHzほど増加するのである。手頃な価格の配線で10Mbpsのハードルを超えるには、もっと効率のよい符号化方式を考案する必要があった。

そのような方式の1つが、100BASE-TXファストイーサネットで使用される**4B/5B**だった。4B/5Bと呼ばれるのは、4データビットを送信用の5ビットに符号化するためである。5ビットで符号化されたグループは**シンボル**(symbol)と呼ばれる。符号化は表7-1に示す単純な静的ディクショナリに基づいて行われ、一意な4ビットのグループがそれぞれ一意な5ビットのシンボルに変換される。4B/5Bで使用される符号は、電圧レベルの遷移が4ビットデータごとに少なくとも1回生じるように設計されていた。このことにより、0または1のビットからなる長い文字列がある場合でも、送信されるビットストリームのセルフクロッキングが可能なように保証していた。

[**表7-1**] 4B/5B符号化

データワード	4B/5B符号ワード
0000	11110
0001	01001
0010	10100
0011	10101
0100	01010
0101	01011
0110	01110
0111	01111
1000	10010
1001	10011
1010	10110
1011	10111
1100	11010
1101	11011
1110	11100
1111	11101

データレート*6 を100Mbpsと仮定すれば、4B/5B符号化を適用した場合のラインレートは125Mbpsになる。ただし、100BASE-TXは符号化されたビットを直接送信するのではなく、MLT-3（Multi-Level Transmission 3）という2つ目の符号化方式を適用する。MLT-3は、FDDI（Fiber Distributed Data Interface）と呼ばれる以前の規格に含まれていた符号化方式である。FDDIは光ファイバで使用される規格である。MLT-3は、–V、0、+Vの3つの電圧を使用し、現在の電圧を送り続けることで0のビットを符号化し、シーケンス（0、+V、0、–V）内の次の電圧へ遷移することで1のビットを符号化する。シーケンスを一巡するのに最低でも4ビット期間が必要になるため、結果として得られる信号の最大基本周波数は31.25MHzであり、（のちほど説明する）コスト効率のよいカテゴリ5ケーブルを使用できる。図7-6は、MLT-3符号化方式を示している。

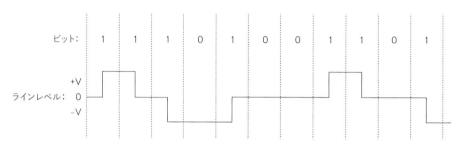

[**図7-6**] MLT-3符号化方式

　4B/5B符号化とMLT-3符号化の組み合わせはセルフクロッキングの要件を満たすが、直流電圧のバランスが0になることは保証しない。この問題は、4B/5Bで符号化されたビットストリームに可逆の**スクランブル**（scrambling）を適用して部分的に解決される。この方法では、ビットストリームと疑似ランダムビットシーケンスに論理演算のXORを適用する（図7-7も参照）。それによりほぼすべての状況で、MLT-3の出力が25%の時間は –V状態になり、25%の時間は +V状態になる。

　スクランブルシーケンスが既知で固定だということを考えると、スクランブルを相殺するビットストリームを手間をかけて作成することはもちろん可能であり、その結果は大きな直流バイアスを引き起こす。そのような**キラーパケット**（killer packet）は、実際には滅多に起きないと仮定してよいだろう。それにもかかわらず、ほとんどのNICには、直流オフセットが発生した場合にそれを検知し、相殺する電気回路が組み込まれている。

　100BASE-TXは、それぞれの方向にデータを伝送するペアの導体を使用する。100BASE-TXの符号化と復号の全体像は図7-7のようになる。

---

*6　［訳注］データレート（data rate）は、伝送データから制御信号や誤り訂正符号を除いた搬送データのみの伝送速度を表す。これに対し、ラインレート（line rate）は物理層で伝送できる速度を表し、制御信号や誤り訂正符号を含む。

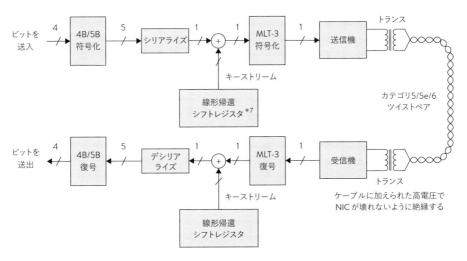

[図7-7] 100BASE-TX の符号化と復号

　1000BASE-T 規格は、100BASE-TX と同じシンボルレート（125メガシンボル / 秒）を維持し
たうえで、毎秒1ギガビットのデータレートを実現する。これには、4ペアの導体（100BASE-
TX の場合は1ペア）とより高密度の5段階振幅変調（100BASE-TX の場合は3段階）が用いら
れている。有効なシンボルの数は5^4＝625個であるため、理論上の素のビットレートは125
メガシンボル / 秒×$log2(625)$＝1160Mbps である。符号化の「予備」のキャパシティは、**トレ
リス符号化**（trellis coding）と呼ばれる低密度前方誤り訂正方式の実装に使用される。詳細
は割愛するが、より密度の高い振幅変調によって引き起こされるエラーレートの増加は、こ
のアプローチによって実質的に相殺される。

　それぞれの方向に専用のペアの導体を用いて全二重通信を実装する100BASE-TX とは
対照的に、1000BASE-T は同じ導体を使って双方向の同時伝送を可能としている。これを
実現するために、各受信機は回線で検出された電圧からローカルトランスミッタの（既知の）
出力を取り除き、送信された信号（がある場合はそれ）だけを残す。

PAM-5符号化

　符号化されたデータストリームは、イーサネットメディアに乗せなければならない。通常、こ
れには NIC に内蔵された小さなトランスが使用される。符号化されたデータストリームは一
連のデジタルパルスであり、2つの電圧レベルのどちらかとして存在する。このような方法で、
2つの電圧レベルでデジタル信号が符号化されることを**2値信号処理**（binary signalling）と

---

*7　［訳注］線形帰還シフトレジスタ（Linear Feedback Shift Register：LFSR）は、周期が長い疑似ランダ
ムビットシーケンスを生成する。伝送路上のビット列で0や1が連続している場合、伝送データの区切りがわ
からなくなる可能性があるので、これを避けるために利用される。

呼ぶ。一般に、正の電圧レベルは1のビットを表し、負の電圧は0のビットを表す。

　ギガビットイーサネットのようにデータレートが高くなると、より高密度な符号化が必要になる。現在広く使用されているのは、**パルス振幅変調**（pulse amplitude modulation）であり、よくPAM-5と短く呼ばれる。PAM-5は信号電圧を（たった2段階ではなく）5段階に変化させることで、パルスごとに2ビットを符号化する。5段階のうちの2つは正の電圧、2つは負の電圧、残りの1つは0の電圧を表す。信号内のさまざまな電圧レベルとして情報が符号化されることを**振幅変調**（amplitude modulation）と呼ぶ。PAM-5がパルス振幅変調と呼ばれるのは、符号化されたデータストリームを構成しているパルスの振幅を変化させるためである。データの符号化に複数の電圧レベルを使用することから、このような方式は**多値信号処理**（multi-level signalling）と呼ばれる。

　PAM-5のデータストリームを図7-8に図示した。この図はパルス振幅をグラフ化したものである。灰色の棒はパルス、黒の太線はパルスのストリームの振幅を表している。1つのパルスで2ビットを符号化するため、各パルスはシンボルと見なせる。0Vレベルは決まった値を符号化していない。0Vレベルの主な目的は、受信機がデータからクロック信号を取り出せるようにすることと、**前方誤り訂正**（Forward Error Correction：FEC）と呼ばれる技術を使って誤り訂正を容易にすることである。ギガビットイーサネットで使用されるFECについて詳しく説明することは、本書の範囲を超える。簡単に説明すると、データストリームに追加のビットを付け加え、受信機が限られた数のエラーを特定し、訂正できるようにするものだ。「前方」と呼ばれているのは、受信機がデータの再送要求を送るために受信とは逆向きに回線を利用する必要がなくなるためである。FECには、3章で説明したECC（Error Correction Code）との多くの共通点がある。

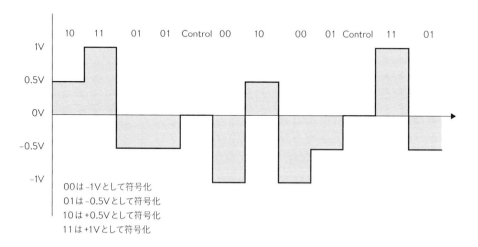

[**図7-8**] PAM-5符号化

PAM-5波形の実際のグラフは、特にギガビットの速度では、図7-8のグラフのようにきれいではない。波形にはノイズが混入するため、波形からのシンボルの抽出は、受信側の電子機器にとって切実な課題である。

10BASE-Tとツイストペアケーブル

同軸ケーブルを使用する初期のイーサネットの実装には、さまざまな問題があった。衝突はそのなかで最も些細なものである。特に10BASE2は、機械的な接続部分が弱かった。ケーブルの両端には同軸コネクタがあり、各ノードでは、2本の同軸ケーブルをT型コネクタに差し込んでつなぎ合わせられる。これらのコネクタは安価で、ケーブルをかなりそっと引っ張るだけでもバスが断線してしまうことがあった。このようにバスが2つに分断されると、分断点からの高周波信号の反射により、同じ側のホストでさえ通信を妨げられてしまう。それに加えて、このような脆弱な接続部分の数は、ネットワーク上に存在するノードの少なくとも2倍はあった。

1980年代の後半に、10BASE-Tという新しい種類のイーサネットが登場した。「T」は**ツイストペア**（twisted pair）を表していた[*8]。ツイストペアは、2本の細い銅線（通常は24ゲージ）をより合わせて、外部のノイズ源からの干渉を減らす手法である。同軸ケーブルでビットを伝送する場合は、送信側のNICがケーブルの中心にある導体に電圧を加え、外側のケーブルシールドがグランドリターンパスの役割を果たす。これは、**シングルエンド方式**（single-ended signaling、不平衡接続）と呼ばれる。ツイストペアケーブルで同様のことをするために、送信側のNICがケーブルの導体に2つの異なる電圧を加える。つまり、0と1は（絶対電圧ではなく）正と負の**差**によって表されるため、**ディファレンシャル方式**（differential signaling、差動方式）、平衡接続とも呼ばれる。受信側のNICは、符号化されたデータの抽出にディファレンシャル増幅器を使用できる。この増幅器は、入力間の電圧差を信号出力に変換する。

固くより合わされたツイストペアケーブルを流れるディファレンシャル信号は、電磁放射が低く、干渉への耐性が高い。電磁放射が低いのは、1本のワイヤーからの電磁放射がもう1本のワイヤーからの電磁放射によってほぼ相殺されるためである。干渉への耐性が高いのは、干渉によって2本のワイヤーにほぼ同じ電圧変化が生じ、それらのワイヤーの電圧差に影響を与えないためである。平衡伝送路を用いたディファレンシャル伝送方式の仕組みは図7-9のようになる。

7

有線イーサネットと無線イーサネット

[*8]　［訳注］10BASE-Tの前身として、同様にツイストペアケーブルを利用したStarLANとLattisNetがある。StarLANは伝送速度が1Mbpsで、1986年に1BASE5として規格化された。

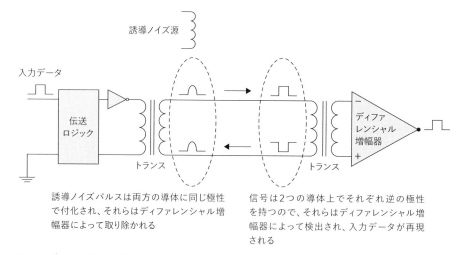

誘導ノイズ源

入力データ

伝送
ロジック

トランス

ディファ
レンシャル
増幅器

トランス

誘導ノイズパルスは両方の導体に同じ極性
で付化され、それらはディファレンシャル増
幅器によって取り除かれる

信号は2つの導体上でそれぞれ逆の極性
を持つので、それらはディファレンシャル増
幅器によって検出され、入力データが再現
される

[**図7-9**] データの平衡伝送路

　10BASE-Tケーブルは、4本のツイストペアを1つのジャケットで包み込んだもので、終端に8芯モジュラープラグが付いている。この構造を持つケーブルのうち、100MHzの伝送速度で検査されたものは、ANSI/EIA-568ケーブル規格で定義されている**カテゴリ5**（Category 5）と見なされる [*9]。カテゴリ5ケーブルは一般に「Cat 5」と表記され、オーディオやビデオのような他の種類の信号にも使用できる。だが現在のところ、カテゴリ5、そしてプラグ互換のより高速な後継ケーブルであるカテゴリ5eとカテゴリ6の主な用途は、イーサネットである。

　4本のツイストペアを1つのジャケットで包み込んでいるのはなぜだろうか。すでに述べたように、現在主流となっているギガビットイーサネット技術の1000BASE-Tがより高いスループットを達成する要因の1つは、単一のデータストリームを4つの双方向の並列ストリームに分割し、それらのストリームごとにカテゴリ5/5e/6ケーブルのツイストペアを1つ使用している点である。もっと低速なイーサネット技術では、4つのペアをすべて使用しないことがある。10BASE-Tなどは、送信用と受信用に単方向のペアを1つずつ使用する。

バス型トポロジからスター型トポロジへ

　10BASE2から10BASE-Tへの間で変化したのは、カテゴリ5ケーブルだけではなかった。10BASE-Tでは、ネットワークの「形状」もまったく異なっている。ネットワークのノードの接続形態を**ネットワークトポロジ**（network topology）と呼んでいる。10BASE5ネットワーク

---

*9　［訳注］ANSIは米国国家規格協会（American National Standards Institute）で、米国の工業分野の標準規格を制定している。EIAは電子機器などの企業が参加する業界団体、電子工業会（Electronic Industries Alliance）で、製品間の互換性を保つための規格開発をANSIに信任されていたが2011年に解散し、規格開発は電子部品産業協会（Electronic Components Industry Association：ECIA）に引き継がれている。

と10BASE2ネットワークは**バス型トポロジ**（bus topology）を採用しており、すべてのノードが1本の同軸ケーブルに沿ってデイジーチェーン方式で接続される。これに対し、10BASE-Tネットワークは**スター型トポロジ**（star topology）を採用しており、すべてのノードが中央の**ネットワークハブ**（network hub）に接続する。これら2つのトポロジを比較すると、図7-10のようになる。

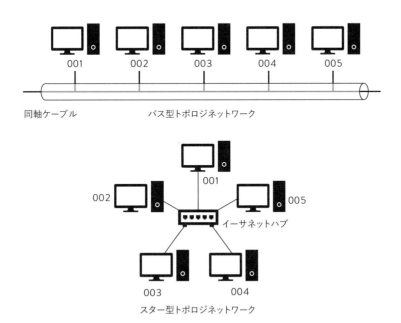

[**図7-10**] バス型トポロジとスター型トポロジ

10BASE-Tネットワークでは、送信用と受信用に別々のディファレンシャルペアを使用する。これにより、のちのスイッチングハブの登場で**全二重**（full duplex）通信が可能となり、ノードがデータの送受信を同時に行えるようになった。10BASE5や10BASE2では、すべてのノードが適切に接続されている必要もあった。これを解決していたのがマルチポートトランシーバである[*10]。しかし、マルチポートトランシーバは互いの電気信号をそのまま中継するだけにすぎなかった。10BASE-Tのハブは、ハブの各ポートと中央接続との間にデジタル増幅器を追加することによって、**クロストーク**（crosstalk）と**ショットノイズ**（shotnoise）を削減している。クロストークとは、誘導性カップリングと容量性カップリングによる近隣ケーブル間の信号干渉である。ショットノイズは、モーターやリレーなどの電子機器からの干渉である。これにより、パケットの破損が少なくなり、ネットワーク全体のスループットが改善された。こうしたアクティブなハブは、（弱い信号やノイズの多い信号が増幅器によってノイズ

---

*10　［訳注］10BASE5では当初、1台の機器を同軸ケーブルに接続するために1台のトランシーバが必要だったが、その後1台で複数の機器を同軸ケーブルに接続できるマルチポートトランシーバが登場した。

のない強化された信号として再送されていたことから）当初は**リピータハブ**（repeaterhub）と呼ばれていたが、現在では単にネットワークハブやイーサネットハブと呼ばれている。後述するスイッチングハブの登場により、リピータハブはもう使用されなくなっている。現在のスイッチングハブは、パケットの信号を強めてノイズを取り除くだけの増幅器とはかけ離れている。

この他、リピータは離れた2つのネットワークセグメント間のリンクとしても使用されるが、同軸コネクタの不良で生じるようなケーブル断線があれば、双方のセグメントを分断する。

10BASE-Tのケーブルやハブと同様に、システムは依然として、すべてのノードを他の全ノードに1つのコリジョンドメインとして接続していた。つまり、パケットの衝突はそれらのハブでも問題であり、その問題に対処する衝突検出手法を必要としていた。ハブがレイヤ1（物理層）のデバイスであることに注意しよう。ハブが物理層で行うことは主に増幅であり、ハブを通過する信号を「クリーンアップ」することだ。それ以上のことをするには、ハブ以上のものが必要である。

スイッチで接続されたイーサネット

イーサネットのパケット衝突がうまく解決されるようになったのは、1990年になってからのことだった。（のちにCiscoに買収される）Kalpanaにより、イーサネットネットワーク用の**スイッチングハブ**（switching hub）が発明されたのである。スイッチングハブは、スター型トポロジネットワークのそれまでのハブを置き換えるように配置され、スターネットワーク上のすべてのノードがネットワークの中心にあるスイッチングハブの1つのポートに接続される。ただし従来のハブとは対照的に、スイッチングハブはOSI参照モデルのレイヤ2（データリンク層）として働き、自身を通過していくデータをある程度認識する。現在では、このようなデバイスは単に**ネットワークスイッチ**（network switch）と呼ばれている。こうしたスイッチなしにイーサネットネットワークが現在の速度や信頼性を実現することは不可能だろう。

ネットワークスイッチは、それよりも古い**ネットワークブリッジ**（network bridge）と呼ばれる概念から派生した技術である。最初のネットワークブリッジは、2つの異なるネットワークセグメント間の通信を可能にする2ポートのデバイスだった。ネットワークブリッジが必要となるのは、2つのセグメントが異なる技術（たとえば10BASE2と10BASE-T）を使用しているか、同じ技術でも異なる速度で使用しているか、さもなければネットワーク全体の規模が使用技術で許容されている最大セグメントサイズ（10BASE2の場合は185メートル）を超える場合である。ネットワークブリッジは、一方のセグメントから受け取ったパケットをバッファに格納しておき、もう一方のセグメントのメディアが静かになったときに再送する。そのようにして、ブリッジ接続された2つのネットワークセグメントが1つのコリジョンドメインになってしまうのを防ぐ。衝突がブリッジを通って伝播することはないため、ブリッジ接続された2つのネットワークセグメントはそれぞれ、1つのセグメントで取り扱える数を超えるノードを持つことができる。

ごく簡単に言えば、ネットワークスイッチは2つのネットワークノードの間でのみ一時的な専用接続を確立する。一方のノードがスイッチ接続されたもう一方のノードにパケットを送信したい場合は、それらのノード間でパケットをやり取りするのに十分な期間だけ、スイッチが接続を確立する。その短い間だけは、それらのノードは隔離された2ノードのネットワークに属しているような状態であり、衝突が発生することはあり得ないため、衝突の検出と再送に時間や帯域幅が費やされることはまったくない。スイッチを通じて接続された2つのノードがやり取りするパケットは、ネットワーク上の他のノードからは見えない。家庭用のネットワークスイッチには、ポートが4つ、5つ、または8つ付いている。企業内環境で使用されるスイッチには、数百ものポートが付いているかもしれない。図7-11は、ネットワークスイッチの仕組みを示している。

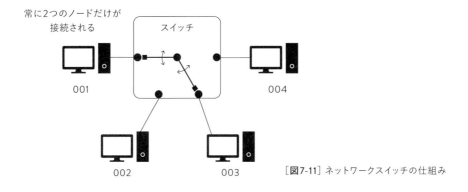

[図7-11] ネットワークスイッチの仕組み

NOTE　図7-11が比喩的な図であることを断っておく必要がある。ネットワークスイッチは完全に電子的なものであり、機械的なスイッチ接点はまったくない。最近のスイッチは、2ノード間の同時接続を複数維持できるため、スイッチの**クロスバー**（crossbar）を通じて複数のパケットを常時やり取りできる。クロスバーは、ポートを相互に接続する、格子状に並んだ電気的なスイッチロジックである。

　ネットワークスイッチがその機能を実現するには、ハブよりもずっとインテリジェントでなければならない。スイッチは、そのポートに接続しているすべてのノードのMACアドレスからなるテーブルを管理している。このテーブルをもとに、送信されてきたパケットのMACアドレスを瞬時に出力ポートと関連付け、2つのホスト間で一時的な接続を確立できる。このテーブルの構成と管理は次の2つの方法で行われる。

- スイッチは、予約されているMACアドレスFF:FF:FF:FF:FF:FFにパケットをブロードキャストすることにより、スイッチのポートを通じて到達可能なすべてのノードにMACアドレスで応答するように要求できる。コンピュータによっては、電源投入時やリブート時に自身のMACアドレスをネットワークにブロードキャストすることがある。
- スイッチが処理するすべてのパケットに含まれている送信元アドレスと送信先アドレスを調べることで、スイッチのいずれかのポートから到達可能なMACアドレスを確認できる。

　最も単純なスイッチは、パケット全体を受け取り、そのパケットが完全で破損していないことが確認されるまで、それらのパケットをメモリに溜めておくものになるだろう。そして、パケットに問題がないことが確認された時点でようやく送信先ホストへの転送に取りかかる。この方法は**ストアアンドフォワードスイッチング**（store-and-forward switching）と呼ばれる。スループットを改善するために、**カットスルースイッチング**（cut-through switching）と呼ばれる技術が開発された。カットスルースイッチングでは、スイッチは送信されてきたパケットを調べ、完全な送信先アドレスが得られた場合にのみ、（その送信先に対する他の送信の途中でなければ）すぐにその送信先ホストへのパケットの転送に取りかかる。これにより、バッファリングの負荷を発生させずに、パケットを最短時間で送信先に届けることができる。ただし、カットスルースイッチングでは、パケットが完全であることは確認されず、不完全なパケットや破損したパケットが転送されてしまう。このため、送信先ホストが破損したパケットを検出して廃棄することになる。このようなことが頻繁に起きる場合、カットスルースイッチングによるスループットのメリットは失われてしまう。

　スイッチとハブのどちらをどの状況で使用するかという決まりはない。図7-12に示すように、スイッチとハブはイーサネットネットワーク内で自由に組み合わせることができる。この図では、4つのノードがイーサネットスイッチに直接接続されており、さらに3つのノードを接続するハブもこのスイッチに接続されている。ハブを使用するときの主な課題は、ハブが接続しているネットワークの下流でやはり衝突が発生する可能性があることだ。図7-12の太線で示されている部分は、ネットワーク内の4つのノードからなるコリジョンドメインである。スイッチはノード003とハブの間で接続を専用に確立できるが、ハブとノード004、005、006との接続は、スイッチがそれら3つのノードに個別には到達できないような方法で確立される。ノード004とノード006がパケットの送信を同時に開始した場合、それらのパケットは衝突し、衝突で生じるコストがすべてかかることになる。

　図7-12に示されている状況は、無線ネットワークでよく発生する。というのも、無線アクセスポイント（Access Points：AP）は概念的にスイッチよりもハブに近いからである。

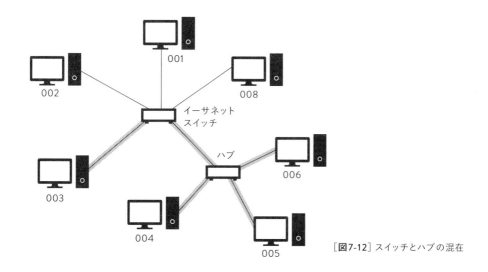

[**図7-12**] スイッチとハブの混在

ルータとインターネット

　LANとWANについての考え方の1つは、LANがコンピュータのネットワークであるのに対し、WANがネットワークのネットワークであるというものだ。とはいえ、最初からそうだったわけではない。当時のWANは主に、企業や大学にぽつんと設置されている大型のコンピュータを、他の企業や大学のやはりぽつんと設置されている大型のコンピュータに接続していた。もちろん現在では、コンピュータが1台しかない組織などあり得ないし、個人が使用しているコンピュータも1台ではないことがよくある。どれだけ単純でも、どれだけ安価でも、すべてのコンピュータ、スマートフォン、タブレットに何らかのネットワークポート（有線、無線、または両方）が付いている。LANがどこにでもある状況になったところで、次なるステップは、LANとLANをネットワークで接続できるようにすることである。まさにそれを目的として設計されたのがインターネットだ。そして、インターネットのメカニズムは、本章のテーマであるイーサネットをはるかに超える。だが、インターネットに接続する最も小規模なLAN（1台のデバイスからなるネットワーク）でさえ、インターネットのプロトコル群が深く関わっている。

MACアドレスとIPアドレス

　LANのノードはMACアドレスによって識別される。MACアドレスは（理想的には）一意であるため、理屈のうえではパケットにノードのMACアドレスをセットすれば、地球の裏側にあるノードとも通信できるはずである。だが、これはうまくいかない。その理由は明白である。MACアドレスには、ノードが実際にどこにあるかに関する情報は含まれていないからだ。たとえとして、テーブルを囲んでミーティングをしている人々を思い浮かべてみよう。参

加者全員からテーブルのまわりにいる全員が見え、誰かが話をするとその内容が全員に聞こえる。これが LAN の仕組みである。同じ頃、別の建物内でも、カンファレンステーブルを囲んでいる人々が同じように話し合っている。これら2つのミーティングどうしを話し合わせるにはどうすればよいだろうか。両方のカンファレンステーブルにスピーカーフォンが置いてあれば、一方のテーブルの電話からもう一方のテーブルの電話を呼び出して、2つのカンファレンステーブルはやり取りするようになるだろう。

電話番号は単なる ID コードではない。ほとんどの国では、電話番号はいくつかの部分で構成されている。アメリカでは、国コード、市外局番、電話局、加入者番号の4つのレベルで構成されている。各レベルには電話の物理的な場所に関する情報が含まれており、レベルを追うごとに範囲が限定されていく。たとえばその電話は、アメリカ（北米コード +1）の、コロラドスプリングス都市部（市外局番719）の、電話局（674）内の、4桁の加入者番号を持つ電話かもしれない。

インターネットは、これによく似たシステムを使用する。先ほど簡単に説明したように、パケットベースのインターネット通信を可能にするルールと手法をまとめて **IP**（Internet Protocol）と呼ぶ。このプロトコルには、**IP アドレス**（IP address）と呼ばれる数値のアドレスに基づくアドレッシング方式が含まれている。IP は、**TCP**（Transmission Control Protocol）と呼ばれる上位プロトコルと深く結び付いている。図7-1をもう一度見ると、TCP が OSI 参照モデルにおいて IP のすぐ上に位置していることがわかる。

IP の目的は、**パケット**のアドレッシングとルーティングである。TCP の焦点は、パケットの転送を可能するための、コンピュータ間の**接続**の確立と管理である。TCP はインターネットの配信メカニズムであり、パケットが実際に宛先に届くようにするのと同時に、パケットストリームがコンピュータからコンピュータへ移動するときにその順序を保つようにする。IP と TCP は一体となって動作し、単体で使用されることはまれである。このため、ほとんどの場合は TCP/IP と呼ばれる。

IP アドレスと TCP ポート

IP アドレスは2つの部分で構成される。1つはネットワークのアドレスであり、もう1つはそのネットワーク上に存在する特定のノードのアドレスである。インターネット用語では、こうしたノードを**ホスト**（host）と呼ぶ。MAC アドレスは、どちらかと言えば名前や ID コードに近いものだが、IP アドレスは間違いなく「アドレス（住所）」であり、**ルータ**（router）と呼ばれるネットワークデバイスがそのアドレスに基づいてネットワークやホストの位置を特定できるようにする。

IP アドレスは、次のようにピリオドで4つに区切られた形式で記述するのが慣例となっている。

```
264.136.8.101
```

ピリオドで区切られた数字のグループは、それぞれ**オクテット**（octet）と呼ばれる。コンピュータサイエンスでは、オクテットは8ビットを意味する。鋭い読者は、264を8ビットで表現できないことに気づいたかもしれない。これはわざとそうしたのである。本章を執筆するにあたって、誰かの実際のIPアドレスを使用することは避けたかった。また、書籍や論文では、最初のオクテットに255よりも大きい値を使って架空のアドレスをこしらえる習わしがある[*11]。

IPアドレスでは、上位の1つ以上のオクテットにネットワークアドレスが含まれ、下位の1つ以上のオクテットにホストアドレスが含まれる。図7-13では、右側に4つのホストで構成されたLANがあり、このLANと外部との間にルータが設置されている。この場合は、上位の3つのオクテットにネットワークアドレスが含まれており、最下位のオクテットに特定のホストのアドレスが含まれている。264.136.8.101のようなアドレスが割り当てられていれば、ホストが世界中のどこにあっても、図7-13の一番上のコンピュータとTCP接続を確立できる。

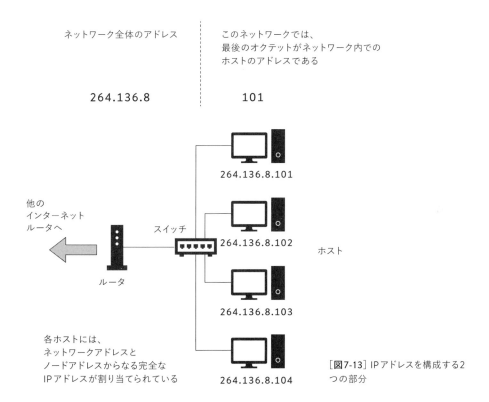

[**図7-13**] IPアドレスを構成する2つの部分

[*11] ［訳注］このような用途のためにTEST-NETと呼ばれるIPアドレス（192.0.2.0/24）も用意されている（https://tools.ietf.org/html/rfc3330 を参照）。

　ホストの数が255を超えるより大規模なネットワークでは、IPアドレスの分割方法が異なる——アドレスのホスト部分に使用されるオクテットが増え、ネットワーク部分に使用されるオクテットが減る。IPアドレスのネットワーク部分とホスト部分の境界は、**サブネットワークマスク**（subnetwork mask）と呼ばれる4つのオクテットのビットパターンで指定される。「サブネットワーク」はよく「サブネット」と短縮される。サブネットマスクは、IPアドレスを2つの部分に分割して以降の処理ができるようにする。複数のネットワークが入れ子になっている場合は、それらのネットワークごとに別々のサブネットマスクが使用される。

　インターネットのルーティングは複雑であり、ルータの内部の仕組みを詳しく説明することは本書の範囲を超えている。すでに述べたように、ルータはネットワークアドレスに到達する方法を見つけるために、内部のルーティングテーブルでそれらのアドレスを調べる。ルーティングテーブルのエントリは、ルータがターゲットネットワークに到達できるルート（経路）を選択するための情報を提供する。特定のルータが任意のネットワークにアクセスするための接続は直接接続1つだけとは限らない。ターゲットに到達するまでに、複数の接続を順にたどる必要があるかもしれない。このような接続のことを**ホップ**（hop）と呼んでいる。各ホップの先には別のルータがあり、そのルータはルートに沿ってパケットを次のルータに転送する。最終的にパケットがターゲットネットワークに到着すると、そのネットワークのルータがパケットを宛先のホストに転送する。

　ルータのサイズは、手のひらに収まる家庭用のネットワークルータ（ホームルータ）から、ずっしりと重い冷蔵庫サイズのキャビネットまで、さまざまである。大きなルータのルーティングテーブルには、数十万ものエントリが含まれているかもしれない。ホームルータのルーティングテーブルのエントリはたいてい1つだけで、ISP（Internet Service Provider）のルータのアドレスが含まれている。ホームルータから送信されるパケットのルートは1つだけであり、ISP経由でインターネットの他の場所へ転送される。つまり、ホームルータのパケットはすべて、ISPのはるかに大きく高性能なルータに転送され、そこでルートの次のホップが選択される。

　TCPプロトコルは、IPアドレスを使って2つのホスト間で接続を確立する（そのうちの1つまたは両方がサーバーかもしれない）。ただし、これらの接続は、実際にはコンピュータどうしの接続でも、コンピュータと他のネットワークデバイスの間の接続でもない。これらの接続は、両者のコンピュータで実行されている2つのソフトウェアアプリケーション間の接続である（図7-1およびOSI参照モデルのアプリケーションセットを参照）。タブレットやコンピュータのWebブラウザは、リモートホスト上のWebサーバーに接続する。タブレットやコンピュータのメールクライアントは、リモートホスト上のメールサーバーに接続する。このルーティングの最後の部分は、**ポート番号**（port number）を使って行われる。すでに述べたように、ポート番号はすべてのIPパケットに含まれている16ビットの値であり、ホストのネットワークスタックが各パケットを受信すべきアプリケーションを特定できるようにする。ネットワークから受信した単一のパケットストリームを、ターゲットポート番号ごとに複数のパケットストリームに振り分けることを**多重分離**（demultiplexing）と呼ぶ。

クライアントアプリケーションからサーバーアプリケーションへのTCP接続の確立は、クライアント側の接続の終端を一意に識別するために、未使用のローカルポート番号を割り当てることから始まる。次に、クライアントがターゲットポート番号を指定したうえで接続リクエストを送信する。ターゲットポート番号は自由に選択されるわけではなく、通常は上位のプロトコルに関連付けられている**ウェルノウンポート番号**（well-known port number）の1つになる。たとえば、HTTPはポート80に、電子メールはポート25（SMTPで送信）と110（POPで受信）に関連付けられている。SSL（Secure Sockets Layer）はポート443、FTP（File Transfer Protocol）はポート21に関連付けられている。サーバーアプリケーションは、TCP接続を確立するために、TCPのポートで待ち受け（リッスン）を行う必要がある。もしポート80を誰もリッスンしていない場合、そのリモートホストではWebサーバーが稼働していないことになる。接続が受け入れられると、サーバー側の接続の終端に任意の未使用ポートが割り当てられる。その後の通信はこのポート番号を通じて行われるようになり、ウェルノウンポートは新しい接続に使用できるように解放される。

ルータはセキュリティ対策として、特定のポート番号を使用する接続をブロックし、認められていないサーバーへのリモート接続を防ぐことができる。たとえばホスティングサービスの場合、SMTP（Simple Mail Transfer Protocol）に割り当てられているポート25をブロックするようにルータを設定することは、スパムメールに対抗する一般的な措置である。ソフトウェアによっては、ポート番号でのブロックが難しいことがある。というのも、「ポートディスカバリ」によって開いているポートをどれでも使用できるプロトコルがあるからだ。ポートディスカバリは、基本的にはうまくいくものが見つかるまで、ある範囲のポートに接続を試みる（BitTorrentはそうした適応性のあるプロトコルの一例である）。

ポートは、NAT（Network Address Translation）と呼ばれるルータに組み込まれている機能でも重要な役割を果たす。これについては、320ページの「NAT」で説明する。

ローカルIPアドレスとDHCP

インターネットを最初に設計した人は、IPアドレス体系を含めた一群のインターネットプロトコルを定義したときに、数十億もの人々がインターネットに接続する日が来るとは夢にも思わなかっただろう。また、電話やテレビ、さらには冷蔵庫のようなありふれた電化製品にいつの日かIPアドレスが必要になるとはまるで想像していなかった。これが深刻な問題を生み出すことになった。有効な32ビットのIPアドレスは43億個しかなく、地球上のすべての人（または冷蔵庫）に1つずつ与えるとなると、全然数が足りない。

このIPアドレスの不足に対処するために、さまざまな取り組みが進められている。正攻法は、もっと大きなアドレスを使用するまったく新しいアドレッシング方式を開発することであり、これはIPv6プロジェクトで行われている（現在の32ビットのIPアドレスはIPv4と呼ばれる）。IPv6のアドレス空間の幅は128ビットであり、最大で2^{128}個のアドレスを使用できる。数にして3.4×10^{38}であり、観測可能な宇宙の星、惑星、衛星、小惑星の総数をはるかにしのぐ。

有線イーサネットと無線イーサネット

　本書の執筆時点で、IPv6アドレスを使用するインターネットトラフィックはたった10％である。最終的には、IPv6がインターネットを支配することが予想される。その一方で、**ローカルIPアドレス**の使用により、IPアドレスの不足はある程度改善されている。IANA（Internet Assigned Numbers Authority）は、IPアドレスの4つのブロックをローカル用に確保している。つまり、それらのアドレスはルーティング不可能であり、基本的にローカルネットワークの内側でしか見えない。それでは役に立たないように思える。だが実際には、ローカルIPアドレスにより、2つのホスト間にルータが介在しないLANの内側で、TCP/IPを使用したインターネットサービスを利用できるようになる。ローカルIPアドレスはローカルネットワークの外側では見えないため、再利用される危険はない。数億もの人々がアドレス192.168.1.100を同時に使用できる。ローカルIPアドレスの4つのブロックは次のとおりである。

```
10.0.0.0〜10.255.255.255
169.254.0.1〜169.254.255.254
172.16.0.0〜172.31.255.255
192.168.0.0〜192.168.255.255
```

　ローカルIPアドレスはルータの向こう側からは見えないが、ほぼすべてのホームネットワークでは、ルータがある重要な役割を果たしている。ルータはローカルIPアドレスをそのネットワーク内のノードに割り振っているのである。ルータ内では、**DHCP**（Dynamic Host Configuration Protocol）サーバーソフトウェアが実行されている。オンライン状態になったノードがネットワーク構成情報をリクエストすると、DHCPサーバーがローカルIPアドレステーブルでアドレスをスキャンし、まだ使用されていないローカルアドレスを渡す。ローカルIPアドレスとともに他のさまざまな構成オプション（サブネットマスクを含む）も渡されるが、詳細は割愛する。

　このリクエストを送信しているノードは、IPアドレスを**リース**（lease）する。リース期間は限られていて、たいてい24時間である。リース期間が終了すると、そのIPアドレスは空きアドレスのプールに戻される。IPアドレスのリース期間が過ぎても、ネットワークに接続しているノードはリースの更新をリクエストするだけである。DHCPのリースには妥当な有効期限（24時間かそれ以上）が割り当てられているため、ノードの電源を一晩切っておいてもリースは失われない。次回ノードの電源を入れたときには、同じIPアドレスがまだ割り当てられている。

　DHCPの用途は、ローカルIPアドレスをLANに分配することだけではない。一部のISPもDHCPサーバーを動作させている。ホームルータがISPに接続すると、ISPのDHCPサーバーから構成情報が渡されるが、これには**グローバル**IPアドレスが含まれている。このアドレスにより、ホームネットワーク（LAN）がインターネット経由で他のネットワークから認識されるようになる。

ネットワークに接続するたびに、決まったIPアドレスではなく、そのとき使用されていないIPアドレスのなかから1つを選んで割り当てられるようなアドレスは、**動的IPアドレス**（dynamic IP address）と呼ばれる。動的IPアドレスは、アドレスが変化してもネットワークの運用が中断されない状況で使用される。インターネットからアクセスできるサーバーソフトウェアには、変化しないIPアドレスが必要である。そうしたアドレスは**静的IPアドレス**（static IP address）と呼ばれる。インターネット上で自分のサーバーを運用できるインターネットホスティングサービスには、静的IPアドレスのブロックが割り当てられる。ホスティングサービスでアカウントを作成すると、あなたのサーバー用に静的IPアドレスが提供される。その1つの静的IPアドレスが、インターネット上のユーザーやサーバーがあなたのサーバーを見つける手段となる。

　静的なローカルIPアドレスは、LAN上のノードに手作業で割り当てることもできる。そのようなアドレスはリースされず、有効期限もない。静的なローカルIPアドレスが役立つのは、他のネットワークノードからIPアドレスを通じてアクセスされるネットワークプリンタなどのノードである。ネットワークプリンタのIPアドレスが変化すれば、ネットワーク上の一部のノードがプリンタにアクセスできなくなるかもしれない。ほとんどのネットワークプリンタには、静的なローカルIPアドレスをプリンタに割り当てるための説明書、場合によってはそのためのソフトウェアが用意されている。

　169.254から始まるローカルIPアドレスには、特殊な用途がある。Windows 2000以降のWindowsはすべて、**APIPA**（Automatic Private IP Addressing）というサービスを実装している。このサービスは、DHCPサーバーがローカルアドレスを提供できない場合に、169.254ブロックのローカルIPアドレスを提供する。APIPAアドレスを持つWindowsノードは、そのローカルネットワークセグメントにおいてAPIPAアドレスを持つ他のすべてのノードと通信できる。このため、ルータがなくても、スイッチを介して少数のコンピュータを接続できる。このようにローカルネットワークアドレスやその他の構成パラメータを自動的に提供するシステムを、一般に**ゼロコンフィギュレーションネットワーク**（zero-configuration networking）と呼んでいる。LinuxにもAvahiという同じようなシステムが存在するが、Raspbianには標準では含まれておらず、必要であれば手作業でインストールしなければならない。ゼロコンフィギュレーションネットワークが役立つのは主に、インターネットに接続されておらず、よってローカルセグメントの構成を行うルータやDHCPサーバーがない小規模なネットワークである。

NAT

　ローカルIPアドレスは、ローカルルータの向こう側にある他のネットワークからは見えない。では、TCP/IPはローカルIPアドレスを持つノードをどのようにしてインターネットに接続させるのだろうか。その答えは、ルータで実行される**NAT**（Network Address Translation）というもう1つのソフトウェアサービスにある。簡単に言うと、NATは、ルーティング不可能なローカルIPアドレスを、ルーティング可能なグローバルIPアドレスに変換する。これに加えて、ローカルネットワークの外側からの望ましくない接続に対してかなり強力な保護機能を提供するが、これは一種の副産物である。図7-14は、ホームネットワークの構成の1つを示す概略図である。このネットワークは、4台のコンピュータ、1台のルータ、1台のスイッチで構成されている。最近では、ルータとスイッチは1つの物理装置に統合されていることが多い（むしろ、ほとんどがそうである。ここでは、概念を明確にするために、2つに分けている）。このネットワークの4台のコンピュータには、ルーティング不可能なローカルIPアドレスがそれぞれ割り当てられている。NATはルータの内部で実行されており、ローカルIPアドレスをテーブルに保存し、自身の動作に使用している。

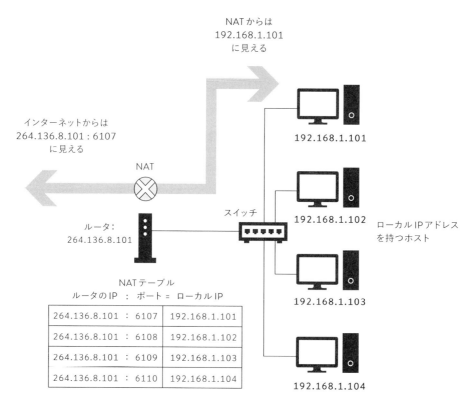

[**図7-14**] NATの仕組み

すでに述べたように、このネットワーク全体に付けられているルーティング可能なパブリックIPアドレスは1つだけである。このアドレスは、外部から参照できるすべてのネットワークノードに対する唯一のアドレスとなる。このアドレスはネットワークのルータにあり、ホームネットワークの場合、通常はISPから提供される。ローカルIPアドレスはルーティング不可能であり、ローカルネットワークセグメントの個々のコンピュータとルータの外側にあるホストとの間で接続を確立するために、ルータは「拡張IPアドレス」を作成する。拡張IPアドレスは、ローカルネットワーク上のデバイスに割り当てられたローカルIPアドレスとTCPポート番号を組み合わせたものである。そのネットワーク上の他のノードによってすでに使用されていない限り、どのポート番号が使用されるのかは重要ではない（ポート番号の数は6万5,000以上もあるため、中規模のネットワークであっても、空きポートを見つけるのにまず苦労しない）。NATはローカルノードの拡張IPアドレスをNAT内部のテーブルに格納する。このテーブルは、ローカルネットワークセグメント上のデバイスの「内部電話帳」のような働きをする。このテーブルにインターネットからアクセスすることはできず、読んだり変更したりできるのはNATだけである。Linuxシステムでは、このプロセスを**IPマスカレード**（IP masquerading）と呼ぶ。ある意味、ルータはローカルネットワーク上のコンピュータにポート番号をIDコードとして割り当てているという見方ができる。

　ローカルネットワーク内のコンピュータの1つが（たとえば）Webサーバーへの接続を要求した場合、NATはそのWebページリクエストを受け取り、そのリクエストに拡張IPアドレスをセットする。拡張IPアドレスは、ルータのIPアドレスと要求元コンピュータのポート番号とで構成される。Webサーバーが接続を確立するときに使用するのはこの拡張IPアドレスであり、要求元のコンピュータのローカルIPアドレスではない。このため、接続は（コンピュータではなく）ルータとの間で確立される。そしてルータは、Webサーバーから渡された内容のうち、コンピュータに渡してもよいものを判断する。Webサーバーが要求元のコンピュータについて知っているのは、そのポート番号だけである。そして、ポート番号だけではローカルIPアドレスには接続できない。ローカルネットワークの外側にあるサーバーが使用しなければならないアドレスはNATによって作成されるため、ローカルネットワークのノードと協調しながら、接続はNATから開始されなければならない。ローカルネットワークの外側からの歓迎されざる接続は、このようにして阻止される。

　ローカルネットワーク上のコンピュータのユーザーが、外部からアクセス可能なサーバーソフトウェアをそのコンピュータで動作させたいと考えたとしよう。その場合は、NATの存在が問題をややこしくしてしまう。外部のユーザーがそのサーバーへ接続できるようにしなければならないため、ネットワークの外部から接続を開始する方法がルータによって提供されなければならない。これは**ポートフォワーディング**（port forwarding）によって実現可能であり、外部からのサーバー接続リクエストはサーバーが実行されているコンピュータのローカルIPアドレスに転送される。NATの役割は、それらのサーバーに対する接続だけを確立し、サーバーが実行されているコンピュータ内の他のソフトウェアには接続できないようにすることである。

Wi-Fi

OSI参照モデルの長所の1つは、ネットワーク機器のハードウェアやソフトウェアを「層」に分けて設計し、隣接する層の間には明確なインターフェイスを定義するようエンジニアに促す効果があることだ。層に分けることには、すぐにはわからない利点もある。それは、アプリケーション層から見たネットワークスタックの動作にまったく支障がないように、ある層を別の層と「交換」可能なことである。

このような層の入れ替えの多くは、データリンク層や特に物理層のような下位層で生じる。10BASE2と10BASE-Tは、ネットワークパケットを伝送する2種類の物理メディアを規定する。一方は同軸ケーブルを使った半二重方式、もう一方はツイストペアケーブルを使った全二重方式である。どちらもイーサネットネットワークの機能を実装し、TCP/IPとネットワークアプリケーションを実装する上位の層からすれば、両者に違いはない。

1980年代の中頃、研究者たちは電波や赤外線を使用して、ワイヤーをまったく使用しないイーサネットのようなデータリンクと物理層の開発を模索し始めた。アメリカ国内での無線通信の使用を規制している連邦通信委員会は、1985年、いくつかの周波数帯域を許可なしに使用できるように開放した。1987年、NCRは自社のレジスター製品を接続する無線技術を開発した。これが成功すると、同社はその技術をWaveLANという商品ラインに発展させ、1988年に市場に投入した。同じ頃、WaveLANと同じような（だが互換性のない）システムがカナダのTelesystems SLWによって開発され、ついにはAironetとしてスピンオフした。NCRは、同社の技術がIEEE 802 LAN規格に組み込まれることを期待して、1990年にその設計を802標準化委員会に提出した。IEEEは無線イーサネットのための新しい規格を提案し、802.11と名付けた。この規格は1997年に公開された。この最初の802.11規格は、既存の変調技術、ビットレート、MAC方式を包含しており、規格というよりもメニューのようだった（たとえば、広く使用されたことのない変調赤外線用の物理層の仕様が含まれていた）。選択肢がありすぎて、この規格に完全に準拠している製品どうしに互換性がなくても不思議はないような状況だったのである。

802.11規格に準拠するほとんどの無線ネットワーク製品は、**Wi-Fi**という名前で呼ばれている。Wi-Fiはオーディオ用語の「Hi-Fi」をもじったものである。「Wi-Fi」は業界団体のWi-Fi Allianceが所有する商標であり、IEEE 802.11規格の該当セクションへの準拠検査を受けた製品だけにこの名称を使用する権利がある。

規格の中の規格

互換性の問題はさておき、「無線イーサネット」と銘打つ初期の802.11製品のビットレートはたったの1Mbpsか2Mbpsであった。10BASE2/10BASE-Tのような10Mbps技術や、それに続く100Mbps/1000Mbps技術とは比べものにならないほど低速だった。IEEE 802.11委員会は、1997年から数年間にわたって802.11規格の追加仕様に取り組み、スループット

の改善に重点を置いた新しい無線技術を策定した。

- **802.11a**
  5GHz周波数帯を使用し、仕様上のビットレートは54Mbps。TCPを使った実際のスループットはその約半分。この仕様は2000年に完成した。
- **802.11b**
  2.4GHz周波数帯を使用し、公称ビットレートは11Mbps。TCPを使った実際のスループットは約6Mbps。この仕様は1999年に完成した。
- **802.11g**
  2.4GHz周波数帯を使用するが、もともと802.11a規格のために開発されたさまざまな技術を使用して、最大54Mbpsのビットレートを実現している。802.11aと同様に、TCPを使った実際のスループットはその半分に満たない22Mbpsである。この仕様は2003年の後半に完成した。
- **802.11n**
  2.4GHz周波数帯または5GHz周波数帯を使用する。可能であれば、2倍のチャネル帯域幅（40MHz）を使用し、複数のアンテナを使用するMIMO（Multiple-Input, Multiple-Output）という技術を通じて、それ以前の技術よりもはるかに高いスループットを実現する。理論上の最大ビットレートは600Mbpsだが、実際のビットレートとTCPスループットはローカルチャネルの混雑状態に大きく左右され、100Mbpsを超えることは滅多にない。この仕様は2009年に完成した。
- **802.11ac**
  5GHz周波数帯のみを使用する。技術的には802.11nの進化形である。追加のアンテナを使用し、スペクトルの局所的な利用を通じて隣接する40MHzチャネルを80MHzまたは160MHzチャネルに「ボンディング」することにより、1000BASE-T（ギガビットイーサネット）に近いスループットを実現する。この仕様は2014年の初めに承認され、同じ年に多くの製品が登場した。

IEEEは、これらの追加仕様がより包括的な802.11規格にまとめられて承認されたあと、追加仕様を正式に撤回しているが、Wireless-BやWireless-Gなどの用語は、利用可能なすべての技術に対応していない製品と差別化するために、その後も使用されている。本書の執筆時点では、実際にはほぼすべての製品が2.4GHzで802.11b、802.11g、802.11n規格をサポートしている。一部の製品は、5GHzで802.11a規格もサポートしている。

1997年以降、802.11に対して他にも多くの追加仕様が批准されている。一般に、モバイルデバイスのローミング、QoS、ネットワークブリッジ、セキュリティのような分野の主要な仕様の改訂が提供されている。

現実との対峙

　無線通信を利用するようになって、ネットワーク接続はさまざまな問題で複雑になっている。有線イーサネットでは、その信号は何らかのケーブルの中に閉じ込められ、特定の物理的な制限（イーサネットケーブルを曲げられる半径など）を超えて、ケーブルを通せる場所ならどこでも信号が流れる。Wi-Fiが使用するのは、空気中、建物や他の構造物の中や間を、自由に伝播するマイクロ波である。マイクロ波の物理メディアに関連する問題は、次のカテゴリに分類される。

- 減衰
  空間を伝播する距離、壁、そして広葉樹、雨、雪のように水分を多く含んでいる屋外要因によって、信号強度が減少する。
- マイクロ波の陰
  アルミニウム板、ファイルキャビネット、冷蔵庫、産業機器など、大きな金属製の物体によって信号が遮蔽・反射される。
- マルチパス干渉
  送信アンテナから受信アンテナまでの距離が異なるパスを通ることにより、受信アンテナに達したマイクロ波はお互いに干渉し合って波形が崩れてしまう（重なり合ったり打ち消し合ったりする）。
- チャネル輻輳
  同じチャネルまたは隣接するチャネルのWi-Fi信号による干渉がある。
- 他の無線通信技術による干渉
  Bluetoothデバイス、コードレス電話、医療機器、センサーネットワーク、（一部の周波数での）アマチュア無線トランシーバを含め、Wi-Fiと同じ周波数を使用する他の無線通信技術による干渉がある。
- 隠れ端末問題 [12]
  ネットワークに接続しているすべての端末が互いを検知できるわけでなく、メディアアクセス制御上の問題を引き起こす。

　パスを遮るものが何もなくても、全方向性アンテナから放射されるマイクロ波は、逆二乗の法則に従い、距離に応じて減衰する。建物間のリンクのように、Wi-Fiハードウェアが固定の**ポイントツーポイントサービス**（point-to-point service）で使用されるときには、指向性アンテナを使ってマイクロ波エネルギーをリンクの2地点間のパスに沿って集中させられる。これにより、同じ出力レベルの全方向アンテナでは不可能な、通信障害物を超える通信が可能になる。

---

*12　[訳注]隠れ端末問題については、333ページの「キャリアセンシングと隠れ端末問題」で詳しく説明する。

マイクロ波とは電磁放射であり、送信側から受信側へ進む途中で反射することがある。Wi-Fiの信号は、壁、床、天井、大きな物体（特に金属でできた物体）に当たって跳ね返る。これにより、複数の波面が距離の異なるパスに沿って受信側に向かうため、到着する時間が（ごく）わずかに異なる。複数の波面がきちんと「同じ位相」で到着すれば、理論的には受信アンテナで信号強度を高められる。しかしほぼすべての状況で、多くの波面は予測のできない干渉をし合い、**フェージング**（fading）[*13] を引き起こす。さらに悪いことに、マルチパスフェージングの影響は周波数によって異なるため、（広い周波数帯を使用する）広帯域通信の信号を歪めてしまう可能性がある。図7-15は、マルチパス干渉を示している。

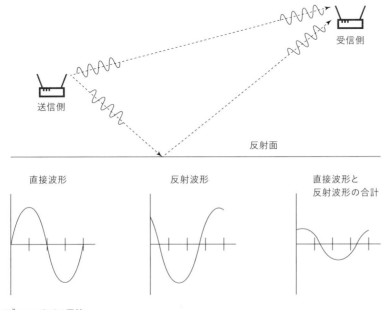

直接波形　　　　　　　　反射波形　　　　　　　　直接波形と
　　　　　　　　　　　　　　　　　　　　　　　反射波形の合計

[**図7-15**] マルチパス干渉

　ほとんどのWi-Fiデバイスのルーツは802.11bであるため、アクセスポイントと無線ルータには、マルチパス干渉に対処するための2つのアンテナが組み込まれている。これらのアンテナ間の理想的な距離は波長1つ分（2.4GHzでは12.5センチ）である。Wi-Fi受信機は、両方のアンテナで信号を絶えずサンプリングし、強いほうの信号を選択する。これを**ダイバーシティ受信**（diversity reception）と呼ぶ。アンテナどうしを波長1つ分離すことで、一方のアンテナでマルチパス干渉が発生しているときに、もう一方のアンテナで有効な信号を受信できる可能性をできるだけ高めるのである。

---

*13　［訳注］受信される電波の強弱が変動すること。

　チャネル輻輳が発生する原因は、チャネルの数が限られていることと、これらのチャネルへのマイクロ波周波数幅の割り当て方による。2.4GHz の Wi-Fi チャネルは、その周波数帯をぴったり隙間なく区分けして割り当てられているわけではなく、図7-16のように重複している。重複していないチャネルは、1、6、11の3つだけである。

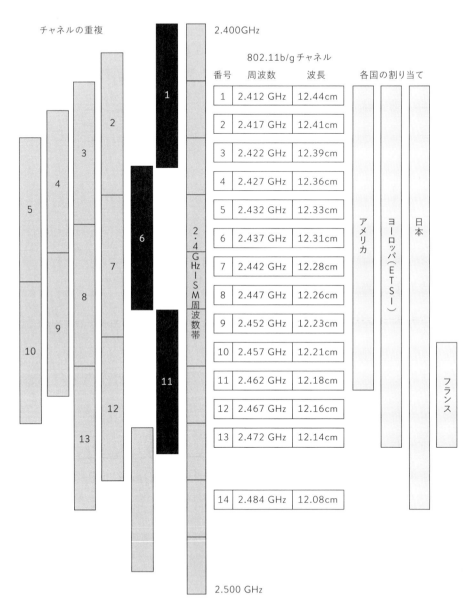

[図7-16] 2.4GHz ISM（Industrial, Scientific and Medical）周波数帯での Wi-Fi 周波数の割り当て

混雑した都市部では、隣接チャネルを使用しているWi-Fiデバイスからの干渉により、使用するチャネルの選択が難しくなる。タブレットやスマートフォンのようなモバイルデバイス向けにWi-Fi探索アプリケーションが提供されており、Wi-Fi信号をサンプリングして2.4GHz周波数帯を利用するデバイスの分布をプロットする。探索アプリケーションは、近くにあるWi-Fiデバイスがその周波数帯のどの部分を使用しているのかを特定したあと、現在利用可能なチャネルのうち最も静かなチャネルを選択できるようになる。

　利用可能なチャネルは、各国の無線周波数管理の規則で決められている。アメリカでは、最初の11チャネルのみ利用できる。イギリスを始めとするその他多くの国では、チャネル12と13も利用できる。チャネル14は日本でのみ利用できる[*14]。フランスではチャネル10〜13、スペインではチャネル10〜11だけが許可されている。5GHz周波数帯のチャネルの割り当ては複雑で、簡単にまとめるのは難しい。5GHz周波数帯は大きく、チャネルそれぞれの幅が広いため、802.11nのような高ビットレート技術は5GHzで最もうまく動作する。

　2.4GHz周波数帯はWi-Fiだけのものではない。2.4GHz周波数帯の正式名称はISM（Industrial, Scientific and Medical）周波数帯であり、さまざまな種類のデバイスが使用する。そうしたデバイスからの干渉は起こり得るというよりも、実際に起きる可能性が高い。最もよく知られているのは、近距離のBluetooth無線技術である。安価なコードレス電話機は2.4GHzを使用し、よくある干渉源の1つとなっている。電子レンジも同じで、フレーム再送の頻発や明らかなリンクの速度低下を引き起こすほど雑音マイクロ波を放射することがある。産業機器や医療機器からの干渉が生じる場合、Wi-Fiデバイスを別のチャネルに移すことくらいしか解決策はない。

よく使用されるWi-Fi機器

　無線ネットワークについて考えるとしたら、従来の有線イーサネットハブを**無線アクセスポイント**（wireless access point）と呼ばれるWi-Fi製品に置き換えてみるのが最もわかりやすい。そうすると、図7-12のネットワークが図7-17によく似たものになる。Wi-Fiアクセスポイントは、10BASE-T、100BASE-TX、1000BASE-Tのようなツイストペアネットワーク技術のデータリンク層と物理層ではなく、Wi-Fiのデータリンク層と物理層を使用するイーサネットハブである。無線で接続するノードは、**無線クライアントアダプタ**（wireless client adapter）と呼ばれる種類のNICを使用する。技術的な文献では、こうしたノードを**ステーション**（station）と呼ぶことが多い。この場合の「クライアント」は、1つ以上の無線クライアントにイーサネット接続を「提供」するアクセスポイントという、クライアント/サーバー関係のようなものを暗示している。無線クライアントアダプタは、デスクトップコンピュータでは一般にオプション機器として提供されるが、ノートPC、タブレット、スマートフォンのようなモバイルデバイスには不可欠の要素である。

---

*14　［訳注］実際に利用できる機器は少ない。

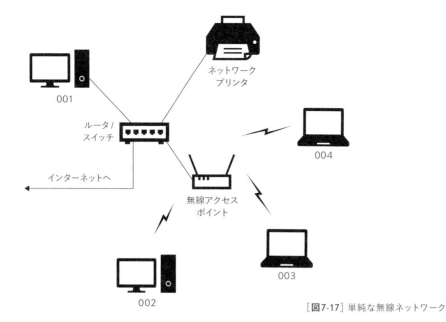

001

ネットワーク
プリンタ

ルータ/
スイッチ

インターネットへ

無線アクセス
ポイント

004

003

002

[**図7-17**] 単純な無線ネットワーク

　アクセスポイントを通じて接続するノードはすべて、1つのコリジョンドメインの一部となる。というのも、無線アクセスポイントにはイーサネットスイッチングを行う物理的な仕組みはないからである。さらに、初期の10BASE5または10BASE2ネットワークと同様に、Wi-Fiネットワークは半二重であり、データは常に一方向に流れる。

　一般的なWi-Fiネットワークでは、アクセスポイントにいくつかの役割がある。

- **アクセスポイントの存在をブロードキャスト**
  802.11には、**ビーコンフレーム**（beacon frame）と呼ばれる管理フレームがある。ビーコンフレームは、特定の名前のネットワークが存在し、接続に利用できることをステーションに知らせるために、定期的にブロードキャストされる。

- **ステーションの認証と暗号化**
  EAP、WEP、WPA、WPA2のようなWi-Fiセキュリティプロトコルを通じて行われる。ステーションを認証し、かつそれ以降のトラフィックを暗号化しないことは可能だが、認証と暗号化は一般にまとめて処理される。レストランやコーヒーショップの公共ホットスポットは例外で、単にアクセスポイントがすべての人に開放される。その場にいる他の誰かがが「スニッフィング」ユーティリティを使ってネットワークトラフィックを監視できることになるため、これはセキュリティ上のリスクとなる。

- **ステーション間のフレーム転送**
  アクセスポイントにアソシエートしているステーションの間を流れるフレームはすべて、2つのステーションが互いの電波が届く範囲に位置していたとしても、アクセスポイントを経由する。アクセスポイントは送信元からフレームを受け取り、送信先へ転送する。

- **ネットワークの有線部分へのブリッジ**

  アクセスポイントはハブ型サブネットワークをスイッチで接続されたネットワークに接続するため、ネットワークブリッジの機能を果たさなければならない。

- **メディアアクセス制御**（Media Access Control：MAC）

  アクセスポイントはメディアアクセスを一元的に管理し、送信できるタイミングをステーションに明示的に通知できる。この PCF（Point Coordination Function）と呼ばれる機能を実装している製品はほとんどなく、代わりに331ページの「Wi-Fi の分散方式によるメディアアクセス」で説明する分散方式が使用されている。

最初の頃は、Wi-Fi の無線アクセスポイントは独立した装置であり、専用のルータ / スイッチを持つ既存の有線ネットワークに追加されることを想定していた。2000年代の半ば以降は、ルータ / スイッチと無線アクセスポイントは一般に1つの製品に統合されている。この製品には、インターネット接続を制御するネットワークルータ、複数のカテゴリ5コネクタを備えた有線イーサネットスイッチ、そして無線アクセスポイントが組み込まれている。この複合製品は**無線ルータ**（wireless router）と呼ばれる。当初、無線アクセスポイントと無線ルータには「可動型」の外部アンテナが付いていた。現在では、ほとんどの無線デバイス（無線ルータか、モバイルクライアントかにかかわらず）のアンテナは、デバイスの筐体内に隠れている。

インフラストラクチャネットワークとアドホックネットワーク

図7-14に示したようなネットワークは、専門用語では**インフラストラクチャネットワーク**（infrastructure network）と呼ばれている。「インフラストラクチャ」と呼ばれるのは、そうしたネットワークが幹線道路網のように特定の方法で計画され、構築されるからである。アクセスポイントと、アクセスポイントにアソシエートしているステーションは、BSS（Basic Service Set）を形成する。BSS には、他との識別が可能な名前が付いている。この名前は SSID（Service Set Identifier）と呼ばれる。無線ステーションは、オンライン状態になったときに、SSID を使ってインフラストラクチャネットワークを特定し、接続する。ステーションがアクセスポイントへの接続を開いたり閉じたりしても、ネットワークの全体的な形態は変わらない。現代のインフラストラクチャネットワークには、ほぼ決まって1つ以上のアクセスポイントにアソシエートしているルータが存在する。それらのルータは、より大きな無線ネットワークやインターネットへの接続を提供する。

802.11規格には当初より、**アドホック無線ネットワーク**（ad hoc wireless network）というまったく異なる種類のネットワークがもう1つ定義されていた。アドホックネットワークでは、アクセスポイントを経由せずに無線ステーションどうしが相互に接続し、IBSS（Independent Basic Service Set）を形成する。そのためには、各ステーションが Wi-Fi クライアントアダプタをインフラストラクチャモードではなくアドホックモードに設定している必要がある。この

場合の「アドホック」は、そのネットワークが計画されたものではなく、必要に応じて構築され、ステーションが接続を閉じると消えてしまうことを意味する——ミーティングの資料を共有するためにカンファレンステーブルの上にずらりと置かれたノートPCのネットワークを想像してみよう。アドホックネットワーク上のステーションはどれも、(インフラストラクチャネットワークの場合と同様に)ネットワーク上の他のステーションと通信できる。だがこの場合、フレームはアクセスポイントを経由せずに送信元から送信先へ直接伝送される[図7-18]。

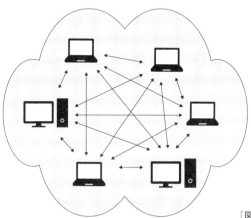

[図7-18] アドホック無線ネットワーク

アドホックネットワークには、インフラストラクチャネットワークにはない利点がいくつかある。一時的なネットワークでは、アクセスポイントを提供するコストと労力を省ける。また、各フレームの伝送が2回(送信元からアクセスポイント、アクセスポイントから送信先)ではなく1回(送信元から送信先)で済むため、静かなネットワークでは2つのステーション間のピークスループットが2倍になる。ただし、重大な欠点もいくつかある。

- 802.11無線ネットワークはすべて、各ステーションが現在の時刻を正確に保つことを要求する。現在時刻は電源管理とメディアアクセス制御に使用される。電源管理では、アイドル状態のステーションをある期間「スリープ」状態にできる。インフラストラクチャネットワークでは、アクセスポイントによって転送される各ビーコンフレームに時刻が含まれており、BSS内の他のステーションはその時刻をクロックの同期に使用する。アドホックネットワークでは、このTSF(Timing Synchronization Function)機能を分散方式で実装しなければならない。各ステーションは、その現在時刻を含んだビーコンフレームの送信を定期的に試みる。ビーコンフレームを受け取る側のステーションは、自身の現在時刻がビーコンフレームに指定されている時刻よりも遅れていれば、自身の時刻を更新する。一定の限度を超えると、競合によってビーコンが失われ、一部のステーション(一般に最も高速なクロックを持つもの)がネットワークの残りの部分と同期しなくなることがある。

- アドホックネットワーク上のステーションどうしが通信するには、互いの電波が届く範囲に位置していなければならない。このため、ステーション間の最大距離はインフラストラクチャネットワークのだいたい半分になる。インフラストラクチャネットワークの場合は、適切な場所に設置されたアクセスポイントがそのサービスエリアの両側に位置するステーション間でフレームを中継できる。さらに付け加えれば、多くの場合は、視界の開けた高い場所にアクセスポイントを設置すれば、通信範囲を広げることができる。

なお、無線クライアントアダプタが完全にWi-Fi準拠であったとしても、すべてのOSがアドホックモードを十分にサポートしているわけではない。まったくサポートしていないこともある。

Wi-Fiの分散方式によるメディアアクセス

すでに述べたように、メディアアクセス制御のPCF機能を実装している製品はほとんどない。PCFがない場合でも、ステーションはDCF（Distributed Coordination Function）を使ってメディアへのアクセスを調整できる。DCFには、有線イーサネットで使用されるCSMA/CD方式との類似点がいくつかあるが、一般に伝送中は無線メディアを感知できないという決定的な違いがある。というのも、局所的に送信される比較的強い信号により、他のステーションからの比較的弱い信号がかき消されてしまう傾向があるからだ。このため、従来の衝突検出は不可能になる。

信頼できる衝突検出ができない場合、Wi-Fiネットワークは、**CSMA/CA**（Carrier Sense Multiple Access/Collision Avoidance）を使用する。CSMA/CAは、パケットの衝突の検出ではなく**回避**を目的とし、次のような仕組みで動作する。CSMA/CDと同様に、ステーションはまずチャネルで待ち受け（リッスン）を行い、別のステーションから送信されてくる信号を検知する。ステーションがメディア上の信号を実際に検知することから、このプロセスは**物理キャリアセンシング**（physical carrier sensing）と呼ばれる。そうした信号を検知した場合、パケットを伝送したいと考えているステーションは計算された期間が過ぎるまで待機したあと、再びリッスンを行う。そして、チャネルが空くまでリッスンを行ったあとで、パケット全体を送信する。「事後」の衝突検出も、ジャム信号もない（ジャム信号が起こり得ないのは、Wi-Fi無線メディアが半二重で、伝送中のステーションがジャム信号をリッスンできないからである）。

DCF の実装には、目立たないものの重要な点がいくつかある。

- ステーションは、メディアがアイドル状態になったらすぐ送信を開始するのではなく、その前に一定の期間だけ待機する。この期間は DIFS(Distributed Inter-Frame Space)と呼ばれる。DIFS の間メディアがアイドル状態のままの場合、ステーションはさらにランダムなバックオフ期間だけ待機してから送信を開始する。DIFS は、PCF フレームや確認応答フレームなど、優先順位の高いトラフィックをメディアに優先的にアクセスさせるための仕組みである。また、有線イーサネットの場合と同様に、バックオフ期間により、メディアが空くのを待っていた2つのステーションが送信を同時に開始したために衝突が発生する、という可能性が少なくなる。

- バックオフ期間は、競合ウィンドウに収まるようにランダムに選択される。ウィンドウが小さすぎると、2つのステーションが同じバックオフ値を選択する可能性が高くなる。ウィンドウが大きすぎると、メディアがアイドル状態でいる時間は長くなる傾向にあり、効率が低下する。解決策は、動的ウィンドウを使用することである。動的ウィンドウの大きさは、検出した競合の数に基づいて変化する。ステーションのウィンドウは、最初は固定の最小値に設定される。そして、送信に失敗するたびに、最大値に達するまでウィンドウのサイズが2倍に設定され、送信に成功したときに最小値にリセットされる。

- 無線ネットワークでは、パケットのドロップが有線ネットワークよりもはるかに頻発する。このため802.11規格では、メディアアクセス制御レベルの確認応答 / 再送プロトコルが実装されている。ステーションは、フレームを無事に受信すると、SIFS(Short Inter-Frame Space)期間が過ぎるまで待機したあと、確認応答(ACK)フレームを送信する(SIFS が DIFS よりも短い場合、優先順位が保証される)。送信側のステーションは、ACK が返ってこなければ、衝突やその他の干渉イベントが発生していると判断できる。その場合は、フレームを再送すべきである。

メディアの物理的な感知は電力を消費する。電力消費を抑えるために、802.11規格には、**仮想キャリアセンシング**(virtual carrier sensing)の仕組みが実装されている。この場合、各フレームには期間フィールドが含まれており、送信側はそのフィールドを使用してそのフレーム(および関連するACKフレーム)がメディアを占有する期間を指定できる。フレームを受信したステーションは、それが別のステーション宛てのフレームであっても、期間フィールドを NAV(Network Allocation Vector)と呼ばれるローカルタイマーにコピーし、そのタイマーがタイムアウトするまで送信をすべて先送りする。一般に、待機中のステーションは無線ハードウェアを省電力状態に切り替える。

キャリアセンシングと隠れ端末問題

インフラストラクチャとアドホックのどちらのWi-Fiネットワークにも、似たような問題がある。ネットワークに接続しているすべてのステーションから他のすべてのステーションが見えなければ、問題が起きるという点だ。なかでも最も重要なのは、前項で説明した物理キャリアセンシングと仮想キャリアセンシングの機能が働かなくなることである。それにより、パケットの衝突率は高くなる[図7-19]。

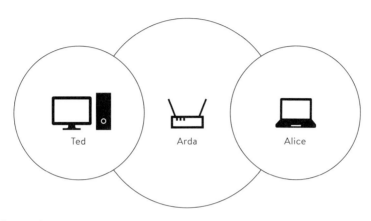

[**図7-19**] 隠れ端末問題

図7-19では、無線ステーションTedとAliceがどちらもArdaに接続されている。Ardaは物理的に2つのステーションの真ん中あたりに位置するアクセスポイントである。TedとAliceはかなり離れた位置にあるため、それぞれの電波が届く範囲で互いの信号を検知できない。物理的な距離のせいで、TedがAliceから隠れてしまい、AliceがTedから隠れてしまうことを**隠れ端末問題**（hidden node problem）と呼んでいる。2つのWi-Fiノードが互いに隠れていると、チャネルを監視しても相手が送信したかどうかがわからないため、送信中のパケットの衝突を回避できなくなる。

802.11規格では、隠れ端末問題に対処するために、**RTS/CTS**（Request To Send/Clear To Send）という仮想キャリアセンシングの仕組みが定義されている。RTS/CTSでは、送信側のステーションはチャネルが空くのを待つのではなく、受信側のステーションに対して**ハンドシェイク**（handshake）を実行する。つまり、受信側のステーションにRTSフレームを送信し、CTSフレームが返送されるのを待つ。データが送信されるのは、このハンドシェイクが完了した場合だけである。これにより、隠れ端末問題が大幅に軽減される。先の例では、AliceはTedのRTSフレームを受信できないが、ArdaのCTSフレームを受信して自身のNAV値を更新することができる。それにより、Tedの送信が完了するまで、Aliceの送信はすべて延期される。

この仕組みをいくつかの手順に分割すると、次のようになる[図7-20]。

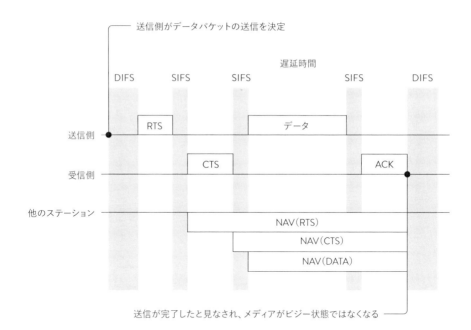

送信側がデータパケットの送信を決定

[図7-20] DCFがデータパケットの送信を調整する仕組み

1. パケットを送信したいステーションは、まずチャネルがビジー状態ではないことを確認し、DIFSの期間が過ぎるまで待機したあと、RTSフレームを送信する。RTSフレームの期間フィールドには、CTS、データの送信、ACKを完了するのに必要な合計時間が設定される。

2. RTSフレームを検出したステーションはすべて、このフレームの期間フィールドを自身のNAVタイマーにコピーする。

3. RTSフレームを検出した（と想定される）受信側のステーションは、SIFSの期間が過ぎるまで待機し、CTSフレームで応答する。CTSフレームの期間フィールドには、データの送信とACKを完了するのに必要な合計時間（RTSフレームの値よりも少し短い）が設定される。

4. 隠れ端末問題により、最初のRTSフレームを検出しないステーションが存在するかもしれない。そうしたステーションがCTSフレームを検出した場合は、その期間フィールドを自身のNAVタイマーにコピーする。

5. 送信側のステーションは、CTSフレームを受信したあと、SIFSの期間が過ぎるまで待機し、そもそもの目的であるデータフレームの送信を開始する。

6. 受信側のステーションは、データフレームを無事に受信すると、さらにSIFSの期間が過ぎるまで待機したあと、送信側のステーションにACKフレームを返送する。

7. ACKフレームが送信される頃には、このトランザクションに関連するすべてのNAVタイマーがタイムアウトする。続いて、すべてのステーションがDIFSの期間が過ぎるま

で待機したあと、チャネルのアイドル状態を確認し、このプロセスを最初から繰り返す。

　当然ながら、互いに隠れている2つのステーションが重複するRTSフレームを送信し、それらが衝突してパケットがドロップする可能性がないとは言い切れない。RTS/CTSプロトコルの主な利点は、隠れ端末の衝突が発生する可能性のある脆弱な期間が、本来のデータ送信に必要な比較的長い期間から、RTSフレームの送信に必要な比較的短い時間に短縮されることである。とはいえ、RTS/CTSのハンドシェイクには相当なオーバーヘッドが伴い、その利点が最も顕著となるのはフレームのサイズが大きい場合である。このため、サイズのしきい値を適用し、そのしきい値に満たないフレームはハンドシェイクなしで送信するのが一般的である。小規模なネットワーク（特にステーションの位置が固定のネットワーク）では、ハンドシェイクは完全に無効になっていることが多い。

フラグメンテーション

　フレームのサイズが大きいほど、干渉や衝突が発生する可能性は高くなる。このため、Wi-Fiネットワークでは、**フラグメンテーションしきい値**（fragmentation threshold）という構成オプションが提供されている。フラグメンテーションしきい値は、一度に送信できるフレームの最大サイズを指定する。フラグメンテーションしきい値よりも大きいフレームは、番号が振られた一連のフラグメントに分割される。それらのフラグメントは別々に確認応答されるため、確認応答が届かない場合は個別に再送できる。

　フラグメントはそれぞれSIFSで区切られてから送信されるため、DCFで調整された他のトラフィックによる干渉を受けることはない。送信される各フラグメントの期間フィールドは、現在のフラグメントだけでなく、残りのすべてのフラグメントを送信するのに必要な時間を指定する。RTS/CTSのハンドシェイクを使用する場合、RTSフレームの期間フィールドはCTSフレームとすべてのフラグメントの送信に必要な合計時間を指定するため、フラグメントの送信期間全体にわたってメディアが確保される。

振幅変調、位相変調、QAM

　802.11規格のさまざまな物理層について説明する前に、ここで無線通信の基本概念を確認しておこう。

　すべての無線技術は、搬送波の1つ以上の特性を情報に応じて変化させる（**変調する**）ことで、その情報を伝送する。図7-21に示す振幅変調（Amplitude Modulation：AM）と周波数変調（Frequency Modulation：FM）は、間違いなく読者が日常的に接している2つのアナログ変調方式である。AMは搬送波の周波数を一定に保ち、振幅を変化させる。FMは振幅を一定に保ち、搬送波の周波数を中央値の付近で変化させる。

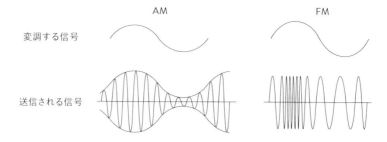

変調する信号　AM　FM

送信される信号

[**図7-21**] AMアナログ変調とFMアナログ変調

　アナログ変調の目的は、絶えず変化する連続的な信号を符号化することである。それとは対照的に、デジタル変調方式が伝送するのは離散的なシンボル（最も単純なものはビット）である。ここからは、アナログ変調ではなくデジタル変調について説明する。

　図7-22は、バイナリデータを送信する4つのデジタル変調方式を示している。最初の2つは、すでに説明したアナログ方式に対応するデジタル信号である。**BASK**（Binary Amplitude-Shift Keying）は、何も出力しないことで2進数の0を、搬送波を放射することで2進数の1を送信する方式であり、オンオフ変調（On-Off Keying：OOK）とも呼ばれる。**BFSK**（Binary Frequency-Shift Keying）は、定義された2つの値の間で搬送波周波数を変化させることにより、0と1を送信する。**BPSK**（Binary Phase-Shift Keying）は、搬送波を放射することで2進数の0を、位相が180度シフトした（反転した）搬送波を放射することで2進数の1を送信する。実際には、BPSKの代わりに**DBPSK**（Differential BPSK）がよく使用される。DBPSKでは、位相の基準を固定にする必要はなくなり、現在の位相で搬送波を送信し続けることで2進数の0を符号化し、現在の位相を180度シフトすることで2進数の1を送信する[15]。

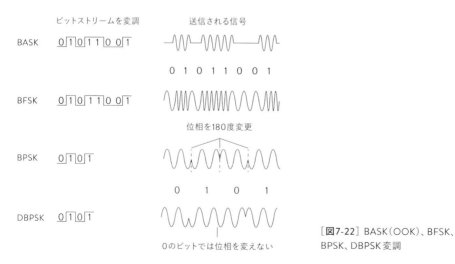

ビットストリームを変調　送信される信号

BASK　0 1 0 1 1 0 0 1

0 1 0 1 1 0 0 1

BFSK　0 1 0 1 1 0 0 1

位相を180度変更

BPSK　0 1 0 1

0　1　0　1

DBPSK　0 1 0 1

0のビットでは位相を変えない

[**図7-22**] BASK（OOK）、BFSK、BPSK、DBPSK変調

―――――――
*15　[訳注] すなわち、1を連続して送るときは、1を送信するたびに現在の位相を180度シフトする。

2進数から多進数のシンボル（m個の値をとりうるシンボル）への拡張は容易である。mASKの場合は搬送波が（単なるオン/オフではなく）m通りの振幅をとりうるようにし、mFSKの場合はm通りの周波数をとりうるようにし、mPSKの場合は180度よりも細かく位相をシフトできるようにする。mを2から4（2倍）にした場合、シンボルごとに2ビットを表せるようになるため、同じチャネルで2倍の量のデータを送信できるようになる。mをさらに2倍にすると、シンボルごとに3ビットを表せるようになるため、容量がさらに50%増える。mをどこまで増やせるかは、結局のところはノイズによって制限される。変化の差が小さくなっていく振幅レベル、周波数、または位相シフトを、受信側が正確に識別することは、ノイズのせいで難しくなる。これは、シャノン＝ハートレーの定理に従っている。平たく言えば、チャネルの情報伝達容量はチャネルのSN比（Signal-Noise ratio、信号対雑音比）につれて減少するというものだ。

　もちろん、振幅変調と位相変調（キーイング）を組み合わせることも可能である。そのようにしてできた変調方式を、**QAM**（Quadrature Amplitude Modulation）と呼んでいる。振幅と位相を同時に変調すると、互いに位相が90度ずれている（直角位相）2つの搬送波の振幅を変調し、結果の和をとることになるからだ。デジタルQAM方式の特徴は、一連の離散値（位相、振幅）である。図7-23に示すように、これらはよく複素平面上の**コンステレーション**（constellation、星座）、つまり値の配置として表される。この図では、原点からの距離は振幅、角度は位相シフトに相当する。16QAMでは、振幅と角度の16種類の組み合わせが可能であり、位相と振幅値の1つのペアで16ビットを符号化できる。QAM方式は、ノイズ耐性が高くなるように慎重に設計されなければならない。技術者は一般に、コンステレーションにおける任意の2点間の直線距離を最大にすることにより、ノイズのあるなかで、受信側が意図された点を特定できる可能性を最大にしようとするだろう。

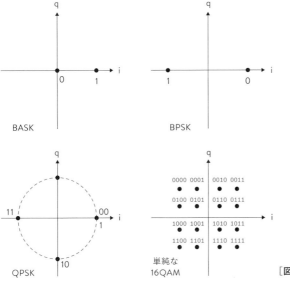

[**図7-23**] コンステレーションの例

スペクトラム拡散手法

Wi-Fiが使用する2.4GHzと5GHzのISM周波数帯は、データを送信するには特に厳しい環境である。これらの周波数帯で使用される規格は、以下に起因する干渉に対してある程度の耐性を備えていなければならない。

- その周波数帯を使用する他の通信技術（Bluetooth、ZigBeeなど）
- 電子レンジなどの非通信機器
- チャネルの割り当てが重複している他のWi-Fiネットワークに接続しているクライアント（このネットワークの衝突回避体系に含まれない）
- 信号の遅延による反射（マルチパス干渉、図7-15を参照）

ISM周波数帯の送信機も、特定の周波数領域内で放射できる総電力量（スペクトル密度）に対する規制の対象となる。

Wi-Fi関連の規格は、こうした問題に対処するためにさまざまな**スペクトラム拡散**（spread-spectrum）手法を用いる。名前が示すように、これらの手法は信号を通常よりも広い帯域幅に拡散させることで、干渉（特に周波数帯のごく一部を占める狭帯域干渉）への耐性を高め、スペクトル密度を低下させる。次の3種類の手法が使用されている。

- **周波数ホッピング方式**（Frequency-Hopping Spread Spectrum：FHSS）
  最初の802.11規格（データレートが1〜2Mbps）でのみ使用される。2〜4レベルのFSKを使用し、送信側と受信側の両者があらかじめ共有している順序で、400ミリ秒ごとに搬送波の周波数をチャネル内の別の周波数に「ホップ」させる（周波数を切り替える）。
- **直接拡散方式**（Direct-Sequence Spread Spectrum：DSSS）
  データビットのストリームを、高速な**チップ**（chip）のストリームと合成する[16]。1Mbpsまたは2Mbpsで動作する802.11b規格の場合は、11チップのバーカー符号の繰り返しが各データビットと合成される[17]。より高いデータレートでは、相補型符号変調が使用される[18]。

---

[16]　［訳注］周波数拡散のために利用される拡散コード（疑似乱数から生成されたビット列）のビットをチップという。

[17]　［訳注］バーカー符号は拡散コードの1つでシーケンスの自己相関性が小さく、拡散した周波数を元に戻す際に他の信号の影響を減らすような性質がある。詳しくは339ページからの説明を参照。

[18]　［訳注］相補型符号変調では、バーカー符号より短いシーケンスを複数回利用することで、データ伝送を高速化している。

- **直交周波数分割多重方式**（Orthogonal Frequency-Division Multiplexing：OFDM）
  データを複数のストリームに分割する。分割されたストリームはそれぞれ、周波数帯
  全体に間隔をあけて配置される、比較的低速な多数の副搬送波の1つに変調される。
  802.11g以降の規格はすべてOFDMを使用しており、低ノイズ環境でより高いデータ
  レートを実現するために、（次項で説明する）より広い帯域、より高密度の変調、およ
  び空間的多様性を利用している。

Wi-Fiの変調と符号化の詳細

　802.11b規格と802.11g規格で使用されているDSSS変調方式とOFDM変調方式につい
て詳しく見ていこう。Wi-Fiを使用するにあたって変調方式を完全に理解している必要はな
いが、従来の有線イーサネットと比較した場合の無線ネットワークの課題を理解しておく必
要がある。

　1Mbpsのデータレートでは、送信ビットは11Mbpsのチップ速度で行われている拡散シー
ケンス（この場合は11桁のバーカー符号）によって乗算される。この操作により、ソーススト
リームの各ビットは拡散ストリームの11ビットに対応するようになる。拡散ストリームは搬送
波をDBPSK変調するために使用される。スループットを2倍の2Mbpsにするには、DBPSK
変調の代わりにDQPSK変調を使用する。図7-24は、これら2つの仕組みを示している。

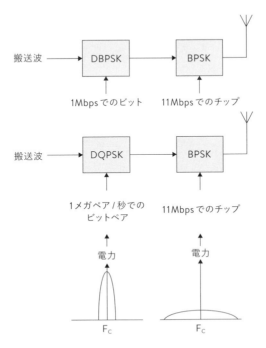

[図7-24] 11桁のバーカー符号を使った1Mbpsと2Mbpsでのスペクトラム拡散伝送

拡散シーケンスとして次の11桁のバーカー符号が使用される。

```
+1 -1 +1 +1 -1 +1 +1 +1 -1 -1 -1
```

この場合、自己相関性はきわめて低い。拡散シーケンスに対してシフトした拡散シーケンスを乗じ、その結果を合計すると、シフトが11の倍数でないかぎり和の最大値は −1から+1になるのに対し、シフトが11の倍数であれば積の和は当然ながら+11になる。シフトが2の場合、積は次のようになり、和は −1になる[*19]。

+1	+1	+1	+1	−1	+1	+1	+1	−1	−1	−1
×	×	×	×	×	×	×	×	×	×	×
+1	+1	−1	+1	+1	+1	−1	−1	−1	+1	−1
=	=	=	=	=	=	=	=	=	=	=
+1	−1	−1	+1	−1	+1	−1	−1	+1	−1	+1

受信側は受信した信号を復調し、その結果得られた拡散ストリームに拡散シーケンスを乗じることで、元のデータを復元する[図7-25]。その前に、拡散シーケンスを送信側のものと同期させなければならない。この作業はバーカー符号の自己相関性が低いことによって単純になる。受信側で拡散シーケンスを乗じると、マルチパスの影響によるシンボル間の干渉と他のノイズが抑制される。シンボル間の干渉はバーカー符号の自己相関性が低いことによって抑制され、ノイズの抑制はノイズのスペクトルが拡大され、受信側の積分動作によって排除できるようになるためである。

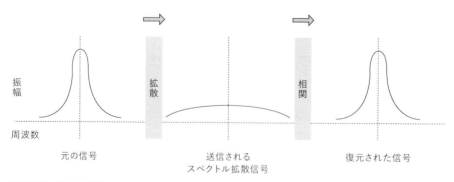

[図7-25] DSSS の過程

---

*19　[訳注] 自己相関性とは、ここではあるシーケンスとそれを何桁かずらしたシーケンスとがどのくらい似ているかをいう。バーカー符号の場合、そのシーケンス長の整数倍のとき、すなわち「ずれていない」とき以外はこれが非常に小さい値になる。そのため、信号が同期しているかどうかをはっきり区別できる。

同じチャネル帯域幅で5.5Mbpsと11Mbpsのデータレートを実現するには、帯域あたりの効率の高い手法が必要になる。相補型符号は符号の集合で、バーカー符号と同様に、（先ほどの説明と同様に）符号とそれをシフトしたものとの間での低い自己相関性と、集合内の符号間での低い相互相関性を持つ。ただし、バーカー符号とは異なり、ここで使用される符号は複数の位相を持つ符号である。つまり、符号値は、集合{-1，1}から導出される実数ではなく、集合{-1，1，-j，j}から導出される複素数である[20]。拡散シーケンスとして使用した場合、同期と干渉除去に関してはバーカー符号と同じ利点があるが、集合内に複数の符号が存在するため、ある特定のシンボルを拡散するために使用する符号を選ぶことによって、より多くの情報を伝送できる。

　11Mbpsで送信する場合は、送信ビットを8ビットを単位として1バイトずつグループ化する[21]。そのうち6ビットは64個の8ビット相補型符号の1つを選択するために使用され、残りの2ビットは符号全体を位相変調するために使用される[22]。チップレートは11Mbpsのままで、8チップごとに8ビットが送信されるため、データスループットも11Mbpsである。5.5Mbpsで伝送した場合、符号の数は4つになる。

　802.11g規格では、2.4GHz周波数帯で最大54Mbpsのデータレートをサポートしている。このレートを実現するにあたって、802.11a規格で（5GHz周波数帯で）最初に使用されたOFDM変調方式を採用している。20MHzチャネルはそれぞれ52個のサブチャネルに分割される。そのうち4チャネルはパイロット信号のために予約され、データは残りの48の副搬送波に変調される。これには、64QAM（52Mbpsモードと48Mbpsモード）、16QAM（36Mbpsと24Mbps）、QPSK（18Mbpsと12Mbps）、BPSK（9Mbpsと6Mbps）のいずれかが使用される。シンボルは4マイクロ秒ごとに送信されるため、64QAMモードでの生のスループットは次のようになる。

48チャネル×250,000シンボル/秒×6ビット/シンボル＝72Mbps

　72Mbpsの生のスループットと54Mbpsの実際のスループットとの差は、3/4の符号レート（3ビットのデータごとに4ビットを送信）でFEC符号を使用していることから説明がつく。802.11g規格の各データレートは、1/2（24Mbps、12Mbps、6Mbps）、2/3（48Mbps）、または3/4（54Mbps、36Mbps、18Mbps、9Mbps）の符号レートで前方誤り訂正を使用する。

　OFDM方式は、狭帯域干渉と周波数選択性フェージングの両方に対して耐性がある。FEC符号により、受信側は1つ以上の破損した副搬送波から失ったデータをある程度まで再現できる。変調レートは比較的低速なので、シンボル間にガード間隔を挿入することで、シ

---

*20　［訳注］ここでjは虚数単位。
*21　［訳注］9ビットなど、8ビット以外を1バイトとして扱うシステムもあるため、ここでは8ビットが1バイトであることを明示している。
*22　［訳注］QPSKが利用される。

ンボル間の干渉を減らせる。

Wi-Fi接続の仕組み

Wi-Fiデバイスを無線アクセスポイントに接続するのは、一見簡単なようだが、そうではない。同じ物理位置から複数のアクセスポイントと複数のクライアントアダプタが見えるかもしれない。アクセスポイントとクライアントが異なるチャネルに散らばっているかもしれない。そして、すべてのクライアントに特定のアクセスポイントへの接続が許可されているとは限らない。こうした問題を解決するプロセスは、大きく次の3つに分けることができる。

1. クライアントアダプタは、どのチャネルでどのアクセスポイントが利用できるかを判断する必要がある。このプロセスは**スキャニング**（scanning）と呼ばれる。
2. アクセスポイントはどのクライアントが接続しているのかを特定できなければならず、クライアントもどのアクセスポイントに接続しているのかを特定できなければならない。このプロセスは**認証**（authentication）と呼ばれる。
3. 認証されたクライアントは、そのクライアントを認証したアクセスポイントに接続できるようになる。このプロセスは**アソシエーション**（association）と呼ばれる。

スキャニングには、アクティブとパッシブがある。**パッシブスキャニング**（passive scanning）では、アクセスポイントがそのSSIDを含んだフレームを定期的にブロードキャストするように設定される。クライアントアダプタは、すべてのチャネルでそうしたブロードキャストフレームを待ち受け、リストを作成する。そして、以前に接続したことがあるアクセスポイントがあれば、そのアクセスポイントを選択する。接続したことがあるSSIDが見当たらない場合は、最も信号の強いアクセスポイントへの接続を試みる。接続がどのように行われ、ユーザーがどのように関与するかは、実装次第である。最近のほとんどのWi-Fiソフトウェアは、最初に接続するときに「今後自動的に接続するかどうか」を問い合わせるダイアログを表示し、ユーザーに確認を求める。クライアントアダプタとなるコンピュータのユーザーも、クライアントがブロードキャストSSIDフレームから集めたリストからアクセスポイントを選択できることがある。

アクティブスキャニング（active scanning）では、クライアントアダプタにより、電波が届く範囲のすべてのアクセスポイントに**プローブ要求フレーム**（probe request frame）が送信される。このフレームには、優先アクセスポイントのSSIDを設定できる——実質的には、「blackwaveはそこにいますか」と尋ねることになる。blackwaveアクセスポイントが存在する場合は、クライアントにプローブ応答が送信される。プローブ要求フレームのSSIDフィールドはnull（空）の場合がある——実質的には、「そこにいるのは誰ですか」と尋ねることになる。その場合は、電波が届く範囲のすべてのアクセスポイントがクライアントにプローブ応答を送信できる。そしてほとんどの場合、クライアントは最も信号の強いアクセス

ポイントを選択する。

　空の SSID を用いたアクティブスキャニングが実行されるのは、無線ネットワークによっては、アクセスポイントが SSID をブロードキャストしないように設定されるためである。したがって、アクティブスキャニングはクライアントにとって電波が届く範囲のアクセスポイントを特定する唯一の方法となる。ほとんどのホームネットワークや「コーヒーショップ」の Wi-Fi プロバイダでは、アクセスポイントが SSID をブロードキャストするため、パッシブスキャニングで十分である。

　クライアントアダプタが接続先となるアクセスポイントを特定したあとは、認証プロセスによってその接続が承認されているかどうかが判断される。認証には、オープン認証と共有キー認証の2種類がある。**オープン認証**（open authentication）では、パスワードを使用せず、クライアントが認証要求フレームをアクセスポイントに送信する。このフレームには、クライアントの MAC アドレスが含まれている。アクセスポイントは、特定のクライアントの MAC アドレスを除外するか、特定のクライアントの MAC アドレスだけを許可するように設定されていることがある。アクセスポイントがクライアントの認証要求を許可するかどうかは、アクセスポイントがどのように設定されているかによる。認証要求が拒否された場合、やり取りはそこで終了し、接続は確立されない。アクセスポイントが認証要求を許可した場合は、アソシエーションプロセスが開始される。

　MAC アドレスによる認証は徐々に減ってきている。というのも、クライアントが自身の MAC アドレスを**平文**（暗号化なし）で送信するため、チャネルを監視するだけのソフトウェアがあれば、攻撃者が有効な MAC アドレスのリストを作成できてしまうからだ。多くのクライアントアダプタでは、ユーザーは MAC アドレスを任意の値に変更できるようになっている。このため、攻撃者が正規の MAC アドレスを「偽造」すれば、ネットワークに接続できることになる。

　共有キー認証（shared-key authentication）では、暗号化を伴う複数のプロトコルの1つを使用する。現在、小規模なネットワークで最もよく使用されているのは、WPA2 というプロトコルである。2006年以降、新しく作成される Wi-Fi デバイスでは、WPA2 の使用が義務付けられている（WPA2 については、次項で詳しく説明する）。大規模な企業内ネットワークや厳格なセキュリティ要件のあるネットワークでは、802.1X という IEEE 認証規格を実装する認証サーバー（RADIUS とも呼ばれる）を別途使用する。小規模なネットワークでは、共有キー認証をアクセスポイントとクライアントの間で直接処理する。やり取りはアクセスポイントとクライアントの間で発生し、アクセスポイントとクライアントが直接暗号チャレンジを完了しなければならない。アクセスポイントとクライアントの共有キーが同じであれば暗号チャレンジを完了することができ、認証が与えられる。それ以降、アクセスポイントとクライアントの間の通信はすべて暗号化される。

　接続の最終段階は、アソシエーションである。アクセスポイントとクライアントアダプタが互いを認証したあと、クライアントはアクセスポイントに**アソシエーション要求フレーム**（association request frame）を送信する。アソシエーション要求が許可されれば、アソシエーションプロセスは完了となる。その後、ネットワークの DHCP サーバーを通じて、ネット

ワーク構成パラメータとIPアドレスがクライアントに提供されることがある。アクセスポイントは、他の理由によりアソシエーションを拒否するかもしれない。たとえば、アソシエートしているクライアントの数が事前に設定された最大値にすでに達している場合などがそれである。ただし、ほとんどの場合はアソシエーション要求が許可され、クライアントが接続を確立する。

Wi-Fiのセキュリティ

　有線ネットワークにはもとから持っているセキュリティがある——ネットワークコネクタやネットワークデバイスに物理的にアクセスしなければ、ネットワークには接続できない。Wi-Fi信号は壁を通り抜けることができ、接続は物理的なジャックに限定されない。このため、セキュリティは非常に重要となる。最初の802.11規格では、**WEP**（Wired Equivalent Privacy）と呼ばれる単純な暗号化方式が定義されていた。WEP鍵は16進数字の文字列であり、従来のパスワードではない。Wi-Fiデバイスのなかには、人が読めるパスワードやパスフレーズを16進数のWEP鍵に変換する鍵ジェネレータを組み込んでいるものがある。

　2001年、セキュリティ研究者がWEPの暗号化アルゴリズムに欠陥があることを発見した。ネットワーク経由で送信される暗号化されたパケットをたった10分解析するだけで、WEPで保護された無線アクセスポイントをクラックできるというのである。この欠陥の性質が知れ渡ると、WEPは使いものにならなくなった。2004年、802.11標準化委員会は追加仕様の802.11iを承認した。802.11iは**WPA2**（Wi-Fi Protected Access version 2）と呼ばれるようになった。WPA2は、それほど強力ではないWPAという暫定的な解決策に代わるものだった。WEPと同様に、WPAはもう使用されなくなっている。WPA2は**AES**（Advanced Encryption Standard）という256ビットの暗号化プロトコルを使用する。AESはデータの暗号化と復号をブロックごとに行う**ブロック暗号**（block cipher）である。WEPやWPAのような古いWi-Fiプロトコルは、**ストリーム暗号**（stream cipher）を使用していた。ストリーム暗号は1文字ずつ暗号化/復号するもので、攻撃に対してはるかに脆弱だった。

　WPA2は、最大63文字のASCIIキーフレーズに対応している。このキーフレーズがランダムな文字で構成されていれば、ホームネットワークなら通常は20〜30文字で十分である。攻撃者はうまくいくものが見つかるまで無線ルータにパスワードを次々に送信するわけではなく、**パケットスニファ**（packet sniffer）というユーティリティを使用する。パケットスニファは、暗号化されたパケットを電波から捕捉し、ファイルとしてディスクに保存する。これにより、**オフラインブルートフォース攻撃**（offline brute-force attack）を試みることが可能になる。この種の攻撃では、普通の単語の辞書やよく使用されるパスワードが、攻撃者のコンピュータに格納されている暗号化されたパケットで試される。この作業には、1秒間に数百万ものパスワードを試すことができる高速なアプリケーションが用いられる。攻撃者が数週間あるいは数か月にわたってソフトウェアを走らせることをいとわなければ、弱いパスワードや辞書に載っている一般的な単語をつないだものは破られてしまう可能性がある。「低いところ

にぶらさがった果実」効果 [*23] を思い浮かべれば、少し安心できる。つまり、短いパスワード
や弱いパスワードを使用する人がいるため、攻撃者が強いパスワードを破ろうとしてブルー
トフォース攻撃に何か月も費やすことはまず考えられない。とはいえ、重要な情報が格納さ
れている企業や軍のサイトでなければ、の話である。あなたのMP3を盗むためだけに、そ
こまでの時間をかけてパスワードを破ろうとする攻撃者はほとんどいないだろう。

　WPA2のすべての部分が主要な暗号化アルゴリズムと同じくらいセキュアであるとは限
らない。2011年、WPA2を補助するWPS（Wi-Fi Protected Setup）というプロトコルで重
大な欠陥が発見された。WPSは、無線ルータのファームウェアで実行され、小規模なネット
ワークでパスワードの配布を容易にする。発見された欠陥は、WPSプロトコルが暗証番号
の一部を「漏えい」し、2時間ほどでブルートフォース攻撃を成功させる、というものだった。
現在、WPSは脆弱だと見なされており、セキュリティの専門家は、デバイスにWPSが組み込
まれている場合は無効にするように呼びかけている。

　クライアント側では、WPA2は**サプリカント**（supplicant）と呼ばれるソフトウェアとして実装
される。サプリカントは、クライアントアダプタではなく、ネットワークへの接続を要求するコン
ピュータで実行される。Linuxディストリビューション（Raspbianを含む）のサプリカントソフト
ウェアは`wpa_supplicant`という名前であり、その構成ファイル`wpa_supplicant.
conf`は`/etc/wpa_supplicant`フォルダに含まれている。サプリカントは、選択され
たアクセスポイントに認証を「要求」し、その後はアクセスポイントとともにWPA2プロトコ
ルに従う。サプリカントの実装のなかには、管理用のGUIが用意されているものもあれば、
コマンドラインベースのものもある、コマンドラインベースのサプリカントは、編集可能な設
定ファイルからキーフレーズやその他の情報を読み取る。

Raspberry PiでWi-Fiを使う

　Raspberry Piのほとんどのモデルには、標準の有線イーサネットポートが付いており、
RaspbianなどのLinuxディストリビューションでは何もしなくても動作する（古いModel A
ボートとRaspberry Pi Zeroには、イーサネットポートはない）。Raspberry PiボードをDHCP
サーバーが動作しているルータのイーサネットポートにケーブルで接続すると、Raspbianは
ローカルIPアドレスを含む、DHCPの構成情報をリクエストする。DHCPによってRaspbian
のネットワークパラメータが設定されたあと、Raspberry PiボードはそのIPアドレスを使用
して、ネットワーク上の他のノードやインターネット全体と通信できるようになるはずだ。

　Raspbian（そしてほとんどのUnixベースOS）には、`ifconfig`というコマンドラインユー
ティリティが用意されている。このユーティリティを利用すれば、有線イーサネットポートの
設定を表示することができる（のちほど説明するように、Wi-Fi用のもっとよい構成ユーティ
リティもある）。ターミナルウィンドウを開いて、次のコマンドを実行してみよう。

[*23] ［訳注］低いところにぶらさがった果実（low-hanging fruit）は、簡単に手に入るものを意味する。

```
ifconfig eth0
```

　ここで、eth0はRaspberry Piの有線イーサネットポートのデフォルトの名前である。このユーティリティは、MACアドレスやIPアドレスを含め、ポートの現在のステータスを表示する。Raspberry Piで有線イーサネットポートを使用しない場合、特にWi-Fiアダプタを使用するつもりであれば、このポートを無効にしておくとよいだろう。ifconfigでeth0を無効にするには、次のコマンドを使用する。

```
sudo ifconfig eth0 down
```

　パラメータを（単に表示するだけでなく）変更するには、sudoを使って管理者特権を適用する必要がある。有線イーサネットポートを再び有効にするには、次のコマンドを使用する。

```
sudo ifconfig eth0 up
```

　Wi-FiとBluetoothが回路基板上にあるRaspberry Pi 3を使用している場合を除いて、USB Wi-Fiクライアントアダプタを入手する必要があるだろう。Raspberry Piボードでは、Raspbianの最新のイメージを実行するようにしよう。最新のイメージには、利用可能なWi-FiドライバやWi-Fiツールのほとんどが含まれている。超小型のWi-Fiクライアントアダプタもあり、ボードに取り付けられている2つのUSBポートの1つか、パワードUSBハブに差し込めるようになっている。なお、検査済みで互換性があることが確認されているその他のWi-Fiクライアントデバイスのリスト[*24]が公開されている。

　Raspberry Piボードの電力はセルフパワーハブのような堅牢な電源からとるようにしよう。どれだけコンパクトなものであっても、Wi-Fiアダプタにはマイクロ波無線の送信機が内蔵されており、送信機を稼働させるために一定の電流が必要である。電源がパンク寸前のボードにそうしたアダプタを追加すれば、正常に動作しなくなることはほぼ確実である。Raspberry Piシステムの電源を選択するときはいつでも、電流量が少ないくらいなら多すぎるほうがましである。Raspberry Piシステムを動作させるときの一般的な問題のほとんどは、電源から十分な電流が得られないことに起因している。

　RaspbianにプリインストールされているWPA2サプリカントには、GUIが含まれている。Raspbianにクライアントアダプタのドライバが含まれている場合、アクセスポイントへの接続はGUIだけで確立できる。そのための手順は次のようになる。

---

*24　［訳注］https://elinux.org/RPi_USB_Wi-Fi_Adapters

1. Raspbianのデスクトップ上で［WiFi Config］アイコンをクリックし、サプリカントソフトウェアを起動する。wpa_guiのメインウィンドウが表示される［図7-26］。

［**図7-26**］wpa_guiのメインウィンドウ

2. ［Scan］ボタンをクリックする。サプリカントが利用可能なアクセスポイントをスキャンし、新しいウィンドウにリストを表示する［図7-27］。

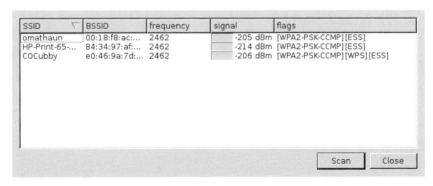

［**図7-27**］スキャンウィンドウ

3. 表示されているアクセスポイントの1つがあなたのものだと仮定して、スキャンウィンドウでその行をダブルクリックする。そうすると、ネットワークを構成するためのウィンドウが表示される［図7-28］。あなたのアクセスポイントが表示されない場合は、Raspberry Piが離れすぎているか、設定の競合が生じているのかもしれない。

［**図7-28**］ネットワーク構成ウィンドウ

4. アクセスポイントの共有鍵を［PSK］フィールドに入力する。

5. ［Add］ボタンをクリックする。共有鍵が正しく入力されていれば、サプリカントがアクセスポイントに接続する。その時点で、wpa_gui のネットワーク構成ウィンドウの［Current Status］タブに Completed (station) という文字列が表示される。

6. Midoriを起動し、適当なWebページにアクセスして新しい接続をテストする。新しい無線アクセスポイントをインストールしたり、SSIDや共有鍵を変更したりする場合は、wpa_gui を使って引き続き設定を行うこともできる。単にステータスを表示するのではなく、より詳細な情報を提供する別のLinuxコマンドラインユーティリティもある。Wi-Fi接続の確立と設定が済んだあと、ターミナルウィンドウを開いて、次のコマンドを入力する。

```
iwconfig
```

このユーティリティは、概要情報を8行のテキストで表示する。この情報には、アクセスポイントのSSID、使用する無線技術（a/b/g/n）、アクセスポイントのMACアドレス、現在のビットレート、信号レベルのインジケータ、リンク品質、さまざまなエラーの累積数が含まれている。

ネットワークについてさらに

　ネットワーキングは広大にして深い分野であり、学ばなければならないことは山ほどあるため、1つの章ではとても説明しきれない。次に、自分で調べてみるのによさそうなトピックをまとめておく。

- Samba
  Raspbianなどの Linux OS が、Windows など Linux 以外の OS との間でファイルを転送できるようにするソフトウェアパッケージ。Samba は無償で配布されており、Raspberry Pi のリポジトリから無償でインストールできるだろう。

- イーサネットブリッジ
  物理メディアの間でイーサネットフレームを転送する特殊なイーサネット製品。多くの場合はカテゴリ5ケーブルと Wi-Fi との間でフレームをやり取りするが、家庭用の電力配線でイーサネットを実装したり、両端でカテゴリ5接続を確立したりできるブリッジがある。これは**電力線通信**（Power Line Communication：PLC）とも呼ばれるもので、建物内の Wi-Fi の電波が届かない場所でネットワーク接続を可能にするためによく用いられる。特別なソフトウェアを利用すれば、Raspberry Pi ボードを有線イーサネットと Wi-Fi のブリッジとして設定できる。

- PoE（Power over Ethernet）
  特別なアダプタを利用し、信号用の導体を通じて適度な量の電流を送信する技術。カテゴリ5イーサネットケーブルの未使用のツイストペアか、（未使用のペアがない場合は）信号用の導体を使用する。PoE の電圧はデータを伝送するツイストペアの両方のペアで同じなので、データに干渉しない電圧は NIC によって無視される。PoE を正しく実装すれば、従来型の電源が利用できない高い柱やその他の場所に、イーサネットブリッジ、さらには Raspberry Pi コンピュータ全体を設置できる。

　カメラやセンサーなど、カテゴリ5イーサネットケーブルでコンピュータネットワークに接続できるデバイスもたくさんある。「モノのインターネット」（IoT）に接続される電化製品がこのまま増えていけば、あらゆるコンピュータから Wi-Fi 経由で制御されるようになるかもしれない。イーサネットと TCP/IP をじっくり学ぶことで、イーサネットケーブル（あるいは Wi-Fi マイクロ波）が届く場所なら、どこへでも手を伸ばせるようになるだろう。

8章 オペレーティングシステム
Operating Systems

オペレーティングシステム（Operating Systems：OS）の世界を探索する前に、OSとは何かを明確にしておく必要がある。数ある書籍やWebページのなかで、多くのコンピュータ書籍よりもよくヒットするメリアム＝ウェブスター辞典のオンライン版には、OSの基本的な定義が次のように書かれている。

> "オペレーティングシステムとは、コンピュータ内のメインプログラムであり、コンピュータの動作方法を制御し、他のプログラムが機能できるようにするもののことである。"

この定義をさらに詳しく説明すると、次のようになる。OSはさまざまなソフトウェアで構成される。それらのソフトウェアは、コンピュータのハードウェアリソースやソフトウェアリソースの使用を制御したり、アプリケーション（プログラム）を通じたユーザーとのやり取りを可能にしたり、アプリケーション以外のさまざまな機能に直接アクセスできるようにしたりする。アプリケーション以外の機能には、ファイルのコピーや削除、OSの更新などが含まれる。OSは見えないところに隠れてはいるが、コンピュータが行うことをすべて可能にするのはOSであることがわかる。図8-1は、基本的なコンピュータシステムを示している。

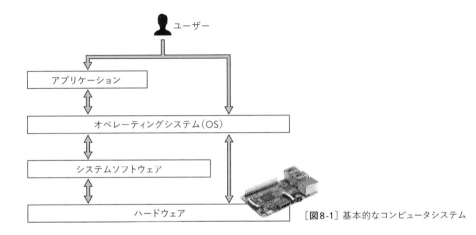

[図8-1] 基本的なコンピュータシステム

本章ではまず、OSの興味深い歴史を含め、OS全般について説明する。ここでは、OSがCPU時間のスライスを管理するタイムシェアリング、メモリの使用法、大容量記憶装置の読み書き、そしてマルチタスクを可能にするシステムのその他すべての機能やリソースについて探る。タイムシェアリングは、複数のユーザーがそれぞれ1つ以上のアプリケーションを同時に実行できるマルチユーザーモードもサポートしている。GoogleやFacebookのように、ユーザーの数は数百万におよぶこともある。マルチタスク処理は、複数のアプリケーションを実質的に同時に実行する機能である。

また、ここではカーネルについても説明する。カーネルは、コンピュータのハードウェア、メモリアクセス、CPU、ストレージデバイス、およびその他のリソースを監視し、基本的な制御を行うソフトウェアである。OSのカーネルは、アプリケーションがコンピュータのハードウェアを使用するのに必要なインターフェイスを提供する。ワードプロセッサ、Webブラウザ、メールクライアント、メディアプレイヤーなどのソフトウェアは、そのソフトウェアでデータが利用可能になったときに、データにアクセスしたり、データを保存したり、データで演算を実行したりできなければならない。そうでなければ、それらのソフトウェアは使いものにならない。カーネルはOSの心臓であり、頭脳である。ここでは、OSがファイルシステムやワーキングメモリ（作業用メモリ）などのリソースをどのように管理するのかを説明しながら、カーネルがそれらの操作をどのように制御するのかを詳しく見ていく。

371ページの「オペレーティングシステムを補助するプログラム」では、CPU時間、メモリ、メディアアクセス、およびマルチタスク / タイムシェアリングのその他すべての面にOSがどのようにアクセスし、どのように管理するのかを説明する。その際に、コンピュータのハードウェアやソフトウェアを完全に制御するためのインターフェイスとして何が必要かも説明する。また、カーネルをブートして動作させるために使用されるファームウェアも調べる。ファームウェアは、通常はフラッシュメモリやその他の永続的なストレージメディアに格納される小さなプログラムである。さらに、さまざまなハードウェア周辺機器にシステムがアクセスするためのデバイスドライバについても説明する。そのようなハードウェア周辺機器には、キーボード、ディスプレイ、マウスやその他のポインティングデバイス、ディスクドライブ、さまざまなUSBデバイス、プリンタ、スキャナなどがある。

NOTE　すべてのデバイスドライバがファームウェアで提供されているとは限らないことに注意してほしい。多くのデバイスドライバはハードディスクに格納されており（Raspberry Piの場合はSDメモリカード）、OSがその種のストレージへのアクセスを確立したときに利用可能になる。

最後に、Raspberry Piに特化した内容に戻る。本章の最後の節では、Raspberry PiのさまざまなOSを簡単に紹介する（さまざまな種類のLinuxをディストリビューションまたはディストロと呼ぶことがある）。また、OSはもちろん、アプリケーションやその他のソフトウェア（ユーティリティプログラム、ソースコード、デバイスドライバ）をダウンロードできるサイトも紹介する。これには、Raspberry Piのコンピュータアーキテクチャと、Raspberry Piで利用可能なOSの具体的な検討課題も含まれる。Raspberry Piで利用可能なOSは、Debianを始めとするさまざまなバージョンのGNU/Linuxから、最もよく使われているRaspberry PiディストリビューションであるRaspbian Linux（Raspberry Pi用に最適化されたDebian）まで、さまざまである。それに加えて、Raspberry Pi 2/3で新しく搭載された4コアARM（Advanced RISC Machine）プロセッサのおかげで利用可能になった、多くの新しいOSも紹介する。これらのOSには、Raspberry Pi用に改良されたUbuntu、Fedora、Gentoo、そしてWindows 10が含まれている。

オペレーティングシステムの概要

　現代のOSを十分に理解するには、それらのOSがどのようにして、なぜ生まれたのかを調べる必要がある。UnixとLinuxは重要なOSであり、Windows、macOS、そして最近のスマートフォンOSに大きな影響を与えている。人類と同様に、どのOSにも、既存OSの形質が遺伝している。

オペレーティングシステムの歴史

　初期のコンピュータは同時に1つのプログラムを実行していた。同時に複数のタスクを処理するOSはなく、コンピュータは1つの問題を最初から最後まで連続して実行した。初期のコンピュータの有用性は高速な大量処理にあり、機械式の計算機を使ったとしても人間のオペレーターではとうていかなわないほど速かった。要するに、こうした初期のコンピュータは初歩的なメモリとプログラム制御を備えていたが、それらの設計は電卓が得意としていた算術演算から大きな影響を受けていた。初期のコンピュータは、基本的には、極上の電卓だったのである。のちほど説明するように、この状況が変化したのは、コンピュータをはるかに効率よく利用できるようにする、本物のOSが登場したときだった。

　世界初のデジタル電子計算機については、1937年にアイオワ州立大学で構築されたAtanasoff-Berryコンピュータだと考えている専門家もいれば、第二次世界大戦中にブレッチリーパークで使用されたColossus Mark 1だと考えている専門家もいる。だが、多くの人がそう考えているのは、ENIAC（Electronic Numerical Integrator And Computer）である。ENIACは第二次世界大戦中に秘密裏に開発され、その存在が公になったのは1946年のことだった。

オペレーティングシステム

新聞の報道では、ENIACは「Giant Brain（巨大頭脳）」と呼ばれていた。ENIACはそれまでの電気機械式コンピュータの1,000倍近い速さで幅広い数値問題を解くことができた。ENIACを構成している大きなラックには、1万7,468本の真空管、7,200個のクリスタルダイオード、1,500個のリレー、7万個の抵抗器、1万個のコンデンサが収容され、人手ではんだ付けされた箇所は500万におよんだ。総重量は約30トンあり、1,800平方フィートを占め、消費電力は150キロワットだった。図8-2に示すように、ENIACは巨大な装置であり、写真に見えるのはそのほんの一部である。

[**図8-2**] 1940年代のENIAC（出典：アメリカ陸軍）

＞メインフレーム

メインフレームと呼ばれる巨大なコンピュータが大企業や大学、政府機関に次々に導入され、かつてはいくつもの部屋で大勢の人々が手計算で行っていた業務がコンピュータ化されていった。巨大なコンピュータは確かにそれらの問題を解決したが、大きな問題も表出した。

問題となったのは、初期のメインフレームの逐次的な実行形態だった。リソースの管理とプロセスの高速化に対するニーズは疑いようのないものだった。メーカーは入出力機能のような操作を制御するコードをライブラリにまとめて追加するようになり、プログラマーは頻繁に使用するルーチンを、プログラムを作るたびに書かずに済むようになった。その代わりに、ライブラリへのリンクをコードに追加して、必要なライブラリ内の命令を呼び出すよ

うになったのである。コードはコンピュータで実際にプログラムが動作するまで実行されなかったことから、これらのあらかじめパッケージ化されたルーチン群は**ランタイムライブラリ**（runtime library）と呼ばれた。

＞ 初期のオペレーティングシステム

　コンピュータサイエンスの歴史を彩るさまざまな出来事と同じように、最初の本物のOSは何かをめぐって議論が繰り広げられている。ある歴史研究家によれば、最初のOSはLEO 1（Lyons Electronic Office）である。LEO 1は、1950年にEDSAC（Electronic Delay Storage Automatic Calculator）コンピューティングプラットフォーム用に開発された。だが、他の情報源によれば、1956年にGeneral Motorsで同社のIBM 704メインフレームのために開発されたものが、最初のOSだそうである[1]。基本的には、初期のOSはどれも、それぞれの産業のニーズに応えようとしていたメインフレームユーザーによって開発されている。新しいマシンを購入するときには、既存のシステムを新しいマシンに合わせて書き換え、再コンパイルする必要があった。

　1960年代、コンピュータメーカーは自社のマシン用にOSの提供を試みるようになった。OS/360はそのような初期のOSの1つであり、360シリーズのためにIBMによって開発され、いくつかの異なるバージョンがある。ハードウェア、ひいては性能の違いにより、OS/360は1つに統一されたOSというよりもOSファミリに近いものだった。

　メインフレームの販売競争に煽られるかのようにOSは複雑化し始め、何より重要なことに、ますます有用になっていった。初期のコンピュータでは実行できるタスクに限りがあり、コンピュータの柔軟性や用途は限られていた。UNIVAC、Burroughs、GEなどのメーカーは、独自のOSを提供していた。

＞ コンピュータの小型化とオペレーティングシステムの改善

　コンピュータに真の変革がもたらされたのは1970年代である。最初の兆候はミニコンピュータである。呼び名に「ミニ」が冠せられたのは、まさにメインフレームの数分の一の大きさだったからだ。上げ床（床下にケーブルを敷設するために設けられた）や特別な空調設備を備えた巨大なコンピュータルームはもはや不要となり、オペレーターは医師や科学者のように白衣を着用するのをやめた。

　規模の小さい企業は、ミニコンピュータを購入してオフィスに設置することができた。ミニコンピュータの冷却ファンがかなり大きな音をたてていたため、空いているオフィスはよく「コンピュータルーム」に変わった。

---

*1　［訳注］General Motors（自動車メーカー）とNorth American Aviation（航空機メーカー、最終的にボーイングに買収された）が開発したGM-NAA I/Oのこと。

> **パーソナルコンピュータ**

パーソナルコンピュータやマイクロコンピュータは1970年代の後半に登場した。コンピュータの用途が爆発的に増えると、使いやすさを求める声が上がった。ホームコンピュータ、ホビーコンピュータ、または職場のコンピュータを誰もが使用できる時代になった。この小さなコンピュータアーキテクチャ（呼び名に「マイクロ」が付いていることを思い出そう）では、処理が遅くなるのを回避し、実際に仕事をしたりゲームで遊んだりするために、リソースを厳格に管理することが何よりも重要だった。

消費者や小規模なオフィスにコンピュータを販売するには「呼び物」が必要だった。つまり、コンピュータで実行できる有益で心を捉えるもの（グラフィックス、サウンドなど）が必要であり、そのためにはOSを早急に進歩させる必要があった。

Commodore、Radio Shack、Apple といった企業が登場し、そしてもちろん、1982年には IBM がパーソナルコンピュータを引っ提げて戻ってきた。ほどなくして、数えきれないほどのメーカーが DOS（Disk Operating System）を実行する IBM PC クローンを作るようになった。図8-3は、1981年に発売された IBM の最初の PC である。

[**図8-3**] 最初の IBM PC である5150モデル（モデル番号5151のモニタと IBM PC キーボード付き）
（出典：Ruben de Rijcke、Wikimedia Commons）

PC が普及すると、すぐさまありとあらゆる周辺機器（ディスプレイ、キーボード、プリンタ、ゲームコントローラなど）が登場した。そのすべての需要をサポートするためにいくつものOS が次々に開発され、改良された。

Xerox のパロアルト研究所によってコンピュータマウスと実際に使えるグラフィカルユー

ザーインターフェイス（Graphical User Interface：GUI[*2]）が考案されると、WYSIWYG（What You See Is What You Get）が可能となった。WYSIWYGでは、画面上で見えるものはすべて、印刷や他の方法で出力したときも同じように見える。GUIが登場する前は、たとえばワードプロセッシングにしても、文書の整形にある種のマークアップが使用され、最終的な結果がどのような見た目になるかはプリンタに出力してみるまでまったくわからなかったのである。このため、GUIはコンピュータの使いやすさを画期的に向上させた。

　Appleの Macintoshに搭載されているOSや MicrosoftのWindowsが XeroxのGUIに基づいて開発されたことで、パーソナルコンピュータはそれまでの大型コンピュータよりもずっとユーザーフレンドリになった。この新たな「使いやすさ」が消費者からの幅広い支持を得て、小型コンピュータの売上は急速に伸びた。この爆発的ヒットの陰には、マウスのボタンを押すことができれば誰でもコンピュータを操作できるという、マイクロコンピュータの新しいOSの存在があった。

　コンピュータは今もなお小型化と高速化の一途をたどり、マルチコアCPUを搭載するようになっている。そして、それらを動作させるOSの能力も同様に高度にすることを求めている。そうすれば、OSはもっと多くのことをより高速に実行できるようになる。

オペレーティングシステムの基礎

　OSの大切な役割として、次の3つを挙げられる。

- アプリケーションがハードウェアに簡単かつ安全にアクセスできるようにする。「安全」とはここでは、システムをクラッシュさせる危険なしに、目的のアクションを実行できることを意味する。
- データ共有とセキュリティを管理し、不正アクセスやデータのいかなる破壊も起きないようにする。これらはすべて、より効率的で間違いのない処理を目的としている。
- メモリ、ストレージ、ネットワークソケット、インターネットなどのリソースを利用できるようにする。

　1つ目は、メインフレーム時代初期の問題の1つに端を発している。この問題がある種のリソース管理を開発する大きなきっかけとなった。

　当時、プログラマーは大量の紙のカードに穴をあけてプログラムを作成し、それらのカードをコンピュータのオペレーターに渡していた。オペレーターがカードをパンチカードリーダーに読み込ませ、（OS層はなく、プログラムがハードウェアを直接制御していたため）プログラムは終了するか、恐ろしいことにその巨大な鉄のかたまりをクラッシュさせるまで、動作した。

[*2]　「グーイ」と読む。

8

オペレーティングシステム

そのメインフレームでは、大勢の（場合によっては数百人の）プログラマーがプログラムのカードをオペレーターに渡していたかもしれない。実際には、誰かのプログラムが実行されている間、そのプログラマー1人がメインフレームを何から何まで支配することになった。あるプログラマーが作成した、カードパンチ出力デバイスやテープドライブへの書き込みを要求するルーチンにエラーがあれば、メインフレーム全体がクラッシュし、100万ドル以上の損害が生じる可能性があった。

少なくとも、オペレーターが大急ぎでクラッシュに対処したり、マシン全体のリブートに追われている間は、時間が無駄になる。その間、カード受付テーブルにはカードが積み上がり、他のプログラマーは急ぎのジョブを実行するためにイライラしながら順番を待つことになった。

ユーザープログラム（アプリケーション）がハードウェアを直接操作したり、（少なくとも）ハードウェアの使用を制御することから切り離すのは、現在ではあたりまえのことである。Xerox の最初の GUI コンピュータ、Apple の Mac OS（および新しい Mac OS X や macOS）、Microsoft Windows、そしてさまざまな Unix や Linux（X Window System を使用）のような OS に用意されている GUI は、アプリケーションに服従を強いる。アプリケーションがファイルの印刷、ファイルのディスクへの保存、ファイルの読み取りを行うには、OS を通さなければならない。

現在の OS は、その OS がデスクトップコンピュータやノート PC を管理しているのか、スマートフォンを管理しているのか、それとも数千もの並列プロセッサを擁する巨大なマシンを管理しているのかに関係なく、マルチタスク機能をサポートしている。マルチタスクは、CPU 時間を小さくスライスし、それらのスライスをユーザーやバックグラウンドプロセスに対して交互に割り当てることにより、システムリソースの共有を可能としている。マルチタスクは割り込みによって実現される。現在のほとんどのコンピュータは割り込み駆動方式だとされている。

> 割り込み

コンピュータは命令を1つずつ順番に実行する。命令の実行が終了するのは、プログラム（一連の命令）が終了したときか、割り込み信号を受信したときである。割り込みは、コンピュータの CPU と他のハードウェアに対し、現在の処理を中断し、別の一連の（または2～3個の）命令を実行したあと、中断したプログラムに戻るように命令する。これにより、マルチタスク機能の基礎となるタイムスライシングが可能となる。

割り込みはコンピュータの速さで完了するため、コンピュータが他のプログラムやバックグラウンドプロセスなどを実行していても、ユーザーはたいていアプリケーションの動きが鈍くなっていることに気づかない。OS は「ハウスキーピング」タスクをこの方法で行っている。

バックグラウンドプロセスには、日付や時刻の管理、ソフトウェアアップグレードの確認、キーボードやその他の入力の監視のような日常的なタスクが含まれる。また、アプリケーションによる定期的なサービスのリクエストやデータの受信にバックグラウンドプロセスが利用されることもある。メッセージの着信を調べてメッセージを取り出すメールクライアントは、

そのよい例である。

OSにはスケジューラ（と割り込み処理）の機能がある。これは割り込みを追跡し、それらが適切な順序で実行されるように優先順位を割り当てる。なお、CPU時間のスライスを次に取得するのがどのプログラムになるかは、OSに判断が委ねられる。

また、OSはスケジュール効果をさらに高めるために、割り込みを挿入できそうなダウンタイムを調べ、マルチタスクの処理性能を引き上げる。この段落の単語がワードプロセッサに入力されている間も、OSは入力が途絶えたり書き手が次に入力する内容を考えるために手を止めたことに気づくと、その合間を縫って、キューで順番待ちをしている他のジョブにスライスを割り当てる。ユーザーがサボっている間も、OSは常に働いている。

OSの割り込みには、次の3種類がある。

1. **ハードウェア割り込み**
   ディスクドライブ、キーボード、ネットワークカードなど、コンピュータに接続しているデバイスで発生する。これらの割り込みは、キーボードでのキーの押下、マウスの動き、ネットワークからのデータの受信など、何らかのイベントをOSに知らせる。それらの割り込みはOSに「どうすればよいか」を尋ねている。

2. **ソフトウェア割り込み**
   ファイルの保存など、OSに実行してほしい処理をリクエストするアプリケーションで発生する。

3. **トラップ**
   CPUがエラーを検出したときに発生する。基本的には、CPUがOSにエラーを知らせ、解決策を要求する。

割り込みは、アプリケーションに高い優先順位を与える点で、ユーザーにとっても有益である。つまり、OSはそのアプリケーションを直ちに実行し、バックグラウンドプロセス群に割り当てるスライスを減らしてそれらのプロセスをスローダウンさせる。それにより、効率性と柔軟性を高めることが可能になる。

> **OSの階層**

OSを最も単純な形に絞り込んでいくと、次の4つの「オペレーティング」層に行き着く［図8-1］。

1. **ユーザー**
   ほとんどの場合は人間だが、ロボット、マシン、プログラムされたスイッチなどの場合もある。ユーザーはデータを入力し、処理の実行を要求し、データを保存するか、出力を生成する。

2. **アプリケーション**

   アプリケーションは、ファイルの保存などのリクエストに対応してそれをOSに渡す。

3. **OS**

   アプリケーションの下の層（レイヤ）は、OSがファイルの書き込みをハードウェアに命令し、結果をアプリケーションに中継する。アプリケーションは（たとえば）ファイルの保存が完了したことをユーザーに通知する。ユーザーがアプリケーションレベルをスキップしてOSに直接命令することもできる。ドライバなど、OSを補助するソフトウェアが含まれたサブレイヤ（図8-1では「他のシステムソフトウェア」）がある。

4. **ハードウェア**

   一番下の層は、ハードウェア（物理的なコンピュータ）である。ハードウェアはOSからの命令に従って、要求されたタスク（ファイルのコピー、ディスクへの書き込み、割り込みの受け入れ、マルチタスクの実行など）を実行する。正確には、そのアクションを実行するのはカーネルである。ここで説明しているOSは、カーネルだけで構成されるわけではない。カーネルについては、364ページの「カーネル：オペレーティングシステムのまとめ役」で詳しく説明する。

このうち最も重要なレベルは、ハードウェアを役立つものに仕立てるカーネルと関連するデバイスドライバである。コンピュータシステムは、高価ではあるものの、まったく気のきかない電子部品の集まりである。そうした電子部品の集まりを、要求されたタスクや価値のある仕事を実行してくれる強力なコンピュータシステムに変えるのはOSである。そのすべてが、それらの電子部品に何をいつ実行すべきかを（必要であれば、1秒間に数百万回も）指示するOSによって実現される。

要するに、ユーザーはワードプロセッサに単語を入力したり、スプレッドシードでメニュー項目をクリックしたりして、何かを入力する。それらのアプリケーションは何をすべきかを判断する。そして、ハードウェアを必要とする操作についてはOSに助けを求める。

OSは、アプリケーションの実行時にリソースを割り当てる一方で、割り込みを使ってハードウェアに目的のタスクを実行させ、結果を受け取り、それをアプリケーションに渡す（たとえば、Facebookに投稿するためにWebブラウザで単語を入力する、ゲームキャラクターを画面上に表示するためにマウスをすばやく動かすなど）。

カーネルの内部では、このようなアクションは割り込みによって実現される。キーを押したりマウスを動かしたりすると、ハードウェア割り込みが発生する。これらの割り込みは、キー入力やマウス位置の読み取りをCPUに通知する。たとえば、キーボードでAキーを押すと、ハードウェア割り込みによってCPUがそのキー入力を変換し、アプリケーションの現在のカーソル位置に渡す。それにより、アプリケーションの画面上に文字が表示され、カーソル位置が1文字分移動し、次の文字を入力できる状態になる。

その一方で、ユーザーやアプリケーションからのリクエストの合間にOSは他にもいろいろなことを行う——タスクやプロセスの実行、接続されている周辺機器がオンライン状態であることを確認するなど、OSが常に何かを行っていることを思い出そう。

> コンピュータアーキテクチャ

コンピュータのハードウェア——CPU、関連する回路、接続されたデバイスのようなコンピュータの物理的な構造——は、OS（システム管理ソフトウェア）の設計を左右する。最も基本的な形態では、コンピュータは次の要素で構成される。

- CPU（1つ以上のシングルコアまたはマルチコア）
- RAMなどのワーキングメモリ
- ストレージ、入力や出力などに必要なデバイス

図8-4に示すように、CPUはワーキングメモリとの間で命令やデータをやり取りする。デバイスはCPUとの間でI/Oリクエスト、データ、割り込みをやり取りする。デバイスによっては、DMA（Direct Memory Access）を使用することもある。DMAは、指定されたハードウェアサブシステムがCPUを介さずにワーキングメモリにアクセスできるようにする機能である。

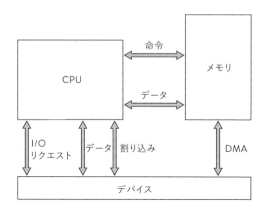

［図8-4］基本的なコンピュータアーキテクチャ

数年前の標準的なPCのマザーボードには、（もちろん）CPUが搭載されていたが、通常はさらに、コアロジックチップセットと呼ばれる2つの集積チップがCPUに付け加えられていた。これら2つのチップが、ノースブリッジ（メモリコントローラハブ）とサウスブリッジ（I/Oコントローラハブ）である。ノースブリッジはCPUのメモリ操作（読み取り、書き込みなど）を助け、サウスブリッジは各種のハードウェアデバイスとコンピュータポートの間の入出力（I/O）を処理した。要するに、それらのチップはCPUの代わりに通信を管理した。

　CPUが高速化していくと、それらの操作を別々のチップで処理することはボトルネックになりがちだった。コンピュータアーキテクチャのトレンドは、そのようなロジックチップとCPUをSoC（System-on-a-Chip）という1つのチップに統合する方向に向かったのである。これらについては、のちほど詳しく説明する。Raspberry Piのすべてのモデルでは、コアロジックがSoCに含まれている。

　CPUは意思を持たず、命令はOSから下される。CPUは命令を受け取り、命令を受け取った順に4つの基本的な方法で実行する。

- **算術演算**
  加算、減算、乗算などを実行し、結果を送信する。
- **論理演算**
  True、False、AND、OR、NOR演算を実行し、結果を送信する。
- **I/O**
  「こちら」からデータを取り出して「あちら」に配置する、またその逆をする。
- **制御**
  デバイスに何をすべきか命令する（または、デバイスが何を行っているかに応じて機能を有効にするなど）。

　CPUの設計は過去数十年にわたって変化と進化を遂げているが、基本的な原理は変わっていない。しかし、物理的なパッケージは昔の巨大なメインフレームのものとは変わっている。現在のCPUの処理速度は比べものにならないほど高速になり、大幅に小型化されている。これらを小さなパッケージにカプセル化したものが一般に集積回路（IC）と呼ばれている。ICの大きさは、通常は親指ほどである。

　さらに、ICパッケージには多くの場合、パッケージ内にある別のCPU（並列処理を可能にするコア）、ワーキングメモリ、ROM、デバイスとのインターフェイス、およびコンピュータシステムの他のコンポーネントが含まれている。このようなICをSoCとも呼び、ポケットや財布に収まるスマートフォンなど、コンパクトな形状にコンピュータを組み込めるようにした。

　CPUの主な構成要素は、演算装置（ALU）、プロセスレジスタ、OSからの命令を受け取るコントローラである。プロセスレジスタは、ALUとの間で入出力を処理する小さなワーキングメモリである。コントローラは、ALUやプロセスレジスタなどの構成要素を制御したり調整したりすることにより、プログラムの手順を実行する。

　CPUの構造や機能を説明することは本章の目的ではないため、OSの説明に戻ることにしよう。

> オペレーティングシステムの機能

　一般に、OSの主な機能は次の4つである。

- **プロセス管理**

  プロセスは一連の命令であり、読者はプログラムと呼んでいるかもしれない。プロセスを実行するときには、プロセスに適切なリソースを割り当てる必要がある。プロセスへのリソースの割り当てとプロセスの実行をOSが制御する。

- **メモリ管理**

  OSは、プロセス、アプリケーション、およびさまざまなシステムのニーズの間でメモリを共有し、必要に応じて現在のジョブにメモリ空間を割り当てる。OSは、自身の仕事を実行するのに必要なさまざまな大きさのメモリを確保するためにも、頻繁にメモリ管理を利用している。ボスとなるからには役得もあるということだ。

- **ファイルシステム管理**

  コンピュータのストレージデバイス（主にハードディスク）には、数百あるいは数千ものファイルが存在し、多数のファイルが作成されては消えていく。とりわけ、アプリケーションや他のプロセスは通常の実行時に多数の一時ファイルを作成する。OSはそれらすべてのファイルを記録し、OSを通過するすべての読み取り、書き込み、一覧表示の呼び出しによって、ストレージメディアが破壊されるのを防ぐために最善を尽くす。

- **デバイス管理**

  この機能は、OSがシステムコールを使用するときに呼び出される。システムコールは、アプリケーションや他のプロセスがハードウェアやその他のサービスをリクエストするためにOSとやり取りする手段である。デバイス管理は、ハードディスクへのアクセスを提供したり、ソフトウェアに実行時間を割り当てて新しいプロセスを開始・実行させたりすることがある。

これら4つの一般的なタスクを遂行するために、どのOSにも複数のコンポーネントが必要である。そのうちのいくつかはすでに紹介したが、ここで、まっとうなOSのボンネットの下にあるさまざまなコンポーネントを見ておこう。

＞ オペレーティングシステムの構成要素

OSの構成要素は、プログラム、プロセス、サブルーチン、ライブラリ、そしてOSがコンピュータを管理するために必要なその他のコンポーネントである。

これらの構成要素は次の4つのサブシステムに大きく分けることができる。これらが一体となってパワフルなOSが実現される。

- **カーネル**

  すべてのOSの心臓部にあたるプログラム。アプリケーションと他のプロセスをつなぐ懸け橋となり、メモリやCPU時間など、期待する結果を得るために必要なすべてのリソースの管理や割り当てを行う一方、CPUや他のハードウェアが実際のデータ処理を行えるように制御する。カーネルについては、次節で詳しく説明する。

- **ネットワーク**

  カーネルの制御下にある、カーネル空間やユーザー空間のコンポーネントで構成される（多くの場合は）複雑なサブシステム。さまざまなネットワークプロトコルを提供し、イーサネットカードなどのデバイスをサポートし、クライアント / サーバー型のネットワーク接続を可能にする。クライアントとは、サーバーと呼ばれる別のコンピュータと接続するプログラムのことである。ほとんどの OS のネットワーク機能は、クライアントプロセスとサーバープロセスの両方を動作させられる。

- **セキュリティ**

  現在のコンピュータ環境は、コンピュータのリソースを不正な目的で乗っ取ろうとする攻撃者の探索活動に絶えずさらされている。このような環境でコンピュータの安全性を確保することは、どの OS にとっても避けて通れないこととして重くのしかかっている。OS は常に警戒を怠らず、システムの外部や内部からの不正なリクエストに目を光らせる必要がある。セキュリティサブシステムは、認証（その 1 つはユーザー名とパスワード）、監査、ログ管理、パーミッション（アクセス許可）方式などのサービスを提供する。

- **ユーザーインターフェイス**

  ほとんどのユーザーインターフェイスは目に見えるものだが、目の不自由な人のための音声や点字のインターフェイスもある。ユーザーインターフェイスは、OS がアプリケーションからの結果をユーザーに伝えるためのものである。それに加えて、ユーザーはファイルディレクトリの一覧表示のようなサービスを OS に直接リクエストできる。初期のコンピュータでは、コマンドライン（コマンド入力を利用するテキストインターフェイス）が標準だった。1980 年代の前半に Xerox によって GUI が開発され、Mac OS がリリースされて以来、現在のほとんどのコンピュータの OS は GUI の機能を提供している。

OS の歴史と基本的な要素を理解したところで、OS の中心部、カーネルについて見ていこう。

カーネル：オペレーティングシステムのまとめ役

数十年にわたっておかしな SF が読まれてきたせいで、一般の人は CPU をコンピュータの「頭脳」と考えがちである。これは真実からかけ離れている。本当に実権を握っているのは OS カーネルである。OS カーネルは、他のソフトウェアからの I/O リクエストを制御し、そのリクエストを CPU に与えるデータ処理命令に変換するソフトウェアである。図 8-5 は、カーネルがコンピュータのリソースに対するアクセスをどのように制御するのかを示している。

カーネルは、まるで魔法のようなマルチタスクの機能も実現する。マルチタスクは、OS が割り込みを使用して実行中の各プロセスに細分化した CPU 時間の「スライス」を分配すると実現する。この方法で実質的に、多くの（場合によっては数百の）プロセス、アプリケーション、複数のユーザーからのリクエストを同時に実行できるようになる。これを手助けす

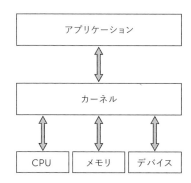

[**図8-5**] 基本的なコンピュータアーキテクチャ

るのがカーネルドライバである。カーネルドライバは、カーネルとアプリケーションの間に位置する小さなプログラムであり、システムをオペレーションの観点から1つにまとめる「接着剤」である。それと同時に、プロセスがOSを呼び出してOSに管理されるようにするための通信手段となるプログラムでもある。

　現在のマルチコアCPUは、まさにその先を行っている。マルチコアCPUでは、1つのCPUの割り当て時間をスライスする代わりに、複数のCPUを使用する（Raspberry Pi 2にはCPUが4つある）。このため、タスクを複数の部分に分割し、それらを並行して処理することで、処理速度を大幅に向上させられる（これはマルチコアCPUの大きな利点である）。これを可能とするためには、現代のデータ処理において**並行性**（concurrency）と呼ばれる性質を備えるようにプロセスをプログラミングしなければならない。

　並行処理と並列処理は、本書の範囲を超えるさまざまな手法を用いて、OSに新しい適用範囲と能力を与えてくれる。このような手法として、ペトリネット、プロセス計算、並列ランダムアクセスマシン（Parallel Random Access Machine：PRAM）モデル、アクターモデル、および Reo Coordination言語[*3]などを挙げられる。プログラム、つまりアルゴリズムといったもので生成されるプロセスにこれらの手法を用いると、タスクが分割され（分解可能性）、複数のコアで同時に処理され（並列性）、結果が再構成される。

　単純なたとえを使って説明しよう。白いカードが4枚あり、カードをそれぞれ赤、緑、青、黄色に塗りたいとしよう。4本のペンが置かれたテーブルの前に座っている人にカードの束を渡して、1枚ずつ色を塗ってもらう。そして、塗り終わったらテーブルの反対側に1枚ずつ重ねて置いてもらう。この方法では、時間がかかってしまう。

　代わりに、4人をテーブルにつかせて、カードを1枚ずつ渡すこともできる。それぞれカードに色を塗ってもらい、塗り終わったカードを重ねて置いてもらう。このようにすると、作業時間が4分の1で済む。これが並列処理である。

＊3　［訳注］プロセスが並行動作するシステムの数学的モデルを記述して検証するための言語。並行して動作するコンポーネント、コンポーネント間の通信に使われるチャネル、通信のためのプロトコルで構成されるシステムをシミュレーションできる。

OSは、並列処理のようなタスクを実行する一方で、ファイルシステムの管理やメモリの割り当てなども行う。Raspberry PiのOSカーネルは、はるかに大きなコンピュータと同じように、このマルチタスクを実現する。ここでは、コンピュータアーキテクチャがカーネルの設計にどのような影響をおよぼすかについても見ていく。

OSカーネルは、さまざまなサブシステムに分類されるプログラム（コンポーネント）の集まりで構成され、OSの各種の管理タスクをこなすために必要に応じてプロセスを実行する。以下の項では、小型コンピュータのアーキテクチャに合わせて設計された現代のOSのコンポーネントを調べる。Raspberry Piに関して言えば、それは手のひらに収まる小さな最強チームである。

オペレーティングシステムの制御

すでに何度か説明したように、マルチタスク機能がある場合、OSはCPU時間のスライスをアプリケーションや他のプロセスに割り当てる。結果として、コンピュータは速さを保ったまま、多くのプログラムが同時に実行されているように見える。それはプログラムの実行の一部である。

OSは多くの小さなプログラムで構成されているので、自身が使用するためにもCPU時間を割り当てる。このような実行中の小さなプログラムには、OSがそのとき行っているコンピュータ管理に必要なプロセスも含まれている。

図8-6は、Raspberry Pi 2 Model Bのブート後に実行されるプロセスの一部を示している。これはWindowsコンピュータからのSSH（Secure Shell）を通じたコマンドラインインターフェイスの画面である。Raspberry PiのRaspbian OSは、ブートの直後にすでに118ものプロセスを実行している。

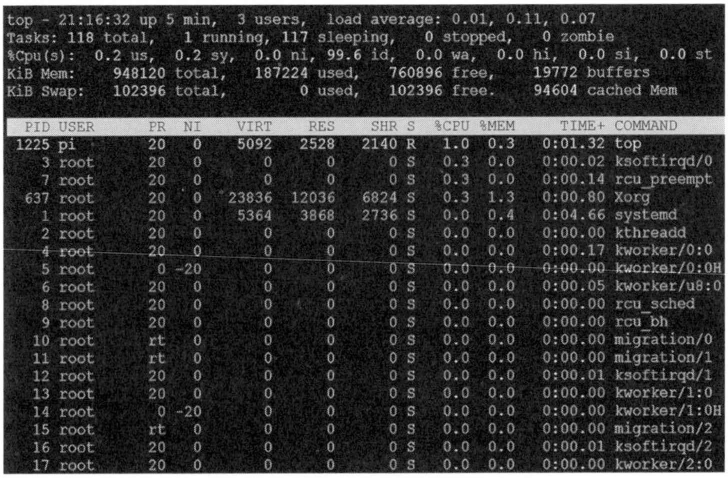

```
top - 21:16:32 up 5 min,  3 users,  load average: 0.01, 0.11, 0.07
Tasks: 118 total,   1 running, 117 sleeping,   0 stopped,   0 zombie
%Cpu(s):  0.2 us,  0.2 sy,  0.0 ni, 99.6 id,  0.0 wa,  0.0 hi,  0.0 si,  0.0 st
KiB Mem:    948120 total,   187224 used,   760896 free,    19772 buffers
KiB Swap:   102396 total,        0 used,   102396 free.    94604 cached Mem

  PID USER      PR  NI    VIRT    RES    SHR S  %CPU %MEM     TIME+ COMMAND
 1225 pi        20   0    5092   2528   2140 R   1.0  0.3   0:01.32 top
    3 root      20   0       0      0      0 S   0.3  0.0   0:00.02 ksoftirqd/0
    7 root      20   0       0      0      0 S   0.3  0.0   0:00.14 rcu_preempt
  637 root      20   0   23836  12036   6824 S   0.3  1.3   0:00.80 Xorg
    1 root      20   0    5364   3868   2736 S   0.0  0.4   0:04.66 systemd
    2 root      20   0       0      0      0 S   0.0  0.0   0:00.00 kthreadd
    4 root      20   0       0      0      0 S   0.0  0.0   0:00.17 kworker/0:0
    5 root       0 -20       0      0      0 S   0.0  0.0   0:00.00 kworker/0:0H
    6 root      20   0       0      0      0 S   0.0  0.0   0:00.05 kworker/u8:0
    8 root      20   0       0      0      0 S   0.0  0.0   0:00.00 rcu_sched
    9 root      20   0       0      0      0 S   0.0  0.0   0:00.00 rcu_bh
   10 root      rt   0       0      0      0 S   0.0  0.0   0:00.00 migration/0
   11 root      rt   0       0      0      0 S   0.0  0.0   0:00.00 migration/1
   12 root      20   0       0      0      0 S   0.0  0.0   0:00.01 ksoftirqd/1
   13 root      20   0       0      0      0 S   0.0  0.0   0:00.00 kworker/1:0
   14 root       0 -20       0      0      0 S   0.0  0.0   0:00.00 kworker/1:0H
   15 root      rt   0       0      0      0 S   0.0  0.0   0:00.00 migration/2
   16 root      20   0       0      0      0 S   0.0  0.0   0:00.01 ksoftirqd/2
   17 root      20   0       0      0      0 S   0.0  0.0   0:00.00 kworker/2:0
```

[図8-6] マルチタスク機能によって多数のタスクの実行が可能になる

どのコンピュータでも、OSの奥深くでは多数の舞台裏の活動が続けられている。そのようなプロセスの一部は、コンピュータがブートしたあとずっと動作している。その1つはcronである。cronという名前は、「時系列」を意味する「chronological」という単語に由来する。このプロセスは、Raspberry Piで利用可能なOSを含め、ほとんどのLinuxベースのOSで使用される。毎週金曜日の午前3時にファイルをバックアップする必要があれば、その作業はcronが開始してくれる。

　他のプロセスは、必要に応じて現れては消えていく。コンピュータは、使用していないときは何もしないように見えるかもしれない。だが実際にはOSはせっせと働いており、多くの小さなプログラムがデータをあちこちに動かしている。

モード

　大きなオフィスビルに足を踏み入れると、立ち入り禁止の場所や、特別な許可が必要な場所がいくつもあるものだ。そうした場所ではドアに鍵がかかっていたり、入口に警備員が立っていたりして、機密性の高いエリアへの立ち入りが厳重に管理されている。コンピュータでのファイルやプログラムへのパーミッション（アクセス許可）にも、それと同じことが当てはまる。どのユーザーがどのファイルにアクセスできるのか、どのプログラムを実行できるのかは、OSによって管理される。

　モードは、さらに一歩踏み込んだセキュリティをずっと基層のレベルで実現する。それらはむしろ、誰も存在を知らないほど秘密にされている地下の秘密の保管室に近い。現在の多くのCPUには、さまざまな動作モードがある。そのうちの2つ、ほとんどのCPUが備えているスーパーバイザモード（特権モード）とユーザーモードは、OSが大きな権限を持てるようにしてくれる。

　OSは、全権力を握るスーパーバイザモードをむやみには使用しない。ただしブートプロセスの途中、コンピュータがOSの制御下にない状態で、一度だけスーパーバイザモードで動作することがある。OSの制御下にないのは、OSがまだ「起きていない」からである。実際には、コンピュータの電源を入れたときに、ブートローダのような最初に実行されるプログラムがハードウェアに自由にアクセスできなければならない。ユーザーモードで動作するCPUの機能をセットアップできるのは、スーパーバイザモードのときだけである。

　OSが起動したあと、CPUはユーザーモードに切り替わる。ユーザーモードでは、実行可能なCPUの命令が制限され、ハードウェアを直接触ることはできなくなる。OSはほぼすべての状況で、アプリケーションはもちろん、自身のプロセスにさえユーザーモードを適用する。

　OSがCPUにスーパーバイザモードでの動作を許可すると、実行されるステップは直接ハードウェアのすべてに無制限にアクセスできるようになる。OSがこの扉を開くのは、無制限のアクセスを必要とする限られたタスクを実行するときである。プロセスのメモリへの書き込みや消去（自らリソースを解放する）を処理するときは、その典型例である。このような種類の操作には、注意が必要である。ワーキングメモリがめちゃくちゃになれば、プロセス

があちこちでクラッシュする可能性があり、コンピュータが完全にダウンしてしまうことも考えられる。ディスプレイに少しでも乱れが生じれば、画面に何も表示されなくなったり、画面がロックされてユーザーが閉め出されてしまい、アプリケーションを利用できなくなる。

もちろん、メモリを操作したり、グラフィックカードを通じて画面を更新したりするために、アプリケーションがハードウェアへのアクセスを必要とすることはよくある。すでに説明したように、プログラムは割り込みをかけてハードウェアへのアクセスを要求する。OSカーネルは、そのアプリケーションのためにCPUのユーザーモードを解除するが、アプリケーションのアクセスは制御された状態に保つ。

しかし、スーパーバイザモードかユーザーモードのときにアプリケーションが間違いを犯したらどうなるのだろうか。通常、CPUには「保護されたリソース」となるレジスタが存在する。このレジスタに格納されているデータを変更する権限は、プログラムにはない。プログラムがそのデータを変更しようとした場合、OSはスーパーバイザモードを使って通常はアプリケーションや他のプロセスを強制終了し、クラッシュを回避する。

メモリ管理

カーネルの主要な役割の1つは、メモリリソースの割り当てである。コンピュータ上で実行されているプロセスやプログラムは1つ残らずワーキングメモリに常駐しており、データを操作するためにさらにワーキングメモリを使用する。こうしたプロセスが互いに上書きし合うのを防ぐために、OSは複雑な処理を実行する。

前項のモードに関する説明で、CPUの保護されたリソースとなるレジスタに言及したことを憶えているだろうか。メモリを貪欲に消費するプロセスがあまりにも大量のメモリを占有するようになれば、システムはクラッシュしかねない。リソースの保護は、そのような事態を抑制する手段の1つである。

仮想メモリ

第二次世界大戦中に使用されていたような艦内がかなり狭い古い潜水艦では、「ホットバンク」あるいは「ホットラック」というやり方が採用されていた。勤務時間が異なる複数の乗員に1つのベッドが割り当てられ、1人が寝ている間、他の人は勤務に就いた。こうすることで、限られた寝台で2〜3倍の人数の乗組員を乗船させられた。

仮想メモリは、プロセスがアクセスするメモリ位置を制御する手法である。このため、カーネルは複数のプロセスに対して、同時に重なることがないように、同じメモリアドレスを割り当てる。このようにすれば、OSの制御下で、コンピュータはプログラムを実行するにあたって実質的に実際の物理メモリの数倍のメモリを利用できるようになる。

同じメモリアドレスを異なるプログラムに対して効率よく割り当てたとしても、需要を満たせないことはよくある。その場合、カーネルは使用頻度の低いメモリをディスクドライブ上

のファイルに移動させることにより、メモリ領域を増やす。そうしたファイルを**スワップファイル**（swap file）と呼んでいる。スワップファイルに含まれているメモリデータをプロセスが要求した場合、カーネルはそのメモリデータをワーキングメモリに戻し、必要に応じて他のデータを移動させる。

　この場合も、仮想メモリの手法により、プログラムとユーザーからはワーキングメモリが実際よりもはるかに大きく見える。

　仮想メモリには、フラグメンテーション（断片化）への対処というもっと重要な効果がある。つまり、OSはいくつかのパーツに分けたプロセスやデータを空いているメモリ位置に格納する。コンピュータが多数のプロセスを同時に実行していて、やり取りしているデータが大きくなったり小さくなったりするにつれ、それらのデータは分割され、あちこちのメモリ位置に詰め込まれる（これがフラグメンテーションである）。仮想メモリのおかげで、プログラムはこの事実に気づかない。プログラムは引き続き、すべてのパーツが隣接したメモリスロットに収められているかのように動作する。

　こうしたタイムスライスの手法や仮想メモリのトリックがすべてカーネルによって実行されることがわかったところで、改めてマルチタスクに目を向けてみよう。

マルチタスク

　トランプの手品で使用される基本的なテクニックの1つに、「バックパーム」と呼ばれる動きがある。手品師は観客に見えるようにカードを持ち、手品師が手を動かすとカードが消える。手品師は観客に手の甲を見せながらカードを手のひらに滑り込ませ、隠したままにする。そして手の向きを変えて、どこからともなくカードが現れたように見せる。あるいは、複数のカードを手の甲に忍ばせておき、1枚ずつどこからともなく現れたように見せることもある。この手先の早業をレクチャーするYouTube動画はいくらでも見つかる。

　簡単な動きをすばやくできるように練習すると、本当に魔法のように見える。マルチタスクの仕組みもまさに同じである。OSカーネルはプログラムの実行時間やメモリの割り当てをすばやく行う。それは魔法のように現れたかと思えば、魔法のように消える。数百もの処理が同時に行われているように見える。もちろん、実際に行われているのである。

　ここでもタイムスライスの手法が使用されている。OSカーネルはスケジューラを使用して、プログラムが得るCPU時間の長さとその優先順位を決定する[*4]。CPUに複数のコアが搭載されている場合は、先に述べた並行性を活かして並列処理も実現する。このスケジューラを通じて、OSカーネルはすべてのプロセスのCPU時間の割り当てとメモリアクセスの量を制御する。

---

*4　[訳注] プロセスのスケジューリングの方式には、OSがプロセスの実行時間を割り当てるプリエンプティブマルチタスク（Preemptive multitasking）の他に、プロセス自身がカーネルに制御を返す協調的マルチタスク（Cooperative multitasking）という方式があり、Windows 95やMac OSなどで使われていた。

ディスクアクセスとファイルシステム

　カーネルは「システム内の不動産」とも言えるメモリを管理し、これによりプロセスはワーキングメモリを専有できる。これはストレージについても当てはまる。現代のコンピュータの主なストレージは、旧来の回転ディスクを使うハードディスクドライブか、フラッシュメモリを使うSSD（Solid-State Drive）のどちらかである。

　データはハードディスクのようなメディア上のファイルに格納される。コンピュータのファイルには、紙のファイルフォルダやその内容と似ている部分がある。（紙ではなく）コンピュータのファイルに含まれている情報は、磁気（ハードディスクなどのメディアの場合）または電気（SSDなどの場合）的に書き込まれた2進数（バイナリ）の1と0で構成される。

　OSはこのようなバイナリ情報を、管理のしやすいフォーマット（ファイルと呼ばれている）にまとめて構造化し、ファイルへの書き込み、ファイルの検索、ファイルに使用できる領域の管理を可能にしている。ファイルの操作には、ファイルシステムが使用される。ファイルシステムは数百あるいは数千ものファイルを組織化したものである。OSは、アプリケーションの要求に応じて、そうしたファイルの検索、読み取り、書き込みを制御する。

　ファイルシステムは古くからよくオフィスのファイルキャビネットと対比してたとえられ、確かに当てはまる点がある。引き出しはディレクトリ、ファイルフォルダはファイルに相当する。しかし、このたとえを現代のファイルシステムに当てはめるには、引き出しの中に引き出しがあるファイルキャビネットが必要だ。それに加えて、すべてのファイルの場所、内容、それらのファイルを読む権利が誰にあるか、キャビネットの残りの容量がどれくらいかを知っているのはキャビネット自身である。そして、7,200回転/秒（rpm）で回転しながら、これをすべて実行するのである。

　ファイルシステムにはさまざまな種類がある。最近のOSの多くは、数種類のファイルシステムを同時に読んだり管理したりできる。たとえば、Windowsでフォーマットされた外付けドライブをLinuxマシンにマウントすると、OSはLinuxファイルシステムと併せてWindowsファイルシステムを管理する。

デバイスドライバ

　コンピュータの有用性は、データの入力と答えの出力にかかっている。数百万台のコンピュータ上で動作する数百万ものアプリケーションへのニーズを満たすために、数百万台の周辺機器が開発され、販売されることになる。周辺機器とは、入力や出力を目的としてコンピュータに取り付けられるすべてのハードウェアデバイスのことである。プリンタ、スピーカー、キーボード、マウスを始めとするさまざまなポインティングデバイス、外付けディスクドライブ、USBデバイスなどはすべて周辺機器に分類される。

現存するすべての周辺機器、あるいは今後10年間に登場するであろう周辺機器をカバーするルーチンがOSに含まれているとしたらどうなるだろうか。どこか1つの国に限っても、OS自体を格納するだけでウェールズ*5と同じ大きさのハードディスクが必要になるだろう。ドライバは、この問題に対する単純ながらスマートな解決策である。

ほとんどの周辺機器には、あるOSのために書かれた小さなプログラムが用意されている。そうした小さなプログラムを**ドライバ**（driver）と呼んでいる。OSにインストールされたドライバは、その周辺機器で何ができるかをOSに示し、周辺機器に対するOSの命令を変換して、プリンタをプリンタとして動作させ、スピーカーにオーディオファイルを再生させる。

OSカーネルが何をどのように行うのかを簡単に説明したところで、次節では、OSがどのようにしてアプリケーションにハードウェアリソースを使用させるのかを見ていこう。

オペレーティングシステムを補助するプログラム

OSはI/Oの補助にデバイスドライバを使用するが、OSを補助するプログラムは他にもある。ここでは、ブート手続きとファームウェアについて詳しく見ていく。ブート手続きとは、コンピュータの電源を入れたときに始まるブート、あるいはブートアップと呼ばれる動作のことである。ファームウェアは、OSを補助するハードウェア固有のプログラムである。そして最後に、OSがメモリとストレージをどのように管理するのかをさらに詳しく見ていく。

OS の起動

コンピュータの電源を入れると、コンピュータが起動（ブート）を開始する。ブートは、「pulling yourself up by your bootstraps（自分の靴ひもを引いて自分を引っ張り上げる）」という古い言い回しに由来する用語である。ブートストラップのもともとの意味は、不可能なことをやり遂げようとすることだ。コンピュータの場合、OSがコンピュータを実際に使用できる状態にすることは不可能に思える。というのも、CPUが実行可能なメモリ上には存在すらしておらず、ハードディスクや他のメモリストレージデバイスのファイルに入っているだけだからだ。誰かがボスを起こしにいかなければならない。

---

*5 　［訳注］イギリス南西部に位置する半島状の地域。日本の四国ほどの大きさ。

＞ブートの概要

　現代のコンピュータでは、「ブートローダ」(または「ブートストラップローダ」)と呼ばれるものがOSを起動する。これはROMに格納された小さなプログラムである。ローダはコンピュータの電源が入ったときに自動的に起動し、OSのプログラムをワーキングメモリに読み込んで実行させるのに必要なアクセス手段とデータを提供する。

　ROMに書き込まれているブートローダとコンピュータに関する他の情報は、多くの場合、BIOS(Basic Input/Output System)である。BIOSはコンピュータのブート時にハードウェアを初期化する。最近のコンピュータには、BIOSの代わりにUEFI(Unified Extensible Firmware Interface)と呼ばれるものが用意されている。BIOSとUEFIはどちらもファームウェアというハードウェア固有の小さなプログラムで、ROM、EPROM、フラッシュメモリなどの永続メモリに書き込まれている。ファームウェアについては、のちほど詳しく説明する。

　通常、ブートシーケンスは次の手順で実行される。

1. BIOSまたはUEFIチップに電力が供給されると、診断が実行され(ハードウェアに問題がないことを確認する)、ハードウェアを構成している各コンポーネントが初期化され(ディスクドライブを回転させるなど)、ブートストラッププログラムが開始される。
2. ローダがストレージからOSをワーキングメモリに読み込み、起動する。
3. OSがワーキングメモリにデータ構造を作成し、CPUの必要なレジスタを設定し、ユーザーレベルのプログラムを開始する。それ以降、OSは割り込みを受け入れ、コンピュータが処理を開始する。

　これらはブート手順を大まかにまとめたものである。さらに2つのブート手法があり(1つ目のほうがよく使用される)、それらについても触れておく必要がある。

＞第2ステージのブートローダ

　ブートストラッププログラムには制約がある。その1つは、ROMのストレージ領域がかなり小さいということである。このため、より高度なブートプロセスが要求される場合は、第2ステージのローダを使用することがその解決策となる。この考え方は単純なもので、次のような利点がある。

- コンパクトなブートストラッププログラムが、より高度な「第2ステージ」のブートローダをディスクからワーキングメモリに読み込む。新しいローダは機能が強化されて、オプションが増える。そのうちの1つは、ロードするOSを複数のなかから選択するような設定を可能にすることだ。
たとえば、この方法を利用するデュアルブートPCでは、WindowsまたはLinuxディストリビューションのどちらを実行するかをユーザーが選択できる。また、セーフモードやレスキューモードでのブートや、第2ステージのローダが提供する簡易なシェルを

使用してブートが可能になることもある。

- 広く利用されている第2ステージのブートローダの1つは、GNU GRUB（GRand Unified Bootloader）である。GRUB は GNU プロジェクトおよびフリーソフトウェア財団によって提供され、ほとんどの Linux OS のブートプロセスに使われている。GRUB にはシェル機能が用意されており、OS がロードされる前の低レベルの操作が行える。特に、OS が起動しなくなったシステムの救済に非常に役立つことがある。これをさらに発展させ、第3ステージのローダでブートをさらに強化することもできる。この点については、のちほど Raspberry Pi のブートシーケンスを説明するときに取り上げる。

- 第2ステージのローダは、次項で説明するネットワークブートも助ける。

› ネットワークブート

より大きくて複雑なプログラムの第2ステージのローダは、ネットワークからのブートも可能である。これにより、ローカルコンピュータのハードディスクは不要となり、機械や各種の製品に使用される小型の組み込みコンピュータに役立つ。

それに加えて、ネットワークブートにより、数百あるいは数千もの社内コンピュータを管理する IT マネージャーの仕事も単純になる。ネットワーク上のすべてのコンピュータが同じ OS のコピーからブートするとしたら、その OS のセキュリティやその他のアップデート状態を最新に保つのはたやすくなる。

ネットワークブートでは、第2ステージのブートローダは ROM で提供されている単純なプロトコルを使用して、ネットワークドライブに格納されている OS のコピーにアクセスする。続いて、必要な部分をローカルコンピュータのワーキングメモリに転送すると、OS のロードが完了し、OS が起動する。

次は、Raspberry Pi のブートを具体的に見てみよう。

› Raspberry Pi のブート

Raspberry Pi のようなシングルボードコンピュータでは、そのコンピュータアーキテクチャが設計に影響をおよぼすことは確実である。しかし、妥協点がいくつかあるものの、Raspberry Pi のブートプロセスはやはり前述の一般的な原理に従っている。

妥協点の1つは、コストとスペースの削減のために、専用の不揮発性メモリ（ROM、フラッシュメモリなど）がないことだ。とはいえ、Raspberry Pi にも何らかのブートストラッププログラムは必要である。Raspberry Pi は前述の SoC を使用する設計により、この問題を解消している。SoC は CPU と他のコンポーネントが統合された集積回路である。その「他のコンポーネント」の1つが、小容量の ROM というわけだ。

ブートの間にはたくさんのことが行われる。図8-7は、Raspberry Pi 2のブートの様子を示しており、セットアップ、構成、テストのすべての過程を見られる。

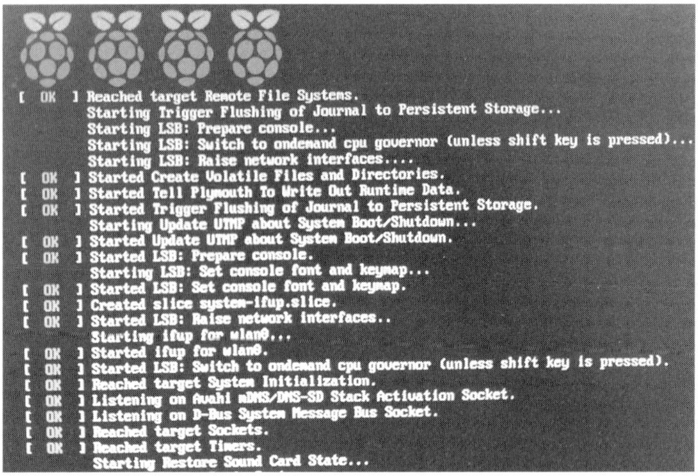

[図8-7] ブート時にRaspberry Pi 2の画面に表示される詳細メッセージ

Raspberry Pi 3では、CPUの4つのコアが1.2GHzで動作している。OSが起動したあと、（もしあれば）GPUがディスプレイを制御する。ただしブート時には、GPUには別の役割がある。

どのRaspberry Piボードに使用されているCPUも、ARMによる設計である。電源を入れるとブートプロセスが始まり、次のように進んでいく。

1. Raspberry Piの設計では、ボードの電源が入るとGPUがオンになる。ARMコアはオフのままである。

2. GPUがSoCのROMから第1ステージのブートローダを実行する。

3. 第1ステージのブートローダがSDメモリカードまたは（最近のモデルでは）microSDカードを読み取り、カード上のOSの有無にかかわらず、第2ステージのブートローダであるbootcode.binをL2キャッシュに読み込んで実行する。L2キャッシュは、CPUまたは（この場合のように）GPUで利用できる非常に高速なメモリ領域である。

4. bootcode.binはSDRAM（SoCの上に物理的に積み重ねられた別のメモリチップ）をオンにし、第3ステージのローダであるloader.binを読み込んで実行する。

5. loader.binがstart.elfを読み込む。start.elfは、次項で説明するGPUのファームウェアである。

6. start.elfがconfig.txt、cmdline.txt、kernel.imgを読み込み、OSを起動する（これはRaspbianなどのLinuxベースのOSに関する説明であり、他の種類のOSに当てはまるとは限らない）。

Raspberry Piの電源を入れて実行されるのは、このブート手続きによって開始されるOSである。本章の最後の節で説明するように、起動するOSの選択肢はますます増えている。その前に、ファームウェアについて簡単に説明しておこう。

NOTE　ARM（ARM Holdings）はイギリスを本拠地とする多国籍半導体/ソフトウェア企業であり、スマートフォン、タブレット、そしてRaspberry Piなどのシングルボードコンピュータでよく使用される、省電力CPUの研究開発を行っている。ARMは自社の設計を他のメーカーにライセンス提供している。

ファームウェア

　デバイスの不揮発性メモリ（ROM、フラッシュなど）に組み込まれて制御や監視のようなデータ操作を行うソフトウェアを**ファームウェア**（firmware）と呼ぶ。今日、ファームウェアは広範にわたるデバイスを制御している。そのようなデバイスとして、電話、カメラ、時計、サーモスタット、冷蔵庫、コンロ、そしてもちろんコンピュータを挙げられる。ほぼすべてのデジタルデバイスに、何らかのファームウェアがインストールされている。

　一部のデバイスのファームウェアは更新を想定しておらず、そのデバイスのライフタイムを通じてずっと同じままである。たとえば、近所のディスカウントストアで購入した安物のデジタル時計に、ファームウェアを更新する場面は想像しにくい。それはさておき、他のデバイス、特にコンピュータにおいてファームウェアを最新の状態に保つことは可能であり、むしろ推奨される。

　コンピュータのBIOSやUEFIをアップグレードするには、少し作業が必要になることがある。手作業で更新する場合は、デバイスのEPROMに格納されているソフトウェアのメーカーを調べなければならない。そして、新しいコードをEPROMにフラッシュできる（消去して書き換える）ユーティリティプログラムを入手しなければならない。これは面倒な作業で、BIOSやUEFIの内容を書き換えるはずが消してしまうというおそれがある。ファームウェアの更新機能を持つ現代のコンピュータやその他のデバイスは、自動ダウンロードやアップグレードの手段がメーカーによって提供されることが多い。

　Raspbianを始めとする多くのOSは、アプリケーション、OS、ファームウェアの細々とした更新作業を自動的に行ってくれる。だが、そのためのコマンドを入力して、オンラインのソフトウェアリポジトリをチェックし、利用可能な更新プログラムをダウンロードして、インストールをOSに指示しなければならない場合も多い。システムのセキュリティを維持し、バグを改修し、新しい機能を追加するために、この手続きをしばしば実行すべきである。Raspberry Piで最もよく使用されているLinux OSであるRaspbianを実行している場合、OSを更新するには、ターミナルから次のコマンドを入力する。

```
sudo apt-get update && sudo apt-get upgrade
```

このコマンドの前半部分は、OSに適切なリポジトリを検索させ、更新プログラムをダウンロードさせる。後半部分は、それらの更新プログラムをインストールさせる（つまり、OSをアップグレードする）。

次節では、Raspberry Pi の OS の選択肢を見ていこう。

Raspberry Pi のオペレーティングシステム

ここでは、Raspberry Pi のさまざまな OS を簡単に紹介する。Raspberry Pi 2 で採用された新しい4コアの ARM プロセッサのおかげで、多くの新しい OS が利用可能になった。これには、Raspberry Pi 用に拡張された Ubuntu、Fedora、Gentoo に加えて、Windows 10 が含まれている。言い換えるなら、ARM をサポートしている OS であれば、Raspberry Pi のコンピュータアーキテクチャで動作する。

ここでは、すべての OS を取り上げるのではなく、興味深い OS をいくつか紹介することにする。それらの OS には、クレジットカードサイズのモンスターコンピュータから性能を引き出せるように、Raspberry Pi のアーキテクチャに合わせて最適化されている。

Raspberry Pi の OS を選択する際には、そのボードで何をしたいのかを考えるべきである。Raspberry Pi のすばらしい点は、何と言っても、SD メモリカードや microSD カードを差し替えるだけで OS を変更できることである（PC や Mac、Linux マシンで同じことができるか試してみよう!）。OS の切り替えがこれだけ簡単なら、多種多様な可能性が開ける。

NOOBS

NOOBS（New Out-Of-Box Software）は、Raspberry Pi 用に最適化された OS で構成されたソフトウェアパッケージであり、Raspberry Pi の公式 Web サイト[*6]からダウンロードできる[図8-8]。NOOBS には、サードパーティの OS イメージも含まれている。**イメージ**（image）とは、それだけでブートして実行できる、適切にフォーマットされたファイルシステム一式のことである。また、SD メモリカードや microSD カードに格納された NOOBS をこのサイトや他のベンダーから購入することもできる（最近の Model B+/2.0/3.0 モデルの Raspberry Pi は microSD カードを使用する）。

---

*6　https://www.raspberrypi.org/downloads/

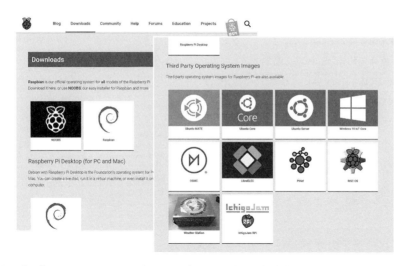

[図8-8] 最初はRaspberry Piの公式サイトのダウンロードページで提供されているOSのなかから選択するとよいだろう

　NOOBSカードを実行すると、OSのセットアップ手順が表示される。次の6つの選択肢が用意されている。

- **Raspbian**
  人気の高いDebian Linuxディストリビューションを移植したもの。つまり、Raspberry Piで実行するようにコンパイルされ、最適化されている。Raspberry Pi財団と数千人のテスターによってRaspberry Piに最適なOSとして推奨されている。このLinuxディストリビューションの本書執筆時の最新バージョンはDebian 8（コードネームJessie）である[7]。

- **Arch Linux**
  ARMのCPUで動作するように設計されたRaspberry PiバージョンのArch Linux。

- **Pidora**
  Red Hatが支援しているFedora Linuxディストリビューション。Fedoraは常にLinuxの最先端に位置している（ただし、最先端でケガをすることもある）。

- **OpenELEC**
  動画や音楽の再生用に設計された専用のメディアセンターディストリビューション。リソースをさほど消費しない小さな専用OSを使用し、その分のメモリを動画や最新の音楽などを視聴するために使用する[8]。

---

[7]　Raspbianは2017年にDebian 9（Stretch）になった。
[8]　［訳注］OpenELECは2017年以降開発が停止しており、最新のNOOBSではLibreELECが選べるようになっている。

8

オペレーティングシステム

- RaspBMC
  Raspbianをベースにしたメディアセンターディストリビューション。メディアファイルの視聴のためにリソースを節約する。

- RISC OS
  ARM CPUの設計チームによって開発され、小型のハードウェアでの高速実行を実現する。試す価値がある。

これら6つのOSのうち、最もよく使われているのはRaspbianである。Debianタイプの Linuxディストリビューション（Debian、Ubuntuなど）に慣れていれば、Raspberry Piで Raspbianを快適に使用できるだろう。

サードパーティのオペレーティングシステム

Raspberry Piの公式サイトには、さまざまなサードパーティイメージが用意され、無償でダウンロードできる。これらのイメージを使用して、Raspberry PiにOSをインストールする SDメモリカードやmicroSDカードを作成できる。このうち2つのOS（OpenELECおよび RISC OS）については前項で説明した。残りのOSのうち、1つのOS（Windows）にびっくりしたかもしれない。もちろん、Windowsも無償で提供されている。

- Ubuntu MATE
  Raspberry Pi用に最適化された、人気の高いUbuntuディストリビューション。MATE デスクトップをサポートしている（MATEはメンテナンスが終了しているGNOME 2から派生したデスクトップ環境）。

- Snappy Ubuntu Core
  スマートフォンでUbuntuを使用するユーザー向けに登場したディストリビューション。 Dockerをサポートすることから、クラウドアプリケーションに適したプラットフォームである。

- Windows 10 IoT Core
  Microsoft OSの最新バージョンがついにRaspberry Piに登場した（Raspberry 2.0が必要）。何かと非難されるが、ないと困ることも多い。名前にIoT（Internet of Things）とあるように、このOSを使ってRaspberry PiでIoTアプリを開発できる。

- OSMC
  「人々による人々のために構築された」無償のオープンソースメディアセンター。プロプライエタリのOpenELECと似ているが、こちらはフリーウェアである。

- PiNet
  Raspberry Pi Classroom向けに、集中型のユーザーアカウントとファイルストレージシステムを提供する。

利用可能なその他のオペレーティングシステム

Raspberry Pi用のOSディストリビューションは他にもある。そのうち興味深いものをいくつか紹介しよう。ほとんどは、Raspberry Pi 2以降のモデルが必要となる。

- **Gentoo**
  高速で人気の高いLinux（人気の秘密はほぼ無限の適応性にある）。GentooのサイトでRaspberry Piバージョンを探してみよう。
  https://wiki.gentoo.org/wiki/Raspberry_Pi
- **FreeBSD**
  Linuxが登場する前はUnixの時代だった。FreeBSDのサポートは現在も精力的に行われており、Raspberry Piにも移植されている。
  https://www.freebsd.org/
  https://www.raspberrypi.org/blog/freebsd-is-here/
- **Firefox OS** [*9]
  MozillaのFirefox OSをRaspberry Piでも使用できるようになった。
  https://wiki.mozilla.org/Fxos_on_RaspberryPi
- **IPFire**
  不正アクセスを阻止する極めて強力なファイアウォール機能を備え、使いやすく、企業や組織で使用するのに必要な機能がある。このOSのARMバージョンが提供されている。
  https://www.ipfire.org/
- **OpenSUSE**
  特にヨーロッパで人気の高いLinuxディストリビューションにRaspberry Piで動作するARMバージョンが登場した。
  https://en.opensuse.org/HCL:Raspberry_Pi（日本語版：https://ja.opensuse.org/HCL:Raspberry_Pi）
- **Plan 9**
  Bell Labsによって開発されたOS。Plan 9という名前は、ばかばかしくておもしろい映画『Plan 9 from Outer Space』からとったものである。Raspberry PiにPlan 9をインストールする手順と詳細情報はRaspberry Piの公式サイトで提供されている。
  https://www.raspberrypi.org/forums/viewtopic.php?f=80&t=24480

---

*9　[訳注] Mozillaは2016年でFirefox OSのスマートフォン向け以外の開発を終了している。

- SliTaz
シンプルで高速な Linux OS とうたわれている。サーバーやデスクトップ用途でのリソース要件が非常に少ない。
http://www.slitaz.org/en/（日本語版：http://www.slitaz.org/ja/）

- Tiny Core
シンプルな（機能が制限された）Linux OS。メモリやその他のリソース消費量が少ないにもかかわらず、十分な処理能力を提供する。
http://distro.ibiblio.org/tinycorelinux/ports.html

これ以外にも、OS はさらに増えつつある。Google で Raspberry Pi 用の OS を検索すると、調べてみる価値のあるものが大量に見つかる。繰り返しになるが、Raspberry Pi の大きな強みの1つは、OS をものの数秒で変更できることだ。現在使用している SD メモリカードか microSD カードを抜いて、まったく別の OS が入った新しいカードを差し込むだけである。あとは、Raspberry Pi をブートするだけでよい。

使用できる OS の数を制限するのは、SD メモリカードを何枚調達できるかだけである。SD メモリカードや microSD カードの価格は下がり続けている。まさに願ってもないことである。

9章 ビデオコーデックと動画圧縮
Video Codecs and Video Compression

　動画とは、次々に表示される一連の画像のことである。原理的には、フレームごとに1枚の写真を使って、デジタル式のパラパラ漫画として格納しようと思えばできないことはない。はっきりわかるような**量子化アーティファクト**（quantization artifact）、あるいは**ブロッキングアーティファクト**（blocking artifact）と呼ばれる現象を回避するため、圧縮なしの状態ではピクセルごとにおおまかに3バイト（赤、緑、青の色成分の格納に1バイトずつ）が必要である。量子化アーティファクトとは、ピクセルの明るさや色がゆるやかに変化していたものが、圧縮と復元によって変化が急激になり、目立つようになってしまう現象のことである[*1]。比較的低い解像度（640×480ピクセル）であっても、1秒間に25フレームの動画[*2]を格納したい場合、1秒につき最大3×640×480×25バイトを消費することになり、1秒間で23MBを少し超える。2時間の映画では165GB以上を消費する。これは両面2層DVD 10枚分に相当する。ZIPなどの一般的な可逆圧縮アルゴリズムを適用すれば少し小さくなるかもしれないが、それでもディスクが何枚か必要になるだろう。

　映像をこのような方法で格納するとしたら、基本的には、ほぼどのような形式の動画配信もまったく不可能になる。DVDを6分おきにひっくり返すのはわずらわしいし、テレビ番組のダウンロードに何日もかかってしまうことになる。YouTubeは数秒の長さのクリップにしか対応しなくなるだろうし、ビデオチャットの映像は役に立たないほど小さくなるか、高速インターネット接続が必要になるだろう。

　デジタル動画配信を可能にするには、動画をずっと小さくする方法を見つけ出すことが不可欠である。こうしたファイルの縮小を**圧縮**（compression）という。基本的には、圧縮は可逆と不可逆の2種類に分類される。**可逆**（lossless）圧縮では、圧縮されたファイルから元のファイルを完全に（個々のビットレベルに至るまで）再現できる方法でファイルが圧縮される。`.zip`や`tar.gz`のファイルフォーマットは、このような仕組みになっている。ただし、可逆圧縮で圧縮できるサイズには限界がある。ほとんどの動画アプリケーションでは、一般

---

*1　［訳注］量子化アーティファクトは、映像や音声に非可逆な圧縮を施すことによって発生する。

*2　［訳注］ヨーロッパのアナログTV伝送方式であるPALやSECAMの映像は1秒間に25フレーム、北米と日本のNTSC方式では30フレームである。

に、可逆圧縮だけでは不十分である。

不可逆(lossy)圧縮は、可逆圧縮とは対照的に、情報の一部を削除することによってファイルをさらに小さくする。つまり、圧縮されたファイルから元のファイルを完全に再現することは不可能になる。不可逆の動画圧縮の簡単な例として、動画ストリームの各画像の水平解像度と垂直解像度を半分にすることを想像してみよう。圧縮後の動画ファイルは、視覚的な忠実度を大幅に低下させることと引き換えに、4分の1のサイズになる。不可逆動画圧縮アルゴリズムとエンコーダ実装の設計目標は、ファイルをできるだけ小さくしながら、デコード後のストリームの知覚される映像の品質をできるだけ高く保つことにある。

ほとんどのビデオエンコーダは、ファイルをできるだけ小さくするために、可逆圧縮手法と不可逆圧縮手法を両方とも使用する。

最初のビデオコーデック

国際電気通信連合(International Telecommunication Union：ITU)は1988年に、ISDN(Integrated Services Digital Network)回線でのビデオ通話を可能にするため、H.261という規格を策定した。H.261は動画圧縮に広く用いられた最初の規格だった。最近の規格と比べれば、所定のビットレートに対する画像品質はそれほど高くなかったが、その後の動画圧縮規格の技術的な土台を築いた点は注目に価する。これらの圧縮規格は、**コーデック**(codec)と呼びならわされている。コーデックは「coder-decoder」の合成語である。より正確には、コーデックという用語は、ソフトウェア、ハードウェア、またはその2つの組み合わせによる規格の実装を意味する。

1988年、ISOとIEC(International Electrotechnical Commission)によってMPEG(Moving Picture Experts Group)が組成された。MPEGの目的は、この土台を発展させ、ISDN回線で実現できる品質を超えるような動画をサポートすることにあった。ITUとMPEGはどちらもコーデックの開発を続けており、共同で開発を行うこともよくある。2001年以降の取り組みの多くは、H.264/MPEG-4 AVCを手掛けてコーデックを成功させた、JVT(Joint Video Team)の後押しを得て行われている[*3]。MPEGシリーズの規格には、動画だけでなく、ファイル構造、オーディオ、そして完全に機能する動画ファイルに必要なその他の要素も含まれている。

MPEGによって開発された最初の規格はMPEG-1と呼ばれ、1993年にリリースされた。MPEG-1の設計者は、画像品質をできるだけ向上させる一方で、ファイルサイズをできるだけ小さく保つために、次の2つの方法を模索した。

---

*3　[訳注]H.264などのコーデックの規格には特許が設定されているため、たとえオープンソースであっても商用利用の際には特許使用料が必要なことがある。

- 知覚されにくい情報は優先的に削除する（目の働きを利用）
- 動画に含まれている情報を活用する（データを利用）

目の働きを利用する

　人の目には光を感知する2種類の受容体がある。明るさを感知する桿体細胞と、色を感知する錐体細胞である。桿体細胞は錐体細胞よりも感度が高い。暗いところでは色を識別できなくなるが、形を認識できるのはそのためである。また、桿体細胞の数は錐体細胞の約20倍である。つまり、色よりも明るさのほうが変化の度合いをはるかに細かく見分けられる。人に見えない情報を格納したところで意味がないため、動画を圧縮するときに人間の生理学を活用できるとは、少し思いがけないことである。

　コーデックで明るさと色を別々に扱うには、まず、画像をRGB色空間からY'C$_b$C$_r$という色空間に変換することが役に立つ。RGB色空間では、各ピクセルが赤、緑、青の値で表される。Y'C$_b$C$_r$色空間では、各ピクセルが**輝度**（明るさ）値Y'と2つの**彩度**（色）値C$_b$C$_r$で表される。輝度は知覚される明るさに相当し、元のRGB値の加重和として計算される。少しずつ異なるYC$_b$C$_r$色空間がいくつかあり、さまざまな用途に使用される。一般的に使用されているITU-R BT.601規格の加重（重み）と和は次のとおりである[4]。

$$Y' = 0.257R + 0.504G + 0.098B + 16$$
$$C_r = 0.439R - 0.368G - 0.071B + 128$$
$$C_b = -0.148R - 0.219G + 0.439B + 128$$

　24ビットのRGB色空間を立方体として可視化した場合、輝度を大きくすると、主対角線にほぼ沿った形で黒(0,0,0)から白(255,255,255)まで、途中254階調の灰色を経て変化する。彩度値は対角線から遠ざかる動きを表す。大まかに言えば、C$_b$とC$_r$はそれぞれ色が持つ青みまたは赤みの量を表す。

　色空間がこのように変化しても、画像は少しも小さくならない——ピクセルは依然として3つの数字で表され、それぞれの数字は以前とだいたい同じ精度のビット数を必要とする。ただし、明るさは色から切り離される。実質的には、明るさ、「赤み」、「青み」の3つの独立した画像——つまり、**チャネル**（channel）が存在する。チャネルを構成する個々のピクセル値は**サンプル**（sample）と呼ばれる。サンプルは一緒に表示されるが、別々の方法で格納できる。人の目は細部を見るための桿体細胞のほうが多いため、色値の解像度が低くても問題はない。MPEG-1圧縮の最初の、そして最も単純なステージは、クロマサブサンプリングで

---

[4]　［訳注］R, G, Bの範囲が0〜255のとき、この変換式によりY'の範囲は16〜235、CbとCrは16〜240となる。変換後の値の範囲が0〜255より狭いのは、初期の映像機器能力の限界のためである。このため、この変換式を用いると元のRGBより少しだけ情報量が少なくなる。

ビデオコーデックと動画圧縮

ある。このステージでは、輝度チャネルはフル解像度のままだが、両方の彩度チャネルの水平解像度と垂直解像度は半分になり、それらが占める空間は4分の1になる[図9-1〜図9-3]。したがって、視覚的な品質を低下させることなく、画像全体が占める空間が半分になる(1+1/4 +1/4＝1/2×3)。まずまずの出だしである。

[**図9-1**] 画像の輝度チャネル

[**図9-2**] 画像の彩度(赤)チャネル

[**図9-3**] 画像の彩度(青)チャネル

データを利用する

　動画圧縮に使用できる2つ目の手法は、伝送されるコンテンツの特性を考慮することである。一般に、動画に含まれる各画像はその前後の画像とまったく違っているわけではない。まったく違っているとしたら、無関係な画像が矢継ぎ早に画面に表示されるだけであり、何が起きているのかよくわからないはずだ。そうではなく、ほとんどのフレームはその前後の

フレームと非常によく似ている。おそらく背景の大部分は同じで、変化しない物体やゆっくり変化している物体がほんのいくつか動いているだけである。ひょっとしたら、カメラをパンしながらフレーム全体が動いているだけかもしれない。いずれにしても、情報のほとんどはすでに前のフレームで提供されていることになる。動画が新しいシーンへ移るときに画像全体が変化することもあるが、1秒あたりのフレーム数が24〜60であることを考えると、これはたまにしか起こらない。

　MPEG-1エンコーダは、動画データのこの特徴を活かして、一連のフレームをIフレーム、Pフレーム、Bフレームに分けている。

〉Iフレーム

　I（Intra）フレームは、動画の他のフレームをいっさい参照せずに、それ自体でデコードできる方法で格納される。技術的な観点から言うと、Iフレームは静止画を格納するためのJPEGフォーマットと非常によく似た方法でエンコードされる。Iフレームで使用される圧縮技術は、写真を小さく保つのとほぼ同じ仕組みになっている。

　第1段階では、Iフレーム画像の各チャネル（Y'とC_b、C_r）を8×8のサンプルブロックに分割する。彩度チャネルはすでにサブサンプリングされているため、彩度チャネルの8×8ブロックは、輝度チャネルの4つの隣接する8×8ブロックに相当する。この6つのブロックからなるコレクション（C_bが1つ、C_rが1つ、Y'が4つ）は、**マクロブロック**（macroblock）と呼ばれる。マクロブロックがどのように使用されるかはのちほど見ていくことにして、まず他の種類のフレームを見ていこう。

〉Pフレーム

　P（Predicted、予測）フレームは、1つ前のIフレームまたはPフレームの画像データに依存する。Pフレームは画像全体を表すのではなく、変化しているビットだけを表す。このため、1つ前のIフレームまたはPフレームをデコードしてからでなければ、Pフレームはデコードできない。PフレームはIフレームとまったく同じ方法でマクロブロックに分割される。

　先に述べたように、各画像の大部分はおそらく1つ前の画像と同じで、わずかに動いているだけだろう。Pフレームをエンコードする際、エンコーダは画像の各マクロブロックを順番に調べて、1つ前のフレームに同じようなマクロブロック大の領域がないか確認する。この手続きは**モーションサーチ**（motion search）と呼ばれる。同じような領域が見つかると、エンコーダは新しいマクロブロックを一からエンコードするのではなく、**モーションベクトル**（motion vector）をエンコードし、1つ前のフレームで一致している場所を示す。このようにエンコードされたマクロブロックがPマクロブロックである。Pマクロブロックをデコードする際、デコーダはモーションベクトルをデコードし、1つの前のフレームの適切な領域をコピーする。エンコーダは、1つ前のフレームに十分に似ているマクロブロックが見つからない場合、Iフレームとまったく同じ方法でマクロブロックを格納する。このようにエンコードされたマクロブロックはIマクロブロックである。

9
ビデオコーデックと動画圧縮

モーションサーチによって予測 *5 の有力な候補が特定された場合であっても、現在のフレームと1つ前のフレームの対応する部分は少し異なっている可能性がある。たとえば、画面を横切って飛んでいる鳥がマクロブロックに含まれているとしよう。鳥は飛ぶときに羽をはばたかせるため、形状も変わる。この相違は**予測誤差**(prediction error)または**残差**(residual)と呼ばれる。エンコーダは、Iマクロブロックの画像データに使用するのと同じ手法で残差をエンコードし、エンコードした残差をモーションベクトルと一緒に格納することを選択するかもしれない。デコーダは、このマクロブロックをデコードするときに、1つ前のフレームからコピーした画像データと組み合わせる。

残差が小さいほど格納する情報は少なくなり、よってファイルサイズも小さくなる。MPEG-1のモーションベクトルは、動きをできるだけ正確に捉えるために、x方向およびy方向に2分の1ピクセル(ハーフペル)レベルまで指定できる。デコーダがマクロブロックのハーフペルモーションベクトルをデコードする場合、1つ前のフレームからピクセルをコピーするだけでよい、というわけにはいかない。実際のピクセル値の間にある「欠落した」ピクセル値を生成する方法も必要になるからだ。このプロセスは**補間**(interpolation)と呼ばれる。1つのチャネルで1本のピクセル線を可視化する場合、ピクセルごとにサンプルを1つ使用することになる。これらをグラフにプロットし、サンプル値がピクセル線に沿ってどのように変化するのかを表すことも可能である。MPEG-1によって使用される最も簡単な補間方式は、2点間に直線を引き、その線の中間点をプロットすることである(数学的には、2つの隣接するサンプルの平均を求める)。これは**線形補間**(linear interpolation)と呼ばれる。

もちろん2次元画像では、これを水平方向だけでなく、垂直方向に行う必要もある。x成分とy成分のどちらかが整数(たとえば(1, ½)、(3½, 2)など)のモーションベクトルの場合は、一次元のみの線形補間だけでよいため、簡単である。x成分とy成分がどちらもハーフペル(たとえば(2½, ½)など)のモーションベクトルの場合は、ソース画像で4つの隣接するサンプルの平均を求めなければならない。これは**双線形補間**(bilinear interpolation)と呼ばれる[図9-4]。

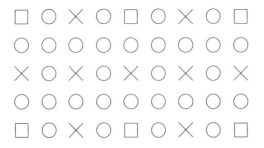

[**図9-4**] 2×1グリッド上のフルピクセル(□)と2分の1ピクセル値(×)の位置。最近の動画規格では、4分の1ピクセル値(○)も使用される

---

*5　[訳注] 前のフレームと現在のフレームがよく似ていることを利用して、前のフレームから現在のフレームを予測することをフレーム間予測(Inter frame prediction)という。

壊れたMPEG動画を見たことがあれば、このようなエンコーディングの動きは一目瞭然である。フレームの一部はまだ動いているものの、1つ前のフレームが間違っているため、動いている画像がおかしい。

＞Bフレーム

B（Bi-directional）フレームは、Pフレームとよく似ているが、1つ前のIフレームまたはPフレームと1つ後ろのIフレームまたはPフレームの要素を含んでいる[6]。Bフレームから予測されるフレームはないことに注意しよう。

Bフレームの各マクロブロックは、これらのフレームの1つまたは両方に含まれている領域から予測できる。両方のフレームから予測する場合、エンコーダはモーションベクトルを2つ格納しなければならず、デコーダは2つの領域の加重平均を計算したあと、残差があればそれを組み合わせる。

動画ストリームに大量のBフレームが連続して含まれている場合は、参照フレームの1つがずっと先にあるかもしれない。その参照フレームまで読み進めてデコードしてから、Bフレームをデコードするために戻ってこなければならない。これはデコーダにとっては扱いにくい。この取り扱いを簡単にするために、エンコーダは画面上に表示される順序でフレームをファイルに書き込むのではなく、参照フレームが常に予測されるフレームの前に来るようにする。表9-1は、動画ストリームの例を示している。

[**表9-1**] ピクチャー群とフレームタイプの例

フレーム番号	1	2	3	4	5	6	7
フレームタイプ	I	B	B	P	B	B	I

この場合、格納の順序は1、4、2、3、7、5、6になる。デコーダは最初にフレーム1にアクセスする。フレーム1はIフレームであるため、単体でデコードできる。次に、デコーダはフレーム4にアクセスする。フレーム4はPフレームであるため、それよりも前のフレームから予測される。フレーム2とフレーム3はBフレームであるため、（すでにデコード済みの）フレーム1から予測される。続いて、デコーダはBフレームであるフレーム2にアクセスする。2つの参照フレーム（1、4）はすでにデコード済みである。同じ参照フレームを使用するフレーム3についても同様である。フレームの後半部分の並べ替えにも同じ方法が使用される。

この並べ替えによってフレームが画面に表示される順序（表示順序）が変化することはない。フレームは依然として番号順に表示される。あくまでも、デコーダの処理を楽にするために、このように格納されるだけである。

---

*6　[訳注] Bフレームがあると、エンコードとデコードの計算量は増えるが、圧縮率は高くなる。

　MPEG-1のエンコーダが動画をIフレーム、Pフレーム、Bフレームに分割する方法は特に決まっていない。エンコードソフトウェアによって方法は少しずつ異なっている。ほとんどの動画は表9-1のパターンに従う。つまり、Iフレームを一定の間隔で配置し、Iフレームの間にPフレームを等間隔で配置し、残りがBフレームになる。Iフレームとそれに続くPフレームとBフレームは**ピクチャー群**（Group of Pictures：GOP）と呼ばれる。PフレームとBフレームのパターンは**GOP構造**（GOP structure）と呼ばれ、Iフレームの間隔は**GOPサイズ**（GOP size）と呼ばれる。

　GOPサイズとGOP構造は、要求されるビットレートと、動画のシークをどれくらい容易にしたいかによって、エンコーダが設定できる。他に依存することなくデコードできるのはIフレームだけなので、早送りや早戻しなどのために移動（シーク）できるのはGOPの境界だけである。GOPサイズが小さければ動画の任意の位置にシークしやすくなるが、負荷の高いIフレームの数が増えることになるため、一般的には、所定の品質に対して要求されるビットレートが高くなる。

　動画は本来バッファリングなしで再生することを想定しているため、利用可能な帯域幅は特に重要である。「帯域幅」と言えばインターネット接続を思い浮かべるのが一般的だが、MPEG-1コーデックが設計された当時は他の要因のほうが重要だった。というのも、Web経由での動画のストリーミングはまだ不可能だったからだ。MPEG-1は広い範囲のビットレートに対応することを目標として設計されているが、設計者が重視したのはCD-ROMドライブのデータ読み取り速度（1.5Mbps）だった。MPEG-1では、このビットレートでVHSビデオカセットとほぼ同じ品質が実現される。DVDの前身であるビデオCDフォーマットでは、標準のCDに74分のMPEG-1動画が格納される[*7]。

　ビデオCDは「固定ビットレート」フォーマットのよい例である。目まぐるしく変化するシーンをエンコードするためにCDの動作速度を上げてビットレートを増やす、あるいはシーンに変化が見られないときに動作速度を落としてスペースを節約する、というわけにはいかない。現代のストリーミングビデオコーデックは、シーンの複雑さに応じてビットレートを（限度内で）変化させることが多い。動画ストリームを要求されたビットレートに保つにあたって、エンコーダはさまざまな手法を利用できる。まず、MPEG-1が画像データと残差をどのようにエンコードするのかを理解しておく必要がある。

周波数変換

　先に述べたように、MPEG-1は、人の目が色の微細な変化を見分けられないことをクロマサブサンプリングで利用する。人の視覚系には、（コーデックの設計者にとって）有益な特性がもう1つある。それは、明るさや色の大きな（低周波数の）変化よりも、微細な（高周波数の）変化を検出するほうが難しいことである。原理的には、シーン内の周波数の高い情報を

---

*7　［訳注］CDの容量を650MBとした場合。現在は700MB程度まで記録可能である。

それほど正確に表さなくても、あるいは完全に取り除いてしまったとしても、知覚される映像の品質は低下しない可能性がある。

　画像をY'C$_b$C$_r$色空間に変換して、彩度の分割とサブサンプリングを可能にしたのと同様に、周波数の高い情報を削除できるようにするには、データを再び変換する必要がある。この場合は、マクロブロックを構成する4つの8×8輝度ブロックと2つの8×8彩度ブロックにそれぞれ離散コサイン変換（Discrete Cosine Transformation：DCT）を適用する。数学的な詳細は割愛するが、重要なのは、DCTを適用したあと、8×8サンプル値のグリッドを点ごとに格納するのではなく、ブロック内をx方向とy方向へ移動したときにサンプルがどのように変化するかという情報を格納することだ。前者は**空間表現**（spatial representation）、後者は**周波数表現**（frequency representation）と呼ばれる。

　DCTについては、1次元のケースから考えるのが最も理解しやすい。つまり、8×8サンプルブロックの1本の線である。この1本の線には、折れ線グラフで表現されるような8つのサンプル値が含まれている。DCTにより、この線は周波数の異なる複数の余弦（cos）波の加重和（基底関数）に分解される。これらの関数を足し合わせると、（少なくともサンプル点では）線と同じ値になる[*8]。これらのcos波には、各cos波の振幅を表す係数が与えられている。元の信号を正確に記録するには、8つの係数（および周波数の異なる8つの波）で十分なことがわかる。つまり、8つの空間領域サンプルを8つの周波数領域係数と交換したわけである。2次元の場合は、64個の2次元cos波（x方向とy方向のレートが異なる平面）と64個の係数が必要になる。

　64個の係数を8×8ブロックで記述し、左上のブロックが低周波数、右下のブロックが高周波数を表すようにするとわかりやすい［図9-5］。左上の値はDC係数と呼ばれ、ブロック内のすべてのサンプルの平均値と常に等しくなる。つまり、空間的な変化をいっさい考慮しない場合のブロックの値である。

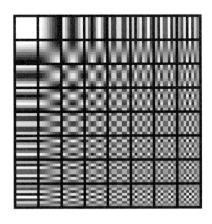

[**図9-5**] 各係数が表す空間周波数

---

*8　［訳注］DCTの背景としてフーリエ変換がある。フーリエ変換は、周波数や振幅の異なる複数の三角関数を重ね合わせて関数を表す。

その他の値はすべてAC（交流）係数と呼ばれる。図9-5では、一番上の行は横方向の変化だけを表す。その左端のAC係数（DCの隣）には最低周波数のデータが含まれており、右端のAC係数には最高周波数のデータが含まれている。同様に、左端の列には縦方向の変化に関する情報だけが含まれている。その他の値は両方向の変化に関する情報を含んでいる。たとえば、2行目の右端の値は横方向の高周波数の変化と縦方向の低周波数の変化を表している。

NOTE DCという名前は直流（direct current）に由来しており、電気を分析するために同じような方法が使用されていた名残である。

RGB色空間からY'C$_b$C$_r$色空間に変換したときと同様に、DCTは画像そのものは圧縮しない。つまり、cos係数が占める領域は元のデータとほぼ同じである。だがこの場合も、見てわかるほどの視覚的な品質の低下を最小限に抑えるような方法で、（このあとの）不可逆圧縮のステップを適用できるようになっている。この場合の不可逆ステップは**量子化**（quantization）である。つまり、エンコード時には各係数をある数で割って端数を切り捨て、デコード時には同じ数を掛けて同じような値（一般にまったく同じ値にはならない）に戻す。人の目は高周波数データよりも低周波数データの誤差を見分けやすいようにできている。このため、エンコーダは一般に高周波数係数を粗く量子化する。

図9-6、図9-7、図9-8は、圧縮の度合いを徐々に高くしたフレームを示している。ファイルのサイズが小さくなるに従い、画像の高周波数部分の誤差は増えていく。

係数ごとの量子化は、**量子化行列**（quantization matrix）を適用することによって実現される。目的のビットレートを達成するために、量子化行列をフレームごとに変えられる。量子化行列の次元は、DCTの出力を含んでいる行列と同じである。量子化行列の各エントリは、DCTの出力に含まれている対応する係数の量子化のレベルを表す。DCTの値を量子化の値で割り、結果の端数を切り捨てると、数字の範囲が狭まり、その格納に使用される領域も少なくなる。

一般的には、量子化によってDCTの高周波数部分の多くが0にまで削減される。数字の大部分を同じにすると、次のステップ（エントロピー符号）の効率がよくなる[*9]。

---

*9　[訳注] MPEG-1ではエントロピー符号の一種であるハフマン符号を用いている。

［**図9-6**］最高品質では量子化がほとんどない
ため、画像の高周波数部分も低周波数部分も
くっきりと表示される。この画像はピクセルあた
り約6ビットである

［**図9-7**］量子化が適用されるようになると、画
像の高周波数部分（縁など）が不鮮明になり始
める。この画像はピクセルあたり0.9ビットで
ある

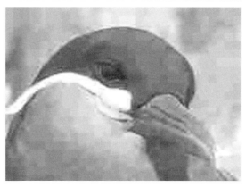

［**図9-8**］量子化の度合いが高く、きちんと見え
るのは低周波数部分の画像だけであり、マクロ
ブロックの境界が見える。この画像はピクセル
あたり0.3ビットである

　図9-9、図9-10、図9-11は、それぞれ図9-6、図9-7、図9-8に使用した量子化行列を示し
ている。行列は、Raspberry Piでdjpegを使って（MPEG-1のIフレームと非常によく似てい
る）JPEG画像から抽出できる。最初に、次のコマンドを使ってインストールしておく。

```
sudo apt-get install libjpeg-progs
```

　インストールが完了すると、次のコマンドを実行できるようになる。image.jpegはJPEG
ファイルの名前である。

```
djpeg -verbose -verbose image.jpeg > /dev/null
```

　通常は、行列が2つ出力されるが（輝度値に対する行列と、彩度値に対する行列）、これらの画像は白黒であるため、輝度値だけが含まれている。Raspberry Piのカメラモジュールの出力をテストしている場合、raspistillコマンドで量子化オプション（-q 50など）を指定しない限り、量子化をまったく行わない量子化行列が設定されているかもしれない。

```
1    1    1    1    1    1    1    1
1    1    1    1    1    1    1    1
1    1    1    1    1    1    1    1
1    1    1    1    1    1    1    1
1    1    1    1    1    1    1    1
1    1    1    1    1    1    1    1
1    1    1    1    1    1    1    1
1    1    1    1    1    1    1    1
```

[**図9-9**] 量子化は実行されず、周波数データがすべて維持される

```
16    11    10    16    24    40    51    61
12    12    14    19    26    58    60    55
14    13    16    24    40    57    69    56
14    17    22    29    51    87    80    62
18    22    37    56    68   109   103    77
24    35    55    64    81   104   113    92
49    64    78    87   103   121   120   101
72    92    95    98   112   100   103    99
```

[**図9-10**] 特に高周波部分を中心に量子化が実行されている

```
 80    55    50    80   120   200   255   255
 60    60    70    95   130   255   255   255
 70    65    80   120   200   255   255   255
 70    85   110   145   255   255   255   255
 90   110   185   255   255   255   255   255
120   175   255   255   255   255   255   255
245   255   255   255   255   255   255   255
255   255   255   255   255   255   255   255
```

[**図9-11**] 大部分の高周波データが削除されている

　図9-10と図9-11からわかるように、量子化の値は右上から左下への斜線に沿ってほぼ等しくなる傾向にある。というのも、これらの線には人の目とほぼ同じ感度の係数が含まれているからだ。たとえば図9-11では、一番上の行の4つ目の値（横方向の周波数）は、左端の

列の上から4つ目の値（縦方向の周波数）に対応している。前者の量子化係数は80、後者は70である。これらの値はまったく同じではないが、これは実証的研究によって少し非対称な行列のほうが特定のビットレートでの知覚される映像の品質が高くなることがわかっているからだ。それらの間にある2つの係数（65と70）は、水平周波数がわずかに低く、垂直周波数がわずかに高いDCT基底関数に相当し、大きさはほぼ同じである。

　DCTの量子化係数の行列をファイルに保存したり、ネットワーク経由で送信したりするには、単一の数値ストリームにシリアライズする必要がある。通常、こうした行列をシリアライズするときには、各行が順番に送信される。だがこの場合は、行列がジグザグパターンでシリアライズされるほうが、最終ステップ（エントロピー符号）の効率がよくなる。

　この場合のジグザグパターンは、人の目が最も感知しやすい係数から始まり、徐々に感度が下がるように進んでいく。これは量子化のレベルが徐々に高くなっていくことにほぼ相当するはずである。量子化のレベルが高くなるに従い、量子化された値は0に近づいていく。図9-12に示すように、この一連の0は次のステップでかなり効果的に圧縮される。

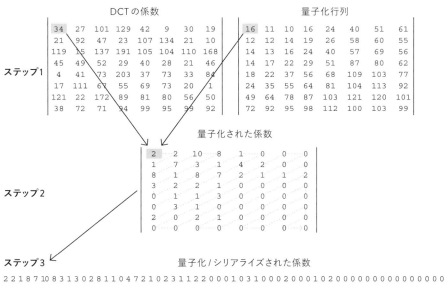

[**図9-12**] MPEG-1のIフレームでのDCT出力の量子化とシリアライズ

可逆エンコード技術の使用

　MPEG-1のエンコードプロセスの最終ステップでは、量子化係数とその他のデータ（モード選択フラグ、モーションベクトルなど）に可逆圧縮技術を適用する。MPEG-1では、ファイルのサイズをできるだけ小さくするために、次の3つの手法が使用される。

- DPCM（Differential Pulse-Code Modulation）
- RLE（Run-Length Encoding）
- ハフマン符号

DC係数やモーションベクトルのようなパラメータには、連続するマクロブロックの間で強い相関が認められる。DPCMは1つ前の値と現在の値との差分だけを格納するので、この相関関係をうまく利用できる。差分のほうが値そのものよりも周波数分布が密であるため、ハフマン符号にもよく適合する[*10]。

RLEは、単に同じ値が連続している部分を短くする手法である。たとえば、量子化されたDCT行列が40個の連続する0で終わっているとしたら、この行列を1次元で表すとき最後に数字の0を40回繰り返すことになるが、RLEではこれは1つの0とその回数を表す40で表せる。MPEGエンコードでは、この方法は特に効果的である。なぜなら、係数をジグザグに並べるとこの状況がより頻繁に発生するようになり、量子化レベルが高い場合は特にその傾向が強まるからだ。

ハフマン符号は重複するデータも削除するが、単に同じ記号を繰り返すブロックではなく、データ内のあちこちで繰り返されている一連の記号に対して処理を行う。発生頻度の高いシーケンスには短い2進数表現が割り当てられ、発生頻度の低いシーケンスには長い表現が割り当てられる[*11]。たとえば、本章のテキストがハフマン符号で符号化されるとしたら、「符号化」という単語が繰り返し出現していることにエンコーダが気づき、この単語を1バイトの長さの表現に置き換えて、スペースを節約するかもしれない。MPEG-1のシンボルストリームの統計によると、ハフマン符号のパフォーマンスは一般に非常によい。

時代の変化とコーデック

MPEG-1のこうした基本的な技術が最初に発表されたのは20年前だが、次に示すように、これらは現在でも動画圧縮の基礎技術となっている。

- 色空間の変換。RGB色空間の入力データが$Y'C_bC_r$色空間に変換され、輝度と彩度に対する目の分差感度を利用するようにサブサンプリングされる。
- Iフレーム、Pフレーム、BフレームからなるGOPへの分割と、多くのフレームが似ていることを利用する動き補償の適用。
- 周波数領域変換（DCTなど）による空間表現から周波数表現への変換。

---

*10　［訳注］すなわち、差分は同じような値が多くなるのでハフマン符号でうまく圧縮できる。
*11　［訳注］ハフマン符号には、符号化の前に各シーケンスの発生頻度を求めておく静的ハフマン符号と、それを動的に行う適応型ハフマン符号がある。

- 量子化。DCT係数の行列内のデータの量を減らし、高周波数データと低周波数データに対する目の分差感度を利用する。
- エントロピー符号化。

　ただし、現代のビデオコーデックでは、上記のタスクがそれぞれもっと効率的に実行されるようになっている。

　MPEG-1はデジタル動画革命を起こしたが、すぐにいくつかの制約が明らかになった。MPEG-1はオーディオチャネルを2つ（ステレオ）しかサポートしておらず、サラウンドサウンドをサポートしていなかった。また、インターレースもきちんとサポートしていなかった。

　これらの欠点を改善したMPEG-2は、実際に普及した最初のデジタル動画フォーマットとなった。本書の執筆時点では20年近く経っているが、依然としてデジタルテレビ放送やDVDなどの多くの商業動画圧縮のベースとなっている。こうした用途では、妥当なファイルサイズでの品質が重視される。なお、MPEG-2動画圧縮規格はITUのH.262規格と同じである。

　当初、MPEG-3動画エンコード規格はMPEG-2の拡張として設計されていた。しかし、提案されていた技術の多くがMPEG-2に取り込まれたため、MPEG-3という正式名称は使用されなくなった。MPEG-3として一般に知られているオーディオ規格は、実際にはMPEG-1 Layer 3であり、MPEG-1規格と並んで標準化された3つのオーディオエンコード方式のなかでも最も洗練されたものである。

　新しい規格の策定と並行して、新しい規格はもちろん、古い規格の圧縮品質や知覚品質の改善に使用できるさまざまなエンコーダ技術が開発されている。

　人の目は、低い空間周波数により敏感なだけでなく、ある程度の明るさ（特に明度範囲の中間）の変化にも敏感である。**輝度マスキング**（lumi masking）は、エンコーダが画像の非常に明るい部分や非常に暗い部分の情報を優先的に削除するプロセスである。このプロセスにより、中程度の明るさのブロックのエンコードにより多くのビットストリーム空間を割り当てることが可能になり、特定のビットレートではフレームの見た目がよくなる。

　エンコーダが個々の変換係数を量子化する方法はそれこそ多種多様である。388ページの「周波数変換」で説明した単純な「除算と丸め」のアプローチでは、誤差が最小限に抑えられる。しかし、小さな係数の選択と、0の長い連続を分断する0以外の孤立した係数の削除によるビットレートの改善が十分に考慮されていない。小さな係数を選択するとエントロピー符号が短くなり、0以外の係数を削除するとRLEによるエンコードのコストが低くなる。

9

ビデオコーデックと動画圧縮

均一デッドゾーンや適応デッドゾーン、トレリス量子化などの手法は、係数が0になるように仕向けることで、そうした利益を享受しようとする [*12]。トレリス量子化は、よく知られているx264エンコーダによって実装されており [*13]、コーデックのRLEからなる比較的詳細なモデルとエントロピー符号方式を用いて、ビットレートを大幅に節約する量子化手法を選択している。

輝度マスキングとトレリス量子化はどちらも古いMPEG規格と最近のMPEG規格で使用できる。

最新のMPEG規格

ちょうどMPEG-2を使用するデジタル動画が普及し始めた頃、家庭のインターネット接続がビデオをダウンロードするのに十分な速さになりだして、世の中が一変した。

映画をDVDに保存する場合、ディスクの容量に収まる限り（ディスクの種類に応じて片面4.7〜9.4GB）、ファイルのサイズは重要ではない。しかし、インターネット経由での動画のストリーミングでは、1MBも無駄にできない。ファイルのサイズが小さければ小さいほど、ストレージのコストは低下し、視聴者にとってはバッファリングが少なくなり、帯域幅の消費も少なくなる。それに加えて、インターネット用の再生機器はデジタルテレビのセットトップボックスよりも高性能な傾向がある。せっかくの性能をより複雑なデコードに回さない手はない。

MPEG-4規格には、動画圧縮に関するセクションが2つある（Part 2とPart 10）。最初に普及したのはPart 2であり、4分の1ピクセル（クォータペル）単位のモーションベクトルやグローバル動き補償など、さまざまな新機能が導入された [*14]。MPEG-4という用語は、一般に、Part 2規格の非公式な呼び名である。XvidとDivXは、特に違法なファイル共有が流行りだした頃に人気のあった実装である。というのも、XvidとDivXのファイルサイズは、元になった（たいていは）DVDのMPEG-2ファイルと比べて小さかったからである。XvidとDivXとでは規格の実装方法が少し異なっていたため、同じ結果が得られないこともあった。

規格を策定したMPEGは、MPEG-4規格全体を一気にリリースしたわけではなかった。MPEG-4 Part 2は1999年にリリースされたが、Part 10がリリースされたのはその4年後である（Part 10については、一般にH.264というITUの名称のほうが定着している）。つまり、ハードウェアはさらに改良されており、Part 10はそれ以前の規格よりも複雑になっている（よって圧縮性能が向上している）。

---

*12　［訳注］デッドゾーンとは、値の小さい成分を強制的に0にしてしまう領域のこと。またトレリス量子化は、DCTを利用した符号化におけるデータ圧縮率を向上させるためのアルゴリズムのこと。量子化の際に発生する余りについて、その誤差と符号化したときの情報量を比べ、よりよい画質になるように動的に処理する。
*13　［訳注］x264エンコーダは、動画をH.264へエンコードするオープンソースソフトウェア。
*14　［訳注］パンやズームなどで画面全体が動くときは、1つの動きで全体の動きを表せることがある。これを利用した動き補償を、グローバル動き補償という。

先行規格に対するH.264の主な改良点の1つは、動き補償方式の柔軟性と精度の向上である。

それまでの規格では、Bフレームは2つの隣接する参照フレームから予測できた。H.264では、（解像度に応じて）これが最大16個の近隣フレームにまで拡大されている。MPEG-4と同様に、モーションベクトルはクォータペル精度で指定される。すでに述べたように、MPEG-1は双線形補間（バイリニア補間）を使って整数のサンプル位置の間の中間値を計算する。クォータペルのモーションベクトルでは、任意の2つのピクセル間に有効な位置が3つある。同じ双線形補間を使ってこれらの位置でサンプル値を推定することは可能だが、より高度な補間手法を用いれば、よりよい結果が得られる。1本のピクセル線に沿って1つのチャネルのサンプル値をプロットするグラフをもう一度思い浮かべてみよう。すでに述べたように、線形補間を使用することは、隣り合ったサンプルの間に線を引き、それらの値を読み取ることと同じである。それよりも効果的な方法は、隣り合った3つ以上の値を使ってサンプルの線に合う滑らかな曲線を作り、この曲線を使って中間値を計算することだろう。

H.264では、1ピクセル未満（サブペル）の値が2段階で計算される。まず、6タップフィルタ[*15]を使ってハーフペルの値が計算される。「6タップ」という呼び名は、それらの値を計算するときに隣接する6つのサンプルの値を考慮に入れているためである。これに対し、双線形補間は2タップフィルタを使用する。このため、6タップフィルタはハーフペル値をより正確に計算できるが、こちらのほうが計算に時間がかかり、より多くの処理能力が必要になる。そこで、ハーフペル値を計算したあと、線形補間を使用して、2つの隣接する2分の1ピクセル値または1ピクセル値の平均としてクォータペル値を計算する。

MPEG-1では、マクロブロック全体の動き補償を一度に実行するのに対し、H.264では、動き補償のためにマクロブロックを小さく分割できる。これらのマクロブロックは、4×4の輝度ピクセル（サブサンプリングされているため、2×2の彩度ピクセルに対応する）にまで分割されることもある。領域をこのように小さくすると、特定の動きをうまく捕捉できるようになる。だが当然ながら、小さな区分を使用する場合は格納しなければならないモーションベクトルの数が増えるため、その分メリットは目減りする。

H.264は、CABAC（Context Adaptive Binary Arithmetic Coding）やCAVLC（Context Adaptive Variable Length Coding）など、より高効率のエントロピー符号方式にも対応している。これらの符号方式はどちらも、データの中によく一緒に出現するものがあることを利用する。例として、次の文を見てみよう。

ヨーロッパとアメリカは ********* 洋で隔てられている

---

*15　［訳注］6タップフィルタとは、6つの入力値にそれぞれ係数を乗じて総和を求めるフィルタである。

きっと「＊＊＊＊＊＊＊＊」の部分に「大西」という言葉が入ると想像したはずだ。さらに、「洋」という言葉がきたら、「大西」、「太平」、「北氷」、「インド」、「南大」のいずれかが前に付く確率は高い。この例では、その単語に関する情報を文脈（コンテキスト）に基づいて得ている。CABACとCAVLCは、最後の可逆ステージを古い動画圧縮フォーマットで使用されているハフマン符号よりも効率よく行うために、このコンテキストからの判断力を利用する。世の常として、この方式にはエンコードとデコードにはるかに高い処理能力が必要になるというトレードオフが生じる。

DCTベースの動画圧縮手法では、量子化のレベルが高くなると**ブロッキングアーティファクト**が発生しやすくなる。こうしたアーティファクトは変換ブロック（MPEG-1の場合は8×8ピクセルのDCTブロック）の縁に現れ、明るさや色の段階を急激に変化させる。H.264が登場する以前、一部のデコーダは**デブロッキングフィルタ**（deblocking filter）を実装していた。デブロッキングフィルタはコンテキストを認識するローパスフィルタ（Low-pass filter：LPF）であり、ブロッキングアーティファクトを軽減する働きがある。これらは標準化されず、一般に規格が定める処理手順の外（ループ外）に置かれていた。アーティファクトの削減は、画像の粗さが認められる変換ブロックの縁ごとにサンプル値を調整するという方法で実現される。つまり、これらのフィルタはフレームを表示する直前に適用され、依存関係のあるPフレームやBフレームはブロック化されたままの画像から動き補償データを取り出していた。

H.264では、洗練され、標準化された、ループ内デブロッキングフィルタが採用されている。このフィルタは、フレームデコードプロセスの最終ステップとして（一般的には、フレームがメモリに書き込まれる前に）適用される。このため、依存関係にあるPフレームやBフレームは動き補償データを（より高品質であることが期待される）デブロッキングされた画像から得る。

図9-13と図9-14を見て、MPEG-1とMPEG-4 Part 10とでIフレームの圧縮がどれくらい改善されたのか確認してみよう。どちらも同じビットレート（1ピクセルあたり0.9ビット）で圧縮されている。なお、これらはIフレームであるため、動き補償を改善しても画像品質の向上には役立たない。

こうした改良点はどれも、ビデオコーデック処理手順の全体的な形態を根本的に変えるものではない。実際には、ビデオコーデックパイプラインはMPEG-1の頃からあまり変わっていない。しかし、エンコードとデコードに必要な処理能力が大幅に高くなることと引き換えに、圧縮率は格段に向上している。

Raspberry PiのVideoCoreでは、動画のデコード処理のほとんどを行える。この機能はOpenMAX（Open Media Acceleration）というAPIを通じて制御される。プログラマーはこのAPIを使用して、ハードウェアによるアクセラレーションを標準的な方法で利用できる。Raspberry Pi対応のすべての動画ソフトウェアがVideoCoreをフルに活用するわけではないが、Raspbianには、VideoCoreの使い方を具体的に示す単純なH.264プレイヤーのソースコードが含まれている。

［**図9-13**］MPEG-4 Part 10で圧縮したIフレーム。アーティファクトはほとんどない（輪郭がわずかにぼやけているのは、細部を示すために拡大したせいである）

［**図9-14**］MPEG-1で圧縮したIフレーム。この圧縮レベルでは量子化誤差が顕著である

　Raspberry Piで動画のエンコード処理をテストするには、まず、サンプルコードをコンパイルする必要がある。LXTerminalを起動し、次のコマンドを入力する。

```
cd /opt/vc/src/hello_pi
./rebuild.sh
```

続いて、次のコマンドを入力すると、サンプル動画を再生できる。

```
cd hello_video
./hello_video.bin test.h264
```

　H.264動画は全画面モードで再生される。動画が終了するときにまず気づくのは、CPUの処理能力がそれほど使用されなかったことだろう（右下の緑のグラフは低いままである）。
　同様に、OpenMAXを使って動画のエンコードを（GPUで）支援することもできる。この機能は `hello_encode` サンプルプログラムを使ってテストできる。テストには、次のコマンドを入力する。

ビデオコーデックと動画圧縮

```
cd ../hello_encode
./hello_encode.bin
```

このプロセスが数秒間CPUを独占することに気づくかもしれない。というのも、すべての
エンコード機能をGPUで実行できるわけではないからだ。とはいえ、やはりCPUだけでエ
ンコードするよりもずっと高速になる。

これで、test.h264というファイルが作成される。次のコマンドを入力すれば、hello_
videoプレイヤーを使ってこのファイルを再生できる。

```
../hello_video/hello_video.bin test.h264
```

H.265

H.264は、本書の執筆時点において広く利用されている最も高度なビデオコーデックであ
る。ただし、これが動画圧縮の限界というわけではない。一般にH.265というITU名で知ら
れるHEVC（High Efficiency Video Codec）規格の策定作業が最近終了したところである。

H.265の目標は、ビットレートをH.264の50%に削減することである。ただし、一定の品
質を保つことと、デコード処理の計算量を大幅に増加させないことが前提となる。

この目標を達成するために、H.265は情報の格納に新しい構造を使用する。H.265が使
用するのは、マクロブロックではなく、CTU（Coding Tree Unit）である。CTUは、動き補償
においてマクロブロックとほぼ同じ役割を果たすが、はるかに大きくなることがあり（最大
で64×64輝度ピクセル）、必要に応じて再帰的に細分化される。大きなCTUでは、澄んだ
青空やべた塗りの壁など、グラフィックス上の単純な領域を単純にエンコードできる。一方
で、小さなCTUでは、細かい部分を正確に捉えられる。

ITUの最終的なH.265規格は2013年4月にリリースされたが、広く普及するのはこれか
らである。その理由の1つは、利用可能なデコード用のハードウェアが不足していることを
挙げられる。最近のデスクトップコンピュータに搭載されているような高性能なCPUなら
HEVCをデコードすることは可能だが、スマートフォンやRaspberry Piのような性能の劣る
デバイスでは、GPUの助けが必要になる。だが古いGPUでは、H.265をデコードすること
はできない。

モーションサーチ

　ここまで見てきたように、エンコーダが動画を圧縮する基本的な方法の1つは、あるブロックの動きを前のフレームとの比較で正確に説明するモーションベクトルを見つけ出し、それにより、残差と関連するビットストリーム要件を最小限に抑えることである。

　だがこれは、「それらのモーションベクトルはどのようにして計算するのか」という質問をうまくはぐらかしている。原理的には——少なくともPフレームに関しては——このプロセスは簡単である。ブロックを1つずつ取り出し、それよりも前のIフレームかPフレーム（圧縮規格によっては他の適切なフレーム）の潜在的なすべての位置と比較する。それらの位置ごとに残差を計算し、その残差をエンコードするのに必要なビットストリームの長さを計算し、モーションベクトルをエンコードするのに必要なビットを忘れずに追加する。DPCMやハフマン符号（MPEG-1の場合）をベクトル成分に適用する場合は、一般に1つ前のマクロブロックと非常によく似ているベクトルをエンコードするのが最も低コストである。生成するビットの総数が最も少ない位置が選択され、最終的なストリームの構成に使用される（ただし、そのコストが1マクロブロックをそのままエンコードするコストを上回らないことが前提となる）。

　この方法には、すべての差分を計算するのにかなり時間がかかるという問題がある。このため、エンコーダは何らかの方法で探索領域を縮小するアルゴリズムを使用する——多くの場合は、階層的な山登り法を使用する[*16]。

　そうした選択肢の1つはダイアモンド探索である。この探索法では、エンコード対象のフレームにおいてブロックが配置される位置を囲むダイアモンドパターンにより、参照フレームの9つの点が選択される。続いて、探索手順が次のように行われる。

- 中心点の誤差が最も小さい場合は最終ステップに進む。それ以外の場合、誤差率が最も低い点を中心に新たなダイアモンドを形成する。
- 誤差率が最も低い点が中心にあるダイアモンドを特定したら、最終ステップでさらに小さなダイアモンドに切り替える。ダイアモンドの中心を5つのセクションに再分割し、そのなかから誤差が最も小さいものを選択する。

　このアルゴリズムを実際に実行すると、図9-15のようになる。ステップ1は、点（●）を囲む最初のグリッドを示している。ステップ2で、グリッドが再び移動する。ステップ3では、最も誤差の小さい点が中心であるため、小さなグリッドに切り替える最終ステップに進む。小さなグリッドへの切り替えはステップ4で1回だけ実行され、最も誤差の小さい点が使用される。

---

*16　［訳注］山登り法は、よいと思われる方向への探索のみを行うアルゴリズム。

ビデオコーデックと動画圧縮

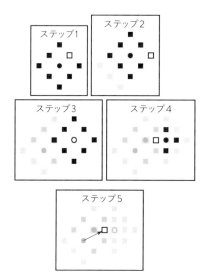

[図9-15]
ダイアモンド探索アルゴリズム。●はそのステップの開始点を表し、□は誤差が最も小さい点を表す

　このアルゴリズムでは、実際の動きを逃してしまう可能性が高いと考えたかもしれない。すばやい動きの場合はフレームあたりのピクセル数が多いため、特にそうなりそうである。その考えは正しいが、ここで重要なのは、完璧なアルゴリズムを作成することではない。このアルゴリズムは、実用的な速さで動作する十分によいものであれば、それでよい。ここで説明しているダイアモンド探索はかなり高速だが、常に最適なモーションベクトルを発見するとは限らない。ここで思い出してほしいのは、残差（動き補償の結果と実際のソースフレームとの差）がエンコードされることである。つまり、動きの推定が完璧ではなかったとしても、フレームの画像品質を保つことは可能である。単に、各フレームに含まれるデータが増えるだけのことである。

　動画をエンコードする際には、動きの推定の品質とエンコードに費やす時間のどちらかを選択しなければならない。動きの推定の品質を下げれば、（エンコーダの設定方法によっては）動画の品質が低下したり、ファイルのサイズが大きくなったりするが、その分実行時間が短くなる。

　表9-2は、Raspberry Piでavconvコマンドを使用した場合に動画のエンコードにかかる時間とファイルサイズの差を示している。

[表9-2] モーションサーチアルゴリズムの比較

モーションサーチアルゴリズム	ファイルサイズ（バイト）	エンコードにかかる時間（秒）
しらみつぶし探索アルゴリズム （exhaustive search algorithm：esa）	89,961	39
ダイアモンド（diamond：dia）	90,713	23
アダマールしらみつぶし探索 （transformed exhaustive search algorithm：tesa）	90,004	44

表9-2に示されている時間は、Raspberry Piのカメラモジュールに記録された2秒の200×200ピクセルの動画に基づいている。この動画のほうがhello_encode.binよりも短いにもかかわらず、ずっと時間がかかっていることに気づいたかもしれない。このことから、GPUによってエンコーダがいかに高速になるかがわかる。

これはavconvコマンドを使って実際に試してみることもできる。

```
sudo apt-get install libav-tools
```

基本的な使用法は次のとおりである。

```
avconv -i inputfile -vcodec libx264 -me_method ⟨method-name⟩
  -crf 15 -g ⟨GOPsize⟩ outputfilename.mp4
```

ここで、⟨method-name⟩はdia、esa、tesaのいずれかに置き換え、⟨GOPsize⟩は必要な画像サイズグループに置き換えてほしい。

エンコードが終了すると、フレームの種類ごとの詳細を含め、さまざまな情報が出力される。上記のコマンドを実行した場合の出力の一部を見てみよう。

```
[libx264 @ 0x8b6360] frame I:3    Avg QP:12.69  size:   3229
[libx264 @ 0x8b6360] frame P:32   Avg QP:15.66  size:   2050
[libx264 @ 0x8b6360] frame B:13   Avg QP:18.11  size:    973
```

フレームの種類とそれらの数、そしてそれらの平均サイズという分析結果が示されている。QPは量子化パラメータであり、フレームごと、さらにはマクロブロックごとに量子化行列を選択するために使用される。QPの値が大きいほど、量子化のレベルは高くなる。PフレームとBフレームでは、Pマクロブロックに加えてIマクロブロックも使用できるため、その分も上記のPフレームのサイズの一部に計上されることを憶えておこう。

これを実際に試し、品質設定の違いによってこれらの数字がどのように変化するのか確認してみよう。品質設定は-crfオプションに指定する数値であり、わずかな圧縮率を表す0から非常に高い圧縮率を表す51までの間で指定できる。

-g ⟨GOPsize⟩を省略すると、最適と推定されるサイズがエンコーダによって自動的に計算される。これをさまざまな品質設定と組み合わせて、これらの数字がどのように変化するのか確認してみるとよいだろう。

9

ビデオコーデックと動画圧縮

動画の品質

　ここまでは、ファイルを小さくするために、エンコーダによって情報の一部がどのように削除されるのかを説明してきた。ファイルサイズを小さくするために削除される情報が多ければ多いほど、動画の品質は低下する。しかし、どれくらい低下するのだろうか。

　実際のところ、この質問に答えるのは難しい。人が品質をどれくらいうまく認知するかによるところが大きいからだ。クロマサブサンプリングなどは、歪みをチェックするコンピュータにとっては一目瞭然だが、目で見分けるのは難しい。また、人の目には非常に明らかなものでも、人工的な品質指標からするとほとんど差がないものもある。

　動画の品質を評価する最もよい方法は、動画のサンプルを実際に人に見てもらい、相対的な品質を評価してもらうことだ。この手法は、MPEGがさまざまな提案を規格に盛り込むときに使用するものである。とはいえ、おおかたの動画エンコードにはあまり現実的ではない。代わりに、計算に基づいて品質を評価する方法が必要である。最も一般的な方法は、**ピーク信号対雑音比**（Peak Signal-to-Noise Ratio：PSNR）である。

　PSNRは、本来あるべき画像（信号）をその画像と圧縮後に表示される画像との差（雑音）と比較して計算される。誤差率は2乗されるため、PSNRは次の式に基づいて計算できる。

$$PSNR = 20\log_{10} \frac{Max}{\sqrt{MSE}}$$

　MSE（平均二乗誤差）は、各ピクセルの正しい値と実際の値との差を2乗し、すべてのピクセルの平均を求めることによって計算される。Maxはピクセルに許可される最大値である。ほとんどの場合、動画は色チャネルごとに8ビットを使用するため、最大値は255になるだろう。

　ただし、PSNRと目で知覚される画像品質との間に厳密な相関が認められるわけではないことに注意しよう。

　PSNRはコンピュータと同じように画像をデータのグリッドとして捉える。SSIM（Structural Similarity）インデックスは、人と同じように画像を捉えるもう1つの手法である。つまり、画像をピクセルごとに調べるのではなく、輝度、明暗差、構造の3種類の方法で画像を比較する。これらの値は画像全体にわたって計算され、圧縮前のフレームの結果と比較される。

処理能力

　動画の再生は、コンピュータの基本機能と見なされることが多い。何しろ、安価なDVDプレイヤーでさえ動画を問題なく再生できるのである。しかし、実際には膨大な量の処理能力が要求される。高い動画解像度への需要が増えるに従い、必要な処理能力も増えていく。多くのコンピュータは処理を高速化するためにGPUを利用する。次章で詳しく見ていくように、GPUの用途はそれだけではない。

10章 3Dグラフィックス
3D Graphics

歴史的に見て、従来のコンピュータシステムアーキテクチャに対する理解は、CPU（Central Processing Unit）とメモリ間のやり取りに重点を置くものだった。しかし、新しいタイプのシステムが登場している。そのシステムの内部では、GPU（Graphics Processing Unit）が不可欠な役割を果たし、CPUやメモリと同じくらい重要な要素となっている。

ソフトウェア開発者や消費者がゲームにより高度なフォトリアリズムを求め、手の込んだ滑らかなユーザーインターフェイスを望むようになったことから、コンピュータグラフィックスの要件が高くなっている。単純な線画アクセラレータにすぎなかったGPUは、高い並列性を備えたマルチスレッドサブシステムへと進化し、現代のコンピュータアーキテクチャに不可欠となるほどの計算能力を持つようになった。

しかし、グラフィックス技術の可能性を理解するには、その第一の目的から目をそらさず、現代の3Dグラフィックスと関連付けて理解しなければならない。

3Dグラフィックスの略史

「コンピュータグラフィックス」という言葉を最初に使用したのはBoeingのウィリアム・フェッターで、自身が開発した人体アニメーションを説明するためだったとされている。しかし、3Dグラフィックスの起源は1950年代の軍のフライトシミュレーションにまでさかのぼることができる［図10-1］。早くも1951年には、マサチューセッツ工科大学（MIT）のWhirlwindコンピュータが可視化ツールとして使用されていた。Whirlwindコンピュータは、ライトペンのようなデバイスを用いてユーザーから入力を受け取り、オシロスコープ*1型のグラフィックスを表示できた。Whirlwindはアメリカ海軍のASCA（Airplane Stability and Control Analyzer）プロジェクトの一環として開発されたデジタルコンピュータで、プログラム可能なフライトシミュレーション環境を提供した。その後、Whirlwindプロジェクトはアメリカ空軍

---

*1 ［訳注］オシロスコープは電位の変化を時間軸に沿って描画する装置で、当時はブラウン管（CRT）ディスプレイが利用されていた。

に引き継がれ、SAGE（Semi-Automatic Ground Environment、半自動式防空管制組織）へと発展した。SAGEでは、レーダー情報をもとに、あらかじめプログラムしてある地理データ上の位置に航空機のシンボルを重ね合わせ、その結果をブラウン管（CRT）ディスプレイに表示した。ライトペンでCRTをポイントして、位置や速度のような航空機の状態を問い合わせることができた。

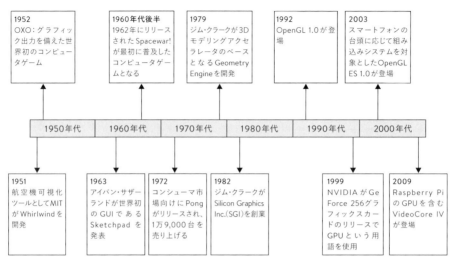

［図10-1］コンピュータグラフィックスの進化をまとめた年表

NOTE ライトペン（light pen）はバーコードリーダーのような感光性デバイスであり、タッチスクリーンデバイスを指で操作するのと同じ要領で、CRT画面上のオブジェクトのポイントやハイライト表示に使用できる。

　1950年代から1960年代にかけてさまざまな研究があちらこちらで同時に行われ、CAD（Computer-Aided Design）と可視化という概念に発展した。1950年代の半ばには、IBMがベクタグラフィックスを表示できる最初のシステムのデモにこぎつけた。このデモでは、IBM 740（CRTレコーダー）がIBM 701（データ処理システム）に接続され、一連の点を35ミリの写真用フィルムに記録した。これらの点は、露出を変化させることにより、直線や曲線として記録することができた。また特別なプログラミング手法を用い、英数字やグラフ、単純な図形を、740を使って表示させることもできた。コンピュータを使ったグラフィックデザインを現実のものにするにはこのシステムがどうしても必要だったが、ひと月あたり2,850ドルというレンタル料は商業目的にしても法外な金額だった。General MotorsもIBMと共同でCADの研究に着手しており、この共同研究により、世界初のコンピュータによる描画システム、DAC-1が1960年代の前半に登場することとなった。DAC-1では、ユーザーが作成した図面をスキャンすることもできた。

GUI

　1963年、MITの博士課程の学生だったアイバン・サザーランドが「Sketchpad: A Man-Machine Graphical Communication System」という論文を発表した。この論文は、1950年代後半の多数の研究成果をまとめ、最初のGUI（Graphical User Interface）を紹介するものだった。人とマシンの間のグラフィック通信システムを備えたMITのTX-2コンピュータを使用し、ポイントプロッタ画面の上で直線や曲線をライトペンで直接描くことができた。Sketchpadは最初の完成したコンピュータGUIとなっただけでなく、画面上の図形の幾何学的な特徴を（線の長さ、線と線の角度など）をユーザーが指定できた。サザーランドはオブジェクト指向プログラミング（OOP）と現代のGUIの生みの親として広く認められている。1960年代の半ばには、カメラ画像をコンピュータによって生成されたシーンと置き換えようと、「リモートリアリティ」の研究を開始している。といっても、それらはワイヤーフレームモデルにすぎなかったが、サザランドの研究はバーチャルリアリティ（仮想現実）の分野を開拓した。サザランドはデビッド・エバンスと共同で、専用のハードウェアとソフトウェアによるこのようなベクタシステムを販売する会社を設立した[*2]。

ラスタ画像とベクタ画像

現代のディスプレイにはすべて、発光性のピクセルが格子状に並んでいる。各ピクセルは画面上の定位置にある色の付いたドットまたは点である。ドットを画面上に配置して画像を形作る方法には、ラスタグラフィックスとベクタグラフィックスの2種類がある。
ラスタグラフィックス（raster graphics）は次の特徴を持つ画像である。

- ラスタ画像は一連のピクセルとして格納される。各ピクセルには、RGB色値と（必要に応じて）透明値が割り当てられる。
- ラスタ画像はベクタ画像よりも概念が単純である。というのも、それらのピクセルはドットマトリックス（格子状）に配置され、方眼紙のマス目に色を塗るようなものだからだ。ただし、位置と色を指定する指示がピクセルごとに必要なため、大きな画像になると大量のデータの格納場所が必要になる。

---

*2　［訳注］Evans & Sutherland という会社で、1978年には NASDAQ に上場した。

- ラスタ画像は**解像度**（resolution）が1インチあたりのドット数（dots per inch：dpi）で表される。画像を拡大表示すると品質が低下し、画像が不鮮明になってしまうだろう［図10-2］。
- 一般に、ラスタ画像は写真などの**連続階調**（continuous tone）が求められる画像に使用される。くっきりとした輪郭の図形とは対照的に、色とその陰影が滑らかに変化する。

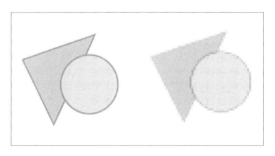

［**図10-2**］拡大したベクタ画像（左）とラスタ画像（右）

ベクタグラフィックス（vector graphics）は次の特徴を持つ画像である。

- 数学的に定義された点、直線、曲線、塗りつぶしの集合体として格納される。
- ピクセルごとに位置や色を定義するのではなく、点、直線、塗りつぶしが数式によって表されるため、ベクタ図形のほうが一般にファイルが小さくなる。
- 拡大しても品質は低下しない［図10-2］。
- フォント、ロゴ、イラストなど、明確に定義された境界と単色を使用する画像に適している。

　1960年代の終わりから1970年代にかけて、コンピュータグラフィックスはさまざまな分野に応用されていった。たとえば医療用の画像処理では、X線画像がデジタル形式でキャプチャされ、コンピュータで処理したうえで表示された。NASAも、宇宙飛行士の訓練用モニタの一部として、リアルタイム型のカラーラスタグラフィックスシステムの開発をGeneral Electricに依頼していた（ラスタグラフィックスについては、先ほどのコラムを参照）。しかし、だいぶ安くなってきたとはいえ、こうしたシステムのコストのせいで、コンピュータグラフィックスに手が出せるのは軍や潤沢な予算を持つ企業向けの用途に限られていた。この技術に誰もが関心を持つようになったのは、パーソナルコンピュータが登場してからである。この儲かりそうな市場が放っておかれるわけがなく、結果として、この市場の主導権をめぐって業界がにわかに活気づいた。

ビデオゲームの3Dグラフィックス

　1950年代前半のコンピュータグラフィックスに関する研究と並んで、研究者たちはコンピュータサイエンスと人工知能研究の一環として、ゲームへの応用を試し始めている。グラフィ

カル出力で一定の評価を得た最初のコンピュータゲームは、1952年にリリースされた**OXO**だ。OXOは三目並べパズルで、プレイヤーはダイヤル式電話のコントローラを使って次の手を指定した。ケンブリッジ大学のアレキサンダー・ダグラスによって開発されたこのゲームでは、ユーザーがコンピュータと対戦し、マス目は単純なCRTディスプレイに表示されていた。

Tennis for Two も、グラフィカル出力を使用した初期のコンピュータゲームの1つである。このゲームは、ブルックヘブン国立研究所を訪れる人々の退屈しのぎに、ウィリアム・ヒギンボーサムによって開発されたもので、2人で対戦できるようになっていた。横から見たテニスコートがオシロスコープに表示され、ユーザーはそれぞれのコントローラを使い、つまみで方向を決め、ボタンを押してボールを打って、動くボールの方向を変化させられた。画面の端やネットに当たったボールの軌道は回路によって適切にモデル化され、飛んでいるボールの空気抵抗もシミュレートされた。このゲームは大好評だったが、そのハードウェアは他のプロジェクトで再利用するために2年後に解体されてしまった。このような初期の例の多くがそうであったように、関心や資源はもっぱら研究に向けられていて、そうしたゲームを商品化する隙はなかった。

広く普及した最初のゲームはおそらく**Spacewar!**である。このゲームは、DEC（Digital Equipment Corporation）から寄贈されたPDP-1の高品質ベクトルディスプレイの視覚的な潜在能力に触発されたスティーブ・ラッセルとMITの友人らのハックにより開発された。2人のプレイヤーが対戦するこのゲームでは、中央にある太陽の重力井戸を回避しながら宇宙船を操縦し、互いにミサイルを発射できた。1960年代の終わりには、アメリカのほとんどの大学のコンピュータ室にこのゲームのコピーがあった。というのも、DECがテストソフトウェアとしてすべてのPDP-1とともに配布することにしたからだ。しかし、12万ドルもしたPDP-1は50台しか製造されなかったため、Spacewar!はその絶大な人気にもかかわらず、商品化の道を閉ざされていた。

コンピュータハードウェアの価格が下がりだすと、コイン式ゲーム機市場はビデオゲームの大衆化を真剣に検討するようになった。1970年代の前半には、一般の心を捉える高品質な画面表示や電子効果音がゲーム開発者によって開発された。ノーラン・ブッシュネルとテッド・ダブニーという2人のエンジニアが、Spacewar!の派生版である**Computer Space**をカリフォルニアのゲームセンターに売り込んだ。だが、あまりにもコストがかかるうえに複雑すぎて、このときは成功しなかった。しかし、1972年にAtariを共同設立したあと、ブッシュネルとダブニーは**Pong**を開発した。Pongは、2人のプレイヤーがラケットとボールを使って対戦する、卓球とよく似たゲームである。各プレイヤーは、ネットの向こう側にいる対戦相手のほうへ動いているボールを打ち返すようになっていた。世界初の家庭用ゲーム機となったMagnavoxのOdysseyに搭載された単純なゲームのことを知ったブッシュネルとダブニーは、そのゲームを一般向けに製造することにした。そして、1万9,000台を売り上げ、商業的な成功を収めた最初のアーケードゲームとなったのである。ゲームセンターは1970年代から1980年代の初めにかけて流行し、ビデオゲームの人気を押し上げるとともに、コンピュータグラフィックスの明るい未来を約束した。

パーソナルコンピュータとグラフィックスカード

1970年代の前半にかけて流通していたビデオゲームは専用デバイスとして製造され、たった1つのゲームをプレイするためだけに設計／製造されていた。このアプローチの問題は、新しいゲームで遊ぼうとするたびにデバイスを新しく購入しなければならないことだった（Pongはそうしたゲームの1つだった）。1970年代の半ばには、この問題に対する解決策として、メーカーはマイクロプロセッサを導入した。それにより、ゲームを汎用のコンピュータハードウェアで実行できるようになった。実際のところ、それぞれのゲームはシステム内のマイクロプロセッサによって実行される別個の命令の集まりであり、ゲーム機とは別に販売ができた。1976年にFairchildから発売されたVES（Video Entertainment System）は、この種のものとしては最初の家庭用ゲーム機だった。ゲームはROMを内蔵したカートリッジとして販売され、カートリッジを交換してVESに差し込むようにして、それまで個別の部品で構成されていた電気回路相当のものにできた。ゲームの設計とROMコードへの変換はかなり専門的な知識を必要としたが、マイクロプロセッサ、そしてコンピュータが、次のゲームプラットフォームとなったのである。

映画産業での同時開発

CGI（Computer Generated Image）に対するニーズは、映画産業を現代の3Dグラフィックスハードウェアを支える技術の開拓者へと駆り立てた。古くは1977年に公開された『スター・ウォーズ』のデス・スターのモデリングに使用されたGRASS（GRAphics Symbiosis System）によるグラフィックスアニメーション描画から、1984年に公開された『トロン』のコンピュータによって生成された15分間の（奥行き表現を採用した）アニメーション、そして、1993年に公開された『ジュラシックパーク』に登場する恐竜の申し分のないフォトリアリズムは、どれもCGIを使って実現されている。産業用の開発も同じように画期的なものだった。アラン・サトクリフが陰線処理を用いたワイヤーフレーム地形モデルをデモしたのは、1979年のことである。エヴァンスとサザランドの開発したPicture Systemシリーズとフライトシミュレータでは奥行き表現が採用され、大きなワイヤーフレームモデルをリアルタイムに操作できた。このような技術が開発されたのは、CGIがゲームやパーソナルコンピュータに使用されるようになる15年ほど前のことで、そのために3Dグラフィックス規格に果たした貢献は極めて大きい。

次に、映画産業から生まれた、または映画産業によってよく知られるようになったグラフィックス技術を簡単にまとめておく。

- GRASS
  2Dベクタグラフィックスアニメーションを作成するために設計されたプログラミング言語。拡大と縮小、回転、移動、および色の経時変化を表現できる。1974年にトーマス・デファンティによって開発され、『スター・ウォーズ』のデス・スターの攻撃シーンでデス・

スターの回転や拡大縮小に使用されたことで一躍有名になった。

- **陰線処理**
  ワイヤーフレームモデリングの最適化であり、見えている（透明ではない）他の面の背後にあるエッジや線を描かないようにする。パフォーマンスと処理能力の無駄を省くために、目に見えないものは描かないという手法が使われている。**ワイヤーフレーム**（wireframe）とは、物体のディテールをいっさい含まない骨組みの形状のことである。
- **奥行き表現**
  シーンの奥行きを目に知覚させるプロセス。目は多くの「合図」や「手がかり」を利用して3次元世界に物体を配置する。奥行き表現（depth-cueing）には、**遠近法**（遠くの物体は近くの物体よりも小さい）、**遮蔽**（遠くの物体が近くの物体によって視界から遮られる）、**ディスタンスフォグ**（遠くの物体が大気による光の散乱のためにぼんやりし、不鮮明になる）などがある。『トロン』では、最も基本的なディスタンスフォグが採用されており、シーンから遠ざかるにつれて遠くの物体が徐々に黒と混ぜ合わされ、次第に消えていく。「If in doubt, black it out!（迷ったときは黒くしろ）」という言い回しはここから来ている。

　1970年代の後半以降、3Dグラフィックスは急速に進化した。というのも、より没入感のある体験や、実物そっくりにモデル化されたより複雑な形状のアニメーションが熱望されたからである。さまざまな産業がこの飛躍的かつ急激な発展に貢献した。ここでは歴史を手短にまとめるという目的に沿って、パーソナルコンピュータのハードウェアの発達に焦点を合わせることにしよう。

　研究を主な対象としていた高価な特注ハードウェアは別として、グラフィックスやコンピュータアニメーションは汎用プロセッサ用に書かれた複雑なアルゴリズムの域を出なかった。よくてもせいぜい、CPUとディスプレイの間で何らかの変換を行う単純なビデオアドレスジェネレータが付いている程度だった。ますます複雑化するグラフィック処理への需要拡大にハードウェアによるアクセラレーションが追従したのは、必然の流れである。

　1979年、スタンフォード大学の電気工学の准教授だったジム・クラークは、自らがジオメトリエンジン（geometry engine）と呼ぶものを開発し、それが3Dモデリングを高速化する現代のハードウェアの基礎となった。ジオメトリエンジンは、独立した形状モデルとして表現されたオブジェクトを、コンピュータ画面上に表示される位置と向きに変換した。ライティングとシェーディングは依然としてメインプロセッサで処理されていた。ジオメトリエンジンが商業的に成功すると見たクラークは、1982年にSilicon Graphics Inc.（SGI）を設立した。SGIは、3Dコンピュータグラフィックスを消費市場に運び込むことに貢献した。

10

3Dグラフィックス

　同じ頃、IBM PCとApple IIが大成功を収めたことで、家庭用PCの市場が本格的に動き出した。IBM PCとApple IIは、どちらもカラーディスプレイに対応しているグラフィックスカードを備えていた。このことは一般家庭でもビジネスでもユーザーの心をつかみ、GUIを搭載した最初のコンピュータの後継としてApple Macintoshが1984年に登場した[*3]。多くの競合プラットフォームの大々的な広告キャンペーンによってコンピュータ処理やゲームが一躍脚光を浴びるようになると、グラフィックス産業はさらに勢いがついた。**Elite**などの人気のクロスプラットフォームゲームによってワイヤーフレームモデルや陰線処理などの技術が活用されるようになった。また、**Alpha Waves**というゲームでは、単純な3D世界で3Dオブジェクトを操作することにより、ゲーマーは完全な3D没入体験を初めて味わうことになった。高性能な3Dグラフィックスはすぐさまパーソナルコンピュータの必需品となった。

　一方で、SGIは高性能なグラフィックスターミナル向け製品の開発に取りかかっていた。最初に開発されたのは特別仕様のIRIS（Integrated Raster Imaging System）ハードウェアであり、汎用のコンピュータに接続できるようになっていった。このハードウェアは、IRIS GL（IRIS graphics language）というSGI独自のAPIを通じて動作させるようになっていた。IRIS GLの主な目的は、クラークのジオメトリエンジンを通じて効率的な浮動小数点演算を実現することにあった（浮動小数点演算は、3D空間内の頂点で指定されたオブジェクトの形状を表現するために使用される。417ページの「ジオメトリの仕様と属性」を参照）。続くIRIS 2000シリーズは、かなり実用的なUnixワークステーションの一角を形成した。しかし、ジオメトリの処理や3Dレンダリングを高速化するためにシステムが進化する過程で、多くのPCやコンシューマデバイスに対応しているクロスプラットフォームの標準APIが求められていることが明らかになった。それに加えて、IBMやSun Microsystemsといった企業がIRISに真っ向から競合する3Dハードウェアのリリースを計画していた。そこでSGIは、IRIS GLの後継となるOpenGLを発表することで、市場シェアの強化を図った。OpenGLはベンダーから独立した初の2D/3Dグラフィックス用のAPIだった。それにより、開発者は作成したCGソフトウェアをOpenGLをサポートしているすべてのハードウェアプラットフォームで動作させられるようになった。さらに重要なことに、ハードウェアが対応していない機能は、すべてメインプロセッサで動作するソフトウェアで実行させることができた。

NOTE　Unixは広く使用されているマルチタスク/マルチユーザーOSである。OSについては、8章で詳しく説明している。

---

*3　［訳注］Apple Computerは1983年にGUIを備えたコンピュータLisaを発売したが、1万ドルという価格のため商業的には成功しなかった（12章を参照）。

競合する2つの規格

　ここでは、グラフィックスハードウェアから離れて、グラフィックス規格を通して機能の進化を見ていこう。1992年にOpenGL 1.0をリリースしたSGIは、さまざまな企業から支持を得ていた[*4]。それらの企業には、Apple、ATI、Sun Microsystems、そして当初はMicrosoftも含まれていた。オープン規格の推進と発展を確かなものにするために、SGIはその年のうちにARB（Architecture Review Board）を発足させ、OpenGLのさまざまな改訂に取り組んだ。OpenGL 1.0では、モデル空間ジオメトリ、画面空間への変換、色と深度の情報、テクスチャ、ライティング、マテリアルの概念が導入された。OpenGL 1.0の目的は、ハードウェア上に抽象化レイヤを設けることによって、開発者がアプリケーションのコードを書き換えなくてもさまざまなプラットフォームに移植できるようにすることだった。このアプローチはうまくサポートされていたが、パフォーマンスという代償を伴う。結果として、初期のハードウェアプラットフォームは悪戦苦闘していた。

　抽象化レイヤ（abstraction layer）は、プログラミングにおいて実装上の詳細を隠ぺいするために使用される。それにより、同じコードを繰り返し使用したり、複数のプラットフォームで使用したりすることが可能になる。たとえば、誰かが1日に行う仕事のリストを作成していて、そのうちの1つが洗濯だったとしよう。その仕事の出力は洗濯済みの衣類になるだろう。もちろん、縮んでいるものや色落ちしているものが1つもないといった品質保証も設定可能だが、このレベルでは、洗濯が「どのように行われるか」は気にしない。さらに、同じリストを別の人（同じ品質保証の対象となる）に渡したとしても、同じ結果を達成できるはずである。使用する機械、洗剤、衣類の乾かし方、そして一緒に洗濯する衣類の内容のような詳細は重要ではない。これが抽象化のレベルである。

　1993年の初め、MicrosoftはOpenGLワーキンググループを脱退した。Microsoftは市場競争力を高めることを目指して、RenderMorphicsという会社を買収し、Windows 95用の3Dグラフィックスの開発に取り組んだ。RenderMorphicsはCADや医療用画像の分野でAPIを開発していたが、1995年、MicrosoftはRenderMorphicsのソフトウェアをもとにした独自のDirect3D APIの最初のバージョンをリリースした。それがDirect X 2.0とDirect X 3.0である。開発者はイミディエイトモードによってハードウェアを直接制御できるようになったことを高く評価したが、実際にプログラムするのは難しかった。このため、OpenGLを唯一の規格として位置付けるように求める声が上がった。それに加えて、3Dfxという企業がVoodooグラフィックスハードウェア専用のAPI（Glideと呼ばれた）を開発しており、このアプローチによるパフォーマンスの大幅な改善が同社に成功をもたらしていた。しかし、1996年にid Softwareという企業がQuakeというFPS（First Person Shooter）ゲームをリリース

[*4]　［訳注］OpenGL以前のグラフィックス規格としては、2次元のGKS（Graphical Kernel System）が1985年にISOにより国際規格となり、3次元ではGKS-3Dが1988年に、またPHIGS（Programmer's Hierarchical Interactive Graphics System）が1989年に、それぞれ国際規格となっている。

し、OpenGL に対応した Windows バージョンを提供したときには、3Dfx でさえ OpenGL 機能の一部（Mini GL）を導入せざるを得なかった。

イミディエイトモード（Immediate Mode、直接モード）は、グラフィックライブラリ API のためのレンダリングスタイルであり、グラフィックスオブジェクトを画面に直接表示できるようにする。

　処理能力の向上に伴い、Direct 3D の柔軟性と OpenGL によるクロスプラットフォームのサポートが支持を集めるようになると、プロプライエタリな API は衰退した。そのあとに待っていたのは激しい戦いだった。OpenGL は多くのハードウェアベンダーに支持されていたが、Direct3D 5.0 は画期的だった——どのサーフェスにレンダリングしても、あとのレンダリングパスでそのサーフェスを使用できたからだ。OpenGL で同じようなメカニズムを提供するには、拡張が必要だった。同様の改善が次々に施されたが、最も注目すべきは、古い固定機能パイプラインからプログラム可能な処理ステップへの移行だった。これが OpenGL の最初の大幅な改訂へとつながった。それ以来、両者はそれぞれ独立路線を保っているが、どちらの規格でも機能セットは似通っている。とはいえ、OpenGL は Linux、Android、iOS など、さまざまな OS にサポートされる唯一のクロスプラットフォームグラフィックス API の地位を保っている。一方で、Direct3D のターゲットは Windows だけである。2003 年には、組み込みデバイスを対象とした OpenGL ES 1.0 がリリースされた。OpenGL ES 1.0 は OpenGL 1.3 の派生バージョンであり、ES は「Embedded Systems（組み込みシステム）」を表す。このリリースは、スマートフォン、タブレット、モバイルプラットフォームの急増に直接応えるものだった。OpenGL ES 1.0 には、それ以来大きな改訂が何度か行われている。

　OpenGL について詳しく見ていく前に、NVIDIA に触れておくべきだろう。NVIDIA は GPU（Graphics Processing Unit）という用語を最初に使用した企業である。この用語は、ジオメトリ処理、変換とライティング、テクスチャマッピングとシェーディングに特化したシングルチッププロセッサを表すものとして広く使用されている。NVIDIA がこの用語を最初に使用したのは、GeForce 256 コアと Direct3D 7 準拠の初のハードウェアアクセラレータをリリースした 1999 年である。Raspberry Pi には、Broadcom の VideoCore IV GPU が搭載されている。

OpenGL のグラフィックスパイプライン

　ここでは、OpenGL のグラフィックスパイプラインについて詳しく見ていこう。現代のコンピュータ——デスクトップ PC からスマートフォンまで——はすべて、（最も単純なものを除いて）あらゆる 3D グラフィックス処理の高速化を目的とした何らかの GPU を搭載している。ここでは、従来のグラフィックスパイプラインの主要なステップを紹介し、重要な概念を確認

したあと、現代の GPU がこれらのステップをどのようにして高速化するのか見ていこう。

OpenGL は、特別なハードウェアによる何らかの機能の高速化を要求することもなければ、パフォーマンスの最低目標を指定することもない。単に、仕様に準拠するために満たさなければならない実装上の要件を明示するだけである。したがって、API 全体を汎用の CPU で実行されるソフトウェアで実装したとしても何ら問題はない（おそらく望ましいことではないが）。また、OpenGL が定義しているのは 3D のレンダリングだけで、入力データをパイプラインに渡す方法や、これらの画像を画面上に表示させる方法は定義していないことを理解する必要もある。

OpenGL はそれ自体が非常に大きなテーマであり、数冊分の教科書に相当する。ここでは、グラフィックスパイプラインの基礎に触れながら OpenGL ES のバージョンを紹介し、開発者の柔軟性を高めるためにこの規格がどのように発展したのか、結果としてハードウェアに対する要求がどのように増えていったのかを具体的に見ていく。なお、Raspberry Pi の GPU は、OpenGL ES 1.1 と OpenGL ES 2.0 の両方をサポートしている。

グラフィックスパイプラインを俯瞰的に捉えると、次の 4 つのステップに分かれる［図10-3］。

［**図10-3**］単純なグラフィックスパイプラインの概要

1. **頂点処理**
   オブジェクトの位置と形状を定義するために頂点が配置される。
2. **ラスタライゼーション**
   頂点をつなぎ合わせたプリミティブ（図形の基本的な構成要素）が、フラグメント（ピクセル）に変換される。各フラグメントには、プリミティブの 1 ピクセルを生成するために必要なデータが含まれている。
3. **フラグメント処理**
   色付きのピクセルへの変換に先立って、フラグメントに対してテクスチャ処理やブレンディングを含めた一連の演算が実行される。
4. **出力のマージ**
   3D のオブジェクトを 2D の画面上でレンダリングするために、3D 空間においてプリミティブのフラグメントが結合される。たとえば 3D 空間において、あるオブジェクトの一部が別のオブジェクトの背後にある場合、後ろにあるオブジェクトのその部分のピクセルは前にあるオブジェクトのピクセルの陰に隠れることになる。

　このプロセスが「パイプライン」と呼ばれるのは、一連の過程が順に実行されるからである。データは各ステップを順番に通過し、1つのステップが完了してからでなければ次のステップは開始できない。ただし、複数のステップが同時に実行されることもある。というのも、このパイプラインでは、次のステップでデータを受け入れる態勢が整ったときに備えて、処理ステップが待ち行列（キュー）に追加されるからだ。図10-4は、洗濯の3つのステップ（洗濯、乾燥、アイロンがけ）を表している。毎回、洗濯、乾燥、アイロンがけを順に実行できるが、3つのプロセスが完了するごとに洗濯サイクル1回分のスループットしか達成できない。洗濯、乾燥、アイロンがけの各ステップを並行してできれば、前の回で乾燥を開始したらすぐに次の洗濯物を洗濯機に投入できる。その後の乾燥ステップとアイロンがけステップについても同じことが当てはまる。パイプラインが完全に埋まる（洗濯、乾燥、アイロンがけがすべて進行中の状態になる）までにかかる最初の時間を別にすれば、スループットはプロセスごとに洗濯サイクル1回分となる。

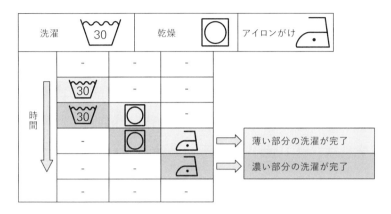

[図10-4] パイプラインの視覚的なたとえ——計算効率を高めるために複数のステップを並行して実行できる

NOTE　**固定機能ハードウェアパイプライン**（fixed-function hardware pipeline）は、処理ステージの集まりであり、各ステージは専用の論理ゲート（デジタル回路の構成要素）と密に対応している。**プログラマブルハードウェアパイプライン**（programmable hardware pipeline）は、もっと大まかに定義された汎用プラットフォームである。このパイプラインでは、同じ機能をはるかに柔軟に実現できるが、残念ながら、パフォーマンスが低下する可能性がある。そのプログラミングインターフェイスの概念はより複雑である（特定のハードウェア機能を直接呼び出すのでなく、各タスクを実行するプログラムを書く必要がある）。しかし、より洗練された手法を実現する自由度があることから、プログラマブルパイプラインは今日のすべてのグラフィックスプロセッサを支えている。

ジオメトリの仕様と属性

　OpenGL ESでは、オブジェクトは点、線、三角形で構成される。これらの基本的な構成要素（プリミティブ）から複雑な図形が作成される。OpenGL ESに対する入力は、これらのプリミティブの頂点の座標（3次元）である。点は頂点1つ、線の頂点は2つ、三角形の頂点は3つである。のちほど説明するように、これらの頂点には、モデルビュー空間における位置とは別に、他のデータが関連付けられていることがある。各頂点に関連付けられるデータは**属性**（attribute）と呼ばれる。

　3Dの世界で頂点の位置を説明するには、x、y、zの3つの座標が必要である［図10-5］。これらの座標は3つの成分からなるベクトルとして表される。変換がいっさい行われない状態では、座標軸のデフォルトの向きは、xが水平方向、yが垂直方向の画面軸、zが画面に対して垂直方向の軸となる。軸のデフォルトの範囲は –1〜 +1である。これらの軸で定義される立方体の中に収まる図形はすべて、2D画面（スクリーン）へ射影される。座標がこの範囲の外に出る図形は切り取られ（クリッピングされ）、図形が見えなくなればシーンから完全に削除されることもある。

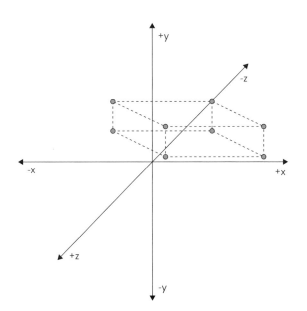

［**図**10-5］x、y、z座標を使ってプロットされた頂点により3D図形を定義できる

　OpenGL ESは7つのプリミティブを取り扱える［図10-6］。それらのプリミティブを使用して、より複雑な図形を表現できるようになっている。

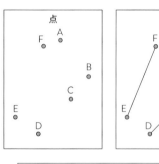
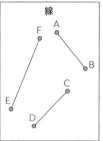
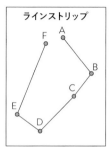
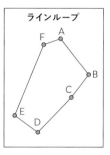
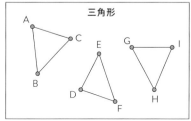
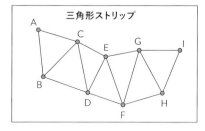
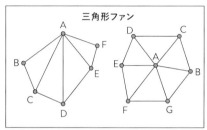

[**図10-6**] Open GL のプリミティブ型

- 点は単一の頂点であり、デフォルトのサイズは1ピクセル。ユーザーは点プリミティブのサイズを変更できる。
- 線は2つの頂点を結ぶことによって定義される。
- ラインストリップは、3つ以上の頂点を結び、1つ目と最後の頂点を結ばずに開いた図形にすることによって定義される。
- ラインストリップの最初と最後の頂点を結び、閉じた図形にするとラインループになる。
- 三角形は3つの頂点を結ぶことによって定義される。
- 三角形ストリップでは、3つの頂点を使って最初の三角形を定義し、それに続く各頂点が前の2つの頂点と新しい頂点を使って新しい三角形を定義する。
- 三角形ファンは三角形ストリップと似ているが、各三角形の1つ目の頂点が共通している。

OpenGL ESの図形はすべて、これらのプリミティブ型で構成される。このプリミティブ型の組み合わせは開発者(ユーザー)が指定する。デフォルトでは、これらの座標のデータ型は32ビット浮動小数点数だが、ユーザーはここでも別のデータ型を指定できる(32ビット浮動小数点数は非常に広い範囲の値を柔軟に表現できるので、精度の高い位置指定が可能になる)。

ユーザーは入力頂点の位置だけでなく、頂点の他のデータも指定することがある。このデータはその後の3Dレンダリングステップで使用されるもので、色、法線ベクトル(ライティング計算で使用)、テクスチャの座標(テクスチャ処理で使用)が含まれる。OpenGL ESでは、色は各頂点に割り当てられる。頂点ごとに異なる色が設定された場合、パイプラインは図形の内側にある画面ピクセルに対してそれらを自動的にブレンドして適用する。色は、赤、緑、青、アルファの4成分で指定される。アルファはオプションであり、色の透明度を表すために使用される。シーン内の1つのピクセルが複数のオブジェクトに覆われる場合は、これらのオブジェクトの相対深度とアルファ色成分に基づいて、透明であるかのような錯覚を与えられるように色のブレンド方法が決められる。

NOTE　　法線ベクトル(normal vector)は、オブジェクトの表面に対して垂直な向きを表すもので、単に「法線」とも呼ばれる。

OpenGL ES 1.1は固定機能レンダリングパイプラインを提供するだけなので、追加の属性が明確に定義されている。OpenGL ES 2.0のパイプラインはフレキシブルで、追加の属性は基本的にどのようなデータであってもよく、パイプラインの以降の処理ステップがそれらを使用するかどうかも任意である。このデータがどのように使用されるかについては、のちほど説明することにしよう。

ジオメトリ変換

コンピュータグラフィックスにおける変換とは、基本的には各オブジェクトが存在する座標系に対する変更のことである。OpenGL ESへの入力は、シーン内の各コンポーネントごとの抽象的なオブジェクト座標だが、各オブジェクトにはさまざまな変換が施される。それにより、オブジェクトの見た目が変化したり、「画面」から完全に消えたりすることがある。舞台裏で行われる計算のほとんどはハードウェア実装によって処理されるが、変換プロセスを助けるためになぜGPUがそのように設計されているのかを理解するには、この概念を理解しておく必要がある。

3Dグラフィックス

> ここでは「画面」への表示を前提に説明しているが、レンダリングの出力はディスプレ
> イに送られると決まっているわけではない。多くのアプリケーションでは、シーンが何
> 度も処理されたあと画像が画面に出力される。その間のそれぞれの処理ステップ（ま
> たはレンダリング）はユーザーに見えるとは限らない。

＞いろいろな変換

　最初の頂点処理ステップでは、モデリング変換を行い、シーン全体から見たオブジェクト
の位置とサイズを定義する。作成する3D空間でこれらのオブジェクトの相対位置を定義す
るために、ワールド座標系が使用される。続いて、シーンの観察者から実際に見えるものを
構成するために、2つ目の変換が適用される。画面にレンダリングされるのは、観察者の視
点から見た世界だけである。これは**視点座標系**（eye coordinates system）であり、視野変
換と呼ばれるものが実行される。実際には、この2つのステップの出力からそれぞれの変
換を区別することはできないため、OpenGL ESでは両者の変換を分けていない。たとえば、
女性が犬を散歩させているシーンで、犬がその女性のすぐ前にいるとしよう。次のフレーム
で、犬は女性の左側にいる。これは（動いていない）女性の左側に犬が移動したからだろ
うか（犬のモデリング変換）、それとも女性が犬の右側に移動したからだろうか（女性の視野
変換）。これら2つの違いは純粋に考え方によるものであるため、OpenGL ESは2つを区別
しようとしない。OpenGL ESでは、モデルビュー変換が1つ存在するだけである［図10-7］。

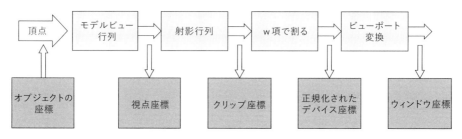

[**図10-7**] OpenGL ESはモデリング変換と視野変換に単一のモデルビューを使用する

　OpenGL ESは基本的なモデルビュー変換として、平行移動、拡大縮小、回転の3つをサ
ポートしている。

- **平行移動**
  単純に位置ベクトルの各成分にオフセットを足すことにより、新しい座標系内でオブ
  ジェクトを移動させる。たとえば、オフセットが（-off_x, +off_y, +off_z）
  であるとすれば、ベクトル（x, y, z）は（x-off_x, y+off_y, z+off_z）
  になる。平行移動を単体で使用した場合、オブジェクト全体のサイズは変化しない。

- **拡大縮小**

  位置ベクトルの各成分に倍率を掛けることにより、オブジェクト全体のサイズを変更する。たとえば、倍率が (sf_x, sf_y, sf_z) だとすれば、ベクトル (x, y, z) は (sf_x*x, sf_y*y, sf_z*z) になる。

- **回転**

  回転については、3D座標系をもう少し理解する必要がある。2Dでは1つの点を中心として回転するが、3Dでは軸を中心とした回転になる。この軸を定義したところで、軸を中心とする正の値の回転が右回り（時計回り）か左回り（反時計回り）かを取り決めておかなければならない。OpenGL ES は右手座標系を使用するため、右手の法則が適用される。つまり、親指を突き出した状態で右手の指を曲げると、親指の方向を指す軸を中心とする正の回転方向がわかる。たとえば、原点を基準とするベクトル (dx, dy, dz) によって定義される軸（dx、dy、dz のうち少なくとも1つが0以外）は、各頂点をユーザーが定義した角度（θ）で回転させられる中心軸である［図10-8］。

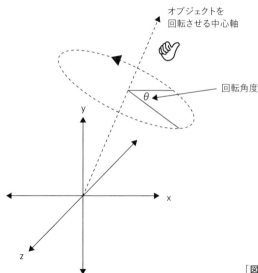

［**図10-8**］回転はオブジェクトを回転させる中心軸と回転角度によって定義される

OpenGL ES 1.1では、これらの変換を記述するために固定機能の関数のセットとして、glTranslate、glScale、および glRotate が用意されている。

OpenGL ES 2.0では、ジオメトリを処理するプログラム可能なステージが用意され、はるかに多くの制御が開発者に委ねられている。

想像上の3D世界にオブジェクトを配置したあとは、この世界の視点を2D画面へ射影する必要がある。そのための変換ステップがさらに2つ存在する。まず、射影変換により、視点座標をクリップ座標に変換する必要がある。これには次の2つの理由がある。

3Dグラフィックス

- 観察者が3次元の世界全体を見ることはできないため、この2次元のシーンが見られる範囲(ビューポート)は、ディスプレイにレンダリングされるオブジェクトのセットに結び付ける必要がある。
- 観察者から見えるのは特定の距離範囲にあるオブジェクトだけなので、変換されるコンポーネントの深度に制限を設けなければならない。

クリップ座標(clip coordinate)という名前が付いているのは、これらの範囲の外側にあるオブジェクトは「クリップされる」(切り取られる)からである。このとき、シーンが表示される2D矩形ではなく、シーン内のオブジェクトの相対深度を考慮に入れた可視領域を、ビューボリュームとして定義する。

この概念では、ビューボリュームは無限に「深い」長方形のようなもので、切断面はシーンが表示される2Dのウィンドウ(窓)に相当する。実際には、次の2つの理由により、ビューボリュームはそのようなウィンドウとは異なっている。

- 遠近感:観察者から離れた場所にあるオブジェクトは小さく見える。
- 視野は観察者からの距離が大きくなるほど広がる。

本物のように見える画像はすべて、観察者からの距離を考慮に入れて、透視射影を使って処理される。透視射影は、観察者から伸びていく無限の深さを持つピラミッド形のビューボリュームということになる。しかし、無限の範囲の深度値を格納することは不可能なので、このピラミッド内のオブジェクトを観察できる範囲は限られている。実質的には、ビューボリュームは図10-9のように切断されたピラミッドである。のちほど説明するように、このピラミッドは**錐台**(frustum)とも呼ばれる。射影変換の結果として有効なクリップ座標を完全に定義するには、ビューポート境界に加えて、前方クリップ面と後方クリップ面を指定しなければならない(クリップ面は錐台を横切る。前方クリップ面よりもビューポートの手前にあるもの、あるいは後方クリップ面よりも向こうにあるものはすべてシーンから削除される)。

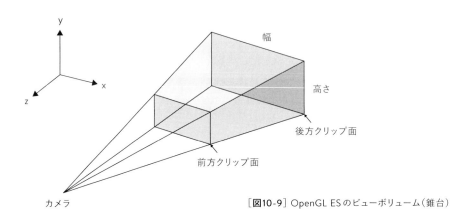

[**図10-9**] OpenGL ESのビューボリューム(錐台)

最後の変換では、2Dのクリップ座標を、シーンが表示されるデバイス（画面上のピクセル矩形など）に合わせて拡大縮小した一連の座標に転換する。このステップはビューポート変換によって行われる。これが頂点処理の最終ステップである。

＞ 変換行列

　座標面でのジオメトリ変換を全体的に理解したところで、変換を実行するための演算を詳しく見てみよう。先に述べたように、3D座標空間内の頂点の位置は、デカルト形式の3つの成分からなるベクトルによって表される。各成分の大きさはそれぞれx、y、z次元の原点からの距離を表す。さしあたり、各頂点を (x,y,z) 形式の3つの数で表すことにしよう。

　変換は、位置（平行移動）、サイズ（拡大縮小）、または回転軸からの角度（回転）など、グラフィカルオブジェクトに何らかの変更を加えた結果である。そのような変換を行うために、オブジェクトの頂点を座標面上で（特定の向きと距離で）移動しなければならない。頂点の新しい位置を決定するために、点のx、y、z値に対して数学的な演算が実行される。行列を利用すれば、こうした数学的な演算を簡単に実行できる。

　行列は縦横に並んだ数値配列であり、前述のモデルビュー変換を表現するために使用される。行列は、各ベクトルに成分ごとの係数を事前に掛けることで、同じ次元の出力ベクトルを求めるために使用される。2つの行列で乗算を行うには、1つ目の行列の列の数と2つ目の行列の行の数が同じでなければならない。乗算は、1つ目の行列の1行目と2つ目の行列の1列目の対応する値を乗じ、結果を合計するという方法で行われる。次に示すように、この作業をすべての行と列で繰り返す。

$$\begin{pmatrix} a & b & c \\ d & e & f \\ g & h & i \end{pmatrix} \begin{pmatrix} x \\ y \\ z \end{pmatrix} = \begin{pmatrix} ax + by + cz \\ dx + ey + fz \\ gx + hy + iz \end{pmatrix}$$

　次の例では、3次元ベクトルを sf_x、sf_y、sf_z の倍率で拡大縮小するにあたって、行列の乗算がどのように行われるのかを示している。

$$S = \begin{pmatrix} sf_x & 0 & 0 \\ 0 & sf_y & 0 \\ 0 & 0 & sf_z \end{pmatrix} \begin{pmatrix} x \\ y \\ z \end{pmatrix} = \begin{pmatrix} sf_x * x \\ sf_y * y \\ sf_z * z \end{pmatrix}$$

　行列を使用する最大の利点は、行列の乗算を通じて複数の変換の組み合わせが可能になることである。これにより、頂点処理のすべてのステップを1つの行列乗算にまとめられるため、プロセス全体が効率化され、専用のハードウェアで処理しやすくなる。

NOTE　行列の例では、x、y、zの3つの軸に対応する3×3行列を示しているが、よく見るのは4×4行列である。4つ目の列は原点(3つの軸が交差する点)に対応している。この4つ目の列を使用して、変換の実行に必要となる座標の原点の位置を変更できる。

ライティングとマテリアル

　ライティング(照明)とマテリアル(材質)は、シーンに表示されるオブジェクトのリアリズムに直接影響する。この部分は、OpenGL ESの大きな改訂のたびに重大な変更が行われている領域の1つである。ここでは、OpenGL ES 1.1で定義されている基本的なライティングの概念を紹介する。OpenGL ES 2.0以降では、ライティングの仕組みは(前項で説明したジオメトリ変換ステージとともに)完全なプログラマブルパイプラインと置き換えられており、さらに柔軟なカスタマイズが可能となっている。それまでは、アプリケーション開発者はごく限られた決まった機能の関数を呼び出せるだけだった。

　オブジェクトとそのマテリアルのライトとの相互作用は、その世界が観察者からどのように見えるかを決定づける。鏡が光って見えるのは、たくさんの光を反射しているからである。ウールのセーターがふわふわして見えるのは、素材の表面のでこぼこによってより多くの光が吸収され、乱反射が生じるからである。作り物の3D世界を本物らしく見せるには、そのような照明効果を、日常的に目にしている物体に期待される特性と合うようにモデル化しなければならない。なお、ライティングはオブジェクトの頂点ごとに計算され、その特性は他の頂点属性と同じようにプリミティブ全体に補間される。

　OpenGL ESでは、光源と、シーンに配置されたオブジェクトに対して定義すべき一連の特性が定義されている。そのなかに2種類の反射、鏡面反射と乱反射が定義されている。[図10-10]。

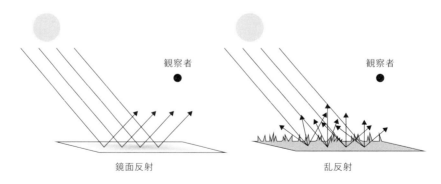

観察者　　　　　　観察者

鏡面反射　　　　　乱反射

[**図**10-10] 鏡面反射と乱反射

- **鏡面反射**（specular reflection）
  光線は表面でほぼ完全に1つの方向に反射される。観察者からは、観察者の正確な位置に応じて濃く色付けされた領域が見える。現実世界の例として、鏡に反射するまぶしい太陽光を挙げられる。これは観察者が片側に少し移動すれば簡単に避けられる。このようにオブジェクトの極端に明るい部分を「鏡面反射ハイライト」と呼ぶ。

- **乱反射**（diffuse reflection）
  光を四方八方に散乱させ、鈍くぼんやりと見えるマテリアルの性質。観察者の目に映るのは、表面全体が色におよぼした結果である。

　これらの特性が組み合わされて、マテリアルがどれだけ光って見えるかが決まる。OpenGL ESでは、オブジェクトの鏡面反射色と乱反射色の他に、2つの色が定義されている。アンビエント色は、間接光を当てたときにオブジェクトが反射する色である。発光色は、外部から光を当てなくてもオブジェクトから放たれる「光」のことである。

　オブジェクトの色は、表面の特性に加えて、光を放出または反射する角度にも左右される。均一な影が付く曲面では、光を反射する角度によって色が変化して見える。OpenGL ESは、オブジェクトの表面に対して垂直な法線ベクトルを用いて、この情報を取得する。実際には、法線ベクトルは色座標やテクスチャ座標と同じように頂点ごとに定義され、他の頂点属性と同じようにプリミティブに対して変換/補間される。というのも、三角形は平面的だが、曲面に沿った形状になっているかもしれず、プリミティブ上の位置によって法線ベクトルが徐々に変化するからだ。法線ベクトルが変化するということは、法線ベクトルを使用する計算も変化するということであり、私たちが見えて当然と考える色の計算に影響を与える。さらに、法線ベクトルには、それらが指す向きもある。法線ベクトルの向きは、プリミティブが表向きか裏向きかによって変わる。表向きのプリミティブでは、オブジェクトの面が観察者のほうを向くため、法線ベクトルは画面の外側（手前）へ向かう。裏向きのプリミティブでは、オブジェクトの面が観察者に背を向けるため、法線ベクトルは画面の奥へ向かう。プリミティブの向きは、ジオメトリを指定する際の頂点を指定する順序（ワインディング順序）によって決まる。デフォルトでは、左回り（反時計回り）の順に定義された頂点は表に向いたプリミティブを形成し、右回り（時計回り）の順に定義された頂点は裏向きのプリミティブを形成する。図10-11は、表向きと後ろ向きのプリミティブのワインディング順序を示している。

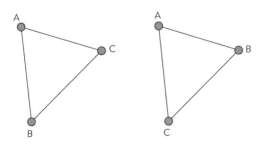

[**図10-11**] 左の三角形は左回り（反時計回り）のワインディング順序を示している。標準規約では、これが表向きのプリミティブとなる。右の三角形は右回り（時計回り）のワインディング順序を示しており、裏向きのプリミティブになる

| NOTE | OpenGLでは、実際の表面——特にNURBS（Non-Uniform Rational Basis Spline）変換が適用されたCADモデルの表面は、頂点と三角形によって近似されるだけである。あからさまなテッセレーション（表面に幾何学図形をタイル表示する）によってコンピュータが人工的に生成したかのような不自然な画像ではなく、滑らかで継ぎ目の見えないモデルが表示されるのは、頂点の間に反射を補間するためである（NURBSは曲線や面を生成する数理モデルである）。

　マテリアルと光源の特性を定義したあと、各頂点の色を導出するために一連のライティング計算が実行される。基本的には、マテリアルのアンビエント色[*5]と発光色にシーン内の各光源からの影響を加えたものとなる。これらの影響の強さは、光源に対する表面の向き（法線ベクトルを使用）、表面に対する観察者の位置（反射の影響）、そして表面からの光源と観察者の距離に従って調整される。3つ目の要素については、光の影響が基本的に光源から円錐状に広がるエネルギーだと想像してみればよい。光の相対的な強さは逆二乗の法則に従い、円錐底面のエッジで弱くなる。頂点の色は、マテリアルと光源の鏡面反射色、反射光線と観察者の角度、そしてマテリアルの輝きによってさらに調整される（輝きが強いマテリアルでは、この角度が大きくなるほど可視光の量が少なくなる）。拡散の影響も同じような方法で拡散色成分から導き出されるが、これには光源の光線と表面法線間の角度が使用される。このため、光源の光線に対して平行な表面は光が当たっていないように見える。

　頂点の色はすべての光源からの影響を合わせたものなので、明度を組み合わせた結果、シーン内の色の詳細がすべて失われてしまうことがある。露出オーバーの写真を想像してみるとよい。思いどおりの出力にするには、ライティングの度合いを慎重に調整しなければならない。

　先に述べたように、OpenGL ES 2.0以降のバージョンでは、変換とライティングのプロセスの柔軟性が大幅に改善されている。このプロセスは**頂点シェーディング**（vertex shading）と呼ばれ、ユーザーが完全にプログラムできるようになっている。つまり、これらの変換を実行するために、OpenGL ES固有のシェーダ言語であるGLSL（GL Shader Language）で記述したプログラムが実装に渡される。GPUが備えられている場合は、GLSL専用プロセッサの形をとることがある。このプロセッサは、要求された計算すべてを実行するために、必要に応じてGLSLプログラムをコンパイルする。

プリミティブの組み立てとラスタライズ

　この時点で、アプリケーションによって提供された頂点属性のリストは、最終的なディスプレイデバイスの座標系に合わせて、新しい属性リストに変換されている。しかし、画面上

---

*5　［訳注］アンビエントは、光が当たっていない部分に間接的に当たる光のこと。環境光とも呼ばれる。

に図形を表示するには、これらの座標を使って図形を組み立てなければならない。図形を表示するための準備は、次の2つのステップに分かれている。

1. **プリミティブの組み立て**
   各図形の頂点をグループにまとめ、最終的な出力画像にすべての図形をどのように配置するかをパイプラインが計算できるようにする。

2. **ラスタライズ**
   図形を一連のピクセルに変換して画面上に表示できるようにするか、さらにレンダリングステップで処理できるようにする［図10-12］。

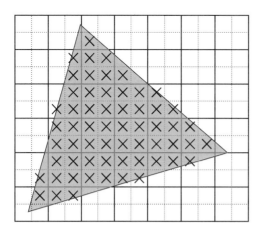

［**図10-12**］ラスタライズ（×はフラグメント処理の過程で影付きにするプリミティブサンプルを示している）

　ラスタライズでは、図形の境界内にあるすべてのピクセルに影を付けなければならない。この処理には、図形の頂点に関連付けられているデータを使用する。境界の外側にあるピクセルはそのままである。境界内のピクセルを特定したあとは、各頂点に関連付けられている属性を補間しなければならない。これは、その図形に含まれているピクセルのそれぞれに（角からの距離に応じて）プリミティブに属しているピクセルの加重平均を継承させるように行われる。色、法線ベクトル（ライティングに使用される）、テクスチャ座標などの属性はすべて、ピクセルごとの処理に備えてこのように補間される可能性がある。OpenGL ES 2.0では、ピクセルごとの処理は「フラグメントシェーディング」と呼ばれる。これらの値は図形全体にわたって異なるため、フラグメントシェーディングステップへの入力では、それらの値を**バリイング**（varying）と呼ぶ。

　ラスタライズのプロセスはOpenGL ESユーザーからはほとんど見えないが、このステップの仕組みを理解しておくことは有益である。**出力フレームバッファ**（output frame-buffer）が、画面上に表示される各ピクセルを表す正方形のグリッドに分割されているものと想像してみよう。出力フレームバッファは、完全なデータフレームをビットマップの形で格納しているRAMの一部である。プリミティブによって覆われるピクセルの範囲（カバレッジ）は、ピクセルが表す「正方形」の内側にある1つ以上のサンプル点によって決まる。ピクセルごとに

複数のサンプル点を使用することを「マルチサンプリング」と呼ぶ。マルチサンプリングは出力画像の品質を向上させるために使用されることがある。マルチサンプリングが有効になっていない場合は、ピクセルの正確な位置を表すために、ピクセルの中心にあるサンプル点を1つだけ使用する。2つのプリミティブのエッジがあるピクセルで重なっている場合、生成される出力フラグメントは1つだけでなければならない。**タイブレークルール**（tie break rule）と呼ばれる一連のルールにより、さまざまな状況でどのプリミティブが選択されるのかが決まる。これらのルールにより、ラスタライズプロセスにおいて一貫性が保たれる。また、このステージでは、図形に含まれるピクセルは色以外の情報も含んでいるため、**フラグメント**（fragment）と呼ばれる——フレームバッファ上のそれぞれの位置には、テクスチャ座標、深度、ステンシルの情報も関連付けられている。

　マルチサンプリングが有効になっている場合は、各ピクセルで多数のサンプル点を使用できることになり、フレームバッファ上で部分的なカバレッジを表現できるようになる。カバレッジ値はピクセルごとに1つであり、サンプル点1つにつき1ビットを含んでいる。サンプル全部の色とテクスチャ座標が同じになることはあり得るが、深度とステンシルの情報はサンプルごとに格納される。このようにすれば、（テクスチャサンプリングを含めた）色の計算をピクセルごとに実行すればよいだけになるので、パフォーマンスを低下させることなく、エッジのアンチエイリアス（ギザギザの縁を滑らかにする）を実現できるようになる。出力ピクセルは単に、そこに含まれるサンプル点の平均となる。

　どのピクセルがどのプリミティブに覆われるかが確定したら、ピクセル（フラグメント）に関連付けられるすべての属性をプリミティブ全体の頂点属性から計算する必要がある。この作業には、補間と、プリミティブの各頂点の重心座標［図10-13］が使用される。頂点から各フラグメントの距離を割り出すことにより、単純な線形補間に基づいて色とテクスチャ座標が計算される。また、ピクセルの処理に必要なその他の頂点ごとの属性があれば、それらも計算される。ただし、問題が1つある。透視射影後のデバイス座標の線形補間では、透視射影自体が線形補間ではないために一貫した計算結果が得られない。そこで登場するのがwである。各頂点属性をそれぞれのw項で割り、1/w項を補間したあと、補間された各属性をこの補間された1/wで割ると、透視補正補間が実現される。

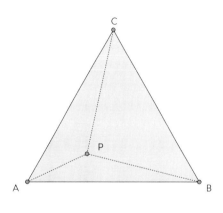

［**図10-13**］重心座標とは、オブジェクトの角それぞれに重りを置いたときに、そのオブジェクトの重さの中心になる点を表す

重心座標は、オブジェクトの各頂点からの影響力に基づいて定まるオブジェクト内の点の位置を表す。通常は、各頂点に重りが置かれていると考えて、オブジェクト全体の重さの中心にその点が位置する。三角形の場合は、質量よりも面積を使用するほうがイメージしやすいだろう。図10-13では、一般的な点Pの重心座標は、三角形ABC内のPBC、PCA、PABの面積の相対比を表す。定義上、点Pの座標を足し合わせると1になる。計算される出力は、各頂点属性の合計にその重心座標成分を掛けたものであり、この方法で簡単にバリイングを補間できる。遠近補正の計算には1/wの補間を含める必要があり、各サンプルのバリイングが特定されたら除算を行わなければならない。

ピクセル処理：フラグメントシェーディング

　プリミティブの内側にあると判定され、補間されたバリイングがすべて計算されたフラグメントは、ピクセルごとの処理を実行できる状態にある。ただし、同じフラグメント位置で重なる他の図形の後ろに配置される可能性があり、フラグメントは見えない状態のままかもしれない。そのようなフラグメントは**遮蔽**（occlude）されていると言う。また、透明度の概念があるため、フラグメントに関連付けられている色値はフレームバッファに書き込まれる最終的な色ではない。観察者からはその後ろにあるオブジェクトの色も透けて見えるように、ブレンディングが必要となる。そうした判断は一連のテストによって行われ、結果として導き出された演算がフレームバッファに適用される。OpenGL ES 1.1では、サンプルデータの計算は一連の固定機能の演算に限定されている。これに対し、OpenGL ES 2.0では、汎用的なフラグメントシェーディングにより、各フラグメントに関連付けられる色、深度、ステンシルの値をアプリケーション開発者が自由に計算できる。ここでは、まずOpenGL ES 1.1の機能から見ていこう。

　ラスタライズパイプラインから出たフラグメントには、まず、それらに関連付けられたテクスチャが施される。実際には、メモリに格納されているテクスチャマップが直接適用されるか、あるいはフラグメントサンプルの色を変更するために使用される（次項で詳しく説明する）。テクスチャ処理をさまざまな方法で使用すれば、計算コストをそれほどかけずに本物らしい見た目を実現できるかもしれない。OpenGL ES 1.1の固定機能のパイプラインは、続いて色合計ステップへ進む。このステップでは、フラグメントの色に二次的な色を追加するか、二次的な色を使って（たとえばスペキュラーハイライトのために）テクスチャの色をさらに変更できる。フラグメント処理の最後のステップは、フォグの適用である。フォグは、ファークリップ面に近づくオブジェクトを徐々に薄くして、観察者から離れているオブジェクトをぼんやりと見せるために使用される。

これらの色が特定のサンプル位置でどのように更新されるのかを見ていく前に、指摘しておきたいことがある。この色がそもそも更新されるかどうかは、深度とステンシルデータによる。シーンのオブジェクトは3次元で表現されるため、オブジェクトの一部または全体が他のオブジェクトの後ろにあると、フレームバッファで見えなくなることがある。この問題に対処する方法の1つに、**画家のアルゴリズム**（painter's algorithm）と呼ばれるものがある。つまり、プリミティブが後ろから順に描画されるように順序を変更し、前景にあるものがあとからレンダリングされるようにすれば、それらを最初に表示できるようになるかもしれない。ただし、画像のあちこちでオブジェクトのさまざまな部分が交差したり重なったりする場合、このアルゴリズムはうまくいかない。それだけでなく、観察者の位置が変化するたびに、この順序を再計算する必要もある。

そこで OpenGL ES では、シーン内の目に見えるフレームバッファサンプルの位置を深度バッファに格納する。プリミティブごとに、更新対象のサンプルの深度がフレームバッファサンプルのものと比較される。そのサンプルが遮蔽されている場合、色値は更新されない。遮蔽されていない場合は、その色値がフレームバッファに書き込まれ、深度の値も更新される。この手法には1つ欠点がある。変換とラスタライズのあと、2つのプリミティブが同じ平面上にあったとしても、深度の補間が一貫した計算にならない可能性があることだ。この矛盾によって深度の競合を引き起こすことがある。つまり、あるオブジェクトのピクセルが同じ平面上にある別のオブジェクトのピクセルと「混ざってしまう」可能性がある。フレームごとに変換が微妙に変化する可能性があるアニメーションでは、この問題が特に顕著である。OpenGL ES には、プリミティブの傾きや偏りに基づいてプリミティブをずらすように設定する**ポリゴンオフセット**（polygon offset）というメカニズムがある。ただし、アプリケーション開発者が注意しながら一貫したバリイング補間を適用すれば、こうした問題の影響を最小限に抑えられる。

深度テストはフラグメントテストの一例であり、最終的なフレームバッファでサンプルの更新を制御するために使用できる演算である。テストは他にもあるが、原則として、計算された値をフレームバッファの既存の値と比較するようになっている。その結果に基づいて値が更新されることもあれば、更新されないこともある。

他のフラグメントテストには、アルファテストやステンシルテストなどがある。アルファテストは、指定されたサンプルについて、透明度の情報が格納されているアルファチャネルでフラグメントテストを実行する。テストによっては、その結果に基づいて、プリミティブの一部をピクセルごとに取り除くことができる。ステンシルテストも、基準値と格納されているフレームバッファ値の比較に基づいて、フラグメントの除去に使用できる。ただし、深度テストとステンシルテストの結果に応じて、サンプルのステンシルバッファの内容を変更することもある。

フラグメントテストのあと、ユーザーが指定した設定に従って、フレームバッファで最終的な色が直接置き換えられたり、さらに変更されたりすることがある。ブレンディングはそうしたステップの1つであり、出力ピクセルの色を求めるのにサンプルと既存のフレームバッファの色をそれぞれ定数倍して加算する。具体的には、ソース（サンプル）とターゲット（フレームバッファ）の色にブレンド係数を個別に適用したうえで、フレームバッファに書き出される新しい色を計算（加算または減算）する。

ブレンディングに加えて、ユーザーは論理演算も利用できる。これらの論理演算が提供する一連のビット単位の操作により、ソースとターゲットの色を使用してフレームバッファの内容を変更できる。それぞれの演算は色成分ごとに適用される。サンプルの色をそのままフレームバッファに書き出したければ、これらの演算を無効にすればよい。

OpenGL ES 2.0では、フラグメント処理のパイプラインも根本的に変更され、処理をサンプルごとに実行できる汎用的なプラットフォームが提供されている。それに加えて、一連のGLSL関数が追加され、固定機能テクスチャ環境とパイプラインの色合計、フォグ成分は完全に置き換えられている。ハードウェア実装では、こうしたGLSL関数はカスタムシェーダプロセッサコアで実行するために再びコンパイルされることがある。このステップは、現在では**フラグメントシェーディング**（fragment shading）と呼ばれているプロセスの一部である。

テクスチャ処理

テクスチャマッピングは、レンダリングされた表面の色を計算するために包括的に利用される基本的な手段である。表面の色は、メモリ内の画像から直接計算されるか、画像やジオメトリデータに依存する追加の処理を通じて計算される。テクスチャマッピングでは、頂点の座標とテクスチャの座標が照合される。OpenGL ES のプログラマーが利用できる機能は劇的に改善されてきたが、基本的な概念は変わらない。

テクスチャ（texture）とは、メモリに格納されたデジタル画像のことである。テクスチャは、フレームバッファに書き込まれる各サンプルまたはピクセルの色を導き出すために、フラグメント処理の一部としてサンプリングできる。最も単純な形態のテクスチャ処理は、オブジェクトの表面にディテールを加えるための、計算コストの小さい方法である。レンガ造りの家を3Dでレンダリングするとしよう。壁のレンガを1つずつ組み立てて、周囲のモルタルと併せてそれぞれのレンガに変換やライティングを適用しようと思えばできないことはない。そのようにして作成されたシーンは高品質なものになるだろうが、それと引き換えに、ジオメトリは複雑になり、シーンをアニメーション化するときの計算もかなり複雑になる。壁自体は完成された実体であり、それぞれのレンガがばらばらに動くことはない。したがって、完成した壁のモデルに貼り付けるレンガとモルタルの繰り返しの効くパターンがあればよい。そこで登場するのがテクスチャ処理である。レンガとモルタルの画像がメモリに格納されているとしよう。壁全体を覆っているプリミティブにピクセルをレンダリングする際には、メモリに格納されている次の色をサンプリングするだけでよい。実質的には、メモリに格納されて

いる画像はフレームバッファ内のオブジェクトの表面にコピーされる。シーンにおいて壁が変換されるときには、この画像の拡大縮小やフィルタリングが必要になることがあるが、すべてテクスチャマッピングによって可能となる。テクスチャは、オブジェクトに色を付けたり、既存のオブジェクトの表面にエフェクトを適用したりするために使用できる。あるいは単に、最近のOpenGL ES 2.0のフラグメントシェーダに対するデータソースとしても使用できる。

テクスチャは画像データの矩形の配列としてメモリに格納される。画像データがフレームバッファに格納される方法とほぼ同じである。配列の各要素は**テクセル**（texel）と呼ばれる。もともとは、テクスチャのサイズはサンプリングの計算を単純にするために（例えば縦横が32、64、2^nのような）2の累乗テクセルに制限されていた。しかし、このような制限はOpenGL ES 2.0で撤廃されている。テクスチャ画像はテクスチャ座標を通じて参照される。テクスチャ座標とは各頂点の属性であり、次元ごとにテクスチャをサンプリングする場所が記されている。テクスチャ全体は[0,1]の範囲の座標で参照できる。個々のテクセルにアクセスするには、画像の適切な次元を座標に乗じる。テクスチャ座標が[0,1]の範囲外にある場合は、次のいずれかになる。折り返しが有効になっている場合は、テクスチャが繰り返し使用される（座標の整数部分を無視し、端数部分を使ってサンプリングする）。あるいは、最も外側のテクセルがサンプリングされる（clamp-to-edge）か、境界のテクセルがサンプリングされる（clamp-to-border）ように決めておける。これについては、どのような出力が望ましいかに応じて、アプリケーションの開発者が設定できる。

テクスチャのサンプリングは、指定されたフィルタリングモードに応じて変わることがある。テクスチャ座標はメモリに格納されている画像をサンプリングするための正確な位置を指定するが、その位置が特定のテクセルの中央になる可能性はきわめて低い。最近傍フィルタが選択された場合は、サンプル点に最も近いテクセルが選択される——これが最も安価で単純な実装である。もっと正確な結果を（2次元で）得るには、サンプル点に最も近いテクセルを4つ選択し、各テクセルからサンプル点への距離に従って加重平均を求めればよい。この方法は**バイリニアフィルタリング**（bilinear filtering）または**双線形フィルタリング**と呼ばれる。というのも、適切なテクセル色を導出するために単純な2×2のボックスフィルタを使用するからである。図10-14は、テクスチャのサンプリングを示している。最近傍フィルタが選択された場合は、テクセルAが選択される。バイリニアフィルタが選択された場合は、近傍のテクセルとサンプル点の距離に応じた色が設定される。具体的には、サンプル点で距離ABと距離ACを内分し、得られる距離α、および距離βに基づいて、テクセルA、B、C、Dの色データがブレンドされる。

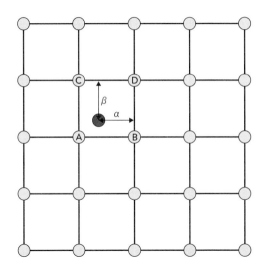

　テクスチャ画像は、観察者の近くにある大きなオブジェクトや、遠くにある小さなオブジェクトに適用されることもあるだろう。遠くのオブジェクトに対するテクセルサンプリングレートは、それと見てわかるアーティファクト（歪み）を生じることがある——遠くのオブジェクト内の隣接する2つの画面ピクセルが、同じテクスチャ内の離れた場所に位置するテクセルに対応する可能性があるからだ。連続するピクセルにバイリニアフィルタを適用するだけでは、細かい部分がごっそり失われてしまい、ひどいモアレパターンを生じる可能性がある。正しい方法は、各サンプル点を囲んでいるすべてのテクセルの平均を求めて、連続するサンプルが画像データを1つも取りこぼさないようにすることだろう。フル解像度では、数百ものテクセルの平均を求めるために膨大な計算コストがかかる結果になるかもしれない。この問題に対する解決策は、**ミップマッピング**（mipmapping）と呼ばれるものである。ミップマップは、事前に計算とダウンフィルタリングが施された一連のテクスチャであり、元の画像とともに格納される。各ミップマップの幅と高さは1つ前の画像の半分である［図10-15］。完全なミップマップでは、たった1×1テクセルまでの画像が計算される。4分の1のサイズの画像をすべて格納するコストは元のサイズの33%だが、テクスチャ処理の品質の改善やフィリタリング計算の減少を考えれば、おつりがくるほどだ。

10

3Dグラフィックス

［図10-15］一連のミップマップの集合。それぞれ高さと幅が1つ前のレベルの半分になっている

ミップマップを利用するには、テクスチャの適切なサンプリングサイズ――つまり、正しいLOD（Level-Of-Detail）を計算する必要がある。最も詳細な画像はレベル0である。レベルが高くなるに従って画像のサイズが小さくなり、細かい部分が見えなくなっていく。適切なLODを特定するには、プリミティブから隣接する画面空間のピクセルを拾い出し、各次元でのテクスチャ座標の間隔を計算する。これらのテクスチャ座標が元のテクスチャの頂点座標から補間されていることに注意しよう。続いて、テクセルの間隔が隣接するピクセルの間隔と最も厳密に一致するようになるまで、LODを引き上げていく。レベルが上がるたびに、連続的な平均化を通じて元の画像の全ピクセルからの情報が隣接テクセルに追加され、視覚的なアーティファクトが生じる可能性が低くなっていく。あとは、選択されたLODでバイリニアフィルタリングを実行すればよい。

ただし、バイリニアフィルタリングにも限界がある。オブジェクトが観察者から遠ざかっている最中にLODが遷移すると、サンプリングされた画像の鮮明さにあからさまな変化が生じることがある。この問題を緩和する方法は、**トライリニアフィルタリング**（trilinear filtering）または**三重線形フィルタリング**と呼ばれる。この方法では、ピクセルの間隔と最も厳密に一致するLODを選択するのではなく、最適な間隔のすぐ下とすぐ上のレベルを選択する。そして、各レベルでバイリニアフィルタリングを実行したあと、それらの結果をブレンドする。このようにすると、選択されたミップマップ間の遷移が滑らかになる。

ここまでは、単純な2D参照でのテクスチャ処理プロセスについて説明してきた。ピクセルとその近傍のテクスチャ座標に基づいて適切なLODを選択し、このLODをもとに、メモリに格納された画像から取り出すべきテクセルのサンプル点を導出する。テクセルを取り出したあとは、ユーザーが指定したフィルタリングモードでブレンドできる。

OpenGL ES 2.0では、キューブマップテクスチャのサポートも追加されている。**キューブマップ**[*6]（cube map）は6面のブロックであり、各面に同じシーンの異なる画像が配置されている。キューブ構造は、表面の明るさを調整するために適用されるライトマップと反射マップの作成に特に役立つ。キューブの中心から特定の面へ向かう正規化ベクトルを表すために、3つのテクスチャ座標（s、t、r）が使用される。最も大きな座標に基づいて面が選択され、残り2つの座標は目的の2D画像のサンプル点を指定するために使用される。キューブの各面のエッジ（または継ぎ目）は望ましくない視覚効果をもたらすことがあるが、反射マップや複雑なライトマップを効率よく計算できることから、キューブマッピングは開発者にとってかけがえのないツールとしての地位を築いている。

OpenGL ES 1.1では、テクセルの取得とフィルタリングが完了すると、テクスチャ環境を通じてそのデータがフラグメント処理パイプラインに渡される。この最終ステップでは、固定機能結合関数の1つを使用して、（テクスチャが適用されていない）フラグメントの色が、フィルタリングされたテクセル値と結合される。また、必要に応じて、環境色とも結合されることが

---

*6　［訳注］キューブマップは、オブジェクトを囲む架空の立方体で、内壁に写した周囲の景観をオブジェクトに写りこませたり、オブジェクトの反射を表すために使用される。

ある。こうした混合は、既存のフラグメントの色の調整から、アルファブレンドされた値、ま
たはテクスチャが適用された色との完全な置き換えまで、さまざまである。OpenGL ES 1.1
では、マルチテクスチャ処理もサポートされている。マルチテクスチャ処理では、複数のテ
クスチャを個別にサンプリングすることにより、特定のフラグメントの出力色を計算できる。
これらのテクスチャパイプラインは、概念的には分かれている。しかし、テクスチャが適用さ
れた色の混合は、1つのテクスチャ環境下でテクスチャユニットの番号が小さいものから順
に実行される。とはいえ、ユニットの数は限られており、テクスチャステップの間でデータを
移動させることは不可能であるため、複雑なテクスチャ効果を実現するにはマルチパスア
プローチを使用せざるを得ない。

　OpenGL ES 2.0では、汎用的なフラグメントシェーディングパイプラインを通じて、テクス
チャ加工された色を自由自在に混ぜ合わせられる。テクスチャユニットには、フラグメント
シェーダを使ってアクセスする。テクスチャの結果は、開発者によって提供されるユーザー
定義プログラムの一部として結合される。

現代のGPU

　OpenGL ES のグラフィックスパイプラインを理解したところで、さまざまなステップがど
のようにしてハードウェアアクセラレーションの候補となるのかを調べる準備が整った。ハー
ドウェアアクセラレーションを可能とするには、OpenGL ES の標準 API と GPU との間にソ
フトウェアの層が必要になる。このソフトウェアは**ドライバ**（driver）と呼ばれ、メインの CPU
で実行される。ドライバは、GPU で高速化されない機能を CPU に実装し、さらに API 呼び
出しを解釈して一連の制御命令に変換する。これらの制御命令は、レンダリングを実行す
るために GPU を設定して起動する。処理を開始する命令が与えられる前に、頂点属性バッ
ファ、テクスチャ、プログラムをメモリに読み込み、グラフィックスコアがアクセスしやすい
場所に配置しておかなければならない。

　API レベルの機能と同様に、パフォーマンスとコストの点で競合する要件は存在するので、
そのような機能を専用のハードウェアにオフロードしたくなる。しかし、OpenGL ES の仕様
は自由度が高いため、実装者はさまざまなアプローチを（ある程度自由に）実装してみるこ
とができる。

　本節では最後に、Raspberry Pi のグラフィックスハードウェアである VideoCore IV GPU
を少し詳しく見ていく。

タイルベースのレンダリング

　メモリとの間でやり取りされる膨大な量のデータをどのようにして処理するか――これは
GPU のアーキテクトに突き付けられる重大な課題の1つである。フレームバッファのトラフィッ

ク1つをとっても、1ピクセルにつき4つのサンプル点を使用する4xのマルチサンプルバッファを使用し、1,080ピクセルの画像を32ビットカラーと32ビットの深度ステンシルでレンダリングする場合、データのサイズは約64MBになる。このバッファを60フレーム/秒で更新するには、メインメモリへの帯域幅が3.6ギガバイト/秒(GBps)以上でなければならない(60フレーム/秒はユーザーインターフェイスを滑らかに動かすために必要なフレームレートである)。ただし、これはすべてのフラグメントサンプルが1回だけレンダリングされると想定した場合の話である。パイプラインでそれまでに除去できなかった透明なオブジェクトや遮蔽されたオブジェクトは、オーバードローが2回になる(各サンプルをフレームあたり2回レンダリングすることになる)としても、各サンプルをメモリから1回読み取り、各サンプルに2回書き出す必要がある。要求される帯域幅は、望ましいフラグメントデータの計算に必要な頂点属性やテクスチャの読み取りを計算に入れなくても、10GBpsを超えることになる。

イミディエイトモードのレンダラーは、フレームバッファのデータをオフチップメモリ(プロセッサに内蔵されていないメモリ)に格納する。このようにするのは、各描画呼び出し(画像のレンダリングをGPUに命令する)が処理されるときに、色、深度、ステンシルデータがすぐに更新されるようにするためである。この作業を効率よく行うには、GPUとグラフィックスメモリの間の「帯域幅」が十分でなければならず、コストと消費電力の両面で高くつく。PCや家庭用のゲーム機環境では、グラフィックスカードに大規模な構成の専用DRAM(Dynamic Random Access Memory)が組み入れられており、最大32GBpsでアクセス可能な最大8GBのアドレッシング可能メモリがある[*7]。しかし、モバイルデバイスではそのような構成は現実的ではない。そこで、より狭い帯域幅と消費電力枠に対応するために、**タイルベースのレンダリング**(tile-based rendering)が考案された。

NOTE 帯域幅(bandwidth)とは、情報が伝達される伝送路の容量のことである。

タイルベースのレンダリングでは、出力フレームバッファを正方形または長方形のタイルに対応する配列に分割する。各タイルには、そのシーンでレンダリングされるピクセルのサブセットが含まれる。これらのタイルは一般に小さく(約16×16または32×32ピクセル)、正方形とは限らない。各タイルは個別にレンダリングされるが、画像のその部分に影響するすべてのプリミティブがまとめて1回だけレンダリングされる。これをGPUで可能にするには、まず画像の各タイルに影響するプリミティブを特定しなければならない。このプロセスは**タイルビニング**(tile binning)と呼ばれる[図10-16]。GPUは各プリミティブの位置をデバイス座標で計算する。そして、プリミティブが一部でもタイルの境界内にあれば、そのプリミ

---

*7 [訳注] 2019年に発売されたATI Radeon VIIでは、メモリ帯域は1,024GBps、搭載メモリは16GBである。

ティブをレンダリング対象のプリミティブのリストに追加する。続いて、そのタイルの出力画像に影響するジオメトリにのみ焦点を合わせて、タイルごとにレンダリングを行う。イミディエイトモードの帯域幅はローカルのオンチップメモリによって実現できる。メインフレームバッファにはレンダリングした結果を1回書き出すだけでよいため、オフチップのDRAMへのアクセスに伴う電力消費が抑えられる。

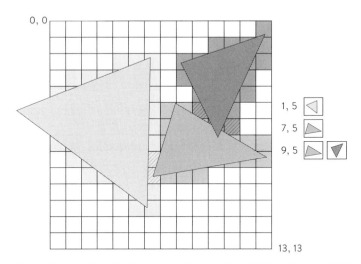

[**図10-16**] タイルビニングでは、各タイルに重なる一連のプリミティブがメモリに記録され、レンダリングは重なっているプリミティブごとにタイル単位で実行される

ビニングステップで実行される処理の量もアーキテクチャによって異なることがある。プリミティブを表から裏に向かって順に並べれば、遮蔽されたオブジェクトをレンダリングステップから完全に取り除くことも可能であり、パイプラインの以降の過程で処理能力やメモリ帯域幅をそれ以上無駄にせずに済む。この方法は**タイルベースの遅延レンダリング**（tile-based deferred rendering）と呼ばれる。次項では、他の同じような手法を見てみよう。

ジオメトリの除去

3Dレンダリングでは、大量のデータが伴うだけでなく、ジオメトリメッシュ、ライティング、フラグメント処理もより複雑になる。つまり、出力ピクセルごとに要求される計算により、現代のアプリケーションで達成可能なフレームレートが制限されるかもしれない。このため、観察者から見えないオブジェクトをパイプラインのできるだけ早い段階で取り除くことは、かなり有利な作戦である。オブジェクトの除去は一般に**カリング**（culling）と呼ばれる選択プロセスによって実現される。

現代のGPUの重要な要件の1つは、パイプラインのライティング部分と変換部分の効率のよいアクセラレーションである。これには、OpenGL ES 2.0の**頂点シェーディング**（vertex shading)というプロセスが使用される。このようなアクセラレーションを実現するには、プリミティブのデータを(それらの頂点に関連付けられている属性のメモリアドレスとともに)参照に使われる頂点の形式でGPUに提供しなければならない。シーン内のオブジェクトの位置を特定するにはこのデータを処理する必要があり、タイルベースのレンダリングによるタイルビニングには不可欠である。これらの属性は専用のメモリフェッチエンジンに蓄積される。OpenGL ES APIを通じた設定によって、属性がメモリ内の複数の配列構造に分散していることがある。このステップでは、何らかのキャッシュを使用するのが合理的だろう。頂点の参照の順序とプリミティブの種類によっては、一連のプリミティブを通して頂点の属性が何度か参照される可能性があるため、頂点の属性の再利用が予想される。頂点の参照自体は、表面が観察者のほうを向いているか、裏面が向いているかを指定する規約に従う。表向きのポリゴンを左回りのワインディング順序で定義している場合、画面空間において右回りの順で定義されたプリミティブはすべて見えなくなる可能性がある。裏面のプリミティブが表面のプリミティブに遮蔽される不透明なオブジェクトでは、この情報が特に役立つ。GPUは、プリミティブの表面の法線ベクトルを計算し、観察者の位置からの向きを特定することで、そうしたオブジェクトを見分けられる。観察者に裏面を向けているオブジェクトはパイプラインから除外されるかもしれない。これは「背面カリング(裏面カリング)」と呼ばれる。それにより、ラスタライズステップとフラグメント処理ステップが省略され、出力画像にまったく影響をおよぼすことなくパフォーマンスが改善される。

　見えないジオメトリを取り除く方法は他にもある。少し前に説明したビューボリュームを思い出そう。ビューボリュームは観察者から見える3次元領域であり、錐台と呼ばれる一部が切り取られたピラミッドによって近似される。どのオブジェクトがシーンに含まれ、どのオブジェクトがシーンから外れるかは、錐台によって決定される。ジオメトリ変換を施したオブジェクトが結果として完全に錐台の外にあることがわかった場合は、ラスタライズの前に完全に取り除いてしまえる。なお、オブジェクトがファークリップ面の内側にあったとしても、どのピクセルの色にも影響を与えないほど遠くに置かれていることもある。

　もちろん、オブジェクトが一部だけビューボリュームの外に出ていることもある。この場合は、プリミティブの見える部分をレンダリングし、残りの部分は取り除くべきである。このプロセスは**クリッピング**(clipping)と呼ばれる。プリミティブがクリップされた場合、元の頂点に基づいて三角形として表すことはできなくなり、新しい三角形が1つか2つ必要になるだろう[図10-17]。その場合、2つの新しい頂点には、クリップする前の元のプリミティブから補間された属性が含まれる。元のプリミティブの代わりにこれらのデータがパイプラインに渡されるため、ラスタライズの過程では、フラグメント処理に備えて、見える部分のサンプルだけを塗りつぶせばよい。なお、新しく作成されたエッジに沿ってバリイングの一貫性が保たれるように注意しなければならない。

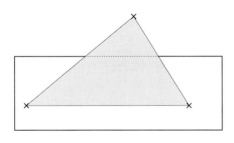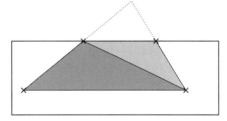

[**図**10-17] 左の図の三角形は一部がビューボリュームの外に出ているので、クリッピングによって錐台の境界に新しい頂点が2つ作成され、もともと1つの三角形だったものが2つになる

ラスタライズは大部分が固定機能のタスクであり、パイプラインに渡されるプリミティブ内のピクセルを計算するベクトル演算は、専用のハードウェアアクセラレーションに適している。変換後にポリゴンがラスタライズされるときには、各頂点に関連付けられた深度値が補間され、シーン内のプリミティブの位置に対するサンプルごとの値が提供される。不透明なオブジェクトの後ろにあるサンプルは見えないので取り除けるが、フラグメント処理の前に取り除くのが望ましい。そうすれば、メモリトラフィックが削減され、パフォーマンスがよくなる。現在フレームバッファに含まれているサンプルよりも深度値が小さいサンプルは、早めに取り除かれることがある。ただし、フラグメント処理によってサンプルの深度値が更新されず、シーン内の既存のオブジェクトが不透明であることが前提となる。この深度値に基づく除去は **early-z** と呼ばれる。early-z には明らかに遅延の問題がある。ハードウェアパイプラインですでに処理されているフラグメントが深度バッファをまだ更新していなくても、それらは既存のサンプルよりも観察者の近くにあることがわかっている可能性がある。既存のサンプルの後ろにあるものはすべて取り除いても問題ないが、深度値のテストから深度値の更新までの時間を短縮すれば、early-z の効率がよくなる。実装によっては、境界内のオブジェクトを使って early-z のテストを行い、精度を犠牲にして除去のスループットを向上させている。ハードウェアアーキテクチャによっては、マルチパスアプローチをとるものがある。つまり、フラグメント処理がまだ実行されていないうちに、すべてのプリミティブのすべてのサンプルの深度成分を計算するのである。2つ目のパスでは、最も近くにあるピクセルのフラグメントを処理するだけなので、作業量が大幅に少なくなる。この手法は **遅延レンダリング**（deferred rendering）と呼ばれる。

シェーディング

すでに説明したように、OpenGL ES 2.0では、プログラム可能な頂点シェーダとフラグメントシェーダを導入して、変換、ライティング、ピクセル処理のパイプラインの柔軟性が大きく改善されている。これらのプログラムは汎用プロセッサで実行することを想定して設計されており、GLSL言語で記述されている。OpenGL ES 2.0のパイプラインのハードウェア実装は、一般にカスタムDSP（Digital Signal Processor）を搭載しており、そうしたシェーディ

10

3Dグラフィックス

ングステップとの間で（ソースまたはシンク）データをやり取りするパイプライン関数と密接な関係がある。頂点シェーダは、頂点の位置とプロパティを属性として、また一連の行列の乗算に使用する係数とライティングモデルの定数を**ユニフォーム**（uniform）として受け取り、あとのフラグメントシェーディングステップで使用される補間式をバリイングとして出力する。フラグメントシェーダはバリイングを受け取り、組み込みのテクスチャ検索関数を使ってメモリ内のテクスチャにアクセスし、色、深度、およびステンシルに関するデータをフレームバッファに出力できる。どちらの種類のシェーダも同じ言語で記述するため、同じDSPで動作する。このため、シェーディングリソースをさまざまな仕事量で動的に分配できる。このアーキテクチャは**統合型シェーダアーキテクチャ**（unified shader architecture）と呼ばれ、多くのGPUシェーダプロセッサで採用されている。整数演算は求められないことから、これらのDSPは（少なくとも当初は）ハードウェア化された単精度浮動小数点プロセッサであり、サイズや消費電力を抑えて、ベクトル / 行列演算に合わせて高度に最適化されている。

　グラフィックス処理、特にシェーディングの決定的な特徴は、大量の演算を同時に実行できることだと言ってよい。頂点シェーダは頂点ごとに、フラグメントシェーダはサンプルごとに独立して実行され、多数の異なる入力に対して同じ操作が同時に適用される超並列アーキテクチャとなっている。このようなアーキテクチャをSIMD（Single-Instruction, Multiple Data）と呼んでいる。こうしたSIMD方式のDSPは、すべての要素（頂点またはフラグメントサンプル）に対してその処理能力を遺憾なく発揮するが、命令帯域幅はかなり控えめである。というのも、同じ命令を異なるデータに対して繰り返し実行できるからだ。このため、GPUはグラフィックス以外の計算にも非常に適している（この点については、のちほど説明する）。

　シェーディングの高い並列性を考えると、パフォーマンスのボトルネックは、メモリ内の関数やテクスチャのような共有リソースへのアクセスの結果であることが多い。マルチスレッドは、そうしたアクセスに伴う遅延を隠ぺいするために使用される。つまり、プログラムがアクセス待ちで止まっているときに、タスクを切り替えて別のプログラムを進められるようにし、遅延が見えないようにしているのである。図10-18の例を見てみよう。プログラムの途中でスレッド0がテクスチャのリクエストを発行している。このリクエストが発行されたら、スレッド1に切り替えてプロセッサを利用できるようにする。その間、スレッド0は待機（ストール）状態となり、スレッド1がストールするか終了するときに処理を再開する。スレッド0に制御が戻ったときには、テクスチャへのアクセスは完了しており、遅延は隠される。シェーダプロセッサは、一般的に2つよりずっと多くのスレッドを動作させており、仕組みが複雑になることと引き換えに、プロセッサコアを休みなく働かせるのに十分な並列化を行っている。同様に、フラグメントシェーディングの対象となるサンプルの数が非常に多いことから、これらのSIMDプロセッサコアのインスタンスも通常多数あり、すべて同時に動作している。Raspberry PiのGPUには、合計で12個のシェーダプロセッサコアがある。一般的なPCのグラフィックスカードには、数百ものコアが搭載されている。

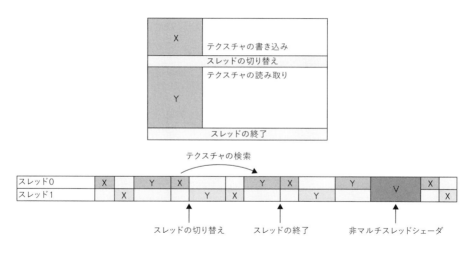

[図10-18] マルチスレッドシェーダがXとYの2つのセクションに分けられている。それぞれのセクションで同じデータへのアクセスの競合によって生じる遅延を軽減または隠ぺいするために交代でデータを処理できる

キャッシュ

　グラフィックス処理はメモリに負荷をかけるタスクであり、メモリとの間で大量のデータを頻繁にやり取りする。需要の変化や帯域幅の制限は、メモリリソースにさらに負担をかける（メモリとの間でデータをやり取りするパイプラインには、この制限は付きものである）。現代のGPUは、イミディエイトモードの最低レベルの帯域幅の要件を満たすために、キャッシュ階層をフルに利用する。一方で、メインのシステムメモリへの負荷を減らすために、十分なローカルメモリを搭載している。マルチスレッドシェーダと超並列アーキテクチャのおかげで、GPUはシステムメモリの大きな遅延に対してかなり寛容である。

　完全なハードウェアアクセラレーションによるOpenGL ESパイプラインは、各フレームを処理するたびに各種のデータストリームの読み取りと書き込みを行わなければならない。そのようなストリームの多くはハードウェアでキャッシュされる。頂点の位置と属性はメインメモリからコアに読み込まれなければならない。プリミティブの指定順序によっては、プリミティブストリームを処理するときにそれらのプリミティブを再利用できることがある。OpenGL ES 2.0のコアでは、変換とライティングは頂点シェーディングを通じて実行され、プログラムの命令とユニフォームをメインメモリから取得する必要がある。これらのプログラムはSIMDに合った特性を持っているため、このデータをキャッシュする価値はおおいにある。

　フラグメント処理ではテクスチャが大量に使用されるため、そもそもシェーディングのボトルネックになりやすい。このため、システムのパフォーマンスを考えると、テクスチャのサイズ変更や調整をキャッシュしておくことも大切である。テクスチャ（さらにテクスチャの領域）は決まった使われ方をされる傾向があり、シーン内の特定のオブジェクトの局所性に大きく依存している。たとえば、家の壁をレンダリングするとしよう。正しいLODが選択されてい

10

3Dグラフィックス

れば、隣接するフレームバッファサンプルが隣接するテクスチャサンプルに対応する可能性は非常に高い。このため、ハードウェアの設計者は、2Dのアクセスパターンを効率化したり、データの2Dブロックを作成して隣接するメモリアドレスにマッピングしたりすることがよくある。これにより、テクスチャのキャッシュの効率がよくなり、システムメモリの帯域幅や消費電力への影響が抑えられる。

イミディエイトモードのレンダラーでは、フレームバッファとメインメモリの間でキャッシュを実装することもある。この場合も、メインメモリシステムへの負荷を減らすことが目的となる。ただし、画像の解像度や色深度は高くなる一方なので、このキャッシュの効果は減っている。こうしたアーキテクチャを効率化するには、大容量のローカルフレームバッファメモリを使用するほうが一般的である。Xbox 360やPlaystation 3のようなさまざまな第7世代の家庭用ゲーム機は、これを目的として組み込みのDRAMを使用している。

Raspberry PiのGPU

Raspberry Piは、BroadcomのBCM2835アプリケーションプロセッサ（Raspberry Pi 2の場合はBCM2836）をベースとしている。BCM2835とBCM2836はどちらもVideoCore IV GPUを搭載している。このV3Dとも呼ばれるGPUは、組み込みシステムに合わせて高度に最適化されたハードウェアグラフィックスエンジンである。V3DはOpenGL ES 1.1とOpenGL ES 2.0のハードウェアアクセラレーションをサポートしており、本節ですでに説明したさまざまな手法や最適化を利用している。

V3Dは、単一のコアモジュール（単一の処理エンティティ）と、スライスと呼ばれるいくつかの計算ユニットで構成される。コアモジュールは、メインの頂点/プリミティブパイプライン、ラスタライザ、タイルメモリで構成される。スライスは、最大で4つのカスタム32ビット浮動小数点演算プロセッサ、キャッシュ、特殊機能ユニット（後述するSFU）、および最大で2つの専用テクスチャフェッチ/フィルタリングエンジンを内蔵している。BCM2835とBCM2836には、スライスを3つ搭載したV3Dが含まれており、スライスはそれぞれ4つの浮動小数点シェーダプロセッサと2つのテクスチャユニットを収容している。

また、V3Dは遅延頂点シェーディングを実装しているタイルベースのレンダラーでもある。つまり、完全な頂点シェーディングはビニングが生じたあとタイルごとに実行される。実際には、各タイルに含まれているプリミティブを特定するために、効率化された頂点シェーダを使って、変換された頂点の位置だけが計算される。この情報は他の頂点属性とともにレンダリング時に再計算されるため、メモリに格納される（およびメモリから読み込まれる）データの量が最小限に抑えられる。このように、ビニング時に位置だけを計算することを**座標シェーディング**（coordinate shading）と呼ぶ。ハードウェアのフロントエンドは、ビニング用とレンダリング用の2つのパイプラインに分かれる。紛らわしいことに、これらのパイプラインは**スレッド**（thread）と呼ばれる。ここでは話が複雑にならないように、ビニングパイプラインを説明してからレンダリングパイプラインを説明するが、これらのパイプラインは並行し

て実行することが可能であり、グラフィックスコア全体のリソースを動的に共有できる。

CLE（Control List Executor）はハードウェアへの入口であり、コアの構成に必要なコントロールアイテムのリストをメモリから取得する。この構成情報をGPU内部の他のハードウェアブロックに渡すことにより、OpenGL ES APIを通じて設定されるすべての状態がそれ以降のハードウェアプロセスに反映される。コントロールアイテムと命令の違いに注意しよう。具体的には、GPUパイプライン全体を構成するために使用される情報はコントロールアイテムを通じて伝達されるのに対し、GLSLシェーダから収集され、頂点シェーディングとフラグメントシェーディングで使用される情報は命令で構成される。

ビニングパイプラインの最初のいくつかのハードウェアモジュールは、座標シェーディングの準備のために、メモリから頂点属性を読み取る作業に使われる。頂点属性への参照は、インデックスのリストとしてCLEからハードウェアに渡される。これらのインデックスは、基本的には、OpenGL ESドライバを使って設定された配列内の属性に対するポインタであり、VCM（Vertex Cache Manager）に渡される。VCMは、VCD（Vertex Cache Direct）と連携してGPUのメモリから頂点属性を取得し、それらをVPM（Vertex Pipeline Memory）に格納する。頂点は三角形ストリップや三角形ファンで頻繁に再利用されるため、VCMはこれらのポインタを頂点属性にキャッシュする。このキャッシュにより、GPUメモリの同じ頂点情報にアクセスする回数が少なくなり、消費電力やメモリ帯域幅の要件も抑えられる。カスタムシェーダプロセッサは、QPU（Quad Processing Unit）と呼ばれる。VCMは、QPUでのシェーディングのために、頂点属性を集めてSIMDバッチにも格納する。同じ座標シェーダをさまざまな頂点で繰り返し実行できるため、1つの命令ストリームを共有するバッチに頂点データをまとめることができる。QPUについては、のちほど詳しく説明する。VPMはオンチップSRAMの12KBブロックであり、2つの次元でアクセスできる。頂点に関連する情報はすべて縦方向に一列に格納され、バッチは一連のVPMとして格納される。個々の色成分やテクスチャ座標のような個々の属性には、VPMの特定の「行」を通じてアクセスできる。これは特に座標シェーディングや頂点シェーディングに役立つ。これらのシェーディングでは、頂点データが含まれたSIMDバッチ全体にわたって属性ごとのデータを計算するからだ。

頂点属性がすべてVPMに格納されたら、座標シェーディングを開始できる。座標シェーディングはQPUの1つで実行され、QPS（QPU Scheduler）を通じて開始される。QPSはすべてのシェーディングタスクの制御を担い、座標シェーダ、頂点シェーダ、フラグメントシェーダを利用可能なすべてのプロセッサに公平に分配する（ビニングとレンダリングの並列実行が可能であることを思い出そう）。シェーダプログラムをQPUで実行するためのコンパイルとリンクはドライバが実行する——このバッチに関連付けられている座標シェーダに対する命令列とデータの場所はCLEを通じて提供される。座標シェーディングは、頂点グループの変換後の位置を計算する。位置は各プリミティブにかかるタイルを特定するために使用される。この頂点情報は、PTB（Primitive Tile Binner）から直接アクセスできるVPMの別の領域（セグメント）に格納される。PTBはタイルビニングの実行を担当し、各タイルのレンダリング時に処理しなければならない構成データとプリミティブのリストを生成する。PTB

は位置データにアクセスするため、クリッピングの最初のステップも実行する。それにより、ビューボリュームの完全に外側にあるプリミティブが取り除かれ、クリップの境界と交わるプリミティブに新しい頂点が生成される。PTBはタイルリストをGPUメモリに格納する。このデータには、CLEのレンダリングスレッドが直接読み取れる、タイルごとのコントロールアイテムとプリミティブが含まれている。このデータがメモリに書き込まれたら、各タイルを順番にレンダリングしていける。また、それと並行して、コアが次のフレームのビニングを開始することもある。

　レンダリングパイプラインの最初のステップは、ビニングとよく似ている。CLEには、タイルごとのコントロールリストを処理し、各タイルに含まれているプリミティブセットのインデックスを取得する別のハードウェアスレッドが存在する。頂点属性のデータは、別のVCMと単一の共有VCDを使ってメモリから再び取り出される。すべての頂点属性(この場合は位置成分だけでなくすべての頂点データも含まれる)がVPMに読み込まれると、QPSが利用可能な12個のQPUの1つに頂点シェーディングをスケジュールする。頂点シェーディングでは、変換後の頂点の位置とテクスチャ座標やライティングといった他の属性が計算され、別のVPMセグメントに格納される。ただし、このシェーディング後の頂点データをVPMから読み取るのはPTBではなく、PSE(Primitive Setup Engine)である。そして、PSEによってプリミティブの組み立てが開始される。PSEは、CLEが取得したインデックスとVPMの関連する頂点データに基づき、その後の補間ステップに必要な平面方程式と、各入力プリミティブのエッジに対する式を計算する。必要であれば、PSEはクリッピングの2つ目のステップも実行する。つまり、PTBによって生成された(ビューボリュームにクランプされた)頂点を取得し、その後の補間に使用される関連属性を準備する。FEP(Front-End Pipe)によってラスタライズが実行され、フレームバッファ内のピクセルのうち、プリミティブに覆われているピクセルに対応する2×2のフラグメント(クアッド)が生成される。クアッドは、LODの計算が単純になるように選択される——その後のフラグメントシェーディングステップで、テクスチャリングにLODの計算が必要になることがあるからだ。また、FEPは各フラグメントの深度もバッファに格納して、あとからラスタライズされるプリミティブのうち、フラグメントが別の不透明なオブジェクトの後ろにあるものをパイプラインの早い段階で除去できるようにする。これにより、フラグメントシェーディングで無駄な計算を行わずに済むようになるため、パフォーマンスがよくなり、消費電力が抑えられる。

　これらのクアッドは、フラグメントシェーディングを施すためにSIMDに適した大きさのバッチにまとめられ、フラグメントシェーダで使用できるように、補完された属性やバリイングが元のプリミティブの頂点に対する位置を利用して計算される。この処理はVRI(Varyings Interpolator)によって実行される。VRIの1つはスライスごとに存在し、4つのQPUの間で共有される。フラグメントシェーディングの準備が整うと、サンプルを処理するQPUがQPSによって割り当てられる。フラグメントシェーダ自体は、一連の命令とデータの集合体である。それらの命令とデータはドライバによってコンパイル/リンクされ、GPUメモリに配置される。それらの配置位置も、再度CLRを通じてQPUに提供される。なお、フラグメントシェーダも

スレッド化されることがあるので注意しよう。つまり、フラグメントシェーダは同じQPU上で別のフラグメントシェーダと並行して実行できる(ただし、同時には実行できない)。先に述べたように、これにより、メモリアクセスの遅延が隠ぺいされ、プロセッサの利用率が改善される。

　フラグメントシェーディングでは、基本的には、フレームバッファ内のサンプルごとに色成分が計算される(必要であれば、深度とステンシルも計算される)。各シェーダは、対数、指数、逆数のような数学演算をするために共有されているSFU(Special Function Unit)にアクセスする。また、テクスチャデータの取得とフィルタリングに特化したTMU(Texture and Memory fetch Unit)にもアクセスする。

　その作業が完了すると、フラグメント情報がタイルバッファ(TiLe Buffer:TLB)に書き出される。TLBは、各フラグメントをテストし、サンプルデータを更新する前に追加の演算を実行する。この時点で、サンプルデータが廃棄されることもあれば、深度とステンシルのテストに従って既存のフレームバッファの内容を変更するために使用されることもある。タイルに関連しているプリミティブがすべて処理され、フラグメントシェーディングが完了したあと、完成したタイルがGPUメモリにフラッシュされる。マルチサンプリングの出力では、出力ピクセルごとに4つのサンプルの平均値を求めるだけである。この作業はタイルデータがメインメモリに書き出されるときに自動的に実行される。Raspberry Piのタイルサイズは64×64ピクセルである(マルチサンプリングモードでは32×32ピクセル)。1つのタイルがフラッシュされたあと、次のタイルが処理される。透明なオブジェクトが重なった状態でレンダリングされるときには、フラグメントのシェーディングの順序がブレンドされる出力色に影響を与えることに注意しよう。複数のフラグメントのシェーディングが並行して実行される場合は、TLBの更新がフラグメントに指定された順序で行われるようにするために、ハードウェアスコアボード(Hardware ScoreBoard:SCB)が使用される。

　VideoCore IV(V3D)のGPUにおける頂点とフラグメントの処理の中心には、QPU(Quad Processing Unit)がある。QPUはマルチスレッド方式の16ウェイSIMDの32ビット浮動小数点プロセッサであり、グラフィックスプログラムのためにカスタマイズされた命令セットを備えている。QPUは、物理的には4ウェイのSIMDであり(このためQuadという名前が付いている)、2×2のフラグメントを同時に操作し、連続する4つのクロックサイクルで同じ命令を実行するように設計されている。このため、プログラマーからは16ウェイのSIMDエンジンのように見える。QPUでは、このように浮動小数点演算を複数サイクルで実行できるため、消費電力が抑えられる。QPUはそれぞれ32個の汎用レジスタを備えている。遅延耐性が特に求められるフラグメントシェーディングでは、それらのレジスタは2つのスレッドの間で分割されることがある。また、1つだけある共有のSFU/VRIユニットなど、密接に結び付いているさまざまなハードウェア周辺機器を利用することに加えて、2つのQPUごとに1つのTMUを使用する。こうしたユニットへのアクセスには特別な命令が使用され、各ユニットからの結果は5つの一時ワーキングレジスタ(アキュムレータ)のうちの2つにマッピングされて、それらもスレッド間で共有される。ALUパイプラインは2つあるため(加算用と

乗算用）、VideoCore IV GPU全体で1秒間に240億回の浮動小数点演算を処理できる（24 GFLOPS）。ソフトウェア開発者は、この計り知れない計算能力をOpenCLのような汎用コンピュータ処理用の標準APIを通して利用したいと考える。

　VideoCore IV（V3D）アーキテクチャの全体的な哲学は、ソフトウェアの負荷をできるだけ減らし、ドライバとハードウェア自体のやり取りを最小限に抑えることである。このため、チップ上の他の部分へのインターフェイスは限定されている。具体的には、コアとやり取りするための単純なプログラミングインターフェイス、GPUメモリを読み書きするためのメモリアクセスインターフェイス、そしてビニングジョブとレンダリングジョブの完了をCPUに通知するための割り込みだけだ。並列化手法と省電力手法を駆使しているV3Dは、モバイルデバイス向けの非常に効率のよいGPUであり、OpenGL ESパイプラインを高速化し、組み込みシステムに高品質なGUIと没入型ゲームを導入するうえで非常に効果的であることを実証している。

Open VG

　ここまで、OpenGLと、3Dグラフィックスのレンダリングを高速化するために特化したハードウェアの幕開けに注目してきた。しかし、2Dグラフィックスの高効率の実装にも大きな価値がある。Webが閲覧されるようになり、ユーザーがページのコンテンツを画面移動したりズームしたりしてもパフォーマンスをほとんど、あるいはまったく低下させないような、スケーラブルなフォントレンダリングの重要性が高まっている。同様に、スマートフォンでの地図やナビの表示、あるいは（もっと直接的に）グラフィックス向けの設計ソフトウェアなど、さまざまなアプリケーションで滑らかな曲線やエッジを安価に計算できる必要もある。まさにこうした状況に対してベンダー共通のサポートを提供することを目的として、ベクタグラフィックスのための別のオープン規格が策定された。それがOpen VG（Open Vector Graphics）である。Raspberry PiのGPUはOpenVG 1.1をサポートしている。

　ベクタグラフィックスは、パス、ストローク、塗りつぶしという重要な概念のうえに成り立っている。パスは複数のアンカーポイントで結ばれた1つ以上の線分で構成される。これらの線分は直線とは限らない。線分が曲線の場合は、数学の方程式とパスに関連付けられている制御点によって表される［図10-19］。これらの曲線線分は、フランスの数学者ピエール・ベジエにちなんで「ベジエ曲線」と呼ばれる。曲線間の領域はフラットシェードやグラデーション色で塗りつぶされることがある。開いたパスは開始点と終了点で構成され、これら2つの点は接触しない。閉じたパスでは、開始点と終了点が結合する。パスの定義には、点から点へのジャンプ、点を結ぶための二次方程式と三次方程式、パスに沿って補間された位置を取得する方法、そしてパスの境界ボックスまたは特定の位置におけるパスの接線が含まれる。

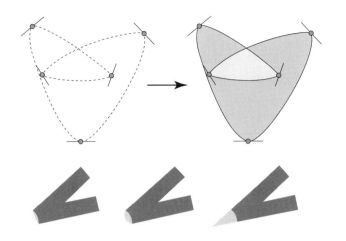

[**図10-19**] OpenVG の図形はベジエ曲線によって表されるパスで結ばれた点で構成される

　ストロークは、線幅、角の接合スタイル、線の線端など、パスのまわりのアウトラインを定義するプロセスである。角の接合スタイルには、ベベル（斜角）、ラウンド（角丸）、マイター（留め継ぎ）などがある。これらのアウトラインとパスの定義を組み合わせて、OpenGL ES と同じような方法で変換／ラスタライズが可能なオブジェクトを形成する。しかし、ラスタライズの目的は、周囲のジオメトリの範囲に応じて、各ピクセルのフィルタリング後のアルファ値を計算することである。それにより、実質的には、そのあとの描画ステップに使用する重み係数が得られる。色を塗る領域を限定するために、描画の前に矩形にクリップしてジオメトリをウィンドウ化することがある。OpenGL ES のステンシルバッファと同様に、ピクセルごとのマスクを使ってこれをさらに加工できる。加工には、明示的な消去や、アプリケーションから提供された値の加算や減算などの、固定機能の演算を使用する。

　ペインティングは、ジオメトリに色を塗るプロセスである。このプロセスでは、フラットシェーディング、線形グラデーション、または放射状グラデーションを使用する。あるいは、メモリ内の画像をサンプリングし、タイル状に並べるという方法をとることもある。ペイントされた色の値をラスタライズの出力とブレンドすると、結果としてピクセルごとの色がフレームバッファに出力される。塗りつぶしは、パスの内側にある任意の領域にペインティングを適用する。ストロークと塗りつぶしはどちらもペインティングを生じることがある。ストロークと塗りつぶしは、別々の処理ステップで別々のオブジェクトを通じて実行される。

　OpenVG はハードウェアアクセラレータの利用を念頭に置いて定義されており、その API は OpenGL ES とよく似ている。まったく別のものではあるが類似点があるため、OpenVG のサポートに（単純な機能がいくつか追加された）同じハードウェアを再利用できる。OpenVG ドライバが既存の CLE を通じて GPU を設定するには、まず、OpenVG に特化したコントロールアイテムを組み立てなければならない。各線分のベジエ曲線は、ドライバによって生成された QPU プログラムによって一連の直線に分割される。このときに、ペイント対象のジオメ

トリ領域が三角形ファン(1つの共通の頂点を中心として扇状に広がる一連の三角形)によって覆われる。これらの三角形の頂点は、VPM に格納される。タイルビニングを適用することは依然として可能である——各三角形の位置を計算し、各タイルを覆うこれらのプリミティブのセットを格納すると、タイルごとにレンダリングを開始できるようになる。

　レンダリングは2つ目のステップとして実行され、一連の変換された頂点がラスタライザによって三角形ファンとして処理される。しかし、パスによっては、複数の三角形が互いに重なり合い、ピクセルが塗りつぶし領域の内側または外側にあることが判明するかもしれない。圧縮されたカバレッジバッファには、各ピクセル位置でのカウントが蓄積される。それにより、ペイント時に陰影を付けなければならないフラグメントのマスクが得られる。このカバレッジ蓄積パイプ(Coverage Accumulation Pipe: CAP)が存在するのは、OpenVG を使用する場合だけである。ペインティングとフレームバッファの書き換えは、OpenGL ES 2.0 のフラグメントシェーディングプロセスにマッピングされる。このプロセスにより、要求されたすべての色彩エフェクトを施すのに十分な柔軟性が提供される。その柔軟性の一部は、塗りつぶし領域内での画像データのタイル表示であり、TMU の別の子画像モードを通じてサポートされる。これにより、ユーザーはメモリでサンプリングを行うための任意のウィンドウをテクスチャ内で指定できるようになる。

　OpenGL ES 2.0 をサポートするハードウェアアーキテクチャは柔軟な構成にできるため、OpenVG をサポートするにあたってハードウェアの追加コストはほとんど発生しない。よく考えられたアーキテクチャは、基本要件を超える機能を備えた価値の高いプラットフォームを提供できる。かつてのような人気はないものの、OpenVG はそのようなアーキテクチャのよい例となっている。私たちがこのことに気づいたのは、GPU での汎用コンピューティングが登場したからでもある。次は、これについて見ていこう。

汎用GPU

　グラフィックス API の需要が高まっていくのに応えて、GPU ハードウェアは頂点シェーディングとフラグメントシェーディングを並列実行するために多くの汎用プロセッサを搭載する方向に進化してきた。これにより、浮動小数点演算に大きな可能性への扉が開かれると、アプリケーション開発者や研究者がグラフィックス以外の機能に活用したいと考えるようになった。Raspberry Pi の GPU は12個の QPU と3個の SFU を備えており、1秒間に240億回(最大で270億回)もの浮動小数点演算を実行できる計算プラットフォームとなっている。PC のグラフィックスカードには、数百ものシェーダプロセッサと、1TFLOPS(1秒間に1兆回の浮動小数点演算)以上の32ビット浮動小数点演算の性能を持つ GPU が組み込まれている。そのような計算能力は、複雑な物理学シミュレーションにすでに使用されている。また、そのための専用ハードウェアがまだ搭載されていないプラットフォームで、高品質な画像処理アルゴリズムを実装する目的でも使用されている。

異種アーキテクチャ

　せっかくの計算能力を活用するには、システムアーキテクチャが、GPUへのタスクのオフロードが単純になるような設計になっていなければならない。CPUのみならず、それ以外の計算資源の利用も狙っているアーキテクチャ（ほとんどの場合はCPUとGPUの併用）を、**異種アーキテクチャ**（heterogeneous architecture）と呼んでいる。このようなシステムは通常、共有メモリ（シェアードメモリ）を通じて、CPUとGPUの間でデータを効率よくやり取りできるようにすることを目標にする。

　従来のコンピュータアーキテクチャでは、アルゴリズムの設計者が（CPUだけがアクセスできる）CPUメモリでデータ構造を作成し、それらを（GPUだけがアクセスできる）GPUメモリにコピーする必要がある。それらのデータはGPUによって処理されたあと、GPUメモリに書き戻される。

　続いて、プログラムを続行するために、これらの結果がGPUメモリからCPUメモリにコピーされる。これには問題がある。大きなデータセットを使用する複雑なアルゴリズムでは、大量のデータの移動が要求される。これにはとんでもない時間がかかり、メモリ帯域幅と消費電力の点で高くつく。

　それよりもはるかに効果的なのは、CPUとGPUを共有のメモリ領域にアクセスさせ、データのコピーをなくしてしまうことである。これを可能にするには、2つの機能が必要になる。1つ目は仮想メモリである。**仮想メモリ**（virtual memory）とは、処理ユニットに参照されるデータ構造の位置を変換し、変換後の位置を使ってメモリ内の物理的な位置にアクセスする手法である。結果として、CPUやGPUが操作するアドレス空間は、メモリ内のデータ構造のアドレス空間と直接対応しなくなる。このアドレス変換はMMU（Memory Management Unit）によって実行される。CPUやGPUが仮想メモリのアドレスを指定すると、各MMUが仮想メモリのアドレスをメインメモリの物理アドレスにマッピングする。概念的には、CPUとGPUに同じMMUマッピングを提供すれば、メモリブロックを共有できるようになる。CPUとGPUが実際にやり取りするのは、データそのものではなく、メモリへのポインタである。2つ目の機能は、メモリの一貫性である。CPUとGPUから見たメインメモリが同じものであるとしても、データを再利用するためのキャッシュ階層は別々に存在する。CPUとGPUのローカルキャッシュに同じデータのコピーがあり、どちらか一方のユニットがそのデータを更新した場合、もう一方のユニットはコピーを更新する必要があることをどのようにして知るのだろうか。この問題には2つの解決方法が考えられる。1つ目は、ハードウェアブロードキャストを送信し、メインメモリからデータを再度取り出さなければならないことを、そのキャッシュを利用するすべての利用者に知らせる方法である（そのようにしてシステムの一貫性を保証する）。2つ目は、開発者がキャッシュの使用状況を追跡し、データの古いコピーを持っているキャッシュを明示的にフラッシュする方法である。どちらの問題も解決するのはそう簡単ではない。

CPUとGPUが同じメモリへのアクセスを共有するとなれば、どのタスクをオフロードするのか、それらをどのようにして管理するのかを決めなければならない。シェーダプロセッサは並列処理を念頭に置いて設計されているため、ソフトウェアを使って計算を独立したグループに分け、それらのグループを同時に実行できるようにするのが一般的である。せっかくの並列処理を存分に活用するために、通常は、これらのグループのサイズを各シェーダコアのSIMD幅と一致するように調整する。画像処理では、フィルタカーネルが多くのピクセルを同時に処理しなければならない。そう考えると、画像処理は必然的にGPUに適している。各画像サンプルは複数のカーネルによって同時に使用されることがあるため、それらのカーネルはグラフィックスで使用されるテクスチャキャッシュハードウェアから大きな恩恵を受ける。ただし、それぞれの要素は独立しているため、そうした一連の仕事を常に割り当てられるとは限らない。プログラムの次のステージを開始する前に、グループ内のすべての要素を完了させる必要があるかもしれない。まさにそうした状況に対処するために同期プリミティブが用意されている。**バリア**（barrier）は、実行を継続するにあたってプログラム内のすべての要素が到達していなければならないポイントである。バリアを実現する方法はさまざまだが、ドライバソフトウェアの負荷を削減するために、そうした状況には専用のハードウェアで対処するのが一般的になりつつある。

NOTE CPUとGPUがメモリアクセスを共有できるようにすることは、限られた帯域幅と処理能力という問題への1つの解決策にすぎない。他に、ボトルネックの回避に焦点を合わせた解決策がある。たとえば、ダイレクトメモリアクセス（Direct Memory Access：DMA）は、入出力（I/O）デバイスがCPUを介さずに直接メインメモリとデータをやり取りできるようにする手法である。それにより、I/Oデバイスとメモリの間の通信を効率化しながら、CPUを他のタスクのために解放する。また、PCIe（PCI Express）バスを通じてGPUがFPGA（Field Programmable Gate Array）と直接やり取りできるようにして、システムメモリをバイパスするという方法もある。FPGAとは開発者が構成できる集積回路である。

OpenCL

OpenCL（Open Computing Language）がベンダーに依存しないフレームワークとして最初にリリースされたのは、2009年4月である。このフレームワークでは、CPU、GPU、FPGA、DSPといった異種システムにまたがってプログラムを実行させることが可能だった。要するに、OpenCLは並列計算のための標準インターフェイスである。また、OpenCLでは4つのレベルのメモリ階層も定義している。それらは、グローバルメモリ、読み取り専用メモリ（CPUのみが書き込み可能）、ローカルメモリ（処理要素によって共有される）、プライベートメモリ（処理要素ごとに存在）である。ただし、このメモリ階層の各レベルをハードウェアで実装す

ることは要求されていない。また、CPUとGPUの間の共有メモリが必須であることも明示されていない。こうした柔軟性により、プラットフォーム間でのOpenCLの移植が可能になったが、許容される実装範囲の広さと引き換えに、パフォーマンスの保証はなくなる。しかし、汎用的な計算機能の提供がブームとなったことを受けて、OpenGL ESはバージョン3.1のAPIでコンピュートシェーダの概念を導入している。現時点では、コンピュートシェーダは標準グラフィックスパイプラインにおいて頂点シェーダやフラグメントシェーダと共存している。

　Raspberry PiのGPUはOpenCLに対応していないが、汎用シェーダを実行するためのメカニズムを用意している。VideoCore IVでは、このメカニズムは**ユーザーシェーダ**（user shader）と呼ばれている。ユーザーシェーダはQPUで実行するプログラムであり、メモリから取得するデータと命令の開始アドレスをプログラムすることにより、ハードウェアに直接発行できる。ユーザーシェーダはVideoCore IV（V3D）のFFT（Fast-Fourier Transform）ライブラリの記述に使用されており、Raspberry PiのWebサイト[8]からダウンロードできる。

---

*8　https://www.raspberrypi.org/blog/accelerating-fourier-transforms-using-the-gpu/

10

11章 オーディオ
Audio

　コンピュータのサウンド機能が大事なのは確かである。映画／動画業界では、昔から「サウンドが作品の7割」と言われている。サウンドには、目で見たものを際立たせ、雰囲気を盛り上げ、興奮感を高め、視聴者に刺激を与えるという効果がある。コンピュータゲームはサウンドの重要性を裏付ける格好の例である。

　手短に言うと、本章では、コンピュータのサウンド全般を取り上げ、Raspberry Pi のアーキテクチャが音楽やその他あらゆる種類のサウンド操作をどのようにサポートするのかを具体的に見ていく。ここでは、アナログオーディオとデジタルオーディオ、HDMI（High Definition Multimedia Interface）サウンド、1ビットDAC（Digital Analog Conversion）、信号と音声の処理、そしてI²S（Inter-IC Sound）について説明する。I²S はデジタルオーディオ信号を伝送するための通信プロトコルである。

　また、Raspberry Pi のオンボードサウンドの入出力機能についても取り上げる。まずコンピュータにおけるサウンドの基礎と簡単な歴史から始めることにしよう。

聞こえますか?

　第二次世界大戦が終結した直後、最初のコンピュータは無音だった——もちろん、機械式コンピュータの装置がたてる機械音や、電源装置のブーンという音、電源を入れたメインフレームの中で真空管がたてるチリチリした音は別である。そして、ソフトウェアの誤動作を防いだり、誤動作から回復したりするための OS がないことや、プログラムの欠陥のせいで、そうしたモンスターマシンがクラッシュしてしまい、時間のかかるリブートを余儀なくされたときには、オペレーターの言語も下品になりがちになった。

　ここで言う「言語」とは、COBOL や FORTRAN、あるいはもっと現代的な Python や JavaScript のようなものではない。戦争中に戦場で兵士や船乗り、飛行士から教えられ、成長過程にあったデータ処理分野で使われるようになったあと、オペレーター仲間に惜しみなく伝えられた、粋な言葉のことである。

この2つの段落を読んでいるとき、たとえ頭の中だけだったとしても、サウンドが聞こえたはずだ。音は舞台装置を盛り上げ、雰囲気を醸しだす。音は重要である。映画『2001年宇宙の旅』で、コンピュータHAL 9000が「デイジー・ベル」を歌う有名なシーンを思い浮かべてみよう。（1961年に）IBM 7094がこれを歌ったことから着想を得て、HALは映画製作やコンピュータで合成された音声の歴史において象徴的なシーンを作り上げた。当時は特殊効果が使用されていたが、コンピュータのサウンド機能はすぐに現実のものとなった。

MIDI

コンピュータサウンドの夜明けがやってきたのは——少なくともユーザーの関心の広がりという意味では——パーソナルコンピュータが登場したときだった。本書では、それはCommodore 64、Radio ShackのTRS-80、そしてApple IIが人気を博していた1980年のことだったと考えている。そして、1981年にIBMの初のIBM PCが市場に登場すると、実社会の仕事はもちろん、ゲームのような娯楽目的にもパーソナルコンピュータを使い始める人が増えた。その結果、パーソナルコンピュータが奏でるサウンドはますます重要になった。特筆すべきは、音楽に興味を持つ人々により、コンピュータに音楽の制作を手助けさせる方法が考え出されたことである。

1981年、MIDI（Musical Instrument Digital Interface）は音楽業界に衝撃を与え、プロかアマチュアかを問わず、音楽家を興奮の渦に巻き込んだ。今では、まさにあなたのパーソナルコンピュータで音楽を**データ**に変えられるようになった。そのデータをシーケンサ[*1]と呼ばれるデバイスに読み込み、編集したうえで保存すれば、あとから再生することだってできる。これは素敵だ。

もちろん、大勢の人が、自分のパーソナルコンピュータがこの目的にぴったりだと考えた。ほどなく、MIDIアドオンカードとシーケンサソフトウェアが発売された。人々はMIDIプレイヤーをコンピュータに追加できるようになり、あらゆる種類のMIDI音楽を（インターネットの先駆けだった）電子掲示板からダウンロードできた。

サウンドカード

当然ながら、音楽を聴くことができなければ、音楽を楽しむのは難しい。IBM PCのような初期のコンピュータの多くは確かに小さなスピーカーを内蔵していたが、それらはたまに鳴る診断ツールのビープ音やその他のシステムサウンドを流す程度のものだった。事実、そうした意図で設計されていた。内蔵スピーカーから出せる音の周波数は限られていて、とても低出力だった。音楽をまともに再生しようと考えること自体、土台無理な話だったのである。

---

*1　［訳注］音楽を作成したり演奏したりするデバイス。

かなり長い間、パーソナルコンピュータでよい音を聞くには、アドオンカードを使用するのが最善策だった。サウンドカード機能がコンピュータに当たり前に組み込まれるようになるのに6年ほどかかった。

　1988年頃からサウンドカードが店頭に並ぶようになり、よいカードが選べるようになった。このことは、多くのコンピュータ所有者にとってデジタルオーディオが選択肢の1つから必需品になったことを意味していた。これらのカードはアンプ機能を搭載しており、外部スピーカーをサポートしていた。これは現在のパーソナルコンピュータの標準とほぼ変わらない。

　以前はサウンドカードを追加で購入しなければならなかったが、現代のほとんどのパーソナルコンピュータには、それなりに上質なサウンドカード、スピーカー、ネットワークアダプタ、その他のアクセサリが最初から組み込まれている。しかし、最高のサウンドを実現するために、スピーカーから家全体を振動させるほどのサブウーファーベースボックスまで、幅広い選択肢がある。

　アドオンサウンドカードを搭載したコンピュータでは、スピーカーからの出力をマイク入力につないでデジタル録音することも可能だった。本格的なプロ仕様のサウンドカードが多数販売され、コンピュータをスタジオレベルのサウンドエディタ/ミキサーに変えられる。

　現在のコンピュータサウンドは感動的である。さっそく、その仕組みを調べてみよう。

アナログとデジタル

　人々が音を操り、録音するようになったのは19世紀のことだった。アレクサンダー・グラハム・ベルが発明した電話機［図11-1］や、トーマス・エジソンの蓄音機などを思い浮かべてみよう。この種のサウンドの生成と録音では、**トランスデューサ**（transducer）を使って空気圧の変動を電気的な波形に変換していた。電気波形の周波数と振幅は、実際のサウンドと一致するように変換されていた。マイクはトランスデューサの1つである。トランスデューサとは逆の働きをするスピーカーで再生すると、録音されたサウンドに近いものが聞こえた。この種の録音は**アナログ**（analog）方式である。

［**図11-1**］1876年にアレクサンダー・グラハム・ベルが最初の電話機で最初の通話をしている有名な写真。「Come here, Mr. Watson, I want to see you（ワトソン君、ちょっと来てくれ）」はすべてアナログ音声である

その後100年にわたって、アナログ録音技術は実際に大きな進歩を遂げた。ハイエンドなステレオ装置で再生されたテープやレコードは「まるでその場にいるかのような」品質に確実に近づいていた。となると、「アナログがそんなによいのなら、なぜ変えるのか」という疑問が湧いたとしてもおかしくない。

その答えは簡単だ。良質なのは第一世代の録音、つまりオリジナルの録音だけだからである。たとえば、レコーディングスタジオで録音したマスターテープを別のテープにコピーすると、わずかにノイズが生じ、くねくねしたオーディオ波形がわずかに歪む。コピーをコピーすると、静電ノイズ、ヒスノイズ、笛吹き音など、ノイズがますます増えていく。そのうえ、コンピュータはデジタルなので、アナログで録音された音声はそのままでは操作できない。

デジタルオーディオ（digital audio）なら、ノイズの問題は解決し、いくらでも簡単に編集できる。デジタルレコーダーに（マイクから、あるいはアナログテープやその他のメディアから）入力されたサウンドの波形は、レコーダーによってコンピュータが理解できる2進数の1と0に変換される。つまり、サウンドは**データ**となり、.wavや.mp3などのオーディオファイルに保存される。

デジタルオーディオファイルは、数百回、数千回、数百万回コピーしても、第一世代のファイルとまったく同じ品質を保つことができる。ノイズが紛れ込むことはいっさいない。それに加えて、ファイルはデジタル形式になるため、編集、カット、音質の調整、ミキシングをあらゆる方法で行える。

ひと昔前は、すべての電子サウンドがアナログ技術によって提供され、サウンド自体は実際に聞こえるものを録音したものだった。それは過去の話であり、音楽やその他のサウンドはすべて、ソフトウェアを使って、すべてデジタルで、一から作成できる。このバーチャルミュージックや効果音の作成、さらには人工的な「会話」の合成は、インターネットで提供されている数百もの音楽制作プログラムによって支えられている。

まとめると、アナログオーディオとデジタルオーディオを比較した場合、主に3つの理由でデジタルに軍配が上がる。

- サウンドや楽曲が操作しやすいコンピュータデータになる。
- 何回コピーしてもノイズが入らない。
- ソフトウェアを使ってどのようなアナログ入力からでもデジタル音楽やサウンドを作成できる。

サウンドと信号の処理

オーディオの処理はいろいろなことを指すが、多くは、録音または作成されたデジタルオーディオファイルを意図をもって加工することである。ここでは、オーディオ処理をざっと紹介する。続いて、サウンドの再生と入出力を可能にするハードウェアの詳細やコンピュー

タアーキテクチャについて説明する。最後に、Raspberry Piとそのオンボードサウンドハードウェアを使ってサウンドを実際に編集する方法について説明する。

　デジタルオーディオが登場すると、古い手法はすぐにコンピュータを使ったオーディオの操作に置き換えられた。今では、音楽業界、放送、自宅での録音などのほとんどがデジタルオーディオである。インターネットはポッドキャスト（ラジオ番組のような録音番組でオンライン再生に向いている）だらけであり、音楽好きな人々によって毎日数百万もの音楽ファイルがダウンロードされている。

　コンピュータ化されたオーディオ操作には、何種類かの形態がある。

- ファイルを編集して、サウンドの削除、追加、音量（ボリューム）の調節などを行う。
- リバーブなどの特殊音響効果（エフェクト）をかけてオーディオを録音したり、編集時にエフェクトをかけたりする。
- ファイルを圧縮して高振幅と低振幅を均等にし、音質を高める。
- コンピュータでの操作、データの収集、またはさまざまな形態のデジタル通信のために、オーディオの情報をエンコード／デコードする。

編集

　アナログサウンドしかなかった時代、編集は面倒な作業だった。録音に含まれている小さなノイズを取り除くには、テープを頭出しし、不快な音が記録されている場所にアタリをつけ、かみそりの刃かはさみを使ってその部分を切り取り、テープを元どおりにつなぎ合わせる必要があった（映画の編集も同じ方法で行われていた）。それでうまくいくのかというと、決してそうではなかった。

　今日のデジタルオーディオ編集では、画面の波形を調べ、マウスポインタを使って不要な部分を選択状態にし、[Delete]ボタンを押せばよい。ファイルを再生してみても、編集した箇所はわからない。

　編集では、音量（ボリューム）の調整、ノイズ（屋外で録音しているときにマイクが拾う風の音、コンサートで誰かが咳をする音など）のカット、さまざまなエンハンスエフェクトを加えるなど、他にもいろいろなことが可能である。エフェクトについては、のちほど説明する。

　多数の**トラック**（track）を**ミキシング**（mixing、オーディオ波の重ね合わせ）することも、編集のうちである。たとえば、オーケストラの演奏を録音するときには、コンサートホールのあちこちに20本以上のマイクを設置して、別々のトラックに録音することがある。この録音の最終編集者は、さまざまなトラックを組み合わせる、特定のトラックを際立たせるなど、ありとあらゆる魔法を使って、より心地よく感動的な結果を生み出せる。

圧縮

オーディオ波形を**圧縮**（compression）すると、他の低品質の再生よりも高品質なオーディオを伝送できる。昔のAM放送の録音や1930〜1940年代の映画はその典型例である。特に人の声は甲高くなってしまい、現代の放送や映画ほど深く豊かな音声ではなかった。ラジオの音声では、過変調のダメージから送信機を保護し、ひずみを防止するオーディオリミッタ回路によって、声の甲高さが強調されていた。つまり、放送中にアナウンサーが大声で叫ぶと高価な送信機が吹き飛び、放送が中止にならないとも限らなかった。

この状況が一変したのは、1960年代のCBSラジオネットワークのAudimaxシステムなど、先駆的なエフェクトシステムが圧縮の実用化に取り組み始めたときだった[*2]。圧縮技術により、音声や音楽をより正確に、ひずみを生じさせずに再生できるようになる。

人気の高い圧縮は次の2種類である。いずれもRaspberry Pi用のソフトウェア（Audacityなど）でサポートされている。

- **音声圧縮**（audio compression）
  オーディオ波形のデータ量を減らし、容量や通信速度に限りがあるCD、MP3、インターネットラジオなどでも、品質をほとんどあるいはまったく損なうことなく、正確な再生を可能とする。
- **ダイナミックレンジ圧縮**（dynamic range compression）
  大きな音と小さな音の音量差を小さくして、サウンドを忠実に再現する[*3]。

エフェクトを使った録音

サウンドファイルのすべてまたは一部に演出を加える機能を**エフェクト**（effect）と呼ぶ。エフェクトは、元の録音にはない雰囲気、興奮、豊かさなどをサウンドに加える。エフェクトにより、冴えない現実を魅力的な仮想の音風景に変えることができる。1つのサウンドに複数のエフェクトを適用することも可能である。エフェクトの一般的な例をいくつか挙げてみよう。

- **エコー**
  大きなホールや洞窟の壁に音が響きわたる効果を与える。
- **コーラス**
  ごくわずかな遅延を追加して、録音された1つの声を複数人の声に聞こえるようにする。あるいは、録音された声のグループをもっと大勢の声に聞こえるようにする。

---

*2 ［訳注］Audimaxは、CBSラジオの研究部門であるCBS Laboratoriesが開発した装置で、音声レベルを自動制御できた。

*3 ［訳注］ダイナミックレンジ圧縮により、大きな音にまぎれて聞き取りにくい小さな音が聞きやすくなる。

- **ピッチシフト**

  音楽やその他のサウンドの高さを変更する。たとえば、トラックをコピーし、コピーの音程を1オクターブ上げるか下げるかしたうえで元のトラックと混ぜ合わせると、おもしろい効果を出せる。また、俳優の声のピッチを変えて、アニメのキャラクターに使用することもできる。さらに、ピッチシフトを使って音程の外れた歌手のピッチを変更し、正しい旋律にすることもできる。

NOTE カラオケ装置のなかには、ピッチシフトをリアルタイムに適用して、実際よりもうまく聞こえるようにするものがある。この技術は**オートチューン**（autotune）と呼ばれる。最近では、ポップカルチャーでよく見られるようになっており、プロの歌手も使用している。

- **ロボットボイスエフェクト**

  人間の声を機械的に合成されたものに変える。ピッチシフトエフェクトを追加すると恐怖感を出せる。

- **タイムストレッチ**

  ピッチに影響を与えることなく、オーディオ信号の速度を変化させる。

エフェクトはこの他にも、オーディオ編集ソフトウェアに用意されているもの、ダウンロードして必要に応じて追加するものが、数百種類ある。図11-2は、Creative Cloud の Adobe Audition の例である。プロ仕様のサウンド編集プログラムであるAdobe Audition には、音声編集機能が豊富に揃っている。

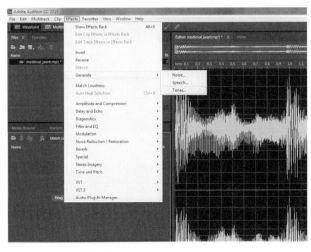

［**図11-2**］Adobe Auditionで利用可能なさまざまなエフェクト

通信のための情報のエンコードとデコード

音声認識は、ソフトウェアやコンピュータを制御するための情報符号化手段の一例である。たとえば、「ストップ」と言うと、コンピュータのプログラムが終了する。これは「ストップ」という言葉がエンコードされた「ストップ」という単語と比較され、認識され、コマンドが開始されるからである（もちろん、そのためにはコンピュータにマイクが取り付けられ、単語を識別してエンコードされた単語と比較するソフトウェアがインストールされていなければならない）。

センサー、産業機器、通信衛星、そしてモノのインターネット（Internet of Things：IoT）上に存在するその他数千ものデバイスは、さまざまな方法で変調されたオーディオ信号を使って情報をやり取りする。これらのオーディオ信号は単語とは限らず、オーディオ波形にエンコードされたさまざまなコマンドや他のデータの場合がある。**デコード**（復号）とは、情報を取り出して使用するプロセスのことである。

ラジオやテレビの放送局は、変調した音波を放送局に割り当てられた無線周波数の搬送波に乗せて、音声や音楽を送出する。送出される電波の波形は、番組の素材でエンコードされる。受信器はそれをデコードし、サウンドに変換して音声や音楽を楽しめるようにする。

別の例を見てみよう。アマチュア無線家がモールス信号を送っているのを見たことがあるだろうか。これはサウンド操作である。モールス信号は数百、数千マイルを旅して別のアマチュア無線家の受信機に届き、**トン**と**ツー**に復元される。ラジオテレタイプ（RTTY）などのもっと洗練された通信方式や、JT65またはJT9のような最先端のデジタル通信（低信号モードではわずか数ワットで安定した大陸間通信が可能）にも同じことが当てはまる［図11-3］。

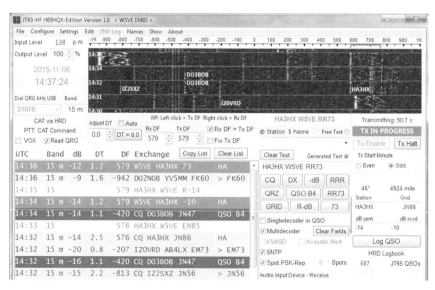

［**図11-3**］ハンガリーのアマチュア無線家と交信するノースカロライナ州のアマチュア無線家。入力したメッセージは、コンピュータによってデジタル波形に変換され、無線信号の変調に使用される。変調後の無線信号は、ヨーロッパのアマチュア無線家のコンピュータによって受信され、デコードされる

サウンドや信号を処理するアプリケーションの数は急速に増えている。

1ビットDAC

デジタル／アナログ変換回路はDAC（Digital-to-Analog Converter）、アナログ／デジタル変換回路はADC（Analog-to-Digital Converter）と短くまとめて記される。DACはビットストリーム変換装置とも呼ばれる。

少し前に、デジタルオーディオがアナログオーディオよりも優れている点を説明したが、デジタルオーディオがアナログオーディオに完全に取って代わったわけではない。なぜだろうか。結局のところ、Raspberry Piボードの3.5ミリのオーディオコネクタにヘッドホンを差し込んで、音楽を聴くからだ。ヘッドホンはトランスデューサであり、録音されたアナログ波形を音波（空気振動）に変換し、鼓膜に伝える。これを可能にするには、Raspberry Piボード上で何らかのデジタル／アナログ変換を行わなければならない。Raspberry Pi 2/B+のオーディオコネクタでオーディオとビデオを両方とも使用したい場合は、図11-4に示すようなプラグが必要になる。

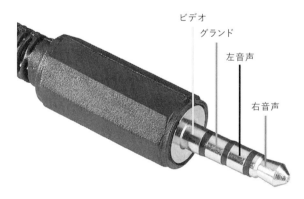

ビデオ
グランド
左音声
右音声

［**図11-4**］
Raspberry Pi対応の3.5ミリプラグの接続部

NOTE　図11-4に示されているタイプのプラグはオーディオとビデオに対応しているが、Raspberry Pi Model Bのオーディオコネクタは標準ステレオ構成で、コンポジットビデオコネクタが別になっている。
Raspberry Pi 2よりも前のモデルでは、ステレオコネクタは「3極」ではなく、オーディオにのみ使用されていた。うれしいことに、図11-4のプラグは4極（Tip、Ring、Ring、Sleeve：TRRS）だが、従来の3極のステレオプラグ（ヘッドホンのものなど）にも対応している。このプラグで4極コネクタが必要となるのは、ビデオを使用する場合だけである。

オーディオ

　30ポンドほどで売られているコンピュータに最高品質のオーディオを期待するのは無理かもしれないと心に留めておこう。とはいえ、ひどい品質というわけではなく、HDMIコネクタ使用時のサウンド自体はまったく問題がない。これに対し、3.5ミリステレオオーディオコネクタ使用時のオーディオには、それほどの品質はない。両者の違いは何だろうか。3.5ミリオーディオコネクタが出力するのはアナログオーディオであり、HDMIコネクタが出力するのはデジタルオーディオである。

　簡単に言うと、音波は時間の経過とともに振幅が連続的に変化する。アナログ / デジタル変換のADCは、1秒間に何度も繰り返しアナログオーディオ信号波の振幅を測定し、振幅を数値として記録する。それをデジタル / アナログ変換のDACでデコードすると、元のアナログ波形が復元され、スピーカーやヘッドホンで元のコンテンツを再生できるようになる。

　コンピュータでアナログ / デジタル変換の作業に使用される最も一般的な方法はパルス符号変調（Pulse Code Modulation：PCM）であり、パルス幅変調（Pulse Width Modulation：PWM）方式、すなわち振幅の点がデジタルパルスの幅を表すような波形でエンコードされる。

　一方、デジタル / アナログ変換は、PCMオーディオファイルを読み取り、格納されていた数値データに従ってアナログ波形を復元する。Raspberry Piでも、オンボードのPWMモジュールによって1ビットのDAC変換が行われている[4]。

　これはなかなか悪くない。多くのCDプレイヤー、大型ラジカセ、その他の家庭用音響機器は1ビットDAC（またはそれに相当するもの）を使用しており、すばらしいサウンドを生成する。1ビットDACは実際の数倍のレートでオーディオをサンプリングし、16〜20ビットと同様の品質で変換を行う。ただしRaspberry Piでは、復元時のサンプリングレートはわずか11ビット相当とされている。1ビットDACは安価でもある——低価格デバイスの製造業者にとって、これは重要な点である。

　問題となるのは、スタジオで美しい音楽を製作し、24ビットのオーディオファイルに保存するような場合である。1ビットDACはそのファイルを問題なく読み取るが、オーバーレートサンプリングによるアナログ波形の再構成を、ファイル本来の24ビットではなく、11ビット（Raspberry Pi の場合）から20ビットの品質で行う。この簡易なサンプリングにより、小さなひずみが紛れ込むことがある。

NOTE　オーバーレート（overrate）は、ここで説明したタイプのDACが生成するような、帯域幅が限られた波形には重要な意味がある。信号処理には、波形の最高周波数の2倍を表す**ナイキストレート**（Nyquist rate）という用語がある。原理的には、少なくともサンプリングレートがナイキストレートを超えていれば波形をより忠実にデコードできるため、ノイズやひずみが少なくなる。このオーバーレート手法が、1ビットDACでエンコードされたファイルから同等の11ビットレートを達成する仕組みである。

＊4　［訳注］1ビットDACでは高い周波数で音声をサンプリングし、0と1による疎密波として表現する。

ハイエンドのアンプやスピーカーシステムを動作させるメディアセンターとしてRaspberry Piを使用する場合は、できるだけよいサウンドにしたいところである。Raspberry Piでそれを実現することは可能だが、安価で手っ取り早い解決策として、もっと品質のよいDACを取り付ける必要がある。24ビットDACであれば、より鮮明で奥行きのあるサウンドが得られる。わずかではあるが、違いは確かにある。

では、この高品質なDACとRaspberry Piはどのようにしてやり取りするのだろうか。これには、I²Sというサウンド通信プロトコルが使用される。

I²S

I²Sは、デジタルオーディオデバイスを相互接続するシリアルバスインターフェイス規格の一種であり、Inter-IC Sound、Interchip Sound、またはIISを短く縮めたものである。たとえば、I²SはRaspberry Piを外付けのDACに接続する。

だが、ちょっと待った。Raspberry Piボードに「I²S Connector」と記されたものが1つもないことに気づいただろうか。USBレセプタクルの1つを使用すれば、PCMオーディオをDACに出力できないことはないが、ひずみが生じる可能性がある。最もよい方法は、Raspberry PiボードのGPIO（General Purpose Input Output）ピンを使用することである。また、パスは短ければ短いほどよい。以上の理由により、Raspberry Pi用の外付けDACボードはGPIOピンに直接差し込むのがよい。

DACボードについては、以下が参考になるかもしれない。どれも25ポンド未満である。

- SainSmart HIFI DAC Audio Sound Card Module for Raspberry Pi 2
  https://www.sainsmart.com/products/hi-fi-dac-module-for-raspberry-pi
  Raspberry Piボードに直接差し込む。
- HiFiBerry DAC+
  http://www.hifiberry.com/products/dacplus/
  Raspberry Pi A/B/B+/2に差し込む。ただし、初期のAとBには対応しないことがある。
- Eleduino HIFI DAC Audio Sound Card Module
  http://www.eleduino.com/HIFI-DAC-Audio-Sound-Card-Module-I2S-interface-for-Raspberrypi-B-Raspberry-Pi-2-Model-B-p10546.html

---

NOTE インターネットで「Raspberry Pi DAC」を検索すると、DACボードが他にも見つかるはずだ。

Raspberry Pi のサウンド入出力

　Raspberry Piでは、サウンド入出力用コネクタとして、オーディオ出力コネクタとHDMI コネクタの2種類がある。

オーディオ出力コネクタ

　Raspberry Piボードには、標準の3.5ミリオーディオ出力コネクタがある。このコネクタには、ヘッドホンやスピーカーなど、オーディオ入力を再生し、かつソケットの接続部と適合するものを差し込むことができる。

　この出力の制約はサウンドの品質である。仕様に記載されているように、このコネクタからのオーディオ出力は11ビットである（本当によい音で音楽を聞きたい場合は、16ビットまたは24ビットが望ましい）。

　とはいえ、心配はいらない。Raspberry Piの他の制限と同様に、対策はいろいろある。たとえば、一般に販売されているUSB/オーディオアダプタを追加するという手がある。こうしたアダプタのなかには、より高品質なサウンドを出力し、「マイク入力」にも対応するものがある。このため、Raspberry Piを音声/音楽レコーダーとして使用したり、音声コマンドを使って制御したりできる。あるいは、先ほども述べたように、外付けのDACボードは最高級サウンドへの「黄色いレンガの道」[*5]である。

HDMI

　HDMI（High Definition Multimedia Interface）は、高品質なオーディオ/ビデオを再生装置へ転送するための手段として2009年代の初めに開発された。HDMIにはさまざまなバージョンが存在するが、どれも同じケーブルとコネクタを使用する。Raspberry Piボードには、HDMIコネクタが取り付けられている。

NOTE　HDMIは、大型薄型テレビのメーカー団体が共同で仕様を策定し、使用製品へのライセンス権を保有している、プロプライエタリなインターフェイスである。HDMI技術の開発はそうした大型エンターテインメントデバイスが登場した時期と重なっており、それらのデバイスに貢献した。大きな画面にはより高い画質が求められ、ホームシアターの音響システムにはより高品質なオーディオが要求される。

---

*5　物語『オズの魔法使い』に出てくる、魔法使いの住むエメラルドシティへの道。ここでは、希望へ続く道という意味で使われている。

快適な大型ディスプレイほどすばらしいものはない。Raspberry Pi のカラフルな GUI を表示してもよいし、動画を観たり、ゲームをしたりするなど、コンピュータに期待することは何でもできる。最もよいのは HDMI を使用することである。次に、HDMI 出力を使用する理由を2つ挙げておく。

- HDMI では、HDMI 互換のディスプレイコントローラから HDMI 互換のコンピュータモニタ、プロジェクタ、デジタルテレビ、またはデジタルオーディオデバイスへオーディオやビデオを転送できる。HDMI 互換のディスプレイコントローラとして Raspberry Pi を思い浮かべてみよう。
- HDMI の高い品質はまさに（Raspberry Pi ボードの黄色か黒のコネクタから出力される）コンポジットビデオを凌駕する。また、コンポジットビデオはノイズが多く、オーディオやビデオにゆがみが生じることもあるが、HDMI に提供される表示はコンポジットビデオよりもはるかに目にやさしく、HDMI のほうが解像度も高い。

Raspberry Pi の HDMI 出力からのオーディオは、3.5 ミリオーディオ出力コネクタからのオーディオよりも高品質だということを憶えておこう。アンプ内蔵型のコンピュータスピーカーやその他のパワードスピーカーの接続をよい考えだと思うかもしれない。だが、最もよい方法は、Raspberry Pi のオンボード I^{2}S を使って別の DAC に接続することである。

Raspberry Pi のサウンド

本書の「外付け DAC を使用する」という提案は決して Raspberry Pi のサウンドがよくないという不満を表しているわけではない。それどころか、Raspberry Pi のサウンド機能は申し分ない。ここでは、Raspberry Pi のオンボードサウンドハードウェアを取り上げ、この小さくてすてきなコンピュータがどのようにしてサウンドをさまざまな方法で操作できるようにするのかを確認する。

Raspberry Pi のオンボードサウンド

　Raspberry Pi 2では、すべての魔法が Broadcom BM2535 SoC で起きる。何よりもまず、このチップは Raspberry Pi 2のオーディオ機能を提供する次の3つを備えている。

- 3.5ミリコネクタ用の左右のステレオアナログオーディオを提供する DAC 変換
- HDMI デジタルオーディオ
- I^{2}S オーディオトランスポートのサポート

　魔法がどこで起きているのかわかったところで、オーディオ編集のような実践的な話題に移ることにしよう。

Raspberry Pi でサウンドを操作する

　8章で説明したように、Raspbian は最初にインストールする OS としてうってつけである。Raspbian は、Raspberry Pi 用に最適化された Debian Linux である。ここで説明するオーディオ編集方法は、Raspberry Pi にインストールされているほとんどの Linux ディストリビューションでうまくいくが、この例では Raspbian を使用する。

❯ オーディオデバイスを選択する

　現代の高機能な OS を搭載した多くのデバイスと同様に、Raspberry Pi でもほとんどの目的を達成する方法は1つではない。たとえば、オーディオデバイスを選択する方法はいくつかある。

　Raspberry Pi では、オーディオを再生する方法が2つある。1つはアナログステレオであり、ヘッドホンやスピーカーに対応するようにデジタルファイルが変換される。もう1つは、高品質なデジタルサウンドを提供する HDMI である。アナログオーディオ出力のために4極コネクタが提供されており、テレビ、ステレオシステム、その他の HDMI 対応デバイスにケーブル接続するための HDMI コネクタもある。

　デフォルトの出力方式は、Raspberry Pi ボードの4極の3.5ミリコネクタを使用するものであり、サウンドに加えてビデオ出力が可能である。先に述べたように、ヘッドホンやコンピュータのスピーカーの先端に付いているような標準の3極のミニステレオプラグを使用することも設計上可能なため、パワーコンピュータスピーカーを使って Raspberry Pi から良質のサウンドを再生することもできる。

＞デフォルトのオーディオ出力デバイスを設定する

テレビやステレオシステムに接続されたエンターテインメントセンターのコントローラとして Raspberry Pi を使用しているとしよう。そのような場合、Raspberry Pi をブートしてから HDMI を手動で選択するのは億劫である。この問題は次のようにして解決できる。

1. コマンドラインターミナルを開く（通常は黒い画面の小さなテレビのようなアイコン）。
2. sudo raspi-config コマンドを入力する（sudo は「super user do」の略であり、設定——この場合はボードの起動方法——を変更する権限を得る）。
3. ［Raspberry Pi Software Configuration Tool］画面が表示されたら［図11-5］、下向き矢印キーを使って［9 Advanced Options］を選択し、Enter キーを押す。
4. ［A9 Audio］を選択する。
5. ［Choose the Audio Output］画面で［2 Force HDMI］を選択する。
6. ［OK］に続いて［Finish］をクリックする。
7. Raspberry Pi をリブートする。

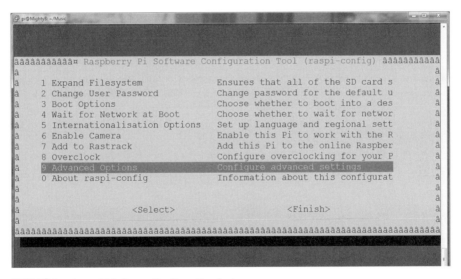

［**図11-5**］Raspberry Pi Software Configuration Tool

これ以降、Raspberry Pi はブート時に HDMI をデフォルトのオーディオ出力デバイスとして使用するようになる。

〉オーディオ出力を手動で選択する

Raspberry Pi のサウンドの出力方法を手動で選択するのは簡単である。簡単なものから試してみたい場合は、Raspbian に含まれている omxplayer ユーティリティを使用するとよいだろう。このプレイヤーは、.wav や .mp3 のような標準のオーディオデジタルファイルフォーマットだけでなく、.mp4 や .avi といったビデオフォーマットも再生する。

NOTE .mp3 は非常によく使われている音楽用ファイルフォーマットだが、プロプライエタリフォーマットである。.mp3 を再生するには、lame などのエンコーダ / デコーダをインストールする必要がある。lame は無償で配布されており、次のコマンドを使ってインストールする。

```
sudo apt-get install lame
```

あとは、それ以上何もしなくても、omxplayer が MP3 を再生するようになる。

---

omxplayer ユーティリティには GUI 機能がないため、ターミナルにコマンドライン命令を入力して使用する。たとえば、デジタルファイルの名前だけを指定して omxplayer を起動する。次のコマンドは、前項の手順で設定した内容に基づいて、デフォルトのデバイスでファイルを再生する。

```
omxplayer Beethoven_Ode_To_Joy.wav
```

次のコマンドは、3.5ミリオーディオコネクタへ出力する。

```
omxplayer -local Beethoven_Ode_To_Joy.wav
```

次のコマンドは、HDMI コネクタへ出力する。

```
omxplayer -hdmi Beethoven_Ode_To_Joy.wav
```

omxplayer ユーティリティには、他にもさまざまなオプションがある。パラメータを指定せずに omxplayer と入力すると、オプションが一覧表示される。

〉オーディオを再生する

Raspberry Pi に対応している各種のメディアプレイヤーがある。メディアプレイヤーは
オーディオファイルとビデオファイルを再生するソフトウェアである。メディアプレイヤーを
利用すれば、OS のデスクトップからの操作が可能となる。Raspbian では、手始めに XiX を
試してみるとよいだろう。Linux ARM バージョンをダウンロードすれば、Raspberry Pi にイ
ンストールできる[6]。

NOTE　メディアプレイヤーをメディアセンターソフトウェアと混同しないようにしよう。メディ
アセンターソフトウェアのほうは、エンターテインメントの選択と提供に使用するライ
ブラリやその他すべての機能をはるかに細かく設定できる。XBMC や Kodi など、PC/
Mac 用の主要なソフトウェアパッケージには、Raspberry Pi で動作するバージョンが
含まれていることがある。

先に述べたように、Raspberry Pi でも、3.5ミリオーディオ出力、さらには HDMI 出力を使
用する場合よりも良質のサウンドを提供できることは確かである。（本当の意味で）安価な
方法は USB サウンドカードを追加することであり、オンラインストアでは7ポンド以下で販売
されている。そうしたカードの多くは、スピーカー / ヘッドホン出力に加えてマイク入力を備
えている。小ぶりではあるものの、PC のサウンドカードと似ており、同じ機能の多くを備え
ている。

こうした安価な USB サウンドカードはドライバを必要としない。サウンドカードをインス
トールするには、Raspberry Pi の電源を切り、USB レセプタクルにドングルを差し込んで
Raspberry Pi をブートするだけでよい。

また、オーディオ出力デバイスを USB サウンドカードに切り替える必要もある。omxplayer
ユーティリティは現在 USB サウンドをサポートしていないため、この目的には使用できない。
代わりに、aplay というプレイヤーを使用する。omxplayer と同様に、aplay はターミナルユー
ティリティを使ってコマンドラインから制御する。

Raspbian で aplay を取得する手順は次のとおりである。

1. コマンドラインに次のコマンドを入力する。

```
sudo apt-get install aplay
```

---

[6] http://www.xixmusicplayer.org/
この Web サイトでインストール手順も確認できる。

2. USBサウンドカードのデバイス番号を確認するために、コマンドラインに次のコマンド
を入力する。

```
aplay -l
```

NOTE 手順2のコマンドのパラメータ"l"は、数字の1ではなく英小文字のエルである。

USBサウンドカードのデバイス番号を探して書き留める。本書のテストに使用している
Raspberry Pi 2では数行のリストが表示されるが、サウンドデバイスは次の2行である。

```
card 0: ALSA [bcm2835 ALSA], device 1: bcm2835 ALSA [bcm2835
IEC958/HDMI]

card 1: Device [C-Media USB Audio Device], device 0: USB Audio
[USB Audio]
```

最初のcard 0には2835が含まれており、これはBroadcom SoCの番号である。
このため、Raspberry Piに含まれているデフォルトのサウンド出力であると推測でき
る。2つ目のcard 1は、C-Media USBオーディオデバイスであることを示している。

3. デバイス番号を確認する。card 1は「デバイス0」とみなされるため、少し紛らわし
い(1つ目のデバイスに差し込む2つ目のカードを意味する。コンピュータのカード、デ
バイス、ディスクなどの番号は1ではなく0から始まることが多い)。この情報があれ
ば、USBサウンドカードに接続されたヘッドホンやパワードスピーカーで音楽を再生
できる。

4. USBサウンドカードのPCM方式を確認するために、次のコマンドを入力する(この場
合は英大文字の "L")。

```
aplay -L
```

NOTE PCMは、デジタルファイルをアナログサウンド出力に変換する際にRaspberry Piに
よって生成されるフォーマットである。PCM方式を指定するには、-Dオプションを使
用する。

数行の出力が表示される。USBデバイスの名前が含まれている2つのリストに注目しよう。このテストではC-Mediaを使用しており、最初の行はデジタル信号を変換せずに送信することを示す。これは、先ほど説明したDAC対応のデバイスを接続している場合に役立つ。しかし、テレビやステレオセットに対するヘッドホン/スピーカー/オーディオ入力はまだアナログのことが多いため、USBサウンドカードからPCMオーディオを出力させる必要がある。

```
hw:CARD=Device,DEV=0

    C-Media USB Audio Device, USB Audio

    Direct hardware device without any conversions

plughw:CARD=Device,DEV=0

    C-Media USB Audio Device, USB Audio

    Hardware device with all software conversions
```

この例では、目的のデジタルファイル（この例ではBeethoven Ode to Joy.wav）に必要な-Dパラメータの情報は、plughw:CARD=Device,DEV=0である。

5. USBサウンドカードを通じてオーディオファイルを再生するには、次のコマンドを使用する。

```
aplay -D plughw:CARD=Device,DEV=0 Beethoven_Ode_To_Joy.wav
```

ただし、必要な情報がもう1つある。その情報は、上記の-Dパラメータにある。omxplayerやその他多くのユーティリティと同様に、パラメータを指定せずにユーティリティの名前を入力すると、利用可能なオプションの一覧が表示される。その方法で-Dの行を調べると、次の情報が見つかる。

```
-D  --device=NAME    select PCM by name
```

読者はおそらく、便利なGUIを備えたプレイヤーをインストールし、デスクトップから実行したいと考えているだろう。多くのプレイヤーにはデスクトップアイコンがあり、そのアイコンをクリックすれば、オーディオ出力を切り替えることができる。

〉フリーの高機能なサウンドエディタをインストールする

Raspbianでそのまま実行できる（そしてRaspbianからインストールできる）高機能で便利なサウンドエディタの1つは、Audacity [7]である。

Audacityは、ブログの作成、多層サウンドエフェクトの作成、プレゼンテーション用のオーディオの取り込みなど、あらゆる目的に役立つ便利なツールである。

Raspberry PiにAudacityをインストールするには、ボードがインターネットに接続されていることを確認したうえで、次のコマンドを入力する。

```
sudo apt-get install audacity
```

[Menu]ボタン（RaspbianのGUIではラズベリーの隣にある）をクリックし、[Run]ボックスにaudacityコマンドを入力する。プログラムが起動し、図11-6のような画面が表示される。ベートーベンの感動的な「歓喜の歌」（.wavデジタルオーディオファイル）が読み込まれて編集できる状態になっている。

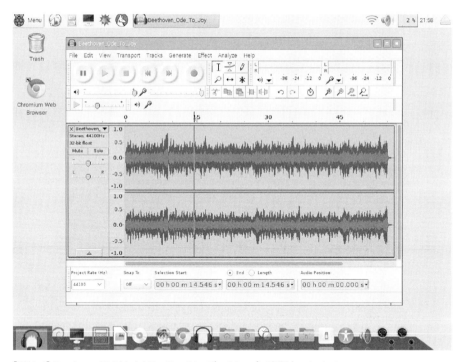

[図11-6] Raspberry Pi 2 Model BのRaspbianデスクトップで実行中のAudacity

---

*7　https://www.audacityteam.org/

オーディオファイルの編集は、ワードプロセッサを使ってテキストドキュメントを編集するのと非常によく似ている。変更したい個所にカーソルを移動し、左マウスボタンを押しながらドラッグして、波形の領域を選択する。[Delete]ボタンをクリックして選択部分を消去すると、波形が継ぎ目なく短縮される。コピー、貼り付け、元に戻す機能はすべてワードプロセッサとまったく同じ仕組みである。

Audacityには、非常に多くのエフェクトが用意されている。それ以外にも、エフェクトをダウンロードしてインストールできる。図11-7は、Audacityに用意されているエフェクトの一部を示している。メニューバーで[Help]をクリックすると、それらの使い方と用途が表示される。

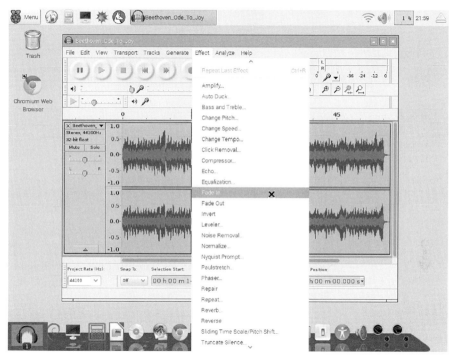

[図11-7] Audacityの[Effect]メニュー

図11-6は、左右のチャネル（2つのトラック）のステレオ波形を示している。ただし、トラックは2つだけに限られない。ギターを弾きながら録音し、バンジョー、トランペット、ドラムなどで同じ曲を演奏する別のトラックを追加する。それらを同期させたうえで、エフェクトをいくつか追加すると、立派な音楽作品が完成する。すべてのトラックを左右のステレオにミックスダウンすれば、ヒット曲のできあがりである。

11

オーディオ

図11-8は、Audacityの4つのトラックを示している。ここでは、「歓喜の歌」の2つのオリジナルトラックをコピーして、2つの追加のトラックに少しずらして貼り付けている。結果を再生すると、興味深いサウンドになる──心地よいとは言えず、何だか奇妙だが、おもしろい。

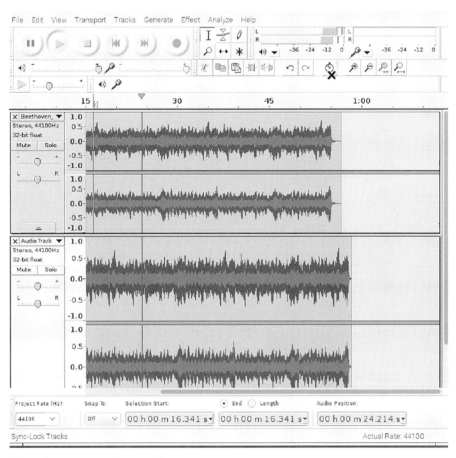

［**図11-8**］Audacityでのトラックの追加

〉エンコードとデコードについて

オーディオファイルとビデオファイルには、コーデックと呼ばれる規格が使用されている。**コーデック**（codec）とは、デジタルストリームやデジタル信号のエンコードやデコードを行うデバイスやソフトウェアのことである。エンコード / デコードを行う理由としては、記憶域を節約するためのファイルの圧縮、コピー防止用の暗号化、再生品質の改善などが挙げられる。Raspberry Piのハードウェアは最も一般的なフォーマットのデコード方法を扱える。必要であれば、他のフォーマットを追加することもできる。

12章 入出力
INPUT / OUTPUT

コンピュータ化されたデータ処理をその本質にまで突き詰めると、必要なのはコンピュータの**入力**（input）と**出力**（output）の2つだけ——つまり、I/Oだけになる。データとコマンドを渡せば、処理されたデータが返ってくる。いたって単純な概念だが、電子計算機には70年以上もの歴史があり、多種多様な周辺機器が互いに結び付いて発展してきたことから、そう単純ではなくなっている。

本章では、I/Oとその背後にあるコンピュータアーキテクチャを通じてこの複雑さを解明しようと考えている。言うまでもなく、実践的な用途を視野に入れながら、Raspberry Piを重点的に見ていく。

まず、インターフェイスと関連プロトコルの歴史を簡単に振り返ることから始める。次に、UART、USB、SCSI、IDE/PATA、SATA、I^2S、I^2C、SPI、GPIOなどが絡むさまざまなI/O方式を調べる。まさに、両手いっぱいの頭文字からなる単語だ。だがそのほとんどは、本章で定義および説明する具体的なI/Oニーズに対して見事な解決策を提供する。

最後に、Raspberry PiでのGPIO（General Purpose Input Output）の使用に関するセクションを設けている。Raspberry Piは、どのモデルでも2列に並んでいるGPIOピンによってほとんどのコンピュータとは一線を画している。これらのプログラマブルI/Oを使用することで、小さな点滅するLEDライトから、何千ワットもの電力を消費する巨大な電気モーターまで、あらゆるものをこのクレジットカードサイズの（Raspberry Pi Zeroの場合はさらに小さい）ボードで制御できるようになる。

では、測定と自動制御の友、入力と出力を紹介しよう。

入出力の紹介

計算のためのデバイスは、多くの人々が認識しているよりもずっと以前から存在している。そろばん（針金に通された玉を使って単純な足し算と引き算を行う道具）は、紀元前数世紀に歴史のベールに包まれてバビロンで誕生したとされている。古代の沈没船で発見された有名なアンティキティラ島の機械は、紀元前1世紀頃の、星や惑星の動きを予測するための

装置だと推定されている。こうした道具の仕組みは現代のコンピュータのものとは異なっているが、どちらも入力を受け取り、出力を生成する。

　現代のI/Oが登場するのはもっとずっとあとのことで、それはマウスから始まった。

　初期のコンピュータの使い方は、コンピュータが得意としていたこと——つまり、算術計算とデータ処理に焦点を合わせていた。しかし、コンピュータが現在のような万能な協力者となるには、より効果的な入力と出力が必要だった。パンチカードや磁気テープはとにかく遅かった。ターミナルが登場し、キーボードからテキストを入力するとコンピュータが画面にメッセージを返すようになって改善されはしたものの、キーボードがコンピュータに接続されるようになったあとも使いにくいことに変わりはなかった。

　コンピュータとユーザーはよりよいインターフェイスを求めていた。それに加えて、コンピュータは他のコンピュータとやり取りする必要があり（ネットワーク）、さまざまな形式のデータを超高速で**正確**に交換する必要があった。このため、I/Oハードウェアの手法や通信プロトコルが雨後の筍のように登場した。そうしたものが本章の基本的なテーマであるわけだが、まず、コンピュータとユーザーのインターフェイスから見ていく必要がある。

　コンピュータのまさに「顔」を変化させたのは、次の2つの発明である——グラフィカルユーザーインターフェイス（GUI）と、今ではすっかりおなじみのマウスである。どちらが先に誕生したのだろうか。やや意外なことに、先に誕生したのはマウスであり、それは軍事機密だった。

❯ マウス

　マウス（mouse）はコンピュータの周辺機器であり、平面上で2次元の動きを検知し、カーソルの動きに変換する。カーソルはコンピュータの画面上の矢印かなにかのグラフィックである。マウスのボタンをクリックすると、さまざまなコマンドがコンピュータに送信される。

　初期のマウスは、動きを感知するためにゴム引きの小さなボールを使用していた。現在のほとんどのマウスはLED光源と各種の光センサーを使用している。また、最近では多くのマウスが無線（ワイヤレス）で、本物のネズミのしっぽのように後部から伸びるコードはなくなっている（そうした姿だったからマウスという名前が付いたわけだが）。

　最初のマウスは、1960年代にスタンフォード研究所のダグラス・エンゲルバートと彼のチームによって開発され、「マウス」と命名された。エンゲルバートは、現在のさまざまな種類のマウスを実現可能にしただけではなく、デスクの上でマウスを動かすことで生計を立てている私たち全員にとって英雄である。

　マウスがそれほど素晴らしい発想であるなら、なぜもっと早く発明されなかったのだろうか。実は、多くの偉大なアイデアにたがわず、マウスにもその先駆けとなるものがあった。1941年、ラルフ・ベンジャミンによってイギリス海軍の射撃統制レーダープロッティングシステムを制御するトラックボールが開発された。この射撃統制システムは、もともとはジョイスティックデバイスとアナログコンピュータを使って、標的を設定するために航空機の位置を予測していた。ベンジャミンはもっとよい入力方法が必要だと判断し、トラックボールを発明

して「ローラーボール」と名付けた。1950年代には、カナダ海軍がトラックボールを使って
デジタルコンピュータシステムを制御していた。どちらも軍事機密のベールに隠れていた
ため、より大きなコンピュータの世界には広まらなかった。

　そのようなわけで、ダグラス・エンゲルバートがマウスを独力で発明することとなった。残
念ながら、エンゲルバートは特許使用料を1セントも受け取っていないが、コンピュータI/O
への多大な貢献に私たち全員が感謝しなければならない。こうしてポインティングの手段が
あるのも、エンゲルバートの発明のおかげである。コンピュータにはせっかくのポインティン
グを活かす手段が必要だった。そこで登場したのがGUIである。

> GUI

　GUIでは、テキスト、アイコン、その他の視覚的な表示を使ってコンピュータや他のデバ
イスを操作できる。古い文字ベースのディスプレイでは、ポイントやクリックで簡単にすば
やく操作できるGUIとは対照的に、直感的ではない長々としたコマンドを入力しなければな
らないことが多かった。

　ダグラス・エンゲルバートには功績がもう1つある。今度は、彼が先駆けとなるものを提供
する番だった。それは（インターネット風の）テキストベースのハイパーリンク/ハイパーテキ
ストであり、マウスでクリックして別の画面へ移動したりコマンドを実行したりするように、リ
ンクに働きを持たせた。マウスはこのとき、エンゲルバートのおかげですでにできていた。

　テキストベースのハイパーリンクを経て、コンピュータはXeroxのパロアルト研究所（PARC）
とアラン・ケイによってGUIの世界へと進みだした。アラン・ケイはPARCの重要な研究者の
1人だった。1973年、XeroxはAltoコンピュータをリリースした。Altoはメインインターフェ
イスとしてGUIを使用する世界初のコンピュータであり、キーボードとポインティングデバイ
スから入力を受け取るようになっていた。このGUIは「PARCユーザーインターフェイス」と
呼ばれ、現在ではすっかりおなじみとなったウィンドウ、メニュー、ボタン、チェックボックス
という要素を備えていた。

NOTE　最初のGUIにはアイコンはなかった。アイコンは、アラン・ケイのチームの1人だったデ
　　　　　ビッド・スミスのおかげで、あとから追加された。

　GUIが市場に登場したのは、それから数年後のことである。GUIを搭載した最初のコン
ピュータ製品は、1981年にリリースされたXerox Star 8010だった［図12-1］。1983年にApple
が参入し、GUIを搭載した最初のApple製品となるLisaを製造した。Lisaは成功したとは言
い難いが、Lisaには現在では当たり前のものになっているメニューバーやウィンドウコント
ロールが取り入れられていた。

12

入出力

［**図12-1**］Xerox Star 8010のGUI

　その後、1984年にAppleがMacintoshコンピュータをリリースすると、本当の意味でGUI に大きな転機が訪れた。Macintoshの成功を目の当たりにした他のコンピュータメーカー やソフトウェアベンダーもGUIに注目していた。1985年には、AtariとCommodoreが参入 し、同じ年にMicrosoftがWindows 1.0を発表した。その後は、もう誰も過去を振り返るこ とはなかった。

　現在では、ほとんどのOS（WindowsからLinux、Mac、Android、iOSまで何もかも）がユー ザーとのメインインターフェイスとしてGUIを備えている。次に、GUIの利点を挙げておく。

- （特にコンピュータの初心者にとって）使いやすい。
- WYSIWYG（What You See Is What You Get）、つまり、画面上に表示されたものがそ のとおりに印刷される。
- 通常はヘルプ機能が用意されている。
- 長々としたコマンドを入力せずに使用できる。メニューをポイントしてクリックするだけ で、利用可能なコマンドが一覧表示される。

NOTE　現在でも、世界中のサーバーシステムではコマンドラインにコマンドを入力している。 そうしたコマンドはことのほか便利で、憶えておく価値がある。

- ドラッグ＆ドロップやコピー＆ペーストなど、アプリケーション間でデータを簡単に移 動する方法が用意されている。
- 写真などのグラフィックスを簡単に操作できる。

もちろん、すべてのものには欠点があり、GUIも例外ではない。

- より多くのRAM（ワーキングメモリ）が要求される。
- ハードディスク、またはRaspberry PiのmicroSDなどの永続的ストレージでより多くのスペースが消費される。
- GUIを作成するソフトウェア開発者の負担が増える。

GUIはコンピュータOSを差配し、ユーザーとコンピュータとのやり取りをより容易にしている。だが、コンピュータがやり取りする相手はユーザーだけではなく、ローカルで、あるいはネットワーク経由であらゆる種類のデバイスともやり取りする。次節では、非常に重要な種類のI/Oと、そのようなI/Oをサポートするコンピュータアーキテクチャを見てみよう。

I/Oデバイス

コンピュータのI/Oデバイスは、コンピュータの**周辺機器**（peripheral）とも呼ばれる。I/Oデバイスは、データ入力を受け取るデバイス、処理されたデータを出力するデバイス、または入出力機能を実行するデバイスで構成される。

I/Oデバイスの仕組みを単純に説明すると、次のようになる。I/Oデバイスには、**センサー**（sensor）が含まれている。多くの場合、センサーは物理環境からの入力を検知し、それに応答する何らかのデバイスである。センサーは、動き、温度、空気やガスの圧力などの変化を検知し、コマンドを処理、格納、または開始するためのデータや命令をコンピュータに入力する。そうすると、ユーザーやコンピュータが制御している機械に（必要に応じて）結果が返される。基本的には、次のどちらかまたは両方の機能が実行される。

- **入力**
  デバイスがアナログまたはデジタル形式のデータや命令を変換し、バイナリ形式（デジタル形式の1と0）の電気信号をコンピュータに送信する。
- **出力**
  コンピュータがデジタル信号をデバイスに返送する。それらの信号はデバイスが理解する形式に変換される。

I/Oデバイスの例をまとめると次のようになる。

入力

- マウスが2次元の表面上の動きを信号にして入力する。
- キーが押されたことをキーボードが知らせる。
- モーションセンサーが動作に応じてtrueまたはfalseを知らせる。

出力

- コンピュータから送信されたページをプリンタが印刷する。
- ディスプレイがウィンドウ、メニュー、ボタン、マウスの動きに対応するカーソルなどを備えたGUIを表示する。
- セキュリティエリアでの活動が検知されると、コンピュータがサイレンを鳴らしたり、指定された警備員に警告したりする。

入出力

- ネットワークカードがネットワークやインターネット上の他のコンピュータとの継続的な通信を可能にする。
- ディスクドライブがSATA(Serial AT Attachment)や他の種類のインターフェイスを通じてデータの格納と取得を行う。
- USBデバイスがステータスを送信し、そのデバイス用のドライバプログラムの助けを借りてOSからコマンドを受け取る。

ここでは、I/Oがどのように発生するのかを具体的に見ていこう。

USB

USB(Universal Serial Bus)は、入力と出力の規格である。Raspberry Piに関する限り、新しいモデルにUSBレセプタクルが4つ搭載されているのは偶然ではない[図12-2]。というのも、USBが不可欠なものになっているからだ。大多数のプロジェクトでは、最低でも4つのポートが必要であることに気づくだろう。

[図12-2] Raspberry Pi 2の4つのUSBレセプタクル

USBを利用すれば、あらゆる種類のデバイスを簡単に、そして便利に接続できる。そうしたデバイスは、キーボード、マウス、その他のポインティングデバイス、ポータブルハードディスク、ネットワークアダプタ、マイク、CD/DVDドライブなど、それこそさまざまである。最近では、スマートフォンやゲームコンソールにもUSBレセプタクルが付いている。

　まず、USBの歴史を振り返り、さまざまなバージョン（1.0、1.1、2.0、3.0、3.1）を経てUSBがどのように進化してきたのかを確認する。続いて、Raspberry PiでのUSBのさまざまな用途を詳しく見ていこう。

＞USBの歴史

　1980年代前半以降のパーソナルコンピューティングの爆発的な普及をきっかけに、このチャンスを逃すまいとさまざまな周辺機器が開発された。その結果、コンピュータの裏ではケーブルや電源がこんがらがっていて、デスクから床にあふれ出すというありさまだった。

　この惨状を打開し、標準化するために登場したのがUSBである。USBは初期の多くのインターフェイスに取って代わり、それらを統合した。USBプラグ、電源、その他の規格のおかげで、パラレルポート、シリアルポート、そしてデバイスごとに別個に付けられていた電源がコンピュータの歴史のちりと消えていった。

　USBが業界規格として最初にリリースされたのは1990年代半ばのことである。この規格には、コンピュータと周辺機器を接続するのに必要なケーブル、コネクタ、通信プロトコル、そして電源が定義されている。これらすべての仕様により、USBは多くのメーカーによって実装され、どの環境でも同じように使用できるようになった。

　当初は、Compaq、DEC、IBM、Intel、Microsoft、NEC、Nortelの7社が共同でUSBの開発を推し進めていた。現在では、USB規格の開発者やメンテナーからなる非営利団体USB Implementers Forumが組織されている。

＞USBのバージョン

　USB規格には、次の3つのリリースが存在する。

- **USB 1.x**

　USB 1.0は1996年にリリースされた。仕様上のデータレートはLow-Speed（LSモード）で1.5Mbps、Full-Speed（FSモード）で12Mbpsだった。1998年にUSB 1.1がリリースされ、USB 1.0で明らかになった（特にハブの）問題が修正された。

　そうした問題の修正に加えて、USB 1.1はコンピュータメーカーによって広く実装され、**レガシーフリーPC**（legacy-free PC）をもたらした。レガシーフリーPCとは、フロッピードライブコントローラ、パラレルプリンタポート、RS-232シリアルポート、ゲームポート、ISA（Industry Standard Architecture）拡張バスがすべてUSBポートと置き換えられたPCのことである。これにより、PCをより簡単に構成できるようになり、価格の低下につながったことは、USBの大きな功績である。

12

入出力

- USB 2.0
  2001年に登場したUSB 2.0は、データ転送レートがUSB 1.1の40倍も高速な480 Mbpsになったことが特徴である。

- USB 3.0
  USB規格は2008年にまたもや速度を大幅に向上させ、最大速度は5Gbpsに達している。USB 3.0では、消費電力を抑え、供給電力を向上させ、USB 2.0との下位互換性も維持された。「SuperSpeedポート」と呼ばれるUSB 3.0ポートを搭載したコンピュータやデバイスが最初に登場したのは2010年のことである。手持ちのコンピュータのUSBポートを見てみよう。ポートの上に小さく「SS」と記されていて、内側に青いプラスチックのガイドがある場合は、USB 3.0ポートである。もちろん、「USB 3.0」と記されていれば、最高の目印である。2013年8月にUSB 3.1規格が承認されており、データレートは10Gbpsに達している[*1]。

> **USBアーキテクチャ**

USBの設計では、ホストコントローラは多数のUSBポートを備え、複数のデバイスを階層を持ったスター型トポロジで接続できるようになっている。スター型トポロジのネットワーク［図12-3］は最も一般的なトポロジの1つであり、中央のコンピュータまたはハブによって周囲のデバイスとの通信が制御される。つまり、クライアント／サーバー構成である。この構成の強みは信頼性を高められることである。1つのクライアントまたは接続で障害が発生したとしても、他の接続に影響がおよばないからだ。

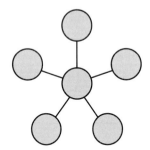

［**図12-3**］スター型トポロジの構成

また、どんなUSBデバイスでもサブデバイスを持てるようになっていることがネットワークトポロジの自由度を高め、そのことによって1つのデバイスが複数の機能を持てるようになっている。たとえば、マイクを内蔵しているWebカメラは、ビデオデバイス機能とオーディオ機能を備えている。そのようなデバイスは複数の機能で構成されることから、**複合デバイス**（composite device）と呼ばれる。

---

*1　［訳注］2017年9月には最大20GbpsのUSB 3.2がリリースされた。

また USB 規格は、代表的なデバイスをデバイスクラス（device class）として規定している。デバイスクラスは、デバイスコード（識別番号）と対応している一連のデバイスドライバとなっており、USB ホストがサポートするさまざまなデバイスを簡単に接続できるようになっている。

デバイスクラスには次のようなものがある。

- **オーディオ**
  スピーカー、マイク、サウンドカード、MIDI
- **通信**
  モデム、ネットワークアダプタ、Wi-Fi、RS-232シリアルアダプタ
- **ヒューマンインターフェイス**
  マウス、キーボード、ジョイスティック、トラックボール
- **イメージ**
  Web カメラ、スキャナ
- **プリンタ**
  レーザープリンタ、インクジェットプリンタ、産業用機械に組み込まれている CNC（Computer Numerical Control）機能
- **マスストレージ**
  USB フラッシュドライブ、メモリカードリーダー、デジタルオーディオプレイヤー、デジタルカメラ、外付けハードディスク
- **USB ハブ**
  ハブに接続された USB デバイスを制御
- **ビデオ**
  Web カメラ、監視カメラ、家庭用および業務用ビデオカメラなど

さらに、ヘルスケアデバイス、コンプライアンステストデバイス、スマートカードリーダー、指紋リーダー、試験測定器といったクラスもある。

Raspberry Pi ボードには、大きな表面実装チップが2つ搭載されている。そのうち大きいほうのチップは、最初のモデルでは Broadcom SoC 2835であり、Raspberry Pi 2と新しい Raspberry Pi 3では4コアの CPU を搭載した2836である。もう1つのやや小さいチップは、SMSC LAN9512 USB ハブ / イーサネットコントローラである。USB とネットワークサービスを処理するのは、この2つ目のチップである。

パワード USB ハブ

USB レセプタクルには、キーボード、マウス、大容量ハードディスクなど、あらゆる種類のデバイスを接続できる。しかし前述のように、オンボード（基板上の）USB には電流制限もある。Raspberry Pi Model B の場合は、低電力デバイスにのみ使用すべきである。

WARNING オンボードUSBの電力制限を超えると、他の部品にダメージを与えるなどのよくないことが起きる。電流量の要件が高い場合は、パワードUSBハブの追加を検討すべきである。

　Raspberry Pi Model Bを使用していた読者は、USBレセプタクルが足りなくてイライラしたことだろう。キーボードとマウスをつないだらそれでおしまい、空いているポートはもうない。おまけに、不適切な（高電流の）マウスやキーボードを使用すれば、ボードの電源が切れかねない。

＞ USBによる電力供給

　USB Implementers Forumに承認されているUSB 1.x/2.0仕様には、USBハブから1本のケーブルでUSB接続されたデバイスに5Vの直流が供給されると記されている。電圧の変動は4.75～5.25Vの範囲に制限されている。USB 3.0では、電圧の変動範囲が4.25～5.25Vに拡大している。

　先に述べたように、Raspberry Pi Model Bの電流は後継モデルよりも制限されている。新しい「＋」モデルでは、USBの電力供給が適切に取り扱われる。USB 2.0よりも前のハブでは、接続されたデバイスに最大5ユニットロード（500mA、1ユニットロードは100mA）、USB 3.0では1ユニットロードは150mAとなり、6ユニットロードが供給される。低電力と高電力の2種類のデバイスが存在することは、このような電流制限の事情をさらにややこしくしている。低電力デバイスが消費する電力は最大でわずか1ユニットロードである。高電力デバイスは、通常は低電力デバイスとして動作するが、さらに多くの電流を要求可能であり、その時点でハブから供給可能な電流を取得できる。

NOTE USBレセプタクルの電源供給能力は、仕様に明記されているものとは違っている場合がほとんどである。仕様では、たとえばネゴシエーションを行わない場合、USB 2.0デバイスに割り当てられるのは100mAのみと記されている（ネゴシエーションを行う場合は最大500mA）。追加電力のネゴシエーションはPower Deliveryプロトコルに従って実行される。これらのプロトコルは電源を制御するための双方向データチャネルを通じてやり取りされる。

だが現実には、ほとんどのボードや電源がこの仕様を無視し、システムにおいて何であれ5VのVDCを提供するものから電力を調達する。外付けの高速なハードディスクのようなデバイスになると、Raspberry PiのUSBレセプタクルを通じて供給される電力では不十分かもしれない。そのような場合、デバイスはUSBレセプタクルが2つ付いたYケーブルを使用することがある。2つのUSBレセプタクルに接続すると、少なくともUSBの仕様では、負荷がUSB 2.0以前のバージョンでは1Aに、USB 3.0では1.8Aに上昇する。

当然ながら、これだけの電流をハブが供給できなければならないわけである。Raspberry Piの USBコントローラを使用する場合、負荷は無制限にはならない。この問題を解決するには、ACアダプタなどから電力を供給され、Raspberry Piよりも多くの電流を供給できる、外付けハブを追加する必要がある。

＞ Rapsberry Pi 利用時の USB 電力供給

　Rapsberry Pi Model B+ と Raspberry Pi 2には、USBレセプタクルが4つも付いている。だが、小躍りするのはまだ早い。USBレセプタクルの数が2つから4つに増えれば、それだけ柔軟性が高まり、供給される電流も増えるが、やはり制限がいくつかある。制限を回避する方法の1つは、図12-4に示すような、高機能なパワードUSBハブを使用することである。

[**図12-4**] パワードUSBハブ

　そうしたハブにはたいていポートが7つ以上付いており、電力は壁の電源コンセントから取得するようになっている。このため、Raspberry Piボードの限られたリソースに過大な負荷をかけることなく、ハードディスクや電力に飢えたその他のデバイスを動作させるための電力が得られる。

NOTE　　パワードUSBハブを選択するときには、Raspberry Pi 対応のものを選択するように注意しよう。インターネットで「パワードUSBハブ」を検索すれば、メーカーとモデル番号のリストが手に入る。

イーサネット

　イーサネット（Ethernet）は概ね、いくつかのコンピュータネットワーク技術からなっている。イーサネットが最初に公開されたのは1980年のことであり、1983年に IEEE 802.3として標準化され、それ以来開発が続いている。速度は2.94 Mbpsから100Gbpsにまで向上しており、2017年には400Gbpsに達する予定である。

入出力

イーサネットベースのネットワークは、データを「フレーム」に分割したうえで送信する。フレームには、送信元アドレスと送信先アドレスが含まれている。破損した状態で届いたフレームは、データのエラーチェックによって廃棄される。フレームが破損していた場合は、データが失われないように再送を要求することもできる。

〉ネットワーク構成

USBハブがスター型トポロジでデバイスを制御しているのと同じように、ネットワークもハブでクライアントがつなぎ合わされている（最初にスター型トポロジの形態をとったのはネットワークのほうである）。ハブは、別のスター型トポロジを「ブリッジ接続」して、ローカルネットワークやリモートネットワークをさらに追加することができる。結果として、相互接続された巨大なネットワークが誕生する。それがインターネットである。

〉Raspberry Piのネットワーク機能

Raspberry Piでネットワーク接続を実現する方法は2つある。1つは、Raspberry Piのイーサネットソケットを使った有線接続である（イーサネットソケットがないRaspberry Pi Zeroを除く）。図12-5は、標準のネットワークケーブルプラグに対応するソケットを示している。Raspberry Piのイーサネットコネクタは100Mbpsの接続に対応している。

[図12-5] Raspberry Pi 2 Model Bのイーサネットコネクタ

ネットワークに接続するもう1つの方法では、USBレセプタクルを使用する。これには、無線USBドングルかUSB/イーサネットアダプタを使用できる（ドングルとは、コンピュータに接続する小さなデバイスのことである）。USB無線デバイスは、周辺のWi-Fiネットワークに簡単に接続できる。USB/イーサネットアダプタは、標準のイーサネットケーブル用のソケットを提供することで物理接続を可能にする。

無線USBドングルが役立つのは、Raspberry Piを持ち運びできるようにしたい場合である。外部バッテリー電源と無線アクセスがあれば、Raspberry Piをどこへでも持ち運べる。つまり、無線アクセスが利用できる場所なら自由に持ち歩ける。最近では、そのような場所がますます増えている。

何をするにしても、ローカルネットワークとインターネットへの接続が両方とも必要になる。OSとRaspberry Piのファームウェアのアップグレードでは、SDメモリカードを交換しない限り、インターネットにアクセスする必要がある。プログラムをダウンロードしてインストールする、ネットサーフィンをする、あるいは薄型テレビに映画を配信するメディアセンターとしてRaspberry Piを使用するにしても、多くの作業でネットワーク接続が不可欠である。

UART

UART（Universal Asynchronous Receiver/Transmitter）は、データの入力と出力に一連のレジスタを使用する。過ぎし日のパーソナルコンピュータには、標準的な装備としてシリアル通信のためのコネクタが付いていた。このコネクタを使用する（コンピュータ史上で）古代の規格であるRS-232というシリアル通信は、UARTを使って実装される。現在でもさまざまな産業機械でこのようなコネクタを見かけることがある。

UARTは、データバイトを個々のビットに分解し、連続的（シリアル）に送信するという仕組みになっている。送信先では、受信用のUARTがそれらのビットからバイトを組み立てる。パラレル通信よりもシリアル通信が有利な点はコストであり、必要なケーブルが1本で済む。Raspberry PiのBroadcom SoCには、UARTが2つ組み込まれている。

UARTは一般に、マイクロコントローラで使用される。Raspberry Piは制御デバイスとしてうってつけだ。Raspberry PiのオンボードUARTは、1つ以上のCPU、GPU、その他の要素と一緒にBroadcom SoCに組み込まれている。このUARTにGPIOのピン8（送信）とピン10（受信）を使ってアクセスし、プログラムすることが可能である。

GPIOについては、493ページの「Raspberry PiのGPIO」で改めて取り上げる。

SCSI

SCSI（Small Computer Systems Interface）は、コンピュータと周辺機器との間でデータをやり取りするための規格である（主要な周辺機器はハードディスクだが、スキャナや他のデバイスにも適している）。SCSIは1980年代の前半から存在しており、かつてはハードディスク接続の代名詞だった。

SCSIでは、データは並列転送される。USB経由ならRaspberry PiでもSCSIドライブを追加して使用することは可能だが、シリアル/パラレルアダプタケーブルが必要になる。そのようなアダプタケーブルは、コンピュータ部品を扱うオンラインストアで15ポンドほどで販売されている。

12

入出力

> **NOTE** SCSIは終焉を迎えており、使い道はなさそうだ。

PATA

PATA（Parallel Advanced Technology Attachment）規格は、いろいろな名前で呼ばれている。

- IDE（Integrated Drive Electronics）
- EIDE（Extended Integrated Drive Electronics）
- Ultra ATA（Ultra Advanced Technology Attachment）

どの名前で呼ばれようと、PATAは、コンピュータのハードディスク、フロッピーディスクドライブ、光ディスクドライブを接続し、データをやり取りするためのインターフェイス規格である。何度も改良した規格が開発されてきたが、SCSIと同じように他の規格にその座を奪われている（次項のSATAの説明を参照）。

PATAケーブルには、18インチ（45.72センチ）を超える長さにできないという重大な制限がある。この制限のせいで、コンピュータの筐体内でのインターフェイスがPATAの主な用途となっていた。PATAケーブルは、特に1980年代の終わりから1990年代の初めにかけて広く使用されていた。というのも、当時はハードディスクとの間でデータをやり取りするための最も安価な手段だったからだ。

古いPATAドライブをRaspberry Piボードに取り付けたい場合は、変換ケーブルを使って接続すればよい。変換ケーブルはそれほど高くない。IDE/PATAやSATAの変換ケーブルのセットは15ポンド以下で販売されている。

> **NOTE** ハードディスクのように電流の流れるタイプのデバイスをRaspberry Piに追加する場合は、必ず前述のパワードUSBハブを使用すべきである。

SATA

SATA（Serial Advanced Technology Attachment）デバイスは、2対の導体を使ったシリアルケーブルで通信する。SATAは主に、コンピュータや他のデバイスをハードディスクや光学ドライブに接続するために使用される。SATAの重要な利点は、SCSIやPATAよりも高速で、配線が少ないことである。これは特に古いIDEインターフェイスに当てはまる。

488

1980年代の終わりから1990年代にかけて、ドライブは平たい灰色の多芯リボンケーブルを使ってPCに接続されていた。通常、1番ピンのケーブルが赤くしてあったり、コネクタに突起が付けられていて、リボンコネクタをどちらの向きに差し込めばよいのかがわかるようになっていた（ハードウェアの破損を防ぐため）。データはパラレル方式でやり取りされていたため、そうしたケーブルには多くの導体が必要だった。コンシューマ向けのデバイスやほとんどの業務用デバイスでは、PATAの代わりにSATAが使用されるようになった。しかし、産業用を始めとする一部の組み込みフラッシュメモリでは、古いPATAインターフェイスがまだ使用されている。

　SATAの最新バージョンであるRevision 3.2では、16Gbpsの通信速度に対応しており、実際のデータ転送速度は1,969MB/秒である[*2]。先に述べたように、SATAドライブをUSBに変換するための安価なアダプタがいくつか存在しており、それらを使ってSATAデバイスをRaspberry Piに（USBレセプタクル経由で）接続できる。この場合もパワードハブを使用し、SATAドライブに十分な電力が供給されるようにして、電流の過負荷によってRaspberry Piにダメージを与えないようにすべきである。

RS-232シリアル

　RS-232は、データのシリアル通信のための古い規格である。1980年代と1990年代には多くのPCの標準となって、ごく一般的に使用されていた。PCが登場する前は、メインフレームやミニコンピュータの制御に使用されていたようなターミナルとの間の通信を提供していた。

　プリンタ、マウス、その他のポインティングデバイス、モデムを含め、かつてはあらゆる周辺機器がRS-232シリアルインターフェイスを使って接続されていた。しかし、RS-232にはいくつかの欠点があった。

- 長いケーブルやトランシーバの違いによる電圧のばらつき
- 速度の限界
- 大きくてかさばるコネクタ

　USBが登場した背景には、これら3つの欠点を解決するという大きな理由があった。とはいえ、RS-232は消えてしまったわけではない——産業機械のコネクタとして、大型のネットワークデバイスの制御用インターフェイスとして、あるいはさまざまな科学用計測器で今でも使用されている。

12

入
出
力

---

*2　［訳注］2016年2月にRevision 3.3がリリースされた。

NOTE　最近では、ほとんどの人が使用しているのはTTL（Transistor-Transistor Logic）レベルのシリアルである。それを誤ってRS-232と呼んでいることがある。

HDMI

　HDMI（High Definition Multimedia Interface）は、HDMI互換のディスプレイコントローラからオーディオやビデオを送信できるようにする規格である。たとえば、HDMIと互換性のあるコンピュータ用のモニタ、プロジェクタ、デジタルテレビ、またはデジタルオーディオ機器に、Raspberry Piからオーディオやビデオを送信できる。

　HDMIの品質の高さは、まさに（コンポジットビデオコネクタから出力される）コンポジットビデオを凌駕する。ノイズが多く、画像にゆがみが生じることもあるコンポジットビデオに代わって、HDMIではより高い解像度の画像送信が可能になっている。

　現在販売されているほとんどのテレビやハイエンドのビデオモニタには、HDMI入力コネクタが付いている。テレビにHDMIコネクタが付いてなくても問題はない。次の2つの方法により、非HDMIデバイスをHDMIに対応させることができる。

- DVI（Digital Video Interface）
  コンピュータ用のモニタに関しては、HDMI入力よりもDVI入力が付いているもののほうが多い。オンラインストアで「hdmi to dvi」を検索すれば、4〜7ポンドほどでケーブルとアダプタプラグが見つかるはずだ。

- VGA（Video Graphics Array）
  最も一般的なのはVGAモニタである。「hdmiメス to vgaオス」で検索すると、4〜7ポンドほどで適切なアダプタが見つかるはずだ。これには信号の変換処理が必要であり、実際には、アダプタケーブルの中にデジタル信号をアナログ信号に変換する回路がある。HDMIからDVIへの変換は、デジタル信号をリマップしているだけである。HDMIからVGAへの変換のほうが複雑で、しかも信頼性はそれほど高くない。

　ここで知っておく必要があるのは、HDMIからHDMIへの接続がオーディオとビデオの両方に対応している点である。HDMIをDVIまたはVGAに変換する接続は、ビデオにしか対応しない。オーディオに関しては、Raspberry Piのオーディオ出力コネクタに別のオーディオケーブルをつなぐなどの措置が必要である。なお、一部のアダプタにはオーディオ出力コネクタが付いている。とはいえ、コンバータのコネクタからモニタのオーディオ入力や別のスピーカーまで、やはりオーディオケーブルを引き回す必要がある。ただし、Raspberry PiのHDMI出力にケーブルを接続するほうが品質がよい。そのようにするのが簡単である。

I²S

I²S(Inter-IC Sound)は、デジタルオーディオ信号を伝送するための通信プロトコルであり、デジタルオーディオデバイスの相互接続に使用するシリアルバスインターフェイス規格の一種である(I²Sについては、11章で説明している)。このプロトコルは、オランダ大手技術系企業のPhilipsによって、1986年に同社のCDプレイヤーの内部機能として開発された。最後の改訂は1996年だが、I²Sの実用性は損なわれていない。

次に示すのは、Raspberry Piから良質なオーディオを再生するための選択肢である。どれが正しい答えだろうか。

A. 3.5ミリオーディオコネクタからのオーディオ出力を使用する。このオーディオ出力は、デジタルからアナログへの変換を行うPWM(Pulse Wave Modulation)によって生成される。サンプリングレートが11ビットに制限されているため、鼻(または耳)であしらわれることがある。
B. HDMI。「high definition」とされている。
C. USB。
D. I²S付きの高品質のデジタルオーディオコンバータ(DAC)を直接Raspberry Piに接続する。

答えはもちろんDである。

それはよいとして、どこに接続するのだろうか。Raspberry PiボードにI²S用のコネクタがあるわけではない。代わりに使用するのはGPIOピンである。難しいやり方と簡単なやり方がある。

難しいやり方は、ジャンパー線を使って必要なGPIOピンに直接アクセスする、というものである。CPUやGPUなどが組み込まれているBroadcom SoCチップのI²Sインターフェイスに4つのピンからアクセスできる。

簡単なやり方は、11章の最後に取り上げたDACユニットの1つを購入することだ。それをGPIOピンに差し込み、Raspberry Piボードの上に乗せるだけで、配線距離が短く、ノイズのない高品質のサウンドを実現できる。

I²Sインターフェイスを有効にしてセットアップするには、そのための設定が必要である。方法の1つは、RaspbianかRaspberry Piで動作する同様のLinuxベースOSでPythonを使用することである。Raspberryで良質のサウンドを手に入れるのに役立つ情報は、インターネットでいくらでも見つかるはずだ。

12

入出力

I²C

　I²C（Inter-Integrated Circuit）もPhilipsで開発された通信プロトコルである。I²Cは通信バスであり、プリント基板上のチップ間の通信に使用される。Raspberry Piボードや他の場所での主要な用途の1つは、センサーの接続である。

　Raspberry Piを箱から取り出した時点では、I²C は初期化されていない。このため、I²C を使用することをRaspberry Piに伝える必要がある。Raspbian OS（および他のOS）では、ターミナルでraspi-configコマンドを使用する。コマンドラインに次のコマンドを入力する。

```
sudo raspi-config
```

　下向き矢印キーを使って[9 Advanced Options]を選択し、Enter キーを押す。次の画面で[A7 I2C]を選択し、I²C の自動読み込みのオン／オフを切り替える[図12-6]。新しい設定を有効にするには、そのつどリブートが必要である。

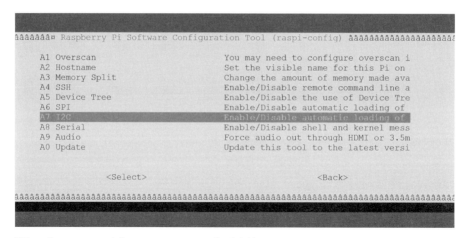

[**図12-6**] raspi-configを使ってRaspberry PiでI²Cを有効にする

　GPIO ピンに関連するほとんどのインターフェイスと同様に、プログラミングが多少必要となる（GPIO ピン関連のインターフェイスの多くは、Broadcom SoC のサービスへの接続を可能にする）。シェルスクリプトやPython（よく使用されているGPIO のプログラムによる制御方法の1つ）での手順を説明することは本書の範囲を超えるが、Webで多くの例が公開されている。「raspberry pi gpio python スクリプト」で検索してみるとよいだろう。

Raspberry Pi のディスプレイ、カメラインターフェイス、JTAG

GPIOの説明に進む前に、言及しておかなければならないインターフェイスがさらに2つある。これらのインターフェイスはリボンケーブルコネクタを使って接続する。

- CSI（Camera Serial Interface）[*3]
  カメラの接続を可能にするインターフェイス。Raspberry Pi 用のカメラが販売されている。リボンケーブルをうまく接続するのに少し苦戦するかもしれないが、一度正しく接続すれば、Raspberry Pi をプログラムしてデジタル写真やビデオを使ったあらゆる種類の気の利いたことができるようになる。カメラボード / モジュールは25ポンドほどで販売されているため、試してみるのにそれほど費用はかからない。
- DSI（Display Serial Interface）
  小型ディスプレイを Raspberry Pi ボードに接続するためのインターフェイス。バッテリー電源と併せて使用すれば、Raspberry Pi が本当の意味でポータブルになる。Raspberry Pi の公式の7インチタッチスクリーン LCD モニタは65ポンドもするが、シンプルな LED デバイスは9ポンドほどで手に入る。

NOTE　Raspberry Pi の古いモデルのボードにはデバッグ用の JTAG ヘッダが備えられていたが、Raspberry Pi 2にはない。JTAG は、コードのステップ実行やブレークポイント（コード内のさまざまな場所で停止する機能）などの方法によるデバッグを可能にする。最近のボードでは、GPIO ピンを通じて JTAG を利用できる[*4]。

Raspberry Pi の GPIO

GPIO（General Purpose Input Output）は、Raspberry Pi を実世界に結び付ける魔法をかける。Raspberry Pi は GPIO ピンを通じてマイクロコントローラや現実のデバイスを制御するようにプログラムされる。そうしたデバイスは、玄関の呼び鈴、電球、模型飛行機の制御、芝刈り機、ロボット、サーモスタット、コーヒーメーカー、ありとあらゆるモーターなど、通常はコンピュータに接続したりコンピュータから制御したりできないものである。

まず、（最新の Raspberry Pi 3ではなく）初代の Raspberry Pi Model B を使って、GPIO 制御のまさに驚異的な世界を覗いてみよう。Raspberry Pi Model B の GPIO ピンは、その

12

入出力

---

*3　［訳注］CSI および DSI は、モバイル機器間の接続仕様の標準化を進める業界団体 MIPI Alliance の規格。2019年時点で、CSI については CSI-2、DSI については DSI と DSI-2 が規定されている。
*4　［訳注］JTAG は、IEEE1149.1で標準化されている集積回路の検査のための仕組みである。

後の2つのリリース——Model B+とRaspberry Pi 2——よりも数が少ない[図12-7]。あとから追加されたピンは、働きは同じだが伝送容量を高める。だが、ここでは話を単純にしておこう。最初の26本のピンのピン割り当ては、Raspberry Piのどのモデルでも同じである。

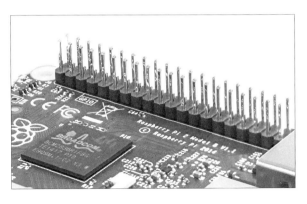

[**図12-7**] Raspberry Pi 2のGPIO ピン

GPIOの概要とBroadcom SoC

Raspberry Piがこのような驚くべき低価格で提供されているカギは、Broadcom SoCにある。先に述べたように、この1つのチップの中に、1つ以上のCPUとGPUに加えて、UART、I^2C、SPI（Serial Peripheral Interface）などのインターフェイスが含まれている。GPIOピンを使用すれば、これらのインターフェイスをプログラムできるだけでなく、さらに多くのことが可能になる。

次に示すように、GPIOピンを使用してさまざまな設定ができる——つまり、GPIOピンは**プログラマブル**である。GPIOピンはRaspberry Piボード上でP1と記されている端子群であり、古いモデルでは26本、新しいモデルでは40本ある。

- 汎用入力
- 汎用出力
- ピンに応じて最大6種類のALT機能（代替機能）の設定[*5]

次の項目はほとんどのピンに当てはまるが、正電圧やグランド（アース）として使用されるものもある。

- **電源投入状態**
 GPIOはボードをリブートしたときに汎用入力にリセットされる（使用しているOSやファームウェアによって異なる）。

———————
*5　［訳注］508ページの「ALTモード」を参照。

- **割り込み**

  各ピンはBroadcomのCPU/GPUに対して割り込みを生成するようにプログラムできる。これらの割り込みは次のように設定できる。
  - レベルセンシティブ
  - 立ち上がり / 立ち下がりエッジ
  - 非同期立ち上がり / 立ち下がりエッジ

- **ALT機能（Alternative function）**

  先に述べたように、ほとんどのGPIOピンには単純な動作切り替えに加えてALT機能（代替機能）がある。ALT機能には、（ピンを通じた）Broadcom IoCへの直接接続が含まれている。UARTやI^2CのようなSoCの周辺装置は、少なくとも3組以上のピンを使って制御できる。

> **NOTE** このようなハードウェアレベルの周辺装置の接続については、Embedded Linux Wiki のページが参考になるだろう。
> http://elinux.org/RPi_Low-level_peripherals

> GPIO Header 1

GPIO 1はRaspberry PiボードのP1コネクタのことであり、Model AとModel Bでは26ピン、B+、Raspberry Pi 2 Model B、新しいRaspberry Piでは40ピンである。

> GPIO Header 5

GPIO 5は、Model AとModel BではP5ヘッダを通じて追加のGPIO接続を提供する。このヘッダにはピンがないため、接続はボードにはんだ付けする必要がある。Model B+以降は、P5ヘッダの代わりにP1ヘッダに追加されたピンが使用される。

実践GPIO

GPIOはRaspberry Piを実世界に結び付ける魔法をかける。これらのGPIOピンを通じて、Raspberry Piを現実のあらゆるデバイスを制御するようにプログラムできる。まずピンを調べ、それがいかに単純で強力であるかを理解する。次に、入出力とデバイス制御を理解するために、Raspberry Piのプログラミングをどのようにするかを見てみよう。

> ピン配列

図12-8は、Raspberry Pi Model BのGPIOピンを示している。

12

入出力

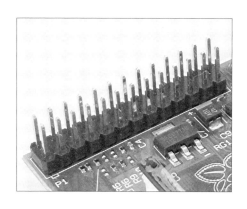

［**図12-8**］Raspberry Pi Model Bの26本のGPIO
ピン

　26本のピンが13本ずつ2列に並んでいる。下段のピンの番号は、（左から右に）奇数の1、
3、5、7、9、11、13、15、17、19、21、23、25である。上段のピンの番号は（左から右に）偶数
の2、4、6、8、10、12、14、16、18、20、22、24、26である。

　出力として設定されたピンはスイッチのような働きをし、電力を供給してRaspberry Piが
他のデバイスとやり取りできるようにする。場合によっては、デバイスの動作に必要な電力
を供給できるようにする。のちほど、Raspberry Piを使ってライトを点滅させる例を示す。

　GPIOの「IO」は入力／出力（I/O）を表している。Raspberry Piにデバイスを接続して外
部のスイッチを切り替えると、（もっと具体的に言えば）電気式もしくは機械式の仕掛けを開
けたり閉じたりすると、それが**入力**になる。これで状態に変化が生じ、Raspberry Pi上で動
作しているプログラムが何らかのアクションで応える。

　入力と出力の例を挙げよう。Raspberry Piを使ってホームセキュリティプロジェクトの開
発を始めたとしよう。誰かが外でドアを開けると、無線式の磁気スイッチが閉じる。その信
号を受信したRaspberry Piが回路を閉じ、日中はチャイム、夜間はサイレンを鳴らす。ドア
のスイッチは、ドアが少し開いたことを検知すると、状態を「閉じている」から「開いている」
へ遷移させる。Raspberry Pi上で動作しているプログラムが「スイッチが閉じている」こと
を出力すると、それによりチャイムかサイレンが鳴る。どちらの操作もGPIOピンへの接続
によって行われる。これで2種類の回路が完成した。

NOTE　　Raspberry Piは無線、Bluetooth、インターネットなど、さまざまな方法で通信できるた
め、入力と出力がローカルである必要すらない。デバイスとプログラムは世界中どこ
からでも制御できる。

　回路の開閉は電子的に制御することを意味している。回路の詳細については、このあと
のコラム「回路」を参照してほしい。

＞ GPIO の演算

GPIO ピン──Raspberry Pi Model B ボードの26本のピンのうち、プログラマブルスイッチである17本のピンなど──は二値のモードで動作する。二値といっても、「オン」と「オフ」の気取った言い方にすぎない。デジタルコンピュータの計算はそのような方法で行われる。デジタルコンピュータは大量の回路をつなぎ合わせたものでできており、それらの回路はオンかオフのどちらかである。コンピュータでは、数字の0は**オフ**、数字の1は**オン**を表す。プログラマーは、回路の**状態**を**ハイ**（オン）、**ロー**（オフ）と呼ぶ。

回路

電気はループを描く仕組みになっており、閉じたループを**回路**と呼ぶ。501ページの図12-12の非常に単純な回路は、電池（電源）と抵抗（または負荷）で構成されている。電源から見ると、抵抗を乗り越えつつ電流に回路を一周させることが仕事であり、抵抗から見れば、電圧に抵抗して電流を消費することで仕事をしていることになる。

スイッチを回路のどこかに配置すると、回路を制御できるようになる。スイッチが「オフ」になると回路が遮断され、「オン」になると回路が完成する。

もし抵抗器のような負荷構成素子がなければ、電池の正極から負極への配線で**短絡**(short circuit)が発生し、電池に蓄えられたエネルギーはすぐに使い果たされてしまう。

GPIO ピンを使用するには、完全な回路を作成して短絡を回避する必要がある。そうしないと、Raspberry Pi の電流供給機能を過負荷に陥らせてしまうからだ。だが、心配はいらない。そのための安全なガイドラインがちゃんと用意してある。

Raspberry Pi Model B の26本の GPIO ピンのうち、17本はプログラマブルスイッチである。具体的には、3、5、7、8、10、11、12、13、15、16、18、19、21、22、23、24、26の17本である。

グランド（アース）ピンは回路が完成する場所であり、6、9、14、20、25の5本である。

ピン2とピン4は（電池の正極のように）5Vを供給する。ピン1とピン17は3.3Ｖである。どちらも最終的に上記のグランドピンの1つに戻ってくるように回路を作る必要がある。

NOTE 「アクティブロー」「アクティブハイ」という表現を用いるハードウェアがあるが、厳密には「ハイ」「ロー」という用語は正しくない。たとえば SPI では、チップセレクトピン（CS）は「アクティブロー」であり、CS がロー（0V）に設定されている場合にのみチップが応答する──つまり、「オン」になる。

では、Raspberry Pi は現実のデバイスとどのように通信するのだろうか。17本のGPIOピンは、Raspberry Pi の内部電圧である3.3Vに対応している。ロジック状態がハイの場合、ピンは3.3Vを示す。ロジック状態がローの場合、電圧は0である。Raspberry Pi はこの方法でコマンドを送信したり情報を受け取ったりできる。

これがいかに単純な仕組みであるかを示そう。最も基本的な回路の1つは、ライトと電池か何かの電源を使って作れるものだ。GPIOピンを利用すれば、さらに簡単である。

図12-9は、単純なオン/オフ回路を示している。この回路を作成するには、出力ピンを選択し、ジャンパー線を使ってLEDライトの片側を接続する（LEDは小さい電流で点灯するので、インジケータライトなどにするとおもしろい）。LEDライトのもう片側を220Ωの抵抗器に接続し、抵抗器の反対側をグランドピンに接続する。抵抗器についてはのちほど説明する。

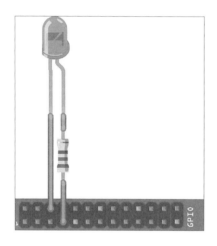

[**図12-9**] GPIOの単純なLED回路

出力ピンがハイ（プラス電圧）の場合はLEDが点灯する。ピンが0Vになると、LEDが消灯する。のちほど、Pythonのプログラムを書いてRaspberry Pi にGPIOピンを制御させる方法を紹介する。

NOTE 図12-9の回路で使用した抵抗器は**限流抵抗**（current-limiting resistor）である。限流抵抗は Raspberry Pi とLEDの損傷を防ぐための安全装置である。

当然ながら、通常は17本のピンをすべて使用するわけではない。一般的な原則は、各ピンを最大およそ16mAに制限し、合計で50mAを超えないようにすることである。Raspberry Pi についての「厳密」な電力仕様のリストは存在しない。ボードに電力を供給する方法や、ボードをコンピュータに接続する方法（USBポートを使用するか、壁のコンセントに接続された変換器に接続するか）など、可変要素があまりに多いために、そうしたリストを作成するのは不可能だ。とはいえ、Raspberry Pi を使って電子回路を組んで実験をしている優秀な人々によって測定が行われている。本章で使用している数字は、安全なものとそうでないものの目安となっている。

＞電源管理

　Raspberry Piの電源管理の問題は、Raspberry Piの大きな強み、すなわち小さいことから生じている。クレジットカードサイズのボードには、大規模な電力処理回路を組み込む余地はまったくない。

　それでは電力供給は不十分なのだろうか？　心配は無用だ。電力ならたっぷりある。慎重にすれば、Raspberry Piで巨大な機械を動かすことも不可能ではない。直接制御できないだけだ。GPIOを使用するには制御回路が別途必要である。リレー、ステッピングスイッチ、外部コントローラを利用する別種の制御回路、パワートランジスタ、マイクロコントローラボード、そしてRaspberry Piに高電流デバイスを管理させるためのその他のコンポーネントを利用した制御回路だ。

　Raspberry Piに損傷を与えないレベルに電流を保つ方法は2つある。**計算**するか、**測定**するかである。まずは計算から見ていこう。これはまさに電力の計算なので、次の式を使って計算できる。

$I = V / R$

　Iは電流（アンペア、A）、Vは電圧（ボルト、B）、Rは抵抗（オーム、Ω）である。したがって、電圧（3.3V）と抵抗がわかっていれば、それらの数値を式に当てはめて電流を計算できる。その答えに1,000を掛けるとミリアンペアになる。

　ここに、220Ωの抵抗器があるとしよう。3.3（電圧）を220で割ると0.015になる。0.015に1,000を掛けると15、つまり15mAになる。これが1本のピンに流して安全な電流である（ただし、全体で50mAを超えないことが前提となる）。

NOTE　GPIOピンから直接電力を供給しても支障のないデバイスはLEDライトくらいである。とはいえ、電流を安全なレベルに制限するために、LEDと一緒に必ず220Ωの抵抗器を取り付けるようにしよう。

　先ほどの公式は**オームの法則**（Ohm's Law）と呼ばれている［図12-10］。どのプロジェクトの安全境界を計算するためにも使える偉大な道具だ。もちろん、Raspberry Piでは、ミリワットとミリアンペア（1000分の1ワットまたはアンペア）、そしてほとんどの場合は3.3Vを扱うことになる。

12

入出力

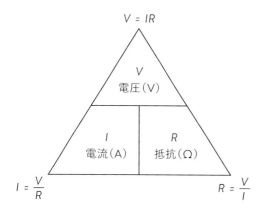

[**図12-10**] オームの法則。V = 電圧（V）、
I = 電流（A）、R = 抵抗（Ω）

　電流レベルをテストする2つ目の方法には、電圧、電流、抵抗を測定する検査装置、つま
り**マルチメータ**（multimeter）が必要である。SparkfunやAdafruitのようなオンラインスト
ア[6]を検索すれば、4〜15ポンドのデジタル数値で表示してくれるマルチメータが見つか
る。図12-11はマルチメータを示している。

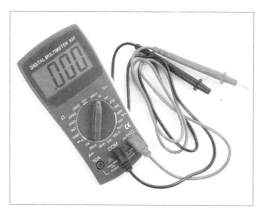

[**図12-11**] マルチメータ

　マルチメータは回路を接続する**前に**使用する。この場合は次の2つの方法がある。

- 回路に**電力が供給されていない**状態で、正と負のリード線に（オームに切り替えた）マ
ルチメータをつないで回路の抵抗を測定する。リード線が220Ω以上であれば、その
回路は安全である。

---

*6　［訳注］Sparkfun（https://www.sparkfun.com/）やAdafruit（https://www.adafruit.com/）は米国の
電子部品オンラインストア。日本では、スイッチサイエンス（https://www.switch-science.com/）、秋月電子
通商（http://akizukidenshi.com/）、共立エレショップ（http://eleshop.jp/）、マルツ（https://www.marutsu.
co.jp/）などが挙げられる。

• 3.3Vに設定された電源を使用する。マルチメータを電流（A）を測定する設定にし、**直列**につないで回路の一部にし、電流を調べる。測定値が16mAよりも大きい場合は、電流を16mA以下に制限する抵抗器を追加してから回路をRaspberry Piに接続する。図12-12は、電池、レジスタ、電流計（電流表示に切り替えたマルチメータなど）の接続例を示している。回路と直列に接続すると、マルチメータに抵抗器の消費電力量が表示される。図12-12では、抵抗器R1（右）が抵抗器の標準記号で表されている。左の電池プラス（+）は正極側を示しており、丸で囲んだAは電流を測定するための電流計を示している。

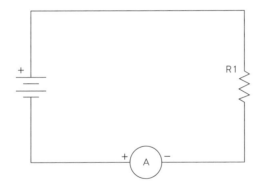

［**図12-12**］マルチメータによる電流の測定

本節の内容はすべて、2本の3.3Vピンと17本の切り替えピンに当てはまる。2本の5Vピンの電流はRaspberry Piの5Vの「レール」から供給される。その電流は電源（コンピュータのUSBレセプタクル、外部バッテリー、壁のコンセントに差してある変換器など）から供給される。レールにより、ボードのすべての回路に電力が供給される。電流容量は変化が大きいため、電流レベルは低く保つようにしよう。ただし、3.3Vピンで安全に供給できる電力では足りない場合は、5Vピンが役立つかもしれない。

| CAUTION | USBケーブルを取り外して、5VのGPIOピンの1つに5Vを流せばよい、と誰かが指摘
しそうだ。このようにすると、Raspberry Piに電力が供給され、GPIOの動作にもっと
多くの電流が使える。問題は、これではRaspberry Piに組み込まれているヒューズに
よる保護がバイパスされることである。これはよろしくない――安全なレベルを超える
量の電流が流れることになり、Raspberry Piの部品にダメージを与えかねないからだ。
本書では、そうした設定は断じて推奨しない。

一方で、GPIOはRaspberry Pi(そして読者)に現実のデバイスを制御するための途轍も
ない能力を与える。そのような制御を安全に実行する方法は学ぶ価値がある。

> Raspberry Pi Model B+ とRaspberry Pi 2のGPIO

新しいRaspberry Pi Model B+ またはRaspberry Pi 2 Model Bを使用している場合、
GPIOピンの数は40本に増えている。たとえば、プログラマブルピンの総数は17本から9
本増えて26本になっている。グランドピンも2本増え、特殊なプラグインボードによってイン
デックスとして使用される2本のピン(27と28)がある。図12-13は、Raspberry Pi Model B+
のGPIOピンを示している。

[**図12-13**] Raspberry Pi 2 Model BのGPIOピン

GPIOのプログラミング

GPIOのプログラミングの手段として推奨されるのはPythonというスクリプト言語であり、
これが最も簡単な方法である。Pythonは比較的習得しやすく、RaspbianなどのOSに標準
で用意されている。インストールされているPythonのバージョンを確認するには、コマンド
ラインにpythonと入力すればよい。そうすると、バージョン番号が次のように表示される。

```
python
Python 2.7.9 (default, Mar 8 2015, 00:52:26)
[GCC 4.9.2] on linux2
```

Raspbianを更新すると（定期的に更新すべきである）、Raspbianのその他すべてのコンポーネントの最新バージョンとともに、Pythonの新しいバージョンがダウンロードされ、インストールされる。Raspbianを更新／アップグレードするには、コマンドラインで次のコマンドを入力する（GUIを実行している場合はターミナルを使用する）。

```
sudo apt-get update && sudo apt-get upgrade
```

TIPS　セキュリティと実用性の理由により——つまり、システムを安全な状態に保ちながら、Raspberry Piの数百ものソフトウェアパッケージが継続的に改善されているという利点を活かすために、Raspbianは定期的に更新すべきである。

また、GPIOを初めて使用する場合は、ぜひPython GPIOライブラリをインストールしておこう。これには、次のコマンドを使用する。

```
sudo apt-get install rpi.gpio
```

NOTE　Pythonには、機能やコマンドのライブラリが大量にある。目の前の仕事に必要なライブラリだけをインストールしよう。

次に、Pythonを使ってGPIOピンを制御するスクリプトを記述する。こうしたスクリプトを記述するときの最初の作業は、GPIOライブラリをインポートすることである。これで、スクリプトからGPIO関連の関数にアクセスできるようになる。**nano**など普段使用しているエディタを開いて、次のコマンドを入力する。

```
import RPi.GPIO as GPIO
```

次の行では、GPIOのピン番号の指定方法を設定している[7]。これには2つの方法がある。次の例のようにボード上のピンヘッダ番号を使うか、GPIOの機能が組み込まれているBroadcomのSoCのピン番号を使うかである。

12

入出力

---

*7　[訳注] Rasperry Piボード上のGPIOのピン配列は、ボードの回路設計の都合でBroadcom SoCチップのGPIOピンの並び順と対応していない。

```
GPIO.setmode(GPIO.BOARD)
```

これで、ピンのプログラミングを開始できる。ピン12を出力として設定するために、次の行を追加する。

```
GPIO.setmode(GPIO.BOARD)
GPIO.setup(12,GPIO.OUT)
```

入力として設定する場合は次のようになる。

```
GPIO.setup(12,GPIO.IN)
```

たった3行のPythonスクリプトで、GPIOに実際に何かをさせる準備が整う。ALTモードを含め、GPIOピンのプログラミングについてのチュートリアルが必要な場合は、Make:の「Raspberry Pi GPIO Pins and Python」から始めるとよいだろう[8]。

Raspberry Pi 2のRaspbian Jessie（最新リリース）では、GPIOピンの設定を簡単に確認できる。ターミナルに次のコマンドを入力すると、図12-14のような表が表示される。

```
gpio readall
```

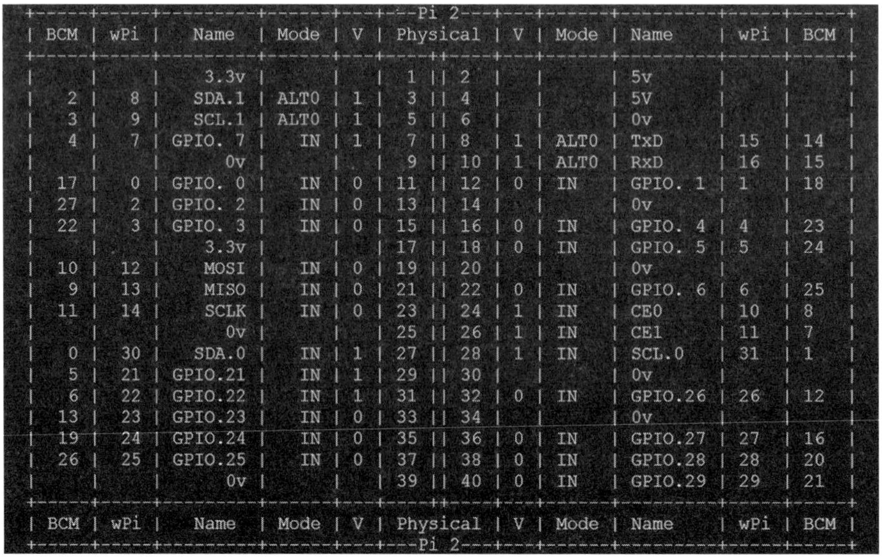

```
+-----+-----+---------+------+---+--Pi 2-+---+------+---------+-----+-----+
| BCM | wPi |   Name  | Mode | V | Physical | V | Mode |  Name   | wPi | BCM |
+-----+-----+---------+------+---+----++----+---+------+---------+-----+-----+
|     |     |    3.3v |      |   |  1 || 2  |   |      | 5v      |     |     |
|   2 |   8 |   SDA.1 | ALT0 | 1 |  3 || 4  |   |      | 5V      |     |     |
|   3 |   9 |   SCL.1 | ALT0 | 1 |  5 || 6  |   |      | 0v      |     |     |
|   4 |   7 |  GPIO.7 |   IN | 1 |  7 || 8  | 1 | ALT0 | TxD     |  15 |  14 |
|     |     |      0v |      |   |  9 || 10 | 1 | ALT0 | RxD     |  16 |  15 |
|  17 |   0 |  GPIO.0 |   IN | 0 | 11 || 12 | 0 |   IN | GPIO.1  |   1 |  18 |
|  27 |   2 |  GPIO.2 |   IN | 0 | 13 || 14 |   |      | 0v      |     |     |
|  22 |   3 |  GPIO.3 |   IN | 0 | 15 || 16 | 0 |   IN | GPIO.4  |   4 |  23 |
|     |     |    3.3v |      |   | 17 || 18 | 0 |   IN | GPIO.5  |   5 |  24 |
|  10 |  12 |    MOSI |   IN | 0 | 19 || 20 |   |      | 0v      |     |     |
|   9 |  13 |    MISO |   IN | 0 | 21 || 22 | 0 |   IN | GPIO.6  |   6 |  25 |
|  11 |  14 |    SCLK |   IN | 0 | 23 || 24 | 1 |   IN | CE0     |  10 |   8 |
|     |     |      0v |      |   | 25 || 26 | 1 |   IN | CE1     |  11 |   7 |
|   0 |  30 |   SDA.0 |   IN | 1 | 27 || 28 | 1 |   IN | SCL.0   |  31 |   1 |
|   5 |  21 | GPIO.21 |   IN | 1 | 29 || 30 |   |      | 0v      |     |     |
|   6 |  22 | GPIO.22 |   IN | 1 | 31 || 32 | 0 |   IN | GPIO.26 |  26 |  12 |
|  13 |  23 | GPIO.23 |   IN | 0 | 33 || 34 |   |      | 0v      |     |     |
|  19 |  24 | GPIO.24 |   IN | 0 | 35 || 36 | 0 |   IN | GPIO.27 |  27 |  16 |
|  26 |  25 | GPIO.25 |   IN | 0 | 37 || 38 | 0 |   IN | GPIO.28 |  28 |  20 |
|     |     |      0v |      |   | 39 || 40 | 0 |   IN | GPIO.29 |  29 |  21 |
+-----+-----+---------+------+---+----++----+---+------+---------+-----+-----+
| BCM | wPi |   Name  | Mode | V | Physical | V | Mode |  Name   | wPi | BCM |
+-----+-----+---------+------+---+--Pi 2-+---+------+---------+-----+-----+
```

[図12-14] Raspberry Pi 2のGPIOピンの割り当て

＊8 https://makezine.com/projects/tutorial-raspberry-pi-gpio-pins-and-python/

› 単純な回路を作成する

実際に何かが起きるようにする準備はできているだろうか。LEDを点灯させて、点滅させるのはどうだろうか。LEDの点灯についてはすでに説明したが、自分で試せるようにさらに詳しく説明しよう。以降の説明を読みながら実際に試すには、次の部品が必要である。

- 小さなLED（好きな色で）
- 200Ωの抵抗器
- 接続を行うためのブレッドボードまたはワニ口クリップ
- 細い導線またはジャンパー線

NOTE もっと小さい値の抵抗器を使用することもできるが、200ΩならLEDが明るく光り、回路の消費電流も抑えられる。GPIOピンの使用時は常に小さい値のほうが望ましいため、プロジェクトを成功させられる最小限のものを使用してほしい。

簡単な回路 [図12-15] を作成する手順は次のとおりである。

1. ジャンパー線を使ってGPIOピン7（回路の正極側）を抵抗器の一端に接続する。
2. LEDを確認する。通常、LEDは片方の足が長くなっているか、曲がっている。これが正極側である。それを抵抗器のもう一端に接続する。
3. LEDの負極側をGPIOピン6に接続する。ここで使用しているGPIO配置では、ピン6はグランド（アース）である。

[**図12-15**] LEDを点滅させる単純なブレッドボード回路

○出力ピンを使用する例

次に、LEDの点滅を制御する簡単なPythonスクリプトを作成する。Pythonスクリプトの記述には、nanoなどのテキストエディタを使用する。スクリプト(コメント付き)は次のようになる。

```
## LEDの点滅 ################################
import RPi.GPIO as GPIO       ## GPIOライブラリをインポート
import time                   ## 点滅の時間と間隔を指定するために必要
GPIO.setmode(GPIO.BOARD)      ## ボードのピン番号を使用
GPIO.setwarnings(False)       ## "Channel already in use"警告を無効化

led = 7                       ## ピン番号の変数
GPIO.setup(led, GPIO.OUT)     ## ピンを出力に設定

## LEDを60回点滅させる(1秒間に1回を2分間)

print "Blinking"              ## 点滅中
for x in range(0, 59):        ## 60回繰り返す
    GPIO.output(led, 1)       ## LEDを点灯
    time.sleep(1)             ## 1秒間点灯したままにする
    GPIO.output(led, 0)       ## LEDを消灯
    time.sleep(1)             ## 1秒間待つ

GPIO.cleanup()                ## プログラムを正常終了させる
```

スクリプトの詳細

このスクリプトについてもう少し詳しく説明しておこう。まず、GPIO.setwarnings()の行を見てほしい。GPIOスクリプトで割り込みが発生している場合、次に実行するスクリプトがこの警告を発生させることがある。というのも、割り込まれたプログラムがまだGPIOサービスを利用しているとシステムが考えるからだ。これは単なる警告であり、スクリプトを停止させるわけではないが、このコマンドがあれば目障りな警告は発生しなくなる。

また、GPIO.cleanup()コマンド(スクリプトの最後の行)は、GPIOを解放して前述の警告を回避することで、スクリプトを正常終了させる。このコマンドをスクリプトに含めるのはよいプログラミング習慣である。

○入力ピンを使用する例

ピンを出力に使用するのは思ったほど簡単ではないかもしれない。ピンが入力に設定されているときには、そのピンからグランドに接続されたスイッチを押すと回路が閉じ、入力が得られるはずだ。困ったことに、実際の動作時に、スイッチが開いているか閉じているかをRaspberry Piが区別できないことがある。この現象を**フローティング**（floating）と呼ぶ。

実際には、入力ピンにはオン、オフ、フローティング（入力ロジックが不明）の3つの状態がある。入力ロジックを使用するときに実用的な結果を得るには、Raspberry Piにオンかオフの状態だけを検出させる必要がある。

この3つの状態に対する解決策は、「プルアップ」と「プルダウン」のための基準電圧を定義し、入力が得られたことをRaspberry Piに明確に知らせることである。GPIOピンには、Pythonスクリプトなどのプログラミングを通じて有効にできるプルアップ / プルダウン抵抗器が内蔵されている。

NOTE **プルアップ**ではスイッチやその他の入力デバイスの接続に抵抗器を介して5Vや3.3Vなどの高電圧レベルを印加し、**プルダウン**では0Vの低電圧レベルを印加する［図12-16］。こうすることでフローティングの状態を避けられる。

図12-16のVccは正電圧電源を表しており、Raspberry Piでは3.3Vになる。この接続とプルアップ抵抗器は内蔵されているため、ピンを入力として使用したい場合は、Pythonコードを1行書くだけでよい。

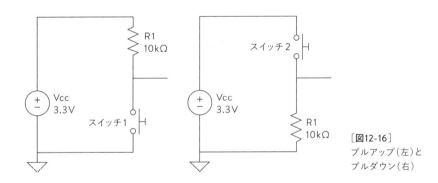

［図12-16］
プルアップ（左）と
プルダウン（右）

たとえば、ボタンが押されたことを検出するスクリプトは次のようになる。

```
## プルアップを使った入力 ##################################
import RPi.GPIO as GPIO     ## GPIOライブラリをインポート
import time                 ## 遅延のために必要
GPIO.setmode(GPIO.BOARD)    ## ボードのピン番号を使用
GPIO.setup(15, GPIO.IN)     ## ピン15をプルアップで入力に設定

## ボタンが押されたら知らせてもらう
#######################

print "Push this button"

while True:
    button_pressed = GPIO.input(15)
    if button_pressed == False:
        print("DING DONG, button pressed!")
        time.sleep(0.3)

GPIO.cleanup                 ## プログラムを正常終了させる
```

ワニ口クリップやブレッドボードを使った物理回路の組み立ては最小限のものである。ピン15をスイッチの片側にジャンパー線でつなぎ、スイッチの反対側をもう1本のジャンパー線でグランドにつなぐ。先のスクリプトを実行し、ボタンを3回押すと、次の出力が表示される。

```
Push this button
DING DONG, button pressed!
DING DONG, button pressed!
DING DONG, button pressed!
```

ALT モード

前項では、GPIO ピンの ALT（Alternative）モードに言及した。理論的には、1つのピンに最大で6種類の用途がある。これらの ALT 機能（Alternative function）はピンごとに異なる。個々のピンはいつでも ALT モードに設定できる。つまり、すべてのピンが同時に ALT 1モードである必要はなく、一部のピンを ALT 0モードに設定し、いくつかを ALT 4モードにしてもよい。

TIPS	ALTモードをすぐに試してみたい場合は、dummiesの「Raspberry Pi GPIO Pin Alternative Functions」が参考になるだろう。

ALTモードをすぐに試してみたい場合は、dummiesの「Raspberry Pi GPIO Pin Alternative Functions」が参考になるだろう。

https://www.dummies.com/computers/raspberry-pi/raspberry-pi-gpio-pin-alternate-functions/

また、Broadcom 2835/2836（Raspberry Pi 2 Model Bは2836を使用）のドキュメントにさらに詳しい情報が含まれている。

Broadcom 2835の詳細情報は205ページものPDFでダウンロードできる[9]。Broadcom 2836については、このレベルの詳細情報はどうやらまだ提供されていないようだ[10]。

GPIOを使用するやさしい方法

P1のようにピンが密集しているところでジャンパー線を使用するときには、GPIOヘッダがピンだということを思い出してほしい。また、短絡を避けるために細心の注意を払う必要もある。ブレークアウト基板やブレッドボード、プロトタイプボード（そうした試作ボードの多くはオンラインストアで安く手に入る）のような補助ボードを使用するのはよい考えである。

この種のボードには、P1に接続するコネクタがある。ボードを追加すれば、ジャンパー、抵抗器、その他のコンポーネントを追加するスペースがぐんと増える。

＊9　http://www.alldatasheet.com/datasheet-pdf/pdf/502533/BOARDCOM/BCM2835.html

＊10　［訳注］Broadcom 2836のドキュメントは以下のサイトで配布されている。

https://www.raspberrypi.org/documentation/hardware/raspberrypi/bcm2836/README.md/

索引

Raspberry Piで学ぶコンピュータアーキテクチャ

著者紹介

エベン・アプトン（Eben Upton）

Raspberry Pi財団創設者、その販売部門 Raspberry Pi (Trading) Ltd のCEO。ガレス・ハーフクリーとともに『Raspberry Pi User Guide』（邦訳は『Raspberry Pi ユーザーガイド』『Raspberry Pi ユーザーガイド第2版』、いずれもインプレス刊）の共著者。過去には、モバイルゲームとミドルウェアの会社（Ideaworks 3d、Podfun）を立ち上げて成功を収めた。ケンブリッジ大学セントジョンズカレッジのコンピュータサイエンス学科の教務部長であったとき、父のクライブ・アプトン教授と『Oxford Rhyming Dictionary』を執筆している。ケンブリッジ大学から物理工学の学士号、コンピュータサイエンスの博士号、およびエグゼクティブMBAを取得している。

ジェフ・ダンテマン（Jeff Duntemann）

著作家、1974年から技術系のノンフィクションとサイエンスフィクションを発表している。Xerox Corporationでプログラマーとして、Ziff-Davis Publishingと Borland Internationalで技術編集者として働いた。プログラマー向けの2つの雑誌の創刊と編集に携わり、ベストセラーとなった『Assembly Language Step By Step』を含め、20冊の技術書を執筆した。4年間にわたって『Dr. Dobb's Journal』で「Structured Programming」というコラムを担当したほか、さまざまな雑誌で技術系の記事を多数手掛けている。ライター仲間のキース・ウェイスカンプとともに1989年に The Coriolis Group を立ち上げ、1998年にはアリゾナ州最大手の出版社となった。長年にわたって「強い」人工知能（strong AI）に関心を持ち、『The Cunning Blood』や『Ten Gentle Opportunities』を始めとするダンテマンのほとんどのフィクションは、強いAIがもたらす結果が題材となっている。電子機器、アマチュア無線（コールサインはK7JPD）、望遠鏡、凧などを趣味とする。40年にわたって妻キャロルと4頭のビション・フリーゼ犬とともにアリゾナ州フェニックスで暮らす。

ラルフ・ロバーツ（Ralph Roberts）

ベトナム戦争により受勲した退役軍人。アポロ月面着陸計画時代のNASAに勤務していた。1979年に『Creative Computing』誌に初めて記事が掲載されて以来、コンピュータやソフトウェアについての執筆を続けている。ロバーツはアメリカの出版社で100冊以上の本を執筆し、数千もの記事や短編小説を手掛けている。プロとしてのこれまでの著述は2,000万語以上にのぼる。ベストセラーに、

アメリカで最初に出版されたコンピュータウイルスに関する本（全国ネットのテレビ番組で何度か取り上げられた）と、過去21年間にわたって50万部以上を売り上げている料理書『Classic Cooking with Coca-Cola』がある。

ティム・マムトラ（Tim Mamtora）

BroadcomにIC設計の主任エンジニアとして勤務し、現在は内部GPUハードウェアチームのテックリードを務めている。モバイルコンピュータのグラフィックスに7年近く取り組んでおり、以前はアナログテレビやカスタムDSPハードウェアに内蔵されるIPの開発を担当していた。ケンブリッジ大学で工学の修士号を取得、3年目に過ごしたマサチューセッツ工科大学でデジタルハードウェア設計に興味を持つようになった。エンジニアリングの推進に熱心に取り組み、ケンブリッジ大学で学部生の指導に時間を割くかたわら、母校でエンジニアリングが持つチャンスについて講演している。仕事から離れているときは、さまざまなスポーツ、写真撮影、世界中を旅することを楽しんでいる。

ベン・エベラード（Ben Everard）

著作家、ポッドキャスター。Linuxをいじり回したり、ロボットで遊んだりして日々を過ごしている。本書はエベラードが手掛けた2冊目の本で、前著に『Learning Python with Raspberry Pi』（Wiley、2014年）がある。Twitterアカウントは@ben_everard。

技術編集者紹介

オメール・キリック（Omer Kilic）

組み込みシステムの技術者、大小さまざまな形状の小型コンピュータを使ったシステムを扱う仕事を楽しんでいる。ハードウェア/ソフトウェアエンジニアリングのプラクティス、製品開発、製造が交差するさまざまな部分に取り組んでいる。

監修者紹介

宮下 健輔（みやした けんすけ）

1996年に大阪大学大学院基礎工学研究科で博士（工学）の学位を取得、岡山理科大学工学部を経て、現在は京都女子大学現代社会学部教授。並列アルゴリズムを研究していた学生時代に、偉大な先輩たちの薫陶を受け学生ボランティアグループの一員として学科ネットワーク運用に参加。10BASE-5からFDDIに至るメディアの進化や、FTP、Gopher、WWWなどプロトコルの多様化を体験した。その後は徐々に研究の軸足を計算機やネットワークの管理運用手法へ移し、現職では教育の傍ら学内ICT基盤の管理運用にも携わっている。ここ数年は学生たちとゼミでArduinoやRaspberry Pi、little bitsなどを利用した電子工作を楽しんでいる。2017年より情報処理学会「インターネットと運用技術（IOT）研究会」主査。

坂下 秀（さかした しゅう）

1985年に京都大学理学部物理系を卒業。Unixシステム向けパッケージソフトウェアの開発販売会社でカスタマーサポート、社内システムとネットワークの管理を担当する。2003年に、株式会社アクタスソフトウェアを設立。会社では、音声・映像伝送や組込みシステム、研究機関向けのソフトウェア開発を手掛ける。現在も、社長業とともに社内システムおよびネットワークの構築と運用を続けている。1986年頃から現在に至るコンピュータシステムとそのネットワークの管理経験を活かし、雑誌の記事執筆や書籍の翻訳、監修を行ってきた。今のように簡単に保守部品が手に入らなかった頃からの習慣で、購入したコンピュータ機器は自分で保守ができるように、必ず分解して内部の様子を写真に撮り、メモを作成している。2003年より情報処理学会「インターネットと運用技術（IOT）研究会」運営委員。

翻訳者紹介

株式会社クイープ

1995年、米国サンフランシスコに設立。コンピュータシステムの開発、ローカライズ、コンサルティングを手掛けるとともに、コンピュータの深層技術からサービス、機械学習まで、広範な書籍・文書を翻訳してきた。訳書に『Python 機械学習プログラミング 達人データサイエンティストによる理論と実践』『徹底理解ブロックチェーン ゼロから着実にわかる次世代技術の原則』『CUDA C プロフェッショナルプログラミング』、本書の著者らが執筆した Raspberry Pi 入門書『Raspberry Pi ユーザーガイド』などがある。社名のクイープは、インカ帝国で使われた数を表す縄文字 "quipu" に由来している。

Raspberry Piで学ぶ
コンピュータアーキテクチャ

2019年 9月13日 初版第1刷発行

著者：   Eben Upton（エベン・アプトン）、Jeff Duntemann（ジェフ・ダンテマン）、
          Ralph Roberts（ラルフ・ロバーツ）、Tim Mamtora（ティム・マムトラ）、
          Ben Everard（ベン・エベラード）
監訳者：   宮下 健輔（みやした けんすけ）、坂下 秀（さかした しゅう）
訳者：   株式会社クイープ（かぶしきがいしゃ くいーぷ）

発行人：   ティム・オライリー

カバーイラスト： 阿部 伸二 (karera)
カバーデザイン： 中西 要介 (STUDIO PT.)
本文デザイン：   寺脇 裕子
印刷・製本：   日経印刷株式会社

発行所：   株式会社オライリー・ジャパン
          〒160-0002 東京都新宿区四谷坂町12番22号
          Tel (03) 3356-5227   Fax (03) 3356-5263
          電子メール japan@oreilly.co.jp

発売元：   株式会社オーム社
          〒101-8460 東京都千代田区神田錦町3-1
          Tel (03) 3233-0641（代表）   Fax (03) 3233-3440

Printed in Japan (ISBN978-4-87311-865-9)